ZHINENG BIANDIANZHAN ZIDONGHUA SHEBEI YUNWEI
SHIXUN JIAOCAI

智能变电站自动化设备运维

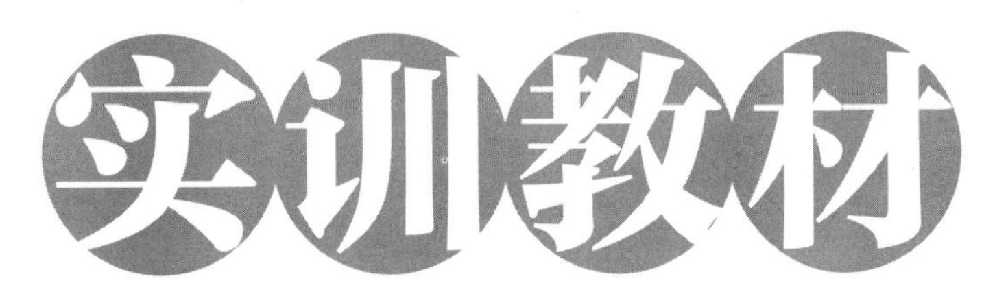

国网江苏省电力有限公司技能培训中心　组编

中国电力出版社
CHINA ELECTRIC POWER PRESS

内容提要

本书是智能变电站二次系统运维的实训教材，涵盖了南瑞继保、北京四方、南瑞科技三家厂商的设备和系统，具体介绍了各套系统及设备的操作指导、智能变电站常见报文分析、常见故障及分析处理方法、考核试题以及设备图纸等内容，旨在提高智能变电站二次系统运维人员的岗位工作技能。

本书可作为电网企业智能变电站二次系统运维人员的培训教材，亦可作为相关专业人员的工作参考书。

图书在版编目（CIP）数据

智能变电站自动化设备运维实训教材/国网江苏省电力有限公司技能培训中心组编．—北京：中国电力出版社，2018.5

ISBN 978-7-5198-1776-3

Ⅰ．①智… Ⅱ．①国… Ⅲ．①智能系统－变电所－自动化设备－电力系统运行－教材②智能系统－变电所－自动化设备－维修－教材 Ⅳ．①TM63

中国版本图书馆 CIP 数据核字（2018）第 037596 号

出版发行：中国电力出版社
地　　址：北京市东城区北京站西街 19 号（邮政编码 100005）
网　　址：http://www.cepp.sgcc.com.cn
责任编辑：刘丽平　（010-63412342）
责任校对：常燕昆
装帧设计：张俊霞　赵姗姗
责任印制：邹树群

印　　刷：北京雁林吉兆印刷有限公司
版　　次：2018 年 5 月第一版
印　　次：2018 年 5 月北京第一次印刷
开　　本：787 毫米×1092 毫米　16 开本
印　　张：27
字　　数：602 千字
印　　数：0001—2500 册
定　　价：110.00 元

编　委　会

前言

智能电网是未来电网的发展方向，而智能变电站是智能电网的重要组成部分。近年来，智能变电站已成为各电压等级变电站新建、改建和扩建的首选方案。然而智能变电站的设备原理、组网结构、理论知识以及技术规范要求完全不同于传统的综合自动化变电站，智能变电站二次系统运维工作需要更高的理论基础和技能水平。目前市场上关于智能变电站的书籍中，绝大部分都是介绍理论知识，少有涉及智能变电站中厂站自动化运维工作的内容。这影响了电网企业智能变电站运维人员的专业能力提升，造成智能变电站二次系统运维工作对生产厂商的过度依赖。

2017 年，为响应国家电网公司“人才强企”的人才战略，进一步加强技能人才队伍建设，国网江苏省电力有限公司技能培训中心遵循国家电网公司对智能变电站自动化系统的专业要求，建设完成了 220kV 智能变电站二次系统运维技能实训环境，涵盖了南瑞继保、北京四方和南瑞科技三家厂商的设备和系统。在此基础上，国网江苏省电力有限公司技能培训中心组织编写了本教材，用于智能变电站二次系统运维的实训教学。本教材以提升专业人员的岗位工作技能为目标，结合必要的理论分析，注重常规运维工作的实操训练，兼顾故障排查能力的练习。教材分为系统介绍、各套系统及设备装置的操作指导、智能变电站常见报文分析、常见故障及分析处理方法、考核试题以及设备图纸等部分，可作为电网企业智能变电站二次系统运维人员培训教材使用，亦可作为相关专业人员的工作参考书。

本书在编写过程中得到了国网江苏省电力有限公司电力调度控制中心的大力指导和支持，在此深表感谢！

由于编写时间仓促，难免存在疏漏之处，恳请各位专家和读者提出宝贵意见，使之不断完善。

编　者

目 录

第一章

实训设备介绍

第一节 实训室简介

为了提高二次运维人员对厂站调试运维技术的理解及实践能力，提升其在智能变电站运行维护、周期校验、缺陷处理等方面的技术水平，国网江苏省电力公司遵循国家电网公司相关技术标准和规范，建设了智能化厂站自动化实训室。实训室由南瑞科技NS-3000S、南瑞继保PCS-9700和北京四方CSC-2000（V2）的变电站综合自动化系统组成。目前实操系统电压等级为220kV，为双母线，主接线包括1个220kV线路间隔。

实训室共有屏柜7面，占地150m^2，能够容纳18名学员同时培训。实训室能够实现测控装置、合并单元、智能终端、数据通信网关机、交换机等设备的配置；设备电源的调试与检修；测控装置、智能终端、合并单元的调试与检修；二次回路异常处理；站内数据处理及通道的调试与检修，数据通信网关机、远传数据及通道异常处理；监控后台的调试与检修；GPS装置的调试与检修；监控后台异常处理；GPS设备异常处理；站内通信及网络设备的调试与检修等培训功能。

第二节 设备配置及组屏

实训室设备配置及网络连接如图1-1所示。

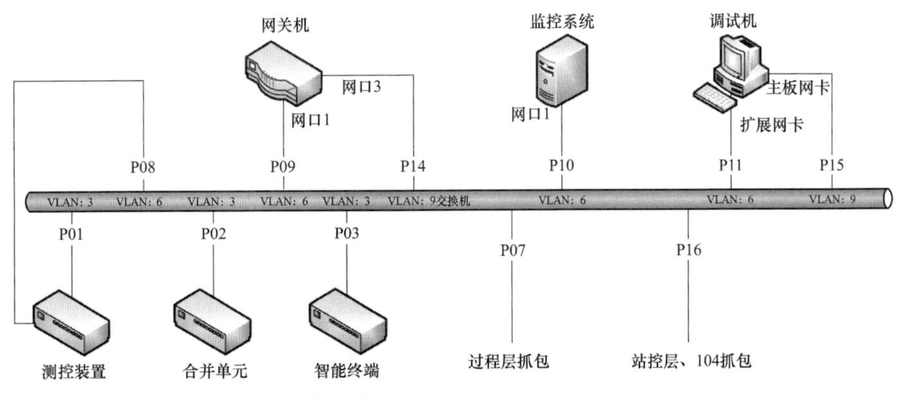

图1-1 设备连接关系示意图

实操环境组屏方案如表 1-1 所示，每套系统由 1 面屏柜组成，设备包括数据通信网关机 1 台、测控装置 1 台、交换机 1 台（站控层 6 口、过程层 6 口、数据网 4 口）、智能终端 1 台、合并单元 1 台、模拟断路器及模拟刀闸。相关的遥信回路、遥控回路接入对应间隔智能终端。

每面实操屏柜配置 2 台工作站，一台作为调试工作站及模拟主站，一台作为监控后台，共计 2 台工作站与显示器。

表 1-1　　厂站实操环境组屏方案

屏柜名称	设备名称	数量
屏柜	数据通信网关机 4U	1
	220kV 线路测控 4U	1
	220kV 线路合并单元 4U	1
	220kV 线路智能终端 4U	1
	模拟断路器 6U	1
	模拟刀闸 6U	1
	交换机（站控层+过程层+数据网）1U	1
操作台	监控主机	1
	调试主机（Windows 操作系统，2 网口，安装配置和调试软件，模拟 104 主站和 WAMS 主站功能）	1
	显示器	2
调试仪器	模拟测试仪	1
	数字测试仪	1
	万用表、螺丝刀、短接线等工具一套	1
公用设备	主时钟	1

实操系统模拟典型 220kV 变电站，含一条 220kV 出线，调度命名 220kV 竞赛变电站 2017 线，TA 变比为 1000/5，如图 1-2 所示。

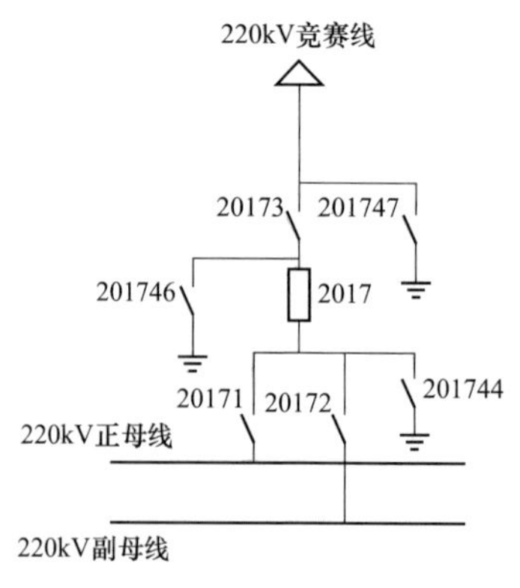

图 1-2　竞赛变电站一次接线图

第三节　软 硬 件 环 境

设备配置型号如表 1-2 所示。

表 1-2　　各厂家监控系统和设备型号

设备名称	南瑞科技	北京四方	南瑞继保
监控后台	NS3000S	CSC-2000（V2）	PCS-9700
数据通信网关机	NSS201A	CSC-1321	PCS-9799C
220kV 线路测控	NS3560	CSI-200EA/E	PCS-9705A-D-H2
220kV 线路智能终端	NSR-385	CSD-601A	PCS-222B-I
220kV 线路合并单元	NSR-386	CSD-602AG	PCS-221GB-G
交换机	EPS6028E	CSC-187Z	PCS-9882BD-D
模拟调试工作站	Windows	Windows	Windows
模拟断路器	NS-MD	MDJ4-3	MD
模拟刀闸	NS-MD1	MD-11Tn	NR0609A

南瑞继保 PCS-9700 系统环境配置如表 1-3～表 1-5 所示。

表 1-3　　设 备 列 表

序号	设备	参数分配	数量	备注
1	监控主机	A 网 IP 地址：198.120.0.181 报告实例号：1	1	
2	数据通信网关机	A 网 IP 地址：198.120.0.201 远动 IP：192.168.1.201 报告实例号：3	1	
3	220kV 线路测控	A 网 IP 地址：198.120.22.17 调试口 IP：198.120.22.17	1	
4	220kV 线路智能终端	调试口 IP：无，串口连接	1	
5	220kV 线路合并单元	TA 变比：1000/5 调试口 IP：无，串口连接	1	
6	交换机	SV VLAN：200 GOOSE VLAN：100 站控层 A 网 VLAN：300 管理 IP 地址：192.169.0.82 端口分配： 1 口：测控 GOOSE 与 SV 2 口：合并单元 GOOSE 3 口：合并单元 SV 4 口：智能终端 GOOSE	1	
7	调试工作站	远动 IP 地址：192.168.1.6 调试 IP 地址：198.120.100.100	1	
8	时钟装置		1	

续表

序号	设备	参数分配	数量	备注
9	模拟断路器		1	
10	模拟刀闸		1	
11	模拟量发生器	传统继保测试仪	1	
12	手持式数字测试仪	发送 GOOSE、SV	1	提供博电、凯默、诺思普端、昂立等可选

表 1-4　　　　设 备 信 息

序号	设备	用户名	密码	备注
1	监控主机	ems	123456	开机密码
		rcs_super	1	维护账号
		root	123456	超级用户
		操作员	1	遥控操作
		监护员	2	遥控操作
2	数据通信网关机	无	+←↑—（900）	修改参数
3	测控装置	无	+←↑—	修改参数
4	合并单元		+←↑—	串口登录修改参数
5	智能终端		+←↑—	串口登录修改参数
6	交换机	admin	admin	前网口，管理登录

表 1-5　　　　软 件 列 表

序号	软件名称	用户名、密码	用途	备注
1	FTP 工具		传输文件	快捷方式已放调试工作站桌面
2	测控调试工具 PCS-PC5		测控下装配置	
3	合并单元、智能终端调试工具 serial		合并单元智能终端下装配置	
4	PCS-SCD 组态工具		SCD 组态配置，配置五防规则	
5	远动配置工具 PCS-COMM		配置数据通信网关机转发点表	
6	Xmanager		远程登录监控后台	
7	IEC 104 客户端		与数据通信网关机进行通信	
8	后台启动 pcscon	rcs_super，1	快捷方式已放监控后台桌面	
9	监控画面编辑工具	rcs_super，1	制作监控图形	
10	数据库配置工具	rcs_super，1	根据 SCD 文件配置数据库	
11	监控主机 IP 地址更改工具	root 123456	更改网口 IP 地址	

南瑞科技 NS-3000S 系统环境配置如表 1-6～表 1-8 所示。

表 1-6　　设 备 列 表

序号	设备	参数分配	数量	备注
1	监控主机	A 网 IP 地址：100.100.100.41 报告实例号：1	1	
2	数据通信网关机	A 网 IP 地址（网络端口）：100.100.100.21 远动 IP（网络端口）：192.168.1.201 报告实例号：2	1	
3	220kV 线路测控	A 网 IP 地址（网络端口）：100.100.100.101 调试口 IP：198.120.0.103	1	
4	220kV 线路智能终端	调试口 IP：198.120.0.85	1	
5	220kV 线路合并单元	TA 变比：1000/5 TV 变化：220 调试口 IP：198.120.0.111	1	
6	交换机	SV VLAN：100 GOOSE VLAN：200 站控层 A 网 VLAN：1 管理 IP 地址： 调试口：10.144.64.106 普通口：10.144.66.106 端口分配： 16 口：合并单元 GOOSE 17 口：测控 GOOSE 与 SV 19 口：合并单元 SV 21 口：智能终端 GOOSE	1	
7	调试工作站	远动 IP 地址：192.168.1.6 调试 IP 地址： 100.100.100.209、198.120.0.209、10.144.66.209	1	
8	时钟装置		1	
9	模拟断路器		1	
10	模拟刀闸		1	
11	模拟量发生器	传统继保测试仪	1	
12	手持式数字测试仪	发送 GOOSE、SV	1	提供博电、凯默、诺思普瑞、昂立等可选

表 1-7　　设 备 信 息

序号	设备	用户名	密码	备注
1	监控主机	nari	nari	开机
		root	root123	Linux 高级权限
			naritech	系统配置密码
2	数据通信网关机	nari	nari	开机
		root	root123	Linux 高级权限
			naritech	系统配置密码

续表

序号	设备	用户名	密码	备注
3	测控装置	1	1	调试菜单
		rp1001	rp1001_ppc	FTP 登录
4	合并单元	1	1	调试菜单
		rp1001	rp1001_ppc	FTP 登录
5	智能终端	1	1	调试菜单
		rp1001	rp1001_ppc	FTP 登录
6	交换机	admin	admin	管理登录

表 1-8　　　　　　　　　　软　件　列　表

序号	软件名称	用户名及密码	用途	备注
1	FTP 工具	无	连接装置传输文件	快捷方式已放调试工作站桌面
2	测控、合并单元、智能终端调试工具 ARP Tools	无	调试测控、合并单元、智能终端	
3	SCD 组态工具	无	SCD 组态配置	
4	Xmanager	无	用于配置 SCD 文件	
5	IEC 104 客户端	无	与数据通信网关机进行通信	
6	监控画面编辑工具	无	制作监控图形	
7	数据库配置工具	无	根据 SCD 文件配置数据库	
8	远动配置工具	无	配置数据通信网关机转发点表	
9	逻辑闭锁配置工具	无	配置“五防”规则	
10	备份工具	无	备份配置	

北京四方 CSC-2000（V2）系统环境配置如表 1-9～表 1～11 所示。

表 1-9　　　　　　　　　　设　备　列　表

序号	设备	参数分配	数量	备注
1	监控主机	监控 1　A 网 IP 地址：172.20.1.1 监控 2　A 网 IP 地址：172.20.1.2 报告实例号：1	1	
2	数据通信网关机	A 网 IP 地址：172.20.1.240 远动 IP：192.168.1.201 报告实例号：3	1	
3	220kV 线路测控	A 网 IP 地址（网络端口）：172.20.1.11 调试口 IP：172.20.1.11	1	调试口就用 A 网口
4	220kV 线路智能终端	调试口 IP：192.178.111.1	1	装置前面板网口
5	220kV 线路合并单元	TA 变比：1000/5 TV 变化：220 调试口 IP：192.178.111.1	1	装置前面板网口

续表

序号	设备	参数分配	数量	备注
6	交换机	SV VLAN：30H GOOSE VLAN：3 站控层 A 网 VLAN：5 管理 IP 地址：192.168.0.1 端口分配： 1 口：测控 GOOSE/SV 2 口：合并单元 GOOSE 3 口：合并单元 SV 4 口：智能终端 GOOSE	1	注意 SCD 中配的 VLAN 是十六进制
7	调试工作站	远动 IP 地址：192.168.1.6 调试 IP 地址（包括站控层网及调试口）： 远动（192.188.234.100） 智能组件（192.178.111.100） 测控（172.20.1.100） 交换机（192.168.0.100）	1	
8	时钟装置		1	
9	模拟断路器		1	
10	模拟刀闸		1	
11	模拟量发生器	传统继保测试仪	1	
12	手持式数字测试仪	发送 GOOSE、SV	1	提供博电、凯默、诺思普瑞、昂立等可选

表 1-10　　　　设　备　信　息

序号	设备	用户名	密码	备注
1	监控主机	app	app123	
2	数据通信网关机	target	12345678	
3	测控装置	无	调试：8888 出厂：7777	调试菜单
		target	12345678	FTP 登录
4	合并单元	无	无	
5	智能终端	无	无	
6	交换机	admin	admin	管理登录

表 1-11　　　　软　件　列　表

序号	软件名称	用户名及密码	用途	备注
1	FTP 工具		连接装置传输文件	快捷方式已放调试工作站桌面
2	测控 PLC 工具	无	调试测控、合并单元、智能终端	
3	合并单元、智能终端调试工具 CSD600test	无	调试合并单元、智能终端	

续表

序号	软件名称	用户名及密码	用途	备注
4	SCD 组态工具	用户名：sifang 密码：8888	SCD 组态配置	快捷方式已放调试工作站桌面
5	IEC 104 客户端	无	与数据通信网关机进行通信	
6	远动配置工具 1321-tools-improve	用户名：sifang 密码：8888	配置数据通信网关机转发点表	
7	监控软件	用户名：sifang 密码：8888 操作人密码：1 监护人密码：2	制作监控图形	

第四节　供电与对时

实操屏柜内设备采用±220V 直流电源，给自动化设备供电，并作为遥信电源和开关操作电源。每套屏柜总功率小于 500W。

测试仪器及监控后台采用 UPS 输出的 220V 交流电源供电，给服务器和刀闸控制回路供电。

时钟设备单独组屏，给所有实操屏柜内的设备提供对时，所有合并单元、智能终端采用光 B 码对时，ST 光纤接口。所有测控装置、数据通信网关机采用电 B 码对时。监控主机采用 SNTP 网络报文对时，网关机作为 SNTP 时钟源。

第二章

南瑞继保智能变电站系统

第一节 SCD 文件配置

一、SCD 配置工具简介

SCL Configurator 3 Lite 工具是南瑞继保自主研发的智能站 SCD 集成工具，主要用于完成智能变电站的 SCD 文件配置以及装置级配置文件导出。

SCL 工具作为智能变电站的系统集成工具，具备以下几项功能：

（1）记录 SCD 文件的历史修改记录。

（2）创建通信子网，进行 IED 子网划分、参数设置（IP、RCB、GOCB、SVCB）。

（3）虚端子连线（Inputs）。

（4）电气接线图编辑。

（5）“四遥”信息的工程实例化（LD 描述、LN 描述、DOI 描述等）。

（6）SCD 文件的 XML 视图展示。

（7）进行 SCD 私有配置信息编辑。

（8）导出工程级装置配置文件。

工具以 QT5.6.2 为编译环境制作而成，界面风格为 QT5 的典型界面。通过双击桌面的快捷方式图标或点击“开始”菜单中的快捷启动图标，即可打开如图 2-1 所示主界面。

在正式使用工具之前，需要先对工具进行一些设置，主要集中在菜单栏“工具”→“选项”中，如图 2-2 所示，点击“选项”菜单，打开“选项”界面，如图 2-3 所示。

（一）“环境”设置

“环境”选项用于控制界面边框颜色和界面显示的语言，采用默认配置即可，如图 2-3 所示。

（二）“SCL 编辑器”设置

“SCL 编辑器”选项中的内容如图 2-4 所示。

图 2-1　SCL Configurator 3 Lite 主界面

图 2-2　“选项”

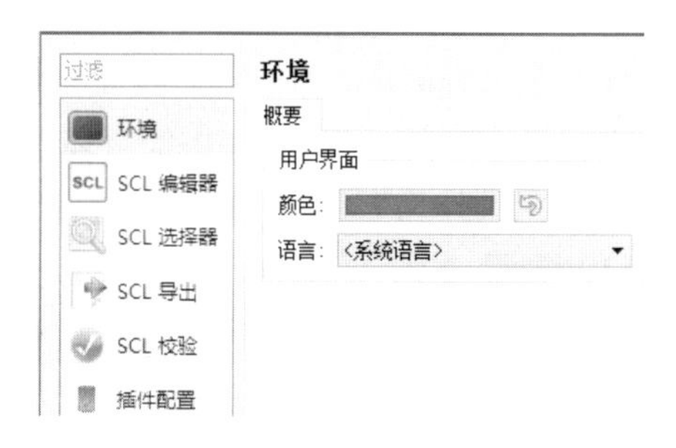

图 2-3　“环境”设置

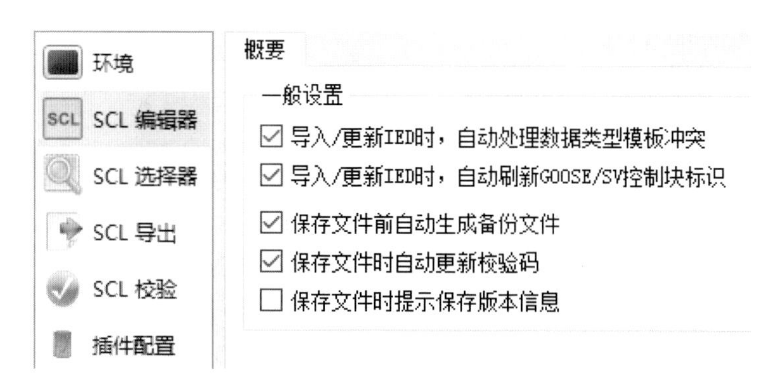

图 2-4　“SCL 编辑器”设置

各选项含义如下：

选项 1：用于工具自动处理 IED 模板冲突问题，必须勾选，否则需人工干预处理数据类型模板冲突。

选项 2：用于更新 ICD 时，是否自动刷新控制块标识，国内工程必须勾选，国外工程不勾选。

选项 3：勾选时，在保存文件前，会先生成备份文件，然后再保存：未勾选时，则在原文件基础上直接保存。

选项 4：勾选时，每次保存文件，会自动刷新所有 CRC 校验码；不勾选，则需要人工刷新 CRC 校验码。

选项 5：勾选时，每次保存文件后，会提示是否需要保存为新版本；未勾选时，保存文件后，不做任何提示，仍在原版本上保存。

（三）“SCL 选择器”设置

“SCL 选择器”选项中的内容如图 2-5 所示，该选项用于设置“Inputs”功能中内部信号的筛选条件，采用默认值即可。

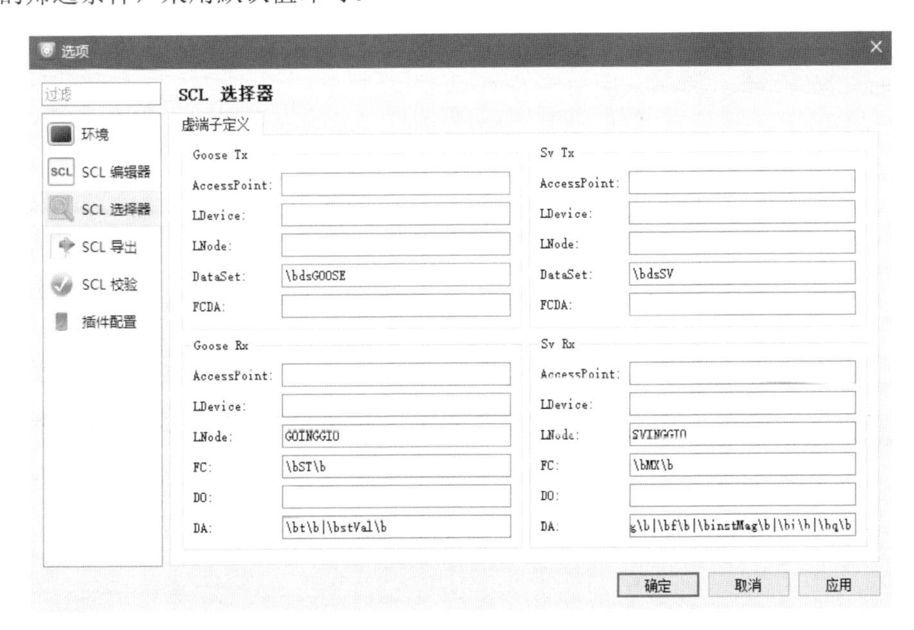

图 2-5 “SCL 选择器”设置

（四）“SCL 导出”设置

“SCL 导出”选项中的内容如图 2-6 所示。

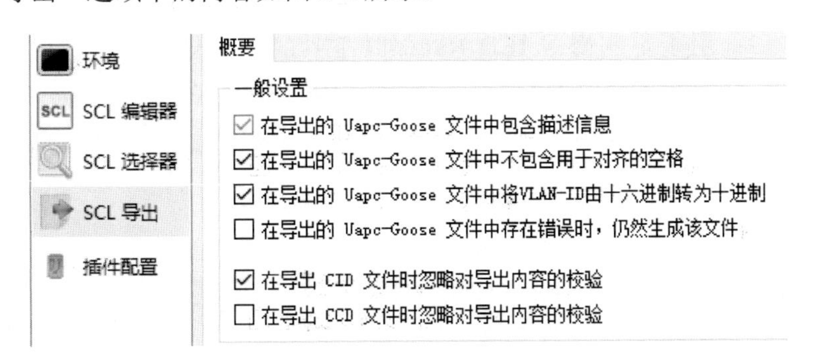

图 2-6 “SCL 导出”设置

各选项含义如下：

（1）选项 1：勾选时，导出的 goose.txt 文件包含控制块的中文注解；不勾选时，导出的 goose.txt 文件不包含控制块的中文注解，一般不勾选该选项。

（2）选项 2：不勾选时，导出的配置文件格式工整；勾选时，导出的配置文件不带有用于格式对齐的空格。一般勾选。

（3）选项 3：勾选时，导出的 goose.txt 文件中的 VID 为十进制数据；不勾选时，导出的 goose.txt 文件中的 VID 为十六进制数据。

（4）选项 4~选项 6：用于特殊情况下的配置导出，一般不勾选。

⚠注意：PCS 系列装置过程层插件针对 goose.txt 文件中的 VID，只识别十进制数据，对于非十进制数据将会被认为是 0，因此对于 SCD 中配置为十六进制 VID 的场合，选项 3 必须勾选，其余场合不需勾选。

（五）“插件配置”设置

“插件配置”选项用于配置 SCD 中私有插件信息的应用规则，其内容项如图 2-7 所示。

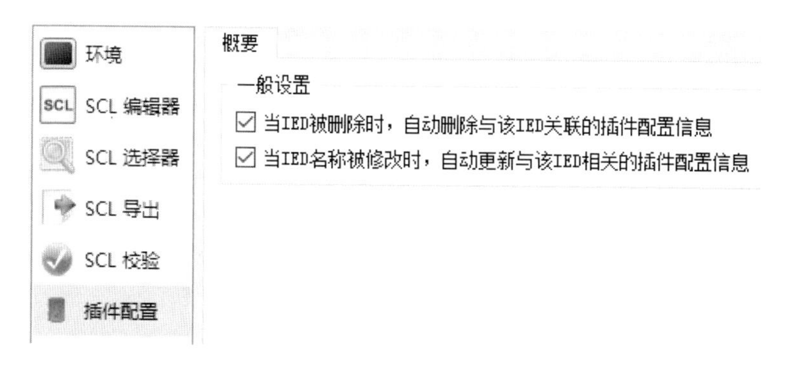

图 2-7 “插件配置”设置

各选项含义如下：

（1）选项 1：用于定制删除 IED 时工具的行为规则。勾选时，表示同步删除与 IED 相关的插件配置信息；不勾选时，表示在删除 IED 时仍保留该 IED 相关的原有插件配置信息。一般勾选。

（2）选项 2：用于定制修改 IED Name 时工具的行为规则。勾选时，表示修改 IED Name 时，同步修改与该 IED 相关的插件配置信息中的 IED Name；不勾选时，表示在修改 IED Name 时仍保留 IED 相关的插件配置信息中的原有 IED Name。一般勾选。

二、新建 SCD 文件

（一）获取资料

在制作全站 SCD 文件之前，需要先取得全站各类型 IED 的正确版本的 ICD 文件、全站虚端子连线图、电气主接线图等资料性文件。

（二）网络及参数规划

根据网络系统结构图，进行现场的网络规划和实施。

对全站所有的 IED 进行归类统计，核实附录资料中的 IP 地址、GOOSE 及 SMV 的组播地址、APPID、光口分配等信息。

（三）SCD 配置

首先在工具内新建一个工程，文件名按工程名来命名。

1. 创建子网

在 SCD 配置的第一步，需要先创建与实际物理网相对应的逻辑子网。一般站控层一个子网，过程层按电压等级、子网类型分别创建多个子网，如图 2-8 所示。

SCL 浏览器
通信
装置过滤
过滤
E:\01.【我的工作】\04.
修订历史
变电站
通信
装置
数据类型模板
名称
新建
删除
上移
下移
8-MMS:站控层网络
220kV_GOOSE&&SMV
类型
描述
1 8-MMS
8-MMS
站控层网络
2 220kV_GOOSE&&SMV
IECGOOSE
SMV

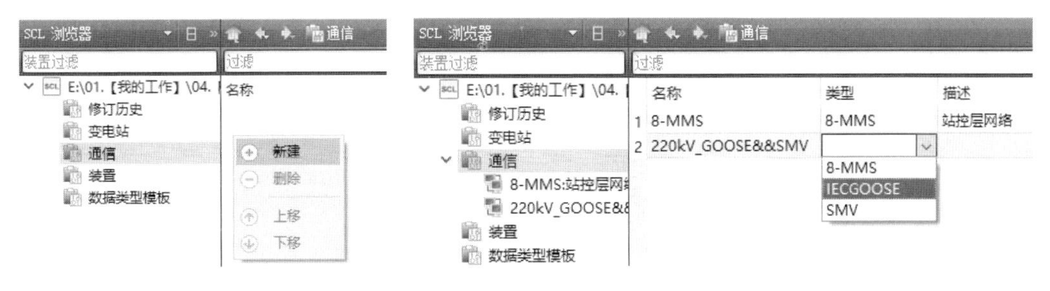

图 2-8　创建子网

2. 添加装置

（1）新建 IED。在左侧 SCL 树，选择“装置”，在中间窗口任意地方点击右键，选择 新建(N)，打开“新建装置向导”窗口，选择本地存在的 ICD 文件，并填写 IED 名称，然后点击 下一步(N) > 按钮，如图 2-9 所示。

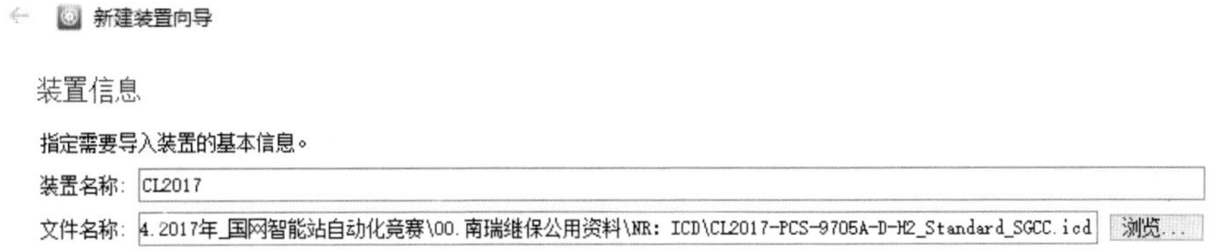

新建装置向导
装置信息
指定需要导入装置的基本信息。
装置名称:
CL2017
文件名称:
4.2017年_国网智能站自动化竞赛\00.南瑞继保公用资料\NR: ICD\CL2017-PCS-9705A-D-H2_Standard_SGCC.icd
浏览...

图 2-9　ICD 导入

（2）校验结果。SCL 工具中集成了 ICDCheck 和 Schema 校验等功能，在选择 ICD 模型后，在下一步执行过程中，会自动进行 ICD 校验和 Schema 校验，并在窗口显示校验结果，如图 2-10 所示。

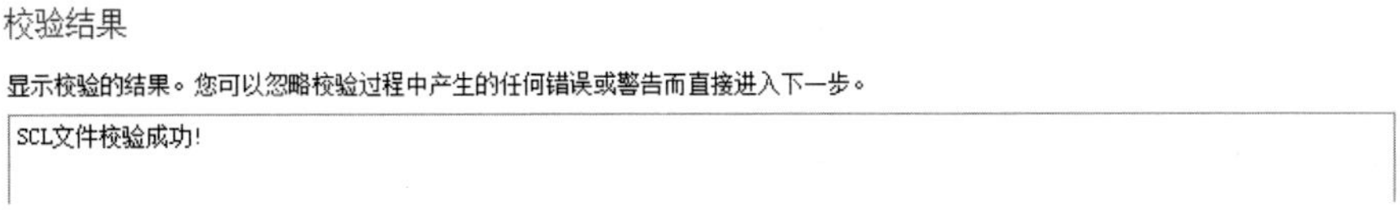

校验结果
显示校验的结果。您可以忽略校验过程中产生的任何错误或警告而直接进入下一步。
SCL文件校验成功!

图 2-10　校验结果

（3）更新通信信息。进入“更新通信信息”后，可通过下拉列表，将新建的 IED 的访问点分配到之前创建的通信子网中，如图 2-11 所示。

更新通信信息

提供了一系列选项来手动将ICD文件中的通讯配置信息导入到SCD中。您可以通过勾选复选框来选择不导入这些通讯配置信息。

ICD中的子网名称	ICD中的访问点名称	SCD中的子网名称
Subnet_MMS	S1	MMS
Subnet_GOOSE	G1	220kV_GOOSE&&SMV
Subnet_SMV	M1	220kV_GOOSE&&SMV

图 2-11　更新通信信息

（4）结束。本窗口显示新建 IED 后的配置明细，确认无误后，点击“完成”，结束新建 IED，如图 2-12 所示。

结束

一个IED将会被导入到当前的SCD文档中，请仔细检查以下的配置明细，并单击‘完成(F)’完成该向导.

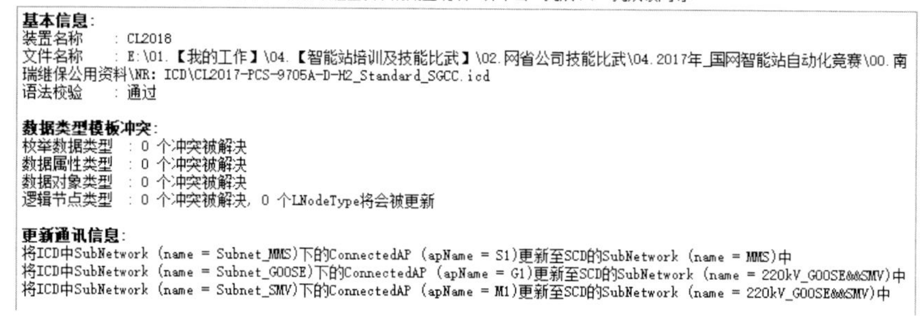

图 2-12　结束

3. 配置 IED

在左侧 SCL 树，选择“装置”，在右侧窗口可查看所有的 IED，同时可修改每个 IED 的“名称”属性，以及装置的工程实例化描述，如图 2-13 所示。

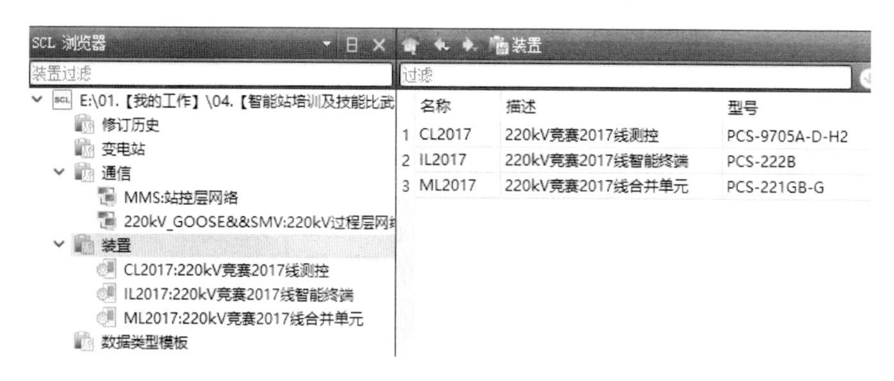

图 2-13　装置列表

（1）配置 DataSet。在左侧 SCL 树，选择“装置”选项下的某个 IED，在中间主窗口下方，选择“数据集”，此时可实现数据集的描述修改、调序、删除、新建，如图 2-14 所示。对于所有 IED，其数据集描述一般无需修改。对于每一个数据集，可以增加、删除数据集中的信号成员，同时需要将数据集中的信号名称按工程实例化名称进行修改，如图 2-15 所示。

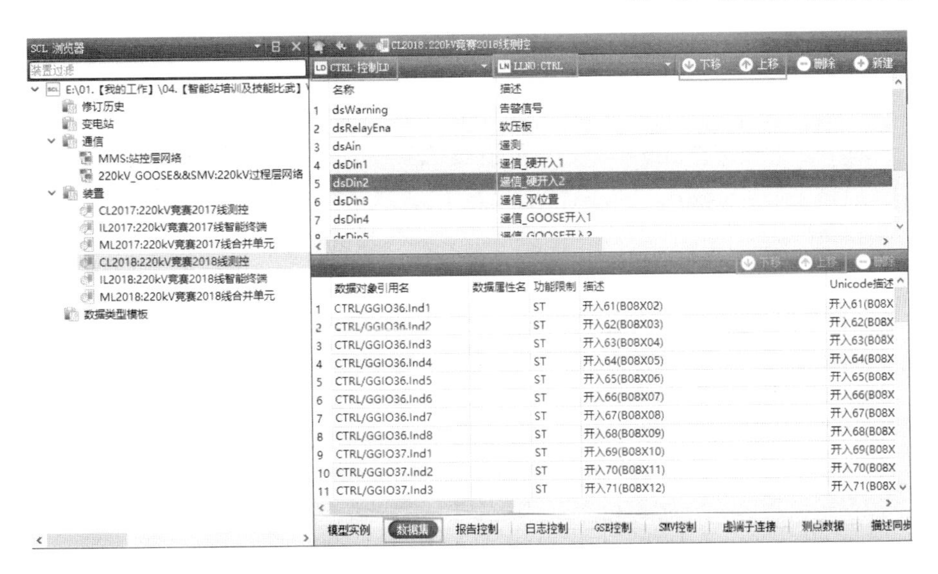

图 2-14　配置数据集

⚠**注意**：数据集信号名称修改，目前要求以修改离线名称“描述”为准，对于在线名称“Unicode 描述”不要求修改。

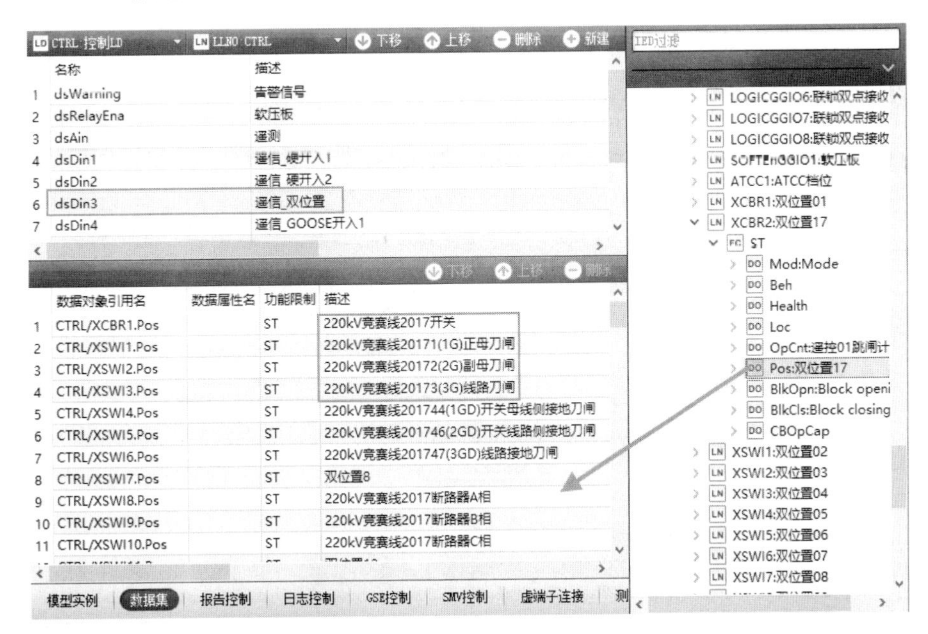

图 2-15　数据集增加信号

（2）配置 GSE 控制。在左侧 SCL 树，选择“装置”选项下的某个 IED，在中间主窗口下方，选择“GSE 控制”。此时可查看、编辑、新建 GOOSE 控制块，如图 2-16 所示。

根据 Q/GDW1396—2012《IEC 61850 工程继电保护应用模型》的规定，所有 ICD 均需自带 GOOSE 控制块，因此，SCD 添加完 IED 之后，每个 IED 均已自动导入 GOOSE

控制块，无需新建；但对于个别不够规范的 ICD，就需要使用 SCL 工具新建 GOOSE 控制块。

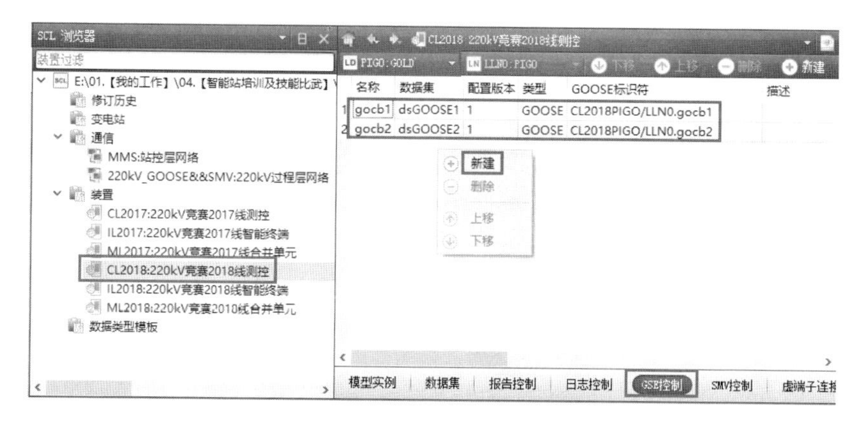

图 2-16　GSE 控制

新建 GOOSE 控制块的步骤，如图 2-17 所示。

1）在空白处点击右键，选择 新建(N) 或点击菜单栏 新建(N) 按钮，自动创建一个 GOOSE 控制块。

2）在控制块条目的“数据集”处选择控制块对应的数据集，在“类型”处选择“GOOSE”类型。

3）在控制块条目的“GOOSE 标识符”处，工具会自动生成全站唯一的字符串，特殊情况下也可按需修改，修改后的 GOOSE 标识符需全站唯一，一般不修改此值。

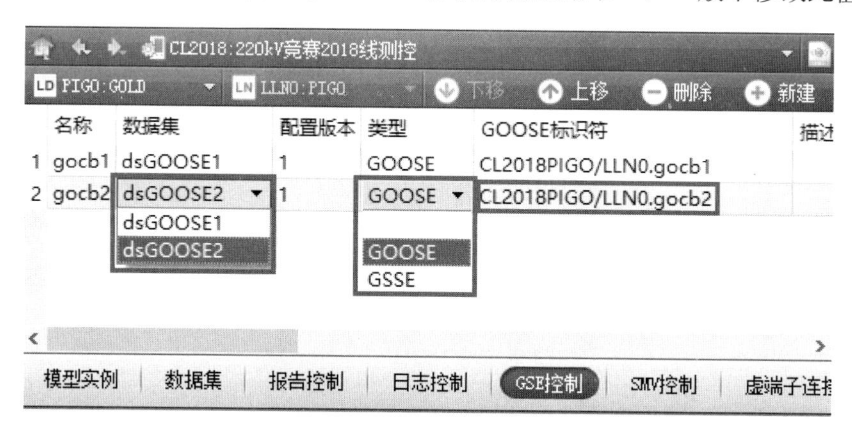

图 2-17　新建 GOOSE

GOOSE 控制块中，各选项含义如下：

1）“名称”：LD 内唯一，一般取默认值即可，工具保证其唯一性。

2）“数据集”：一个 GOOSE 控制块只与一个 GOOSE 数据集关联，一个 GOOSE 数据集只能与一个 GOOSE 控制块关联。

3）“配置版本”：默认值 1，可编辑，GOOSE 发送侧与接收侧保持一致即可。

4）“类型”：GOOSE 控制块必须选 GOOSE。

5）“GOOSE 标识符”：站内唯一，为可视字符串类型，取默认值即可，工具可保证其唯一性。

6）“描述”：控制块描述，可按需填写，表明含义即可。

（3）配置 SMV 控制。

在左侧 SCL 树，选择“装置”选项下的合并单元，在中间主窗口下方，选择“SMV 控制”，此时可查看、编辑、新建 SMV 控制块，如图 2-18 所示。

根据 Q/GDW 1396—2012 的规定，所有合并单元 ICD 均需自带 SMV 控制块，因此，SCD 添加完合并单元 IED 之后，每个合并单元 IED 均已自动导入 SMV 控制块，无需新建；但对于个别不够规范的合并单元 ICD，就需要使用 SCL 工具新建 SMV 控制块。

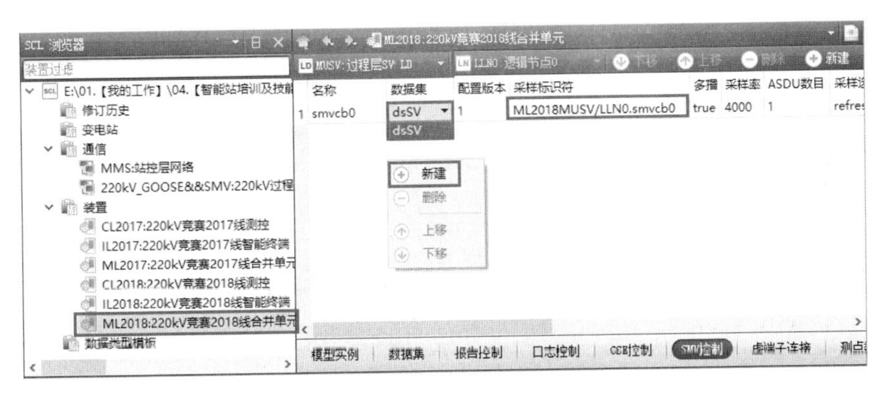

图 2-18　SMV 控制

新建 SMV 控制块的步骤，如图 2-19 所示。

1）在空白处点击右键，选择 新建(N) 或点击菜单栏 新建(N) 按钮，自动创建一个 SMV 控制块。

2）在控制块条目的“数据集”处选择控制块对应的 SMV 数据集。

3）在控制块条目的“采样标识符”处，工具会自动生成全站唯一的字符串，特殊情况下也可按需修改，修改后的 SMV 标识符需全站唯一，一般不修改此值。

4）控制块其余参数使用默认值保持不变。

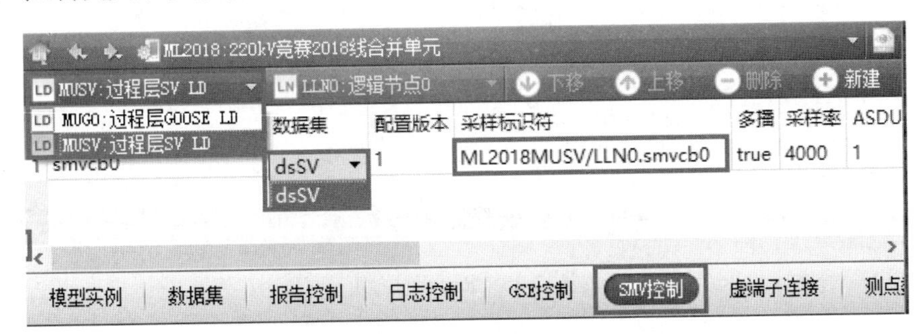

图 2-19　新建 SMV

SMV 控制块中，各选项含义如下：

1）“名称”：LD 内唯一，一般取默认值即可，工具保证其唯一性。

2）“数据集”：一个 SMV 控制块只与一个 SMV 数据集关联，一个 SMV 数据集只能与一个 SMV 控制块关联。

3）“配置版本”：默认值 1，可编辑，SMV 发送侧与接收侧保持一致即可。

4）“采样标识符”：站内唯一，为可视字符串类型，取默认值即可，工具可保证其唯一性。

5）“多播”：是否多播，使用默认值。

6）“采样率”：SMV 采样率，使用默认值，表示 4K 速率。

7）“ASDU”：SMV 报文 ASDU 个数，使用默认值。

8）“采样选项”：SMV 报文可选字段，使用默认值，报文中仅包含同步标记，目前，PCS 系列装置的 goose.txt 文件中不包含该项内容，因此 SCD 中选择与否，对通信无任何影响。

9）“描述”：控制块描述，可按需填写，表明含义即可。

（4）配置 Report 控制。Report 控制用于控制站控层数据集通过 MMS 与后台、远动等客户端通信。

在左侧 SCL 树，选择“装置”选项下测控装置，在中间主窗口下方，选择“报告控制”，此时可查看、编辑、新建报告控制块，如图 2-20 所示。

根据 Q/GDW 1396—2012 的规定，所有间隔层 IED 的 ICD 均需自带报告控制块，因此，SCD 添加完保护、测控等 IED 之后，每个 IED 均已自动导入报告控制块，无需新建；但对于个别不够规范的间隔层设备 ICD，就需要使用 SCL 工具新建报告控制块。

图 2-20　Report 控制

新建报告控制块的步骤，如图 2-21 所示。

1）在空白处点击右键，选择 新建(N) 或点击菜单栏 新建(N) 按钮，自动创建一个报告控制块。

2）在控制块条目的“数据集”处选择控制块对应的数据集。

3）在控制块条目的“报告标识符”处，工具会自动生成全站唯一的字符串，特殊情况下也可按需修改，修改后的报告标识符需全站唯一，一般不修改此值。

4）控制块其余参数使用默认值保持不变。

图 2-21　新建 Report

Report 控制块中，各选项含义如下：

1）“名称”：装置内唯一，一般取默认值即可，工具保证其唯一性。

2）“数据集”：一个 Report 控制块只与一个 Report 数据集关联，一个 Report 数据集只能与一个 Report 控制块关联。

3）“完整周期”：URCB 值为 0，BRCB 典型值为 30000ms，可按需修改，建议使用默认值。

4）“报告标识符”：装置内唯一，为可视字符串类型，取默认值即可，工具可保证其唯一性。

5）“配置版本”：默认值 1，可编辑，报告发送侧与接收侧保持一致即可。

6）“缓存”：true 表示该报告控制块为缓存报告，false 表示该报告控制块为非缓存报告。

7）“缓存时间”：缓存类报告的缓存时间，使用默认值，也可按需修改，量纲为 ms。

8）“触发选项”：定义报告上送的原因，典型方案选择变化、周期、总召唤三种原因，可按需选择，建议使用默认值，最后通过客户端进行统一设置。

9）“选项字段”：用于定制 MMS 报文的可选结构，可按需选择，建议使用默认值，最后通过客户端进行统一设置。

10）“描述”：控制块描述，可按需填写，表明含义即可。

（5）配置控制模式。用于配置 IED 内控制类信息的描述及控制类型，如图 2-22 所示。

在左侧 SCL 树，选择“装置”选项下测控装置，在中间主窗口下方，选择“测点数据”，在遥控测点组，可对遥控点配置控制模式和修改描述。

图 2-22　Remote 控制

4. 设置通信参数

（1）添加访问点。如在新建 IED 过程中已经选择导入通信信息，则忽略此步骤。如在新建 IED 过程中，因故未导入通信信息，则按照如下原则和图 2-23 所示方法进行配置。访问点添加原则如下：

1）对于站控层访问点（S1、P1、A1），应添加至 8-MMS 子网中的 Address 标签内。

2）对于过程层 GOOSE 访问点（G1），应添加至相应子网的 GSE 标签内。

3）对于过程层 SV 访问点（M1），应添加至相应子网的 SMV 标签内。

访问点添加至子网标签中的方法如图 2-23 所示，在 IED 筛选器窗口，将 IED 中的访问点拖拽至相关子网的标签中松开即可。

图 2-23　添加访问点

（2）设置 8-MMS 子网。对于 8-MMS 子网，其通信模型选项中，仅 Address 、 GSE 有效， SMV 对站控层子网无效。因此，仅需设置 Address 和 GSE 标签中的内容，其中 Address 用于配置站控层通信的 IP 地址和子网掩码；GSE 用于配置间隔层联锁 GOOSE 的组播地址等参数。Address 标签中配置 IP 地址和子网掩码即可，如图 2-24 所示。

图 2-24 IP 设置

操作小技巧：对于设置 IP 和子网掩码，当装置较多时，可以使用批量设置功能，具体的操作步骤如图 2-25 所示。

1）在 8-MMS 子网的 Address 标签中，选中所有要批量设置 IP 的 IED。

2）在选中列表上点右键，选择“批量设置”，或者通过点击工具栏的“批量设置”按钮，进入批量设置界面。

3）在 IP-Address 处输入批量设置 IP 的起始 IP 地址，后续 IED 的 IP 将逐个加 1 自动生成。

4）在 IP-Subnet 处输入子网掩码，后续所有 IED 都将使用该子网掩码。

5）其余通信参数不需要输入。

图 2-25 IP 批量设置

间隔层联锁跨装置实现时，一般采用 GOOSE 通信传输信号，GOOSE 报文与站控层 MMS 通信共用交换机，因此需要将站控层访问点（S1、P1、A1 等）同步添加至 8-MMS 子网的 GSE 标签中，并进行间隔层 GOOSE 配置，其配置方法参考本文过程层 GSE 配置方法。

对于不做间隔层 GOOSE 联锁的工程，可以不用配置间隔层联锁 GOOSE。

（3）设置 IEC GOOSE 子网。对于 IEC GOOSE 子网，其通信模型选项中，仅 GSE 、 SMV 有效， Address 对过程层子网无效。因此，一般仅需设置 GSE 和 SMV 标签中的内容，其中 GSE 用于配置过程层 GOOSE 的组播地址等参数，SMV 用于配置过程层 SMV 的组播地址等参数。GOOSE 和 SMV 不共网时，GSE 标签中可配置 GOOSE 控制块参数，如图 2-26 所示。

	装置名称	装置描述	访问点	逻辑设备	控制块	组播地址	VLAN标识	VLAN
1	CL2017	220kV竞赛2017线测控	G1	PIGO	gocb1	01-0C-CD-01-00-01	000	4
2	CL2017	220kV竞赛2017线测控	G1	PIGO	gocb2	01-0C-CD-01-00-02	000	4
3	IL2017	220kV竞赛2017线智能终端	G1	RPIT	gocb0	01-0C-CD-01-00-03	000	4
4	IL2017	220kV竞赛2017线智能终端	G1	RPIT	gocb1	01-0C-CD-01-00-04	000	4
5	IL2017	220kV竞赛2017线智能终端	G1	RPIT	gocb2	01-0C-CD-01-00-05	000	4
6	ML2017	220kV竞赛2017线合并单元	G1	MUGO	gocb0	01-0C-CD-01-00-06	000	4
7	CL2018	220kV竞赛2018线测控	G1	PIGO	gocb1	01-0C-CD-01-00-07	000	4
8	CL2018	220kV竞赛2018线测控	G1	PIGO	gocb2	01-0C-CD-01-00-08	000	4
9	IL2018	220kV竞赛2018线智能终端	G1	RPIT	gocb0	01-0C-CD-01-00-09	000	4
10	IL2018	220kV竞赛2018线智能终端	G1	RPIT	gocb1	01-0C-CD-01-00-0A	000	4
11	IL2018	220kV竞赛2018线智能终端	G1	RPIT	gocb2	01-0C-CD-01-00-0B	000	4
12	ML2018	220kV竞赛2018线合并单元	G1	MUGO	gocb0	01-0C-CD-01-00-0C	000	4

图 2-26　GSE 设置

⚠**注意**：对于设置 GOOSE，当装置较多时，可以使用批量设置功能，具体的操作步骤，如图 2-27 所示。

1）在 IEC GOOSE 子网的 GSE 标签中，选中所有要批量设置参数的 IED。

2）在选中列表上点右键，选择“批量设置”，或者通过点击工具栏的“批量设置”按钮，进入批量设置界面。

3）在 MAC-Address 处输入批量设置组播地址的起始组播 MAC 地址，后续 IED 的组播 MAC 地址将逐个加 1 自动生成。

4）在 APPID 处输入起始应用 ID，后续 IED 的 APPID 值将逐个加 1 自动生成，推荐的起始 APPID 值由组播 MAC 的后两段拼接而成。

5）VLAN-ID 处，应按如下原则填写：若使用交换机打 PVID，此处使用默认值；若使用装置打 VID，此处应按分配的 VID 值填写。

6）其余通信参数均采用默认值即可。

相关标准：

1）IEC 61850 标准 8-1 附录 B 的 GOOSE 组播地址有效范围：01-0C-CD-01-00-00～01-0C-CD-01-01-FF（范围不够时，可扩充至 01-0C-CD-01-3F-FF）。

2）VLAN-ID 的填写规则：按 3 位十六进制数据格式填写，范围是 0x000～0xFFF。

3）VLAN-Priority 填写规则：范围 0～7，7 的优先级最高；在无特殊要求的情况下，均采用默认值 4。

4）IEC 61850 标准 8-1 表 C.2 的 GOOSE 的 APPID 有效范围：4 位十六进制数据，范围 0x0000～0x3FFF，要求全站唯一，推荐由 GOOSE 组播地址后两段拼接而成，且不超过规定的有效范围。

5）MinTime：GOOSE 的变位时间 T1，量纲为 ms，典型值为 2ms，PCS 装置最低可做到 1ms。

6）MaxTime：GOOSE 的心跳时间 T0，量纲为 ms，典型值为 5000ms，PCS 装置在数据表达范围内，可任意设置该值。

图 2-27　GSE 批量设置

GOOSE 和 SMV 共网时，SMV 标签中可配置 SMV 控制块参数，对于 SMV 控制块参数的设置，详见本文 SMV 子网设置。

（4）设置 SMV 子网。对于 SMV 子网，其通信模型选项中，仅 GSE 、 SMV 有效，Address 对过程层子网无效。因此一般仅需设置 GSE 和 SMV 标签中的内容，其中 GSE 用于配置过程层 GOOSE 的组播地址等参数；SMV 用于配置过程层 SV 的组播地址等参数。

GOOSE 和 SMV 不共网时，SMV 标签中可配置 SMV 控制块参数，如图 2-28 所示。

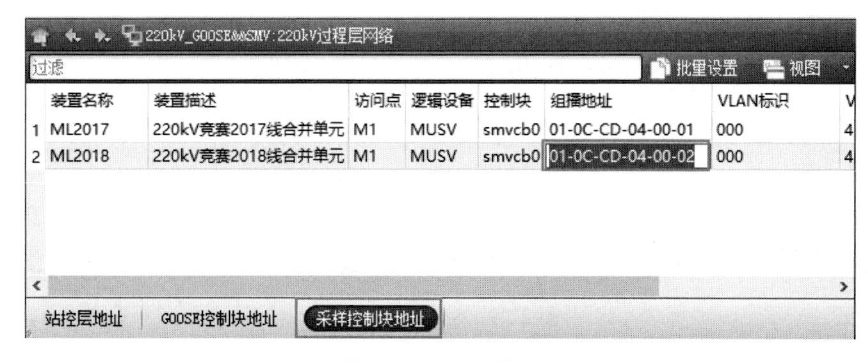

图 2-28　SMV 设置

⚠注意：对于设置 SMV，当装置较多时，可以使用批量设置功能，具体的操作步骤如图 2-29 所示。

1）在 SMV 子网的 SMV 标签中，选中所有要批量设置参数的 IED。

2）在选中列表上点右键，选择“批量设置”，或者通过点击工具栏的“批量设置”按钮，进入批量设置界面。

3）在 MAC-Address 处输入批量设置组播地址的起始组播 MAC 地址，后续 IED 的组播 MAC 地址将逐个加 1 自动生成。

4）在 APPID 处输入起始应用 ID，后续 IED 的 APPID 值将逐个加 1 自动生成，推荐的起始 APPID 值由组播 MAC 的后两段拼接后，或上 0x4000 而成。

5）VLAN-ID 处，应按如下原则填写：若使用交换机打 PVID，此处使用默认值；若使用装置打 VID，此处应按分配的 VID 值填写。

6）其余通信参数均采用默认值即可。

相关标准如下：

1）IEC 61850 标准 8-1 附录 B 的 SMV 组播地址有效范围：01-0C-CD-04-00-00～01-0C-CD-04-01-FF（范围不够时，可扩充至 01-0C-CD-04-3F-FF）。

2）VLAN-ID 的填写规则：按 3 位十六进制数据格式填写，范围是 0x000～0xFFF。

3）VLAN-Priority 填写规则：范围 0～7，7 的优先级最高；在无特殊要求的情况下，均采用默认值 4。

4）IEC 61850 标准 8-1 表 C.2 的 SMV 的 APPID 有效范围：4 位十六进制数据，范围 0x4000～0x7FFF，要求全站唯一，推荐由 SMV 组播地址后两段拼接而成，且不超过规定的有效范围。

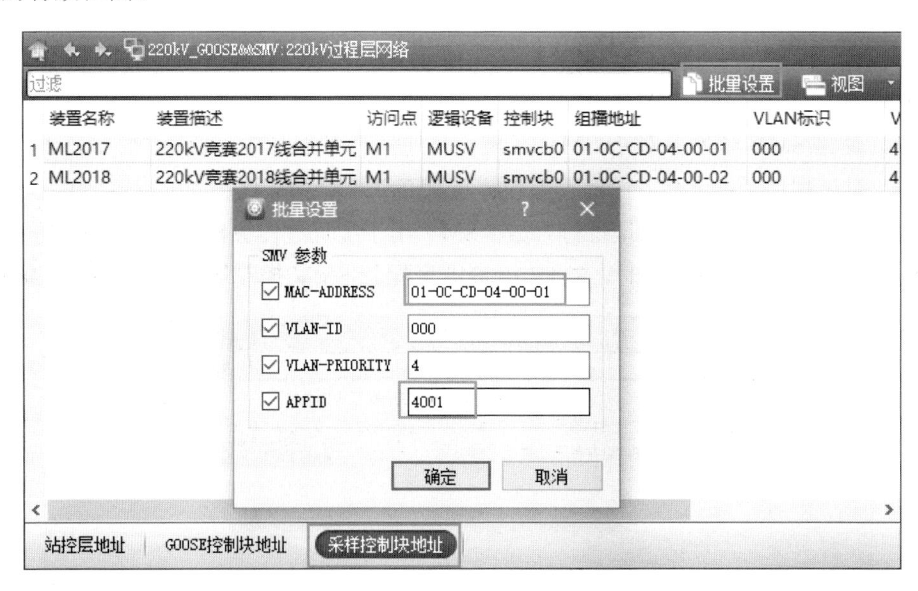

图 2-29　SMV 批量设置

GOOSE 和 SMV 共网时，“GOOSE 控制块”标签中可配置 GOOSE 控制块参数，“采样控制块”标签中可配置 SV 控制块参数。

5. GOOSE 连线

在智能变电站中，GOOSE 连线可理解为传统变电站中开关量及要求不高的模拟量的硬电缆接线，采集装置将其采集的各种信号（位置信号、机构信号、故障信号）以 GOOSE 数据集的形式，通过 GOOSE 组播技术向外发布，接收方根据需要进行信息订阅，这种数据间的订阅关系就是通过 GOOSE 连线的方式来体现。

在配置 GOOSE 连线时，以下连线原则需要遵循：

（1）对于订阅方，GOOSE 连线必须先添加外部信号，再加内部信号。

（2）对于订阅方，允许重复添加外部信号，但非首选方式。

（3）对于订阅方，一个内部信号只能连接一个外部信号，即同一内部信号不能重复添加。

（4）Q/GDW 1396—2012 规定，GOOSE 连线仅限连至数据 DA 一级。

在遵循上面原则的情况下，可以进行正常的 GOOSE 连线，当连线异常时，订阅信息的字体以灰色斜体字显示。

虚端子的连接过程如图 2-30 所示。

（1）选择“装置”：选择 GOOSE 订阅方的 IED。

（2）选择“虚端子连接”：在该功能选项中完成 GOOSE 及 SV 连线。

（3）选择“逻辑装置”：选择 GOOSE 订阅方对应的 LD，GOOSE 的典型 LD 名称为：PI、PIGO、GOLD 等。

（4）选择“逻辑节点”：选择 GOOSE 订阅虚端子连线所在的 LN，一般固定选择 LLN0。

（5）选择“外部信号”：IED 筛选器窗口，选“外部信号”，表示先选择 GOOSE 连线的发布信号。

将发布方的 G1 访问点下的 GOOSE 发布数据集中的 FCDA 拖至中间窗口，按虚端子表的顺序排放，也可根据需要调整顺序。

图 2-30　GOOSE 订阅配置

操作小技巧：

1）可通过“Ctrl”键，批量选中多个 GOOSE 发送信号，通过右键“附加选中信号”

功能，进行批量添加。

2）通过拖动发布方数据集的名称，实现整个数据集信息全部添加，然后将不用的信息再删除。

（6）连接内部虚端子。

当外部信号选择完毕，就需要完成内部信号的连接，以完成订阅信息的内部采集。

在订阅装置中，在 G1 访问点下依次按照 LN→FC→DO→DA 顺序，找到相应的 DA，将其拖至中间窗口中相应的外部信号所在的行并释放，即完成外部信号与内部信号的连接，也即完成一个 GOOSE 连线。

图 2-31 中，虚端子连线表示的含义就是：测控作为订阅方，接收智能终端发布的位置信号等。

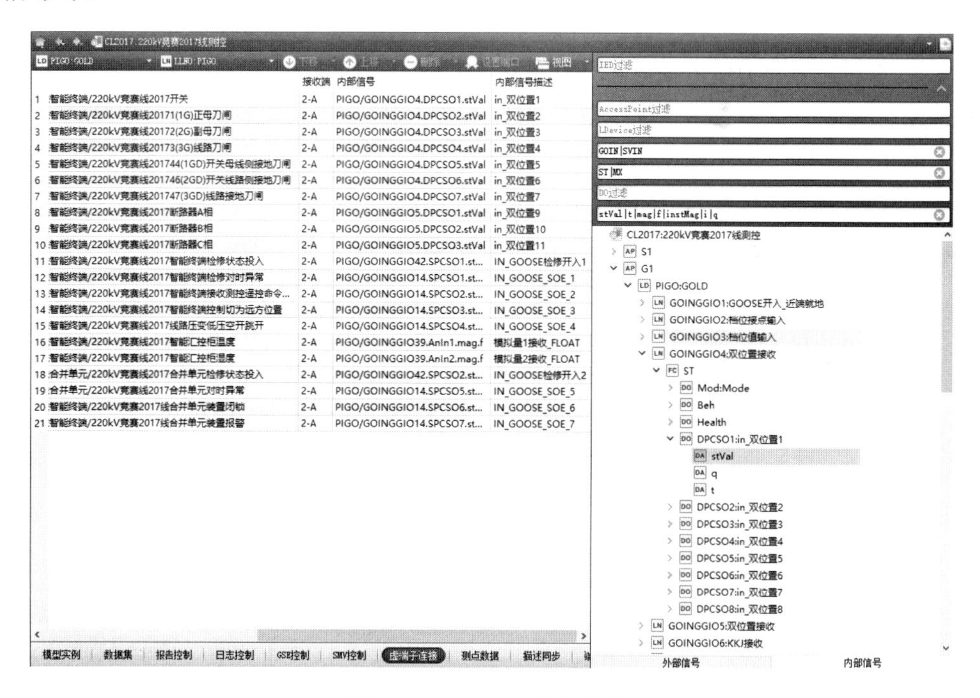

图 2-31　GOOSE 内部信号

操作小技巧：

1）在 Inputs 中选中一行作为起始行，在内部信号中找到对应数据结构的信号，点击右键，通过“关联选中的信号”功能，实现从被选信号开始的顺序自动关联。

2）GOOSE 连线完成后，在 Inputs 窗口，批量选中多个需要生成 T 连线的信号，并通过右键“生成 T 连线”功能，实现自动生成 T 连线，如图 2-32 所示。

6. SMV 连线

在智能变电站中（采用了 9-2 帧、FT3 帧），SMV 连线的作用类同于 GOOSE 连线，主要用于实时模拟量的传输，合并单元将其采集到的电压、电流进行同步后，以 9-2 帧或 FT3 帧，将电压、电流以数据集的形式，通过组播或点对点方式向外发布，接收方根据需要进行采样值订阅，这种采样值的订阅关系，就是通过 SMV 连线的方式来体现。

图 2-32　T 连线自动生成

在配置 SMV 连线时，有以下连线原则：

（1）对于订阅方，SMV 连线必须先添加外部信号，再加内部信号。

（2）对于订阅方，允许重复添加外部信号，但非首选方式。

（3）对于订阅方，一个内部信号只能连接一个外部信号，即同一内部信号不能重复添加。

（4）9-2 的点对点（P2P）与组网（NET）方式，连线区别在于点对点方式需要连通道延时虚端子，组网方式不需要连通道延时。

（5）Q/GDW 1396—2012 规定，SMV 连线应连至数据 DO 一级。

在遵循上面原则的情况下，可以进行正常的 SMV 连线，当连线异常时，订阅信息的字体以灰色斜体字显示。

虚端子的连接过程如图 2-33 所示。

（1）选择“装置”：选择 SMV 订阅方的 IED。

（2）选择“虚端子连接”：在该功能选项中完成 GOOSE 及 SMV 连线。

（3）选择“逻辑装置”：选择 SMV 订阅方对应的 LD，SMV 的典型 LD 名称为 PI、PISV、GOLD、MU 等。

（4）选择“逻辑节点”：选择 SMV 订阅虚端子连线所在的 LN，一般固定选择 LLN0。

（5）选择“外部信号”：在 IED 筛选器窗口，选“外部信号”，表示先选择 SMV 连线的发布信号。

将发布方的 M1 访问点下的 SMV 发布数据集中的 FCD 拖至中间窗口，按虚端子表的顺序排放，也可根据需要调整顺序。

图 2-33　SMV 订阅配置

操作小技巧：

1）可通过“Ctrl”键，批量选中多个 SMV 发送信号，通过右键“附加选中信号”功能，进行批量添加。

2）通过拖动发布方数据集的名称，实现整个数据集信息全部添加，然后将不用的信息再删除。

（6）连接内部虚端子。当外部信号选择完毕，就需要完成内部信号的连接，以完成订阅信息的内部采集。在订阅装置中，在 M1 访问点下依次按照 LN→FC→DO 顺序，找到相应的 DO，将其拖至中间窗口中相应的外部信号所在的行并释放，即完成外部信号与内部信号的连接，也即完成一个 SMV 连线。如图 2-34 所示，虚端子连线表示的含义就是：测控作为订阅方，接收间隔合并单元发布的 SMV 信号。

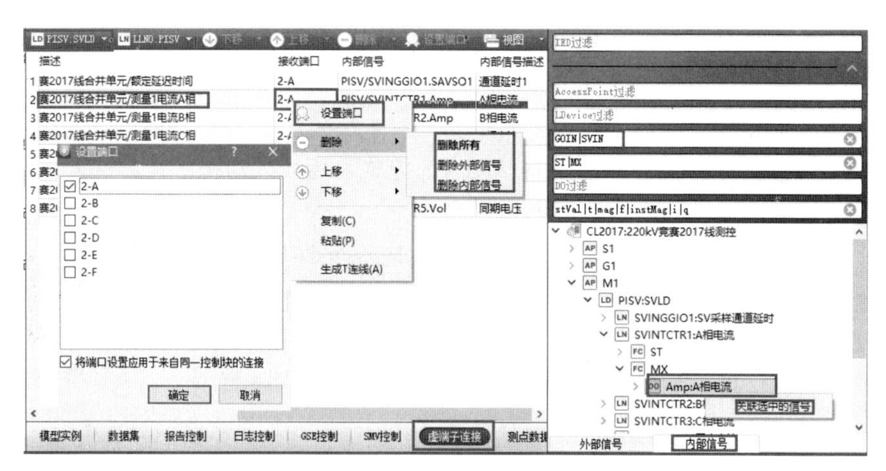

图 2-34　SMV 内部信号

操作小技巧：在 Inputs 中选中一行作为起始行，在内部信号中找到对应数据结构的信号，点击右键，通过“关联选中的信号”功能，实现从被选信号开始的顺序自动关联。

7. SCL 校验

当虚端子配置完毕后，可对 SCD 文件进行 SCL 校验，校验主要从图 2-35 所示的两个方面开展。

图 2-35　SCL 校验

（1）Schema 校验。Schema 校验主要用来检查 SCD 文件的结构是否与 Schema 模板一致，例如：字符长度、数据长度等，校验的结果分为告警和错误两种，其中，错误类必须进行处理；告警类则多数情况下可忽略。

（2）语义校验。语义校验主要用于检查 SCD 中的配置内容是否满足已有规定，例如：数据引用是否正确、虚端子连线的数据类型是否匹配等，校验的结果分为告警和错误两种，其中，错误类必须进行处理；告警类不影响使用，多数情况下可忽略。

8. 光口配置

由于智能变电站同时存在点对点 SV 与组网 SV 两种方式，为避免组播数据的无序发送，并降低网络负载，因此引入配置“插件”功能，实现数据与光口的关联配置，使组播数据可按需收发。

配置“插件”功能，是基于板卡的控制块配置，操作步骤如图 2-36 所示。

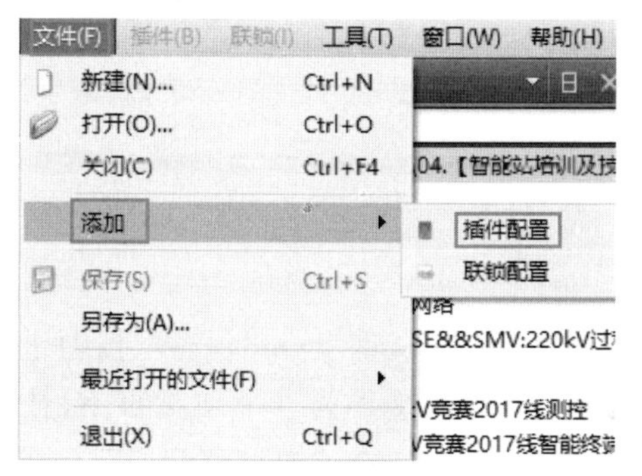

图 2-36　添加“插件”

（1）添加插件。SCL 工具默认不带“插件”内容，需自行添加，如图 2-36 所示，添加“插件”后，将在 SCD 文件同目录下自动生成与 SCD 文件同名的扩展名为.bcg 的插件配置信息文件 竞赛变.bcg 竞赛变.scd，与 SCD 文件配套使用。

（2）配置插件。当 SCD 中 GOOSE 及 SMV 的控制块、连线配置完毕后，可通过点击工具边栏中“插件配置”，打开“插件配置”界面。

1）添加 IED。在“插件”窗口，通过右键“新建插件配置”选项，添加待配 IED。

2）添加插件。以 IED 为单位，将待选插件拖至中间窗口释放，完成插件添加。

3）配置控制块。如图 2-37 所示，根据全站信息流走向，将发送、接收控制块按插件进行分配，将相应的控制块按照类别，拖至需要发送或接收的插件中。

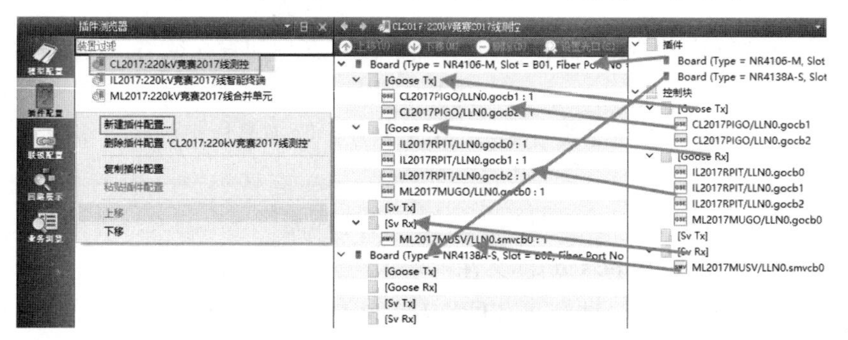

图 2-37　配置插件

⚠注意：控制块可按类别拖放，例如：直接拖动待选控制块中的标题[Goose TX]，至相关插件中的［Goose TX］并释放，可实现控制块批量添加，然后再将不对应的控制块删除。

4）配置光口。对于已分配好插件的控制块，直接双击，可弹出图 2-38 所示的“设置光口”窗口，里面填写该控制块需要从插件发送或接收的光口号，光口号从 1 开始编号，多光口时，光口号间以英文逗号隔开，如不填接收光口号，则无如法导出 GOOSE 配置。

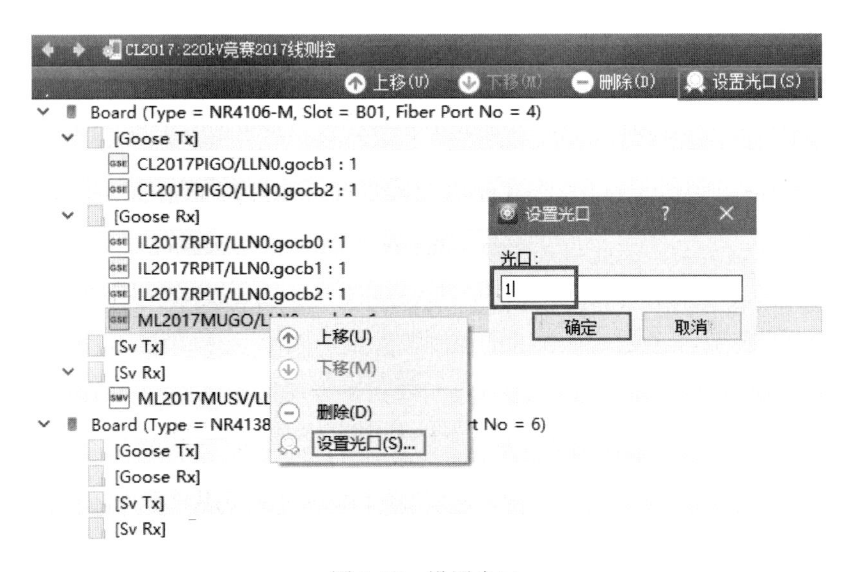

图 2-38　设置光口

（3）保存配置。当所有控制块的端口号配置完毕，点击“文件”→“保存”按钮进行保存，保存后生成的文件为一个独立的 XML 格式文件，该文件位于 SCD 文件同级目录下，文件名称与 SCD 文件同名，扩展名为.bcg。在 SCL 工具导出某 IED 的 GOOSE 配置时，GOOSE 配置文件中将包含有 XXX.bsg 中配置的光口信息，如图 2-39 所示。

```
[GoCB1] #220kV竞赛2017线智能终端
Addr = 01-0C-CD-01-00-03
Appid = 1003
GoCBRef = IL2017RPIT/LLN0$GO$gocb0
AppID = IL2017RPIT/LLN0.gocb0
DatSet = IL2017RPIT/LLN0$dsGOOSE0
ConfRev = 1
numDatSetEntries = 46
FiberChNo = 1
```

图 2-39　GOOSE 配置中的光口信息

9. 导出配置

在 SCD 文件配置完成后，需要从 SCD 中导出相关装置的配置，并下装到装置中，使得装置可以按照配置好的虚端子进行数据交换，PCS 装置一般需要导出的装置级配置有 CID 及 GOOSE 两种。

如图 2-40 所示，点击“SCL 导出”按钮，可选择需要导出的文件种类，最常用的是选择“批量导出 CID 和 Uapc-Goose 文件”。

如图 2-41 所示，进入“批量导出 CID 及 Uapc-Goose 文件”窗口后，需要指定导出配置的存放目录，以及选择导出哪些装置的配置，最后点击“导出”按钮完成配置导出。

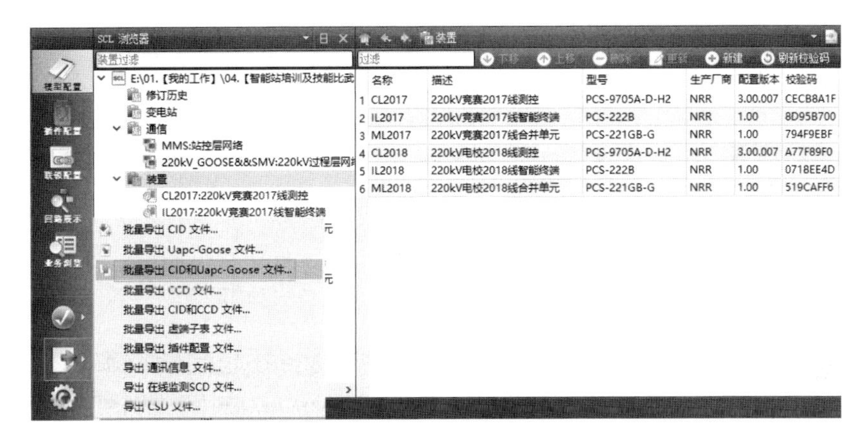

图 2-40　SCL 导出

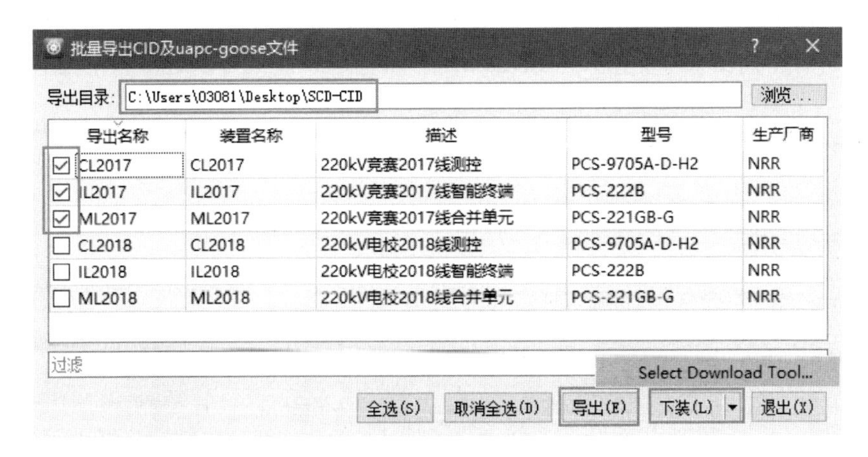

图 2-41　批量导出配置

通过“下装”按钮旁的小黑色下三角，可实现下载工具 PCS-PC 与 SCD 工具的关联，如图 2-42 所示；通过点击“下装”按钮，实现直接启动下载工具 PCS-PC，并自动加载已选择导出配置的所有 IED。

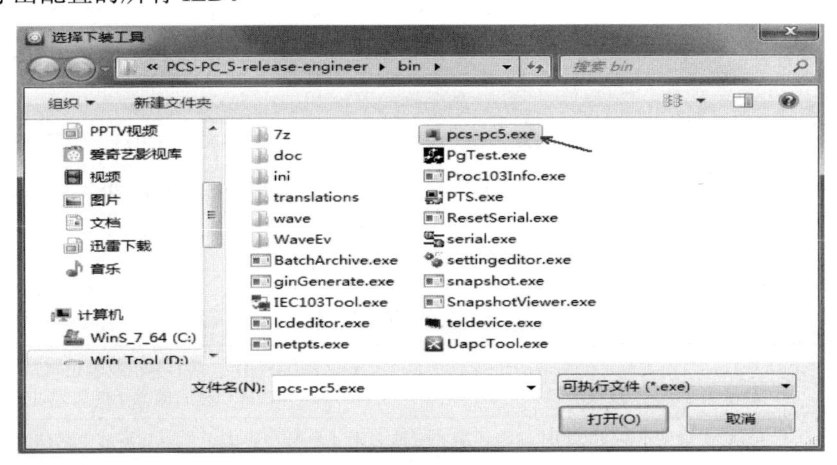

图 2-42　关联下载工具 PCS-PC

三、维护要点及注意事项

1. 端口配置用的插件（见图 2-43）从哪里获取

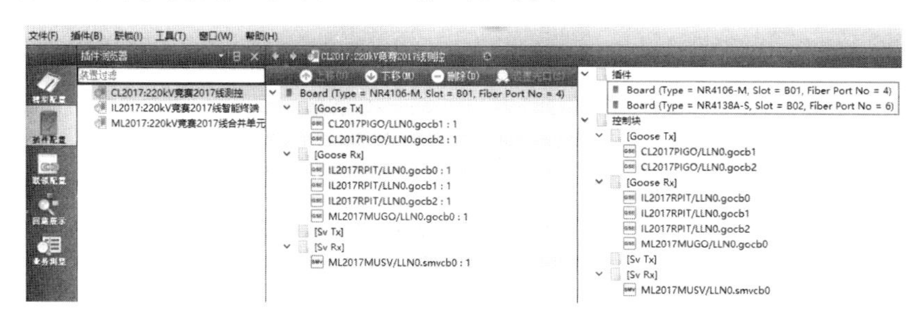

图 2-43　插件信息

当进行板卡配置时，如果右侧没有板卡可选择，是因为在 ICD 里缺少私有的板卡信息描述引起的。如图 2-44 所示，IEDname 下面有这一行就可以进行板卡配置，反之就不可以。

```
<IED name="CL2017" desc="220kV竞赛2017线测控" type="PCS-9705A-D-H2" manufacturer="NRR" configVersion="3.00.007">
  <Private type="NR_Board">Type:NR4106-M,Slot:B01,Fiber:4</Private>
  <Private type="NR_Board">Type:NR4138A-S,Slot:B02,Fiber:6</Private>
  <Private type="NR_Lock">NR4106;1,NR4106;1</Private>
  <Private type="NR_MainCpu">Type:NR4106,Slot:B01</Private>
  <Private type="TPLInfo">version:2.10G,revision:1.06G,tool:PCS-Explorer_1.1.2,cidRuleVersion:1.1.2</Private>
  <Private type="NR_VARMAP">out:B01.DPOS.DPOS1;in:B01.DPOS.in_POS1</Private>
  <Private type="NR_VARMAP">out:B01.DPOS.DPOS2;in:B01.DPOS.in_POS2</Private>
  <Private type="NR_VARMAP">out:B01.DPOS.DPOS3;in:B01.DPOS.in_POS3</Private>
  <Private type="NR_VARMAP">out:B01.DPOS.DPOS4;in:B01.DPOS.in_POS4</Private>
  <Private type="NR_VARMAP">out:B01.DPOS.DPOS5;in:B01.DPOS.in_POS5</Private>
  <Private type="NR_VARMAP">out:B01.DPOS.DPOS6;in:B01.DPOS.in_POS6</Private>
  <Private type="NR_VARMAP">out:B01.DPOS.DPOS7;in:B01.DPOS.in_POS7</Private>
  <Private type="NR_VARMAP">out:B01.DPOS.DPOS8;in:B01.DPOS.in_POS8</Private>
  <Private type="NR_VARMAP">out:B01.DPOS.DPOS9;in:B01.DPOS.in_POS9</Private>
```

图 2-44　文本中的插件信息

2. 报“无法为（……）获取 OutVarName”

PCS-SCD 工具在导出 PCS-222B 智能终端的过程层 GOOSE 配置时，报如图 2-45 所示的错误，导致无法导出 goose.txt 文件。具体分析如表 2-1 所示。

```
导出 C:\Users\dugb\Desktop\IB5022A\B01_NR1136_goose.txt...
错误:无法为 GooseRx 控制块 'CB5022PIGO/LLN0.gocb1' 的 INPUT CB5022PIGO/QGD4ACSWI1$ST$OpOpn$general 获取 OutVarName
错误:无法为 GooseRx 控制块 'CB5022PIGO/LLN0.gocb1' 的 INPUT CB5022PIGO/QGD4ACSWI1$ST$OpCls$general 获取 OutVarName
错误:无法为 GooseRx 控制块 'CB5022PIGO/LLN0.gocb1' 的 INPUT CB5022PIGO/QGD4ILCILO1$ST$EnaOp$stVal 获取 OutVarName

导出 C:\Users\03081\Desktop\SCD-CID\CT1111\B99_Unknown_goose.txt...
错误:无法为 GooseRx 控制块 'UT1111ARPIT/LLN0.gocb1' 的 INPUT UT1111ARPIT/BinInGGIO2$ST$Ind12$t 获取 OutVarName
错误:无法为 GooseRx 控制块 'UT1111ARPIT/LLN0.gocb1' 的 INPUT UT1111ARPIT/BinInGGIO2$ST$Ind13$t 获取 OutVarName
错误:无法为 GooseRx 控制块 'UT1111ARPIT/LLN0.gocb1' 的 INPUT UT1111ARPIT/BinInGGIO2$ST$Ind14$t 获取 OutVarName
错误:无法为 GooseRx 控制块 'UT1111ARPIT/LLN0.gocb1' 的 INPUT UT1111ARPIT/BinInGGIO2$ST$Ind15$t 获取 OutVarName
```

图 2-45　控制块错误信息

表 2-1　　错误含义及分析

错误含义	（1）IED 的接收虚端子无对应的短地址，导致不满足 PCS-SCD 工具的导出校验逻辑。 （2）B99 表示 1396 接收端口未配置，无法获取 OutVarName 标识接收虚端子的短地址为空
异常分析	（1）该错误常见于 PCS-222B 智能终端的接地刀闸 4 遥控接收虚端子，其模型中名称为“接地刀闸 4 控分”、“接地刀闸 4 控合”、“接地刀闸 4 闭锁”的遥控接收虚端子实为空点，内部无短地址。 （2）T 连线对应的虚端子未配置 1396 接收端口，而 Stval 配置有端口

续表

解决措施	（1）连接遥控接收虚端子时，应避开名称为“接地刀闸 4”的接收虚端子；如地刀控制虚端子确实不够用，可使用名称为“备用 X”的备用控制点虚端子，但需注意避开“备用 1”（专用于带“远/近控切换”的断路器遥控）。 （2）补上 T 连线的 1396 接收端口即可

3．报“ReportControl（……）的 dataset（=……）无效”

PCS-SCD 工具在导出站控层 CID 文件时，报如图 2-46 所示的错误，导致无法导出 device.cid 文件。具体分析如表 2-2 所示。

导出 C:\Users\dugb\Desktop\SCD-CID\PE1001\B01_NR4106_device.cid...
错误:ReportControl (IED name = PE1001, AccessPoint name = S1, LDevice inst = PROT, LN = LLN0, ReportControl name = brcbDin) 的 dataset(=dsDin) 无效
错误:ReportControl (IED name = PE1001, AccessPoint name = S1, LDevice inst = CTRL, LN = LLN0, ReportControl name = brcbDin) 的 dataset(=dsDin) 无效

图 2-46　数据集错误信息

表 2-2　　错误含义及分析

错误含义	IED 相关 LD 下的报告控制块所关联的名称为“dsDin”数据集不存在
异常分析	该错误常见于默认的报告控制块为手工填写的情况，使用工具自动生成时不存在此问题
解决措施	（1）修改报告控制块所关联的数据集或删除该无效报告控制块后使用工具重新添加并关联正确的数据集 （2）删除无用的报告控制块

4．报“GSEControl（……）引用了一个无效的 GSE”

PCS-SCD 工具在导出站控层 CID 文件时，报如图 2-47 所示的错误，导致无法导出 device.cid 文件。具体分析如表 2-3 所示。

导出 C:\Users\dugb\Desktop\SCD-CID\PE1001\B01_NR4106_device.cid...
错误:GSEControl (IED name = PE1001, AccessPoint name = S1, LDevice inst = CTRL, LN = LLN0, GSEControl name = gocb0) 引用了一个无效的 GSE

图 2-47　GOCB 错误信息

表 2-3　　错误含义及分析

错误含义	IED 相关 LD 下存在无效的 GOOSE 控制块，在 PCS-SCD 工具中表现为 GOOSE 控制块为斜体字  LD CTRL:CTRL　LN LLN0:CTRL 名称　数据集　配置版本　类型　GOOSE标识符　描述 1　*gocb0*　*dsGOOSE*　*1*　*GOOSE*　*PE1001CTRL/LLN0.gocb0*
异常分析	（1）默认的站控层联锁 GOOSE 控制块为手工填写的情况，使用工具自动生成时不存在此问题 （2）GOOSE 控制块本身并无异常，但未添加到相关子网内（IED 存在的 GOOSE 控制块必须属于某一个子网）
解决措施	（1）修改 GOOSE 控制块的异常属性或删除该无效 GOOSE 控制块后使用工具重新添加 （2）将该 GOOSE 控制块添加到正确的子网内

5．报“DAI（……）引用了一个无效的 DA”

PCS-SCD 工具在导出 CID 文件时，报如图 2-48 所示的错误，导致无法导出 device.cid 文件。具体分析如表 2-4 所示。

导出 C:\Users\dugb\Desktop\SCD-CID\PE1001\B01_NR4106_device.cid...
错误:DAI (IED name = PE1001, AccessPoint name = S1, LDevice inst = LD0, LN = SCIF1, DOI name = NamPlt, DAI name = ldNs) 引用了一个无效的 DA

图 2-48 GOCB 错误信息

表 2-4 错误含义及分析

错误含义	IED 实例化数据与模板数据不匹配
异常分析	该问题多出现于模型文件有手工配置的情况下，由于笔误造成实例化数据与模板数据不匹配 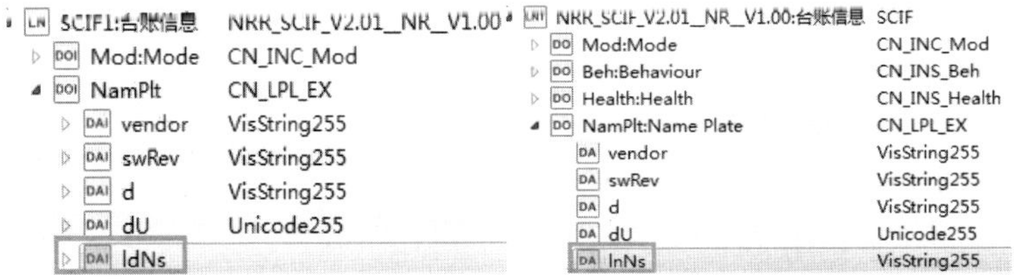 LN SCIF1:台账信息 NRR_SCIF_V2.01_NR_V1.00 DOI Mod:Mode CN_INC_Mod DOI NamPlt CN_LPL_EX DAI vendor VisString255 DAI swRev VisString255 DAI d VisString255 DAI dU Unicode255 DAI ldNs LNT NRR_SCIF_V2.01_NR_V1.00:台账信息 SCIF DO Mod:Mode CN_INC_Mod DO Beh:Behaviour CN_INS_Beh DO Health:Health CN_INS_Health DO NamPlt:Name Plate CN_LPL_EX DA vendor VisString255 DA swRev VisString255 DA d VisString255 DA dU Unicode255 DA lnNs VisString255
解决措施	在文本编辑器中找到笔误之处，进行修正

6. 报“GSE（……）的 MAC-Address（=01-0C-CD-01--）无效”

PCS-SCD 工具在导出站控层 CID 文件时，报如图 2-49 所示的错误，导致无法导出 device.cid 文件。具体分析如表 2-5 所示。

导出 C:\Users\dugb\Desktop\SCD-CID\PE1001\B01_NR4106_device.cid...
错误:GSE (SubNetwork name = MMS, ConnectedAP iedName = PE1001, ConnectedAP apName = S1, GSE ldInst = CTRL, GSE cbName = gocb0) 的 MAC-Address(=01-0C-CD-01-) 无效

图 2-49 GOCB 错误信息

表 2-5 错误含义及分析

错误含义	名为“MMS”的子网内的站控层联锁 GOOSE 控制块，组播地址无效或未填写
异常分析	划分子网时，漏设置组播 MAC 地址 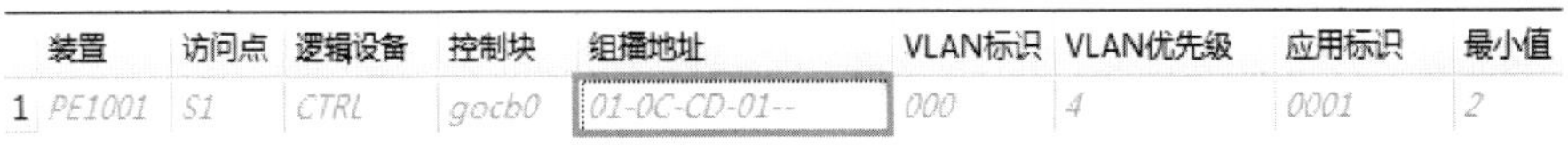 装置 访问点 逻辑设备 控制块 组播地址 VLAN标识 VLAN优先级 应用标识 最小值 1 PE1001 S1 CTRL gocb0 01-0C-CD-01-- 000 4 0001 2
解决措施	在组播地址范围内，填上站内唯一的组播地址

7. 报“GSE （……） 的 APPID 未设置值”

PCS-SCD 工具在导出站控层 CID 文件时，报如图 2-50 所示的错误，导致无法导出 device.cid 文件。具体分析如表 2-6 所示。

导出 C:\Users\dugb\Desktop\SCD-CID\PE1001\B01_NR4106_device.cid...
错误:GSE (SubNetwork name = MMS, ConnectedAP iedName = PE1001, ConnectedAP apName = S1, GSE ldInst = CTRL, GSE cbName = gocb0) 的 APPID 未设置值

图 2-50 GOCB 错误信息

表 2-6 错误含义及分析

错误含义	名为“MMS”的子网内的站控层联锁 GOOSE 控制块，APPID 属性值无效或未填写
异常分析	划分子网时，漏设置组播 APPID

续表

<table>
<tr><td>异常分析</td><td><table><tr><th></th><th>装置</th><th>访问点</th><th>逻辑设备</th><th>控制块</th><th>组播地址</th><th>VLAN标识</th><th>VLAN优先级</th><th>应用标识</th><th>最小值</th></tr><tr><td>1</td><td>PE1001</td><td>S1</td><td>CTRL</td><td>gocb0</td><td>01-0C-CD-01-00-01</td><td>000</td><td>4</td><td></td><td>2</td></tr></table></td></tr>
<tr><td>解决措施</td><td>填上全站唯一的组播 APPID（4 位十六进制数据）</td></tr>
</table>

第二节　后台监控系统

一、系统设置

（一）系统参数设置

在桌面运行 PCS-9700 监控系统启动图标 pcscon，输入登录名、密码和有效时间（有效时间为 0 时一直有效，超过有效时间时所有功能不能再使用）进入系统控制台，如图 2-51 所示，包括告警窗、控制台和画面监视三个部分。

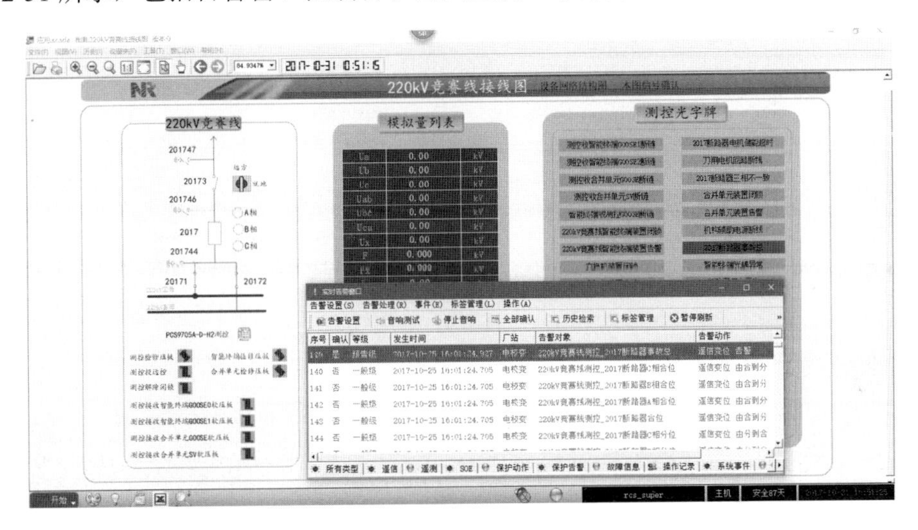

图 2-51　在线运行界面

通过控制台，点击“开始”→“维护程序”→“系统设置”，或者直接在终端内输入 configmain 命令，进入系统参数设置。

弹出权限校验对话框，输入用户名和密码（请牢记用户密码），点击“确定”即可打开配置工具，如图 2-52 所示。主要设置电压等级的颜色、告警和 SCADA 等常用参数。

1. 画面设置

画面设置主要设置电压等级的颜色、画面遥控闭锁及监护节点等画面常用参数。

主接线图禁止遥控：默认勾上，选中此标志则禁止在主接线图中进行遥控操作。画面编辑中，勾上“填库”属性的画面，认为是主接线图。

启用拓扑：默认勾上。如果不需要拓扑着色，可取消该项选择。画面中，拓扑连接线通过电压等级的颜色来着色，一次设备模型通过颜色决策着色。

监护节点：需要异机监护时，选择对应的监护节点。

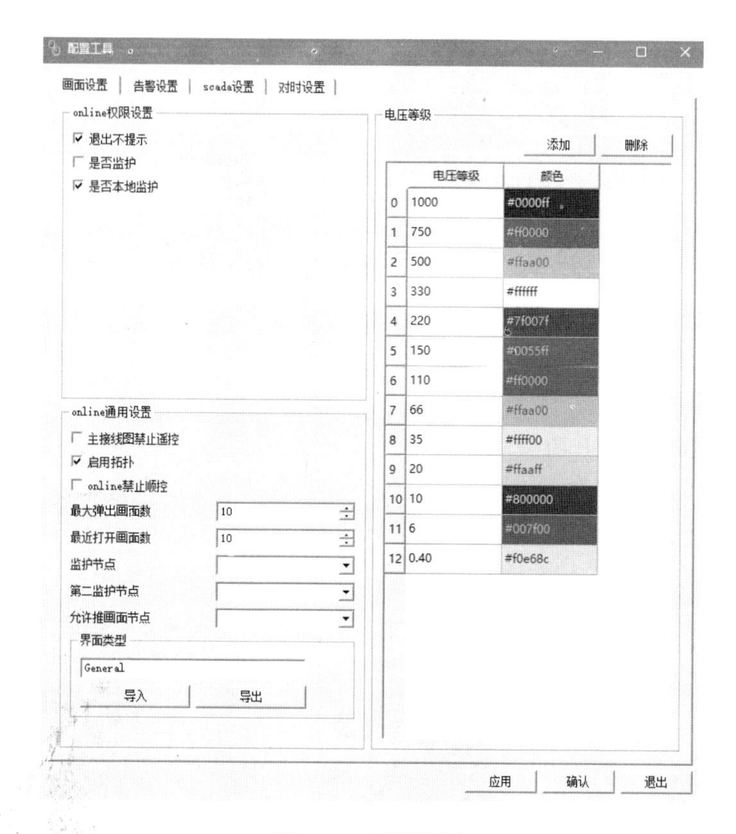

图 2-52　画面设置

2. 告警设置

告警设置主要设置语音、告警入库、雪崩流量参数等告警常用参数，如图 2-53 所示。

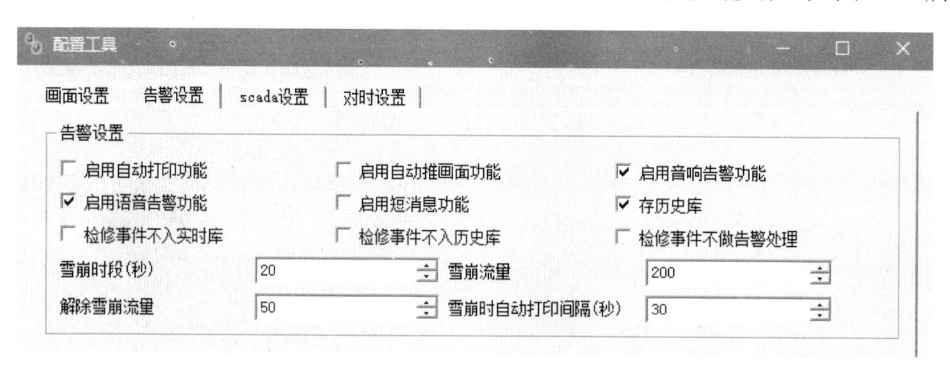

图 2-53　告警设置

其中，“启用自动打印功能”“启用自动推画面功能”“启用音响告警功能”“启用语音告警功能”“启用短消息功能”“存历史库”均为系统级的设置，只有这些选项被选中，又在告警处理中进行了自动打印、推画面、音响告警等相关配置，系统才能实现对应的告警功能。

雪崩时段：判断是否发生雪崩的时间段，如果在该时间段内的事件条数大于“雪崩流量”，则认为发生了雪崩。

雪崩流量：在雪崩时段内，判断发生雪崩的事件条数。

解除雪崩流量：如果雪崩时段内，事件条数小于“解除雪崩流量”，则认为可以取消雪崩状态。

3. SCADA 设置

SCADA 设置主要设置 SCADA 系统的四遥、事故、旁代、保护管理等常用参数，如图 2-54 所示。各参数的详细选项说明请参考说明书。

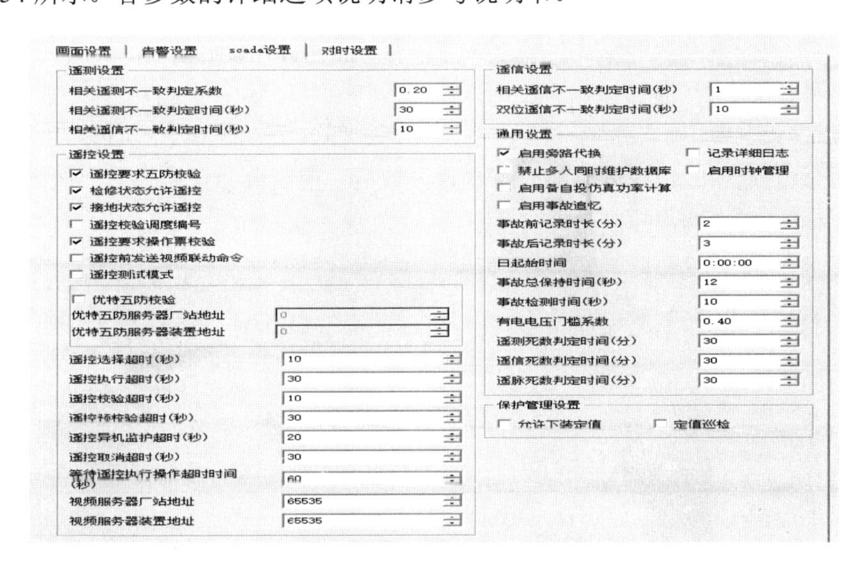

图 2-54　SCADA 设置

4. 对时设置

对时设置主要用于设置监控系统的对时模式以及时钟源参数，并可以测试与时钟源的 SNTP 对时服务，如图 2-55 所示。

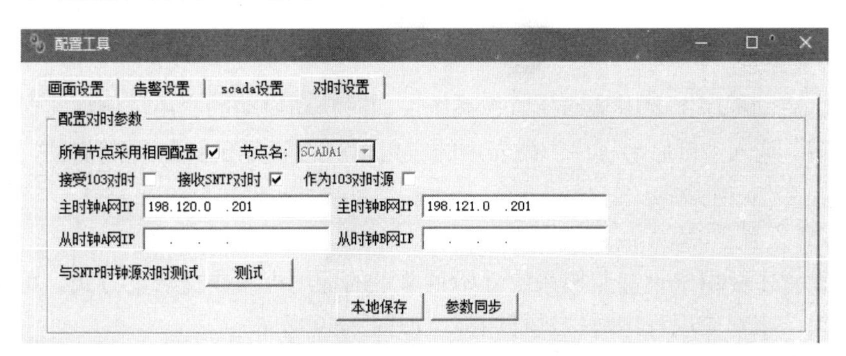

图 2-55　对时设置

接收 SNTP 对时：当需要实现 SNTP 对时时，该功能需要投入。

主时钟 A 网 IP：SNTP 时钟服务器的 A 网 IP 地址，当需要实现主备网对时时，还需要填写“主时钟 B 网 IP”。

（二）控制台菜单配置

控制台是 PCS-9700 监控系统的控制中心，可用于启动各个应用的图形界面和配置界面，如图 2-56 所示。

控制台的“开始”菜单，大部分内容都是可以定制的。通过点击控制台“开始”→“控制台设置”菜单设置进入图 2-57 所示界面。

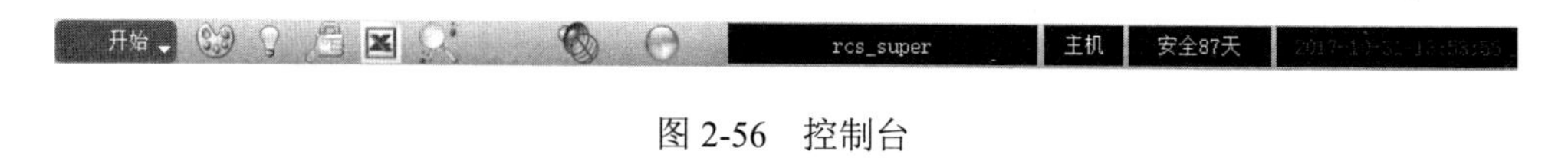

图 2-56　控制台

1. 控制台设置

控制台设置主要用于设置控制台上的图标、字体大小、自启动画面等。当勾上“控制台自动隐藏”选项时，在鼠标离开控制台区域后，控制台会自动隐藏，把鼠标移到窗口底部时，可以自动调出控制台。

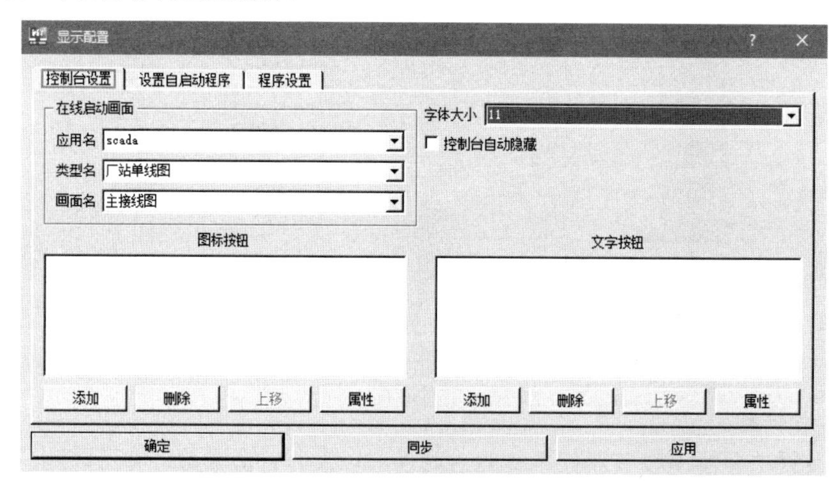

图 2-57　控制台设置

2. 设置自启动程序

设置自启动程序主要用来选择监控系统启动时自动启动的应用，例如实时告警窗、图形浏览窗。选入“自启动程序”列表中的应用程序将随着 pcscon 一起启动，如图 2-58 所示。

3. 程序设置

程序设置主要用来设置监控系统开始菜单中的应用程序快捷启动方式，可通过创建不同的分组，来对应用程序链接进行归类，如图 2-59 所示。

二、画面图形

PCS-9700 监控系统，综合南瑞继保 SOPHIC 系统和 RCS-9700 监控系统的优点，可以通过先画图再填库的方式建立系统，同时也支持传统的先做库后关联的配置方式，推荐使用先画图再填库的方式。

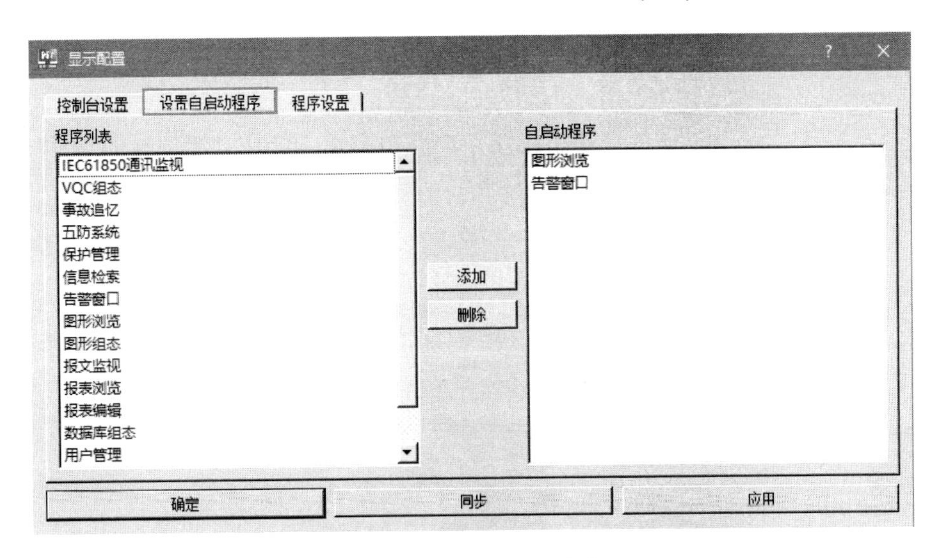

图 2-58　设置自启动程序

图 2-59　程序设置

（一）图形组态工具

通过控制台点击“维护程序”→“图形组态”，或在终端内输入 drawgraph 命令，打开图形组态工具的登录界面，在权限校验对话框中输入用户名和密码，即可开启画面编辑窗，如图 2-60 所示。

图元、设备区中有“设备”和“设备列表”两个标签，“设备”标签中列出了当前逻辑库所有的设备对象，“设备列表”标签列出了当前画面所拥有的设备对象，如图 2-61

所示，可以在“设备列表”标签中对间隔进行改名或删除空间隔。

（二）新建画面

在画面字典“scada”→“厂站单线图”上点击右键，选择“增加画面”，输入画面名和厂站名，完成新画面文件的创建，如图 2-62、图 2-63 所示。

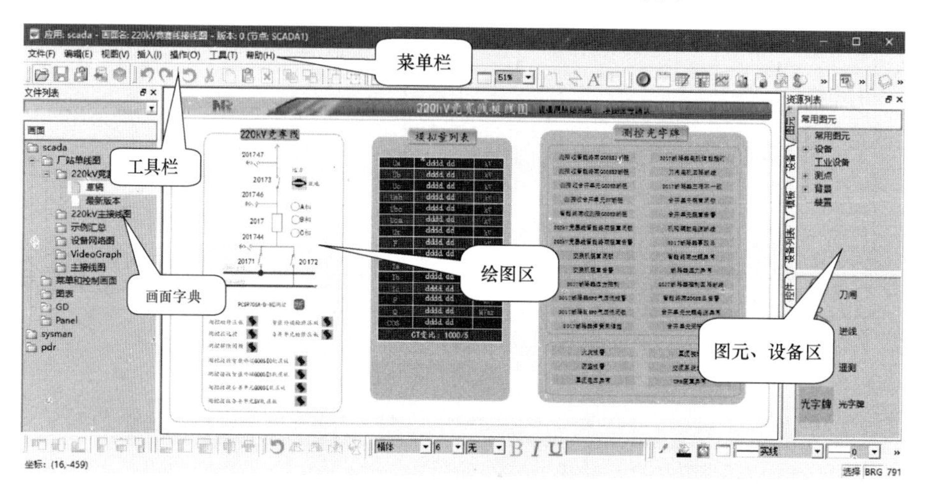

图 2-60　图形编辑器

在新增的画面点击右键“画面属性”可以对画布的大小进行设置，一般采用 1680×1050 的分辨率，去除边框的大小可把画布大小设置为 1600×900。

如果当前画面为主接线图，则需把“填库”标志勾上，一个变电站只能有一张填库图，其他标志目前未用。

⚠**注意**：若主接线图需要在一体“五防”或顺控中操作，如图形开票，则该主接线画面的“画面共享”属性需要被选中。

（三）制作主接线图

从图元区选择相应的图元拖到绘图区，在随后自动弹出的界面中设置设备的属性，如图 2-64 所示，包括设备名和电压等级。

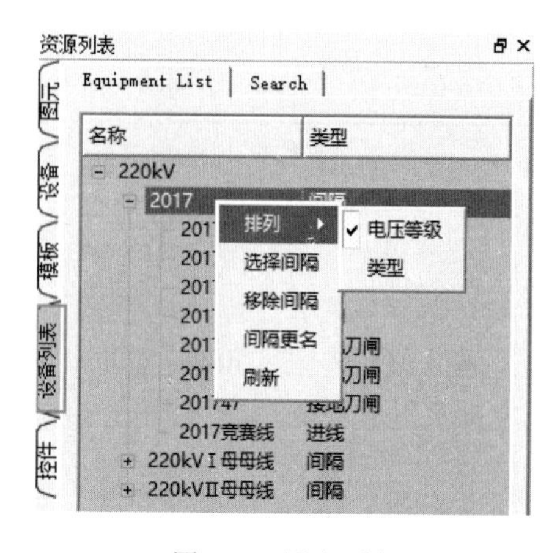

图 2-61　设备列表

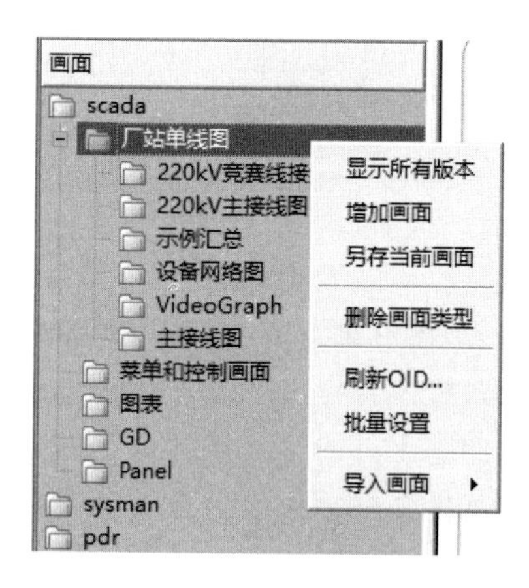

图 2-62　新建画面

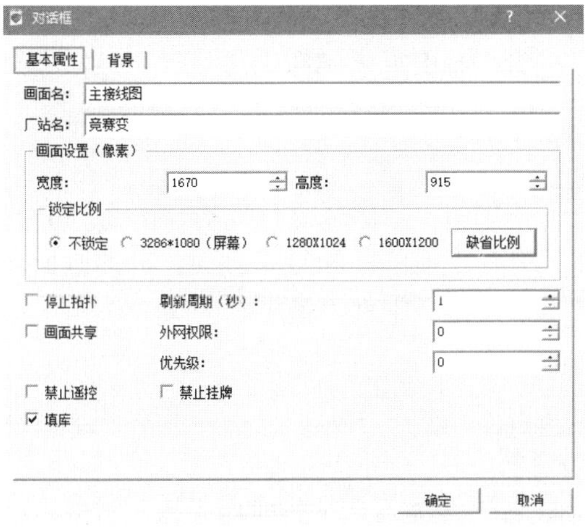

图 2-63　画面属性 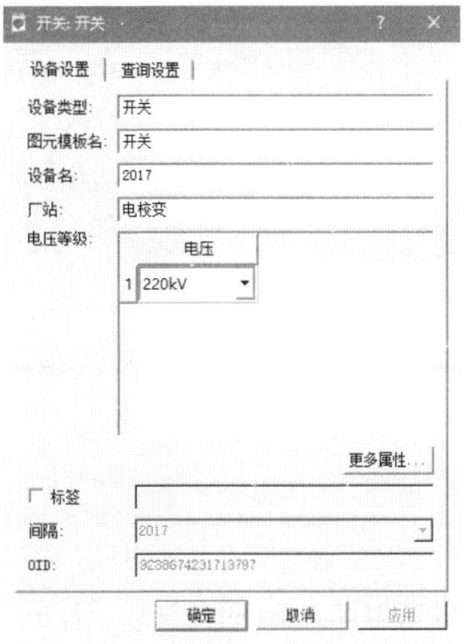　　　　图 2-64　设备属性定义

通过 连接线把各设备连接起来，然后框选，把设备加入相应间隔。如果间隔列表中没有间隔名，则增加，否则选择已有间隔即可，如图 2-65 所示。

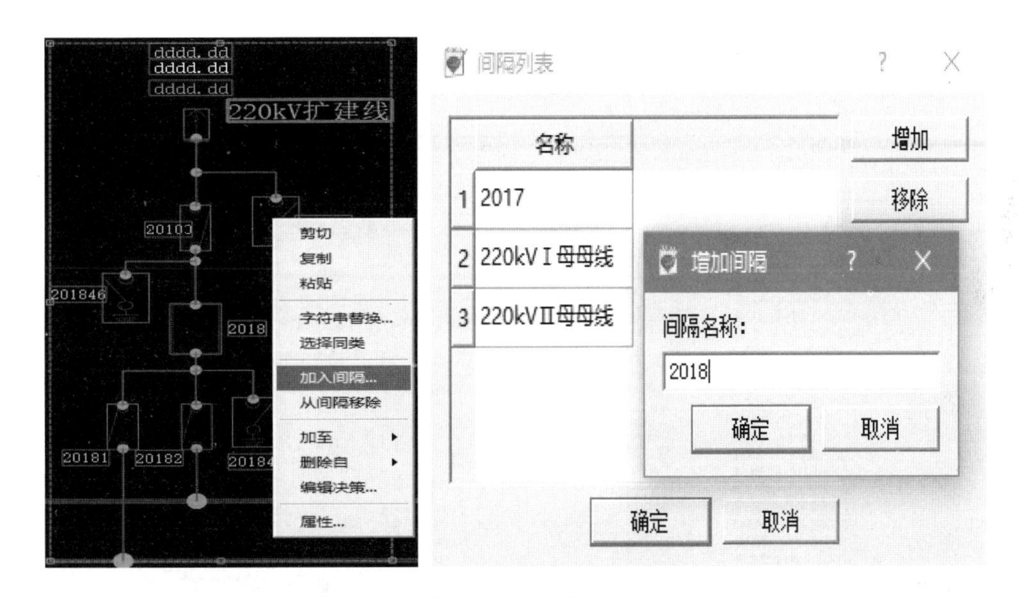

图 2-65　加入间隔

画好一个间隔后，可以把整个间隔选中，然后复制、粘贴，粘贴后间隔名会丢弃，其他属性都保留。此时，对粘贴的对象点击右键“字符串替换”，可以把所有目标设备替换名字，然后再加入新间隔。除了主变，其他设备都需要加入间隔，如图 2-66 所示。

画好之后点击 按钮，或者使用“Ctrl+s”保存，将会在画面名下生成一“画面草稿”，右键点击画面名“发布草稿”，然后点击 “填库”按钮。

图 2-66　间隔字符串替换

⚠注意：一个站只能有一张填库图。右键点击画面类型选择“显示所有版本”，可以查看各画面的历史版本。

（四）制作分图

制作分图有三种方法：新建空白画面、另存当前画面和导入画面。分图画面属性中，请一定把“填库”去除。

1. 新建空白画面

像制作主接线图一样“增加画面”，输入画面名和厂站名，厂站名必须和主接线图厂站名一致。该方式一般用于做第一张间隔分图。

首先把某间隔的开关、刀闸、连接线等设备连接关系从主接线图中拷贝过来，然后全部选中，整体缩放来调整大小，然后通过菜单“插入”，自动生成遥测、遥信或光字牌一栏表。

遥测一览表，需要设置“按列排”和确定“行条目数”，字体的大小和图元的“颜色决策”、“格式”等。这些属性可以通过全部选中，再点击“编辑”/“自定义属性”统一修改，如图 2-67 所示。

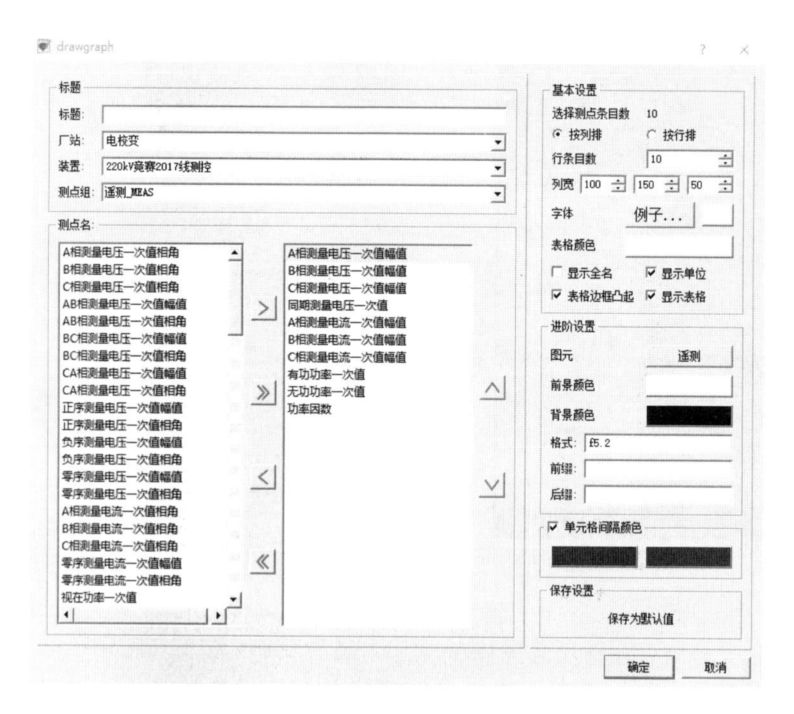

图 2-67　自动生成遥测一览表

遥信一览表，需要预先设置“按列排”和“行条目数”、字体的大小、图元的“颜色决策”、是否带装置名显示等属性，以便能按预设的格式，自动生成表格，如图 2-68 所示。

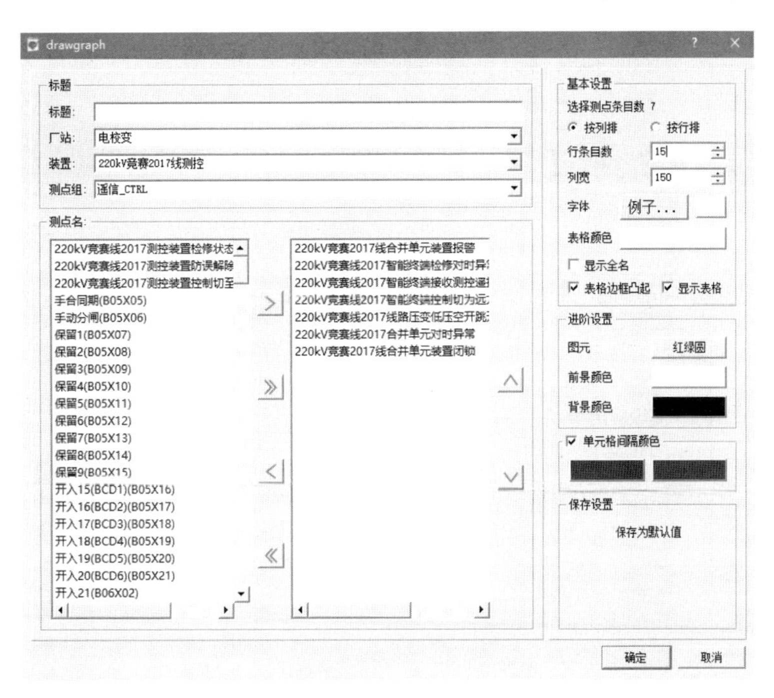

图 2-68　自动生成遥信一览表

光字牌一览表，和遥信一览表类似，不过图元属性只能选择“光字牌”。若光字牌属性不满足现场要求，则可通过图元修改来定制光字牌，如图 2-69 所示。

图 2-69　自动生成光字牌一览表

遥测和遥信生成好之后，需要把其他方面补充完整，点击◎光敏点，关联画面名；

光敏点目前除了调用画面之外还可以调用命令、本图确认、遥控等，如图 2-70 所示。画面完成后点击保存，发布草稿就好了。

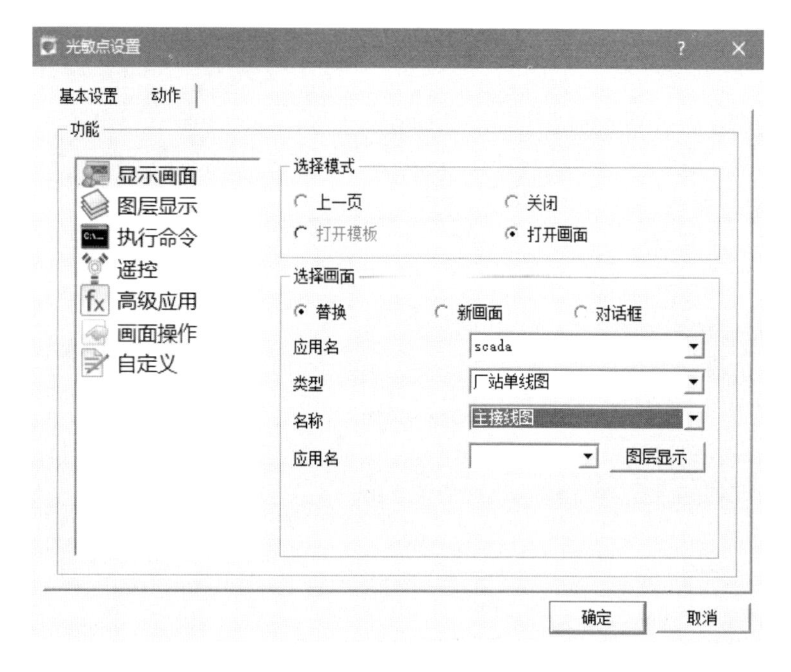

图 2-70　光敏点设置

2. 另存当前画面

打开一张画面，右键点击“厂站单线图”，选择“另存当前画面”。只需要输入新画面名，所有属性都将导入新画面，如图 2-71 所示。在新间隔分图上，把相应的一次设备改成目标设备，重新生成遥测遥信光字牌，最后保存发布就可以了。

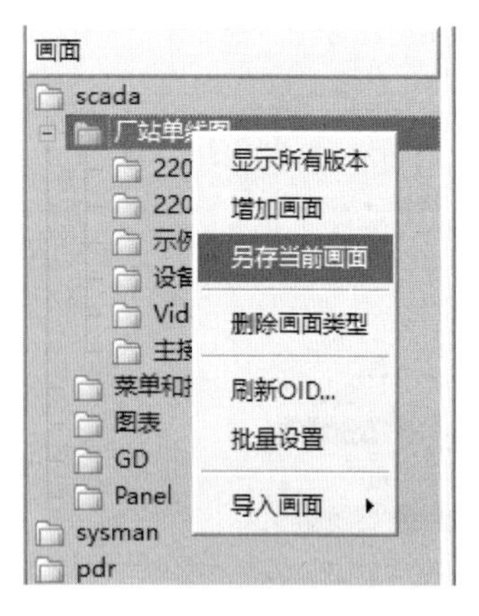

图 2-71　另存画面

推荐使用该方式，可提高间隔分图制作效率。

3. 导入已有画面

通过“导入画面”，可以把其他厂站做好的画面直接导过来用，导入画面可以导入单张或导入整个文件夹。导入之后在对话框中输入画面名称即可。其他部分同“另存当前画面”，如图 2-72 所示。

⚠**注意：**“另存当前画面”和“导入画面”都会把画面的属性导进来，如果导入的是主接线图，一定要把“填库”属性去掉。

三、数据库

PCS-9700 监控系统的数据库，可实现对 scada、alarm、fe、wufang 等应用数据库的维护功能。支持 txt、icd、scd 等文件的导入，支持列表中条目排序功能。多台机器可同时编辑数据库，对数据的修改直接写入到对应的逻辑库中，没有“保存”和“撤销”按钮，发布后更新到物理库（实时库）中。

数据发布时，组态工具首先验证scada逻辑数据库中对象设置的正确和完整性，如果在验证过程中发现问题，将会弹出对话框提示修改。

确认发布后，组态工具会检测对应的数据库是否有修改，如果没有修改，不进行发布操作。发布完成后给出相应的提示（发布成功、发布失败或者是不需要发布）。

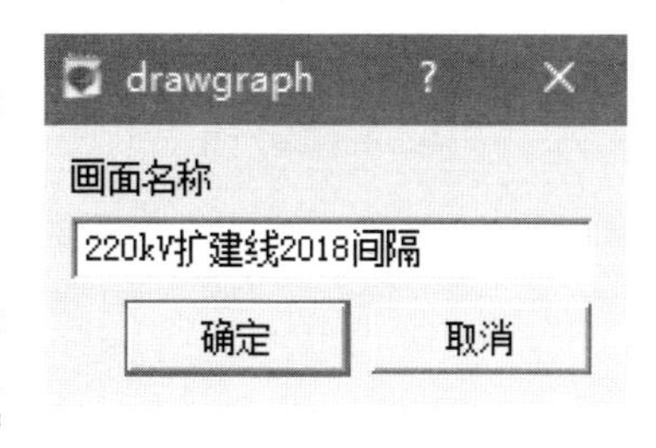

图2-72　导入画面

（一）SCADA数据库设置

1. 启动数据库组态工具

点击“控制台”→“维护程序”→“数据库组态”，或者直接运行pcsdbdef命令，进入数据库组态工具。数据库组态工具可以启动多个，进入后默认处于浏览态，点击“浏览态”进入“编辑态”，如图2-73所示。

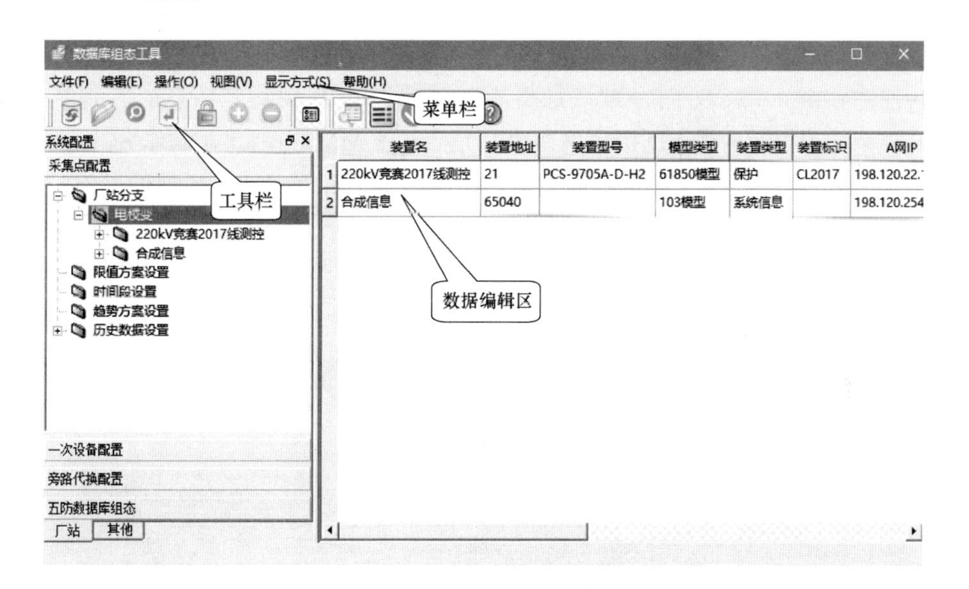

图2-73　数据库组态工具界面

2. 创建数据库

当在主接线图上进行填库操作时，会自动在数据库中生成对应的空厂站。当采用61850模型创建数据库模型时，可通过导入SCD或ICD生成装置列表，此处以最为常用的导入SCD为例，右键点击厂站名，选择“导入SCD文件”。

找到相应的SCD文件，接下来采用默认选项（只选择“导入二次系统”），如果选择“SCD中未定义装置从数据库中删除”，则SCD文件中没有但在数据库中存在的装置会被删掉，请谨慎使用，如图2-74所示。

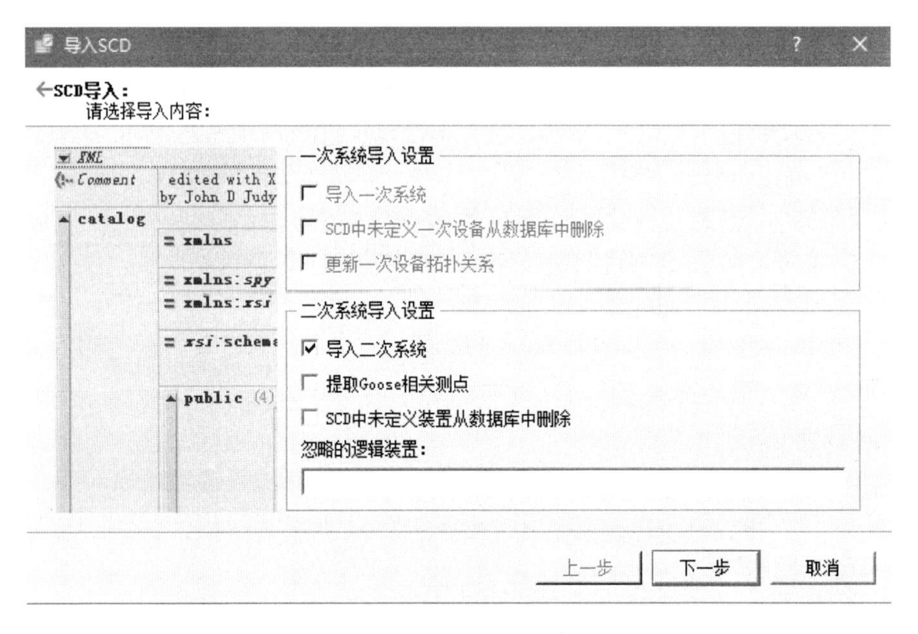

图 2-74 “SCD 导入”向导

⚠**注意**：导入 SCD 时，默认是不导入 GOOSE 相关测点信息的。判断是否为 GOOSE 测点，根据对应的 LD 所属网络类型是否为 8-MMS，因此在制作 SCD 文件时请选择好对应的子网类型。对其他厂家集成的 SCD 文件，请确认 LD 所属的网络类型，并谨慎操作。

接下来选择需要导入的装置，对于初次创建数据库，可以选择所有装置；如果是更新某个装置，则只勾选需要更新的装置，其他装置不选，如图 2-75 所示。

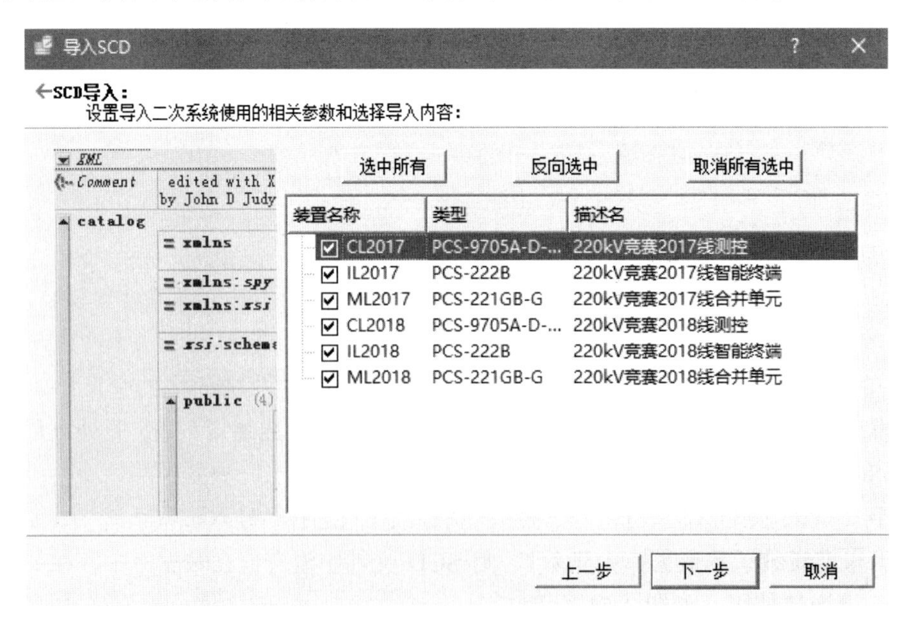

图 2-75 IED 选择

对于更新某个数据库中已有的装置，数据库组态工具可以确保数据库中既有测点的属性不变，如果有新增测点，则新增测点的属性需要重新设置。

由于 SCD 文件中只有 A 网的 IP 地址，而 B 网的 IP 地址在更新 SCD 完毕后，数据库组态工具会自动生成，最后核对无误即可。

3. 设置遥信属性

装置导入数据库后，装置内的每个测点都具有数据库属性的默认值，比如允许标记等。另外还有一些属性必须人工设置。

组态工具显示的列标题，可以通过在列标题上点击右键来增减，如图 2-76 所示。

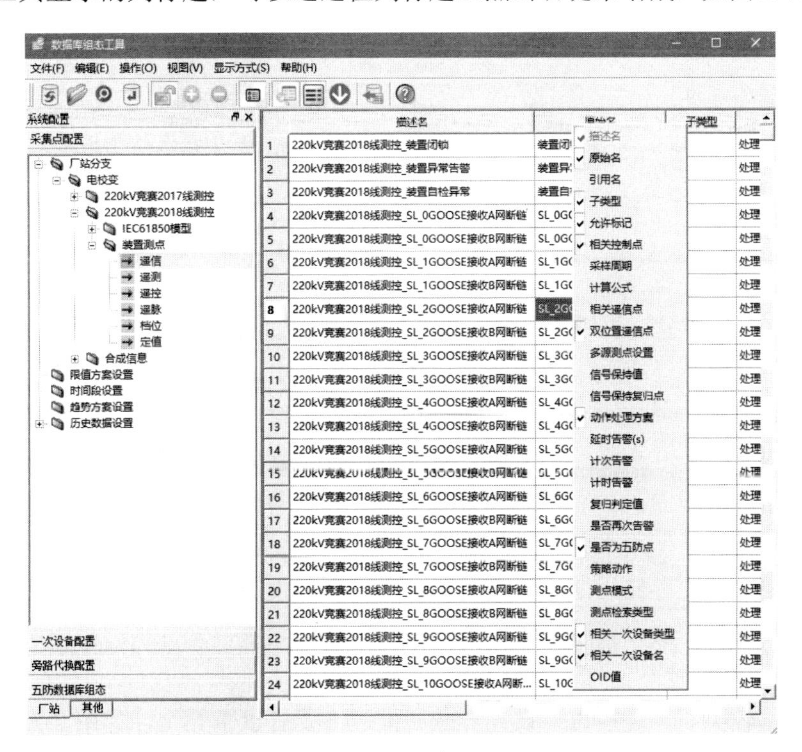

图 2-76 遥信属性设置

子类型：主要有断路器、刀闸、手车和接地报警等。子类型和相关动作处理方案默认关联。

相关控制点：关联遥控点，关联好后“遥控允许”标志会自动加上。还可以通过遥控属性的相关遥信点来关联遥信和遥控的关联关系。

双位置遥信点：以单点方式采集位置信息时，双位置遥信点必须设置。

动作处理方案：选好了子类型之后会自动关联处理方案，一般不需要修改，手动修改后，子类型则会被子类型所对应的处理方案自动刷新。

是否五防点：一体五防时勾上。

⚠**注意**：必须正确关联“动作元件”子类型，关联不正确将导致无法告警。普通遥信不能关联成“动作元件”，但可以关联成“事故总”。

4. 设置遥测属性

和遥信比较类似，遥测也要设置一些属性，主要有以下几个，如图 2-77 所示。

数据库组态工具

文件(F) 编辑(E) 操作(O) 视图(V) 显示方式(S) 帮助(H)

系统配置

采集点配置

厂站分支
电校变
220kV竞赛2017线测控
220kV竞赛2018线测控
IEC61850模型
装置测点
遥信
遥测
遥控
遥脉
档位
定值
合成信息
限值方案设置
时间段设置
趋势方案设置
历史数据设置

一次设备配置

旁路代换配置

五防数据库组态

厂站 其他

	描述名	原始名	子类型	单位	系数	校正值	残差	死区	允许标记
16	220kV竞赛2018线测控_CA相测量电压一次值相角	CA相测量电压一次值相角			1	0	0	0	处理允许,报警允许,遥调允许,事故追忆允
17	220kV竞赛2018线测控_正序测量电压一次值幅值	正序测量电压一次值幅值	电压	千伏	1	0	0	0	处理允许,报警允许,遥调允许,事故追忆允
18	220kV竞赛2018线测控_正序测量电压一次值相角	正序测量电压一次值相角			1	0	0	0	处理允许,报警允许,遥调允许,事故追忆允
19	220kV竞赛2018线测控_负序测量电压一次值幅值	负序测量电压一次值幅值	电压	千伏	1	0	0	0	处理允许,报警允许,遥调允许,事故追忆允
20	220kV竞赛2018线测控_负序测量电压一次值相角	负序测量电压一次值相角			1	0	0	0	处理允许,报警允许,遥调允许,事故追忆允
21	220kV竞赛2018线测控_零序测量电压一次值幅值	零序测量电压一次值幅值	电压	千伏	1	0	0	0	处理允许,报警允许,遥调允许,事故追忆允
22	220kV竞赛2018线测控_零序测量电压一次值相角	零序测量电压一次值相角			1	0	0	0	处理允许,报警允许,遥调允许,事故追忆允
23	220kV竞赛2018线测控_A相测量电流一次值幅值	A相测量电流一次值幅值	电流	安	1	0	0	0	处理允许,报警允许,遥调允许,事故追忆允
24	220kV竞赛2018线测控_A相测量电流一次值相角	A相测量电流一次值相角			1	0	0	0	处理允许,报警允许,遥调允许,事故追忆允
25	220kV竞赛2018线测控_B相测量电流一次值幅值	B相测量电流一次值幅值	电流	安	1	0	0	0	处理允许,报警允许,遥调允许,事故追忆允
26	220kV竞赛2018线测控_B相测量电流一次值相角	B相测量电流一次值相角			1	0	0	0	处理允许,报警允许,遥调允许,事故追忆允
27	220kV竞赛2018线测控_C相测量电流一次值幅值	C相测量电流一次值幅值	电流	安	1	0	0	0	处理允许,报警允许,遥调允许,事故追忆允
28	220kV竞赛2018线测控_C相测量电流一次值相角	C相测量电流一次值相角			1	0	0	0	处理允许,报警允许,遥调允许,事故追忆允
29	220kV竞赛2018线测控_零序测量电流一次值幅值	零序测量电流一次值幅值	电流	安	1	0	0	0	处理允许,报警允许,遥调允许,事故追忆允
30	220kV竞赛2018线测控_零序测量电流一次值相角	零序测量电流一次值相角			1	0	0	0	处理允许,报警允许,遥调允许,事故追忆允
31	220kV竞赛2018线测控_有功功率一次值	有功功率一次值	有功	兆瓦	1	0	0	0	处理允许,报警允许,遥调允许,事故追忆允

图 2-77　遥测属性设置

子类型：必须设置，生成历史统计模型时用。历史统计模型包括电压、电流、有功、无功和其他类型。若子类型未选择或者选择非电压、电流、有功、无功类型，那么都会自动归入其他类型。

系数：对于 61850 按浮点型上送的情况，系数设置为 1 即可，程序从前置获得报文后直接乘以系数处理。

校正值：偏移量，用于调整遥测或电量的基值。

采样周期：历史存储周期，不宜设置太小，一般设 15min。

限值表：对于需要设置越限报警的需关联限值表。

5. 设置遥控属性

和遥信比较类似，遥控也要设置一些属性，主要有以下几个，如图 2-78 所示。

数据库组态工具

文件(F) 编辑(E) 操作(O) 视图(V) 显示方式(S) 帮助(H)

系统配置

采集点配置

厂站分支
电校变
220kV竞赛2017线测控
220kV竞赛2018线测控
IEC61850模型
装置测点
遥信
遥测
遥控
遥脉
档位
定值
合成信息
限值方案设置
时间段设置
趋势方案设置

一次设备配置

旁路代换配置

五防数据库组态

厂站 其他

	描述名	原始名	控制点类型	调度编号	允许标记	相关状态	合规则	分规则	控制模式
96	220kV竞赛2018线测控_遥控24使能	遥控24使能	状态遥控		处理允许,报警允许...				直控
97	220kV竞赛2018线测控_遥控25使能	遥控25使能	状态遥控		处理允许,报警允许...				直控
98	220kV竞赛2018线测控_遥控26使能	遥控26使能	状态遥控		处理允许,报警允许...				直控
99	220kV竞赛2018线测控_遥控27使能	遥控27使能	状态遥控		处理允许,报警允许...				直控
100	220kV竞赛2018线测控_遥控28使能	遥控28使能	状态遥控		处理允许,报警允许...				直控
101	220kV竞赛2018线测控_220kV竞赛线2018开关遥控(备用)	220kV竞赛线2017开关遥控(备用)	状态遥控	2018	处理允许,报警允许,防误校验允许	220kV竞赛2018线测控_220kV竞赛线2017开关			加强型选择
102	220kV竞赛2018线测控_220kV竞赛线20171(1G)正母刀闸遥控	220kV竞赛线20171(1G)正母刀闸遥控	状态遥控 数值遥控 档位遥控 调档急停 程序化操作 风机遥控		处理允许,报警允许,防误校验允许				加强型选择
103	220kV竞赛2018线测控_220kV竞赛线20172(2G)副母刀闸遥控	220kV竞赛线20172(2G)副母刀闸遥控			处理允许,报警允许,防误校验允许				加强型选择
104	220kV竞赛2018线测控_220kV竞赛线20173(3G)线路刀闸遥控	220kV竞赛线20173(3G)线路刀闸遥控	状态遥控		处理允许,报警允许,防误校验允许				加强型选择
105	220kV竞赛2018线测控_220kV竞赛线201744(1GD)开关母线侧接地刀闸遥控	220kV竞赛线201744(1GD)开关母线侧接地刀闸遥控	状态遥控		处理允许,报警允许,防误校验允许				加强型选择

图 2-78　遥控属性设置

调度编号：遥控需要校验调度编号功能投入时，必须填写调度编号。

控制点类型：一般取默认值。

相关状态：遥信关联了相关控制点后，这里自动生成，遥信没有关联也可以通过这里关联。

合规则：可以编辑一遥控测点的“五防”闭锁条件。

分规则：同合规则。

6. 关联一次设备模型

开关刀闸等设备需要和采集点关联，通过“一次设备配置”，找到相应设备点击，弹出“测点列表”对话框，找到相应装置下的对应测点并选中，可以选多个测点，默认以第一个测点作为跳闸判别点，可以通过复选框选择是否替换“装置名”，若选择，告警名称中的装置名被替换为间隔名，并以中括号括起来，如图 2-79 所示。

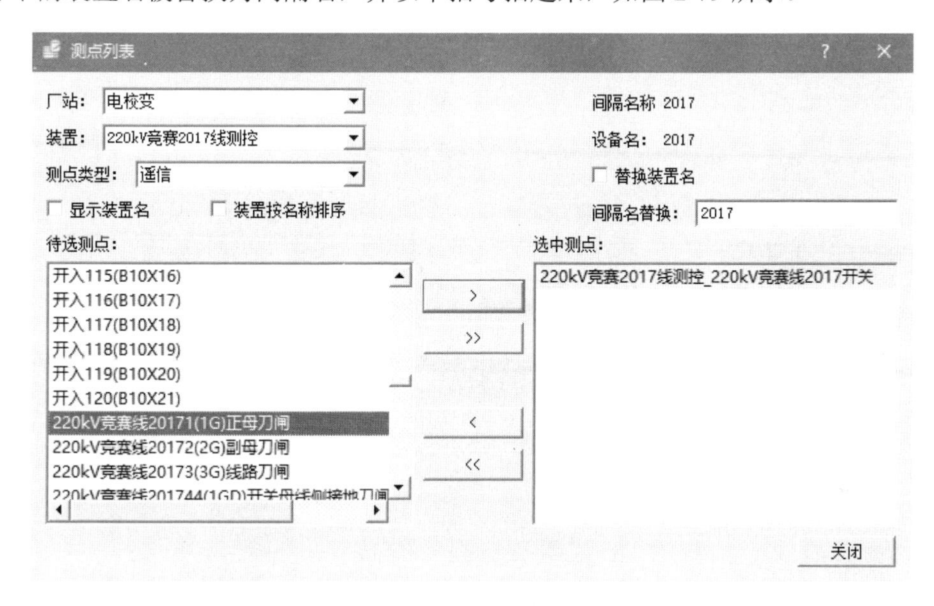

图 2-79　一次设备关联

对于刀闸、接地刀闸等一次设置，同理选择对应的刀闸测点。

对于遥测，关联进线的电压即可，作为拓扑着色的电源点。

（二）告警库设置

告警库中定义告警的动作方案，这里可以定义告警的等级、动作名和告警声音等，“告警项名”不可更改，修改的话将导致无法告警，要想在告警窗中报出其他的告警名，则需要修改“事件动作名”，比如手车类型状态“0”时用“推出”，状态“1”时用“推入”，则在手车告警组里面把“告警项名”为“分”的“事件动作名”定义为“推出”，“告警项名”为“合”的“事件动作名”定义为“推入”即可，如图 2-80 所示。

（三）限值设置

通过“采集点配置”→“限值方案设置”，新增或打开限值表，设置限值属性。

若不分时限，则把时段类型设成“每年”，开始日期和结束日期如图 2-81 所示。限值类型可以设置成“范围限值”或“百分比限值”，延时时间单位为“秒”，回差值单位同实际值，比如 220kV 电压就是 kV。

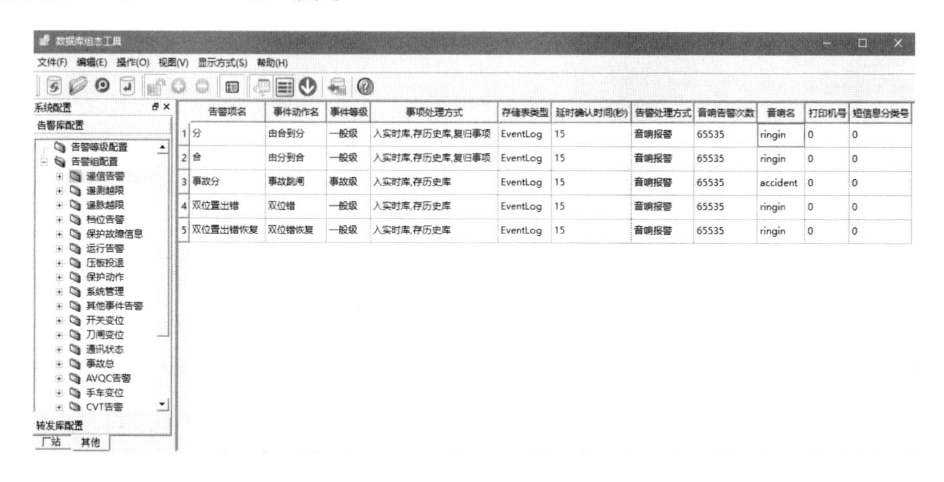

图 2-80　告警设置

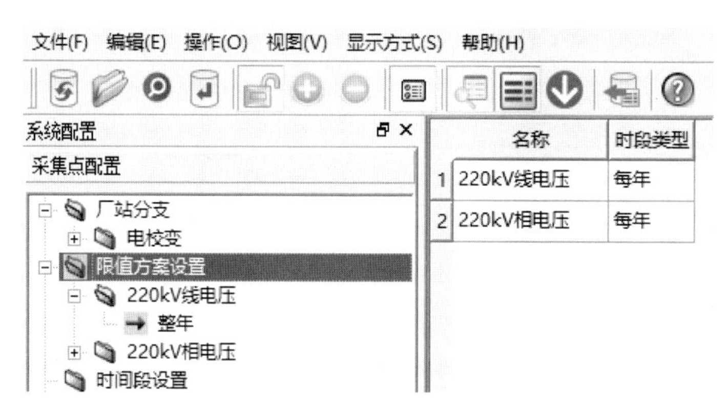

图 2-81　时段类型

判越限方式可以设置为“只判越上限”、“只判越下限”或“都判”，一般选择成“都判”，只有在特殊要求时才选择为其他选项，如图 2-82 所示。

图 2-82　判越限方式

进入下一级设置具体的限值，如图 2-83 所示。如果不分时段，开始时间和结束时间如图 2-83 所示，基准值对“百分比越限有效”，上下限无效值对实时越限统计有效。

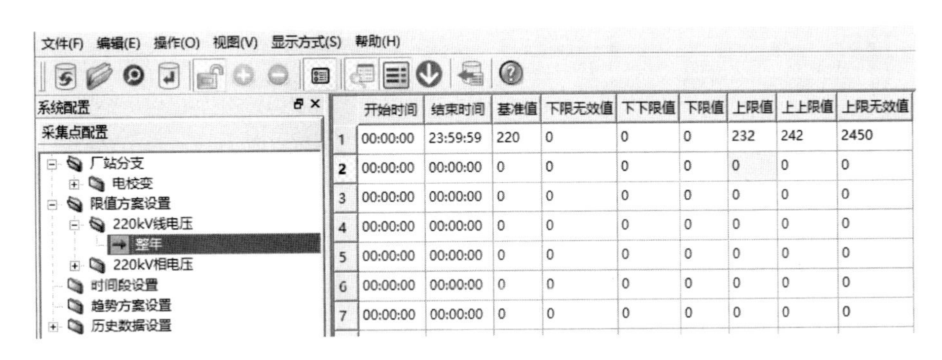

	开始时间	结束时间	基准值	下限无效值	下下限值	下限值	上限值	上上限值	上限无效值
1	00:00:00	23:59:59	220	0	0	0	232	242	2450
2	00:00:00	00:00:00	0	0	0	0	0	0	0
3	00:00:00	00:00:00	0	0	0	0	0	0	0
4	00:00:00	00:00:00	0	0	0	0	0	0	0
5	00:00:00	00:00:00	0	0	0	0	0	0	0
6	00:00:00	00:00:00	0	0	0	0	0	0	0
7	00:00:00	00:00:00	0	0	0	0	0	0	0

图 2-83　限值表

（四）计算公式

PCS-9700 数据库组态工具支持自定义计算公式功能，具体在“合成信息”中实现。如图 2-84 所示，找到“采集点配置”下的厂站分支下的“合成信息”虚装置，这个装置在生成厂站的时候会自动生成，装置下面默认生成若干个遥信和遥测点。

	描述名	原始名	子类型	允许标记	相关控制点	计算公式	双位置遥信点
1	全站事故总	虚遥信1		处理允许,报警允许,计算点,事故追忆允许			
2	合成信息_虚遥信2	虚遥信2		处理允许,报警允许,计算点,事故追忆允许			
3	合成信息_虚遥信3	虚遥信3		处理允许,报警允许,计算点,事故追忆允许			
4	合成信息_虚遥信4	虚遥信4		处理允许,报警允许,计算点,事故追忆允许			
5	合成信息_虚遥信5	虚遥信5		处理允许,报警允许,计算点,事故追忆允许			
6	合成信息_虚遥信6	虚遥信6		处理允许,报警允许,计算点,事故追忆允许			
7	合成信息_虚遥信7	虚遥信7		处理允许,报警允许,计算点,事故追忆允许			
8	合成信息_虚遥信8	虚遥信8		处理允许,报警允许,计算点,事故追忆允许			
9	合成信息_虚遥信9	虚遥信9		处理允许,报警允许,计算点,事故追忆允许			
10	合成信息_虚遥信10	虚遥信10		处理允许,报警允许,计算点,事故追忆允许			
11	合成信息_虚遥信11	虚遥信11		处理允许,报警允许,计算点,事故追忆允许			
12	合成信息_虚遥信12	虚遥信12		处理允许,报警允许,计算点,事故追忆允许			
13	合成信息_虚遥信13	虚遥信13		处理允许,报警允许,计算点,事故追忆允许			
14	合成信息_虚遥信14	虚遥信14		处理允许,报警允许,计算点,事故追忆允许			
15	合成信息_虚遥信15	虚遥信15		处理允许,报警允许,计算点,事故追忆允许			
16	合成信息_虚遥信16	虚遥信16		处理允许,报警允许,计算点,事故追忆允许			

图 2-84　计算公式测点

当“合成信息”虚装置默认的测点数量满足要求时，可利用既有测点进行计算公式编辑，如图 2-85 所示。当默认测点数量不满足时，可以继续在“合成信息”虚装置中点击⊕按钮，进行测点添加。

（五）事故推图

事故推图功能可以实现推厂站图和推间隔图。对于全站任何一个开关事故跳闸都推一张图的情况，可以采用推厂站图的方式设置；对于不同间隔需要推不同画面的情况，可以采用推间隔图的方式。

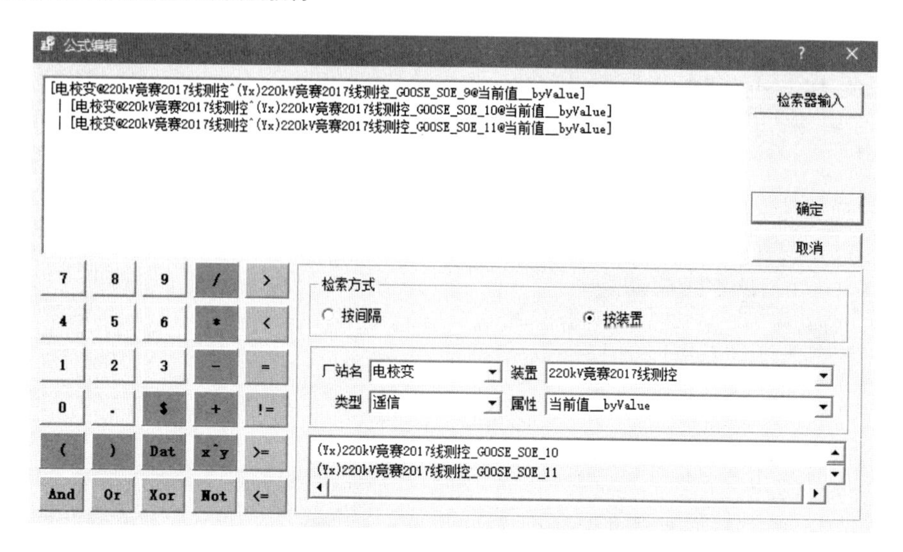

图 2-85　编辑计算公式

1．推厂站图设置

（1）推图节点设置。在监控系统“配置工具”→“画面设置”中的“允许推画面节点”，选择需要事故推图的计算机节点。该默认值为不选，表示在监控系统同一现场名的所有节点都进行推图，如选择某些节点，则只在所选节点进行推图，如图 2-86 所示。

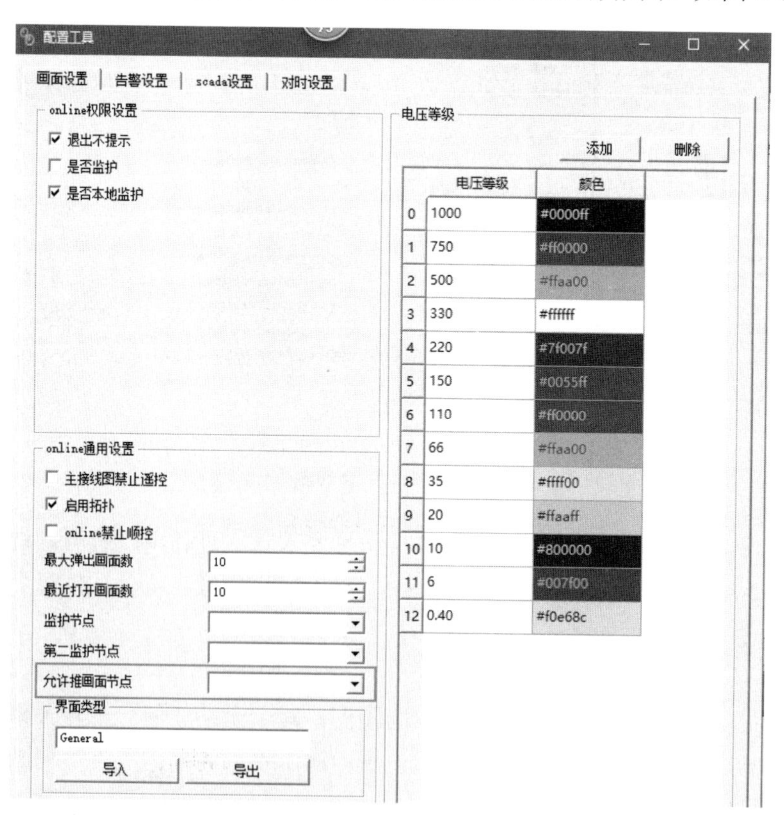

图 2-86　推图节点

（2）推图功能开启。在监控系统“配置工具”→“告警设置”中，勾选“启用自动推画面功能”选项以开启推图功能，如图 2-87 所示。

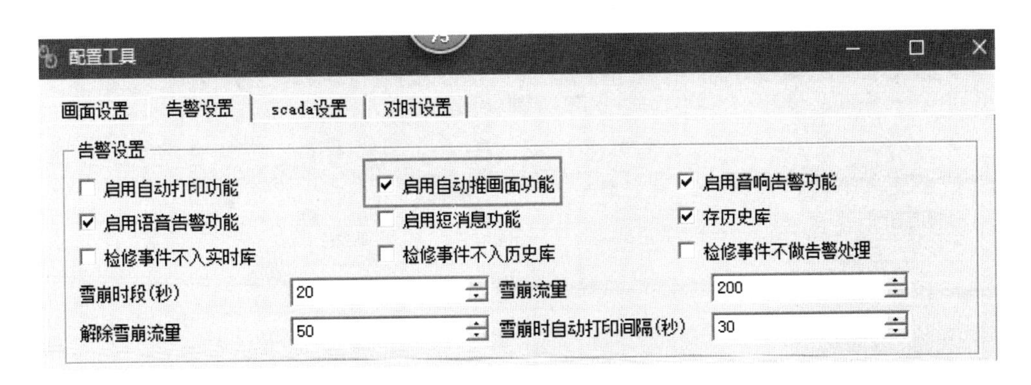

图 2-87　推图功能开启

（3）事故跳设置。在监控系统“配置工具”→“scada 设置”中，检查“事故检测时间”值为默认值 10s，如该值设置过小，可能会引起“事故跳”信号无法生成，进而无法推图。该时间定值的含义为：开关变位和保护信号在所设置的时间内同时发生时，可产生“事故跳”信号。如图 2-88 所示。

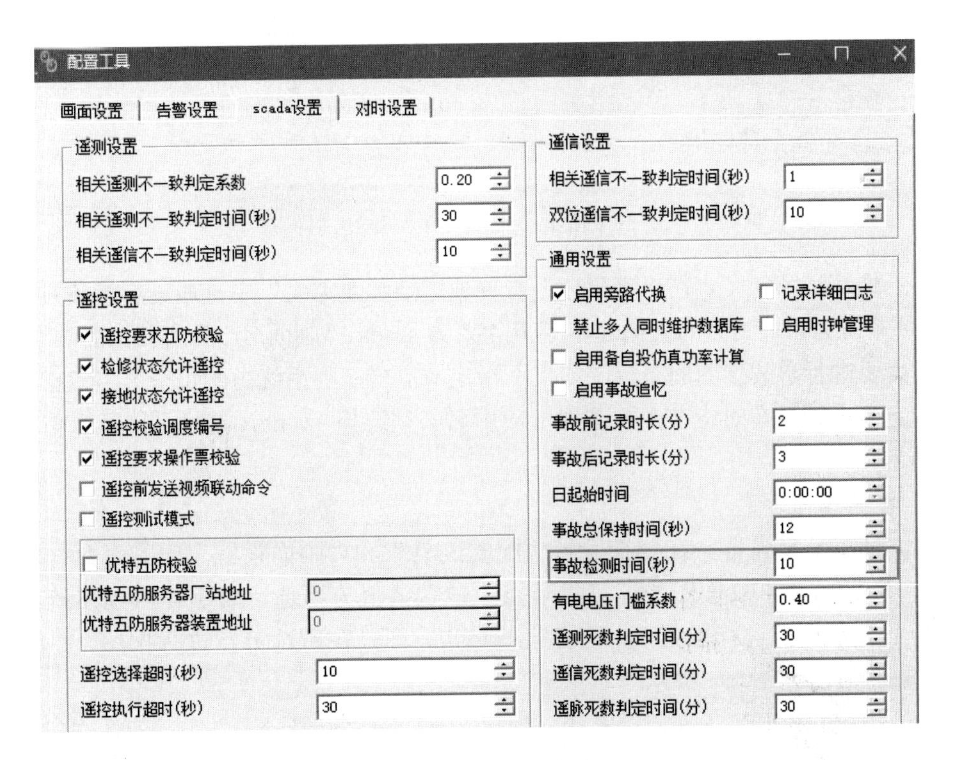

图 2-88　事故跳设置

（4）告警项推图开启。在数据库组态工具中的“告警组配置”→“开关变位”→“事故分”告警项下，将“告警处理方式”下拉框内的“自动推画面”勾上，以实现告警项推图功能开启，如图 2-89 所示。

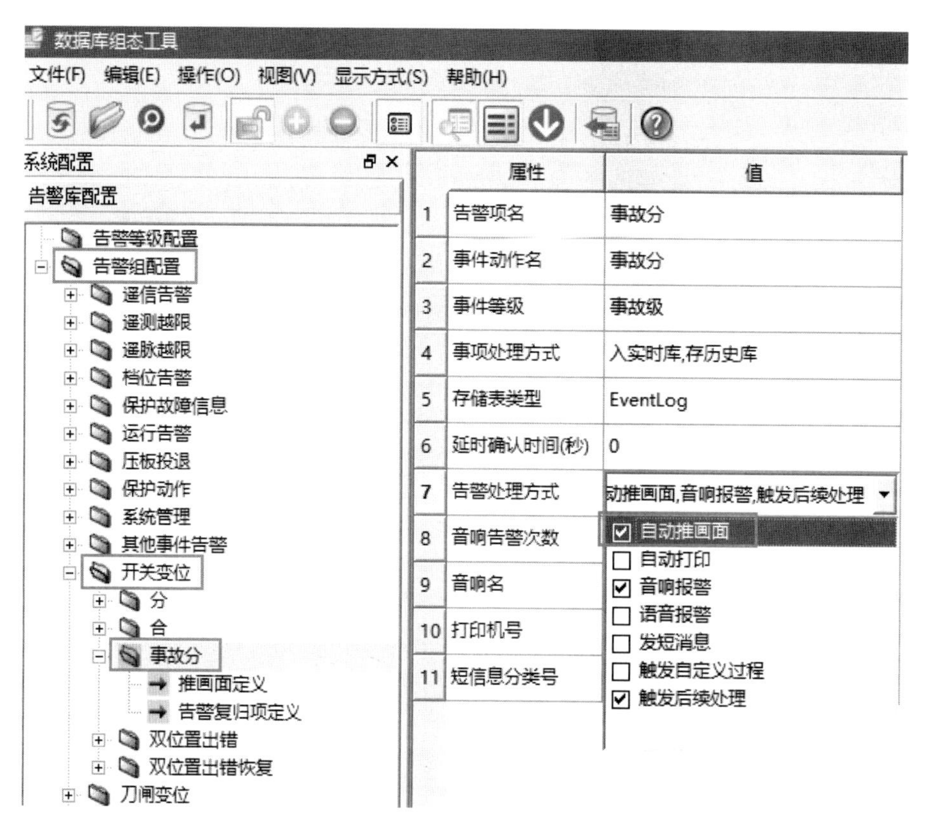

图 2-89　告警项推图开启

（5）推厂站图定义。在“事故分”告警项“推画面定义”中，通过新增条目，并设置“节点名”为需推画面的主机名、“应用名”为 scada、“画面名”为所要推的画面名称，来指定需要进行事故推图的节点。如果不指定节点名，则系统内的每个节点都推画面，如果指定节点则只在对应节点推画面。应用名必须选择 scada，屏号采用默认值。如图 2-90 所示。

2. 推间隔图设置

（1）推图节点设置。在监控系统“配置工具”→“画面设置”中的“允许推画面节点”，选择需要事故推图的计算机节点。该默认值为不选，表示在监控系统同一现场名的所有节点都进行推图，如选择某些节点，则只在所选节点进行推图，如图 2-91 所示。

（2）推图功能开启。在监控系统“配置工具”→“告警设置”中，勾选“启用自动推画面功能”选项，如图 2-92 所示。

图 2-90　推画面定义

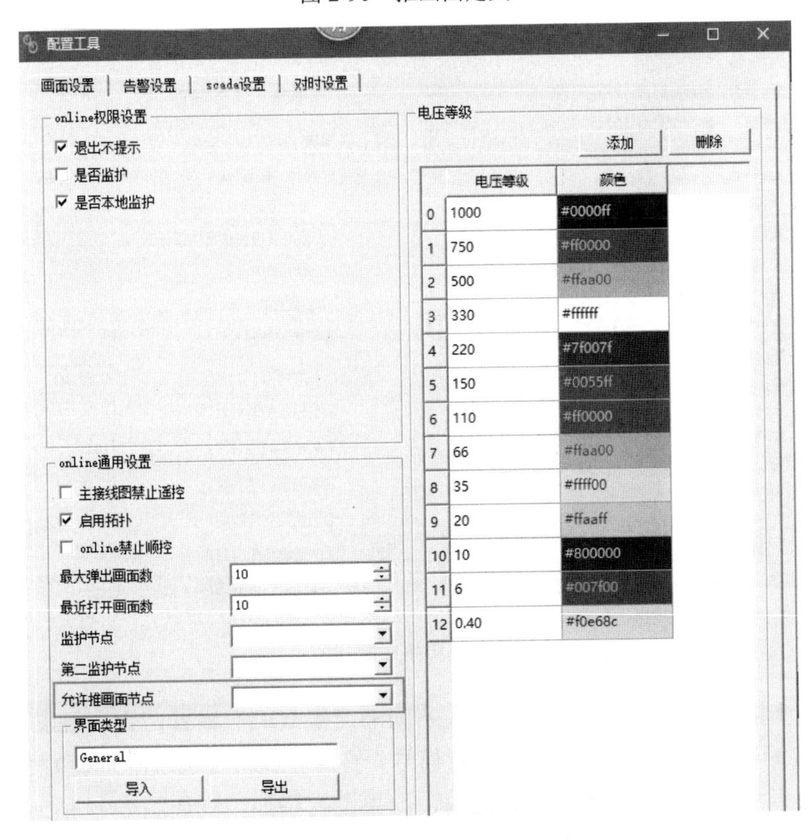

图 2-91　推图节点

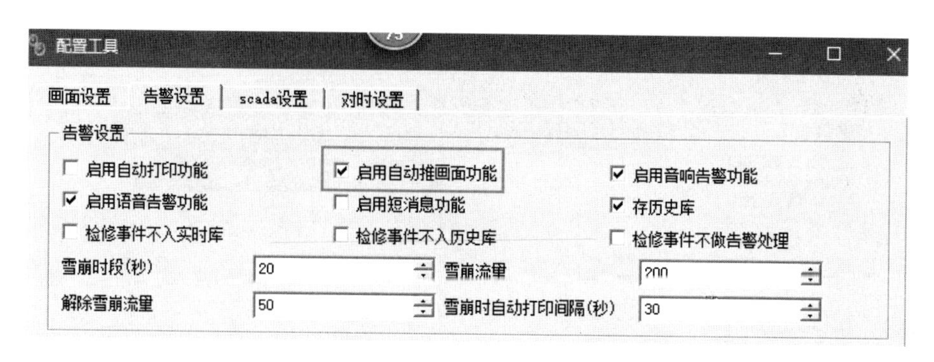

图 2-92　推图功能开启

（3）事故跳设置。在监控系统“配置工具”→“scada 设置”中，检查“事故检测时间”值为默认值 10s。如该值设置过小，可能会引起“事故跳”信号无法生成，进而无法推图。该时间定值的含义为：开关变位和保护信号在所设置的时间内同时发生时，可产生“事故跳”信号，如图 2-93 所示。

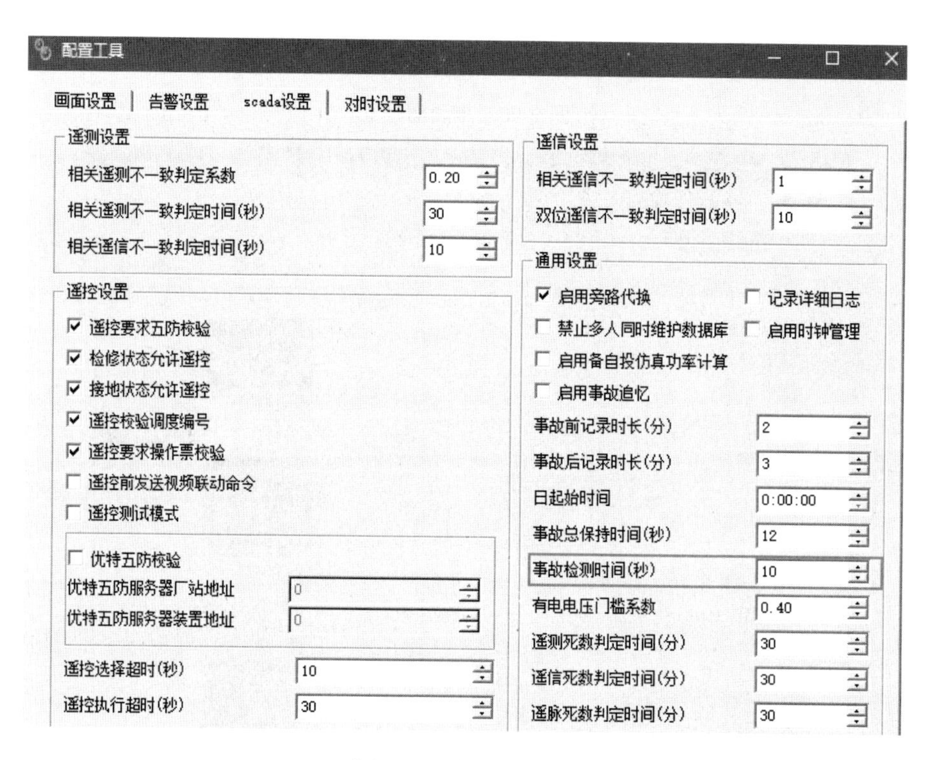

图 2-93　事故跳设置

只有在本间隔内的遥信，才可以触发本间隔“事故跳”告警，否则触发的是厂站级“事故跳”告警。将本间隔内的断路器位置信号（子类型必须为断路器）和事故总信号（子类型必须为事故总）添加到本间隔遥信内，如果没有添加，则如图 2-94 所示进行添加。同时事故总信号必须勾选“触发事故总”允许标记。

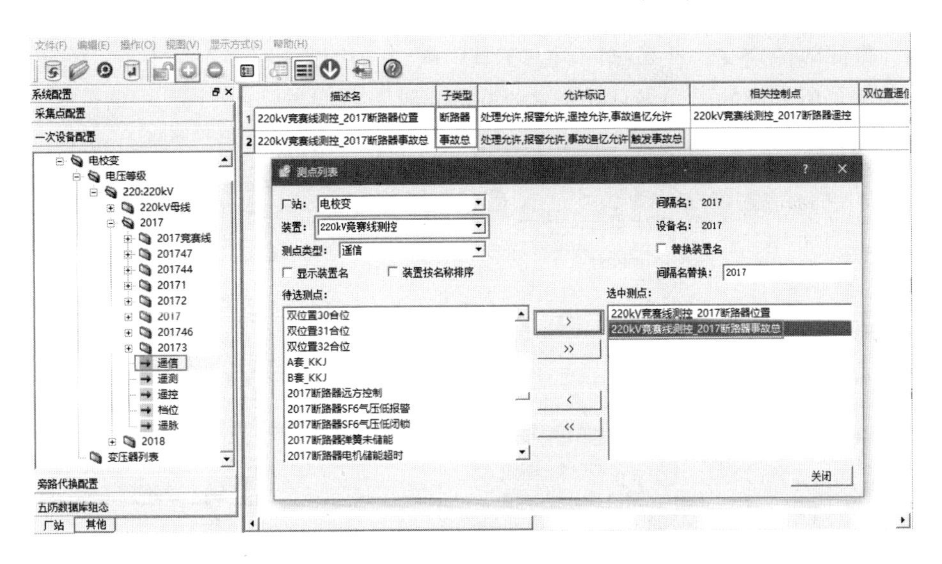

图 2-94　间隔“事故跳”设置

（4）告警项推图开启。在数据库组态工具中的“告警组配置”→“开关变位”→“事故分”告警项下，将“告警处理方式”下拉框内的“自动推画面”勾上，如图 2-95 所示。

图 2-95　告警项推图开启

（5）推间隔图定义。在数据库组态工具中的“一次设备配置”分支下，在每个间隔内设置该间隔所要推的画面名称，如图 2-96 所示。

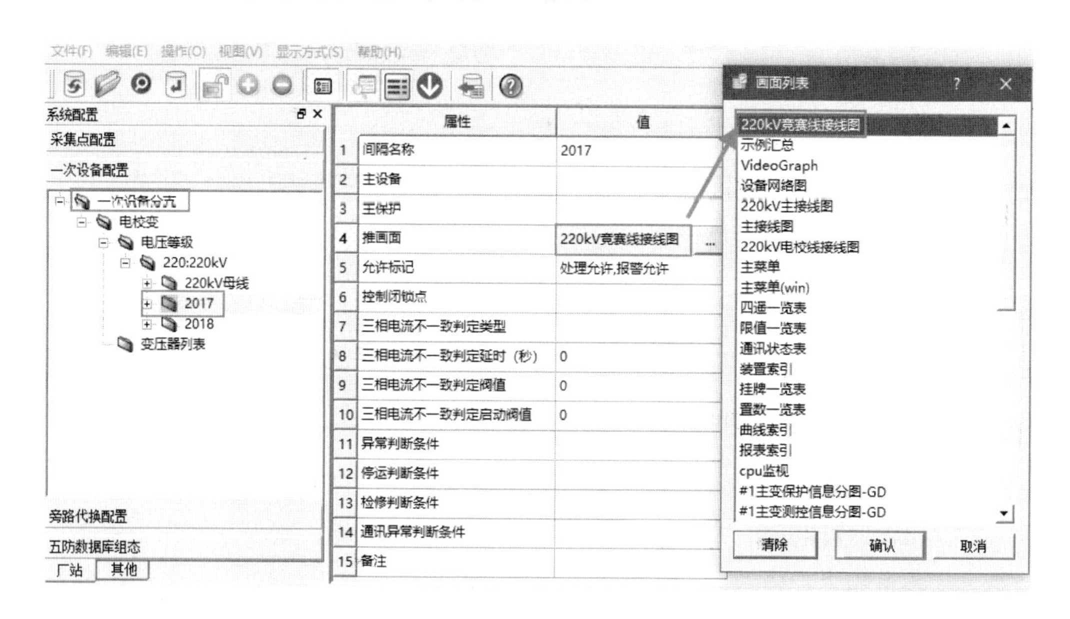

图 2-96　推画面定义

3. 事故推图测试

在所设置的“事故检测时间”10s 之内，分别模拟出厂站或本间隔遥信中的开关变位和触发事故总信号的动作状态，监控系统自动生成厂站或间隔事故跳闸信号，并自动推出指定的画面。

⚠**注意**：间隔遥信内的断路器位置信号和触发事故总信号，各自只能有一个，否则可能产生同一个间隔的多次推图。

（六）一体化五防配置

当遥控需要实现站控级一体化五防规则时，可以在数据库组态工具中，对遥控测点进行五防规则配置。进行遥控操作时，首先判断该规则是否符合要求，符合则允许遥控，不符合要求时闭锁遥控。

1. 功能开启

首先需要开启监控系统的五防校验功能，如图 2-97 所示。

2. 五防规则编辑

在数据库组态工具中，选择需要添加五防规则的遥控测点，在对应的“分规则”、“合规则”属性处点击，选择编辑规则，如图 2-98 所示。

在规则编辑器界面，通过添加遥信、遥测、逻辑运算符和四则运算符，以及运算输出符，根据五防规则表，搭建五防规则，对五防规则中的遥信、遥测算子，按间隔或按装置选择对应的遥信、遥测点，实现数据关联，如图 2-99 所示。

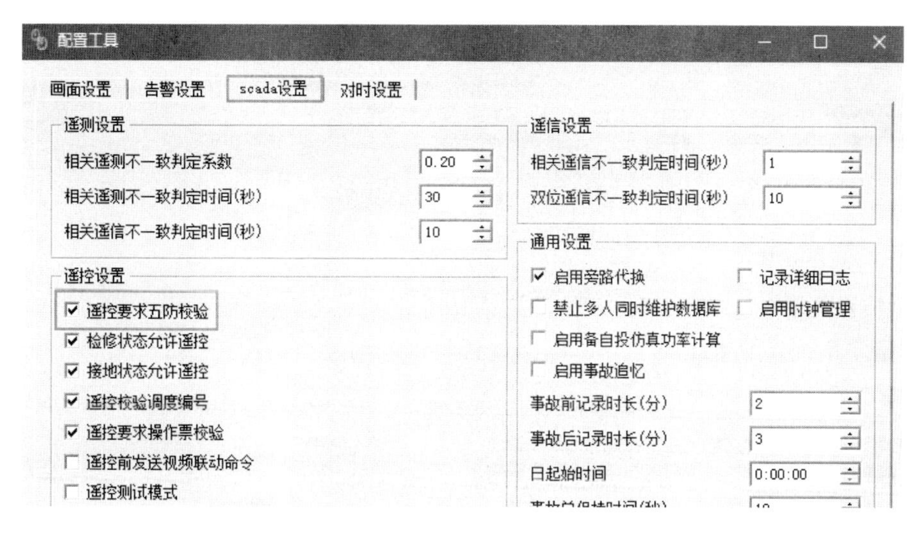

图 2-97　一体化五防功能开启

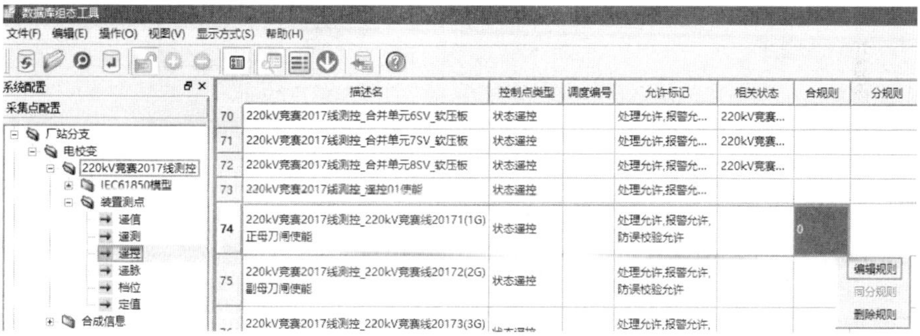

图 2-98　测点选择

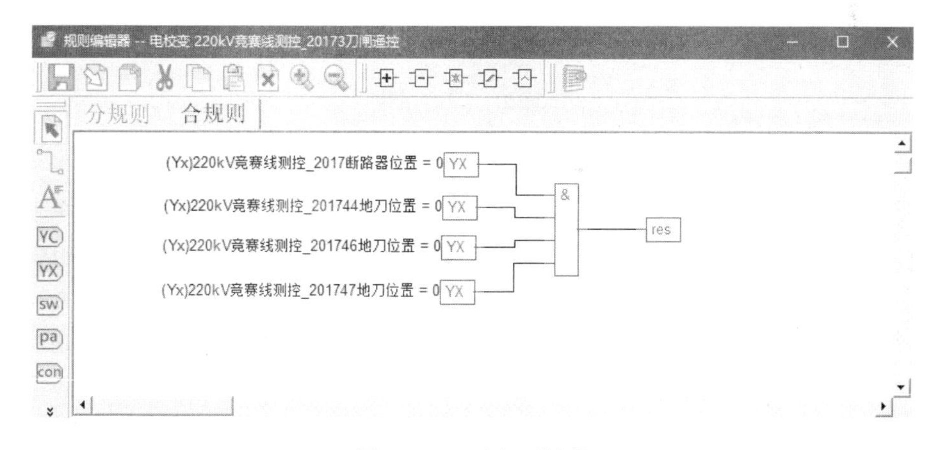

图 2-99　五防规则编辑

合规则编辑完毕，需要保存，然后对分规则编辑，如果分规则与和规则相同，则可以直接选择“同合规则”即可，若分合规则不同，则各自独立编辑，如图 2-100 所示。

103	220kV竞赛线测控_20172刀闸遥控	状态遥控		处理允许,报警允许,防误校验允许	220kV竞赛线测控_20172刀闸位置		4
104	220kV竞赛线测控_20173刀闸遥控	状态遥控		处理允许,报警允许,防误校验允许	220kV竞赛线测控_20173刀闸位置	2	5
105	220kV竞赛线测控_201744地刀遥控	状态遥控		处理允许,报警允许,防误校验允许	220kV竞赛线测控_201744地刀位置	6	编辑规则
106	220kV竞赛线测控_201746地刀遥控	状态遥控		处理允许,报警允许,防误校验允许	220kV竞赛线测控_201746地刀位置	7	同分规则
107	220kV竞赛线测控_201747地刀遥控	状态遥控		处理允许,报警允许,防误校验允许	220kV竞赛线测控_201747地刀位置	8	删除规则

图 2-100　分规则

（七）拓扑配置

1. 功能开启

在监控系统“配置工具”→“画面设置”中，勾选“启用拓扑”，以开启系统的拓扑功能，如图 2-101 所示。

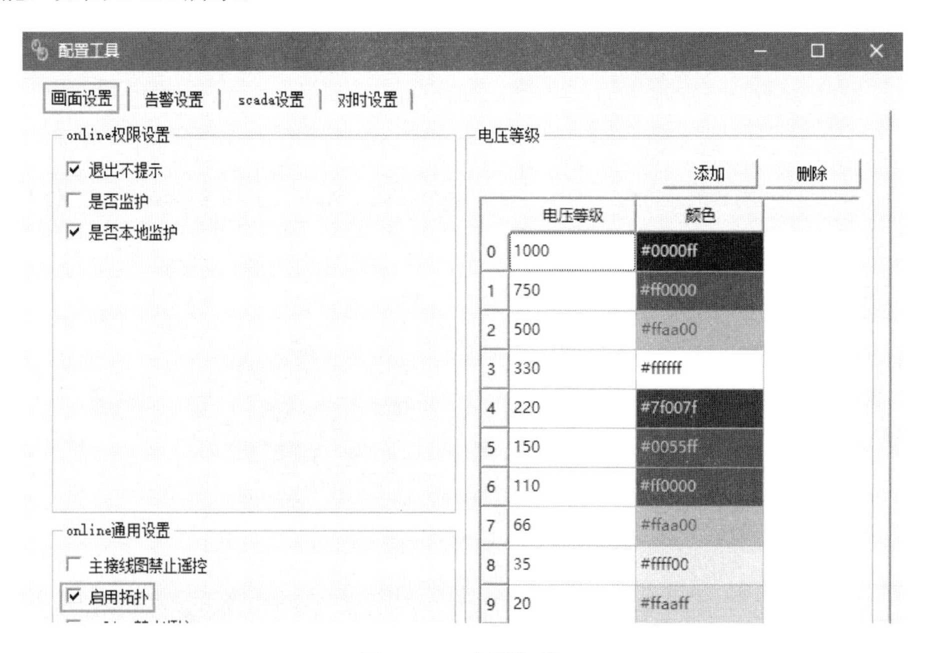

图 2-101　启用拓扑

2. 拓扑定值

在监控系统“配置工具”→“scada 设置”中，设置拓扑电源点的有压判据。默认值为 0.40，表示实际电压值大于 40%的额定电压时，判为有压、带电，如图 2-102 所示。

3. 拓扑源设置

把子类型为“电压”的遥测量，关联到一次设备“进线”类型下，一般优先把线路 TV 电压关联到“进线”，如图 2-103 所示。每个电压等级，可以是所有的线路作为拓扑电源点，也可以是某些线路做拓扑电源点，如图 2-104 所示。额定电压按电压等级的百分比判断是否有电，百分比按系统设置中的值定义，默认 40%。

⚠注意：

（1）拓扑源所在的一次设备类型必须是进线或发电机。

（2）遥测子类型必须是电压。

（3）如果进线或发电机下关联多个电压，则其中任何一个的数值大于有电设置值，就会判定进线带电。

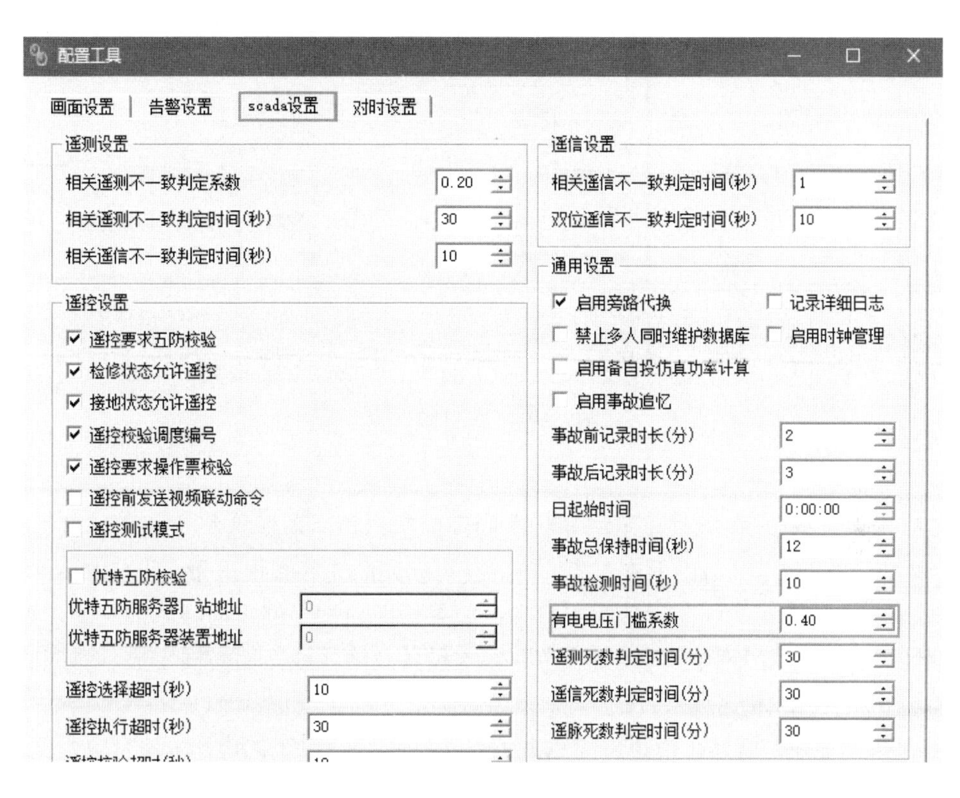

图 2-102　拓扑定值

图 2-103　“进线”类型设置

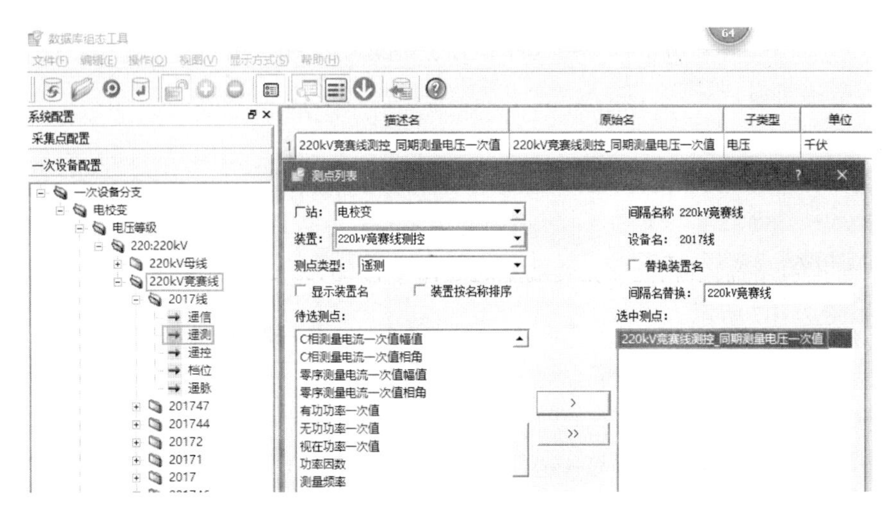

图 2-104　拓扑数据源

4. 拓扑测试

（1）画面设置。在需要显示拓扑状态的画面上，单击右键选择“画面属性”，确认“停止拓扑”未勾选，此时画面在浏览态下，会自动判断拓扑源电压量，若有电条件满足，则会对设备着色并标记当前设备运行状态；如果画面属性“停止拓扑”被勾选，则当前画面不会动态显示拓扑颜色和设备状态、一次设备及连接线，而是固定显示对应的电压等级颜色。如图 2-105 所示。

（2）拓扑显示。通过在拓扑电源点上加入 40%额定值以上的电压，使有电判据满足，将在开启了拓扑功能的画面上，根据一次设备的分、合状态，实时显示图拓扑状态，如图 2-106 所示。

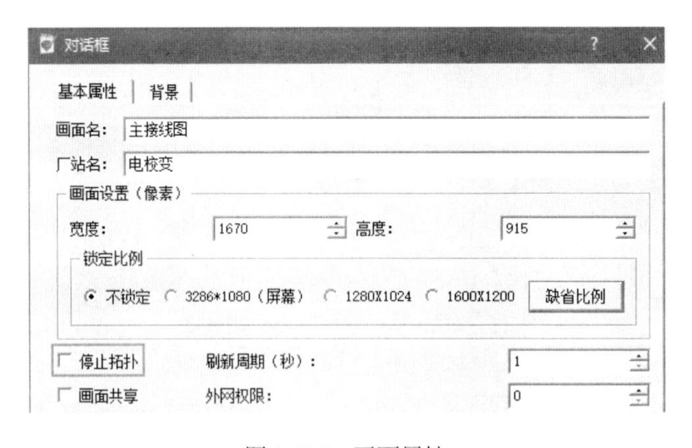

图 2-105　画面属性

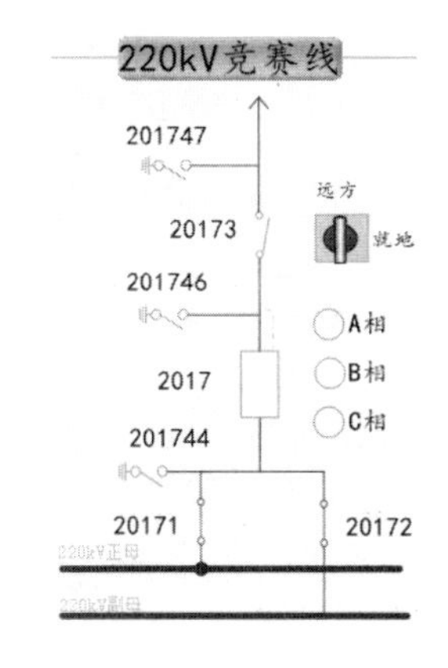

图 2-106　拓扑显示

（八）时间同步配置

1. 开启 SNTP 对时功能

智能变电站监控系统一般采用 SNTP 网络对时，首先需要投入“接收 SNTP 对时”控制字，并配置 SNTP 时钟源的主、备 IP 地址。若只有单网，则只要填写一个

IP 即可。

参数填写完毕，可点击“测试”按钮进行测试，若参数设置正确，且与 SNTP 时钟源网络连接正常，此时测试结果返回，否则返回测试失败。

2. 对时配置文件核查

对于 LINUX REDHAT6.5 操作系统，需按以下方法检查对时配置文件 rcs_gps_daemon 的权限属性。在终端里通过命令检查 rcs_gps_daemon 文件的权限，正确的权限如图 2-107 所示。

必须是S　　必须是root用户

```
scada1:/users/ems/pcs9700/deployment/bin/plat> ls -l rcs*
-rwsrwxr-x 1 root ems 1055346 04-17 09:43 rcs_gps_daemon
scada1:/users/ems/pcs9700/deployment/bin/plat>
```

图 2-107　权限检查

如果不是所示属性，则用命令修改，操作如下：

scada1：ems>cd pcs9700/deployment/bin/plat

scada1：ems>su

口令：123456

#chown root：root rcs_gps_daemon

#chmod u+s rcs gps daemon

3. SNTP 对时验证

PCS-9700 监控系统的对时程序不是直接修改系统时间，而是慢慢把时间拉近，通过 rcs_gps_daemon.log 日志文件，可看到每 30s，对时程序将系统时间纠正 15ms，当系统时间与 SNTP 服务器时间相差超过 24h 时，对时程序将不再进行对时。

当对时程序运行正常时，在监控系统控制台最下面所显示的时间后面有个 s 标记，说明监控系统已经对上时，对时程序在不断修正系统时间，如图 2-108 所示。

图 2-108　对时状态

四、日常运维

（一）间隔更名

1. 线路更名

下面以把“220kV 竞赛线 2017 测控”改成“220kV 电校线 2017 测控”为例，说明改名的过程，只改线路名称，调度编号不变。

（1）SCD 更名。

首先在 SCD 里修改装置的描述，也就是装置名称，把“220kV 竞赛线 2017 测控”改成“220kV 电校线 2017 测控”，如图 2-109 所示。

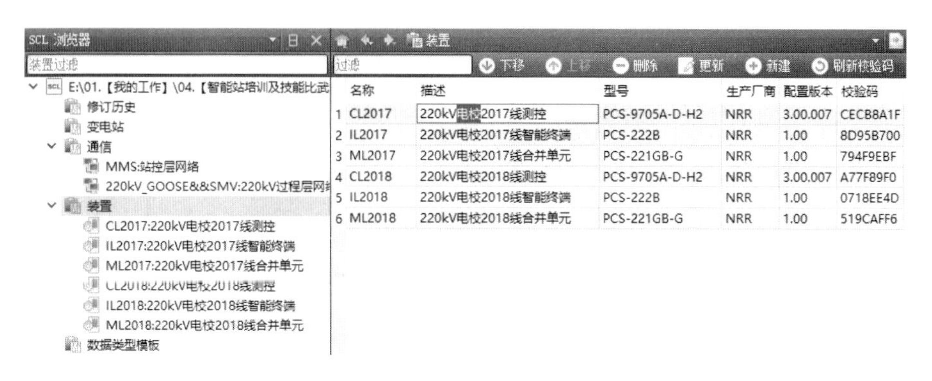

图 2-109　装置更名

接着，在装置的数据集里，把相应的遥信中的描述由“竞赛”替换成“电校”。可通过鼠标右键替换描述来进行批量修改，然后描述中的支路名称就已经变成 220kV 电校线了。

把 CTRL 下遥信、MEAS 下的遥测、测点描述下的遥控，有关竞赛线的描述全部替换成电校即可，如图 2-110～图 2-112 所示。

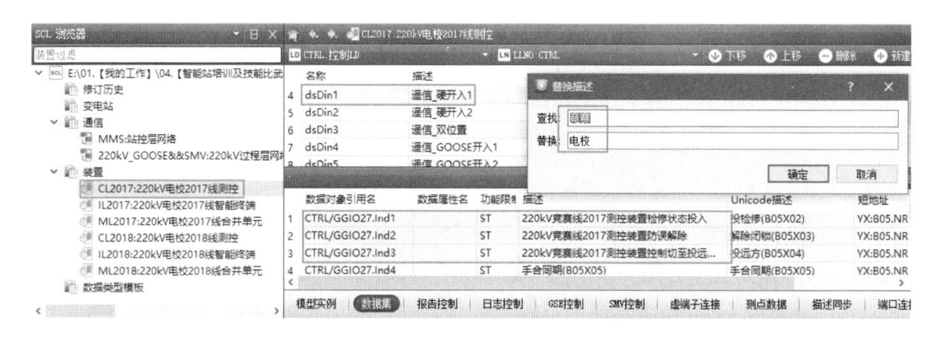

图 2-110　遥信更名

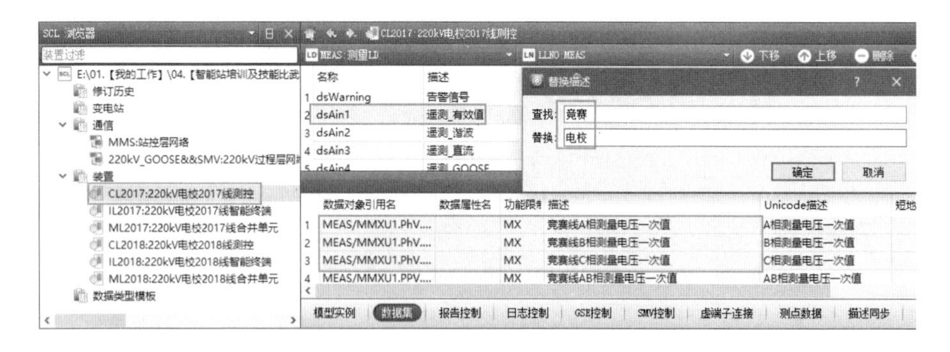

图 2-111　遥测更名

另一种更名方式是在“测点数据”中，统一按测点类型，将遥测、遥信、遥控全部测点中的“竞赛”替换成“电校”，如图 2-113 所示。

（2）后台更新。

当 SCD 里描述修改完毕，只需把修改好的 SCD 导入到后台即可。点击“维护程序”→“数据库组态”，启动数据库组态工具，并在厂站名上点击右键，选择“导入 SCD”，后续操作可参考本章的数据库创建过程。

图 2-112　遥控更名

图 2-113　测点数据

找到相应的 SCD 文件，接下来界面选择“导入二次系统”，不选“SCD 中未定义装置从数据中删除”。

接下来选择需要更新的装置，数据库组态工具会将 SCD 中的测点描述，更新到数据库中的测点描述，如果 SCD 中有新增点，数据库也将同步添加新增的点，如图 2-114 所示。

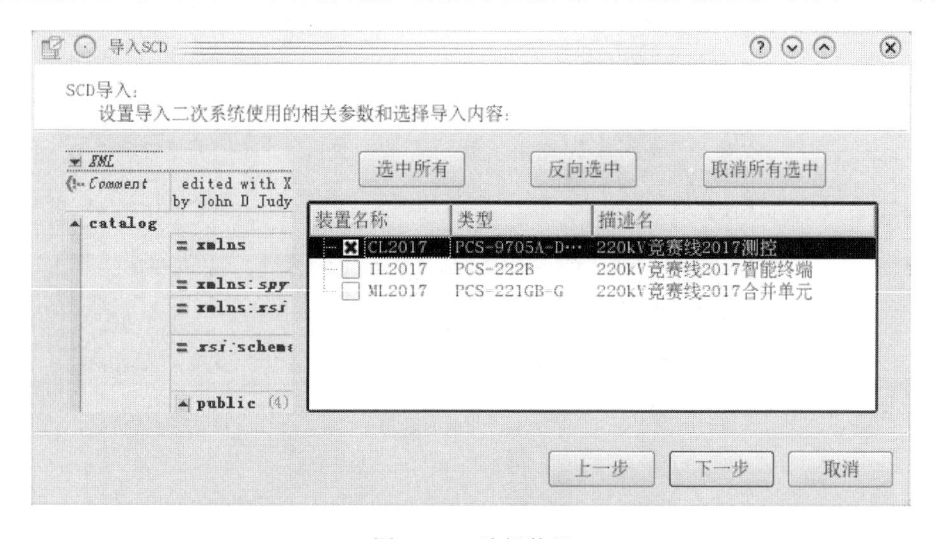

图 2-114　选择装置

接着，在后台数据库中检查遥测、遥信、遥控所有的描述是否都已经更新正确，一次设备的关联是否正确等。一般情况下数据库只要做检查就行了，不需要做任何修改，如图 2-115 所示。

图 2-115　检查数据库

最后需要更新后台画面，点击“维护程序”→“图形组态”，找到间隔相应的分图，例如 220kV 竞赛线分图，直接点击“保存”按钮，会弹出窗口提示路径变化，直接点击“确定”即可自动更新。此时，画面中的遥测、遥信、遥控关联就会自动刷过来了。唯一需要做的就是把分画面、主画面标题手动改一下即可。然后保存发布画面。如图 2-116 所示。

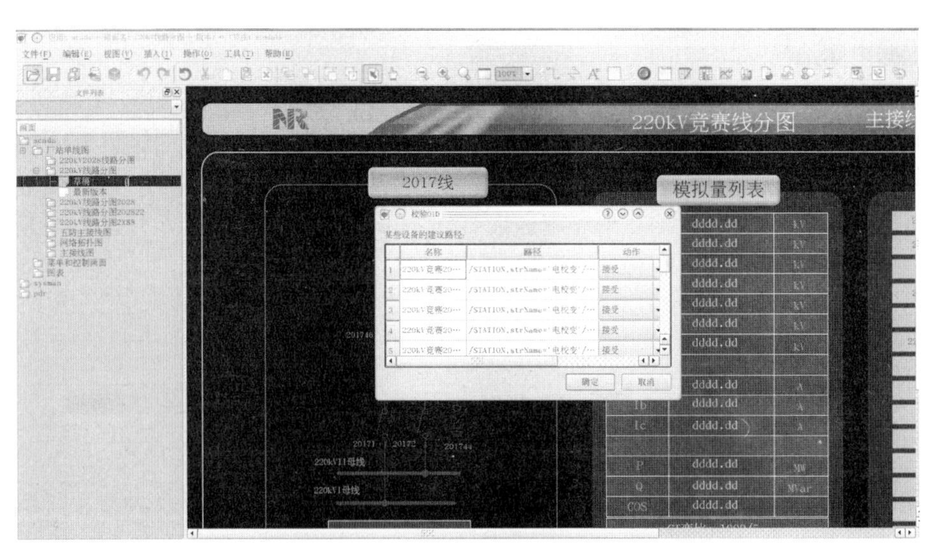

图 2-116　画面更新

2. 编号及线路更名

对于需要修改调度编号以及线路名称的情况，基本操作过程与线路更名基本一致，此处以“220kV 竞赛线 2017 测控”改成“220kV 电校线 2617 测控”为例进行说明。

首先，SCD 修改和数据库更新的操作过程与线路更名操作的过程完全一致。仅在 SCD 中进行信号描述替换的时候，需要带编号修改，如：“竞赛线 2017”替换为“电校线 2617”。数据库操作还是一样更新 SCD 即可。

画面更新过程中，需要在主接线图中将“2017”间隔替换为“2617”间隔，然后填库，填库结束后，数据库中一次设备配置里，“2017”间隔中的一次设备会自动更新为“2617”间隔，同时开关、刀闸关联的信号描述也自动更新为电校 2617 的信号了。如图 2-117 所示。

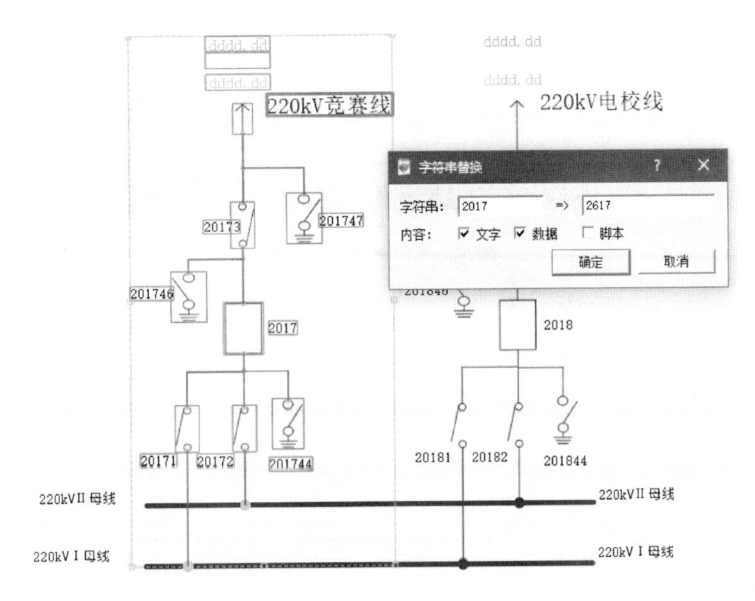

图 2-117　画面更新

画面更新操作同线路更名操作，画面保存时，提示测点关联路径变化，确认后直接保存、发布画面。最后把所有的画面都发布成最新版本，数据库也要发布。

⚠**注意**：改了编号，数据库中遥控对象的调度编号也要同步更新。

（二）系统备份及恢复

1. 系统备份

通过在终端窗口，输入 backup 命令，运行“备份还原工具”，如图 2-118、图 2-119 所示。

图 2-118　命令输入

图 2-119　备份还原工具

在“备份还原工具”中选择“备份工具”，等一段时间搜集数据以后，接下来的界面选择要备份的目录（一般默认即可），点击确定以后，会在/users/ems/PCS9700_backup目录下产生以当前备份时间命名的文件夹。需要备份的文件可以自定义(一般默认即可)，如图 2-120 所示。

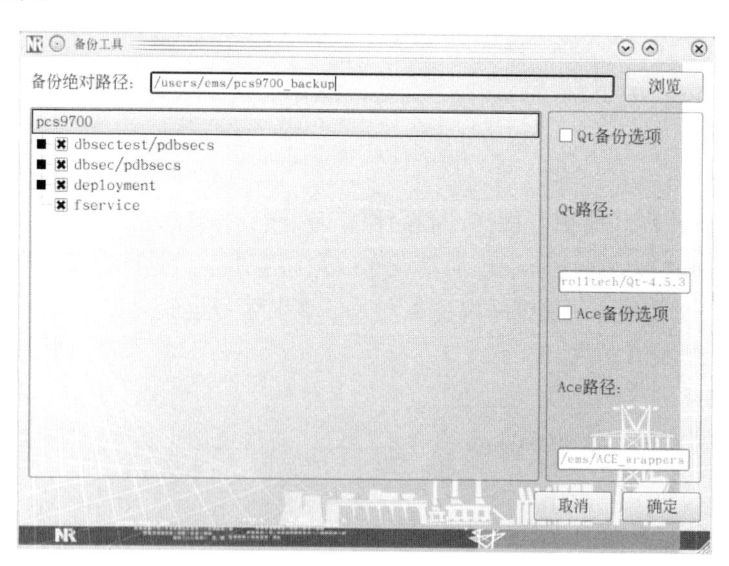

图 2-120　备份文件选择

备份完毕后，备份文件夹内包含以下文件：

- backup_version　版本信息。
- PCS-9700　deployment 下除 bin、etc、language 和 dbupdate 之外的其他文件夹。
- PCS-9700.bin　deployment 下 bin、etc/i18n、etc/ i18n–zh、table\WEB-INF 和 language

文件夹。

- PCS-9700.db　dbsec 和 dbsectest 文件夹。
- PCS-9700.etc　deployment 下 etc 配置文件。
- PCS-9700.fs　fservice 文件夹。
- PCS-9700.update　deployment 下 update 文件夹，对运行没有影响。
- sophicDir.txt　备份的目录说明文档，安装时需要。

⚠**注意**：联机备份工具在线运行。备份生成的文件是内部格式的压缩文件，通过专用的 scompress 工具可以解压查看。

备份完成后，会显示“备份成功”提示窗，点击“确定”，完成备份操作，如图 2-121 所示。

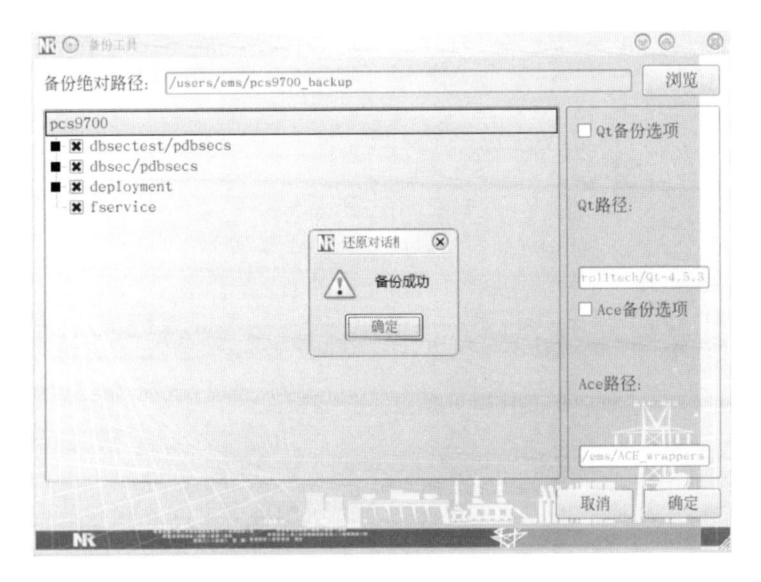

图 2-121　备份完成

2. 系统恢复

在进行系统还原前，需要先运行 sophic_stop 命令，如图 2-122 所示，将监控系统的所有进程退出运行。然后在终端窗口输入 backup 命令，运行“备份还原工具”，如图 2-119 所示。

图 2-122　停用监控系统

在“备份还原工具”中选择“还原工具”，根据提示再次确认已关闭 PCS-9700 系统，如图 2-123 所示。

确认监控系统是否已关闭，可通过命令 ps –ef|grep 9700 来检查，如果查不到 PCS-9700 相关的进程，即可认为监控系统已关闭。在确定监控系统进程已退出运行后，点击“确定”，进入“还原工具”界面，通过浏览来选择要还原的文件夹，接着选定还原的方式（不带节点信息还原），最后点击“下一步”开始还原，如图 2-124 所示。

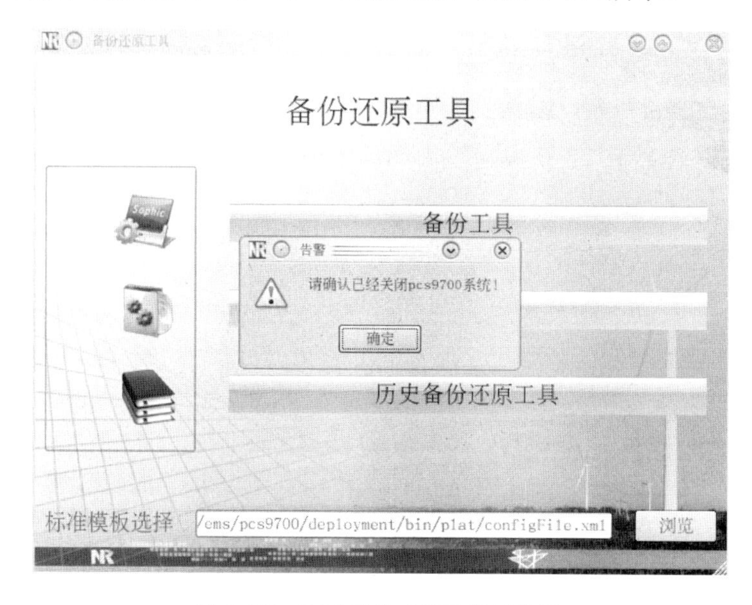

图 2-123　确认监控系统进程已关闭

- 带节点信息还原：现场机器恢复时完整的数据还原。
- 不带节点信息还原：一般用在笔记本和现场服务器之间互相导数据。
- 自定义还原：可以任意选择需还原的内容。

图 2-124　系统还原类型选择

⚠**注意**：还原工具必须在监控系统已离线的情况下运行。

五、维护要点及注意事项

1．通信方案

通信方案的选择，涉及通信过程的差异，因此必须正确选择，非 NR 设备的通信方案需选择“国网方案（原双网绑定不同实例）”，无论现场实际运行是单网还是双网。如图 2-125 所示。

“RCS 双网方案”，仅适用于 RCS 测控、保护装置以及旋钮式的 PCS 装置，现场需按实际情况选择。

2．报告控制块设置

后台导完装置后，必须统一设置“报告控制块”，在默认选项的基础上需要去掉“品质发生变化”、“数据引用”等选项，以便减少现场交换机网络报文流量，图 2-126 所示的选项是最小化选项，能满足通信的最基本要求。

图 2-125　通信方案

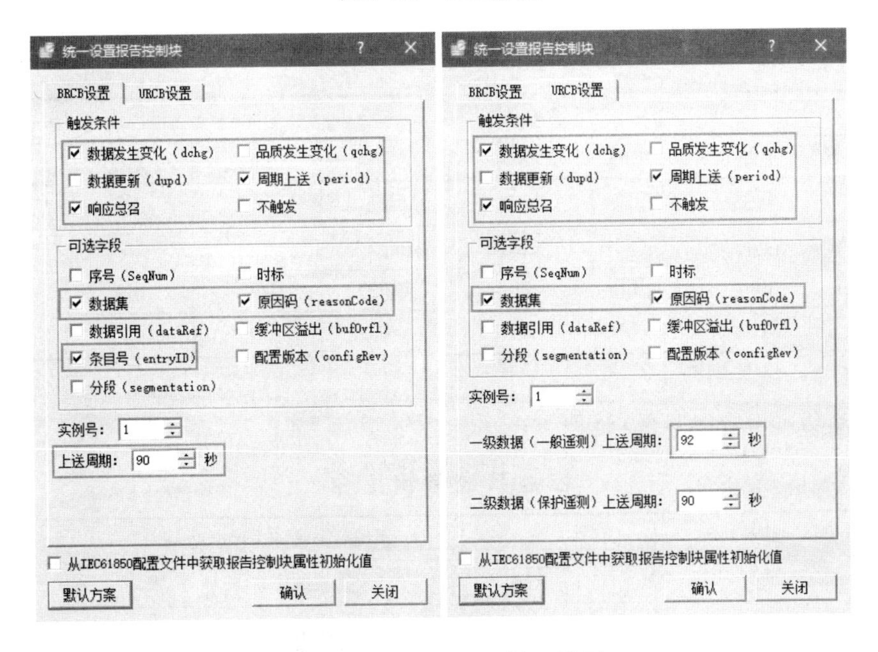

图 2-126　“报告控制块”设置

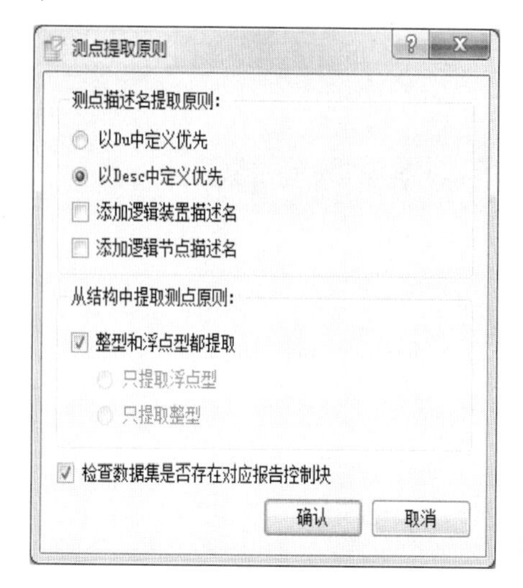

图 2-127　测点提取原则

⚠注意：BRCB 和 URCB 标签页的内容必须分别点“应用”才能各自生效。另外 BRCB 和 URCB 中的实例号为预留功能，实际实例号设置以 inst.ini 文件为准。

3．测点提取原则

默认即可，此处用于设置导入 SCD 时测点描述提取的来源，鉴于 SCD 中离线配置描述，因此后台也同步提取离线描述（SCD 中 DOI 的 Desc 属性），另外对于测量模型，不同装置可能分别采用浮点或整型建模，因此提取遥测测点选择“整型和浮点都提取”。如图 2-127 所示。

特别的，对于集中式保护的特殊应用，在导入 SCD 时必须选择“添加逻辑装置描述名”，以区别不同间隔。

4．设置控制点 Check 属性

BVstring8 南瑞继保专用方式，BVstring2 是 61850 标准方式，新的规范不再使用 BVstring8，因此需要在监控系统数据库中设置 Check 属性长度类型（如图 2-128 所示）。

BVstring8 和 BVstring2，Check 位的含义如表 2-7 所示。

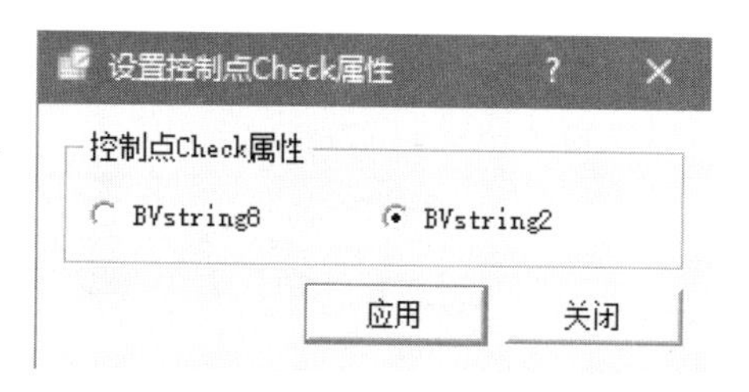

图 2-128　Check 属性

表 2-7　Check 位定义

Check （BVstring8）							
Bit7	Bit6	Bit5	Bit4	Bit3	Bit2	Bit1	Bit0
同期	联锁	无压	一般	预留	预留	预留	预留
Check （BVstring2）							
Bit7	Bit6	Bit5	Bit4	Bit3	Bit2	Bit1	Bit0
同期	联锁	空	空	空	空	空	空

5．监控系统常用命令

监控系统常用命令如表 2-8 所示。

表 2-8　监控系统常用命令

sophic_start	系统后台服务进程启动
sophic_stop	系统停止
dataenv	维护节点切换
pcscon	控制台启动

续表

get_password	密码获取
unlock_all_user	用户解锁
sm_console	系统状态监视与控制
sm_cfg	系统节点、应用配置
configmain	系统参数配置
i18ntool	语言环境配置
drawgraph	画面编辑
icon	图元编辑
pcsdbdef	数据库组态工具
pcsdbdef -p	物理库查看
report	报表编辑工具
fe_config	103 报文监视配置工具
fe_monitor	61850 报文监视工具
online	界面监视
alarm_mmi	告警监视
hisalarm	历史事件查询
priv_manager	权限管理
relay_mmi	保护管理
dbiop 应用名	如 dbiop scada（查看 scada 应用的物理库）

第三节　测　控　装　置

一、装置简介

PCS-9705A-D-H2 为整层 4U 机箱，-A 表示是单间隔测控，-D 表示智能站测控，-H2 表示装置机箱机构。

该装置采用了面向对象的设计思想，具有统一的软件和硬件平台。支持 SV 数字采样，同时支持 GOOSE 发布/订阅、常规光耦遥信采集、常规遥控节点输出，主要适用于智能站单间隔数据和信号的测量与控制。

• 装置采用整体面板、全封闭机箱，强弱电严格分开，同时在软件设计上也采取相应的抗干扰措施，装置的抗干扰能力大大提高，对外的电磁辐射满足相关标准。

• PCS-9705A-D-H2 测控装置采用了新型的 UAPC 平台，16 位高精度 AD 转换器，320×240 图形点阵液晶，实现了大容量、高精度的快速、实时信息处理。

• 全面支持数字化变电站功能（支持数字采样、GOOSE 分合闸）。

• 装置支持主接线图显示，图形可网络下装。装置具备完善的间隔层联锁功能，联锁逻辑可网络下装。

• 具有软件报文对时和硬件脉冲对时功能，对时精度高，误差小于1ms。

• 完善的事件报告处理功能，可保存最新64次动作报告，最新1024次变位报告、1024次自检报告、1024次运行报告、1024次操作报告。

• 大尺寸的液晶显示器提供图形和文字的人机界面，便于操作人员操作。

• 灵活的后台通信方式，配有RS-485或以太网通信接口（可选双绞线、光纤）。

• 采用后插式结构，硬件上强电和弱电严格分开，使装置具有良好的电磁兼容性。

• 支持电力行业标准IEC 61850和IEC 60870-5-103规约。

装置可接收最新的光ECVT合并单元所发送的数字模拟量信息，实现与光电互感器的配合使用，同时亦兼容传统交流头的使用，保证了测控装置的通用性。

二、硬件说明

PCS-9705A-D-H2 测控装置采用 NR4000 系列平台智能插件组成，整个装置中除了特殊插件的位置不能变化之外，其他的开关量输入、输出插件，直流量插件，都可以根据装置的剩余插槽位置进行灵活配置，如表2-9所示。

PCS-9705A-D-H2 装置插件型号命名格式均为 NR4abc（de）格式，其中 a 表示插件大类，典型代码如下：

a=1：带DSP处理芯片类（NR4106MB为管理插件，NR4138A为过程层DSP插件）

a=3：电源类（NR4304BK）

a=5：开关量输入输出类（NR4501A为遥信采集，NR4522B为空节点输出）

其中bc表示插件型号的编号，无特殊含义。

在插件型号最后还定义一位或两位可选的英文字母组合，主要用于细分硬件，面向不同的应用场景，不同的字母表示该类插件的不同硬件配置（如接口类型、内存大小），字母从A开始依次增加，如NR4138A、NR4138M。

同类但型号不同的细分插件，基本功能一致，主要区别在于插件的对外接口数量、方式的不同，如NR4106、NR4108等。

表2-9　PCS-9705A-D-H2 装置的硬件配置表

编号	模块描述	模块功能
1	CPU插件	完成采样，保护的运算以及装置的管理功能，包括事件记录、录波、打印、定值管理等功能
2	光耦输入插件（BI插件）	提供开关量输入功能开关量输入，经由24V/30V/48V/110V/125V/220光耦（可配置）
3	开关量输出继电器插件（BO模块）	包含所有出口和接点
4	电源插件（PWR模块）	将250/220V/125/110V直流变换成装置内部需要的电压，还包含远方信号、中央信号和事件记录和异常信号等各类信号接点
5	人机接口插件（HMI模块）	由液晶、键盘、信号指示灯和调试串口组成，方便用户与装置间进行人机对话
6	SV/GOOSE插件（可选）	用于实现GOOSE交互，61850-9-1以及61850-9-2电子式互感器连接

（一）CPU 插件（NR4106 插件）

CPU 插件使用 TI（德州仪器）公司的 OMAPL138 处理芯片，CPU 板型号为 NR4106MA/B/C/F，操作系统为 Linux，面板为键盘操作，内部使用总线接收装置内其他插件的数据，通过 UART 接口与 LCD 板通信。主要实现装置的管理、人机界面、通信和录波等功能。

其主力插件型号为 NR4106MX。根据工程通信接入数量的不同，可选用表 2-10 所示的不同接口的 CPU 插件。

表 2-10　　可选插件

插件 ID	内存	接口	物理层	备注
NR4106MA	128M DDR2	2 RJ45 网口	双绞线	不带滤波
NR4106MB	128M DDR2	4RJ45 网口	双绞线	不带滤波
NR4106MC	128M DDR2	2 光纤网口	光纤 ST	不带滤波
NR4106MF	128M DDR2	4 RJ45 网口	双绞线	带一阶低通滤波
NR4106MG	128M DDR2	2 光纤网口+2RJ45 网口	光纤 ST+双绞线	带一阶低通滤波

该 CPU 插件的基本端子定义如图 2-129 所示。

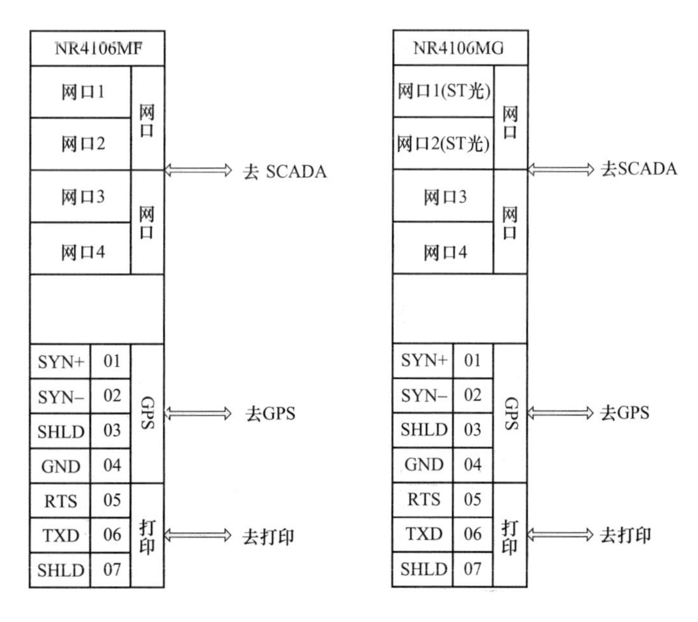

图 2-129　CPU 插件端子定义

（二）开关量输入插件（NR4501 插件）

常规光耦开入插件，负责电信号开关量采集，光耦有高压和低压之分，其细分型号 A/E/G /H 为 DC220V/110V 通用、D/F 为 DC48V/24V 通用，使用时需要严格区分电压等级，防止烧毁插件。开关量输入端子定义如图 2-130 所示。

04	
NR4501	
电源	P01
开入1	P02
开入2	P03
开入3	P04
开入4	P05
开入5	P06
开入6	P07
开入7	P08
开入8	P09
开入9	P10
开入10	P11
开入11	P12
开入12	P13
开入13	P14
开入14	P15
开入15	P16
开入16	P17
开入17	P18
开入18	P19
开入19	P20
开入20	P21
开入公共负	P22

BI

图 2-130　开关量输入端子定义

NR4501 提供 20 路光电隔离的开关量输入通道和 1 路电源监视输入。为防止外部干扰串入，每一路开入信号都采用了硬件滤波和软件防抖的处理，保证了信号采集的可靠性。

开入 1：定义为“置检修”开入。当置“1”时，装置进入检修态。

开入 2：定义为“解除闭锁”。当置“1”时，装置退出遥控联闭锁功能。

开入 3：定义为“远方/就地”。当置“1”时，装置处于远方态，所有开出信号只能通过 SCADA 系统或控制中心遥控。当置为“0”时，装置处于就地态，所有开出信号只能进行当地手动控制。

开入 4：定义为“手合同期”。当装置处于就地态，“手合同期”开入从“0→1”变化时，装置启动遥控 1 合闸。当同期的所有条件都满足时，遥控 1 合闸接点将输出闭合信号。

开入 5：定义为“手动分闸”。当装置处于就地态，“手动分闸”开入从“0→1”变化时，“手动分闸”将启动遥控 1 分闸。

其余为备用开入。

⚠**注意：**开关量输入额定电压可选为 24V、30V、48V、110V、125V、220V，必须在现场上电前检查开关量输入插件的额定电压与实际电压等级一致。

（三）SV/GOOSE 插件（NR4138 插件）

该插件由高性能的数字信号处理器、6 路百兆 LC 光纤以太网（最多 8 路）及其他外设组成。插件支持 GOOSE 功能、IEC 61850-9-2 规约，支持 IRIG-B 光纤对时输入，完成从合并单元接收数据、发送 GOOSE 命令给智能操作箱等功能。

GOOSE 发送功能和 GOOSE 接收功能需要通过配置发送插件和接收插件来完成。

该插件支持过程层组网、点对点两种采样、跳闸模式。SV/GOOSE 输入插件端子定义如图 2-131 所示。

（四）直流 AI 输入插件（NR4410 插件）

AI（DC）插件用于输入外部变送器送来的直流模拟信号，如温度变送器、压力变送器等。

AI（DC）插件上提供了 8 路直流输入接口，不提供开入信号。

标配的 NR4410C 插件，可采集 0～250V、0～5V 和 0～20mA/4～20mA 这 3 种类型的直流信号，现场可通过板上 3 组跳线来选择具体的采集模式。AI 输入插件端子定义如图 2-132 所示。

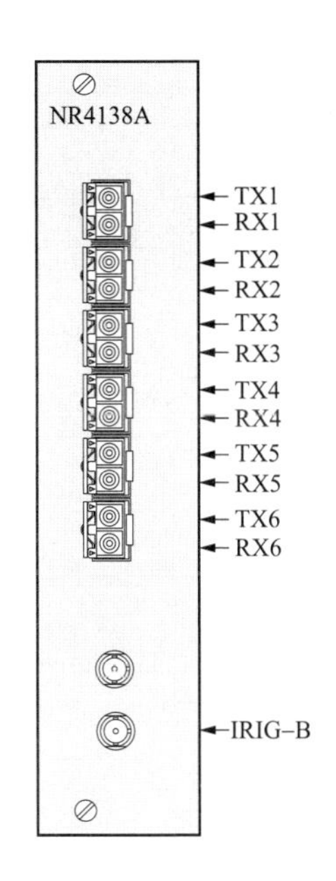

图 2-131　SV/GOOSE 输入插件端子定义

NR4410	
AI1+	1
AI1–	2
GND	3
AI2+	4
AI2–	5
GND	6
AI3+	7
AI3–	8
GND	9
AI4+	10
AI4–	11
GND	12
AI5+	13
AI5–	14
GND	15
AI6+	16
AI6–	17
GND	18
AI7+	19
AI7–	20
AI8+	21
AI8–	22

图 2-132　AI 输入插件端子定义

插件采集类型跳线说明如表 2-11 所示。

表 2-11　　AI 插 件 跳 线

信号输入范围	Sn	JPn-1	JPn-2
0～20mA/4～20mA DC	ON	OFF	ON
0～5V DC	OFF	OFF	ON
0～250V DC	OFF	ON	OFF

（五）开关量输出插件（NR4522 插件）

NR4522 插件为标准的跳闸用开关量输出插件，以空节点形式输出，细分为 A/B 型号，分别用于出口和联锁输出，如图 2-133 所示。

NR4522A 插件可以提供 11 路跳闸开出接点，用于传统回路跳闸，每路接点可以单独控制，并经过启动正电源闭锁。

NR4522B 插件可以提供 11 路常开接点开出接点，用于可逻辑编程的联闭锁输出，每路接点可以单独控制，不经过启动正电源闭锁。

通过工具软件可以将每个跳闸输出配置成实际有具体定义的跳闸输出接点。插件的端子定义如图 2-133 所示。第 11 路作为前 10 的动作信号输出接点，即前 10 路任一路接点闭合，第 11 路接点均会闭合。

（六）电源插件（NR4304 插件）

通用电源插件包含一个输入和输出隔离的 DC/DC 或 AC/DC 转换插件。其输入电压支持 DC220/110V、AC220/110V（更具体的参数请参考说明书“技术参数”中电源部分），输出直流电压为+5V，分别为装置其他插件提供电源。

NR4522A		
跳闸输出1+	01	跳闸输出1
跳闸输出1-	02	
跳闸输出2+	03	跳闸输出2
跳闸输出2-	04	
跳闸输出3+	05	跳闸输出3
跳闸输出3-	06	
跳闸输出4+	07	跳闸输出4
跳闸输出4-	08	
跳闸输出5+	09	跳闸输出5
跳闸输出5-	10	
跳闸输出6+	11	跳闸输出6
跳闸输出6-	12	
跳闸输出7+	13	跳闸输出7
跳闸输出7-	14	
跳闸输出8+	15	跳闸输出8
跳闸输出8-	16	
跳闸输出9+	17	跳闸输出9
跳闸输出9-	18	
跳闸输出10+	19	跳闸输出10
跳闸输出10-	20	
跳闸输出11+	21	跳闸信号输出
跳闸输出11-	22	

NR4522B		
信号输出1+	01	接点输出1
信号输出1-	02	
信号输出2+	03	接点输出2
信号输出2-	04	
信号输出3+	05	接点输出3
信号输出3-	06	
信号输出4+	07	接点输出4
信号输出4-	08	
信号输出5+	09	接点输出5
信号输出5-	10	
信号输出6+	11	接点输出6
信号输出6-	12	
信号输出7+	13	接点输出7
信号输出7-	14	
信号输出8+	15	接点输出8
信号输出8-	16	
信号输出9+	17	接点输出9
信号输出9-	18	
信号输出10+	19	接点输出10
信号输出10-	20	
信号输出11+	21	接点信号输出
信号输出11-	22	

图 2-133 BO 输出端子定义

细分型号 A 型带磁保持节点输出，B 型带非磁保持节点输出，HK 型不带电源开关。

电源插件还输出“装置闭锁”、“装置异常”信号接点，以及 8 对出口接点，用于跳、合闸出口和远方信号输出等。如图 2-134 所示。

NR4304BK	
COM	01
BSJ	02
BJJ	03
OUT1A	04
OUT1B	05
OUT2A	06
OUT2B	07
OUT3A	08
OUT3B	09
OUT4A	10
OUT4B	11
OUT5A	12
OUT5B	13
OUT6A	14
OUT6B	15
OUT7A	16
OUT7B	17
OUT8A	18
OUT8B	19
DC+	20
DC-	21
FGND	22

接地柱

接地铜排

图 2-134 DC 插件端子定义

端子 X04X05：PCS—9705A 模式下无用，仅用于 PCS—9705C 工作模式。

端子 X06X07：PCS—9705A 模式下无用，仅用于 PCS—9705C 工作模式。

端子 X08X09：用于 PCS—9705A 工作模式下，开关同期状态的信号输出，当装置处于就地、同期条件满足，且“同期信号使能”定值投入为 1 时，该信号接点动作。

端子 X10X11：用于装置滑档跳闸接点输出，当“投滑档控制字”定值投入，且装置在接收到档位调节指令后，当判断档位出现连续变化时，该信号接点动作，用于跳开档位调节控制器电源。

端子 X12X13：用于同期手合（间隔层/过程层）的出口接点，当同期手合成功时，该接点会动作。过程层同期手合仅用于数字化站。

端子 X14X15：PCS—9705A 模式下无用，仅用于 PCS—9705C 工作模式。

⚠**注意：** 输入电源的额定电压为 220V 和 110V 自适应。

（七）典型配置

基于平台化的 PCS-9705A-D-H2 测控，可以通过选配不同的插件进行各种硬件组合，以满足现场不同的需求，最典型的智能变电站典型配置如图 2-135 所示。

三、功能说明

（一）同期功能

同期检测功能可以实现对第一组接点（单断路器）的遥控合闸或手控合闸。同期检测功能可以选择不检、检无压、检同期、检合环四种方式检测。

检合环软压板投入后，如果检同期也投入，装置延迟1s报警，并闭锁检同期；待检同期或者检无压软压板退出后，延迟1s返回。

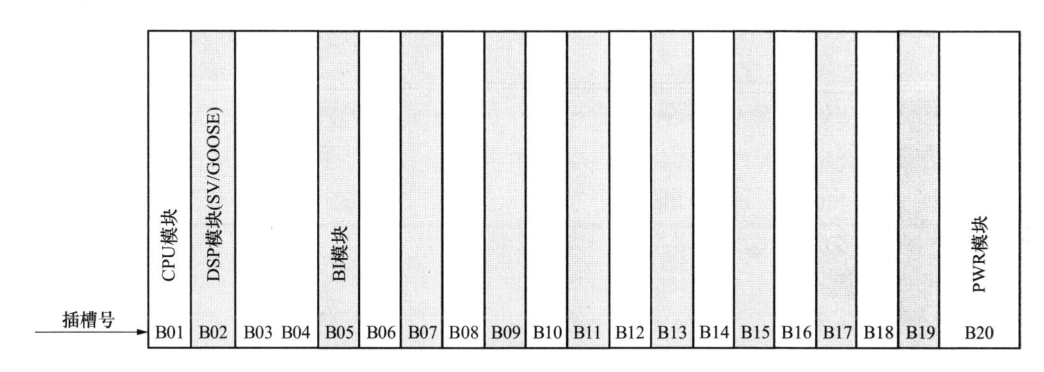

图 2-135　PCS-9705A-D-H2 典型配置

检同期合闸具有角差闭锁、频差闭锁、压差闭锁、滑差闭锁功能；检合环合闸具有角差闭锁、压差闭锁功能。测量侧和同期侧的相角差$\Delta\delta$每0.833ms测量一次，同时根据频差Δf、频差加速度df/dt以及开关动作时间Tdq算出断路器在合闸瞬间的相角差，确保断路器在合闸瞬间的相角差满足整定值δ_{zd}。为避免差频系统合闸时引起大的系统冲击，检同期合闸的角差闭锁定值固定为1°。

遥控同期合闸后，在同期复归时间内，程序将在每个采样中断中进行同期判别，直到检同期成功或同期复归时间到；对于手合同期，程序在检测到手合同期开入状态由“分”至“合”变化时进行同期判别，若在同期复归时间内条件满足则检同期成功，否则超时退出。

当装置的“远方/就地”开入为“1”，通过远方遥控执行检同期或检无压时，功能软压板中的检同期软压板、检无压软压板参数无效，装置是否执行检同期或检无压由发出远方遥控命令的SCADA系统决定。

如果远方遥控选择“一般遥控”或者装置的“远方/就地”开入为“0”，通过就地遥控来执行时，检同期软压板、检无压软压板及检合环软压板参数有效，装置是否执行检同期、检无压或者检合环由这三个参数决定。“手合同期”来执行检同期或检无压时，合闸检同期软压板、合闸检无压软压板参数有效，装置是否执行检同期或检无压由这两个参数决定。

遥控（包括液晶手控）合闸和同期手合（间隔层、过程层）成功产生独立的信号，同期手合（间隔层、过程层）执行成功仅从电源板出口（数字化装置对应GOOSE出口数据集中遥控01手合出口、遥控02手合出口为1），其他合闸操作（遥控、液晶手控）执行成功仅从NR4522板出口（数字化装置对应GOOSE出口数据集中遥控01合闸出口、遥控02合闸出口为1）。

（二）联锁功能

当装置逻辑闭锁功能投入时，装置能够接收逻辑闭锁编程，当远方遥控或就地操作时，装置自动启动逻辑闭锁程序，以决定控制操作是否允许。在装置的监控参数中，为每一个控制对象提供了对应的逻辑闭锁控制字，该控制字置“1”，表示对应控制对象的闭锁功能投入。闭锁逻辑可通过专用的逻辑组态工具软件编辑，经以太网口直接下载到装置。如果某个闭锁功能投入，但是未设置闭锁逻辑，则其逻辑输出结果为 0。

除软件逻辑闭锁功能外，装置还提供硬件闭锁功能。如配有逻辑闭锁板，即 BO（IL）板，通过联锁组态，其输出状态由逻辑运算结果控制。此时第 1～15 个控制对象有一个对应的闭锁接点。同时，通过新联锁组态工具进行逻辑组态，这些输出接点还可作为单独的可编程逻辑接点输出，用于特定场合的逻辑应用。

四、操作说明

人机接口功能由一块专门的人机接口模块承担。人机接口模块可以将用户需要重点关注的一些信息提取出来，或者去点亮一些指示灯，或者把信息在液晶上显示出来。用户可以通过键盘导航去定位一些感兴趣的信息。

（一）LCD 显示区

如图 2-136 所示，装置前面板携带一块 320×240 点阵的液晶显示器，用于观察、监视、分析和整定定值、测量值和报警等信息。当有变位报告和报警信息时，相应的报文就会在液晶上显示出来。

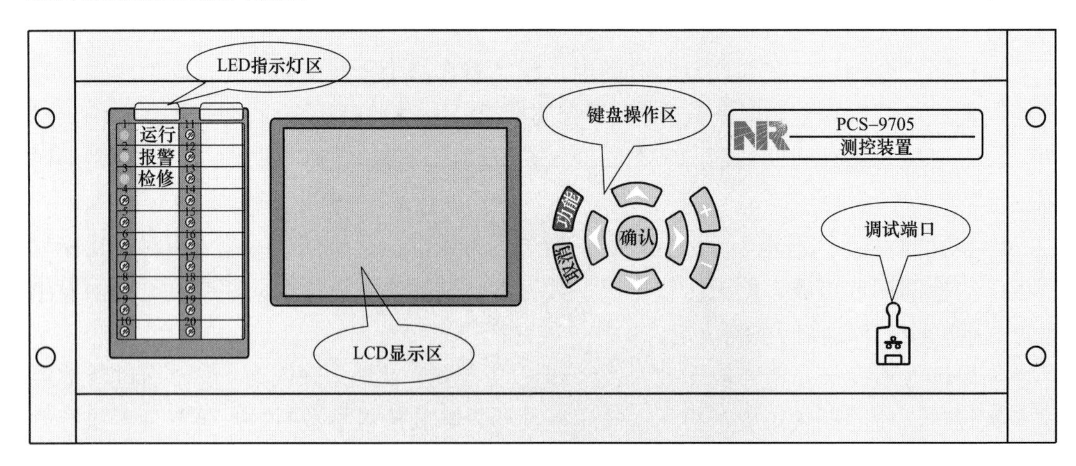

图 2-136　装置面板

所有的信息可以通过装置菜单进行访问。液晶可以显示15行、每行40个字符。按任意键激活液晶背光并保持60s。

（二）LED 指示灯区

面板左侧共有20个LED指示灯，分为两列（从上到下编号依次为LED01～LED20），前三个固定为运行、报警、检修指示灯，其余为备用。

（三）键盘操作区

装置面板提供一个包含有9个按键的键盘，实现人机互操作。其中“功能”键为预留按键，如图2-137所示。

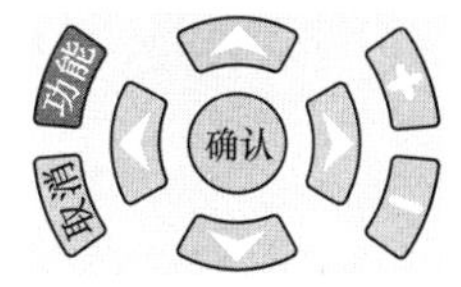

图 2-137 装置键盘

（四）调试端口

装置前面板提供RJ45复用通信接口，它可以用作RS-232通信串口和双绞线以太网接口。如图2-138所示，专用的电缆可实现通过RJ45复用接口调试装置。也可以通过超级终端访问装置，该端口一般用于调试工程师和研发工程师监视通信状态。

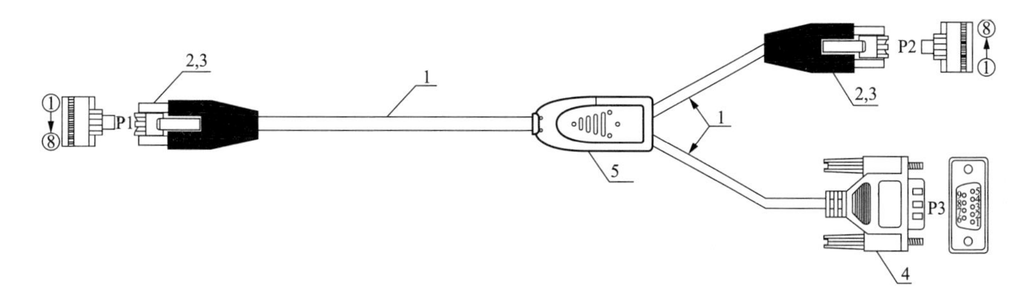

图 2-138 专用调试线

P1：连接装置 RJ45 复用接口（8 芯电缆）。

P2：连接 PC 机以太网接口（双绞线）。

P3：连接 PC 机 RS-232 串口。

8 芯电缆各芯定义如表 2-12 所示。

表 2-12 调试线说明

序号	颜色	功能	装置侧（左）	PC 机侧（右）
1	橙	以太网接口 TX+	P1-1	P2-1
2	橙白	以太网接口 TX-	P1-2	P2-2
3	绿白	以太网接口 RX+	P1-3	P2-3
4	蓝	RS-232 串口 TXD	P1-4	P3-2
5	棕白	RS-232 串口 RXD	P1-5	P3-3
6	绿	以太网接口 RX-	P1-6	P2-6
7	蓝白	RS-232 串口接地	P1-7	P3-5
8	棕		P1-8	

装置面板调试口的 IP 地址与后网口的 A 网 IP 相同，如需要通过前调试口连接装置，需先设置 A 网 IP 地址和子网掩码。

（五）程序下载

PCS 系列装置支持两种下载方式：固件刷新和单文件下载。

1. 固件刷新

对于 PCS 系列第二代装置（UAPCⅡ），均支持“固件刷新”功能，该方式是由工具将 bin、dev 等打包文件直接下载到装置内，再由装置将已接收的打包 bin、dev 文件解包，并下载到各个插件中，下载效率较高，且同时支持对电子盘内备份和运行程序的一致性校验。

升级、更新程序推荐使用“固件刷新”方式，简单的识别方法是看液晶菜单中的装置参数内，是否有“电子盘使能”定值。“固件刷新”的操作方法如下所示：

如图 2-139 所示，在 PCS-PC R5 IED 树中的装置上右键，选择“固件刷新”，在弹出的窗口中选择需要下载的 7z（或 bin）格式程序包，如果要保留原有工程配置则勾选“保留配置”，如不需要，则去掉“保留配置”；“检查装置类型”默认勾选，以防止下错装置型号。选择完毕，投入装置“检修硬压板”或使能液晶菜单“本地命令”中的“下载允许”后，点击“下载”按钮开始刷新固件。

⚠**注意**：CPU 插件上配有电子盘的，请在“装置参数”中投入“电子盘使能”控制字后，再刷新固件；对于没有配置电子盘的装置，请在“装置参数”中退出“电子盘使能”控制字后，再刷新固件。

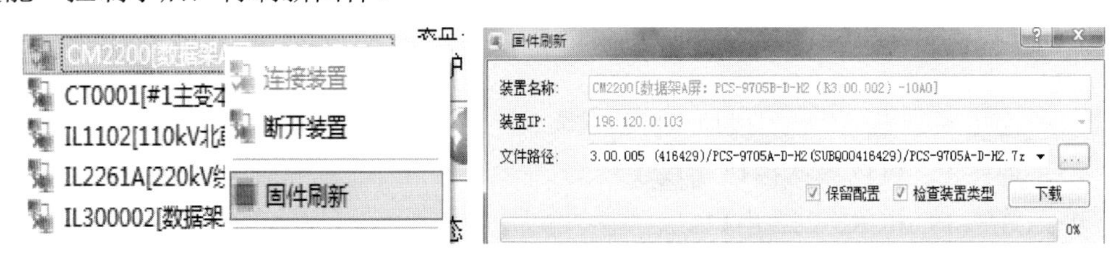

图 2-139　固件刷新

2. 单文件下载

对于所有 PCS 装置，均支持单文件下载，该方式是在 PCS-PC R5 工具内添加 bin、dev 等打包文件或单个文件，进行逐个文件下载，是最基本的下载方法。

对于打包文件，PCS-PC R5 工具会先将其解包，形成多个单一的程序、配置文件，下载过程为一个文件一个文件地下载，当遇到对未插插件的插槽下载程序时（程序是最大化配置），下载过程会经历约 20s 的等待后继续往下进行。

“单文件下载”的操作方法如下：

（1）添加要下载的文件，如图 2-140 所示。

图 2-140　选择固件

（2）对于可选插件，根据实际硬件配置情况，取消未配插件对应的程序，如图 2-141 所示，可提高下载速度，如不取消，遇到不存在的板卡，下载过程将等待 20s 后自动跳过。

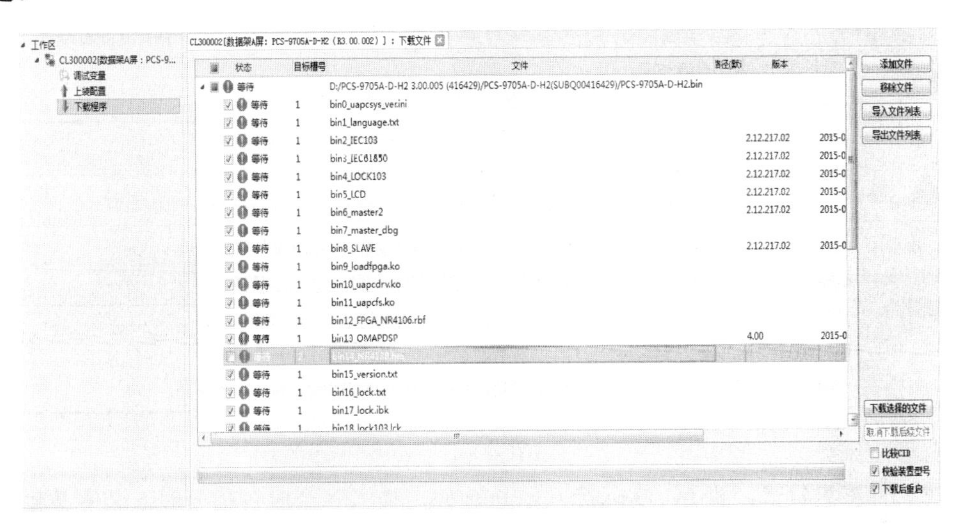

图 2-141　单文件刷新

五、维护要点及注意事项

1．“报位置已到达”报警

遥控时，装置“控制报告”中报“位置已到达”，此时需要将通信参数中的“遥控关联遥信”控制字置 0。

原因：在 CID 模型中，开关刀闸的 LN 中，位置对象 POS 的 stval 属性所对应的遥信当前值，如果与控制对象的目标控制值一致，则测控报“报位置已到达”，此现象多出在装置刚开始调试时。

2．“被过程层闭锁”报警

一般在遥控过程中出现，多是由于未投入“投远控”硬压板。

3．“遥测数据不可信”报警

“遥测数据不可信”报警信号的机理是：NR4106 侧读到 NR4138 送过来的采样数据品质为无效且不断链时，就会报“遥测数据不可信”。

导致 NR4138 送过 NR4106 的采样数据品质无效，主要会有两种情况：

（1）NR4138 送过来的 SV 品质无效。

（2）其他异常导致 NR4138 在插值时产生了外插。

导致 NR4138 送过来的 SV 品质无效的主要原因有：

（1）合并单元异常。母线合并单元将同期电压通过线路合并单元级联给测控，母线合并单元未给线路合并单元发数据，导致线路合并单元给测控的同期电压数据无效。

（2）导致 NR4138 产生外插的情况目前主要有：合并单元和测控均对时成功，但两侧时钟不一致（一般是对时源的问题），此时需要将 SV 采样定值中的“SV 采样同步使能”定值退出。

4．“对时异常”报警

检查对时方式设置，以及对时源是否有输出。对时相关的定值如表2-13所示。

表 2-13 对 时 定 值

菜单	定值	功能
公用通信参数	外部时钟源	0：硬对时；1：软对时；2：扩展板对时；3：无对时
SV 采样定值	扩展板同步方式	0：同步方式为背板 PPS；1：同步方式为 IEEE1588； 2：同步方式为外接 PPS；3：同步方式为 IRIG-B 对时
	GPS 采样同步时能	0：扩展板采样不判断 GPS 同步； 1：扩展板采样根据 GPS 同步脉冲调整； 非扩展板对时条件下，该定值不可以投入

典型应用：

（1）外部时钟源：投 0，实际接入差分 B 码。接入多个时钟信号时，装置按优先级自动识别。

（2）扩展板同步方式：投 3。无对时时，设置为“同步方式为背板 PPS”，其他情况按实际接入的对时方式选择。

（3）GPS 采样同步时能：投 0。该定值仅在“公用通信参数”设为“扩展板对时”时，才需投入。

5．组网采样的通道延时连线

对于测控这类组网采样的装置，其 SV 虚端子连线无需连通道延时，但点对点采样时，必须连。

为了测试的方便，装置程序做了优化，对于组网采样时，无论是否连通道延时，都不影响正常使用。但需注意老版本程序连了通道延时，则会引起装置报警。

6．组网是否必须接对时

测控在点对点采样时，完全不需要依赖对时，接入对时只是为了保证装置时间及 SOE 时间的需要。

测控在组网采样时，如果测控仅接收来自同一个 MU 的一个 SV 控制块，对时可以不接（但为了保证 SOE 的准确，一般要求接入差分 B 码对时）；但如果测控同时接入多个 MU 的不同 SV 控制块，测控及 MU 必须接入对时，此时测控及 MU 需依赖同步信号保证采样值的同步。

7．不同相的 U、I 夹角为正序分布

装置加量时，测控显示的不同相别间的 U、I 夹角为正序分布夹角，如：U、I_a 为 10°，U、I_b 为 130°，U、I_c 为 250°。此现象是因为测控接入的电流小于 6%额定值时，将无法跟踪电流角度，造成无法计算有效的夹角，进而出现夹角跟随相电压角度进行正序旋转。

第四节　数据通信网关机

一、装置简介

PCS-9799C 数据通信网关机是新一代智能远动机，为 RCS 系列远动机的升级换代产品。装置采用自主研发的 UAPC 硬件平台，集成了嵌入式 Linux 操作系统和 mysql 数据库，能够实现常规远动、保信等功能。

二、硬件说明

（一）整机视图

正面视图如图 2-142 所示。背面视图如图 2-143 所示。各板卡对应的插槽如图 2-144 所示。

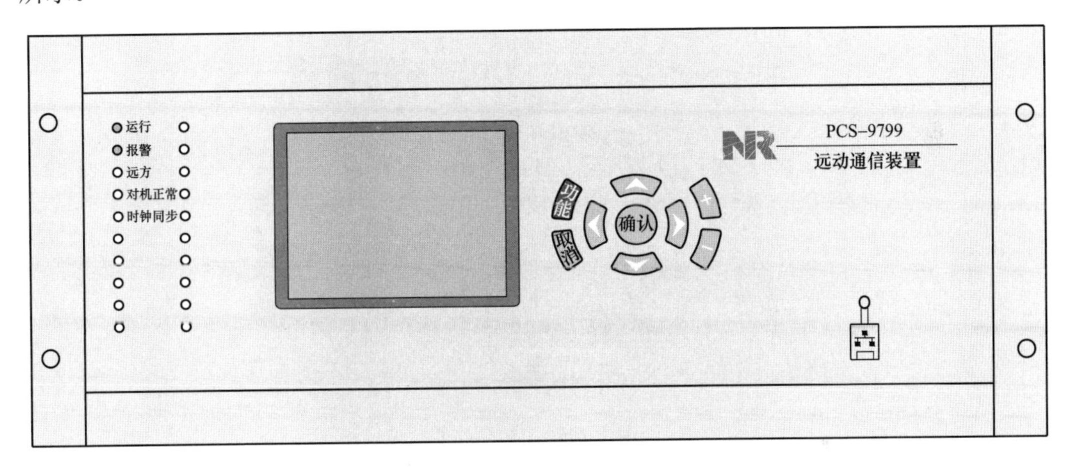

图 2-142　正面视图

图 2-143　背面视图

（二）MON（CPU 板）

装置最多可配置 4 块 MON 板，分别位于插槽 01、03、05、07。MON 板根据内存大小、存储空间、网口个数有 11 种可选插件，常用的有两种：①PCS-9799C 远动机标配

6 个网口+ 2G 内存+ 4G SSD 卡，板号 NR1108C；②PCS-9798A 保信子站标配 64G 硬盘，板号 NR1108CD。

	NR 1108A											NR 1525D	NR 1224A	NR 1224A		NR 1301A
	MON											IO	COM1	COM2		PWR
插槽号	01	02	03	04	05	06	07	08	09	10	11	12	13	14	15	P1

图 2-144　板卡槽号

插件及端子定义如图 2-145、图 2-146 所示。

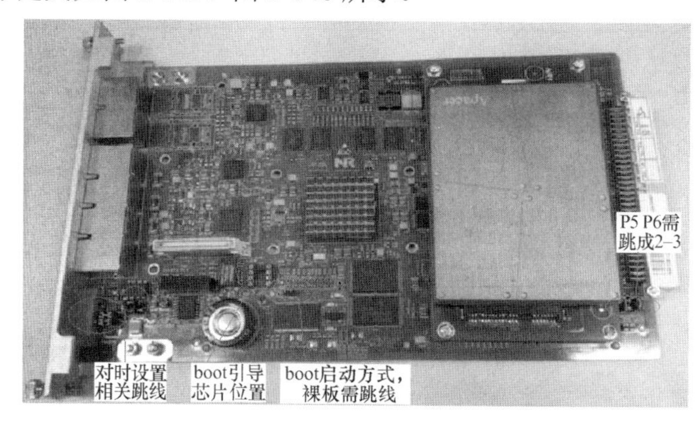

图 2-145　CPU 插件

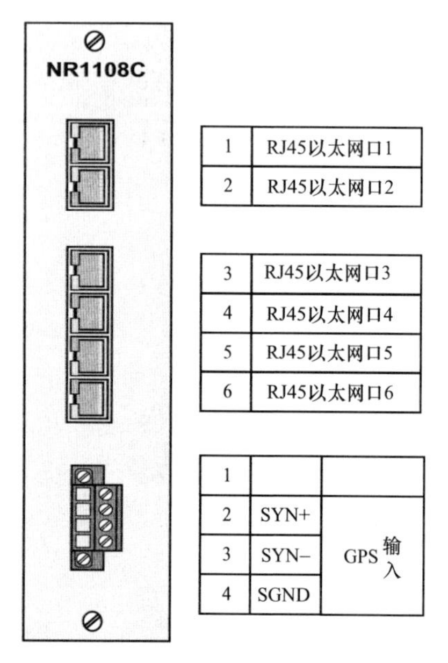

1	RJ45以太网口1
2	RJ45以太网口2

3	RJ45以太网口3
4	RJ45以太网口4
5	RJ45以太网口5
6	RJ45以太网口6

1		
2	SYN+	GPS 输入
3	SYN−	
4	SGND	

图 2-146　CPU 端子定义

1. 网口与网卡

6 个网口分别属于两块网卡：网口 1 属于网卡 2；网口 2～6 属于网卡 1，相当于 1 块网卡虚拟出来的 5 个网口。

2. B 码对时相关

（1）对时输入端子为 2，3，4，如图 2-146 所示，第一个端子未用！

（2）当装置配有多块 CPU 板时，仅位于槽号 1 的 CPU 板可以接 B 码对时源。

（3）跳线 P3、P14 置为 2-3，表示凤凰端子串口为对时口（出厂默认）。

（4）跳线 P22、P23 置为 1-2 表示 B 码（出厂默认）。

（5）跳线 P5、P6 置为 2-3，表示前调试口 RS232 接口输出，多块 CPU 时不能都置为 2-3，否则超级终端会显示乱码。

（三）I/O（开入开出板）

I/O 板位于槽号 12，提供 4 路开出和 13 路开入。标配板号 NR1525D，开入电源为 DC24V，来自 PWR 电源板的端子 10、11。开入电源为 DC220V 的板号为 NR1525A。插件端子，其定义如图 2-147 所示。

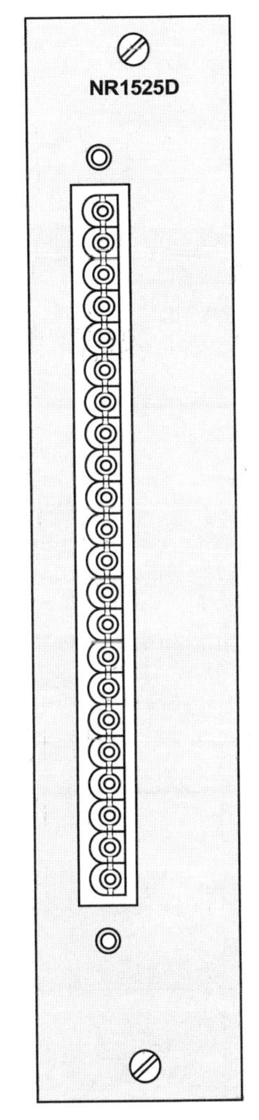

名称	端子
开出1	01
	02
开出2	03
	04
开出3	05
	06
开出4	07
	08
维护开入	09
远方就地	10
对机闭锁	11
开入4	12
开入5	13
开入6	14
开入7	15
开入8	16
开入9	17
开入10	18
开入11	19
开入12	20
开入13	21
开入公共负	22

端子号	名称及用途
01	全站事故总（配置方法见《专题手册》）
02	
03	全站预告总
04	
05～06	开出3（预留）
07～08	开出4（预留）
09	维护开入（屏柜维护把手），为1时表示当前该装置处于维护状态，对外通信功能被中止，调度通道处于备用状态。仅当对上通道设为主备时生效，对上双主时此开入无效，不会切换通道
10	远方就地开入，用于接入屏柜远方就地把手，为1时表示允许调度远方遥控操作，为0时反之
11	对机闭锁开入，用于双机冗余逻辑的对机闭锁接点输入，为1时表示对机闭锁
12～21	普通开入4～13
22	开入公共负端

图 2-147　开入板端子定义

（四）COM 和 MDM（串口板）

插槽号 13、14、15 用来配置 COM 板（串口通信板，板号 NR1224A）或 MDM 板（调度通道板，板号 NR1225A、NR1225B）。每块插件有 5 个通信口，组态中串口号从插槽 13 开始排序，也即插件 13 是串口 1～5，插件 14 是串口 6～10，插件 15 是串口 11～15，切记不要搞错。NR1225B 插件可以实现与频偏参数为+/–500 的非常规模拟通道通信。

1. COM 板

COM 板每个通信口可选配 RS-485/232 方式，第 5 个通信口还可以配置为 RS-422

方式。各方式切换通过板卡跳线实现，跳线方式见板卡上的说明。插件端子其定义如图2-148所示。

NR1224A

01	TX/A	RS–232/485
02	RX/B	
03	GND	
04	FGND	
05	TX/A	RS–232/485
06	RX/B	
07	GND	
08	FGND	
09	TX/A	RS–232/485
10	RX/B	
11	GND	
12	FGND	
13	TX/A	RS–232/485
14	RX/B	
15	GND	
16	FGND	
17	TX/A	RS–232/485 /422
18	RX/B	
19	GND	
20	FGND	
21	Y	
22	Z	

端子号	端子定义	说明
01	TX/A	串口1 (RS–232/485)
02	RX/B	
03	GND信号地	
04	FGND屏蔽地	
05～08	同串口1	串口2
09～12	同串口1	串口3
13～16	同串口1	串口4
17	TX/A	串口5 采用RS-422方式时，17、18、21、22分别为RS-422的A、B、Y、Z
18	RX/B	
19	GND	
20	FGND	
21	Y	
22	Z	

图2-148　数字通道板端子定义

2. MDM板

插件端子定义如图2-149所示。

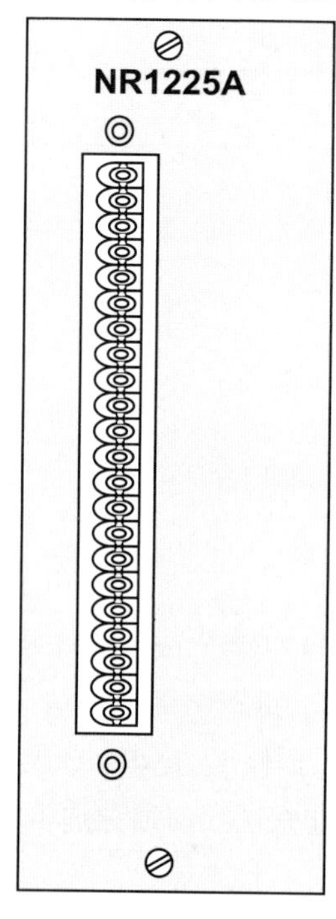

01	TX/A	RS–232/485
02	RX/B	
03	GND	
04	FGND	
05	TX/A	RS–232/485
06	RX/B	
07	GND	
08	TX+	MDM1
09	TX–	
10	RX+	
11	RX–	
12	GND	
13	TX+	MDM2
14	TX–	
15	RX+	
16	RX–	
17	GND	
18	TX+	MDM3
19	TX–	
20	RX+	
21	RX–	
22	GND	

端子号	用途	端口
01	TX/A	数字通道1 (RS–232/485)
02	RX/B	
03	GND信号地	
04	FGND屏蔽地	
05	TX/A	数字通道2 (RS–232/485)
06	RX/B	
07	GND	
08	TX+	模拟通道1
09	TX–	
10	RX+	
11	RX–	
12	GND	
13~17	同模拟通道1	模拟通道2
18~22	同模拟通道1	模拟通道3

图2-149　模拟通道板端子定义

（五）PWR（电源板）

PWR 电源插件的槽号为 P1，标配 DC110V/220V 自适应，板号 NR1301A。输入电源额定电压为 AC220V 时可使用 NR1301F 插件（与 NR1301A 端子定义相同）。PWR 插件面板如图 2-150 所示。需要使用双电源时，槽号 P1 位置选用插件 NR1301E，槽号 10 选用 NR1301K。

- 01～03 端子分别是公共端、装置闭锁空接点、装置报警空接点。
- 04～06 端子为报警、闭锁第二组接点。
- 07～08 端子：24V 电源输出端子，供 I/O 板使用，输出额定电流为 200mA。

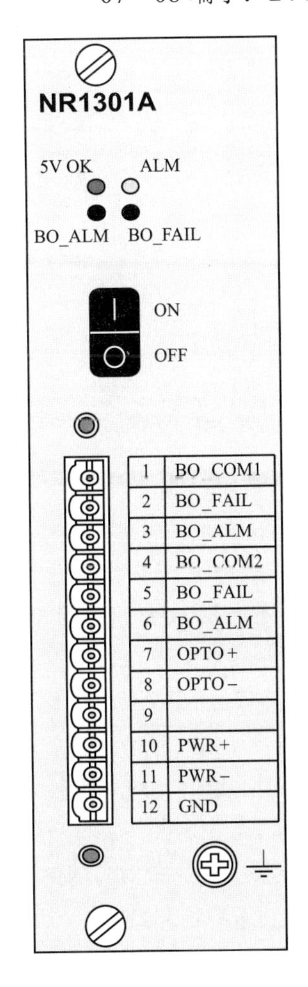

BO_FAIL1　P101　P102
BO_ALM1　P103
BO_FAIL2　P104　P105
BO_ALM2　P106

指示灯	颜色	点亮时含义
5V OK	绿色	电源插件5V输出正常
ALM	黄色	电源插件5V输出异常（如：过压、欠压）
BO_ALM	红色	装置报警
BO_FAIL	红色	装置闭锁

图 2-150　电源板端子定义

三、操作说明

（一）液晶菜单设置

组态配置完毕下装到装置，如果组态没有问题，装置重启后，一般还需要结合工程项目现场信息，通过液晶菜单“装置参数”或配置文件进行如表 2-14 所示的项目设置。

表 2-14　　　　装　置　参　数

序号	子菜单名称	描　述
1	网络设置	显示或修改本装置的 IP 地址、MAC 地址和路由表。配置结果保存于装置 config 目录下 ip.cfg 文件中
2	时钟设置	显示或修改本装置的当前时间和时区。时区配置结果保存于装置 config 目录下 timezonefile.txt 文件中
3	ID 设置	设置本装置的装置地址和装置序号，用于双机配置。 “装置地址”设置范围为 1～254，切记不能为 0，站内保持唯一，不要与其他 PCS、RCS 系列管理机的（管理机）地址重复，且不同装置之间相差大于等于 2，以免导致通信异常。 “装置序号”默认为 0，双机配置时两台机分别设置为 0 和 1。装置序号设置为 1 时，IEC 103 管理机地址+1，IEC 61850 实例号+1。 两台装置作为一组双机时，要求两者装置地址相同，装置序号分别为 0 和 1

所有参数修改后重启装置才能生效。

⚠**警告：**重启请通过组态工具或面板上的红色“功能”按键，避免直接给装置断电，强行断电可能会导致装置硬盘或者数据库损坏！

（二）人机界面查看

1. 面板上的状态灯

“运行”：点亮表示现在是处于运行状态，如果装置异常闭锁则熄灭。

“告警”：进程异常或者 CPU 板卡配置和组态不一致时、磁盘容量不足时常亮。

“远方”：远方/就地切换把手的位置为“远方”时常亮，“就地”时不亮。

“对机正常”：双机硬件互联线上信号正常并且双机通信心跳正常，常亮。

“时钟同步”：装置被对时成功，常亮。

2. 液晶主画面

液晶主画面的下半部分用于显示当前网口串口的状态，每一个圆圈代表一个通信口，每块 MON 板下有 12 个圆圈，左列 6 个圆圈对应网口 1～6，右列 6 个圆圈仅当使用 12 网口板时有效，对应网口 7～12，如图 2-151 所示。

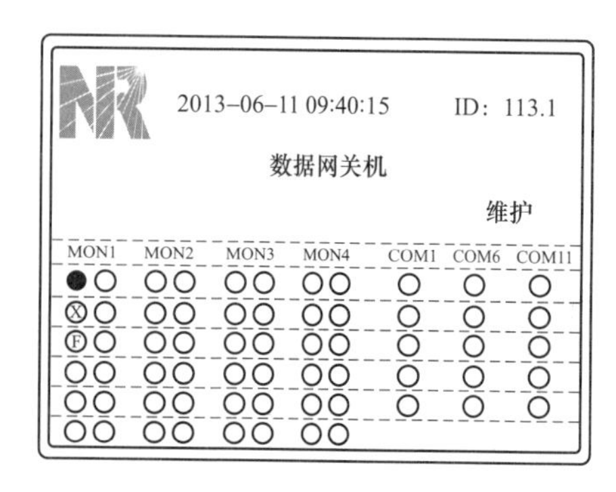

图 2-151　液晶主画面

圆圈的不同状态表征通信口的通信状态，其中：

○：表示通信口未用，组态中未配置。

●：表示通信口占用，状态为通，如果为网口，则表示该网口下至少一个连接的通信状态为通。

Ⓧ：表示通信口占用，状态为断，如果为网口，则表示该网口下全部连接的通信状态均为断。

Ⓕ：表示通信口占用，网口线被拔出，串口无此状态标志。

3. 液晶菜单

通过菜单，可以看到如图 2-152 所示的画面。

运行状态：实时显示本装置通信状态、对时状态、双机状态和报警状态。

数据显示：显示所有装置的实时数据，包括状态类、测量类、档位、计量类、装置参数、定值和定值区号等 7 大类数据；显示所有装置的历史数据，包括 SOE 报告和操作报告。

装置操作：对本装置进行置检修、格式化硬盘、复位进程等操作，并可通过本装置对任意 IP 进行 ping 测试。ping 测试支持 ping 所有 MON 板网口相连网段。

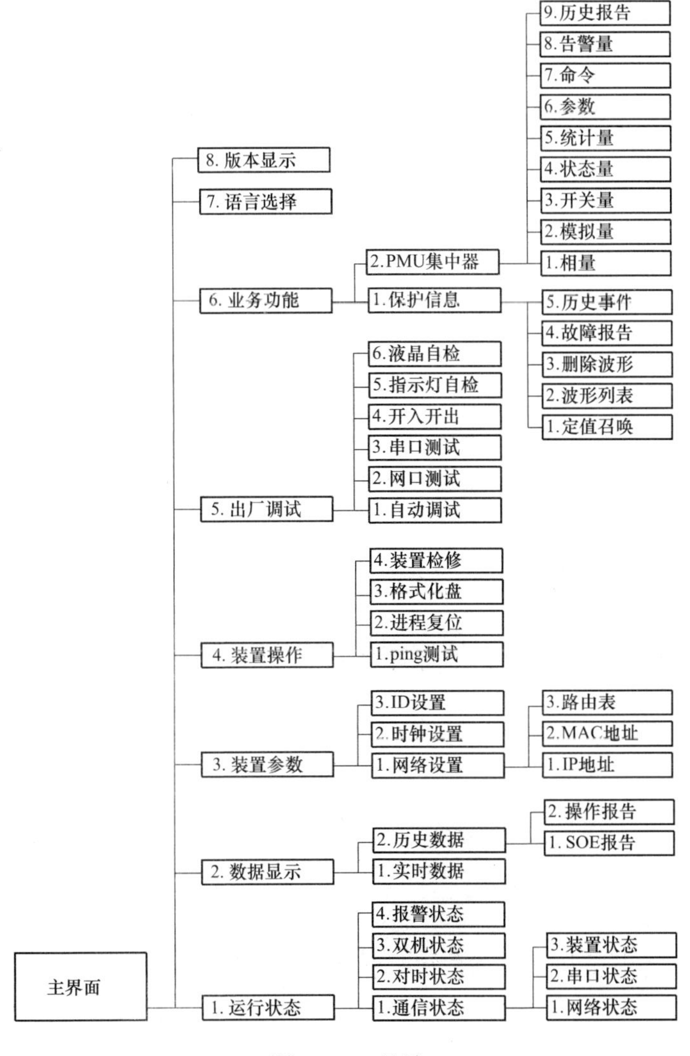

图 2-152　目录

⚠**提示**：在装置运行液晶主界面，直接按+、–号，可直接查看本装置网络通道规约配置及通道状态。

四、维护要点及注意事项

1．使用 PCS-COMM 组态工具下装

点击 PCS-COMM 工具菜单“通信”-“下装程序”，工具提供目标管理机 IP 设置窗口，如图 2-153 所示。然后在图 2-154 显示的窗口中选择准备下装的程序所在的目录（浏览到 PCS9799 目录即可）。程序下

图 2-153　IP 设置

装前要求管理机/home/下有/tmp 文件夹，否则工具会提示下装失败。

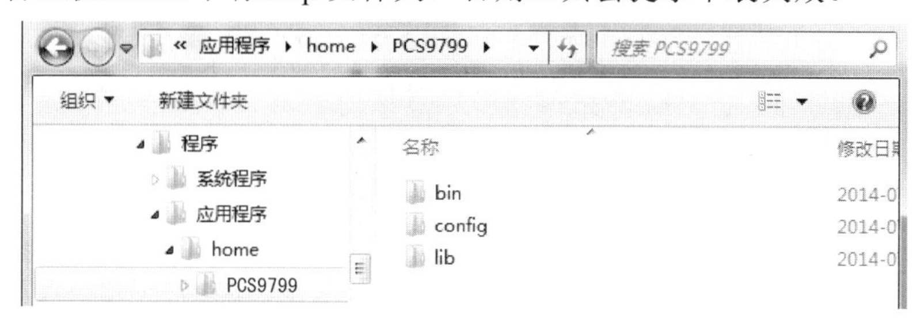

图 2-154　打开组态

2．使用 FTP 工具下装

以 CuteFTP 为例：

（1）连接：输入管理机相连网口 IP、FTP 用户名（root）、密码（uapc），点击 ，开始连接，如图 2-155 所示。

图 2-155　FTP 参数设置

（2）备份：连接成功后，定位在 /home/目录下。如果是在原运行程序基础上升级，操作前需要备份原有程序，将右侧整个 PCS9799 文件夹拖动到左侧本地电脑指定的文件夹中即可，如图 2-156 所示。

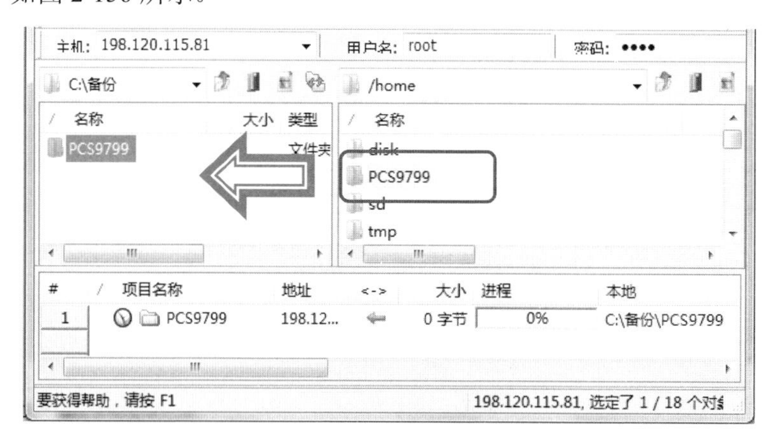

图 2-156　备份文件

（3）删除原有程序：切换到 PCS9799 目录下，选中 bin 和 lib 文件夹，使用右键菜单或按键盘上的“Del”键将这两个文件夹删除，如图 2-157 所示。

（4）下载程序：将本地计算机保存的归档程序 PCS9799 内的 bin、config、lib 文件夹拖到/home/PCS9799/ 下（config 文件夹覆盖处理），如图 2-158 所示。

（5）改属性：逐一切换目录到 /home/PCS9799/下的/bin、/config/和/lib/文件夹，将 3

个文件夹内所有文件的属性（权限）修改为“777”，如图 2-159 所示。至此下装完成。也可以使用此方法来更新个别程序或配置文件。

图 2-157　删除文件

图 2-158　下载程序

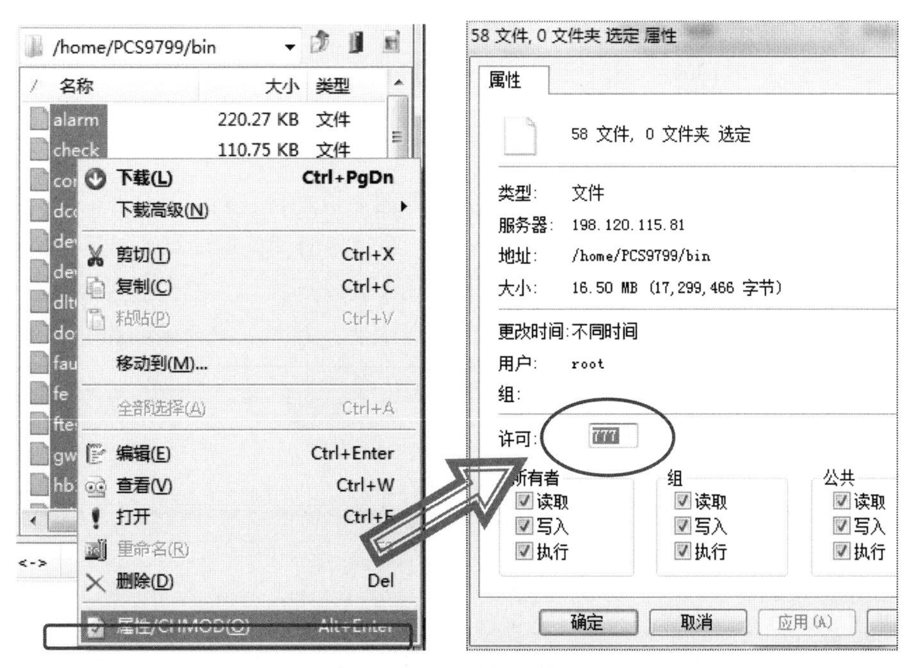

图 2-159　修改属性

第五节 智 能 终 端

一、装置简介

PCS-222B 是新一代全面支持数字化变电站的智能终端设备，适用于 220kV 及以上双重化配置的场合。装置具有一组分相跳闸回路和一组分相合闸回路，以及 4 个刀闸、4 个接地刀闸的分合出口，支持基于 IEC 61850 的 GOOSE 通信协议，具有最多 15 个独立的光纤 GOOSE 口，满足 GOOSE 点对点直跳的需求。PCS-222B 智能操作箱具有以下功能：

（1）断路器操作功能。

- 一套分相的断路器跳闸回路，一套分相的断路器合闸回路。
- 支持保护的分相跳闸、三跳、重合闸等 GOOSE 命令。
- 支持测控的遥控分、遥合等 GOOSE 命令。
- 具有电流保持功能。
- 具有压力监视及闭锁功能。
- 具有跳合闸回路监视功能。
- 各种位置和状态信号的合成功能。

（2）开入开出功能。配置有80路开入，39路开出，还可以根据需要灵活增加。

（3）可以完成开关、刀闸、接地刀闸的控制和信号采集。

（4）支持联锁命令输出。

二、硬件说明

PCS-222B 智能终端采用模块化的硬件设计思想，按照功能来对硬件进行模块化分类，同时采用了背插式机箱结构，这样的设计有利于硬件的维修和更换。组成装置的插件有：电源插件（NR1301）、主 DSP 插件（NR1136E、NR1136A）、开入板（NR1504A）、开出板（NR1521A）、智能操作回路插件（NR1528A）、电流保持插件（NR1534A、NR1534B）、模拟量采集板（NR1410B）。

DSP 插件一方面负责 GOOSE 通信，另一方面完成动作逻辑，开放出口继电器的正电源；智能开入插件负责采集断路器、刀闸等一次设备的开关量信息，然后交由 DSP 插件发送给保护和测控装置；智能开出插件驱动隔离刀闸、接地刀闸分合控制的出口继电器；智能操作回路插件驱动断路器跳合闸出口继电器，并监视跳合闸回路完好性；电流保持插件完成断路器跳合闸电流自保持功能。

正面示意图如图 2-160 所示，背面示意图，如图 2-161 所示。

三、操作说明

（一）定值设置

参见附录 2 表 12。

（二）现场调试

1. 装置的菜单操作

PCS-222B 间隔智能终端为过程层设备，装置上没有液晶显示，需使用南瑞继保公司的 PCS-PC 调试工具，用计算机通过串口线与合并单元相联进行调试。

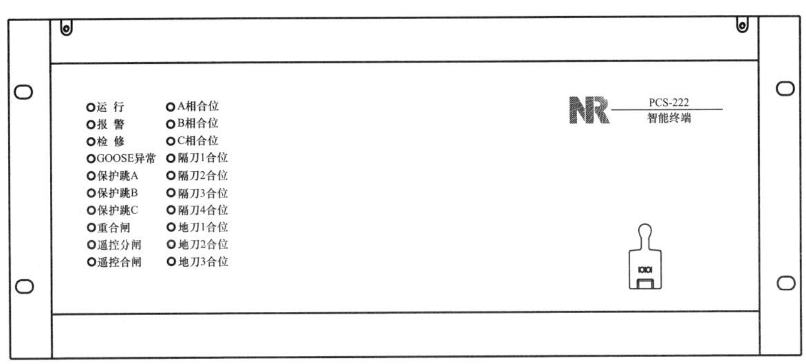

图 2-160　装置正面面板示意图

B01	B02	B03		B04		B05		B06		B07		B08	
NR1136E	NR1136A	NR1504A		NR1504A		NR1521A		NR1410B		NR1504A		NR1504A	
TX / RX	TX / RX	光耦电源监视	01	光耦电源监视	01	备用遥控4+	01		01	光耦电源监视	01	光耦电源监视	01
		遥信备用41	02	遥信备用59	02	备用遥控4−	02		02	A相分位	02	隔刀1分位	02
TX / RX	TX / RX	遥信备用42	03	遥信备用60	03	备用遥控5+	03	CH1+	03	B相分位	03	隔刀1合位	03
		遥信备用43	04	遥信备用61	04	备用遥控5−	04	CH1−	04	C相分位	04	隔刀2分位	04
TX / RX	TX / RX	遥信备用44	05	遥信备用62	05	备用遥控6+	05		05	A相合位	05	隔刀2合位	05
		遥信备用45	06	遥信备用63	06	备用遥控6−	06		06	B相合位	06	隔刀3分位	06
TX / RX	TX / RX	遥信备用46	07	遥信备用64	07	备用遥控7+	07	CH2+	07	C相合位	07	隔刀3合位	07
			08		08	备用遥控7−	08	CH2−	08		08		08
TX / RX	TX / RX	遥信备用47	09	遥信备用65	09	备用遥控8+	09		09	检修	09	隔刀4分位	09
		遥信备用48	10	遥信备用66	10	备用遥控8−	10		10	复归	10	隔刀4合位	10
TX / RX	TX / RX	遥信备用49	11	遥信备用67	11	备用遥控9+	11	CH3+	11	另一套告警	11	地刀1分位	11
		遥信备用50	12	遥信备用68	12	备用遥控9−	12	CH3−	12	另一套闭锁	12	地刀1合位	12
	TX / RX	遥信备用51	13	遥信备用69	13	备用遥控10+	13		13	跳压低−NC	13	地刀2分位	13
		遥信备用52	14	遥信备用70	14	备用遥控10−	14	CH4+	14	跳压低−NO	14	地刀2合位	14
	TX / RX		15		15	备用遥控11+	15	CH4−	15		15		15
		遥信备用53	16	遥信备用71	16	备用遥控11−	16		16	重合压低−NC	16	地刀3分位	16
		遥信备用54	17	遥信备用72	17	备用遥控12+	17	CH5+	17	重合压低−NO	17	地刀3合位	17
		遥信备用55	18	遥信备用73	18	备用遥控12−	18	CH5−	18	合压低−NC	18	遥信备用1（地刀4分位）	18
		遥信备用56	19	遥信备用74	19	备用遥控13+	19		19	合压低−NO	19	遥信备用2（地刀4合位）	19
◎ RX	TX / RX	遥信备用57	20	遥信备用75	20	备用遥控13−	20	CH6+	20	操作压力低−NC	20	遥信备用3（备用位置1分位）	20
		遥信备用58	21	遥信备用76	21	备用遥控14+	21	CH6−	21	操作压力低−NO	21	遥信备用4（备用位置1合位）	21
		COM−	22	COM−	22	备用遥控14−	22		22	COM−	22	COM−	22
标配可选	选配	选配		选配		选配		选配					

B09		B10		B11		B12		B13		B14			B15	
NR1504A		NR1504A		NR1521A		NR1521A		NR1521A		NR1528A			NR1534A	
光耦电源监视	01	光耦电源监视	01	隔刀1遥分+	01	地刀2遥合+	01	隔刀1闭锁+	01	跳闸电源+	兼跳闸回路监视	01	控制电源正	01
遥信备用5（备用位置2分位）	02	遥信备用23	02	隔刀1遥分−	02	地刀2遥合−	02	隔刀1闭锁−	02	TA		02	控制电源负	02
遥信备用6（备用位置2合位）	03	遥信备用24	03	隔刀1遥合+	03	地刀3遥分+	03	隔刀2闭锁+	03	TB		03	TJF三跳	03
遥信备用7	04	遥信备用25	04	隔刀1遥合−	04	地刀3遥分−	04	隔刀2闭锁−	04	TC		04		04
遥信备用8	05	遥信备用26	05	隔刀2遥分+	05	地刀3遥合+	05	隔刀3闭锁+	05	合闸电源+	兼合闸回路监视	05		05
遥信备用9	06	遥信备用27	06	隔刀2遥分−	06	地刀3遥合−	06	隔刀3闭锁−	06	HA		06		06
遥信备用10	07	遥信备用28	07	隔刀2遥合+	07	备用1遥分+	07	隔刀4闭锁+	07	TWJA		07		07
	08		08	隔刀2遥合−	08	备用1遥分−	08	隔刀4闭锁−	08	HB		08		08
遥信备用11	09	遥信备用29	09	隔刀3遥分+	09	备用1遥合+	09	地刀1闭锁+	09	TWJB		09		09
遥信备用12	10	遥信备用30	10	隔刀3遥分−	10	备用1遥合−	10	地刀1闭锁−	10	HC		10		10
遥信备用13	11	遥信备用31	11	隔刀3遥合+	11	备用2遥分+	11	地刀2闭锁+	11	TWJC		11	跳A正	11
遥信备用14	12	遥信备用32	12	隔刀3遥合−	12	备用2遥分−	12	地刀2闭锁−	12			12	跳圈A	12
遥信备用15	13	遥信备用33	13	隔刀4遥分+	13	备用2遥合+	13	地刀3闭锁+	13	控制电源监视		13	跳B正	13
遥信备用16	14	遥信备用34	14	隔刀4遥分−	14	备用2遥合−	14	地刀3闭锁−	14	手合		14	跳圈B	14
	15		15	隔刀4遥合+	15	备用3遥分+	15	备用1闭锁+	15	手跳		15	跳C正	15
遥信备用17	16	遥信备用35	16	隔刀4遥合−	16	备用3遥分−	16	备用1闭锁−	16	TJF三跳		16	跳圈C	16
遥信备用18	17	遥信备用36	17	地刀1遥分+	17	备用3遥合+	17	备用2闭锁+	17	另一套闭重		17	合A正	17
遥信备用19	18	遥信备用37	18	地刀1遥分−	18	备用3遥合−	18	备用2闭锁−	18	断路器总分		18	合圈A	18
遥信备用20	19	遥信备用38	19	地刀1遥合+	19	闭锁重合闸+	19	备用3闭锁+	19	断路器总合		19	合B正	19
遥信备用21	20	遥信备用39	20	地刀1遥合−	20	闭锁重合闸−	20	备用3闭锁−	20	TJR		20	合圈B	20
遥信备用22	21	遥信备用40	21	地刀2遥分+	21	手合键+	21	断路器闭锁+	21	另一套手合键		21	合C正	21
COM	22	COM	22	地刀2遥分−	22	手合键−	22	断路器闭锁−	22	COM−		22	合圈C	22

B16	
NR1301S	
COM	01
BSJ1	02
BJJ1	03
COM2	04
BSJ2	05
BJJ2	06
24V+	07
24V-	08
	09
DC+	10
DC-	11
大地	12

图 2-161　装置背面面板示意图

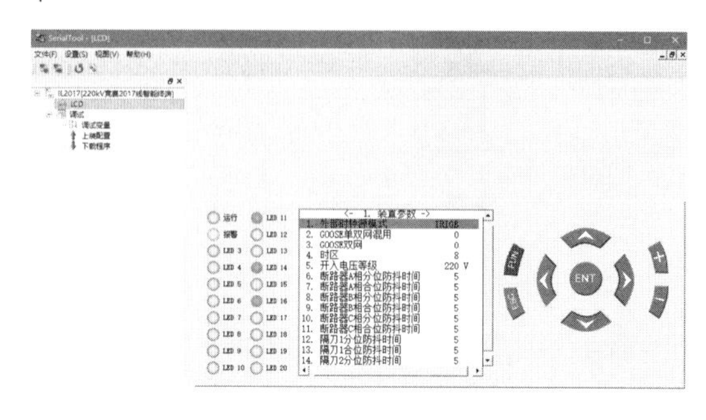

图 2-162　虚拟液晶操作界面

2. 检查软件版本

使用 PCS-PC 调试工具，连接 LCD 虚拟液晶。按“▲”键可进入主菜单，通过“▲”“▼”“确认”和“取消”键操作，选择“主菜单”→“装置信息”→“程序版本”菜单，查看并记录装置的程序版本号、校验码、时间，其版本应符合现场要求。虚拟液晶如图 2-162、图 2-163 所示。

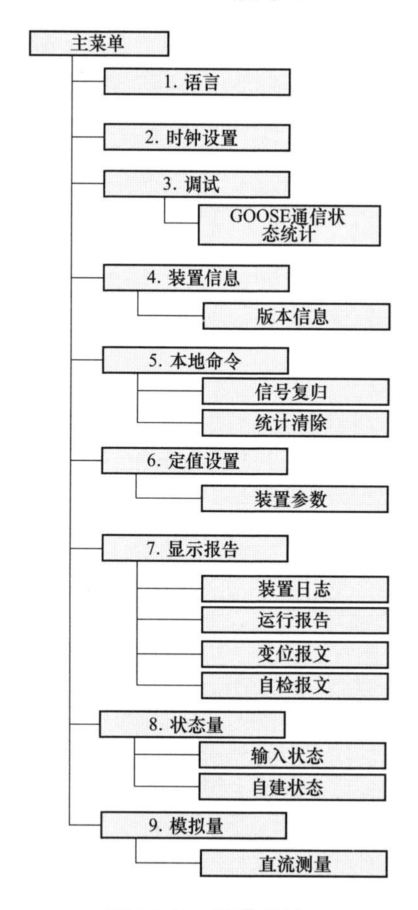

图 2-163　菜单目录

3. 检查虚端子连线

用 PCS-SCD 打开 SCD 文件，在虚端子连线菜单检查装置虚端子连线与设计图纸是否一致，如图 2-164 所示。

⚠**注意：**GOOSE 配置中单点信号应与单点信号对应，双点信号与双点信号对应，GOOSE 连线配置到 DA 级。

图 2-164　装置 GOOSE 连线

4. 检查 GOOSE 光口配置

通过 PCS-SCD 工具打开实训 SCD 文件，核实装置订阅链路，如图 2-165 所示。

图 2-165　GOOSE 光口配置

装置接收GOOSE数据集：仅从1#插件端口1接收CL2017（竞赛线测控装置）来的GOOSE数据块（CL2017PIGO/LLN0.gocb2）。

装置发送GOOSE数据集：从1#插件光口1发送3个GOOSE数据块（IL2017ARPIT/LLN0.gocb0、IL2017ARPIT/LLN0.gocb1、IL2017ARPIT/LLN0.gocb2）。

检查装置尾纤接线与SCD文件中的光口配置是否一致，同时检查光纤有无断裂，光缆、光纤盒固定是否可靠、无松动，尾纤弯绕半径是否符合标准。

5. 检查光口功率及灵敏度

（1）用光纤跳线连接智能终端装置和光功率计，允许有0.5dB的接触损耗，测量智能终端的光发射功率值在−20～−14dBm。

（2）配置测控与智能终端的GOOSE链路，智能终端无GOOSE断链，将光衰耗计串入回路中，调节衰耗计的衰耗值直到装置恰好发出GOOSE断链，通过光功率计测试此时经衰耗后的光功率值，在-14～-30dBm之间。

6. 检查开入量

使用PCS-PC调试工具，连接LCD虚拟液晶。在主画面状态下，按“▲”键可进入主菜单，通过“▲”“▼”“确认”和“取消”键操作，选择“主菜单”→“状态量”→“输入量”→“接点输入”菜单，查看智能终端开入。

（1）硬开入检验。将+220端子（以开入回路电源为220V为例）逐个与待测端子用导线短连，虚拟液晶显示相应开入应显示“1”。

（2）GOOSE开入检验。GOOSE开入来自于测控装置的开出，通过观察本装置的开入量变位来进行检验。

（3）GOOSE检修机制检查。分别模拟装置外部GOOSE开入是否带检修位、装置是否投检修等情况，检查装置动作情况。外部开入GOOSE和保护装置检修状态一致，开入量应正确识别外部开入量的变化；外部开入GOOSE和保护装置检修状态不一致，开入量记忆之前的开关位置信息，其他信息清零。

四、维护要点及注意事项

1. 信号灯异常

（1）GOOSE 接收状态指示灯异常：检查 GOOSE 通信光纤连接是否正常，是否有出现断线、脱落现象，如发现光纤连接问题，更换备用光纤。

（2）跳合闸信号指示灯异常：检查是否有保护动作或是上一次保护动作后未手动复归。

（3）对时指示灯异常：检查对时装置是否运行正常，对时光纤连接是否正常，是否有出现断线、脱落现象，如发现光纤连接问题，更换备用光纤。

（4）控回失电/控回断线指示灯异常：确认操作电源是否正常，出口压板是否投入，跳合闸回路有无断线、脱落现象。

2. 异常报警处理（见表2-15）

表2-15 报警信息

报警信号	说明	解决办法
B01_A/B 网链接 X 断链	一般4倍T0时间收不到×××的A/B网GOOSE心跳报文（T0典型值5s）	检查光纤连接，发布方装置配置、报文
B01_链接 X 配置错误	×××的 GOOSE 报文中数目、版本、类型等与goose.txt配置不一致	检查发布方装置配置、报文
B01_GOOSE_A/B 网络风暴报警	NR1136 A/B 网同一光口（电口）连续收到相同GOOSE帧	检查是否双网互联或装置配置重复
×××长期动作	×××GOOSE 报文数据值长期置1	检查×××GOOSE 报文
总线启动信号异常	指检测到启动信号的逻辑值与其实际电平不一致是装置内部硬件错误	检查装置硬件
GOOSE 输入命令长期有效	指装置接收到的 GOOSE 跳合闸命令长期动作，可能是保护长期动作或者 GOOSE 信号接收异常	检查 GOOSE 报文

3．GOOSE 链路状态对装置的影响（见表 2-16）

表 2-16 GOOSE 链路的影响

GOOSE 状态	对智能终端的影响
GOOSE 跳闸、遥控检修不一致	无效报文，不出口
GOOSE 跳闸、遥控断链	开入返回

4．其他注意事项

（1）SHJ 信号。ICD 中手合闭锁母差信号，其实就是 SHJ，用于母差的 SHJ 输入连线，222B-I 通过手合开入或者 YH 来判断，如果由 0 至 1，则发 SHJ 信号。

（2）KKJ 信号。智能终端中的 KKJ 为虚拟 KKJ，通过程序完成内部判断并生成 KKJ 信号。

（3）闭重信号。闭锁重合闸为总闭锁重合闸信号，包括：

1）收到测控的 GOOSE 遥控或手动分合闸命令时，会产生闭锁重合闸信号，同时出口节点的动作时间与遥控或手动分合闸命令脉宽保持一致。

2）收到 GOOSE TJR、GOOSE TJF 三跳命令，或 TJR、TJF 三跳开入时，产生闭锁重合闸信号。

3）收到保护的 GOOSE 闭锁重合闸开入、另一套智能终端的闭重开入及装置上电时，智能终端产生闭锁重合闸信号。

（4）联锁用 GOOSE 虚端子。当用到联锁的时候，智能终端的闭锁硬接点是分合逻辑共用一副节点，所以在 SCD 拉线时需要注意，每个对象只能拉一根连线。

第六节 合 并 单 元

一、装置简介

PCS-221GB-G 为适用于变电站常规互感器的数据合并单元。装置采取就地安装的原则，通过交流头就地采样信号，然后通过 IEC 61850-9-2 协议发送给保护或者测控计量装置。本装置能够适用于各种等级变电站常规互感器采样。PCS-221GB-G 合并单元主要具有以下功能：

（1）最大采集三组三相保护电流、二组三相测量电流、二组三相保护电压、一组三相测量电压。

（2）通过通道可配置的扩展 IEC 60044-8 或者 IEC 61850-9-2 协议接收母线合并单元三相电压信号，实现母线电压切换功能。

（3）采集母线隔离刀闸位置信号（GOOSE 或常规开入）。

（4）接收光 PPS 、光纤 IRIG-B 码、IEEE1588 同步对时信号。

（5）支持 DL/T860.92 组网或点对点 IEC 61850-9-2 协议，输出 7 路。

（6）支持 GOOSE 输出功能。

二、硬件说明

PCS-221GB-G 装置采用模块化的硬件设计思想，按照功能来对硬件进行模块化分类，同时采用了背插式机箱结构。这样的设计有利于硬件的维修和更换。

组成装置的插件有：电源插件（NR1301S-A）、主 DSP 插件（NR1136E）、采样板（NR1157C）、交流输入板（NR1407-6I1U-1A40-A 或 NR1407-6I1U-5A40-A，NR1407-6I-1A40-A 或 NR1407-6I-1A40-A，NR1401-3I8U-1A02-A 或 NR1401-3I8U-5A02-A）、开入开出板（NR1525A）。

正面示意图如图 2-166 所示，背面示意图如图 2-167 所示。

图 2-166　装置正面面板示意图

				AC1		AC2	
01	02	03	04	05	06	07	08
NR1136E		NR1157C		NR1407-6I1U-1A40-A		NR1407-6I-1A40-A	
TX RX TX RX TX RX TX RX TX RX TX RX TX RX ST接口 IRIGB		TX1 TX2 RX1 RX2					

AC1				AC2			
Ipa1(TP)	01	Ipa1'(TP)	02	Ipa2(IO4)(TP)	01	Ipa2'(IO4')(TP)	02
Ipb1(TP)	03	Ipb1'(TP)	04	Ipb2(TP)	03	Ipb2'(TP)	04
Ipc1(TP)	05	Ipc1'(TP)	06	Ipc2(TP)	05	Ipc2'(TP)	06
Ima1	07	Ima1'	08	Ipa3(IO1)(TP)	07	Ipa3'(IO1')(TP)	08
Imb1	09	Imb1'	10	Ipb3(IO2)(TP)	09	Ipb3'(IO2')(TP)	10
Imc1	11	Imc1'	12	Ipc3(IO3)(TP)	11	Ipc3'(IO3')(TP)	12
Ux(Upa2)	13	Ux'(Upa2')	14		13		14
	15		16		15		16
	17		18		17		18
	19		20		19		20
	21		22		21		22
	23		24		23		24
标配可选				选配			

图 2-167　装置背面面板示意图（一）

AC3

09		10		11		12	13	14	15	P1	
NR1401-318U-1A02-A				NR1525A						NR1301S-A	
	01		02	同时动作+	01					COM1	01
Ima2	03	Ima2'	04	同时动作–	02					BSJ1	02
Imb2	05	Imb2'	06	同时返回+	03					BJJ1	03
Imc2	07	Imc2'	08	同时返回–	04					COM2	04
Upa1	09	Upa1'	10	开出3+	05					BSJ2	05
Upb1	11	Upb1'	12	开出3–	06					BJJ2	06
Upc1	13	Upc1'	14	开出4+	07					24V+	07
Upb2(U0)	15	Upb2'(U0')	16	开出4–	08					24V–	08
Upc2	17	Upc2'	18	光耦电源监视	09						09
Uma	19	Uma'	20	检修压板	10					DC+	10
Umb	21	Umb'	22	母线1刀闸合位	11					DC–	11
Umc	23	Umc'	24	母线1刀闸分位	12					大地	12
选配				母线2刀闸合位	13						
				母线2刀闸分位	14						
				开入7	15						
				开入8	16						
				开入9	17						
				开入10	18						
				开入11	19						
				开入12	20						
				开入13	21						
				公共负	22						

图 2-167　装置背面面板示意图（二）

三、操作说明

（一）定值设置

参见附录二表 9-22。

（二）现场调试

1. 装置的菜单操作

PCS-221GB-G 间隔合并单元为过程层设备，装置上没有液晶显示。需使用南瑞继保公司的 PCS-PC 调试工具，用计算机通过串口线与合并单元相联进行调试。

2. 检查软件版本

使用 PCS-PC 调试工具，连接 LCD 虚拟液晶。按“▲”键可进入主菜单，通过“▲”“▼”“确认”和“取消”键操作，选择“主菜单”→“程序版本”菜单，查看并记录装置的程序版本号、校验码、时间，其版本应符合现场要求。虚拟液晶如图 2-168 和图 2-169 所示。

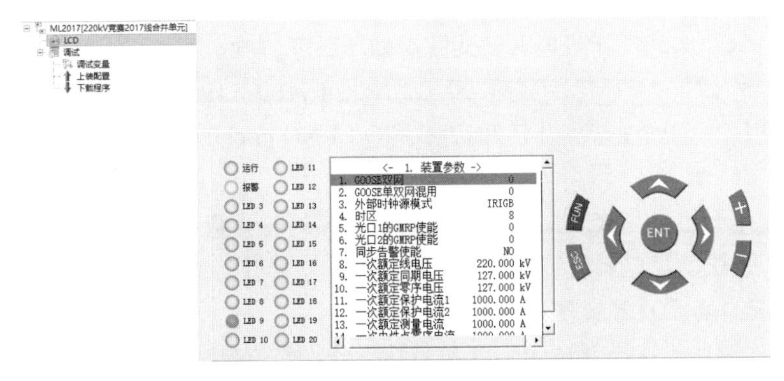

图 2-168　虚拟液晶操作界面

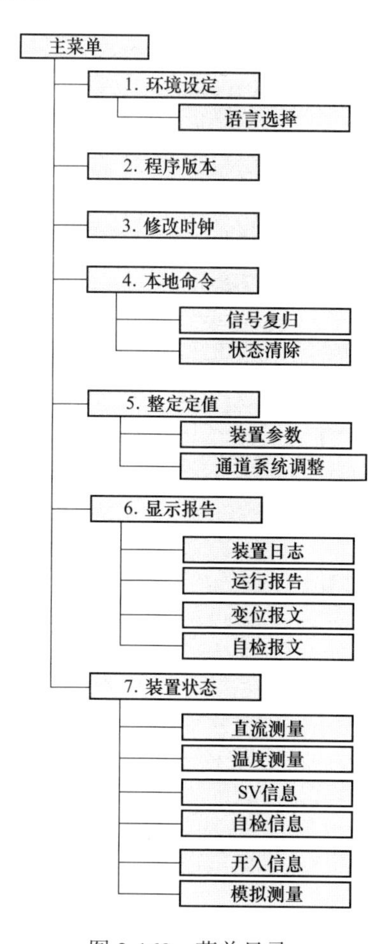

图 2-169　菜单目录

3. 检查虚端子连线

用PCS-SCD打开SCD文件，在虚端子连线菜单检查装置虚端子连线与设计图纸是否一致，如图2-170、图2-171所示。

⚠注意：GOOSE 配置中单点信号应与单点信号对应，双点信号与双点信号对应，GOOSE 连线配置到 DA 级。SV 连线配置到 DO 级。

4. 检查 GOOSE 光口配置

通过PCS-SCD工具打开实训SCD文件，如图2-172所示。

装置发送SV数据集：ML2017MUSV/LLNO.smvob0从1#插件端口1发送SV数据。

装置发送GOOSE数据集：ML2017MUGO/LLNO.gocb0从1#插件端口1发送GOOSE数据。

检查装置尾纤接线与SCD文件中的配置一致，同时检查光纤有无断裂，光缆、光纤盒固定可靠、无松动，尾纤弯绕半径符合标准。

5. 检查光口功率及灵敏度

（1）用光纤跳线连接合并单元装置和光功率计，允许有0.5dB的接触损耗，测量合并单元装置的光发射功率值在–20～–14dBm。

（2）配置测控与合并单元装置间的GOOSE链路，装置无GOOSE断链，将光衰耗计串入回路中，调节衰耗计的衰耗值直到装置恰好发出GOOSE断链，通过光功率计测试此时经衰耗后的光功率值，在–14～–30dBm之间。

I3ML01A:220kV竞赛2017线合并单元
MUSV:过程层SV LD　LLN0:逻辑节点0　下移　上移

	外部信号	外部信号描述	接收端口	内部信号	内部信号描述
1	I8MM02AMUSV/LLN0.DelayTRtg	220kV母线合并单元/额定延时_9-2		MUSV/SVINGGIO1.SAVSO1	B01_额定延迟_9-2
2	I8MM02AMUSV/IVIR1.Vol	220kV母线合并单元/母线1A相保护电压1_9-2		MUSV/SVINTVTR16.Vol	B01 1母保护电压A相1_9-2
3	I8MM02AMUSV/TVTR1.VolChB	220kV母线合并单元/母线1A相保护电压2_9-2		MUSV/SVINTVTR16.VolChB	B01_1母保护电压A相2_9-2
4	I8MM02AMUSV/TVTR2.Vol	220kV母线合并单元/母线1B相保护电压1_9-2		MUSV/SVINTVTR17.Vol	B01_1母保护电压B相1_9-2
5	I8MM02AMUSV/TVTR2.VolChB	220kV母线合并单元/母线1B相保护电压2_9-2		MUSV/SVINTVTR17.VolChB	B01_1母保护电压B相2_9-2
6	I8MM02AMUSV/TVTR3.Vol	220kV母线合并单元/母线1C相保护电压1_9-2		MUSV/SVINTVTR18.Vol	B01_1母保护电压C相1_9-2
7	I8MM02AMUSV/TVTR3.VolChB	220kV母线合并单元/母线1C相保护电压2_9-2		MUSV/SVINTVTR18.VolChB	B01_1母保护电压C相2_9-2
8	I8MM02AMUSV/TVTR4.Vol	220kV母线合并单元/母线2A相保护电压1_9-2		MUSV/SVINTVTR19.Vol	B01_2母保护电压A相1_9-2
9	I8MM02AMUSV/TVTR4.VolChB	220kV母线合并单元/母线2A相保护电压2_9-2		MUSV/SVINTVTR19.VolChB	B01_2母保护电压A相2_9-2
10	I8MM02AMUSV/TVTR5.Vol	220kV母线合并单元/母线2B相保护电压1_9-2		MUSV/SVINTVTR20.Vol	B01_2母保护电压B相1_9-2
11	I8MM02AMUSV/TVTR5.VolChB	220kV母线合并单元/母线2B相保护电压2_9-2		MUSV/SVINTVTR20.VolChB	B01_2母保护电压B相2_9-2
12	I8MM02AMUSV/TVTR6.Vol	220kV母线合并单元/母线2C相保护电压1_9-2		MUSV/SVINTVTR21.Vol	B01_2母保护电压C相1_9-2
13	I8MM02AMUSV/TVTR6.VolChB	220kV母线合并单元/母线2C相保护电压2_9-2		MUSV/SVINTVTR21.VolChB	B01_2母保护电压C相2_9-2
14	I8MM02AMUSV/TVTR10.Vol	220kV母线合并单元/母线1零序电压1_9-2		MUSV/SVINTVTR28.Vol	B01_1母零序电压1_9-2
15	I8MM02AMUSV/TVTR10.VolChB	220kV母线合并单元/母线1零序电压2_9-2		MUSV/SVINTVTR28.VolChB	B01_1母零序电压2_9-2
16	I8MM02AMUSV/TVTR11.Vol	220kV母线合并单元/母线2零序电压1_9-2		MUSV/SVINTVTR29.Vol	B01_2母零序电压1_9-2
17	I8MM02AMUSV/TVTR11.VolChB	220kV母线合并单元/母线2零序电压2_9-2		MUSV/SVINTVTR29.VolChB	B01_2母零序电压2_9-2
18	I8MM02AMUSV/TVTR13.Vol	220kV母线合并单元/母线1A相测量电压_9-2		MUSV/SVINTVTR22.Vol	B01_1母测量电压A相_9-2
19	I8MM02AMUSV/TVTR14.Vol	220kV母线合并单元/母线1B相测量电压_9-2		MUSV/SVINTVTR23.Vol	B01_1母测量电压B相_9-2
20	I8MM02AMUSV/TVTR15.Vol	220kV母线合并单元/母线1C相测量电压_9-2		MUSV/SVINTVTR24.Vol	B01_1母测量电压C相_9-2
21	I8MM02AMUSV/TVTR16.Vol	220kV母线合并单元/母线2A相测量电压_9-2		MUSV/SVINTVTR25.Vol	B01_2母测量电压A相_9-2
22	I8MM02AMUSV/TVTR17.Vol	220kV母线合并单元/母线2B相测量电压_9-2		MUSV/SVINTVTR26.Vol	B01_2母测量电压B相_9-2
23	I8MM02AMUSV/TVTR18.Vol	220kV母线合并单元/母线2C相测量电压_9-2		MUSV/SVINTVTR27.Vol	B01_2母测量电压C相_9-2

图 2-170　装置 SV 连线

MUGO:过程层GOOSE LD　LLN0:逻辑节点0　下移

	外部信号	外部信号描述	接收端口	内部信号	内部信号描述
1	I3IL04ARPIT/QG1XSWI1.Pos.stVal	220kV竞赛2017线智能终端/闸刀1位置		MUGO/GOINGGIO1.DPCSO1.stVal	1母刀闸位置
2	I3IL04ARPIT/QG2XSWI1.Pos.stVal	220kV竞赛2017线智能终端/闸刀2位置		MUGO/GOINGGIO1.DPCSO2.stVal	2母刀闸位置

图 2-171　装置 GOOSE 连线

图 2-172　GOOSE 光口配置

6. 检查开入量

使用PCS-PC调试工具，连接LCD虚拟液晶。在主画面状态下，按“▲”键可进入主菜单，通过“▲”“▼”“确认”和“取消”键操作，选择“主菜单”→“装置状态”→“开入信息”菜单，查看开入状态。

试验前，请把“装置参数”中“开关位置开入选择”定值设置为“2”，即Cable（电缆）方式。

（1）硬开入检验。将+220 端子（以开入回路电源为 220V 为例）逐个与硬开入端子用导线短连，面板显示相应开入应显示“1”。

（2）GOOSE 开入检验。GOOSE 开入来自于其他智能终端的开出（包括断路器母线 1 隔离刀闸位置、断路器母线 2 隔离刀闸位置），通过观察本装置的开入量变位来进行检验。

使用PCS-PC调试工具，连接LCD虚拟液晶。在主画面状态下，按“▲”键可进入主菜单，通过“▲”“▼”“确认”和“取消”键操作，选择“主菜单”→“装置状态”→“开入信息”菜单，查看保护开入。

试验前，请把“装置参数”中“母线刀闸开入类型”定值设置为“1”，即GOOSE方式。

（3）GOOSE 检修机制检查。分别模拟装置外部 GOOSE 开入是否带检修位、装置是否投检修等情况，检查装置动作情况。外部开入 GOOSE 和保护装置检修状态一致，开入量应正确识别外部开入量的变化；外部开入 GOOSE 和保护装置检修状态不一致，开入量记忆之前的刀闸位置信息，其他信息清零。

7. 校验精度校验

将高精度继保试验仪与装置连接，同时装置与试验仪可靠接地，用试验仪输出不同百分比的模拟量值。

使用 PCS-PC 调试工具，连接 LCD 虚拟液晶。按“▲”键可进入主菜单，通过“▲”“▼”“确认”和“取消”键操作，选择“主菜单”→“装置状态”→“模拟测量”菜单，查看并记录保护装置采样，最后计算采样值精度，应满足相关规范要求。

四、维护要点及注意事项

1. 信号灯异常

SV 接收状态指示灯异常：检查 SV 级联光纤连接是否正常，是否有出现断线、脱落现象，如发现光纤连接问题，更换备用光纤。

GOOSE 接收状态指示灯异常：检查 GOOSE 通信光纤连接是否正常，是否有出现断线、脱落现象。如发现光纤连接问题，更换备用光纤。

TV 电压切换异常：确认现场刀闸位置是否正确，检查报文中隔离刀闸位置是否存在 00 或 11 等无效状态。

对时指示灯异常：检查对时装置是否运行正常，对时光纤连接是否正常，是否有出现断线、脱落现象，如发现光纤连接问题，更换备用光纤。

检修灯异常：确认现场是否需要处于检修状态，对于与现场运行状态不一致的应确认影响。

2. 异常报警处理

SV 接收中断：检查 SV 级联光纤连接是否正常，是否有出现断线、脱落现象，如发现光纤连接问题，更换备用光纤。

GOOSE 接收中断：检查 GOOSE 通信光纤连接是否正常，是否有出现断线、脱落现象，如发现光纤连接问题，更换备用光纤。

TV 切换刀闸同时动作/返回：确认现场刀闸位置是否与报文一致。

TV 刀闸位置异常：确认现场刀闸位置是否正确，检查报文中隔离刀闸位置是否存在 00 或 11 等无效状态。

对时异常：检查对时装置是否运行正常，对时光纤连接是否正常，是否有出现断线、脱落现象。如发现光纤连接问题，更换备用光纤。

检修压板状态：确认现场是否需要处于检修状态，对于与现场运行状态不一致的应确认影响。

第七节　交换机配置

一、装置简介

PCS-9882BD-D 过程层工业以太网交换机采用高性能的交换芯片和优秀的工业设计，支持所有端口同时线速转发，产品的设计制造充分考虑了工业应用环境中的各种恶劣条件和干扰因素，可保证数据在严酷环境下可靠传输。

交换机提供 16 个 SFP 百兆端口和 2 个 SFP 千兆端口，可根据需要选择百兆无源电、光 SFP 模块实现百兆、十兆自适应接口，也可选择千兆无源电、光 SFP 模块实现千兆接口。选择不同类型的 SFP 模块，需要通过 Web、CLI 等方式更改交换机端口配置与实际插入模块对应。

下面介绍 PCS-9882BD-D 过程层工业以太网交换机的功能。

1．以太网交换

- 百兆电口为 10/100Mbit/s 自适应快速以太网接口，符合 10BASE-T/100BASE-TX 标准，支持 MDI/MDIX 自动识别，自动适应交叉网线和直连网线。
- 千兆电口为 1000Mbit/s 自适应快速以太网接口，符合 1000BASE-T 标准，支持 MDI/MDIX 自动识别，自动适应交叉网线和直连网线。
- 百兆光口为 SFP 插槽，可使用符合 IEEE802.3 光纤以太网 100BASE-FX 标准的光收发器，支持热插拔。
- 千兆光口为 SFP 插槽，可使用符合 IEEE802.3 千兆以太网（1.25GBd）1000BASE-SX 标准的光收发器，支持热插拔。
- 交换模式为无阻塞存储转发。
- 支持 IEEE802.3x Flow Control。

2．流量控制

- 网络风暴抑制：可设定交换机广播报文、多播报文和寻址失败报文的转发速率上限。
- 端口速率控制：可设定各端口的报文转发速率上限和突发速率上限。
- 流量镜像功能：可在指定端口上监视其他端口的流入和流出数据。
- 链接聚合功能：支持基于端口、MAC 地址等的链接聚合。
- QoS 控制：支持基于 IEEE 802.1p 的报文优先级控制，支持严格优先级和权重优先级策略。

3．VLAN 技术

- 支持基于端口的 VLAN。
- 支持基于 MAC 地址的 VLAN。
- 支持基于协议的 VLAN。
- 支持基于 IEEE 802.1Q 的 VLAN。
- 支持多个 VLAN 相互交叉设置。
- 支持 VLAN tag 的插入、修改或删除操作。
- 支持 GARP VLAN 注册协议。

4．环网技术

- 支持 STP（IEEE 802.1D）、RSTP（IEEE 802.1w）、MSTP 环网协议，在通信链路失效时快速切换到备份链路。
- 支持 NR-Ring 私有环网协议，具有更加快速的环网恢复速度。
- 支持环网与非环网交换机混合组网的专用环网协议，最大限度地减少网络风暴。
- 支持 MRP 环网协议。

5．组播管理

- 支持基于 IEEE802.1Q 的 VLAN 组播方式。
- 支持基于 MAC 地址的静态组播管理。
- 支持 GMRP 动态组播管理。
- 支持 IGMP snooping 动态组播管理。

6．端口安全

- 支持基于静态 MAC 地址的端口安全认证。
- 支持基于 IEEE802.1X 的端口安全认证。
- 支持基于 SSL/SSH 网络安全性协议。
- 支持端口 MAC 地址学习数量限制。
- 支持 Telnet 功能开启和关闭。
- 支持防 DOS 攻击。
- 支持安全日志和操作日志功能。

7．文件管理

- 支持对交换机配置文件的离线修改功能。
- 支持对交换机配置文件的上传下载功能。
- 支持交换机日志和事件文件下载到 PC 机功能。

8．管理方式

- 支持 Web、Telnet、CLI 命令行方式管理。
- 支持 IEC 61850 MMS 远程监视。
- 支持 SNMP V1/V2C/V3 简单网络管理协议。
- 支持 RMON 远程监视。

- 支持继电器告警节点、闭锁节点输出。
- 支持交换机 IP 冲突检测。
- 支持 LLDP 链路发现协议。

二、硬件说明

PCS-9882BD 系列工业以太网交换机包含以下主要模块，如图 2-173、图 2-174 所示。

- LED 指示灯。
- 电源模块。
- CPU+SWITCH 板。

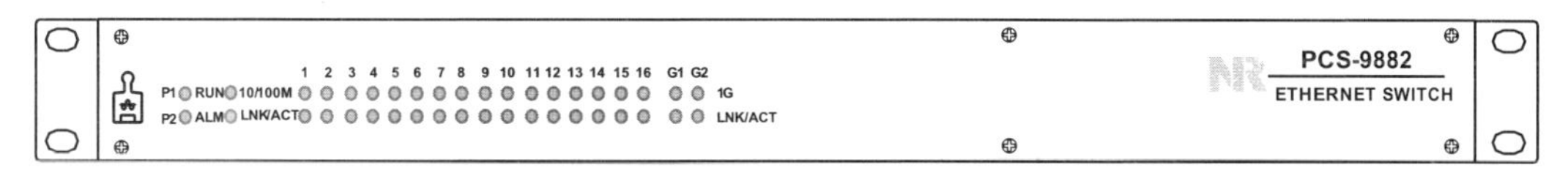

图 2-173 PCS-9882BD-D 前面板

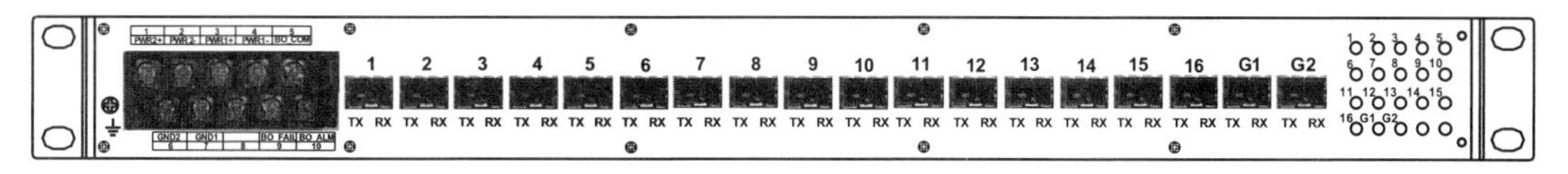

图 2-174 PCS-9882BD-D 后面板

电源模块的外观如图 2-175 所示。

1	2	3	4	5
PWR2+	PWR2−	PWR1+	PWR1−	BO_COM

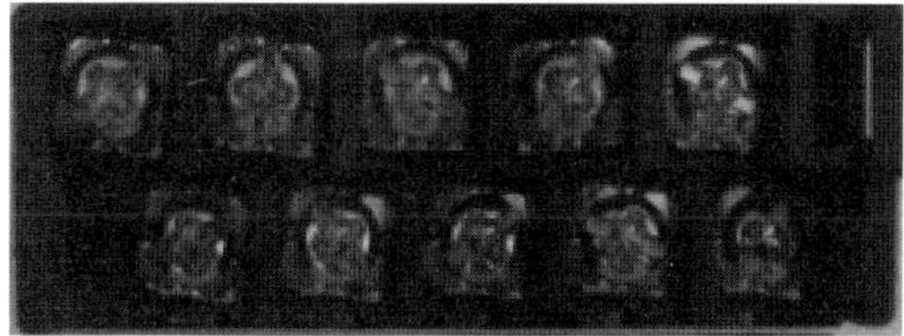

GND2	GND1		BO_FAIL	BO_ALM
6	7	8	9	10

图 2-175 PCS-9882BD-D 电源模块端子定义

三、操作说明

（一）远程登录

首选 Web 登录方式（见图 2-176），以 IE 浏览器登录为例。交换机默认后管理口管理 IP 为 192.168.0.82（255.255.255.0）；前管理口管理 IP 为 192.169.0.82（255.255.255.0）；用户名为 admin，密码为 admin。

（二）参数配置

交换机端口采用可热插拔的 SFP 模块，每个端口类型应根据所配置的模块种类，对应选择 RJ45 或 FIBER，并设置合适的参数，如图 2-177 所示。

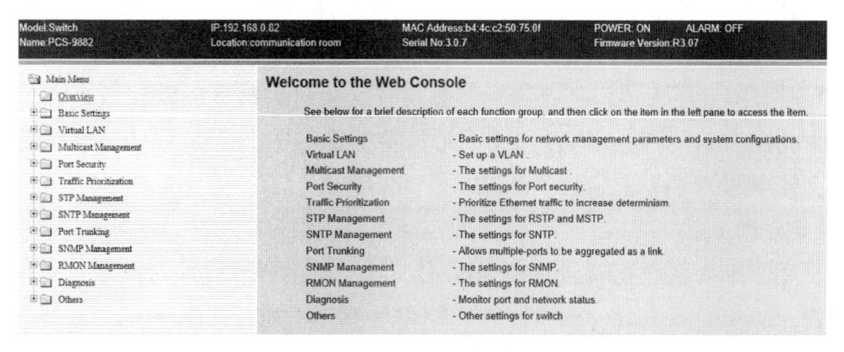

图 2-176 远程登录

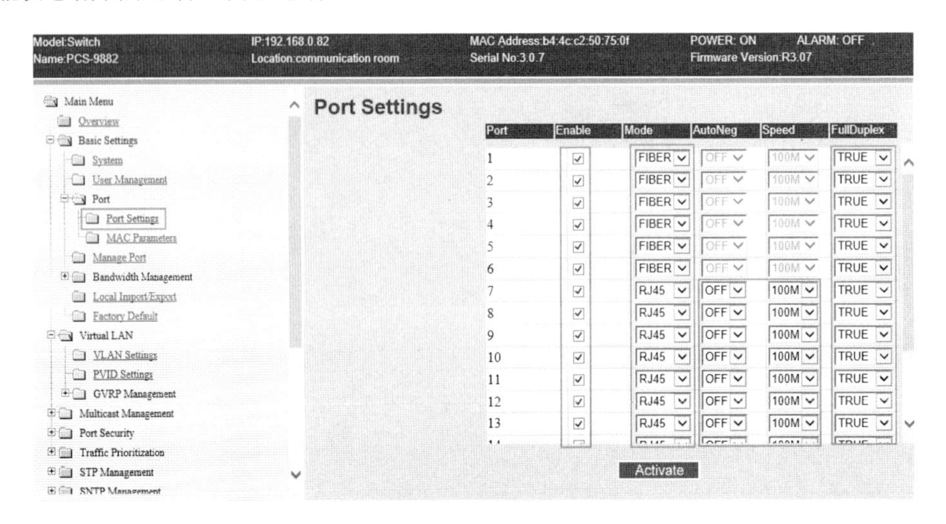

图 2-177　端口设置

Port：各网口的端口号，1～16 对应 16 个百兆端口，G1～G2 对应 2 个千兆端口。

Enable：可以选择工作端口和禁止工作端口，选择复选框，则设置端口为工作端口。反之，设置端口为禁止工作端口。

Mode：端口工作在光口或电口模式选择。RJ45：电口模式；Fiber：光口模式。

AutoNeg：端口是否为自动协商工作模式选择。ON：自动协商工作模式；OFF：强制工作模式。

Speed：端口速率设置，在 AutoNeg 为 ON 的情况下不需要设置，OFF 情况下用于设置端口强制工作速率：10Mbit/s、100Mbit/s 或 1000Mbit/s（仅千兆端口包含此选项）。

FullDuplex：是否全双工模式。在 AutoNeg 为 ON 的情况下不需要设置，OFF 情况下用于设置端口工作模式：TRUE 为全双工模式工作，FALSE 为半双工模式工作。

（三）VLAN 配置

交换机用于过程层时，要进行 VLAN 配置，VLAN（Virtual Local Area Network，虚拟局域网）主要为了解决交换机在进行局域网互连时无法限制广播的问题。这种技术可以把一个 LAN 划分成多个逻辑上的 LAN。每个 VLAN 是一个广播域，VLAN 内的主机间通信就和在一个 LAN 内一样，而 VLAN 间则不能直接互通，这样，广播报文被限制在一个 VLAN 内。VLAN 配置由如图 2-178、图 2-179 所示两步完成。

PVID 用来决定进入端口的不带标签报文在交换机内转发的默认 VLAN。例如：某端口 PVID 设置为 2，则进入该端口的不带标签报文将在交换机的 VLAN2 中进行传播，该设置不会影响进入端口的带标签报文。

（四）镜像配置

交换机用于站控层时需要进行镜像配置，以实现第三方软件对点对点 TCP/IP 通信过程的监视。

端口镜像（Port Mirroring）是能把交换机一个或多个端口的数据镜像到一个或多个

端口的方法。配置方法如图 2-180 所示。

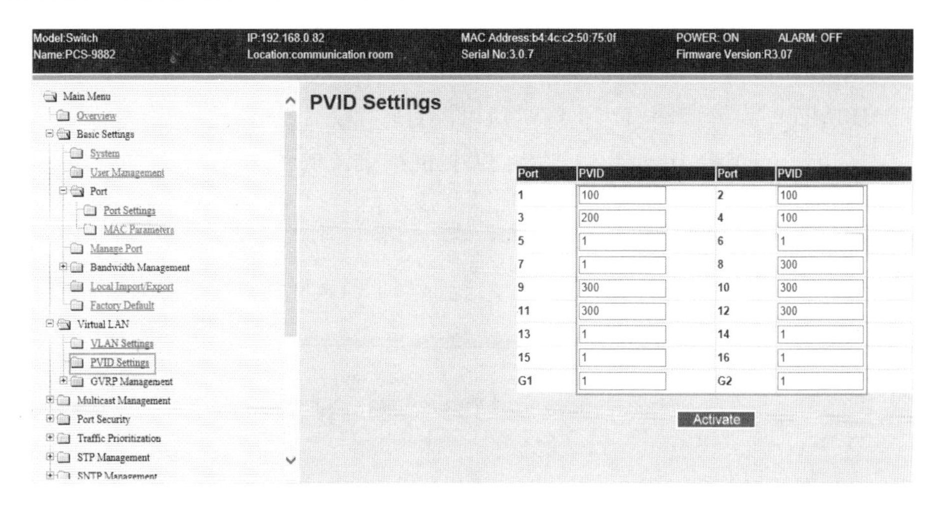

图 2-178　PVID 设置

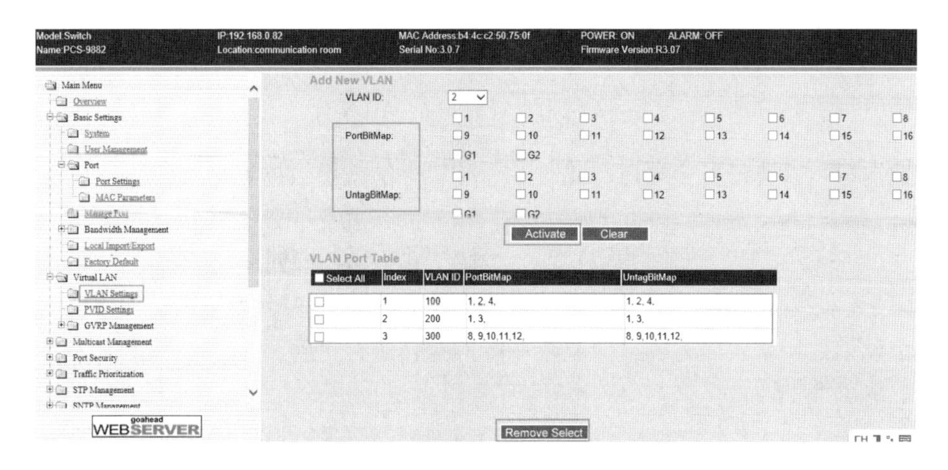

图 2-179　VLAN 设置

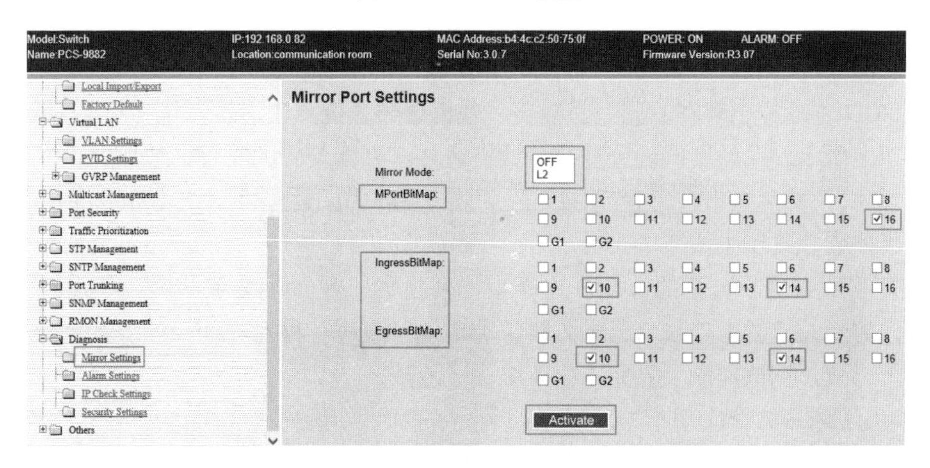

图 2-180　镜像配置

Mirror Mode：为功能总开关，OFF 为功能关闭，L2 为功能开启。

EgressBitMap：为出交换机的端口。

IngressBitMap：为进交换机的端口。

MPortBitMap：为镜像端口，镜像端口可以有多个。

图 2-180 的目的是将 10、14 口进出交换机的数据镜像到 16 口，镜像口可以选择多个，此时多个镜像口的数据完全一样。

四、维护要点及注意事项

后管理口 IP 地址的 VLAN 应与端口实际所在的 VLAN 相匹配，否则后管理 IP 将无法进行远程连接，如图 2-181 所示。

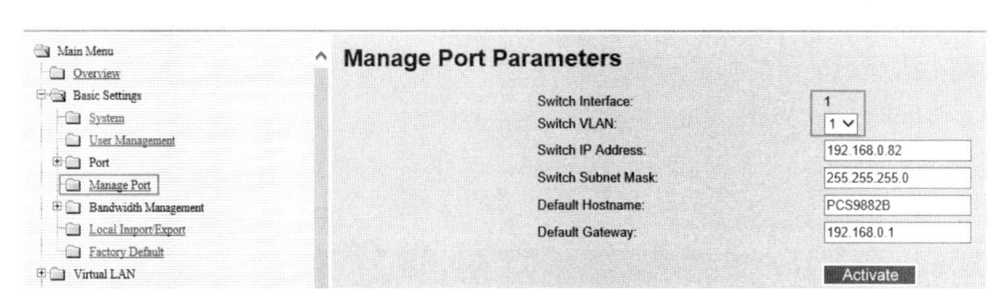

图 2-181　管理 IP 的 VALN

镜像端口可以选择多个端口，此时多个端口上的镜像数据流是一样的。

第八节　运　维　实　例

本节以扩建一个间隔为例，对整个系统的操作进行讲解。

一、SCD 制作

对于间隔扩建工作，首先打开既有 SCD 文件，然后从既有间隔中的同类型装置进行复制，以提高配置效率。如需要通过导入 ICD 来新建装置，请参考本章 SCD 新建装置部分的步骤。

（一）装置复制

从 SCD 中选择已存在的同型号装置，在已选装置上点击右键，选择“装置复制”，如图 2-182 所示。在弹出的装置复制对话窗，修改目标装置的“目标装置名称”和“目标装置描述”，然后点击 确定 按钮，如图 2-183 所示。此时，扩建间隔的装置就由既有同类型装置复制生成完毕。

经复制生成的新装置的虚端子连线也已替换成与被复制装置的虚端子连线一致的新连线，将新装置的虚连线与已知资料中的虚端子表进行核对，如一致，则完成装置复制，如不一致，则按虚端子表要求修改虚端子连线。

（二）通信参数修改

到对应的通信子网中，将新装置的 IP、组播地址修改为已知资料中规划的值，如图 2-184 所示。

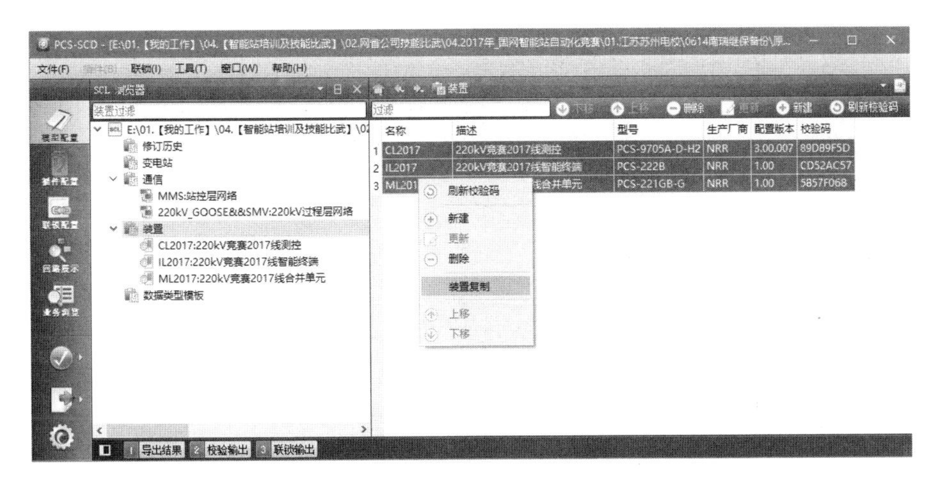

图 2-182　从 IED 复制

装置复制

源装置名称	源装置描述	目标装置名称	目标装置描述
CL2017	220kV竞赛2017线测控	CL2018	220kV竞赛2017线测控_copy
IL2017	220kV竞赛2017线智能终端	IL2018	220kV竞赛2017线智能终端_copy
ML2017	220kV竞赛2017线合并单元	ML2018	220kV竞赛2017线合并单元_copy
IL2017	220kV竞赛2017线智能终端	IL2018	220kV竞赛2017线智能终端_copy
CL2017	220kV竞赛2017线测控	CL2018	220kV竞赛2017线测控_copy
ML2017	220kV竞赛2017线合并单元	ML2018	220kV竞赛2017线合并单元_copy

确定　取消

图 2-183　修改复制后的 IEDName

220kV_GOOSE&&SMV:220kV过程层网络

过滤　批量设置　视图

	装置名称	装置描述	访问点	逻辑设备	控制块	组播地址	VLAN标识	VL
1	CL2017	220kV竞赛2017线测控	G1	PIGO	gocb1	01-0C-CD-01-00-02	000	4
2	CL2017	220kV竞赛2017线测控	G1	PIGO	gocb2	01-0C-CD-01-00-01	000	4
3	IL2017	220kV竞赛2017线智能终端	G1	RPIT	gocb0	01-0C-CD-01-00-13	000	4
4	IL2017	220kV竞赛2017线智能终端	G1	RPIT	gocb1	01-0C-CD-01-00-04	000	4
5	IL2017	220kV竞赛2017线智能终端	G1	RPIT	gocb2	01-0C-CD-01-00-05	000	4
6	ML2017	220kV竞赛2017线合并单元	G1	MUGO	gocb0	01-0C-CD-01-00-06	000	4
7	CL2018	220kV电校2018线测控	G1	PIGO	gocb1	01-0C-CD-01-00-02	000	4
8	CL2018	220kV电校2018线测控	G1	PIGO	gocb2	01-0C-CD-01-00-01	000	4
9	IL2018	220kV电校2018线智能终端	G1	RPIT	gocb0	01-0C-CD-01-00-13	000	4
10	IL2018	220kV电校2018线智能终端	G1	RPIT	gocb1	01-0C-CD-01-00-04	000	4
11	IL2018	220kV电校2018线智能终端	G1	RPIT	gocb2	01-0C-CD-01-00-05	000	4
12	ML2018	220kV电校2018线合并单元	G1	MUGO	gocb0	01-0C-CD-01-00-06	000	4

图 2-184　修改控制块参数

（三）测点描述修改

扩建间隔内的装置均复制完毕后，在新间隔的测控装置的“测点数据”中，将测点名称修改为新扩间隔的测点名称，如图 2-185 所示。至此，完成了 SCD 中的新间隔扩建。

图 2-185 测点描述修改

（四）配置导出

本部分可参照 SCD 配置章节中的导出配置内容。需要导出扩建间隔内的 CL2018、IL2018、ML2018 三个装置的配置。

二、监控系统制作

（一）画面制作

对于监控系统扩建间隔工作，画面制作涉及主接线图制作和间隔分图制作。

1. 主接线图制作

在主接线图上，调整画面整体布局，空出待扩建间隔的图形位置，然后框选同类型间隔的所有设备及测点，点击右键，选择“复制”，然后再粘贴，如图 2-186 所示。调整粘贴后的新间隔图形到合适的位置，然后在选中的新间隔图形上点击右键，选择“字符串替换”，将所有一次设备图元的名称及编号替换成新的名称。

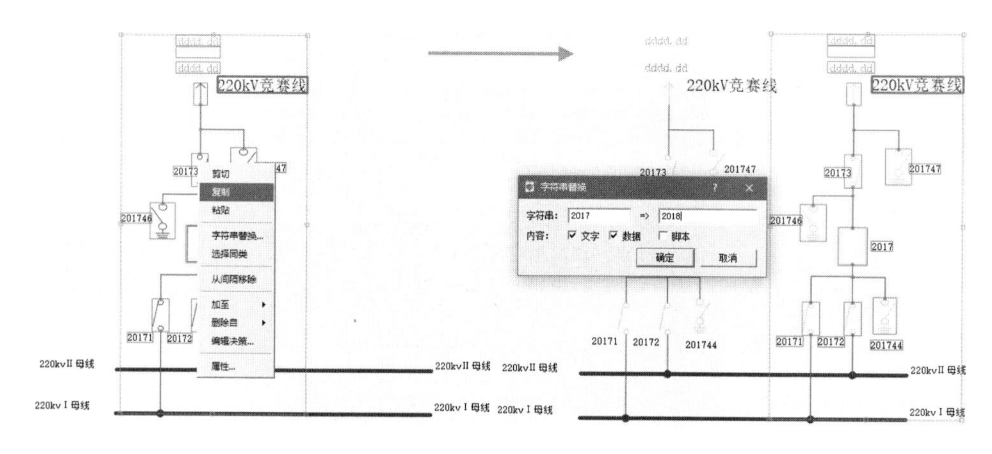

图 2-186 复制间隔

再次在选中的新间隔图形上点击右键，选择“加入间隔”，如果不存在新间隔名称，则点击“增加”按钮，新建一个间隔并选择，如果新间隔名已存在，则直接选择即可，如图 2-187 所示。

在图形复制并修改完毕后，点击，进行填库，填库成功后，在提示窗口（如图2-188 所示）点击“否”按钮，暂时不发布数据库，待数据库配置完毕后，一起发布数据库。

图 2-187　加入间隔

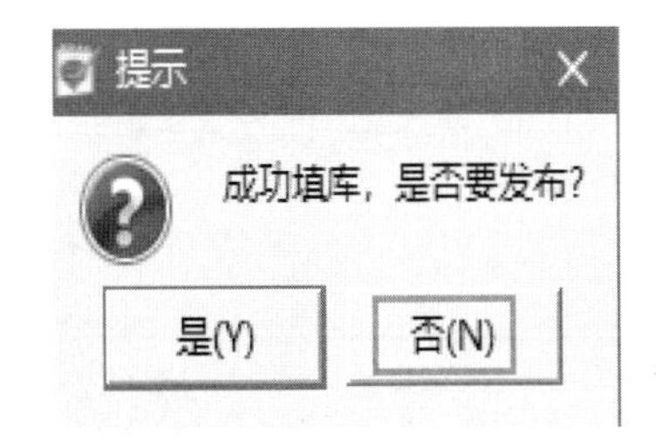

图 2-188　发布数据

填库成功后，在 scada 数据库中将会自动生成新间隔的一次模型（如图 2-189 所示）。

一次设备模型的数据源关联，可在数据库配置中完成。

2. 分图制作

对于间隔分图制作，在图形编辑工具中可利用既有间隔分图，复制生成。首先打开待复制间隔的分图，然后点击“文件”→“另存为”（见图 2-190），输入新画面的名称并确定（见图 2-191），此时自动生成新间隔分图。

图 2-189　新间隔一次模型

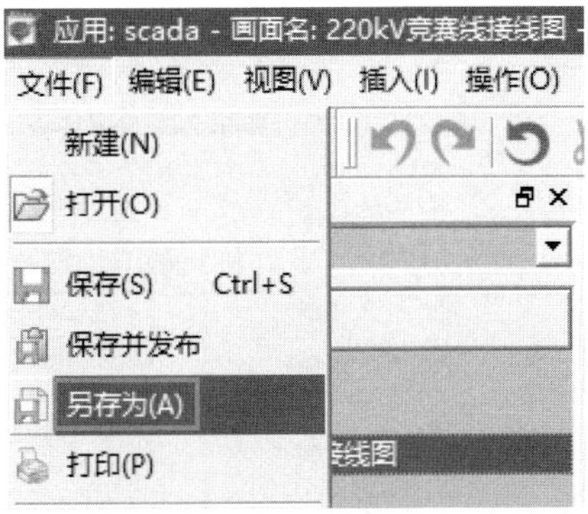

应用: scada - 画面名: 220kV竞赛线接线图
文件(F)　编辑(E)　视图(V)　插入(I)　操作(O)
新建(N)
打开(O)
保存(S)　Ctrl+S
保存并发布
另存为(A)
打印(P)

图 2-190　另存画面

在新间隔分图上，选中分图中的所有图元及字符串，点击右键，选择“字符串替换”，根据关键字，将分图中的测点名称全部替换为新间隔的测点名称及数据源；不同的关键字可以分多次完成替换，待所有关键字替换完成，最后保存画面并发布即可。关键字替换如图 2-192 所示。

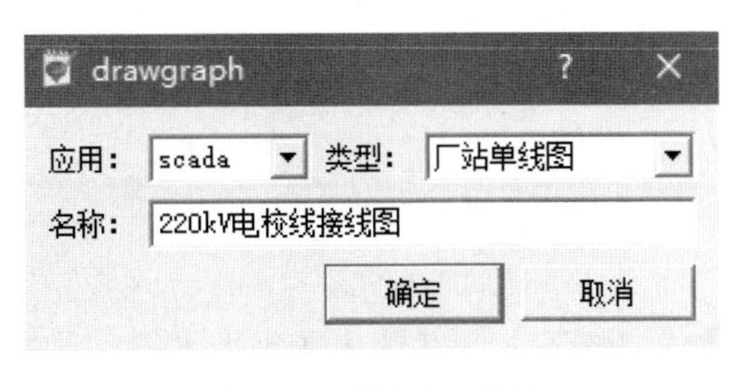

图 2-191　输入新间隔名

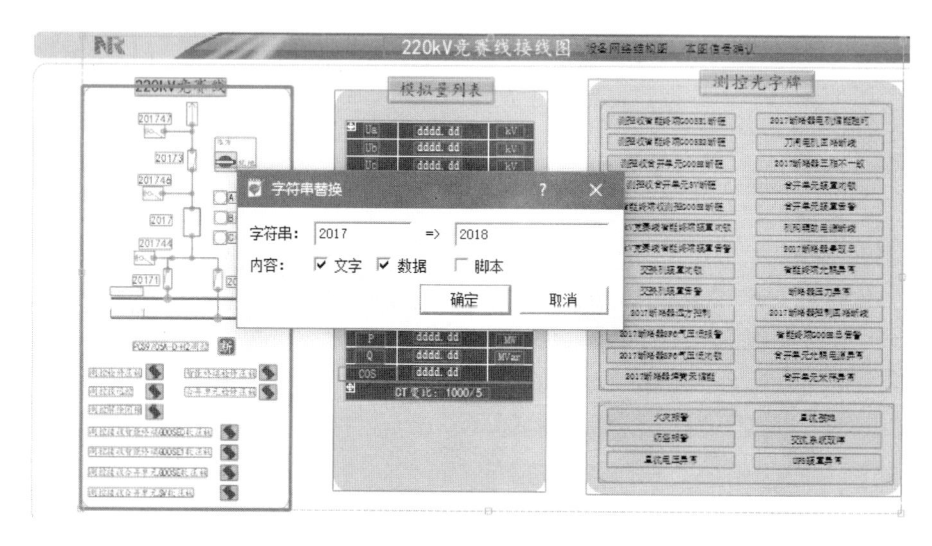

图 2-192　关键字替换

如遇到个别测点通过关键字替换的方式无法完成更新时，可手工关联测点。至此，画面制作完成。

（二）数据库制作

1. 更新 SCD

数据库中扩建装置，通过导入 SCD 来制作，导入步骤可参考本章创建数据库的过程，需要关注的地方是在选择 IED 时，仅选择新扩建的测控装置即可，如图 2-193 所示。

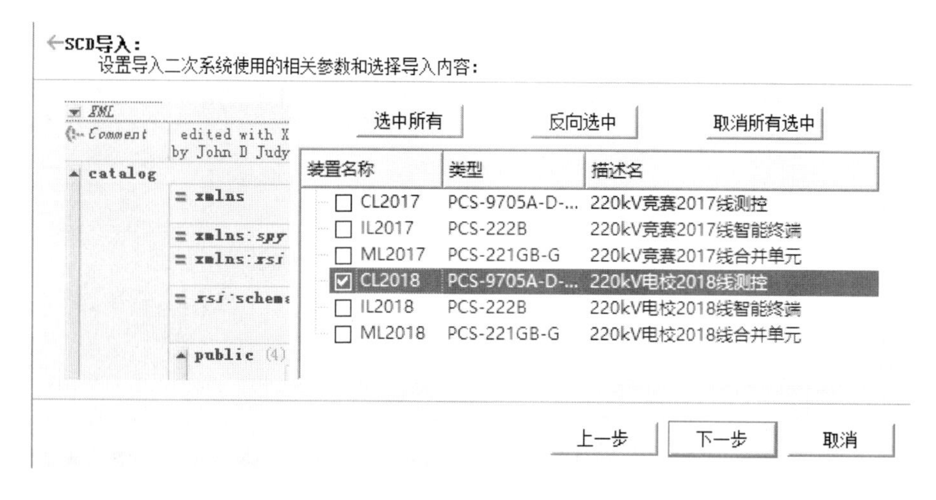

图 2-193　导入新增装置

2. 配置四遥测点

SCD 中新扩建的装置，在导入数据库后，需要对测控装置进行四遥测点配置，主要配置内容有：遥信告警子类型设置，遥信关联遥控，遥测系数、遥测存储周期等设置。详见本章监控系统数据库四遥设置部分。四遥设置如图 2-194 所示。

图 2-194　四遥设置

3. 五防配置

新扩间隔也需要实现一体五防，因此需要制作遥控测点的五防规则，可利用已有间隔遥控测点五防规则进行复制，然后在新装置的遥控测点五防规则上进行修改，最后生成新装置的五防规则，如图 2-195、图 2-196 所示。

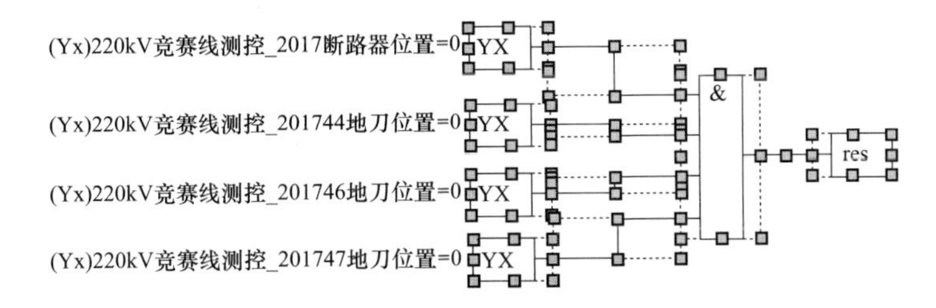

图 2-195　复制五防规则

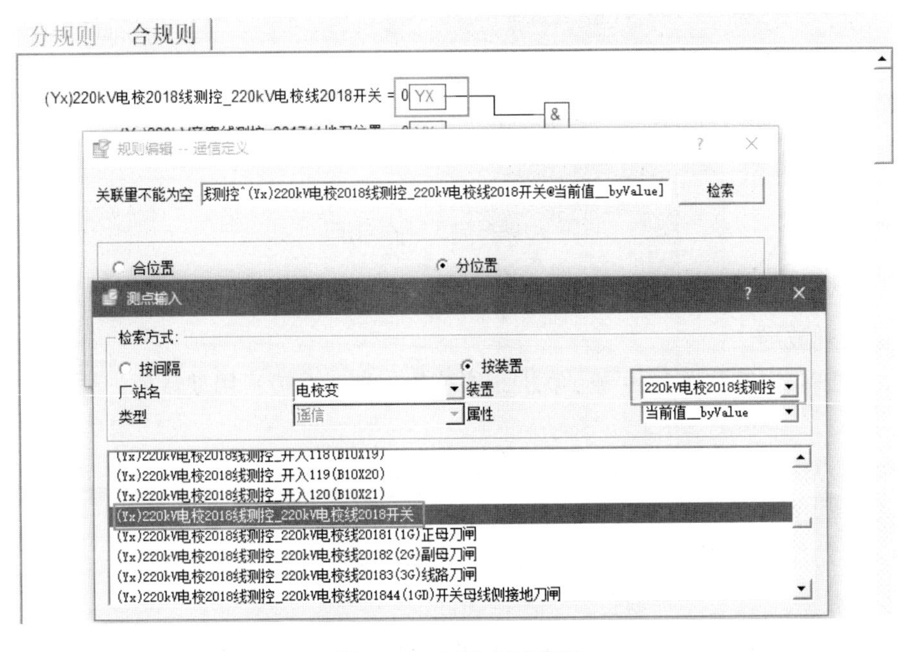

图 2-196　五防规则编辑

三、数据通信网关机配置

（一）对下组态配置

当SCD已完成间隔扩建配置工作后，可以使用“工具”→“更新SCD文件”菜单，将新的SCD内容更新进组态中，来完成远动组态中的间隔扩建，操作方法与导入操作类似。

在菜单“工具”中，选择“更新SCD文本”，如图2-197所示。在选择了SCD文件后，依次点击“确定”按钮，进入“装置模板设置”页面，选择需要导入的装置，并对SCD内装置导入规则进行配置，如图2-198所示。在此处勾选需要导入组态的装置，并设置其解析属性。

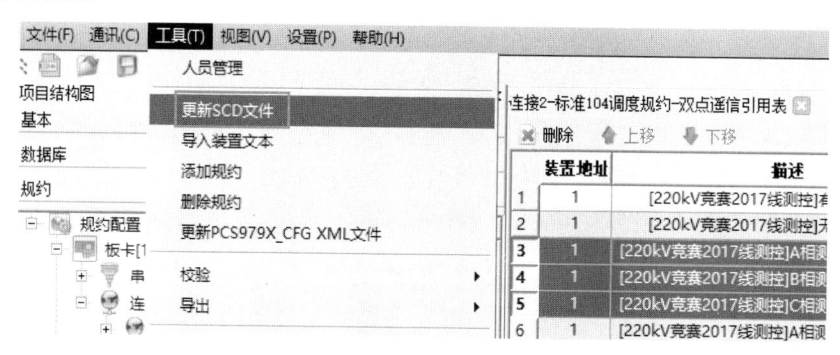

图2-197　更新SCD

装置模板设置

	选择	名称	装置类型	装置型号描述	规则	测点描述	同期模式
0		CL2017_PCS-9705A-D-H2	1:测控	220kV竞赛2017线测控	Dev_CL2017_P...	From desc和du	1:南瑞继保...
1	☑	IL2017_PCS-222B		220kV竞赛2017线智能终端	Dev_IL2017_P...	From desc和du	1:南瑞继保...
2	☑	ML2017_PCS-221GB-G		220kV竞赛2017线合并单元	Dev_ML2017_...	From desc和du	1:南瑞继保...
3	☑	CL2018_PCS-9705A-D-H2		220kV竞赛2018线测控	Dev_CL2018_P...	From desc和du	1:南瑞继保...
4	☑	IL2018_PCS-222B		220kV竞赛2018线智能终端	Dev_IL2018_P...	From desc和du	1:南瑞继保...
5	☑	ML2018_PCS-221GB-G		220kV竞赛2018线合并单元	Dev_ML2018_...	From desc和du	1:南瑞继保...

1:测控　2:保护测控　3:保护　4:录波器　5:电度表　6:在线监测　7:PMU　255:其它　8:合成装置

删除　全选　取消全选　☑合、智装置不导入　确定　取消

图2-198　导入装置选择

（1）装置类型：装置需要处理波形时应设置为“保护”或“保护测控”，设置为“测控”则不处理波形。

（2）规则：定制装置内各测点解析和屏蔽的规则，一般采用默认值，具体定制方式参见说明书。

（3）测点描述：设置测点描述名的获取方式，默认为“From desc 和 du”（优先从desc获取，如某个测点未配置desc，则解析其du属性）。

（4）同期模式：设置遥控同期方案，一般选择浙江方案（所有遥控点check位均为bvstring2）。

1）南瑞继保方案：所有遥控点check位均为bvstring8。

2）浙江方案：所有遥控点 check 位均为 bvstring2。

3）南瑞继保老方案：DPC 遥控点（开关刀闸遥控）check 位为 bvstring8，其余为 bvstring2。

（5）合、智装置不导入：勾选此项，则 SCD 文件中只包含 G1 访问点的 IED（例如智能终端装置）不会被导入，不论其在导入列表中“选择”一栏是否勾选。

将导入组态的扩建间隔装置，在数据库装置列表中修改 IP 地址、IED Name、装置类型等参数，然后再将新装置分配到对下通信规约中，并在对下规约装置列表中修改双网方式等规约相关参数，如图 2-199 所示。

修改完毕再核对一次对下规约中装置的各通信参数应与规划的参数相一致，如不一致，则回到数据库或对下规约中的装置列表内修改。

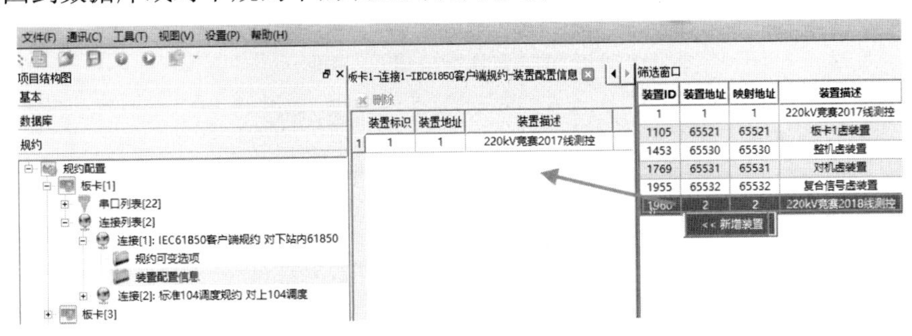

图 2-199　分配扩建的装置

（二）对上转发配置

新增装置对下通信配置完毕后，对上通信，仅需在对上通信转发表中，按照调度转发表的要求，增加新装置的测点到规定的点号位置即可。

在左侧项目结构图下找到对应的规约，点击相应的引用表，然后在“筛选窗口”选择需要转发的测点，通过右键菜单将其添加到组态中，如果有一些点位需要预留，可以使用“添加空点*N”菜单批量添加多个占位空点。如图 2-200 所示。

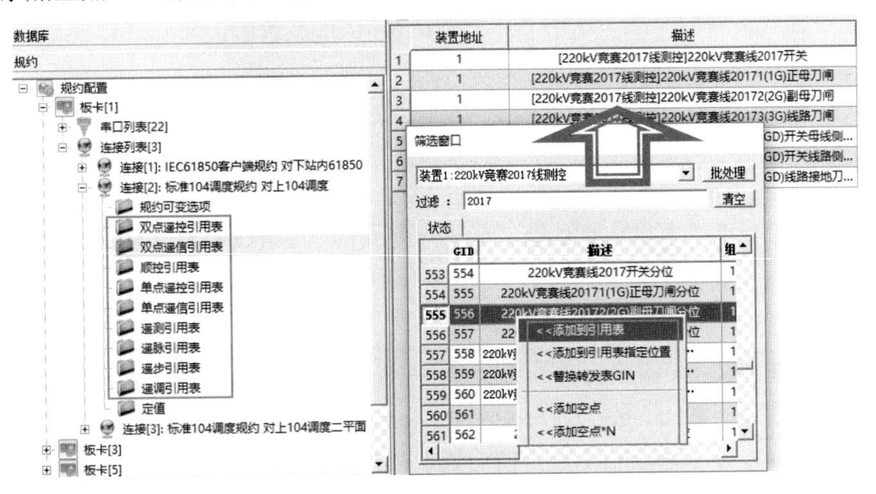

图 2-200　添加测点

选点结果如图 2-201 所示，可以通过右键菜单继续对测点进行删除、移动、交换顺序等操作。

	装置地址	描述	信息体地址	乘积系数	偏移量	变化
1	1	[220kV竞赛2017线测控]有功功率一次值	0	1.0	0	0:p
2	1	[220kV竞赛2017线测控]无功功率一次值		1.0	0	0:p
3	1	[220kV竞赛2017线测控]A相测量电流一次值		1.0	0	0:p
4	1	[220kV竞赛2017线测控]B相测量电流一次值		1.0	0	0:p
5	1	[220kV竞赛2017线测控]C相测量电流一次值		1.0	0	0:p
6	1	[220kV竞赛2017线测控]A相测量电压一次值		1.0	0	0:p
7	1	[220kV竞赛2017线测控]B相测量电压一次值		1.0	0	0:p
8	1	[220kV竞赛2017线测控]C相测量电压一次值		1.0	0	0:p
9	1	[220kV竞赛2017线测控]功率因数		1.0	0	0:p
10	1	[220kV竞赛2017线测控]视在功率一次值		1.0	0	0:p
11	2	[220kV竞赛2018线测控]A相测量电流一次值		1.0	0	0:p
12	2	[220kV竞赛2018线测控]B相测量电流一次值		1.0	0	0:p
13	2	[220kV竞赛2018线测控]C相测量电流一次值		1.0	0	0:p
14	2	[220kV竞赛2018线测控]有功功率一次值		1.0	0	0:p
15	2	[220kV竞赛2018线测控]无功功率一次值		1.0	0	0:p
16	2	[220kV竞赛2018线测控]视在功率一次值		1.0	0	0:p
17	3	[220kV竞赛2019线测控]A相测量电流一次值		1.0	0	0:p
18	3	[220kV竞赛2019线测控]B相测量电流一次值		1.0	0	0:p

图 2-201　调整测点点号

⚠提示：（1）挑点时可以通过过滤框进行关键字过滤。

（2）设置测点的数据属性时，可以按住“ctrl”键或“shift”键进行批量操作。

（3）添加到引用表时，工具默认按测点选中的先后顺序而不是测点的条目号大小顺序添加测点。

四、装置下载

（一）测控配置下载

测控装置要实现与监控、远动等客户端的MMS正常通信，需要进行如下两步设置。

1. 设置 IP

在液晶菜单：“通信参数”→“参公用通信参数”中，根据集成商SCD文件中分配的IP地址，分别设置A、B网IP，必要时还需设置C、D网IP（A网固定投入，B、C、D网可选是否投入）。如图2-202所示。

四个网段的IP地址均需设置网段不同，子机地址一致（改完装置无需重启），以避免网段冲突带来通信问题。

2. 配置下载

从SCD文件可以导出测控装置需要的各种配置文件，例如：B01_NR4106-M_goose.txt、B02_NR4138A-S_goose.txt、goose_process.bin、goose_process.txt等。

B01_NR4106-M_goose.txt文件是CPU板卡联锁GOOSE使用的配置文件。

B02_NR4138A-S_goose.txt文件是DSP板卡过程层GOOSE、SV使用的配置文件。

goose_process.bin文件是对装置所有goose配置文件的一个打包。

goose_process.txt文件记录了goose_process.bin中每个goose配置与板卡号的对应关系。

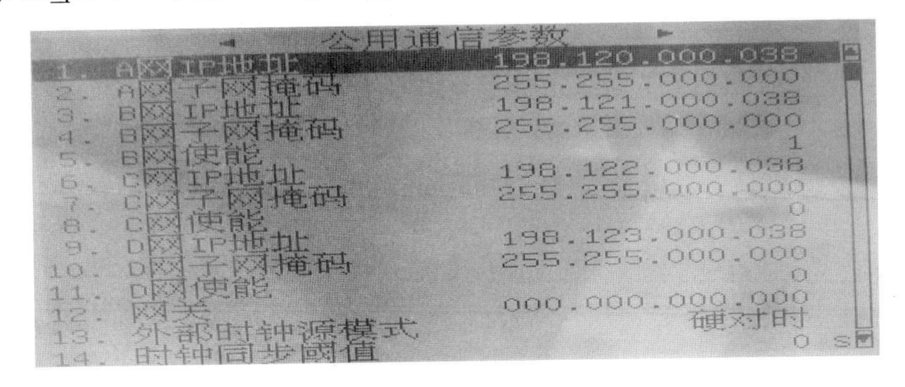

图 2-202　液晶上设置 IP

直接在PCS-PC调试工具中，添加B01_device.cid、B01_goose_process.bin文件，可快速下载测控装置所需的各类配置。

装置连接完成后（见图2-203），打开“调试工具”，并在“下载程序”功能下，添加需要下载到装置里的配置文件，添加完毕，点击“下载选择的文件”按钮，开始下载配置，配置下载完毕，装置将自动重启。

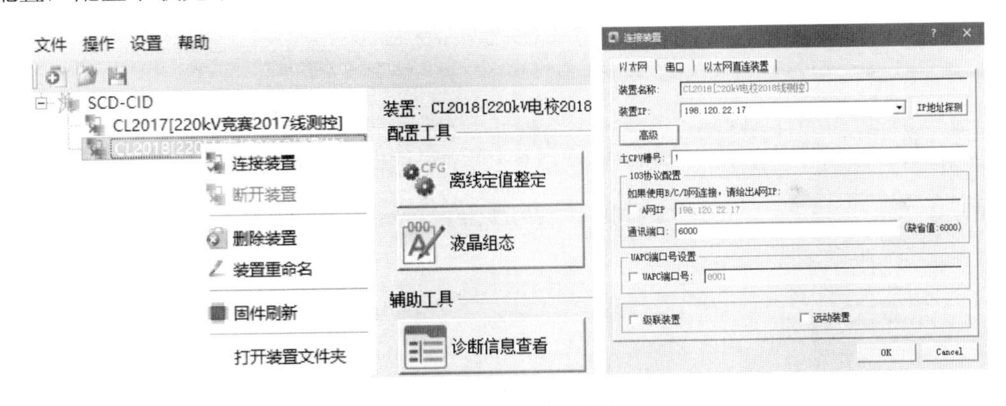

图 2-203　连接装置

（二）过程层装置配置下载

过程层装置包含智能终端和合并单元，两种装置均无液晶，且调试口为RS-232串口，两种装置的配置下载方法完全一致，因此仅以智能终端为例说明。

首先从SCD工具的导出配置界面，唤起PCS-PC工具，此时，工具内的装置已添加完毕，在智能终端上点击右键，选择“连接”，连接类型选择“串口”，并指定串口端口号及波特率（固定为115 200bit/s）。

装置连接成功后，打开“调试工具”，并在“下载程序”功能下添加需要下载到装置里的配置文件，添加完毕，点击“下载选择的文件”按钮，开始下载配置，配置下载完毕，装置将自动重启。

五、交换机配置

以扩建一个间隔为例，首先将交换机所接扩建设备的端口 PVID 设置为规划值，如图 2-204 所示。其次，将扩建设备的端口配置为同一个 VLAN，并激活（即时生效，无需重启交换机），如图 2-205 所示。

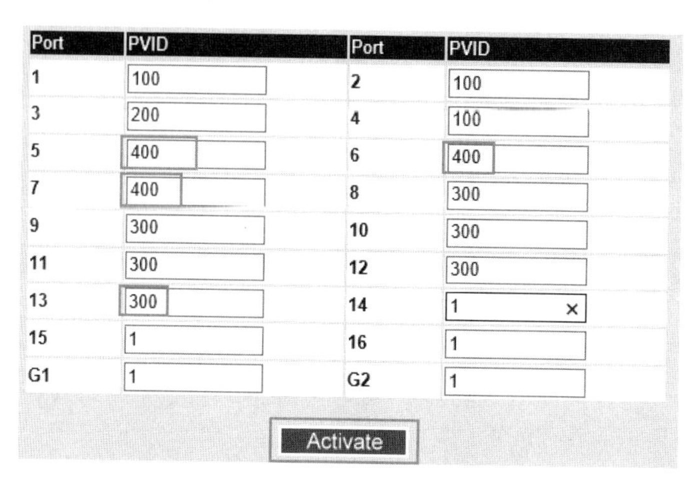

Port	PVID	Port	PVID
1	100	2	100
3	200	4	100
5	400	6	400
7	400	8	300
9	300	10	300
11	300	12	300
13	300	14	1
15	1	16	1
G1	1	G2	1

Activate

图 2-204　PVID 设置

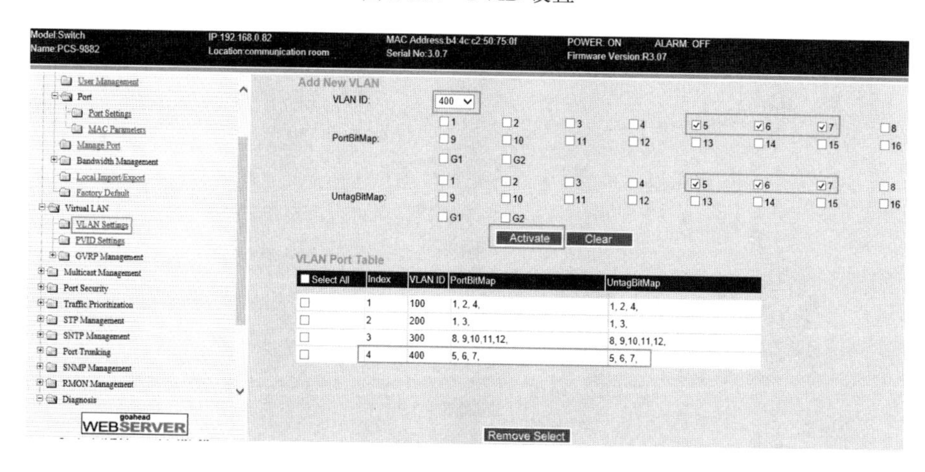

图 2-205　VLAN 设置

北京四方智能变电站系统

本章主要内容为北京四方继保自动化股份公司 CSC2000（V2）智能化变电站厂站自动化系统，具体包括后台监控系统、测控装置、数据通信网管机、智能单元、合并单元、站内交换机、SCD 文件制作、运维实例共八个部分，每个部分分为装置介绍、工程配置，维护注意事项等几个方面。

第一节　SCD 文件制作

一、SCD 配置器功能介绍

智能变电站二次系统 SCD 配置器（以下简称“系统配置器”）是一个自动化的二次系统配置与集成工具，用以配置并集成基于 IEC 61850 标准建设的智能变电站内各个孤立的智能电子设备 IED，使之成为一个设备之间可以互相通信与操作的变电站自动化系统。

系统配置器可全面配置变电站系统的信息，包括电压等级、间隔、IED 模型信息、IED 之间的拓扑关系、IED 的通信参数、虚端子配置；并具有生成 SCD 文件、生成 CID 文件、导出虚端子表、导出配置文件、可视化校核虚端子等一系列功能；另外还可以对 ICD 模型、SCD 文件进行校验工作。

对于 IEC 61850 规约装置，V2 监控提供了“实时库组态工具”（“开始”→“数据库管理”→“配置工具独立版”）实现对监控数据库的维护工作，在制作 SCD 的同时，生成 V2 监控实时库；也可以通过调试机器先制作 SCD，再统一导入监控实时库。

二、SCD 制作步骤

SCD 制作步骤如图 3-1 所示。

第一步：收集全站装置的模型文件（ICD 文件）。

第二步：统筹分配全站装置的 IP 地址，IEDName。必须全站唯一。

第三步：新建变电站，增加“电压等级、间隔、装置”。

第四步：根据虚端子表配置虚端子。

第五步：生成配置文件，导出虚端子配置，生成 CID 文件。

（一）打开配置工具

打开 CSC2000（V2）监控系统。选择并点击启动“开始”→“数据库管理”→“配置工具独立版”，如图 3-2 所示。若有调试机器，也可以直接点击桌面配置工具快捷按钮直接启动。

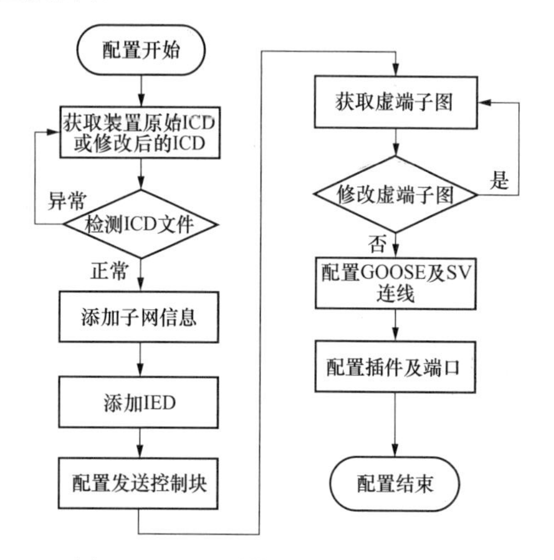

图 3-1　SCD 制作及数据导出步骤图

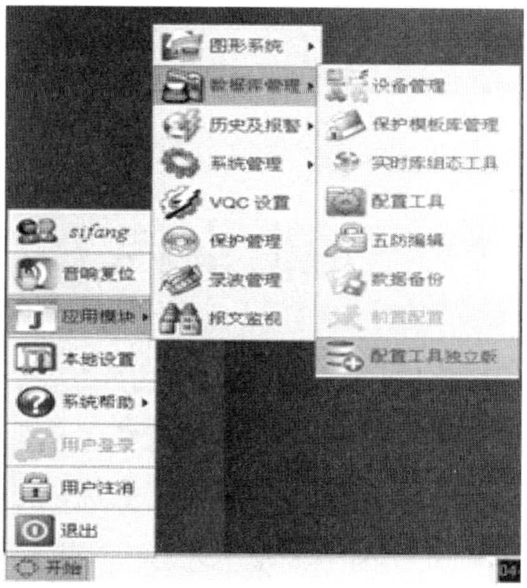

图 3-2　配置工具登录

在系统登录账户默认 sifang，输入密码 8888 登录并启动配置工具，如图 3-3 所示。

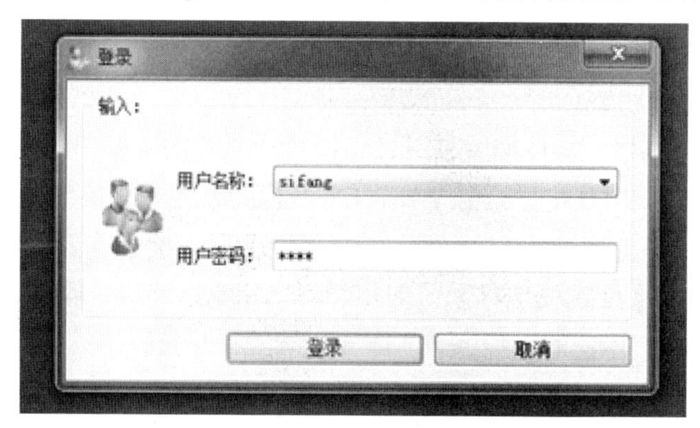

图 3-3　配置工具用户登录

（二）新建工程

打开系统配置器，登录成功后，点击“新建”菜单中的“新建工程”按钮，如图 3-4 所示。SCD 文件保存按默认路径即可，如图 3-5 所示。

图 3-4　定义新工程

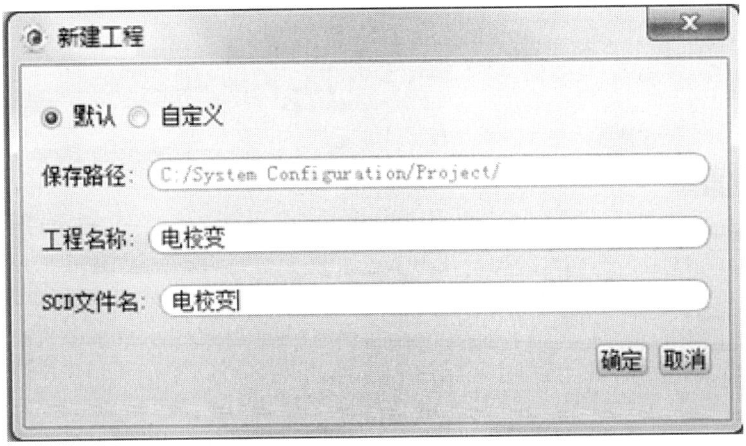

图 3-5 定义存储路径

下面需要通过“工具”→“监控 V2”→“启动 V2 实时库”建立起配置工具与 V2 监控系统的实时库的连接关系，若调试机器制作 SCD，本步骤可省略。启动 V2 监控实时库如图 3-6 所示。

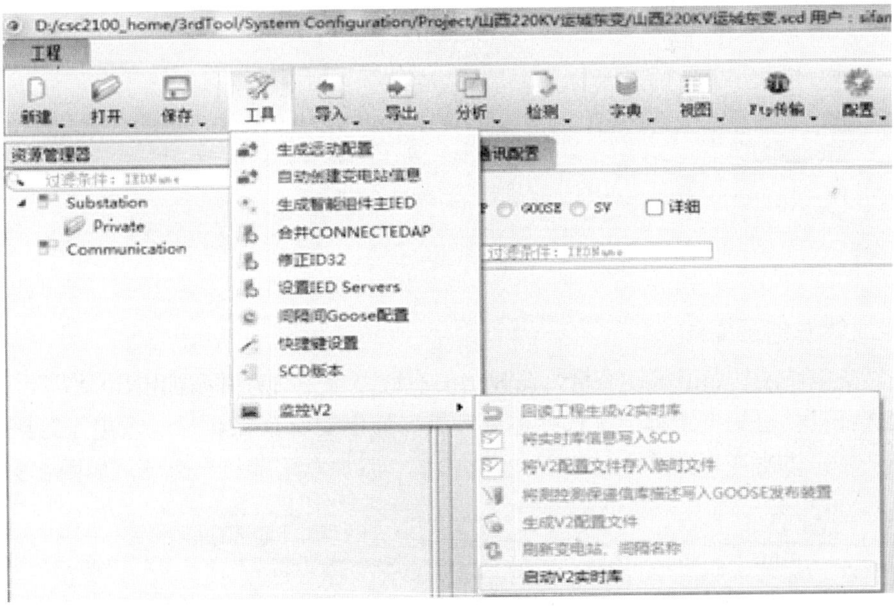

图 3-6 启动 V2 监控实时库

将资源管理器从“装置”切到“变电站”界面，在“属性编辑器”界面下将变电站的描述 desc 修改为实际变电站名称，如“电校变”，保存模型，如弹出修改人描述窗口，直接点“确认”即可保存。如图 3-7 所示。如不修改直接添加电压等级会弹出如图 3-7 所示的警告对话框，描述更改后的界面如图 3-8 所示。

图 3-7　提示需要修改变电站名称

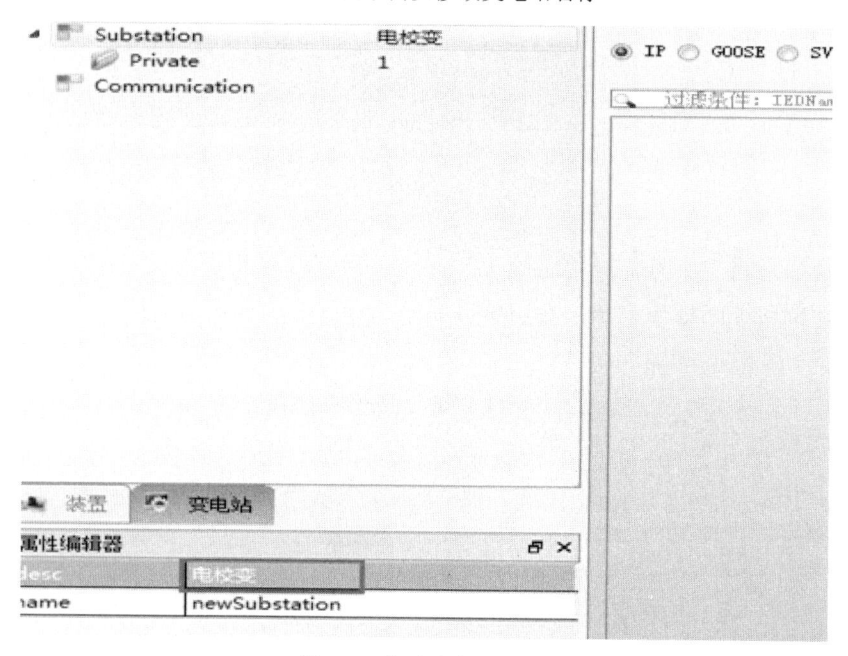

图 3-8　修改变电站名称

（三）添加电压等级

在“变电站层”点击鼠标右键，在弹出的右键菜单中选择“添加电压等级”，弹出电压等级选择框，可根据工程情况选择电压等级，如电校变有 220kV 一个电压等级。

第一步：点击变电站“电校变”，右键选择“添加电压等级”选项，如图 3-9 所示。

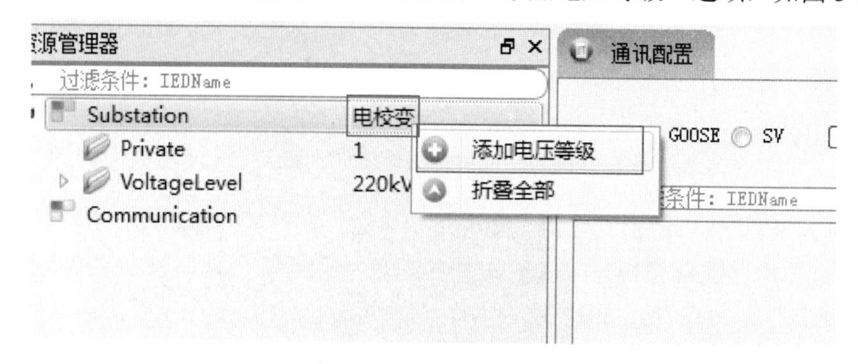

图 3-9　增加电压等级

第二步：勾选需要的220kV电压等级，如图3-10所示。

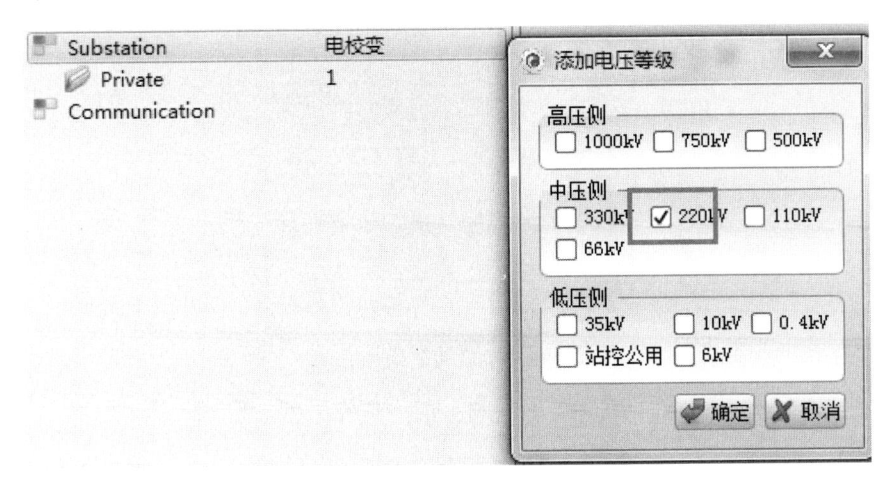

图3-10　勾选电压等级

（四）添加间隔

点击相应的电压等级，右键选择“添加间隔”，出现间隔向导对话框，根据提示信息填写新增间隔名和新增间隔描述。

第一步：选择220kV电压等级，右键选择“添加间隔”按钮，如图3-11所示。

第二步：在弹出来的“添加间隔”向导对话框中填写间隔名称和间隔描述，如图3-12所示。

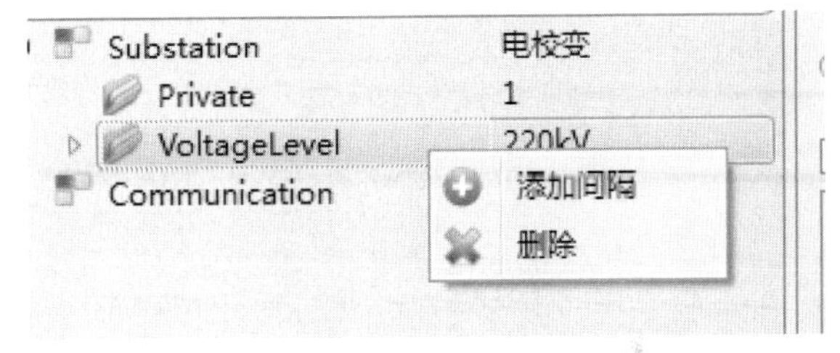

图3-11　添加间隔

间隔名称：只能使用数字和字母，不允许有空格。间隔名称尽量使用电压等级+间隔描述简称，如：220kV XL1CK。

图3-12　填写新间隔名称

间隔描述：即对应间隔名称，如：220kV竞赛2017线测控。

间隔数量：可一次性添加多个间隔。

间隔增加成功后如图 3-13 所示。

图 3-13 新间隔增加成功

（五）添加装置

第一步：添加“220kV 竞赛 2017 线测控”间隔下的测控装置，如图 3-14 所示。选择测控相应模型文件，可以看到在装置设置界面读出来的装置型号是 MeasClt，需要修改成和实际一致的 CSI200EA，如图 3-15 所示。

图 3-14 增加装置

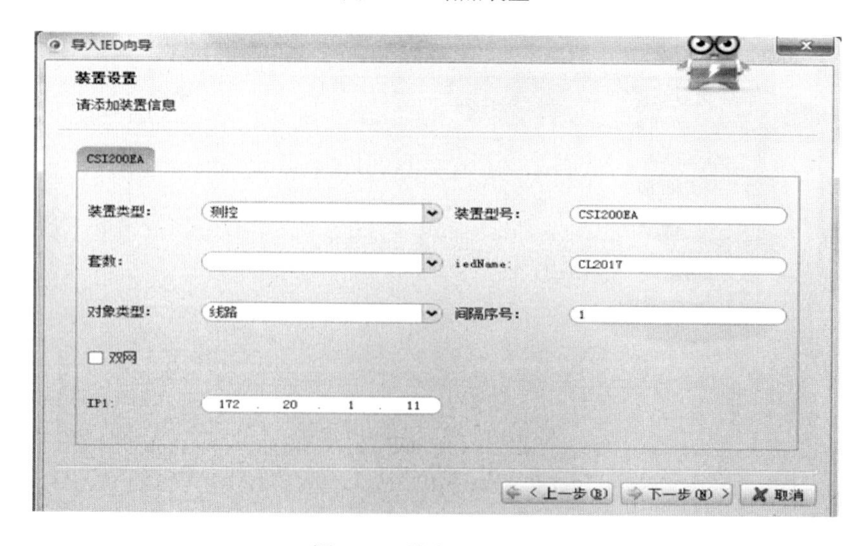

图 3-15 输入 IEDName

“装置类型”选择“测控”，“装置型号”是根据模型里的信息自动读取，需与实际保持一致。“套数”选择“第一套”，“对象类型”选择“线路”，“间隔序号”填写“1”，“IEDName”是由装置类型、装置信号、套数、对象类型和间隔序号组合而自动生成，支持手动修改。点击下一步，如图 3-16 所示。

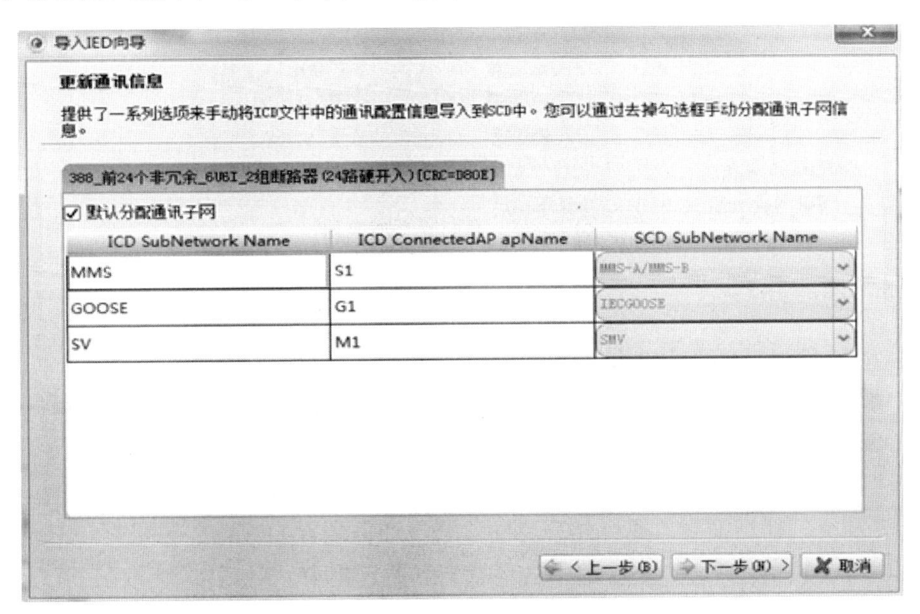

图 3-16　导入装置

在“更新通信信息”的界面，“默认分配通信子网”默认是打勾的状态，此时需要检查访问点与子网信息是否一致。如果不一致，需要将“默认分配通信子网”前面的勾去掉，将子网信息选择为与访问点一致。具体为访问点 S1 对应 MMS-A/MMS-B，访问点 G1 对应 IEC GOOSE，访问点 M1 对应 SMV。

点击“下一步”，装置添加成功，如图 3-17 所示。

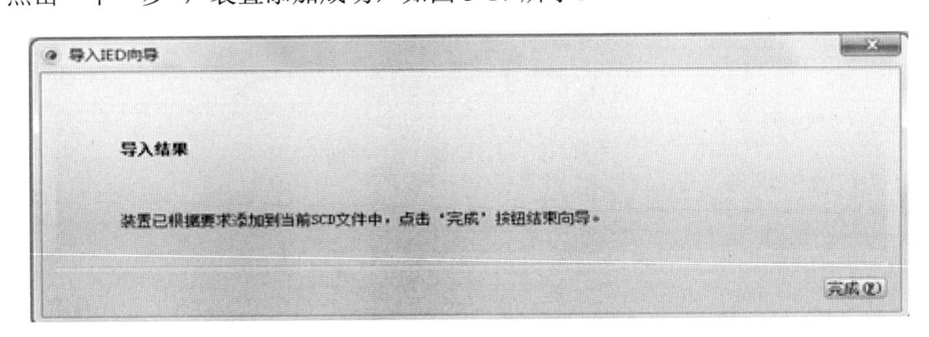

图 3-17　导入成功

第二步：“220kV 竞赛 2017 线测控”间隔下添加该间隔对应的智能终端和合并单元装置。方法与上述方法一致，不一一赘述。

第三步：“220kV 竞赛 2017 线测控”三个设备全部增加后，如图 3-18 所示。

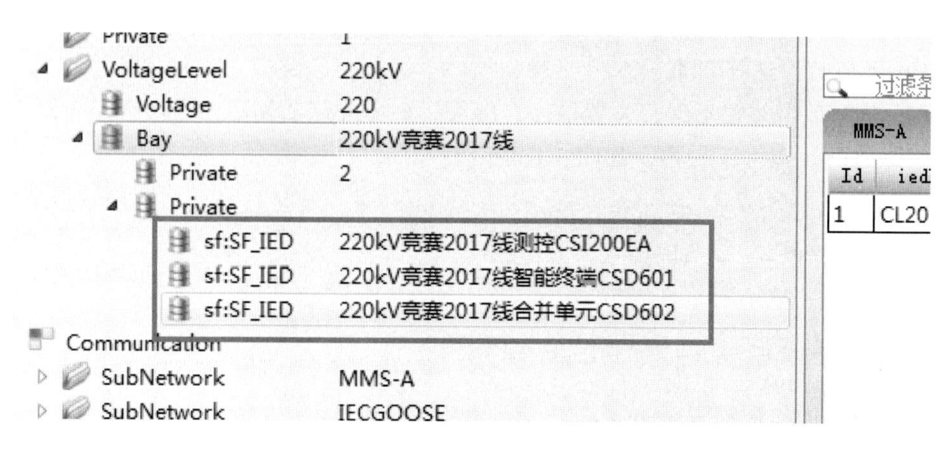

图 3-18　设备全部增加成功

（六）SCD 通信配置-IP/GOOSE/SV

通信配置要求站控层 IP（入库时已经配置好，此处可忽略）、间隔层与过程层之间的 GOOSE、SV，均需要配置。

第一步：通信配置-GOOSE。

将资源管理器切换到“变电站”界面，进行通信配置-GOOSE 的配置。先点击“搜索”按钮，将该工程中 GOOSE 通信的信息全部显示出来，MAC 地址、APPID、VLAN 信息有重复的则工具会有感叹号“！”的提示，如图 3-19 所示。

IP　GOOSE　SV　详细　MAC　搜索　IP　MAC　VLAN　APPID

过滤条件：IEDName

IECGOOSE

Id	iedName	访问点	逻辑设备实例名	控制块	MAC	VLAN	appID	优先级
1	CL2017	G1	PIGO	GoCBDigOut	01-0C-CD-01-00-01	2	1	4
2	IL2217	G1	RPIT	GOCB1	01-0C-CD-01-00-01	0	1	4
3	IL2217	G1	RPIT	GOCB2	01-0C-CD-01-00-01	0	1	4
4	IL2217	G1	RPIT	GOCB3	01-0C-CD-01-00-01	0	1	4
5	IL2217	G1	RPIT	GOCB4	01-0C-CD-01-00-01	0	1	4
6	IL2217	G1	RPIT	GOCB5	01-0C-CD-01-00-01	0	1	4
7	ML2017	G1	MUGO	gocb1	01-0C-CD-01-00-01	0	1	4

图 3-19　未分配参数前界面

点击“MAC”“VLAN”“APPID”按钮，工具会自动分配这些地址信息。此时，图 3-20 中，相应的地址重复的告警提示也消失了。

（1）GOOSE 的 MAC 地址范围为：01-0C-CD-01-00-00～01-0C-CD-01-01-FF。

（2）由于 GOOSE 组网数据流较小，一般按照所有 GOOSE 数据划分同一个 VLAN 来处理。

（3）工具里显示的 VLAN 信息是十六进制的，交换机上的是十进制的，注意区分和换算。

IP ◉ GOOSE SV □ 详细　　搜索　IP　MAC　VLAN　APPID

过滤条件：IEDName

IECGOOSE

Id	iedName	访问点	逻辑设备实例名	控制块	MAC	VLAN	appID	优先级
1	CL2017	G1	PIGO	GoCBDigOut	01-0C-CD-01-00-01	003	0001	4
2	IL2217	G1	RPIT	GOCB1	01-0C-CD-01-00-00	003	0000	4
3	IL2217	G1	RPIT	GOCB2	01-0C-CD-01-00-02	003	0002	4
4	IL2217	G1	RPIT	GOCB3	01-0C-CD-01-00-03	003	0003	4
5	IL2217	G1	RPIT	GOCB4	01-0C-CD-01-00-04	003	0004	4
6	IL2217	G1	RPIT	GOCB5	01-0C-CD-01-00-05	003	0005	4
7	ML2017	G1	MUGO	gocb1	01-0C-CD-01-00-06	003	0006	4

图 3-20　自动分配后界面

第二步：通信配置——SV。

将资源管理器切换到“变电站”界面，进行通信配置——SV 的配置。方法与上述 GOOSE 配置一致。

（1）SV 的 MAC 地址范围为：01-0C-CD-04-00-00～01-0C-CD-04-01-FF。

（2）由于 SV 数据流较大，如果组网，一般按照一个合并单元划分一个 VLAN 来处理。

（3）工具里显示的 VLAN 信息是十六进制的，交换机上的是十进制的，注意区分和换算。

（七）虚端子连接关系——GOOSE/SV

第一步：将资源管理器切换到“装置”界面，选择“端子配置”选项，订阅方“装置”选择“CL2217”，发布方“装置”选择“IL2017”，如图 3-21 所示。

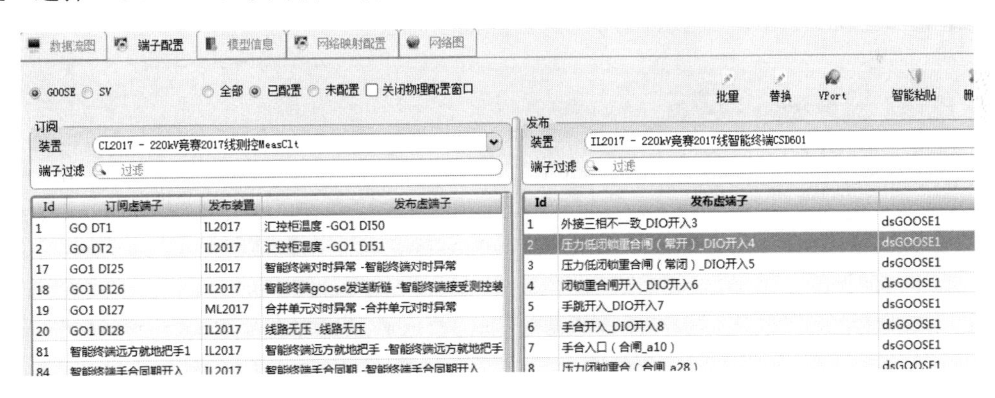

图 3-21　虚端子连接步骤一

第二步：在发布方智能终端装置 IL2017 发布的 GOOSE 数据里选择需要发布的虚端子，鼠标左键按住拉入到右侧需要的订阅处，如图 3-22 所示。

拉选的过程如图 3-23 所示，出现物理端口配置项此功能为新保护装置设计，对于目前使用装置无效，点击“确认”即可。也可以将“关闭物理配置窗口”选项打钩，如图 3-24 所示。图 3-25 为虚端子连接完成。智能终端订阅测控 GOOSE 虚端子连接，SV 订阅等与上述方法一致，不一一赘述。

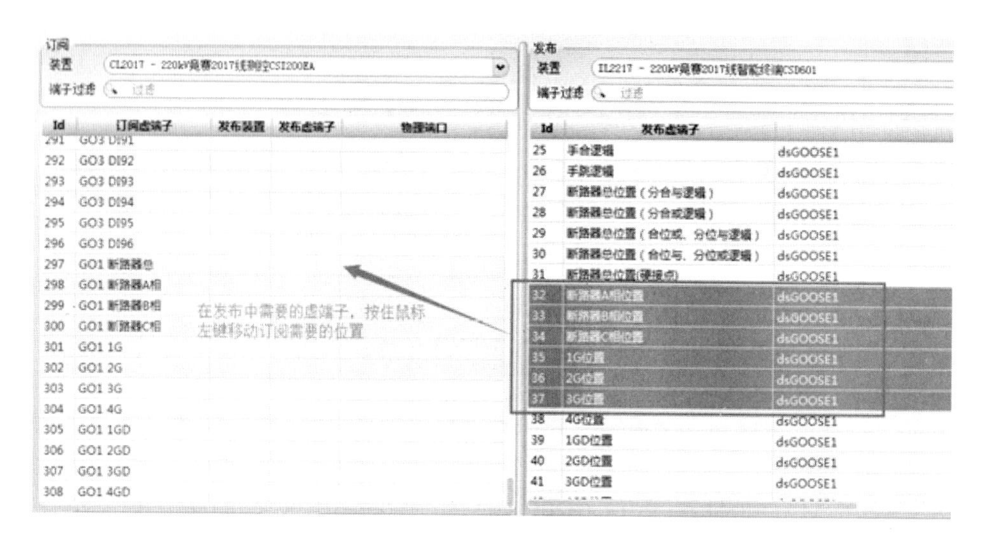

图 3-22　虚端子连接步骤二

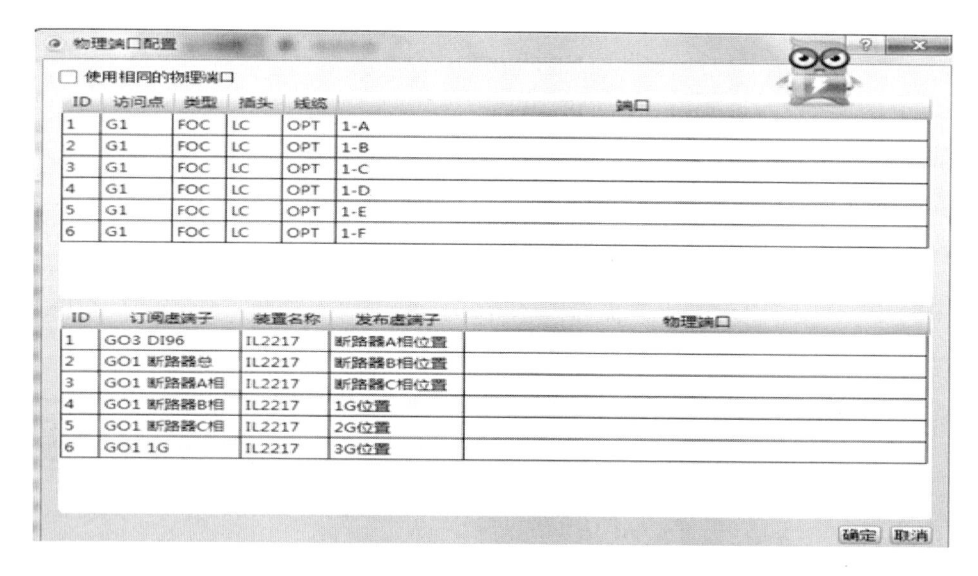

图 3-23　虚端子连接步骤三

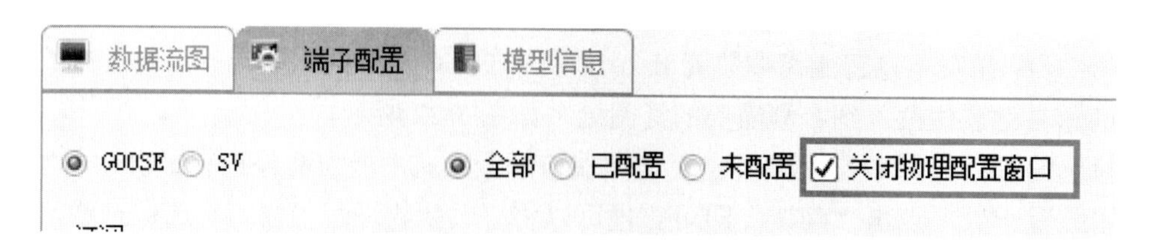

图 3-24　关闭物理端口

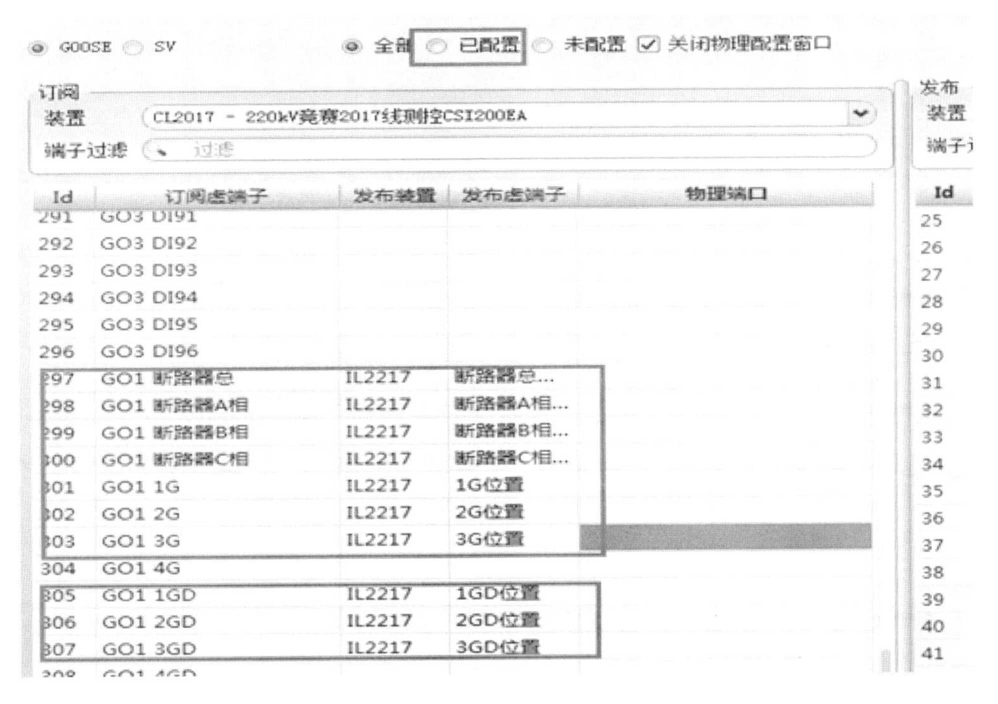

图 3-25　虚端子连接成功

三、维护要点及注意事项

1. 修改 GOOSE 虚端子发布方的 desc 描述

可以直接在虚端子表中修改，如图 3-26 所示。

图 3-26　修改虚端子描述方法一

虽然修改了 desc 描述，但是虚端子的 reference 其实并没有变更。

修改发布方虚端子描述，也可以在 SCD 内模型下相应的数据集内修改，如图 3-27 所示。

2. 修改 GOOSE 虚端子订阅方的 desc 描述

如图 3-28 所示，修改前 SCD 内 GOIN 部分，订阅顺序为 A 相、B 相、C 相。

图 3-27　修改虚端子描述方法二

Id	订阅虚端子	发布装置	发布虚端子
276	GO3 DI92		
277	GO3 DI93		
278	GO3 DI94		
279	GO3 DI95		
280	GO3 DI96		
281	GO1 断路器总	IL2017	2017开关总位置（合位或、分位与逻辑）
282	GO1 断路器A相	IL2017	2017开关B相位置
283	GO1 断路器B相	IL2017	2017开关A相位置
284	GO1 断路器C相	IL2017	2017开关C相位置
285	GO1 1G	IL2017	20171(1G)正母刀闸位置
286	GO1 2G	IL2017	20172(2G)副母刀闸位置
287	GO1 3G	IL2017	20173(3G)线路刀闸位置
288	GO1 4G		
289	GO1 1GD	IL2017	201744(1GD)开关母线侧接地刀闸
290	GO1 2GD	IL2017	201746(2GD)开关线路侧接地刀闸
291	GO1 3GD	IL2017	201747(3GD)线路侧接地刀闸

图 3-28　虚端子订阅原始描述

进入 SCD 内模型，双击图 3-29 中的“跳闸”。双击图 3-30 中的“GOIN”。如图 3-31、图 3-32 所示，双击“DOI Description”可修改描述。点击“保存”后，回到虚端子订阅方下，可以看到修改之后的订阅描述为 B 相、A 相、C 相，如图 3-33 所示。

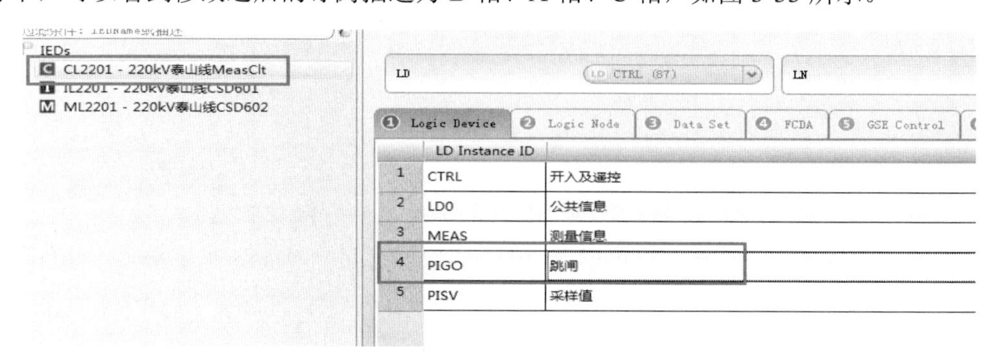

图 3-29　模型内“跳闸”项

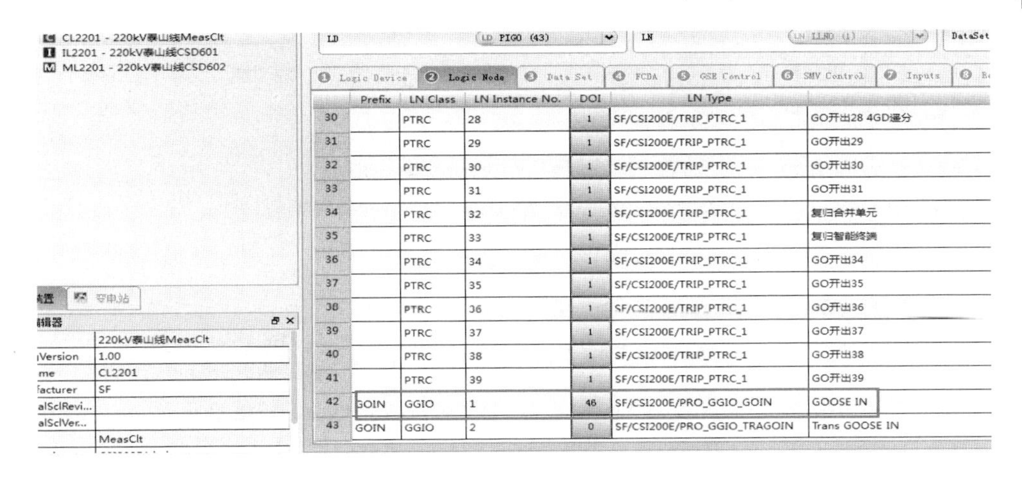

	Prefix	LN Class	LN Instance No.	DOI	LN Type	
30		PTRC	28	1	SF/CSI200E/TRIP_PTRC_1	GO开出28 4GD遥分
31		PTRC	29	1	SF/CSI200E/TRIP_PTRC_1	GO开出29
32		PTRC	30	1	SF/CSI200E/TRIP_PTRC_1	GO开出30
33		PTRC	31	1	SF/CSI200E/TRIP_PTRC_1	GO开出31
34		PTRC	32	1	SF/CSI200E/TRIP_PTRC_1	复归合并单元
35		PTRC	33	1	SF/CSI200E/TRIP_PTRC_1	复归智能终端
36		PTRC	34	1	SF/CSI200E/TRIP_PTRC_1	GO开出34
37		PTRC	35	1	SF/CSI200E/TRIP_PTRC_1	GO开出35
38		PTRC	36	1	SF/CSI200E/TRIP_PTRC_1	GO开出36
39		PTRC	37	1	SF/CSI200E/TRIP_PTRC_1	GO开出37
40		PTRC	38	1	SF/CSI200E/TRIP_PTRC_1	GO开出38
41		PTRC	39	1	SF/CSI200E/TRIP_PTRC_1	GO开出39
42	GOIN	GGIO	1	46	SF/CSI200E/PRO_GGIO_GOIN	GOOSE IN
43	GOIN	GGIO	2	0	SF/CSI200E/PRO_GGIO_TRAGOIN	Trans GOOSE IN

图 3-30　模型内“GOIN”项

	Virtual terminal reference path	DOI Description	dU Attribute	Short Address
1	PIGO/GOINGGIO.DPCSO1	GO1 断路器总		45.0.0.0.2.1.1.0
2	PIGO/GOINGGIO.DPCSO2	GO1 断路器A相		45.0.0.2.2.1.1.0
3	PIGO/GOINGGIO.DPCSO3	GO1 断路器B相		45.0.0.4.2.1.1.0
4	PIGO/GOINGGIO.DPCSO4	GO1 断路器C相		45.0.0.6.2.1.1.0
5	PIGO/GOINGGIO.DPCSO5	GO1 1G		45.0.0.8.2.1.1.0
6	PIGO/GOINGGIO.DPCSO6	GO1 2G		45.0.0.10.2.1.1.0
7	PIGO/GOINGGIO.DPCSO7	GO1 3G		45.0.0.12.2.1.1.0
8	PIGO/GOINGGIO.DPCSO8	GO1 4G		45.0.0.14.2.1.1.0
9	PIGO/GOINGGIO.DPCSO9	GO1 1GD		45.0.0.16.2.1.1.0
10	PIGO/GOINGGIO.DPCSO10	GO1 2GD		45.0.0.18.2.1.1.0
11	PIGO/GOINGGIO.DPCSO11	GO1 3GD		45.0.0.20.2.1.1.0
12	PIGO/GOINGGIO.DPCSO12	GO1 4GD		45.0.0.22.2.1.1.0
13	PIGO/GOINGGIO.SPCSO1	合并单元装置告警（硬节点）		45.0.0.24.1.1.1.0
14	PIGO/GOINGGIO.SPCSO2	合并单元对时信号异常（硬节点）		45.0.0.25.1.1.1.0

图 3-31　模型内“DOI”菜单

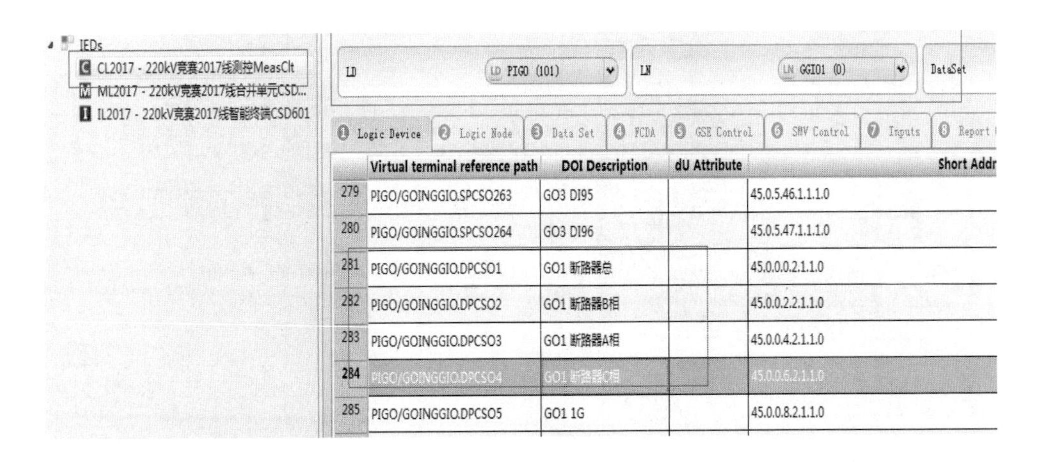

	Virtual terminal reference path	DOI Description	dU Attribute	Short Addr
279	PIGO/GOINGGIO.SPCSO263	GO3 DI95		45.0.5.46.1.1.1.0
280	PIGO/GOINGGIO.SPCSO264	GO3 DI96		45.0.5.47.1.1.1.0
281	PIGO/GOINGGIO.DPCSO1	GO1 断路器总		45.0.0.0.2.1.1.0
282	PIGO/GOINGGIO.DPCSO2	GO1 断路器B相		45.0.0.2.2.1.1.0
283	PIGO/GOINGGIO.DPCSO3	GO1 断路器A相		45.0.0.4.2.1.1.0
284	PIGO/GOINGGIO.DPCSO4	GO1 断路器C相		45.0.0.6.2.1.1.0
285	PIGO/GOINGGIO.DPCSO5	GO1 1G		45.0.0.8.2.1.1.0

图 3-32　模型内“DOI”菜单下内容

280	GO3 DI96		
281	GO1 断路器总	IL2017	2017开关总位置（合位或、分位与逻辑）
282	GO1 断路器B相	IL2017	2017开关B相位置
283	GO1 断路器A相	IL2017	2017开关A相位置
284	GO1 断路器C相	IL2017	2017开关C相位置
285	GO1 1G	IL2017	20171(1G)正母刀闸位置
286	GO1 2G	IL2017	20172(2G)副母刀闸位置
287	GO1 3G	IL2017	20173(3G)线路刀闸位置
288	GO1 4G		
289	GO1 1GD	IL2017	201744(1GD)开关母线侧接地刀闸
290	GO1 2GD	IL2017	201746(2GD)开关线路侧接地刀闸
291	GO1 3GD	IL2017	201747(3GD)线路侧接地刀闸

图 3-33　GOOSE 订阅 desc 修改成功

第二节　后台监控系统

一、系统参数设置

（一）SCADA 的安装与设置

csc2100_home/bin 双击 install.bat，等待数秒后，程序自动进入安装向导界面，点击“下一步”，如图 3-34、图 3-35 所示。分别点击“设置系统文件”“设置历史文件”两个按钮，出现如图 3-36、图 3-37 所示界面。

图 3-34　SCADA1 安装界面一

图 3-35　SCADA1 安装界面二

Config.sys

数据库类型	PGSQL
主数据库服务名	scada1
备数据库服务名	scada2
主数据库端口号	5432
备数据库端口号	5432
主服务器机器名	scada1
主服务器IP1	172.20.1.1
主服务器IP2	172.21.1.1
备服务器机器名	scada2
备服务器IP1	172.20.1.2
备服务器IP2	172.21.1.2
本机机器名	scada1
本机IP1	172.20.1.1
本机IP2	172.21.1.1
操作系统用户名	app
操作系统密码	●●●●●●

确定　取消

图 3-36　SCADA1 安装界面三

hisconfig.ini

主数据库类型	PGSQL
主数据库IP1	172.20.1.1
主数据库IP2	172.21.1.1
主数据库用户名	history
主数据库密码	●●●●●●●
主数据库端口	5432
主数据库服务名	scada1
备数据库类型	PGSQL
备数据库IP1	172.20.1.2
备数据库IP2	172.21.1.2
备数据库用户名	history
备数据库密码	●●●●●●●
备数据库端口	5432
备数据库服务名	scada2
遥测量是否小时存储	0
遥测统计周期	30
电度统计周期	60
PDR事故前帧数	20
PDR事故前周期	5
PDR事故后帧数	120
PDR事故后周期	5
数据库管理员用户名	postgres
数据库管理员密码	●●●●●●●●

确定　取消

图 3-37　SCADA1 安装界面四

在安装向导的第二步里单击“设置系统文件……”按钮设置 config.sys 文件；单击“设置历史文件……”按钮设置 hisconfig.ini 文件。有关 config.sys 文件和 hisconfig.ini 文件需要修改的设置请参考表 3-1 和表 3-2。

表 3-1　　config.sys 表 格

项	值　例	解　释
数据类型	PGSQL	数据库类型 /ORACLE/MSSQL/PGSQL
主数据库服务名	SCADA	主数据库服务名，可自行设定名称
备数据库服务名	SCADA	备数据库服务名，需与主数据库服务名一致（Oraclel 例外）
主数据库端口号	5432	主数据库端口号，ORACLE=1521，MSSQL=1433，PGSQL=5432，不能修改
主数据库端口号	5432	备数据库端口号，ORACLE=1521，MSSQL=1433，PGSQL=5432，不能修改
主服务器机器名	SCADA1	主数据库服务器计算机名称
主服务器 IP1	172.20.1.1	主数据库服务器计算机 A 网卡 IP 地址
主服务器 IP2	172.21.1.1	主数据库服务器计算机 B 网卡 IP 地址
备服务器机器名	SCADA2	备数据库服务器计算机名称
备服务器 IP1	172.20.1.2	备数据库服务器计算机 A 网卡 IP 地址
备服务器 IP2	172.21.1.2	备数据库服务器计算机 B 网卡 IP 地址
本机机器名	SCADA1	本机计算机名称
本机 IP1	172.20.1.1	本机计算机 A 网卡 IP 地址
本机 IP2	172.21.1.1	本机计算机 B 网卡 IP 地址

表 3-2　　hisconfig.ini 表 格

项	值　例	解　释
主数据库类型	PGSQL	数据库类型 /ORACLE/MSSQL/PGSQL
主数据库 IP1	172.20.1.1	同 config.sys 文件中的“主服务器 IP1”
主数据库 IP2	172.21.1.1	同 config.sys 文件中的“主服务器 IP2”
主数据库服务名	SCADA	同 config.sys 文件中的“主数据库服务名”，且需一致
备数据库类型	PGSQL	数据库类型 /ORACLE/MSSQL/PGSQL
备数据库 IP1	172.20.1.2	同 config.sys 文件中的“备服务器 IP1”
备数据库 IP2	172.21.1.2	同 config.sys 文件中的“备服务器 IP2”
备数据库服务名	SCADA	同 config.sys 文件中的“备数据库服务名”，且需一致
备数据库密码	history	同 config.sys 文件中的 HisSQLPassword
备数据库端口	5432	同 config.sys 文件中的 BackPort
备数据库服务名	myData	同 config.sys 文件中的 BackSourceName，且需一致

上述设置完毕后，点击“下一步”，如图 3-38 所示。单击“默认设置”，设置国网版本，点击“下一步”。

图 3-39 中，在安装的第四步设置安装主机的类型。安装类型有主服务器、备用服务器和其他三类。如果当前只有一台服务器，默认安装为主服务器即可。

图 3-38 SCADA1 安装界面五

图 3-39 SCADA1 安装界面六

安装过程如图 3-40 所示。监控安装完毕后，会在计算机桌面出现以下两个图标，如图 3-41 所示。CSC2000-V2SCADA 为监控快速启动按钮，CSC2000-V2Console 为监控 dos 命令行菜单。

图 3-40　SCADA1 安装界面七

（二）监控的启动和退出

启动时点击桌面“CSC2000-V2 Start”快捷方式。在 V2 运行界面退出后，点击桌面“CSC2000-V2 Stop”快捷方式，退出全部监控。

二、数据库设置

（一）实时数据打开

如图 3-42 所示，点击“应用模块”→“数据库管理”→“实时库组态工具”。双击并展开变电站节点，可以看到在“变电站”树节点下有“×××变”和“全局变量”树节点，如图 3-43 所示。

图 3-41　SCADA1 安装界面八

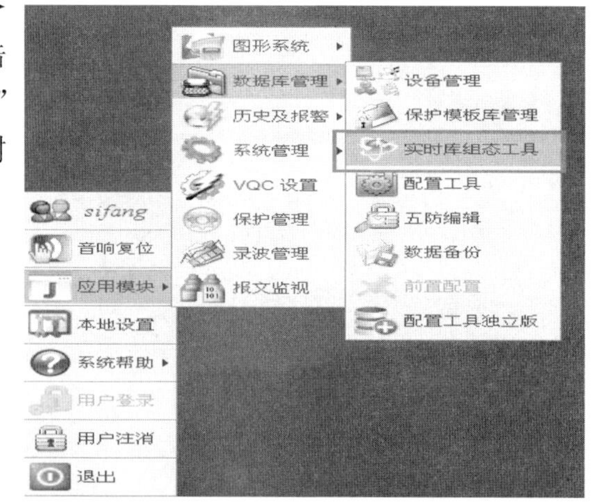

图 3-42　实时数据库打开

（二）实时数据保存

如图 3-44 所示，展开左侧实时库工具箱栏，有三个功能菜单，分别为“保存”“声音配置”和“输出远动点表文件”，点击“保存”可保存实时库。

图 3-43 实时库界面

（三）SCD 回读生成 V2 实时库

在使用调试机器制作SCD后，需执行该步骤。若使用监控后台配置SCD，此步骤可忽略。执行下述步骤之前，需要首先启动监控软件。

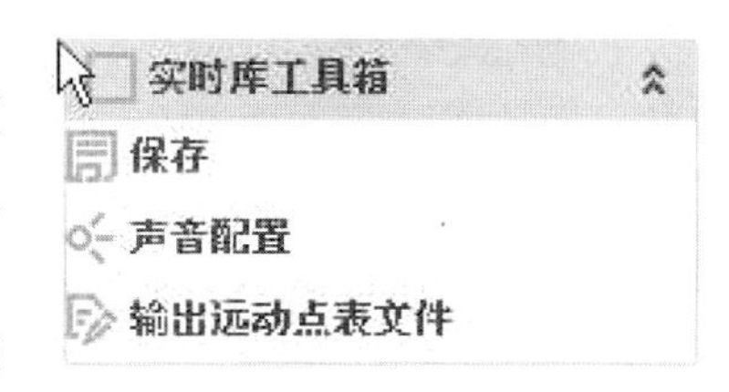

图 3-44 保存实时库

如图3-45所示，选择配置工具“工具”→ “监控V2”→“回读生成V2实时库”进行操作。系统会默认勾选“是否第一次生成实时库”，如果是第一次生成实时库，默认点击开始即可，SCD成功导入V2监控库后，出现图3-46中的提示信息。

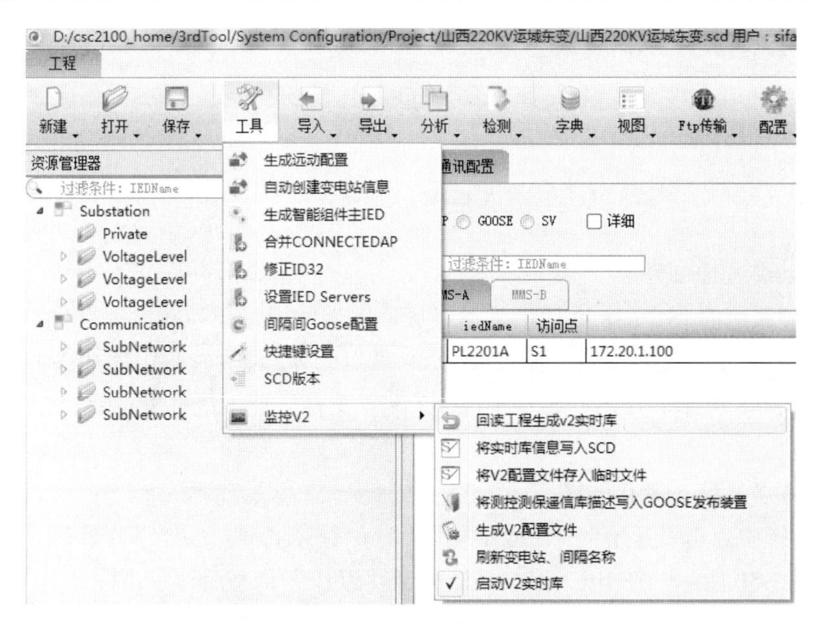

图 3-45 SCD 入后台实时库一

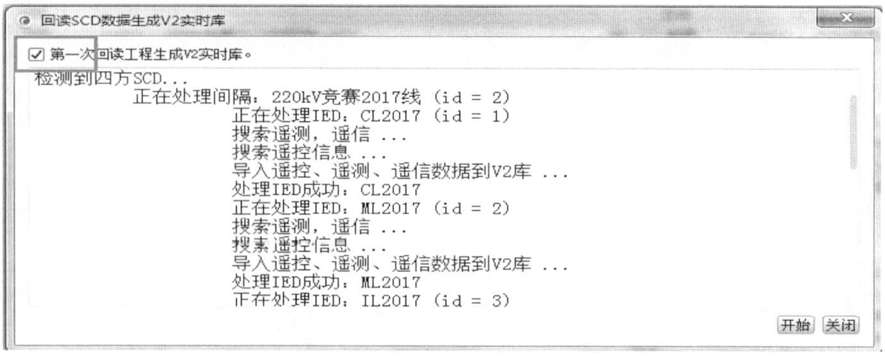

回读SCD数据生成V2实时库

☑ 第一次回读工程生成V2实时库。

检测到四方SCD...
正在处理间隔：220kV竞赛2017线（id = 2）
正在处理IED：CL2017（id = 1）
搜索遥测，遥信 ...
搜索遥控信息 ...
导入遥控、遥测、遥信数据到V2库 ...
处理IED成功：CL2017
正在处理IED：ML2017（id = 2）
搜索遥测，遥信 ...
搜索遥控信息 ...
导入遥控、遥测、遥信数据到V2库 ...
处理IED成功：ML2017
正在处理IED：IL2017（id = 3）

开始　关闭

图 3-46　SCD 入后台实时库二

判断SCD是否成功入库，可以打开V2监控“开始”→“应用模块”→“数据库管理”→“实时库组态工具”进行查验。从图3-47可以看到测控装置四遥信息。

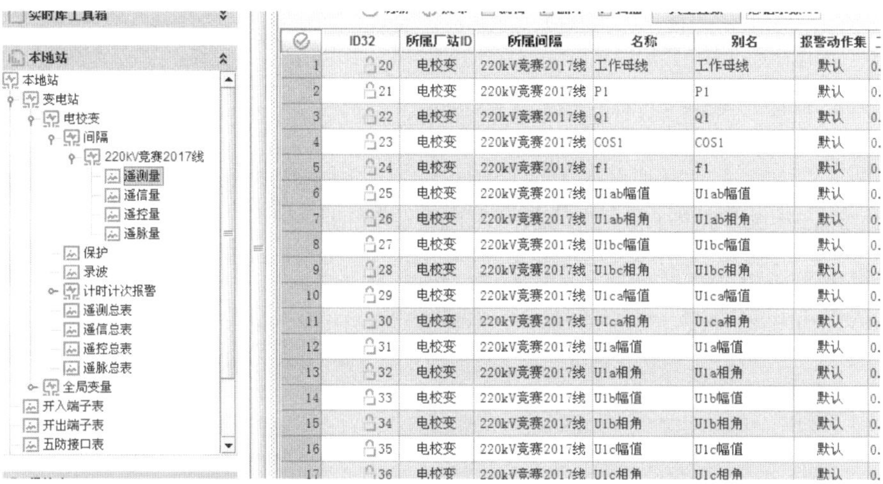

实时库工具箱
本地站
本地站
变电站
电校变
间隔
220KV竞赛2017线
遥测量
遥信量
遥控量
遥脉量
保护
录波
计时计次报警
遥测总表
遥信总表
遥控总表
遥脉总表
全局变量
开入端子表
开出端子表
五防接口表

	ID32	所属厂站ID	所属间隔	名称	别名	报警动作集
1	20	电校变	220kV竞赛2017线	工作母线	工作母线	默认
2	21	电校变	220kV竞赛2017线	P1	P1	默认
3	22	电校变	220kV竞赛2017线	Q1	Q1	默认
4	23	电校变	220kV竞赛2017线	COS1	COS1	默认
5	24	电校变	220kV竞赛2017线	f1	f1	默认
6	25	电校变	220kV竞赛2017线	U1ab幅值	U1ab幅值	默认
7	26	电校变	220kV竞赛2017线	U1ab相角	U1ab相角	默认
8	27	电校变	220kV竞赛2017线	U1bc幅值	U1bc幅值	默认
9	28	电校变	220kV竞赛2017线	U1bc相角	U1bc相角	默认
10	29	电校变	220kV竞赛2017线	U1ca幅值	U1ca幅值	默认
11	30	电校变	220kV竞赛2017线	U1ca相角	U1ca相角	默认
12	31	电校变	220kV竞赛2017线	U1a幅值	U1a幅值	默认
13	32	电校变	220kV竞赛2017线	U1a相角	U1a相角	默认
14	33	电校变	220kV竞赛2017线	U1b幅值	U1b幅值	默认
15	34	电校变	220kV竞赛2017线	U1b相角	U1b相角	默认
16	35	电校变	220kV竞赛2017线	U1c幅值	U1c幅值	默认
17	36	电校变	220kV竞赛2017线	U1c相角	U1c相角	默认

图 3-47　入库检查

（四）生成通信配置

V2 监控系统的 IEC 61850 通信是通过读取本地的通信子系统配置文件，实现与装置通信，因此需点击“工具”→“监控 V2”→“生成 V2 配置文件”生成 V2 的通信配置文件，如图 3-48 所示。点击开始“生成 V2 配置文件”后，选择默认路径生成即可，如图 3-49 所示。

（五）启动监控 61850 进程

监控系统中点击“开始”→“应用模块”→“系统管理”→“节点管理”启动 61850 进程，如图 3-50 所示。使 IEC 61850Ed2 处于“工作”状态后，点击图 3-50 中的“保存设置”，再进入节点管理界面，点击“保存到数据库”，如图 3-51 所示。

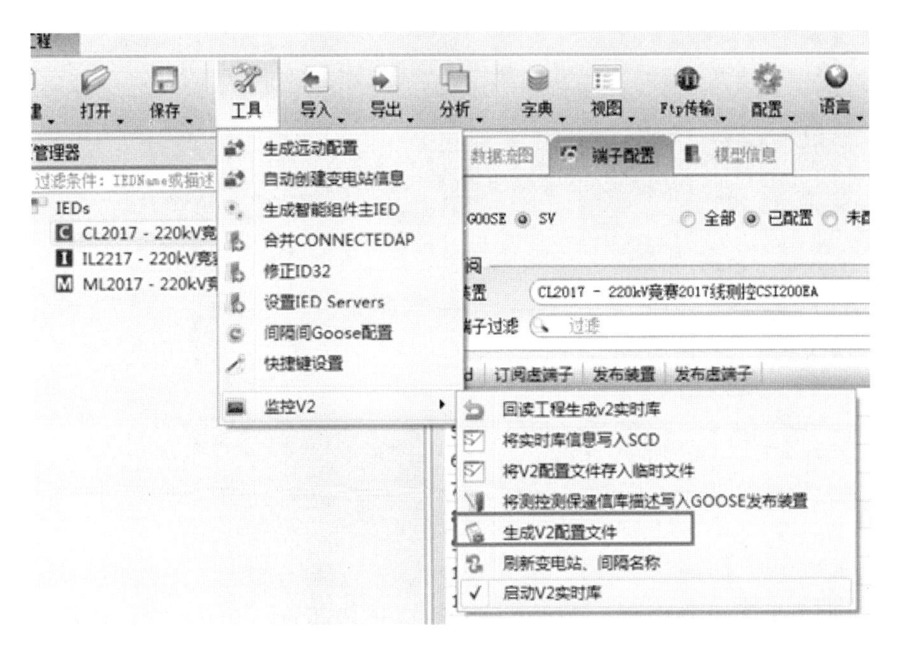

图 3-48　生成 V2 通信配置文件

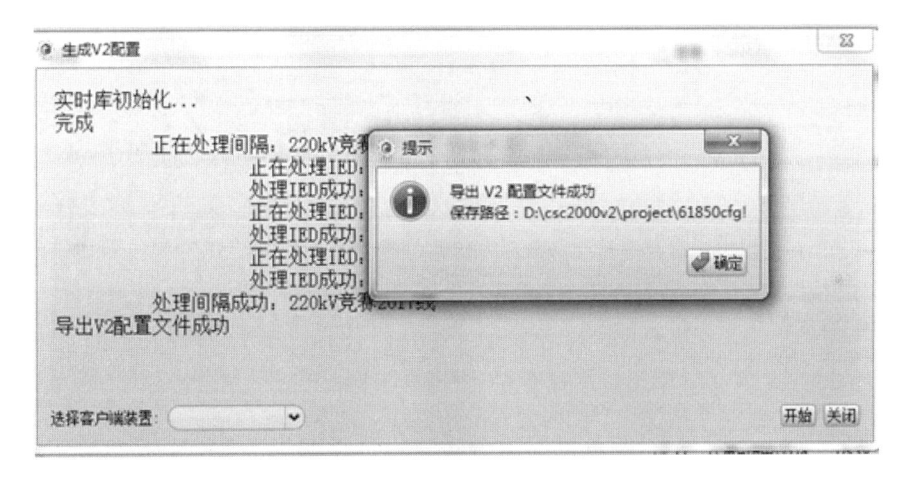

图 3-49　通信配置文件生成成功

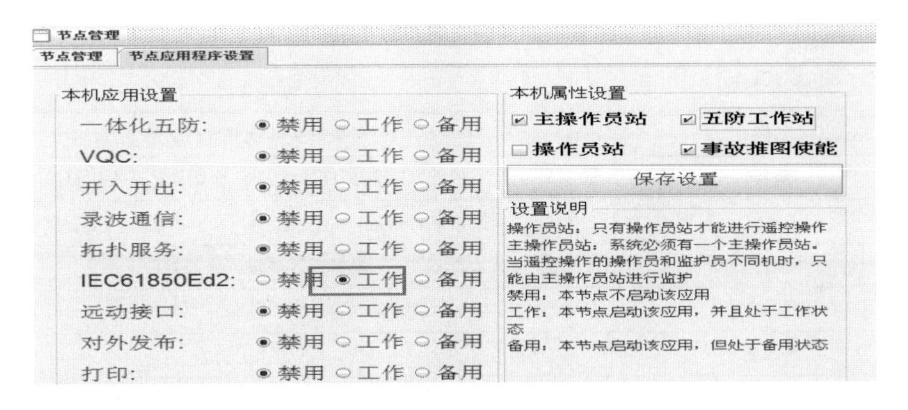

图 3-50　61850 进程配置

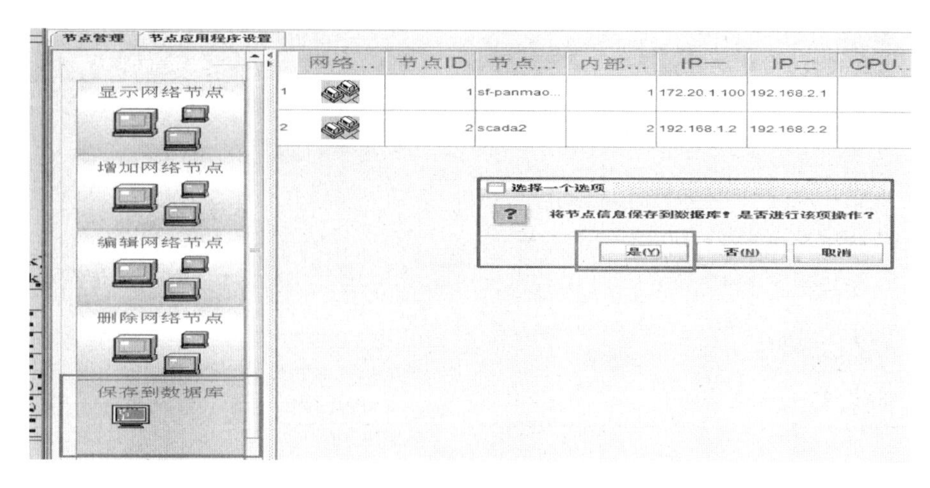

图 3-51　保存到 V2 实时库

（六）遥测实时库修改

双击实时库间隔内遥测表，鼠标移至图 3-52 框选部分，点击右键“设置显示列”，可以显示出实时库隐藏的列选项，如图 3-53 所示。

图 3-52　遥测实时库

点击最上面的“编辑”，就可以对遥测实时库进行编辑，遥测主要参数项如表 3-3 所示。

表 3-3　实时库遥测设置参数列表

遥测参数项	功能含义
名称	可根据实际需要修改名称
别名	模板库或者 ICD 文件 desc 原始描述，不可修改
工程值	原始值×系数+偏移量，用户画面显示、历史存储等
原始值	报文或遥测报告内原始值
系数	智能站测控上送一次值，系数一般为 1
偏移量	可设置正负值
上限、上限、下限二、上限二	越限告警值（一次值）

续表

遥测参数项	功能含义
死区	零值死区
变化死区	低于变化死区，不入实时库
合法值下限	原始值低于该值，不入实时库
合法值上限	原始值高于该值，不入实时库
存储周期	实时库往历史库存储时间
越下限复限死区	越下限复限死区
越上限复限死区	越上限复限死区

遥测实时库标志位，鼠标双击“标志位”，出现如图 3-54 所示画面。“扫描使能”取消（不打勾）可理解为遥测封锁，该遥测不入实时库。实时库修改完毕后，需要点击“刷新”“发布”后，保存实时库。

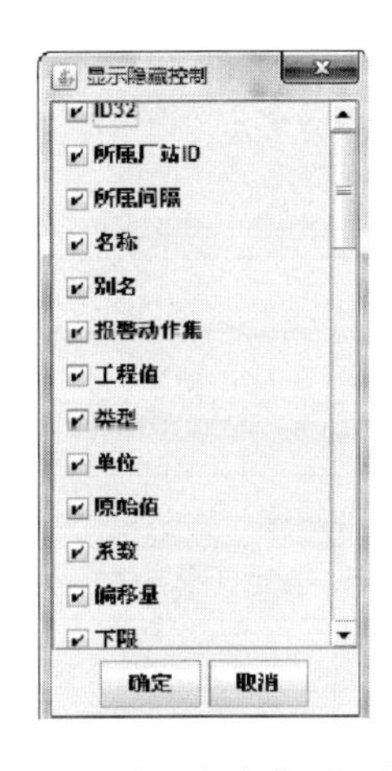

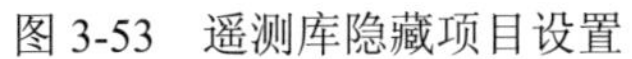

图 3-53　遥测库隐藏项目设置

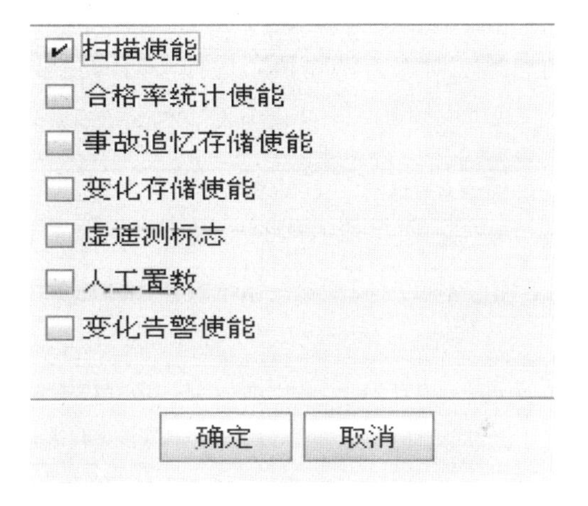

图 3-54　实时库标志位

（七）遥信实时库修改

同遥测实时库方法一致，遥信实时库主要修改参数项，如表 3-4 所示。

表 3-4　　实时库遥信设置参数列表

遥测参数项	功能含义
名称	可根据实际需要修改名称
别名	模板库或者 ICD 文件 desc 原始描述，不可修改
工程值	与原始值一致或相反
原始值	报文或遥信报告内原始值
类型	断路器、刀闸合位需要绑定一次设备，分位为通用遥信； 某遥信，若归类到“全站事故总”信号，需选择为保护动作事件； 若归类到“全站告警总”信号，需选择为保护告警事件； 断路器、刀闸远方就地，可闭锁后台下发遥控令

遥信实时库标志位，鼠标双击“标志位”，出现如图3-55所示画面。“扫描使能”取消（不打勾）表示该遥信封锁。“取反使能”不打勾，表示工程值与原始值一致。

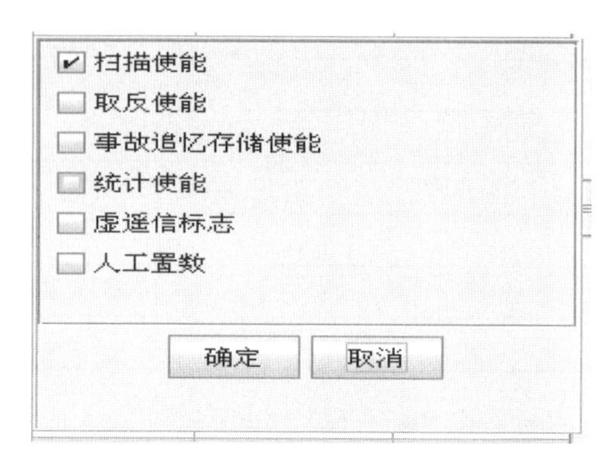

图3-55 遥信标志位

（八）遥控实时库修改

同遥测实时库方法一致，遥控实时库主要修改参数项，如表3-5所示。

表3-5　　实时库遥控设置参数列表

遥测参数项	功能含义
双编号	断路器、刀闸输入的编号验证
名称	可根据实际需要修改名称
别名	模板库或者ICD文件desc原始描述，不可修改
在遥信表中的ID	不需填写，画面编辑定义断路器、刀闸后，自动匹配
硬节点返校ID	遥控预选优先判该ID号，默认为0，不判
类型	无效节点：该控点不具备遥控功能； 断路器、刀闸遥控设置为断路器、刀闸； 软压板设置为保护压板

（九）事故推画面

当保护信号产生，断路器跳闸后，监控系统具备事故推画面功能，弹出相应间隔的分画面，有助于运行人员及时查看到画面信息。以下以苏州电校变智能站间隔为例，具体实施方法如下。

1. 虚端子勾选

如图3-56所示，将智能终端“位置不对应”勾选到测控备用GO1开入29。

智能终端虚端子“位置不对应”，可理解为事故信号，由其回路HHJ+TWJ产生。具体试验方法：先手合断路器（或遥合断路器）使HHJ动作，再使用模拟断路器上按钮手动分一相或三相断路器，产生TWJ。“位置不对应”信号复归，需手分或者遥分断路器。

2. 实时库遥信类型修改

将实时库遥信GO1开入29，修改为 “位置不对应”，遥信类型修改为“保护遥信事件”，如图3-57所示。

虚端子

装置 CL2017 - 220kV竞赛2017线测控MeasClt

过滤

序号	虚端子描述	配置装置名	配置数据描述	物理端口	工程设计描述
16	GO DT16				
17	GO1 DI25	IL2017	智能终端对时异常 -...		
18	GO1 DI26	IL2017	智能终端goose发送...		
19	GO1 DI27	ML2017	合并单元对时异常 -...		
20	GO1 DI28	IL2017	线路无压 -线路无压		
21	GO1 DI29	IL2017	位置不对应		
22	GO1 DI30				
23	GO1 DI31				
24	GO1 DI32				
25	GO1 DI33				
26	GO1 DI34				
27	GO1 DI35				
28	GO1 DI36				
29	GO1 DI37				

发布方

装置 IL2017 - 220kV竞赛2017线智能终端CSD601

过滤

序号	发布数据描述	所属数据集
7	手合入口（合闸_a10）	开关刀闸
8	压力闭锁重合（合闸_a28）	开关刀闸
9	压力闭锁合闸（合闸_a30）	开关刀闸
10	压力闭锁跳闸（跳闸1_a28）	开关刀闸
11	压力禁止操作（跳闸1_a30）	开关刀闸
12	手跳入口（跳闸1_a10）	开关刀闸
13	永跳1入口（跳闸1_a14）	开关刀闸
14	非电量1入口（跳闸1_a12）	开关刀闸
15	三相不一致	开关刀闸
16	控制回路断线	开关刀闸
17	合后状态	开关刀闸
18	位置不对应	开关刀闸
19	手合后加速	开关刀闸
20	闭锁本套保护重合闸	开关刀闸
21	至另一套操作箱闭锁重合闸	开关刀闸
22	运行异常	开关刀闸
23	装置故障	开关刀闸

图 3-56　事故总虚端子连接

刷新　发布　编辑　翻译　扫描　总记录数:427

	ID32	所属厂站ID	所属间隔	名称	别名	报警动作集	工程值	类型	原始值
156	186	220kV电校变	220kV萧山2018线	GO1 4GD双位置遥信合位置	GO1 4GD双位置遥信合位置	默认	0	断路器	0
157	187	220kV电校变	220kV萧山2018线	GO1 4GD双位置遥信分位置	GO1 4GD双位置遥信分位置	默认	0	通用遥信	0
158	188	220kV电校变	220kV萧山2018线	智能终端对时异常	GO1 DI25	默认	0	通用遥信	0
159	189	220kV电校变	220kV萧山2018线	智能终端goose发送断链	GO1 DI26	默认	0	通用遥信	0
160	190	220kV电校变	220kV萧山2018线	合并单元对时异常	GO1 DI27	默认	0	通用遥信	0
161	191	220kV电校变	220kV萧山2018线	线路无压	GO1 DI28	默认	0	通用遥信	0
162	192	220kV电校变	220kV萧山2018线	位置不对应	GO1 DI29	默认	0	保护遥信事件	0
163	193	220kV电校变	220kV萧山2018线	GO1 DI30	GO1 DI30	默认	0	通用遥信	0
164	194	220kV电校变	220kV萧山2018线	GO1 DI31	GO1 DI31	默认	0	通用遥信	0
165	195	220kV电校变	220kV萧山2018线	GO1 DI32	GO1 DI32	默认	0	通用遥信	0
166	196	220kV电校变	220kV萧山2018线	GO1 DI33	GO1 DI33	默认	0	通用遥信	0

图 3-57　事故总实时库修改

3. 设置间隔推画面名称

实时库内双击“间隔”，在“推图名称”中输入需要推画面的名称，如图 3-58 所示。

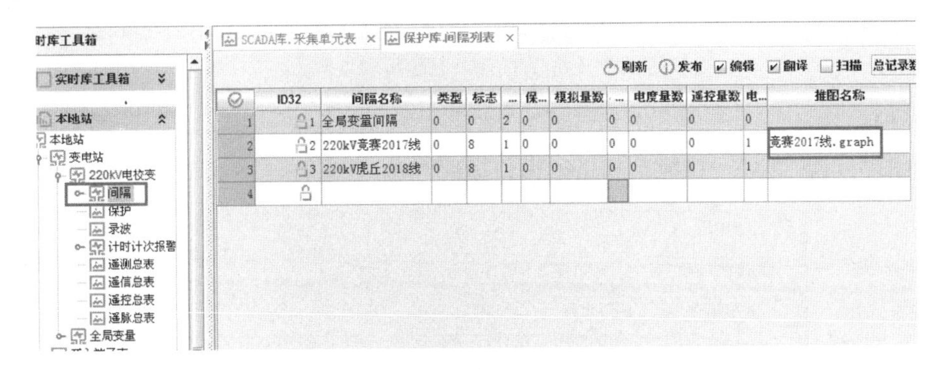

图 3-58　事故总设置推画面名称

4. 节点管理内，设置事故推画面功能

在监控内“节点应用程序设置”内“事故推图使能”打勾，如图 3-59 所示。后点击“保存设置”。

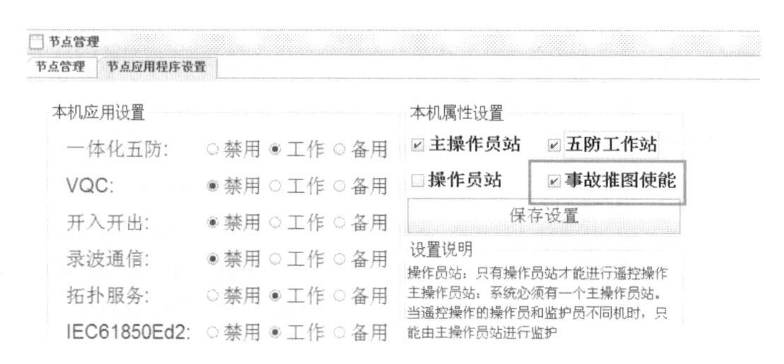

图 3-59　事故总功能设置

（十）一体化五防制作

本部分只介绍一体化五防的编辑方法，并不涉及实际五防传票操作。并且还要在已经定义好实时库，完成画面定义后，才可以制作一体化五防。

在监控“开始菜单”→“应用模块”→“数据库管理”选项中有“五防编辑”选项，运行后如图 3-60 所示。

图 3-60　打开“五防编辑”

1. 间隔信息

点击“间隔信息”，切换到编辑界面，如图 3-61 所示。

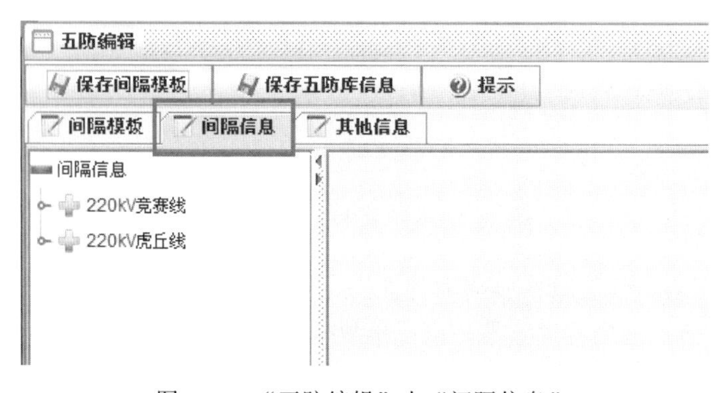

图 3-61　“五防编辑”内“间隔信息”

2. 创建空间隔

右键点击图 3-62 左边树主节点“间隔信息”，弹出右键菜单，点击“增加空间隔”后弹出输入间隔名的对话框，输入间隔名后创建一个空的间隔，如图 3-62 所示。

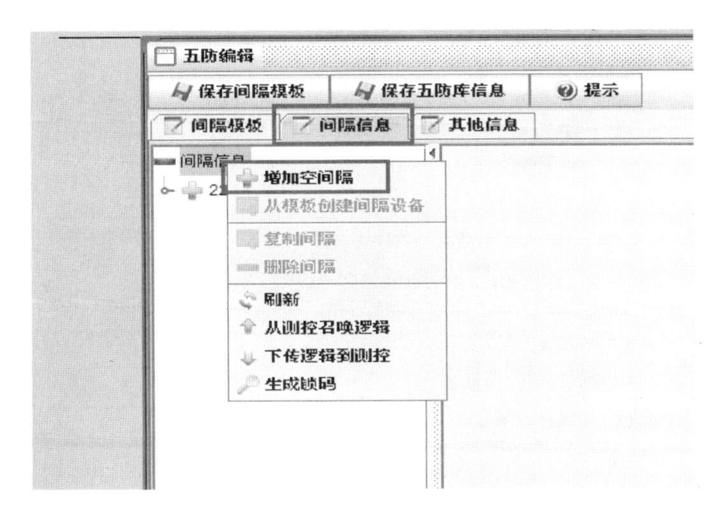

图 3-62 “五防编辑”创建新间隔

创建空间隔后，设置“间隔属性”，可以“从模板创建间隔设备”或“复制间隔”来创建间隔设备，也可以手工创建间隔设备。

3. 间隔属性设置

空间隔创建后双击“间隔信息”，弹出所有间隔的属性信息，确定“测控间隔”“主断路器名”“间隔类型”“名称”等属性，如图 3-63 所示。

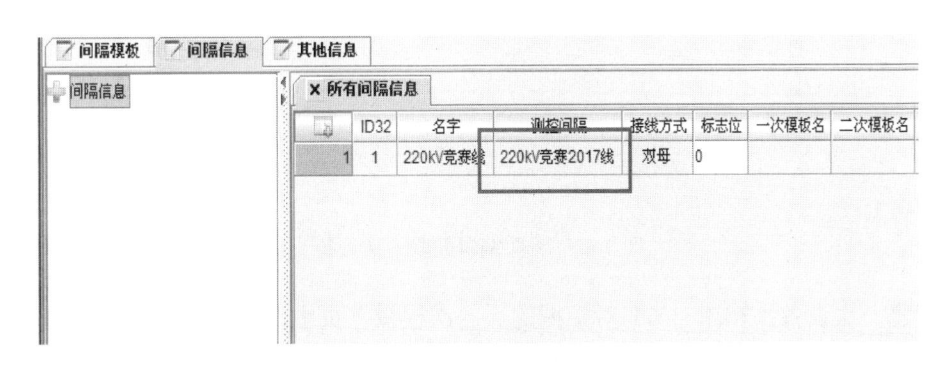

图 3-63 “五防编辑”间隔匹配

4. 从模板创建间隔设备

创建好间隔，设置“间隔属性”后，可以根据间隔模板来创建间隔设备。右键点击所要创建设备的间隔，弹出右键菜单，如图 3-64 所示。

点击右键菜单上的“从模板创建间隔设备”，弹出如图 3-65 所示的对话框。分别选择创建一次设备和二次设备的模板。

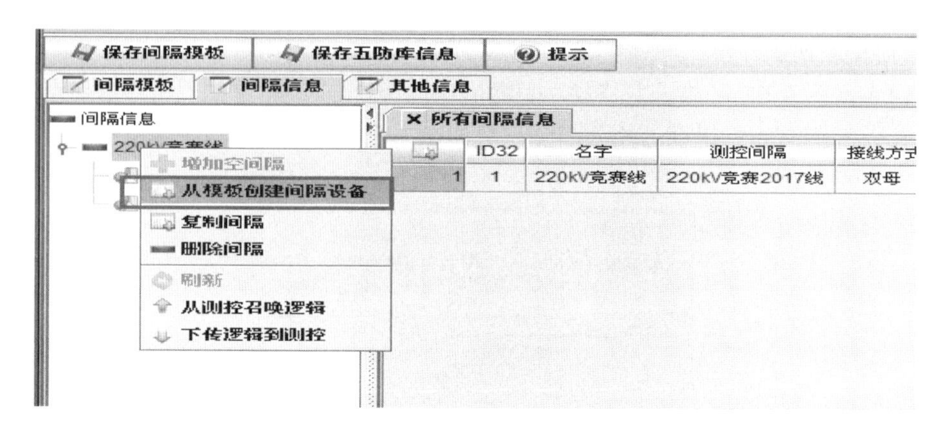

图 3-64 “五防编辑”从模版创建间隔

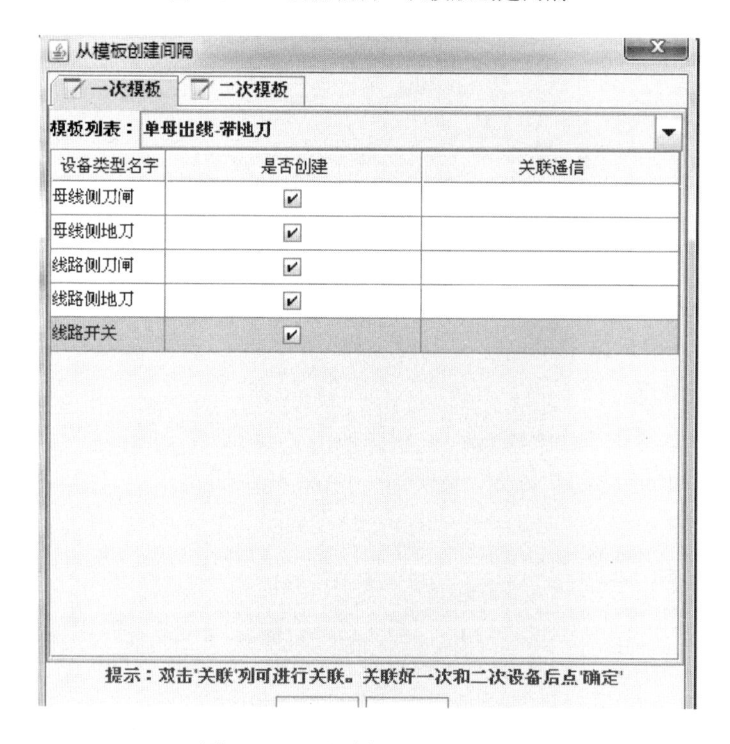

图 3-65 五防编辑关联一次设备

创建一次设备：在图 3-65 对话框的“一次模板”页中，从“模板列表”中选择需创建间隔对应的间隔模板。在“是否创建”一列中，将自动打勾表示需要创建这个类型的设备。双击设备类型对应的“关联遥信”列的格子（“关联遥信”是将要创建的具体设备与实时库内的对应遥信建立对应关系）。双击选中一个遥信和这个设备关联。最后，点击图 3-65“确定”按钮，创建间隔设备。

5. 编辑五防规则

双击规则，会弹出如图 3-66 所示的窗口，选择添加组，就可以编辑规则。组与组间是“或”的关系，规则项与规则项之间是“与”的关系。每一组下面可以有多个项。

图 3-66　编辑五防规则

图 3-66 规则中，20171 隔离开关的操作逻辑，需判 2017、20144、201746、20172 全部为分位。

（十一）告警设置

监控实时告警框可以设置告警框内的报警内容，具体点击图 3-67 中“报警设置”。图 3-68 中可以设置某一告警动作集的显示或者屏蔽显示。图 3-69 中也可以屏蔽某列的报警显示内容。

图 3-67　报警设置

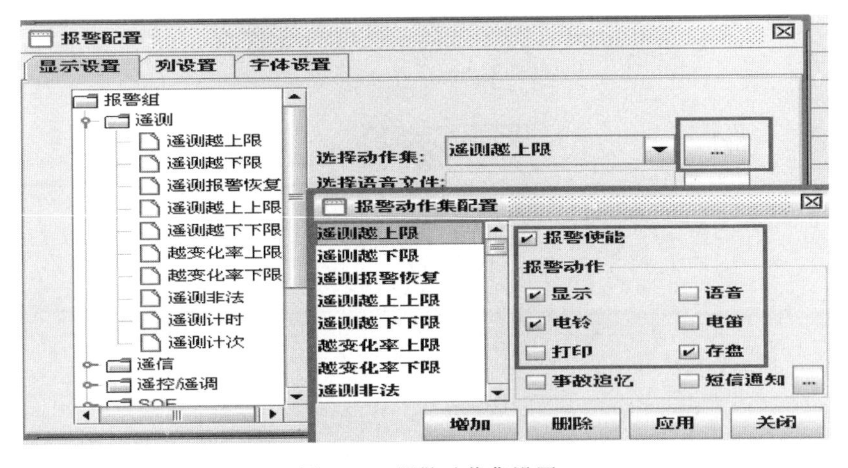

图 3-68　报警动作集设置

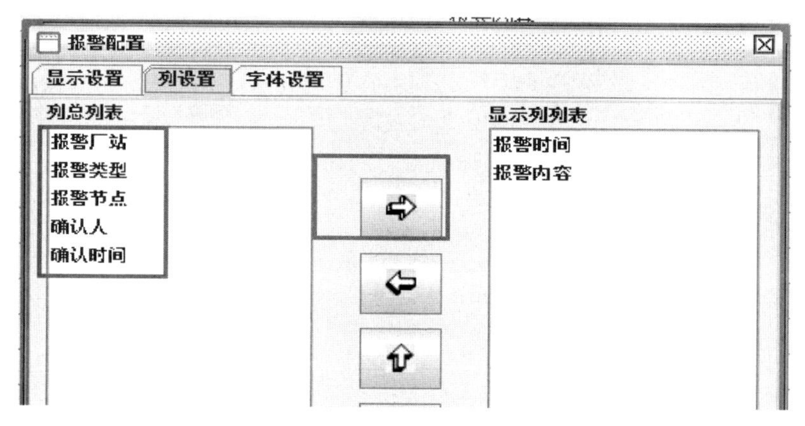

图 3-69 报警显示列设置

(十二)公式编辑

打开“公式表”，如图 3-70 所示。在公式栏右侧，用鼠标右键点击“编辑公式”，如图 3-71、图 3-72 所示。

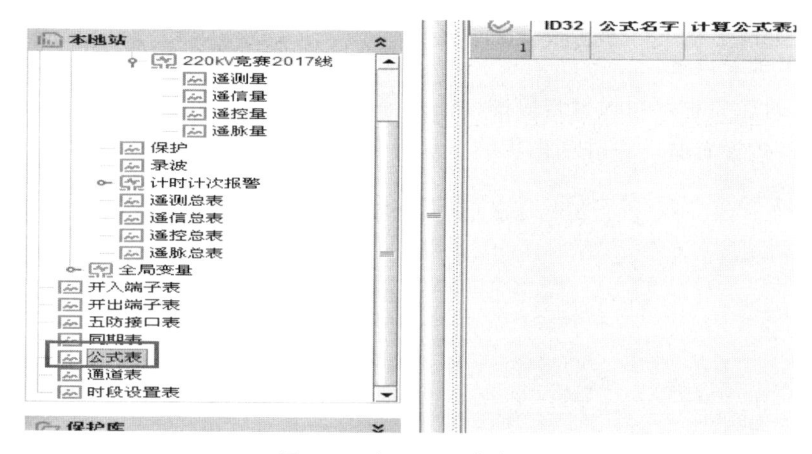

图 3-70 打开“公式表”

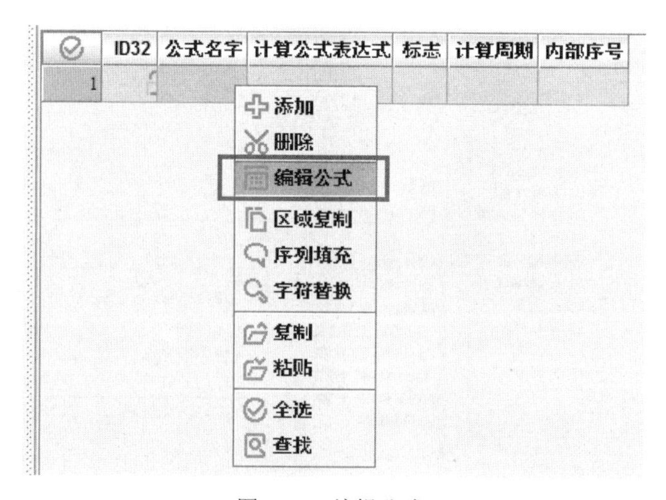

图 3-71 编辑公式

在输入公式名称后，点击“确定”按钮。上面有 IF、THEN、ELSE、公式属性设置 4 个页面，每个页面中又包括运算符、限值、逻辑值、选择变量等。IF 指设定一个前提条件，THEN 是条件满足时的结果，ELSE 是条件不满足时的结果。此处以合并信号为例，如将 2 个单位置信号通过与逻辑合并为一个信号。进入“IF 部分”页面，点击“新建”按钮，出现如图 3-73 所示。点击“运算符”下拉框选择逻辑与&&运算符，如图 3-74、图 3-75 所示。

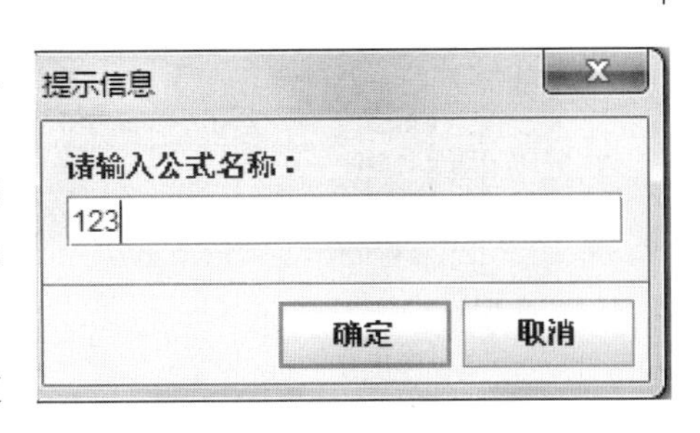

图 3-72　定义新公式

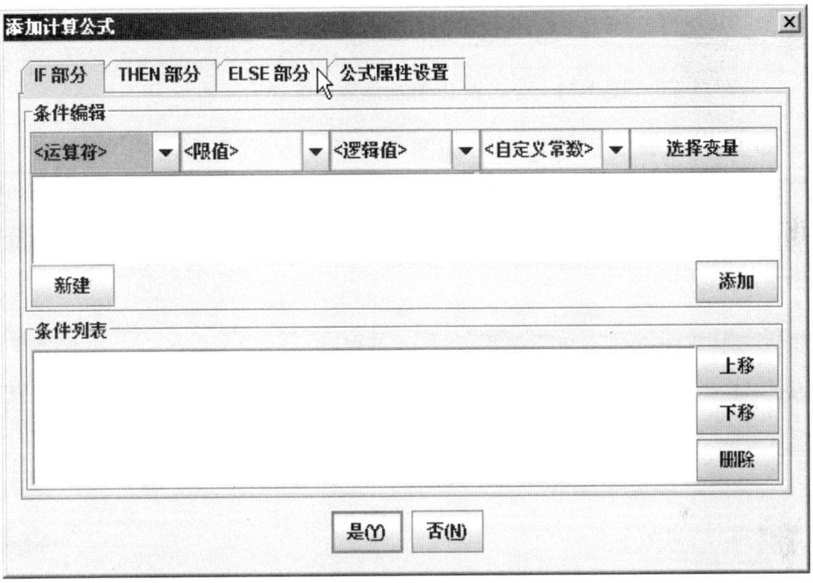

图 3-73　公式表 IF 界面

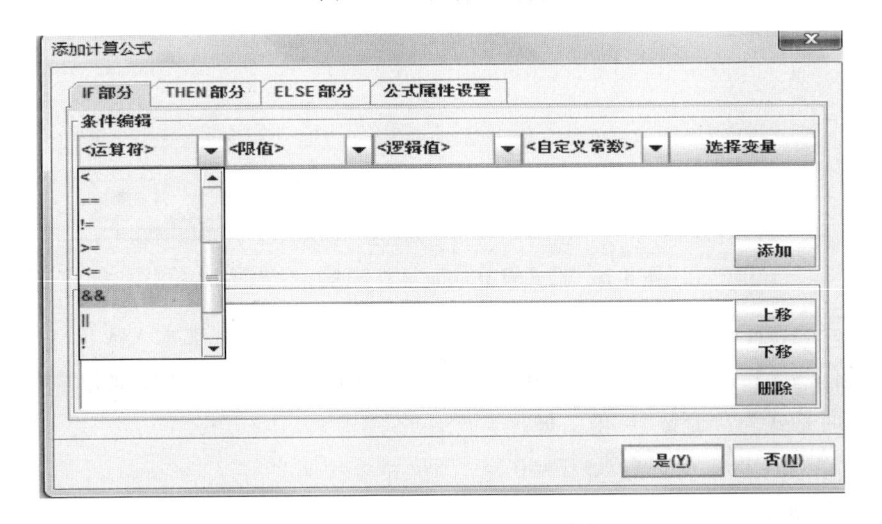

图 3-74　公式表 IF 界面运算符选择

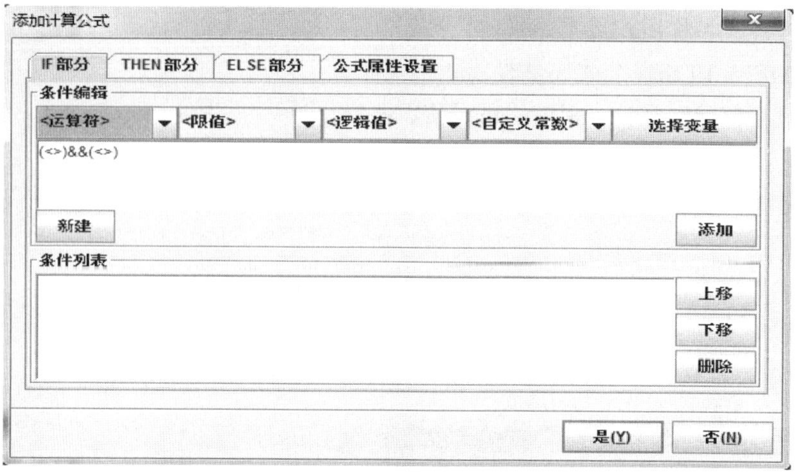

图 3-75　公式表 IF 界面运算符选择后界面一

后在（<>），继续选择运算符==，如图 3-76 所示。双击选中的“（<>）”节点，可在弹出的对话框中输入数值，在图 3-77 中公式节点处于选中状态情况下通过“选择变量”从点表中选择相应点完成公式逻辑，全部选择完成后，点击“增加”，可以看到 IF 条件增加至下框。

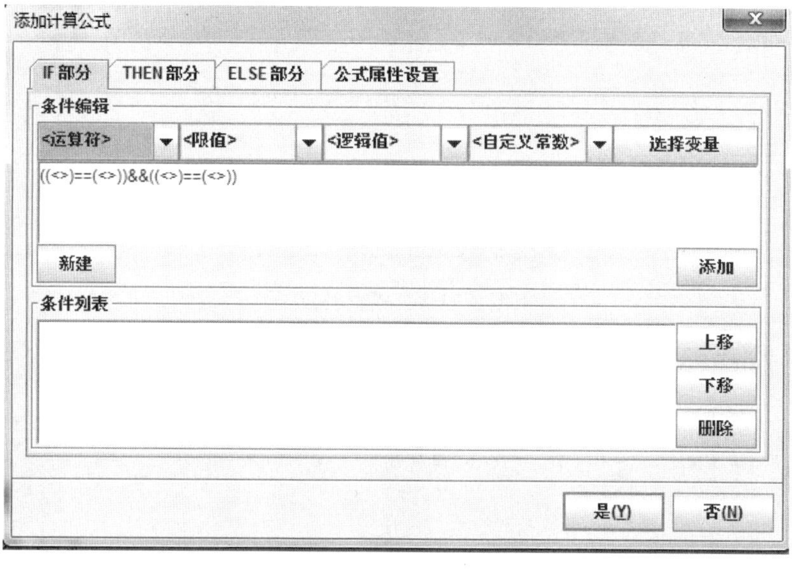

图 3-76　公式表 IF 界面运算符选择后界面二

进入“THEN 部分”页面，点击“新建”按钮，与 IF 部分基本一致。“ELSE 部分”页面的操作与“THEN 部分”页面相同。在“ELSE 部分”和“THEN 部分”中通过赋值语句赋值时格式为：变量 = 值。如：

IF（@D76= =0）&&（@D77==0 ）

THEN{ @D78=0；}

ELSE{ @D78=1；}

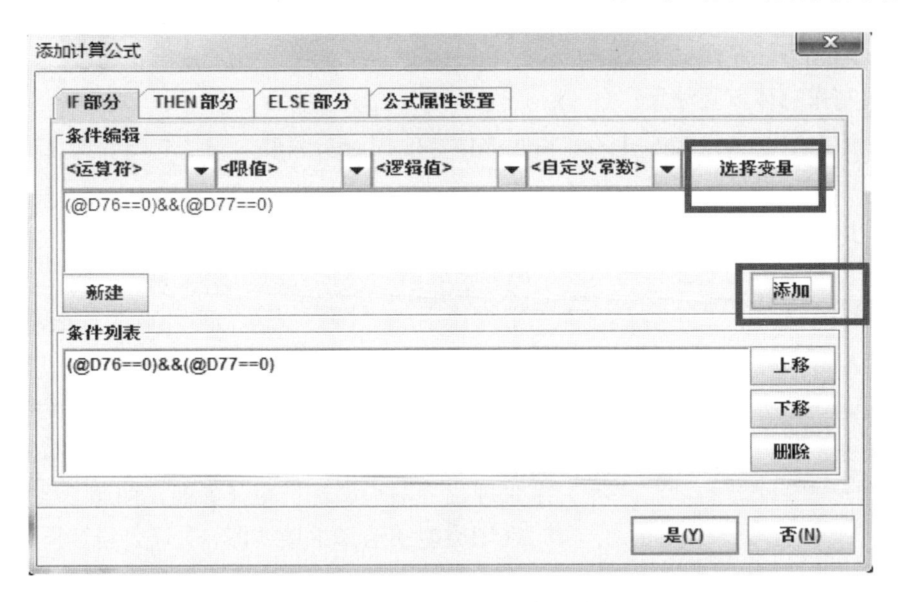

图 3-77　公式表 IF 界面变量选择

制作好的公式如图 3-78 所示。进入公式属性设置页面，可修改公式名称，选择运算方式，选择周期运算，并需要指定运算周期（建议 1～3s），如图 3-79 所示。公式的生效还需要启动 topoapp 进程，并重启监控系统。

	ID32	公式名字	计算公式表达式	标志	计算周期	内部序号
1	1	123	IF((@D76==0)&&(@D77==0)) $THEN{ $@D78=0;$} $ELSE{ $@D78=1;$}	5	1	0
2						

图 3-78　编辑完毕公式

图 3-79　公式触发周期

三、画面图形制作

画面制作总体步骤如下：

第一步：绘制主接线图并关联相应遥信、遥控。图类型为主接线图的图全站唯一，只有此图可创建设备，形成拓扑。

第二步：主接线图画好后再绘制相应的间隔分图，图类型为间隔分图。

第三步：按需求配置其他功能，比如报表、一体化五防、曲线等。

V2 监控提供了“开始”→“应用模块”→“图形组态”实现对监控图形的制作工作。

（一）主接线图绘制

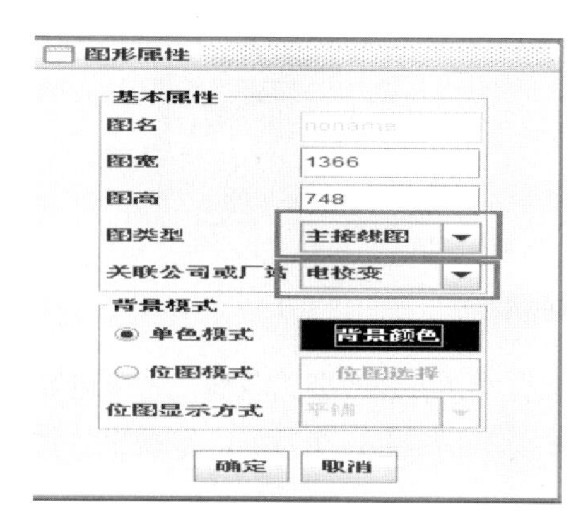

图 3-80　主接线图建立

在图形编辑状态下，新建图形，用鼠标点击图形弹出“图形属性”定义界面，如图 3-80 所示。在图类型中选择主接线图，关联公司和厂站。注意全站只能有一张“主接线图”类型的图形，用于绘制变电站的一次主接线图，以下关于母线及断路器、刀闸、主变的绘制都是在“主接线图”类型的图形上实现。

1. 母线绘制

在主接线图界面上，设置母线宽度，点击“母线编辑”工具，按住鼠标左键在图上画出一段母线，同时需要对母线进行设备和参数定义，如图 3-81 所示。

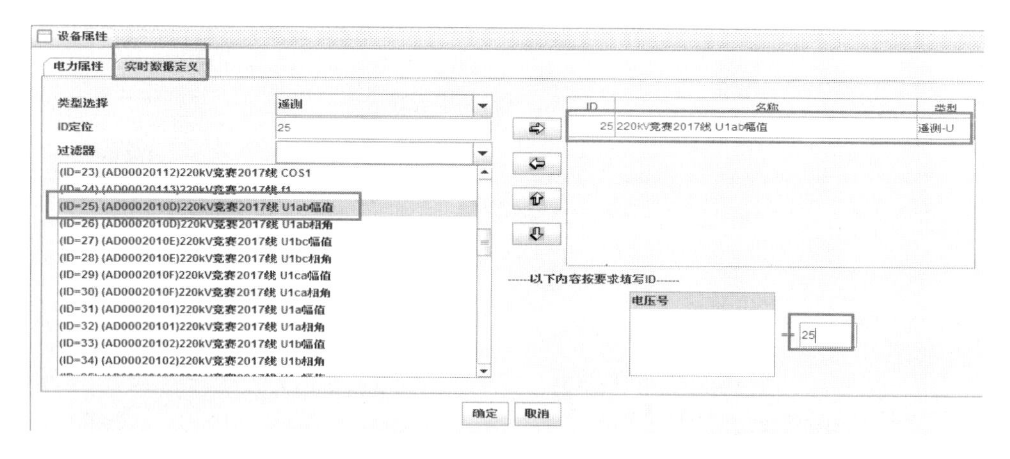

图 3-81　母线实时数据定义

2. 断路器、刀闸绘制

选择“电力连接线”工具，在图形区域，点击鼠标左键，然后松开画出电力连接线。选择图元类型及样式，鼠标点击选中；点击连接线的相应位置摆放图元，图元会自动将连接线断开并与之连接。选中图元并双击，对断路器或刀闸进行遥信、遥控定义，如图 3-82 所示。最后点击“保存”，主接线图可取名为主界面。

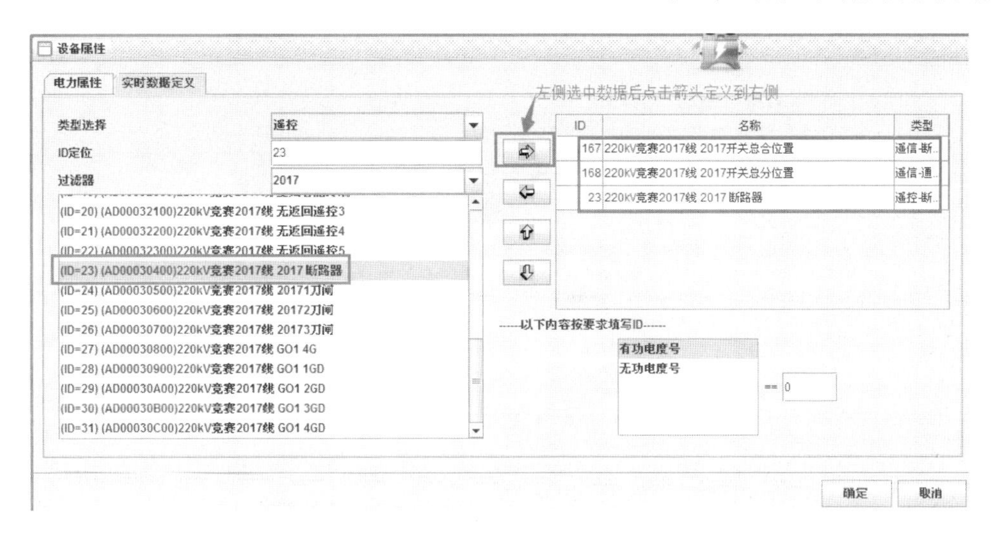

图 3-82　断路器/刀闸定义

（二）间隔分图绘制

图 3-83 为制作完毕的间隔分图，所有间隔分图图类型均选择为间隔分图。左边接线图部分，是从主接线图拷贝到分图的，遥测和光字牌定义为动态标记，压板、远方就地把手定义为虚设备，遥信关联如图 3-84 所示。

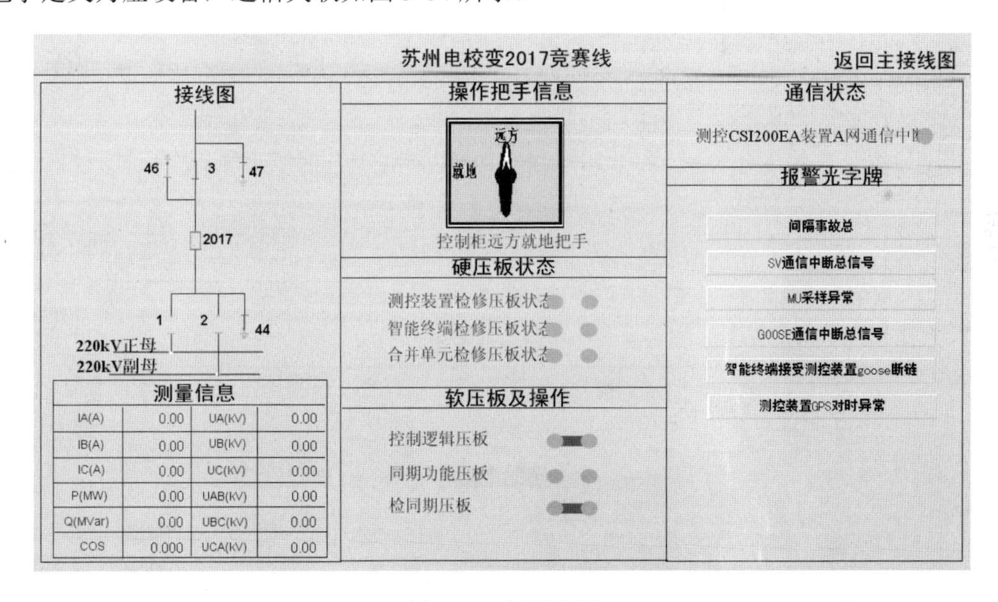

IA(A)	0.00	UA(KV)	0.00
IB(A)	0.00	UB(KV)	0.00
IC(A)	0.00	UC(KV)	0.00
P(MW)	0.00	UAB(KV)	0.00
Q(MVar)	0.00	UBC(KV)	0.00
COS	0.000	UCA(KV)	0.00

图 3-83　间隔分图

选中图 3-85 下端红框的“动态定义”按钮，在空白处拉框，类型内选择遥测，按住鼠标+“ctrl”键选择需要的遥测。遥测定义如图 3-85 所示。

1. 光字牌绘制

如图 3-86 所示，光字牌绘制和遥测量绘制相同，都是动态标记按钮，只是类型选择为“光字牌”，名称项默认即可。

图 3-84　通信状态定义

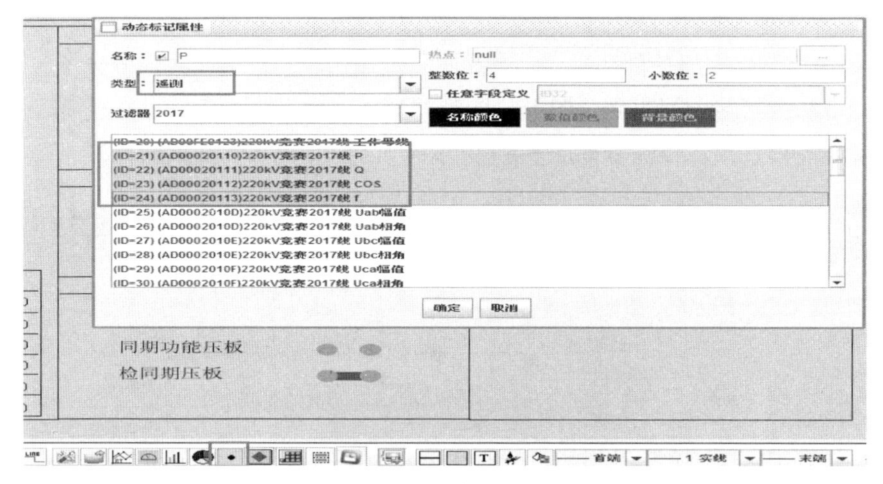

图 3-85　遥测定义

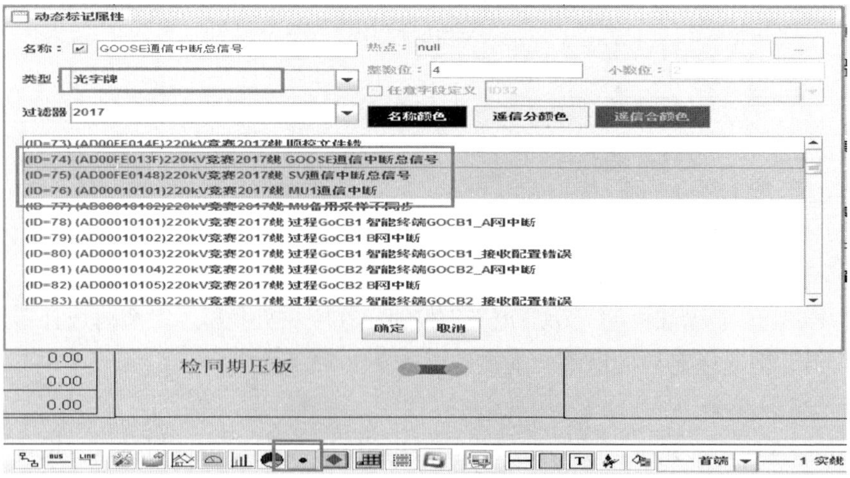

动态标记属性
名称：GOOSE通信中断总信号
热点：null
整数位：4
小数位：
类型：光字牌
任意字段定义
过滤器 2017
名称颜色
遥信分颜色
遥信合颜色
(ID=74) (AD00FE013F)220kV竞赛2017线 GOOSE通信中断总信号
(ID=75) (AD00FE0148)220kV竞赛2017线 SV通信中断总信号
(ID=76) (AD00010101)220kV竞赛2017线 MU1通信中断
(ID=78) (AD00010101)220kV竞赛2017线 过程GoCB1 智能终端GOCB1_A网中断
(ID=79) (AD00010102)220kV竞赛2017线 过程GoCB1 B网中断
(ID=80) (AD00010103)220kV竞赛2017线 过程GoCB1 智能终端GOCB1_接收配置错误
(ID=81) (AD00010104)220kV竞赛2017线 过程GoCB2 智能终端GOCB2_A网中断
(ID=82) (AD00010105)220kV竞赛2017线 过程GoCB2 B网中断
(ID=83) (AD00010106)220kV竞赛2017线 过程GoCB2 智能终端GOCB2_接收配置错误
确定
取消
0.00
0.00
0.00
检同期压板

图 3-86　光字牌定义

2. 压板及远方就地把手绘制

如图 3-87 所示，在左边框内选择“虚设备”，选中压板，拖入右侧分画面，双击压板，给压板匹配遥信、遥控参数，若硬压板，则无需匹配遥控。把手绘制定义与压板类似。

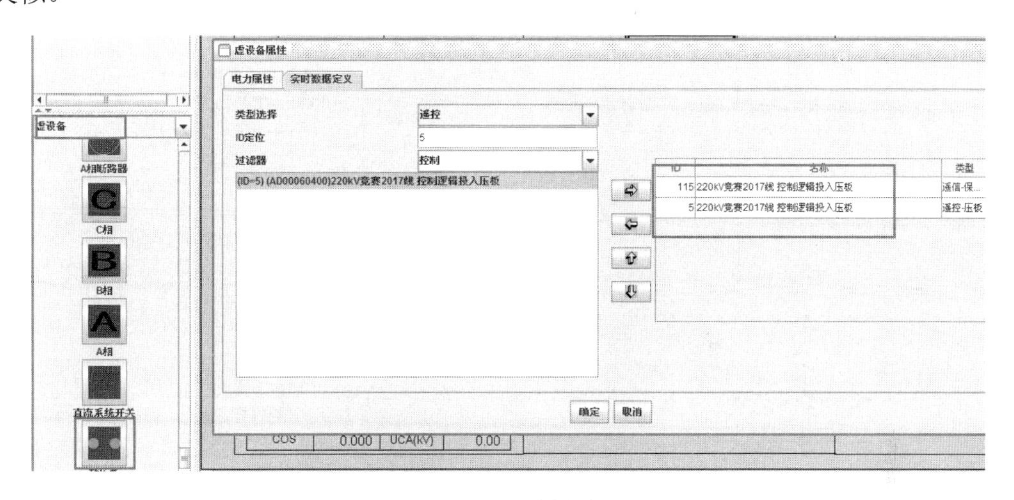

图 3-87　压板定义

3. 热键绘制

如图 3-88 所示，点击下方红框的功能按钮，在分画面点击鼠标，再双击，给热键定义相应的功能，图 3-88 为回到主画面的功能热键定义。

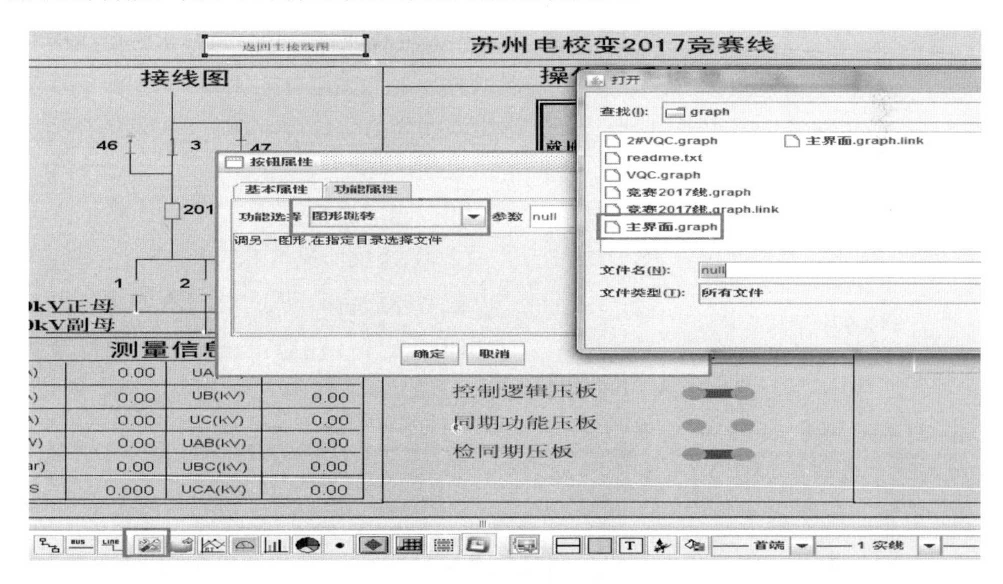

图 3-88　热键绘制及定义

（三）拓扑功能

V2 监控拓扑由母线开始带电着色，首先需要在画面属性为“主接线图”的画面上正确定义母线参数。待全部接线图绘制完毕后，点击鼠标右键，如图 3-89 中所示，点击“重新创建图形连接”“形成拓扑连接”两个框选部分，形成拓扑连接。

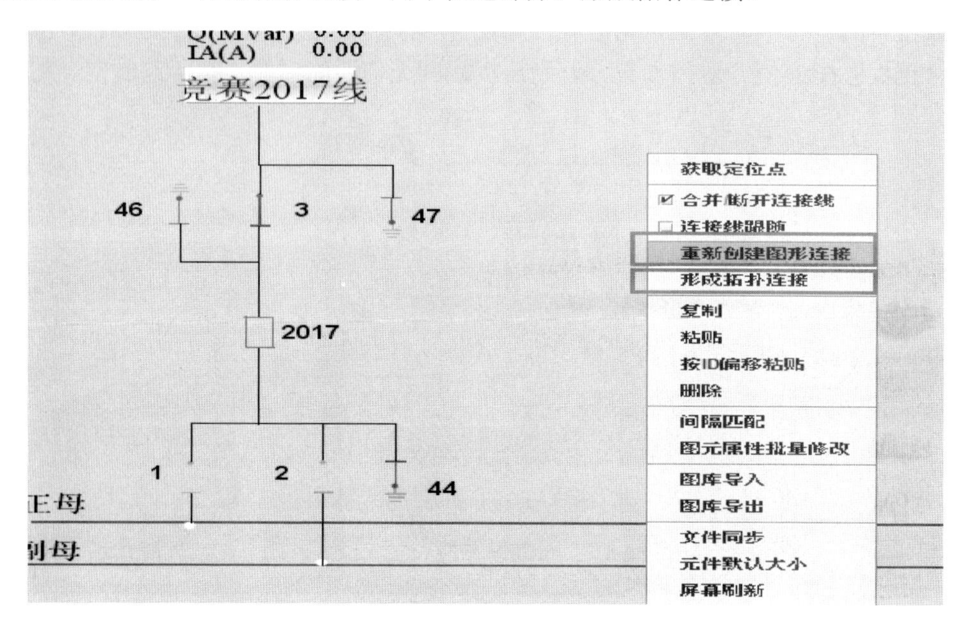

图 3-89　主画面形成拓扑连接

在节点管理中启用“拓扑进程”，如图 3-90 所示。

本机应用设置

一体化五防:	○禁用	◉工作	○备用
VQC:	◉禁用	○工作	○备用
开入开出:	◉禁用	○工作	○备用
录波通信:	◉禁用	○工作	○备用
拓扑服务:	○禁用	◉工作	○备用
IEC61850Ed2:	◉禁用	○工作	○备用
远动接口:	◉禁用	○工作	○备用
对外发布:	◉禁用	○工作	○备用

图 3-90　启用拓扑进程

重启监控系统，对母线电压进行人工置数，相应母线应该变色，同时与之连接的断路器或者隔离开关进行人工置数，相应的连接线也应该变为与母线同一颜色，代表拓扑功能正常。

四、日常运维

（一）修改间隔名称

在监控后台启动下，通过配置器打开相应的 SCD 文件（在监控系统中不要打开实时库），如图 3-91 所示。修改框内的间隔 desc 为 220kV 苏州 2017 线，如图 3-92 所示。

1. 打开监控后台实时库查看

修改后的实时库如图 3-93 所示。

2. 主画面热键修改

如图 3-94 所示，打开画面编辑后继续打开主接线图。双击“竞赛 2017 线”，如图 3-95 框选所示。输入“苏州 2017 线”，如图 3-96 所示。

3. 分画面光字牌同步，文本修改

主要包括：分画面上一次设备编号，可以不修改，默认从主接线图带过来；间隔分画面光字牌，可以使用图 3-97 所示的“光字牌同步”和实时库做同步映射。

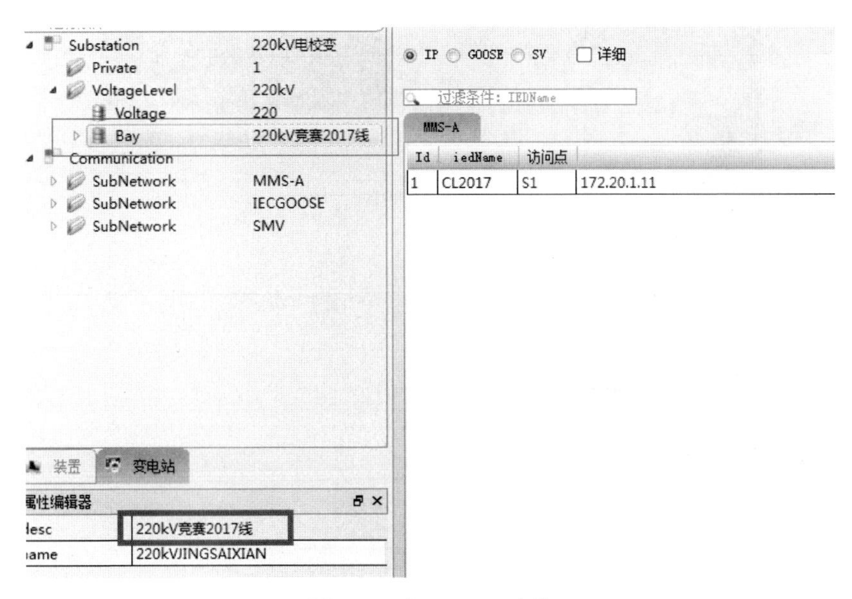

图 3-91　打开 SCD 文件

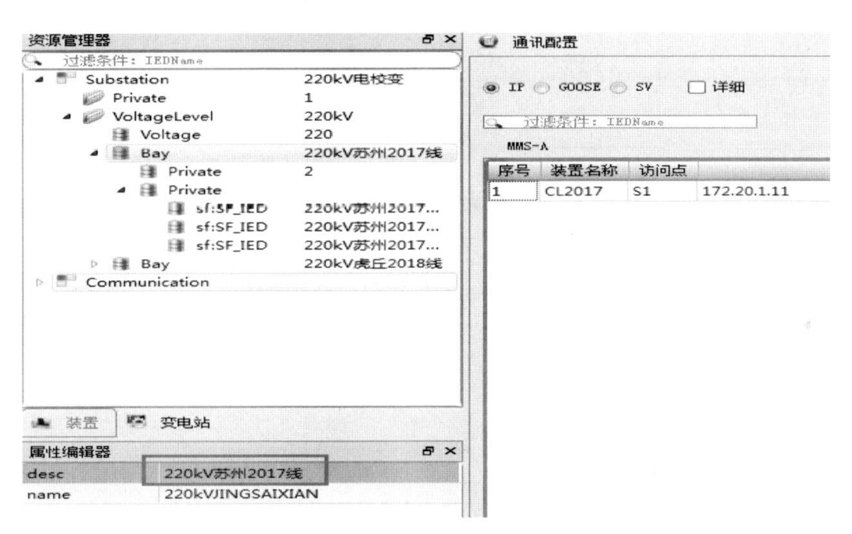

图 3-92　修改间隔后的 SCD 文件

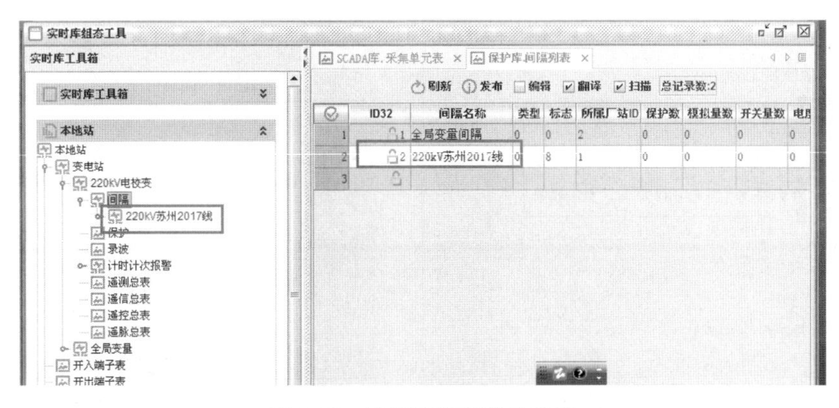

图 3-93　实时库间隔修改验证

图 3-94　打开主接线图

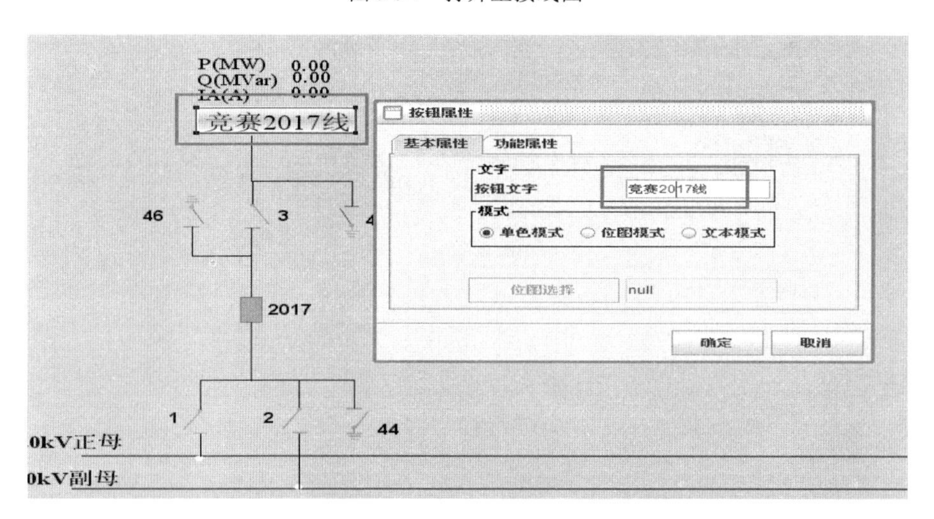

图 3-95　修建主界面热键一

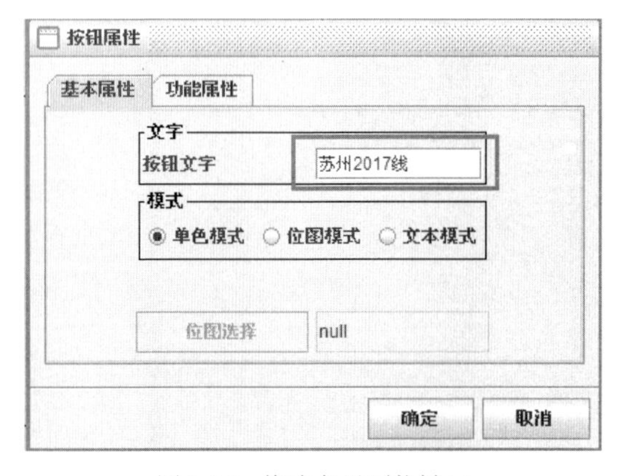

图 3-96　修建主界面热键二

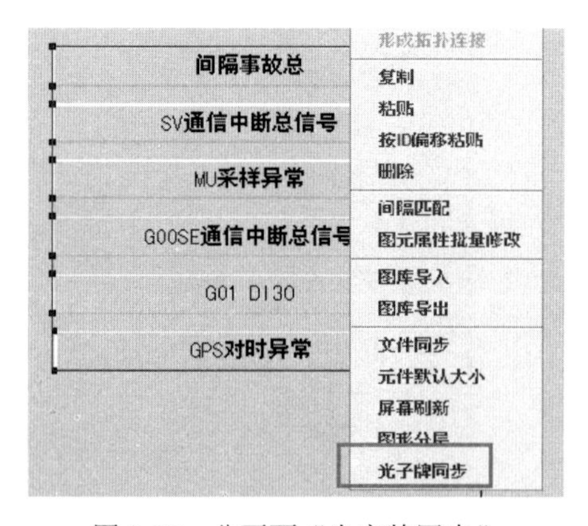

图 3-97　分画面“光字牌同步”

双击分画面中“苏州电校变 2017 竞赛线”文本，修改为“苏州电校变 2017 苏州线”，如图 3-98 和图 3-99 所示。

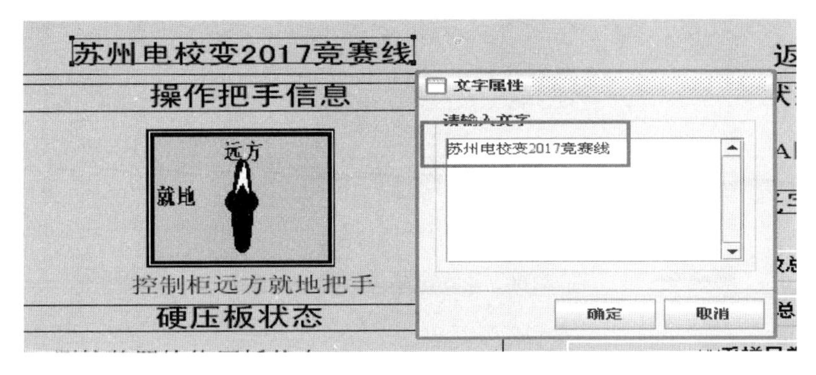

图 3-98 分画面文本修改一

4. 五防编辑内修改

双击间隔信息，修改新名称，如图 3-100 所示。

全部修改完毕后，点击保存五防信息。

（二）监控备份及数据恢复

备份时监控系统需退出，将 CSC2100_HOME 文件夹下 config 及 project 两个文件拷贝到备份文件夹即可。

数据恢复时监控系统需退出，删除 CSC2100_HOME 文件夹下 config 及 project 两个文件，使用备份文件覆盖即可。

图 3-99 分画面文本修改二

五、维护要点及注意事项

1. 有关模板库

模板库程序负责处理模板相关数据。这些数据均存放在 7 个文件中，分别如下：

（1）模板定义文件：tbl_protdevdef.xml。

（2）定值定义文件：tbl_protdevfix.xml。

（3）CPU 定义文件：tbl_protdevcpudef.xml。

（4）遥测数据文件：tbl_analog.xml。

（5）遥信数据文件：tbl_digit.xml。

（6）遥控数据文件：tbl_control.xml。

（7）遥脉数据文件：tbl_pulse.xml。

这些文件都存放在 V2 目录下的 project\MoBan 目录中。

2. postgres 数据库连接不上

查看机器是否更改过 IP 地址，IP 地址更改后需要在 pg_hba.conf 文件里对应绑定 IP 地址的地方也做相应的修改，并重启服务。还有 install 安装的时候，第二次安装不需要点击“生成历史数据库”。

图 3-100　五防编辑内间隔名称修改

3. 装置通信状态虚点

装置通信状态虚点命名规则如下：

A 网通信状态虚点：装置名+装置地址（十六进制）+comFlagA。

B 网通信状态虚点：装置名+装置地址（十六进制）+comFlagB。

双网络通信状态虚点：装置名+装置地址（十六进制）+comFlag。

其中，虚点为 1 表示网络通信中断，为 0 表示网络通信正常。

4. 全局变量间隔为何重复

采用分布启动 localm+desk 方式，若启动 desk 过快，此时后台部分未启动完毕。desk 可能会误以为没有全局变量变电站，重建全局变电站，这样就导致实时库中出现多份全局变量间隔。遇到这种情况，不要保存数据库，或使用正确备份，重新启动监控即可。

需要注意的是：desk 必须在 localm 启动完毕，约 1min 之后，才能执行。

若全局变量间隔重建，会有日志记录。日志文件路径为：

csc2100_home/project/runlog/globlevars.log

5. 间隔摘牌注意事项

间隔摘牌后，有时会出现遥控不能执行或间隔内数据不刷新现象。这是因为摘牌操作因某种异常，没有执行完全。此时虽然界面上显示已经摘牌，但是数据库中所关联标志并没有清除。在这种情况下，重新挂牌、摘牌即可。

6. 实时库自动备份功能及使用

监控系统完善实时库备份功能，其实现为：数据备份→实时库备份到文件功能，在保存实时库时，同时向本机的$CSC2100_HOME/project/support/bak/Rtdb_Data_Txt 目录备份实时库，并自动压缩备份到$CSC2100_HOME/project/support/bak 目录下，压缩文件名按照时间自动生成（格式为 yyyy-MM-dd_HHmmss.zip）。这样，$CSC2100_HOME/project /bak/Rtdb_Data_Txt 为最近一次实时库人工备份。

localm 在每天 5 时，自动备份实时库到$CSC2100_HOME/project /support/Rtdb_Data_Txt。这样可以避免现场运行期间，实时库备份过旧，与现场实际信号差别过大。同时，若实时库异常，如存在非法数据，则我们需要从最近一次备份还原。使用–b 参数，localm 会从 bak 目录还原实时库，并自动将$CSC2100_HOME/project/support/bak/Rtdb_Data_Txt 目录覆盖到$CSC2100_HOME/project/support/Rtdb_Data_Txt。命令语法为：localm–b。

第三节　测　控　装　置

一、装置运维操作介绍

装置采用前插拔组合结构，强弱电回路分开，弱电回路采用背板总线方式，强电回路直接从插件上出线，进一步提高了硬件的可靠性和抗干扰性能。各 CPU 插件间通过母线背板连接，相互之间通过内部总线进行通信。

二、面板结构和功能介绍

MMI 是装置的人机接口部分，采用大液晶显示，实时显示当前的测量值、当前投入的压板及间隔主接线图，其中间隔主接线图可根据用户要求配置。

如图 3-101 所示，面板 5 个指示灯可以清楚表明装置正常、异常的各种状态；面板上设置有 6 个就地功能按键，方便用户使用。装置面板采用一体化设计、一次精密铸造成型的弧面结构，具有造型独特、美观，安装方便，操作简单等特点。硬件配置如下：

输入设备：四方键盘、就地操作键、调试串口。

输出设备：汉化液晶显示屏。

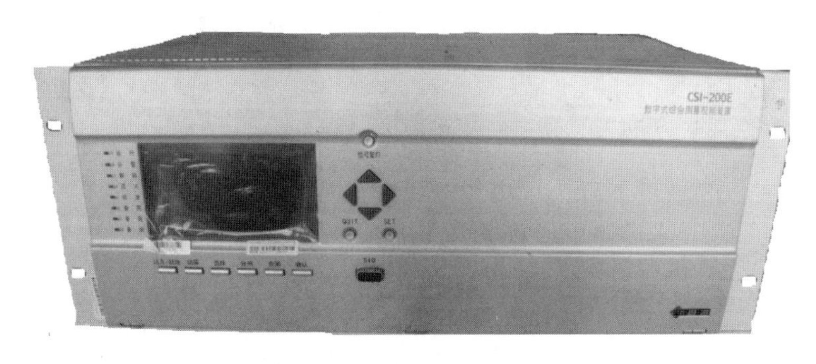

图 3-101　测控装置前面板图

运行灯：装置运行时为常亮。

告警灯：灯亮表示装置内部故障。

解锁灯：进入解锁状态，具体解锁逻辑由 PLC 决定。

远方灯：灯亮表示装置可遥控，当地不能操作。

就地灯：灯亮表示只能就地操作，远方闭锁。

三、装置内部插件结构和功能

装置内部插件配置，包括 SV 插件、管理插件（MASTER）、GOOSE 插件、开入插件、电源插件，如图 3-102 和图 3-103 所示。

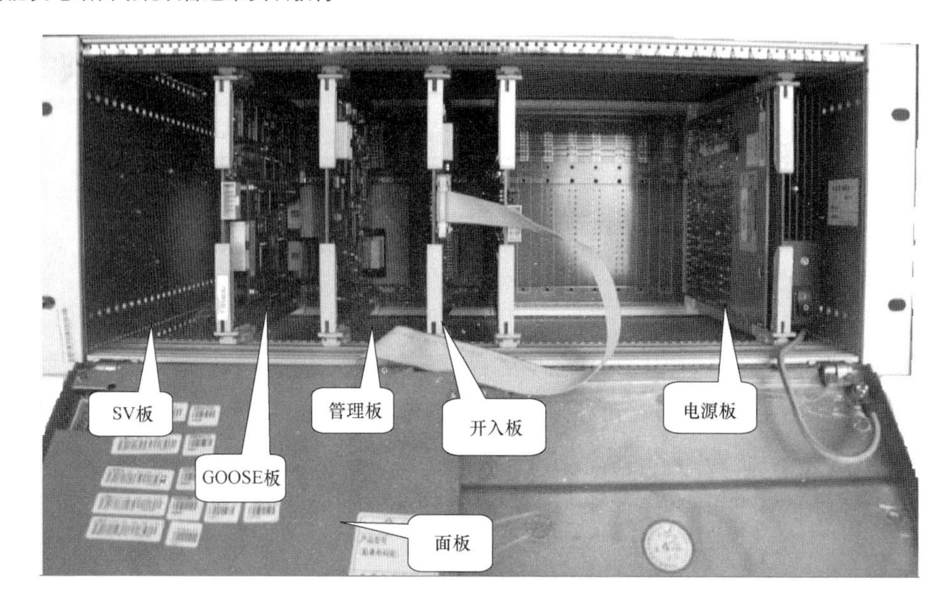

图 3-102　CSI-200EA/E 内部插件结构

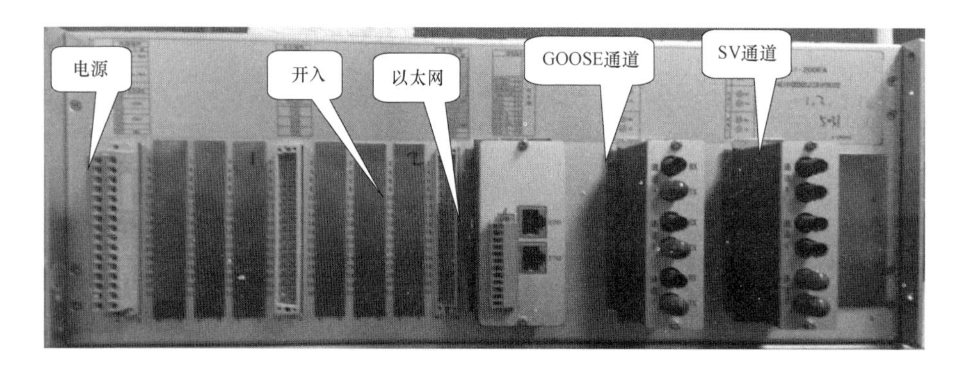

图 3-103　CSI-200EA/E 背板图

1. 管理插件（MASTER）

此插件是装置的必备插件，本插件与 MMI 板之间连接，将需要显示的数据给 MMI 插件，向下接收 PC 机下发的装置配置表及可编程 PLC 逻辑等。

2. SV 插件

SV 插件提供三组光以太网接口，连接合并单元装置或者 SV 网交换机，接收 SV 采样数据。装置能够接入符合 IEC 61850-9-2 规约的 SV 报文，采样频率须为 4000 点/s。同时计算电压、电流有效值、有功、无功、频率、功率因数等上传管理插件。

3. GOOSE 插件

GOOSE 板完成 GOOSE 信息映射功能，包括 GOOSE 发布和订阅。GOOSE 插件提供光以太网接口与智能操作箱或 GOOSE 网交换机连接，用于遥信量的采集，包括断路器、隔离开关的位置信息，操作箱及保护装置的告警信息等，也用于主站遥控断路器、隔离开关及复归操作箱等。

4. 开入插件 （DI）

基本 DI 板：4 组公共端独立的开入共 24 路，各分为 4 组，各组数量依次为 8、4、8、4，每组有一个公共端，若需要可将公共端相连。

数字量输入模块的功能包括断路器遥信量输入（单位置或双位置遥信）、BCD 码或二进制输入、脉冲量输入等。

5. 电源模块 （POWER）

本模件为直流逆变电源插件。直流 220V 或 110V 电压输入经抗干扰滤波回路后，利用逆变原理输出本装置需要的直流电压即 5V、±12V、24V（1）和 24V（2）。四组电压均不共地，采用浮地方式，同外壳不相连。

四、基本菜单参数设定方法

1. 菜单结构

测控装置面板菜单结构如表 3-6 所示。

表 3-6　　测控装置面板菜单结构表

<table>
<tr><th colspan="3">主菜单</th><th colspan="2">扩展菜单</th></tr>
<tr><td rowspan="4">设置</td><td colspan="2">整定时间</td><td colspan="2">网络地址</td></tr>
<tr><td colspan="2">压板投退</td><td rowspan="5">设置 CPU</td><td>开出板</td></tr>
<tr><td colspan="2">密码修改</td><td>开入板</td></tr>
<tr><td colspan="2">能量设置</td><td>直流板</td></tr>
<tr><td rowspan="7">运行值</td><td colspan="2">有效值</td><td>交流板</td></tr>
<tr><td colspan="2">积分电度</td><td>管理板</td></tr>
<tr><td colspan="2">开入值</td><td colspan="2">IP1 地址</td></tr>
<tr><td colspan="2">谐波</td><td colspan="2">IP2 地址</td></tr>
<tr><td colspan="2">零漂</td><td colspan="2">IP3 地址</td></tr>
<tr><td colspan="2">相位</td><td colspan="2">通道校正</td></tr>
<tr><td colspan="2">GOOSE</td><td colspan="2">整定比例系数</td></tr>
<tr><td rowspan="9">报告</td><td rowspan="3">运行报告</td><td>最新报告</td><td colspan="2">通道全调</td></tr>
<tr><td>时间索引</td><td rowspan="4">参数设置</td><td>规约设置</td></tr>
<tr><td>日期索引</td><td>越限定值</td></tr>
<tr><td rowspan="3">操作记录</td><td>最新报告</td><td>顺控参数</td></tr>
<tr><td>时间索引</td><td>同期参数</td></tr>
<tr><td>日期索引</td><td colspan="2" rowspan="6"></td></tr>
<tr><td rowspan="3">SOE 报文</td><td>最新报告</td></tr>
<tr><td>时间索引</td></tr>
<tr><td>日期索引</td></tr>
<tr><td rowspan="2">定值</td><td rowspan="2">选择定值区号</td><td>常规定值</td></tr>
<tr><td>调压定值</td></tr>
</table>

续表

<table>
<tr><th colspan="3">主菜单</th><th>扩展菜单</th></tr>
<tr><td rowspan="3">定值</td><td rowspan="3">选择定值区号</td><td>同期定值</td><td rowspan="16"></td></tr>
<tr><td>开入定值</td></tr>
<tr><td>$3U_0$越限</td></tr>
<tr><td rowspan="3">调试</td><td colspan="2">进入调试</td></tr>
<tr><td colspan="2">退出调试</td></tr>
<tr><td colspan="2">开出传动</td></tr>
<tr><td rowspan="10">帮助</td><td rowspan="6">版本号</td><td>开出板</td></tr>
<tr><td>开入板</td></tr>
<tr><td>直流板</td></tr>
<tr><td>交流板</td></tr>
<tr><td>管理板</td></tr>
<tr><td>面板</td></tr>
<tr><td colspan="2">操作说明</td></tr>
<tr><td colspan="2">对比度</td></tr>
<tr><td colspan="2">当前温度</td></tr>
<tr><td colspan="2">背光设置</td></tr>
</table>

2. 主菜单

按“set”键进入，通过控制四方键盘上下左右键，调整光标或设置定值大小，再按“set”键可以保存定值，密码一般为8888，退出主菜单，按“esc”键。

3. 扩展菜单

同时按住“set”和“esc”键，输入密码8390进行设置。

五、导出配置文件及下载

选择配置工具“导出”→“导出虚端子配置”进行操作。

对于苏州电校变，测控装置导出配置后点击“确认”，如图3-104所示。

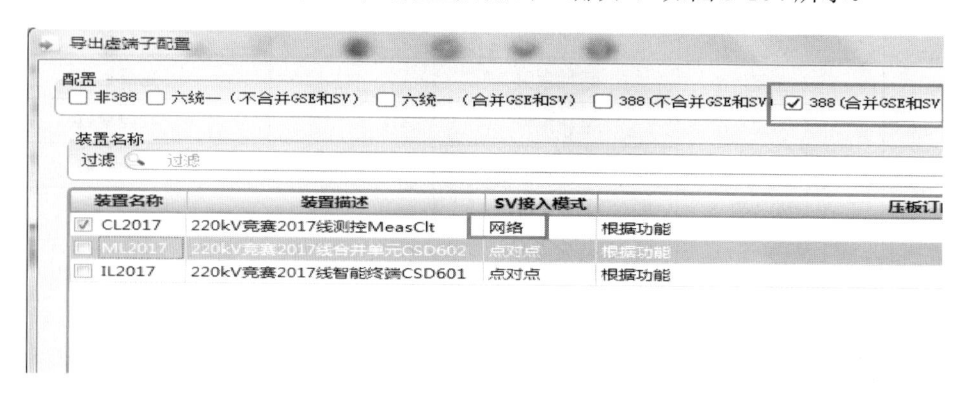

图3-104　测控配置导出

文件导出成功，导出文件应包含图 3-105 所示内容。

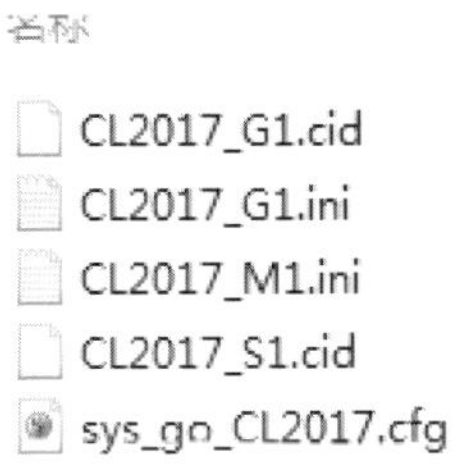

名称

CL2017_G1.cid
CL2017_G1.ini
CL2017_M1.ini
CL2017_S1.cid
sys_go_CL2017.cfg

图 3-105　测控导出文件

应使用 FTP 工具将表 3-7 内文件传至测控 MASTER 插件。

表 3-7　测控配置文件列表

类型		说明	
系统配置器导出文件	*_S1.CID	CID 文件	FTP 下载至 MASTER
	*_G1.ini	GOOSE 插件配置文件	FTP 下载至 MASTER
	*_M1.ini	SV 插件配置文件	FTP 下载至 MASTER
	sys_go_*.cfg	配置文件	FTP 下载至 MASTER

六、维护要点及注意事项

（一）遥测异常

1. 某相电压或电流不准

处理思路：查看网络分析仪 SV 数据，看是否正常，如果不正常则检查 MU 合并单元输入是否正常。外部输入正常时，查看 SV 插件小板上面 J5 跳线是否正常。

2. P、Q 不准

处理思路：先看电压、电流对不对，再看相序。借助有效值、相位菜单。

3. SV 通信异常

处理思路：查看报告中/事件报告中具体告警内容，确定具体通信中断 MU，查看网络分析仪该 SV 报文是否正常。使用抓包工具在接入测控装置的光纤查看 SV 报文是否正常。

查看运行值/通信状态/SV 菜单中通信状态是否正常，查看具体导致原因。

如果 SV 通信状态中无任何接收信息，查看管理插件和 SV 插件中配置文件是否一致。

（二）遥信异常

处理思路：检查单个遥信对应的接线。借助开入状态菜单。

一组开入全分，检查此组开入的 COM 端，以及遥信负电源。借助开入状态菜单。

如果某开入设置了长延时，则需要等延时到了之后才能上送。借助常规定值菜单。

（三）GOOSE 异常

查看报告中/事件报告中具体告警内容，确定具体通信中断 MU，查看网络分析仪该 GOOSE 报文是否正常。使用抓包工具在接入测控装置的光纤查看 GOOSE 报文是否正常。

查看运行值/通信状态/过程层 GOOSE 菜单中通信状态是否正常，查看具体导致原因。

如果 GOOSE 通信状态中无任何接收信息，查看管理插件和 GOOSE 插件中配置文件是否一致。

（四）遥控（假设监控和数据通信网管机均正确）

1．遥控选择失败

处理思路：远方就地灯状态、测控装置检修状态、控制逻辑压板未投入、IP 地址（借助 ping 命令，或者直接检查装置菜单）。借助扩展主菜单。

2．遥控执行失败

处理思路：

第一步：看出口是否动作。如果出口没动，检查合闸或分闸条件。

第二步：查看网络分析仪报文，如果 GOOSE 出口动作了，检查智能终端是否有告警，是否置检修，是否就地状态，回路压板、操作回路的接线等。

3．断路器同期合闸

处理思路：首先看装置是否满足主动弹出的同期合闸条件，如果不满足，检查同期条件（检修不一致、SV 品质无效、TV 断线、MU 失步）；如果满足，检查智能终端外回路。借助报告/运行报告/最新报告菜单。

第四节　数据通信网关机

一、装置介绍

CSC1321 采用多 CPU 插件式结构，后插拔式，单台装置最多支持 12 个插件，插件之间采用内部网络通信，内部网络采用 10M 以太网为主、CAN 总线为辅的形式。CSC1321 前面板如图 3-106 所示，告警灯、液晶、按键仅供查看运行状态用，可查看插件通信状态、装置通信状态、通道通信状态。调试及维护通过网络及超级终端完成。

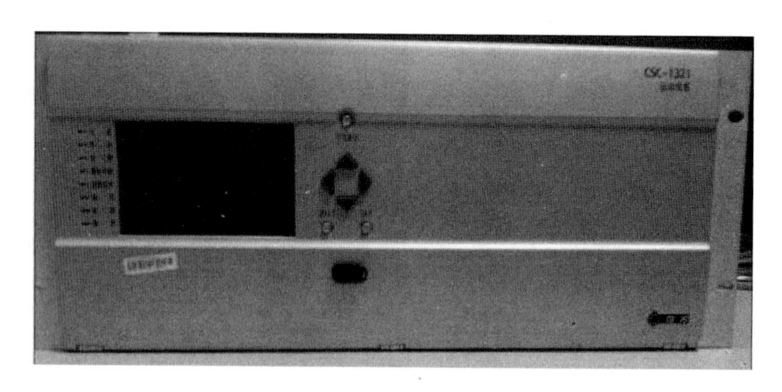

图 3-106　CSC1321 前面板图

CSC1321 采用功能模块化设计思想，由不同插件来完成不同的功能，组合实现装置所需功能。主要功能插件由主 CPU 插件、通信插件（以太网插件、串口插件）、辅助插件（开入开出插件、对时插件、级联插件、电源插件和人机接口组件）。

装置插槽后视示意图如图 3-107 所示，从左至右编号为 1～12。统一要求主 CPU 插件插在 1 号插槽，电源插件插在 12 号插槽，其余插件可根据实际情况安排位置。

1	2	3	4	5	6	7	8	9	10	11	12
主 CPU 插件											电源插件

图 3-107　装置插件布置

CSC1321 所有插件插入前背板，以前背板为交换机，组成内部通信网络。前背板上有一个 RJ45 接口，可通过该接口以内网 IP 访问每块插件，如图 3-108 所示。前背板通过 CAN 网与液晶面板连接。

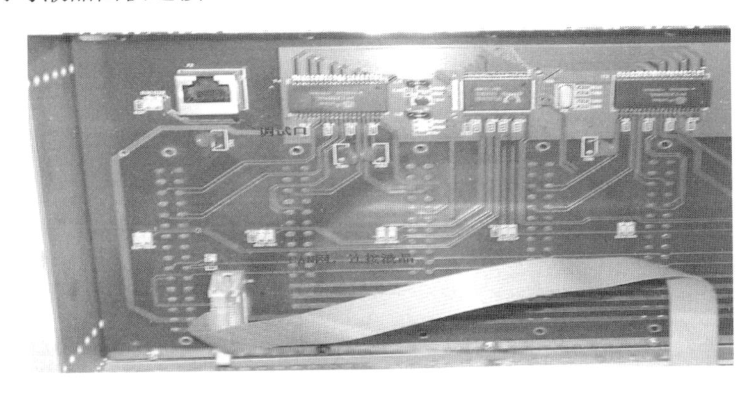

图 3-108　前背板调试口及 CAN 网连接图

插件之间通过内部以太网通信，内部 IP 地址为 192.188.234.*X*，*X* 为插件所在插槽位置编号，通过插件上的拨码设定。

二、配置工具介绍

CSC1321 维护工具软件是 CSC1320 系列站控级通信装置的配套维护工具，用于对 CSC1320 系列装置进行配置和维护，提供模板管理、工程配置及调试验证等方面的功能服务。CSC1321 维护工具软件无需安装，只需直接将 CSC1321 维护工具软件目录拷贝到调试机目录下，就可以使用维护工具了。

（一）配置工具常用菜单

第一次使用配置工具，需要删除 1321-tools-improve/applcation data/runtime 下文件，后执行文件 c52.exe。

选择简体中文，如图 3-109 所示。运行维护工具后，将首先进入主界面，如图 3-110、图 3-111 所示。

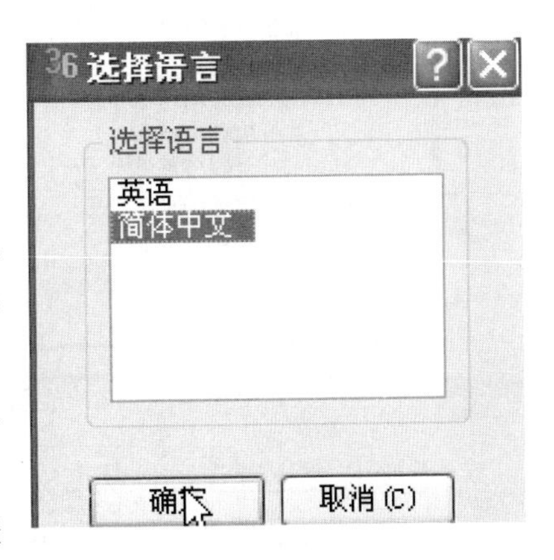

图 3-109　配置工具语言选择

“新建工程”“新建工程向导”“打开”“保存”“关闭当前工程”用来新建、打开、保存及关闭工程配置，

“还原配置”可以从维护工具的最终输出文件（config 工程文件）中恢复工程配置。

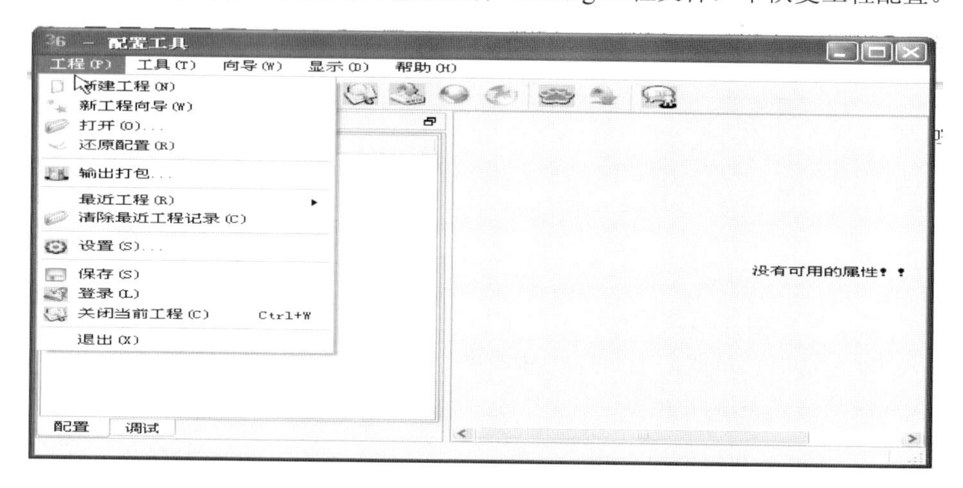

图 3-110　主菜单“工程”

“输出打包”是将工程配置、所使用的模板和工具需要的相关信息共同组成数据包，准备下装到装置，即装置里实际运行的工程配置。

“登录”用来管理用户账户及用户登录，在未登录时可以制作配置，若使用工具的下装、模版管理、调试等功能必须登录（用户名 sifang，密码为 8888）。

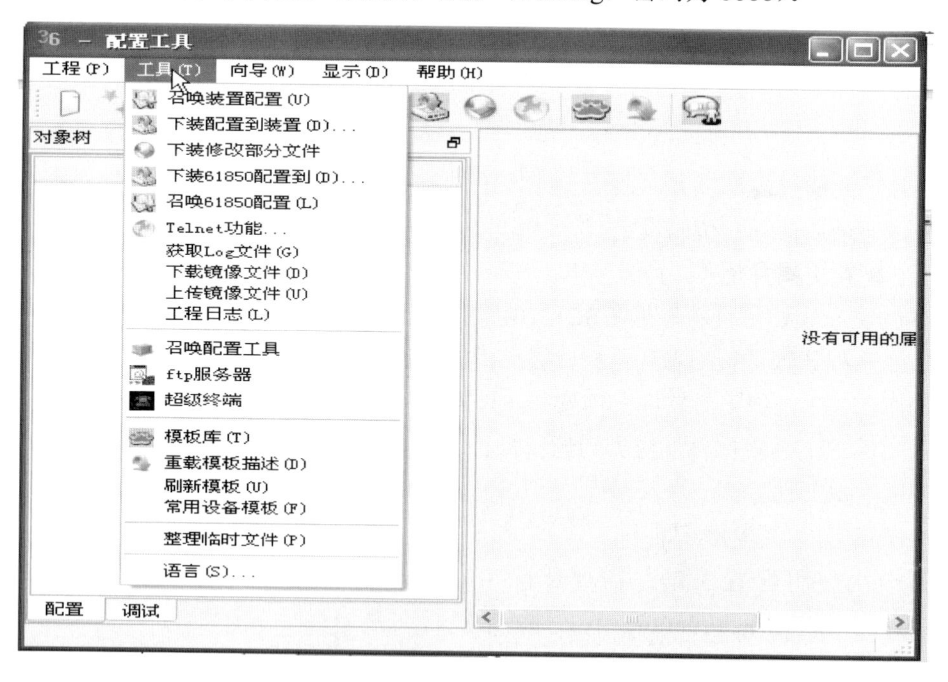

图 3-111　主菜单“工具”

“召唤装置配置”可以从 CSC1321 装置中召唤并恢复工程配置，“下装配置到装置”将打包输出的最终配置文件（工具/application/temp files/工程名称/config）传输到 CSC1321 装置。

（二）配置工具新建工程

1．导出数据通信网关机配置文件

配置工具导出通信网关机菜单，如图 3-112 所示。如图 3-113 所示，鼠标点击下图 1，选择 2，后整体拖入到 3 的位置。如图 3-114 所示，选择数据通信网关机配置文件存储路径、格式，点击“确认”按钮。导出成功后文件如图 3-115 所示。

图 3-112　配置工具导出网关机配置

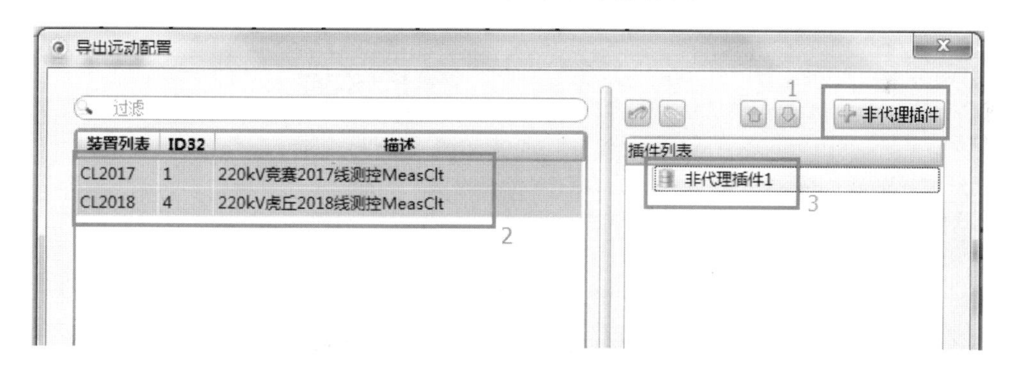

图 3-113　配置工具导出网关机配置一

2．CSC1321 的插件功能分配

假设 CSC1321 插件分配如图 3-116 所示，插件 1 默认为主 CPU，插件 2 分配为 61850 接入插件，插件 4 分配为 104 数据通信网关机插件。

在“工程”菜单选择“新工程向导”，如图 3-117 所示。在弹出的“向导”对话框中输入工程名称，工程路径默认，如图 3-118 所示。

选择“下一步”，将出现插件分配的对话框，如图 3-119 所示。该对话框是 CSC1321 硬件结构的后视示意图，最左侧固定为主 CPU，最右侧为电源，中间 10 个插槽位置根据实际的硬件配置进行设置。其中，级联拨码在数据通信网管机应用中固定为 0，前面的“有级联装置”不勾选。单击每个插件，将弹出“插件属性”对话框，如图 3-120 所示。

图 3-114　配置工具导出网关机配置二

图 3-115　配置工具导出网关机配置三

图 3-116　CSC1321 插件背板图

类型是指插件的硬件类型，主要包括电以太、串口插件等；镜像类型是指不同的插件类型，由于存储介质的不同又分多种镜像类型，主要针对以太网插件。

苏州电校变主 CPU 及电以太网全部用-N 插件，对应维护工具选择 8247（或 460-M）插件，主 CPU 设置完成，点击“确定”按钮，如图 3-121 所示。插件 2 做 61850 接入用，点击“插件 2”进行设置，如图 3-122 所示。

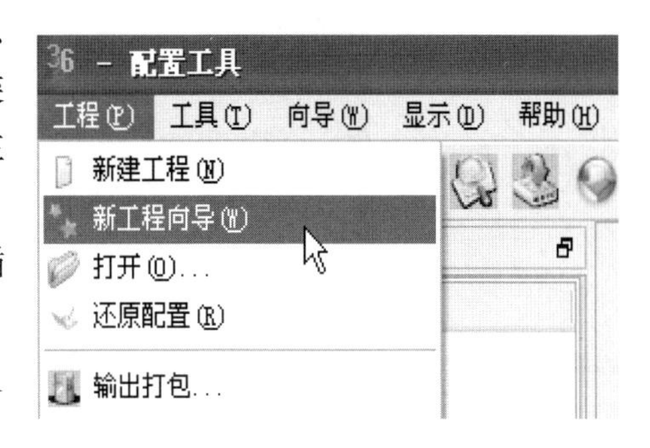

图 3-117　新工程向导

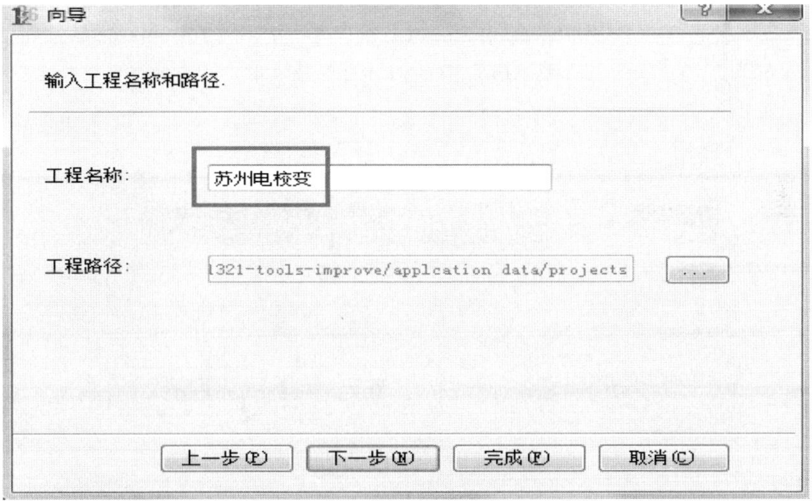

图 3-118　工程名称及路径

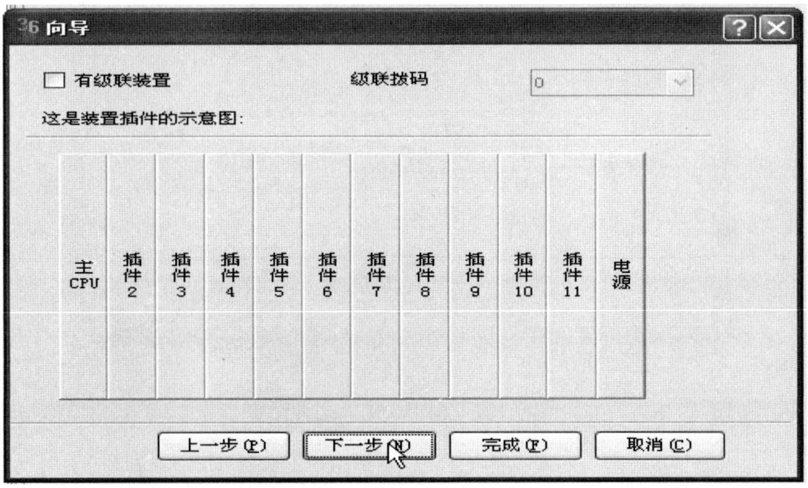

图 3-119　插件功能分配

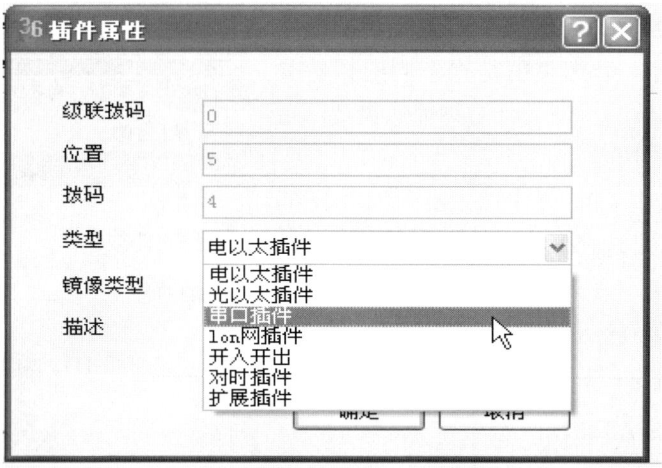

图 3-120 “插件属性”对话框

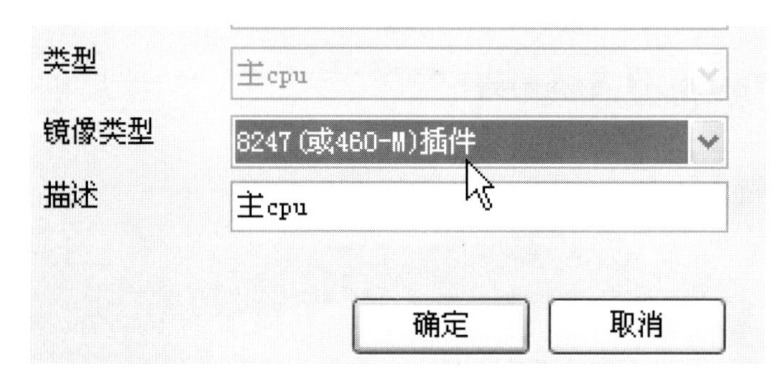

图 3-121 主 CPU 镜像类型

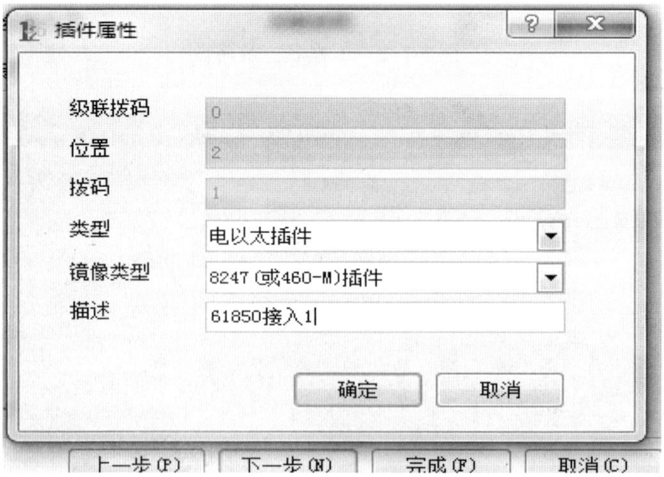

图 3-122 61850 接入插件配置

预先分配插件 4 做 104 数据通信网关机通信用，点击“插件 4”，弹出“插件属性”对话框，选择“电以太插件”，“描述”改为“104 通讯”，如图 3-123 所示。点击“确定”完成 104 插件配置。

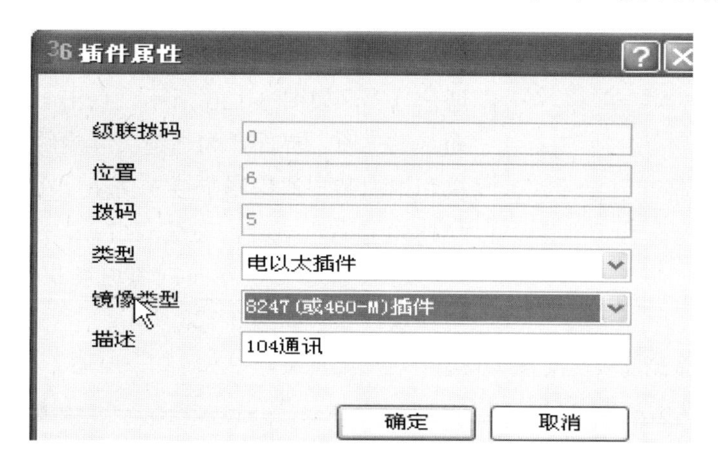

图 3-123　104 插件配置

点击“完成”，进入树状结构界面，开始对每个插件进行具体的功能设置。

3. 插件通信参数设置

（1）主 CPU 插件的设置。如果只是常规制作，大多采用默认设置。

（2）61850 接入插件的设置。左键单击 61850 接入 1 插件，按图 3-124 所示对插件属性进行设置，可进行“IP 地址”设置，IP 地址和子网掩码设置为站内同一网段地址。其他项采用默认设置。右键单击“网卡”，选择“增加通道”，如图 3-125 所示。

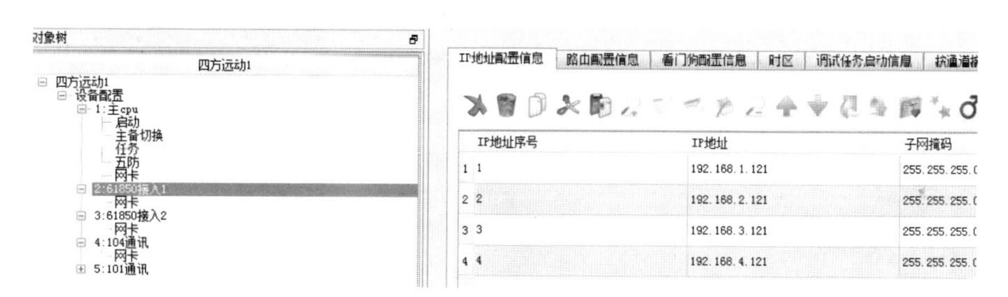

图 3-124　插件通信属性设置

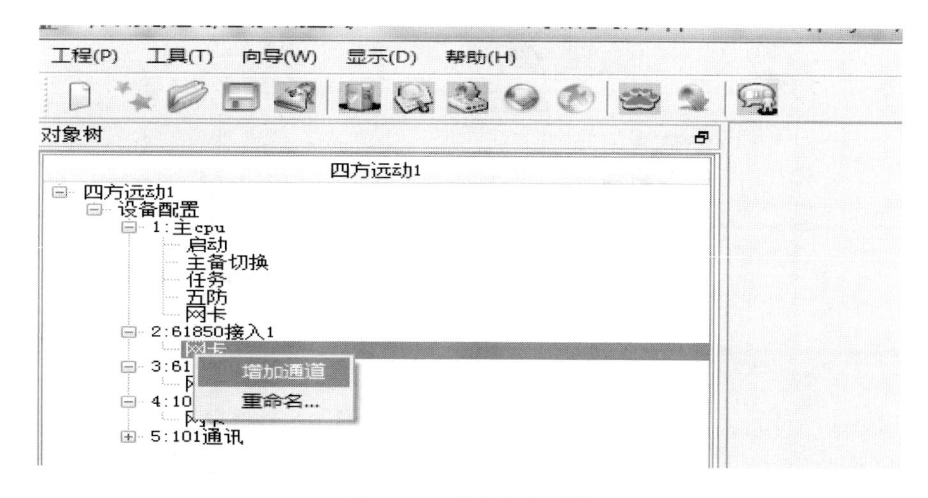

图 3-125　增加规约通道

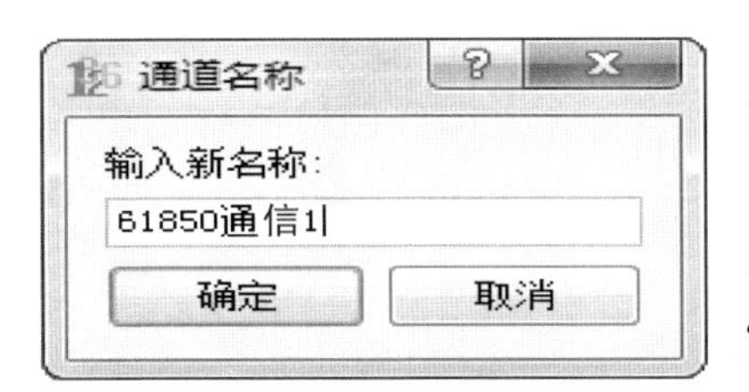

图 3-126　通道命名

弹出“通道名称”对话框，通道命名为“61850通信 1”，如图 3-126 所示。点击“确定”，出现如图 3-127 所示界面，为通道关联规约。数据通信网关机和站内装置通信属于接入功能，在接入规约里选择“61850 接入”规约，左键双击。

进入通道设置界面，通道设置内容基本可以采用默认设置，如图 3-128 所示。

该插件上的数据需要从配置工具输出远动配置文件导入，如下所述。右键单击 61850 接入，出现图 3-129 所示界面。

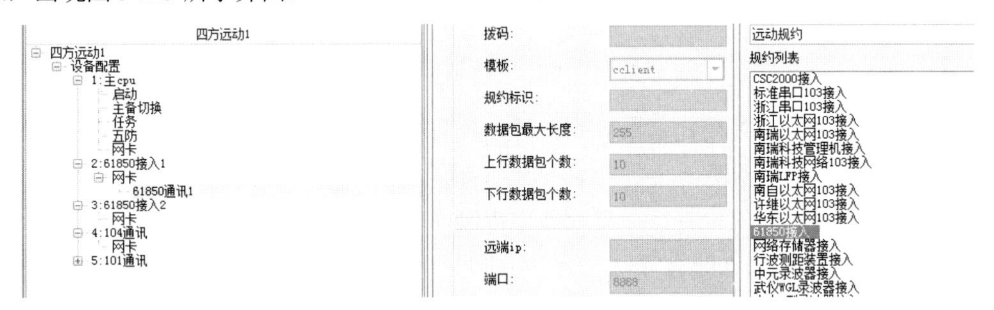

图 3-127　通道关联规约

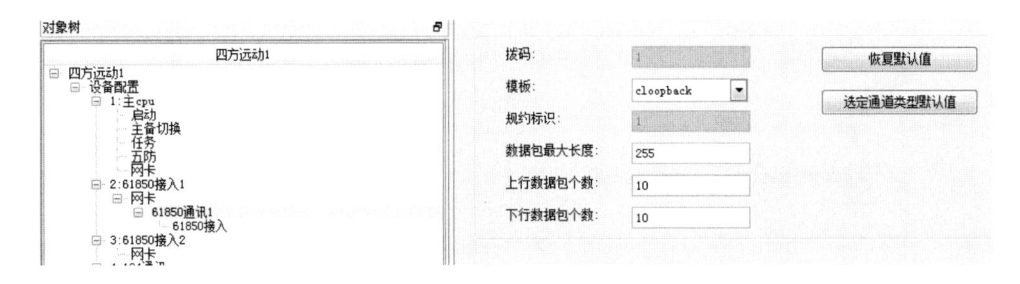

图 3-128　61850 通道设置

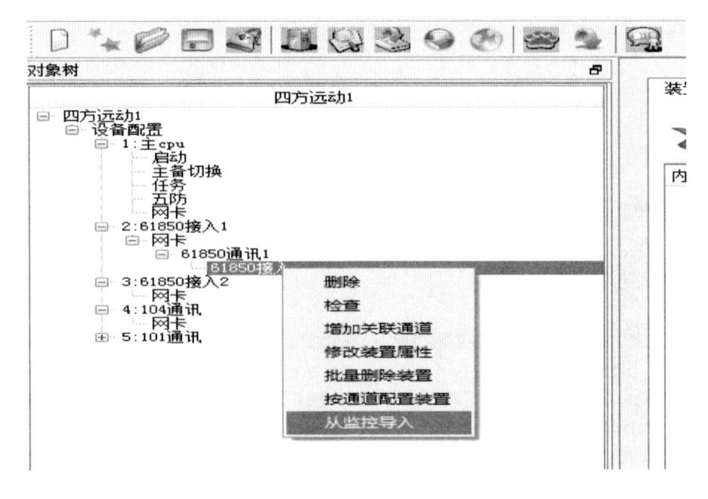

图 3-129　61850 接入

选择从监控导入，出现61850数据源路径，选择相应的目录文件，如图3-130所示。

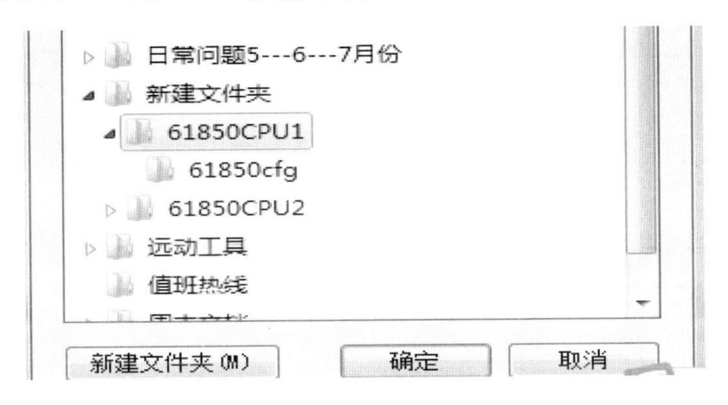

图3-130　61850数据

选择“61850CPU1”，单击“确定”导入插件一的装置，导入过程会有提示，如图3-131 所示。这是正常的提示，单击“确定”，然后会出现导入装置模板的提示，如图3-132所示，继续单击“确定”。

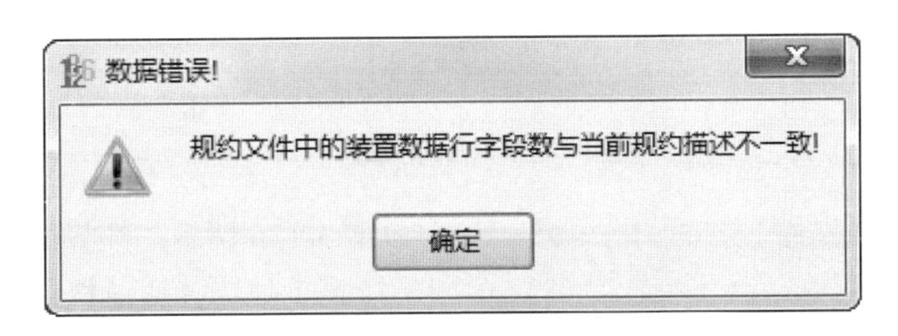

图3-131　数据错误

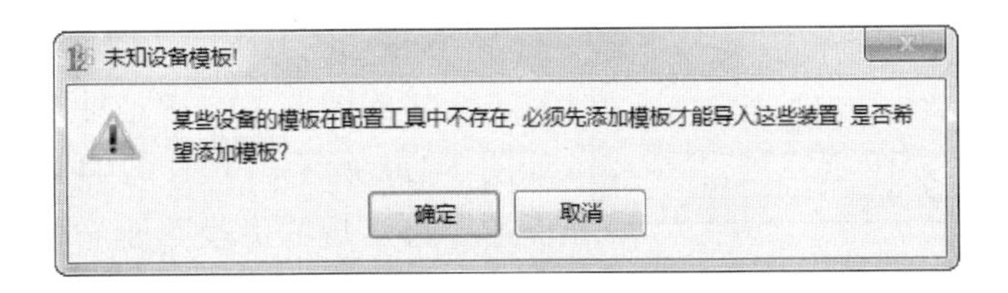

图3-132　模板导入

导入过程中会出现提示修改某些属性，目前强制修改的项目有地区属性，可以根据所在地进行添加，其他项采用默认。装置排列顺序为监控输出时的顺序，无法修改，根据该顺序生成内部规约地址。设备导入成功后，出现装置信息菜单页，如图3-133所示。

（3）数据通信网关机104插件的设置。根据苏州电校变的相关参数，设置站端IP地址，如图3-134所示。右键单击“网卡”，选择“增加通道”，弹出“通道名称”对话框，通道命名为“调度104”，如图3-135所示。单击“确定”，出现图3-136所示界面，此时需要给通道关联104规约。

图 3-133　61850 接入装置信息

图 3-134　站端 IP 地址设置

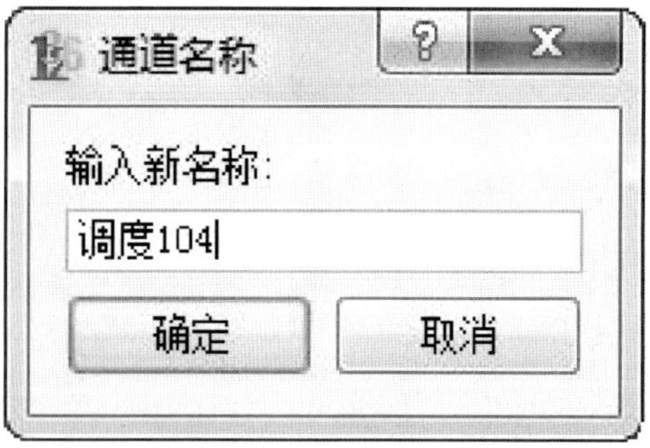

图 3-135　增加通道

如图 3-136 所示，在界面的最右端，规约类型下拉菜单处选择通道规约，然后在下面的“规约列表”处左键双击“104 网络规约”。关联 104 规约后出现的界面如图 3-137 所示。

“远端 IP”为允许与数据通信网关机进行 TCP 连接的调度主站 IP 地址，其余全部默认。如图 3-138 所示，单击“104 网络规约”，在右面的窗口“规约字段”处，根据实际站址修改 RTU 链路地址。

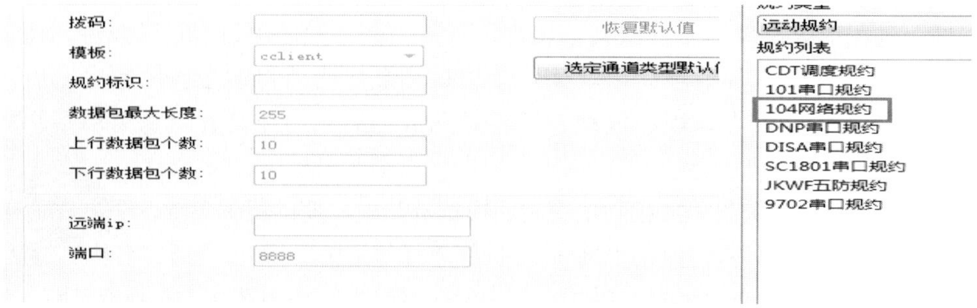

图 3-136　通道关联规约

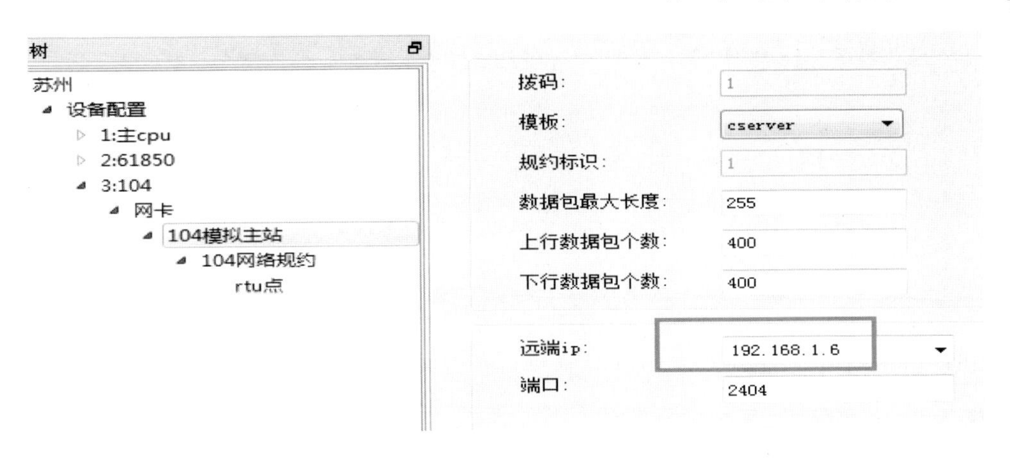

图 3-137　通道设置

图 3-138　RTU 字段信息

4. 四遥点表挑选方法

遥测、遥信和遥控的挑选方法相同。如图 3-139 所示，选择一个通道进行点表挑选，如调度 104。鼠标单击“RTU 点”，在右侧的设备列表下选择相应装置，然后在该装置的遥信、遥测、遥控等页面选择调度需要的点，“ctrl”键为不连续选点，“shift”为连续选点，选点后点击右键，可以增加或者插入所选择的点。

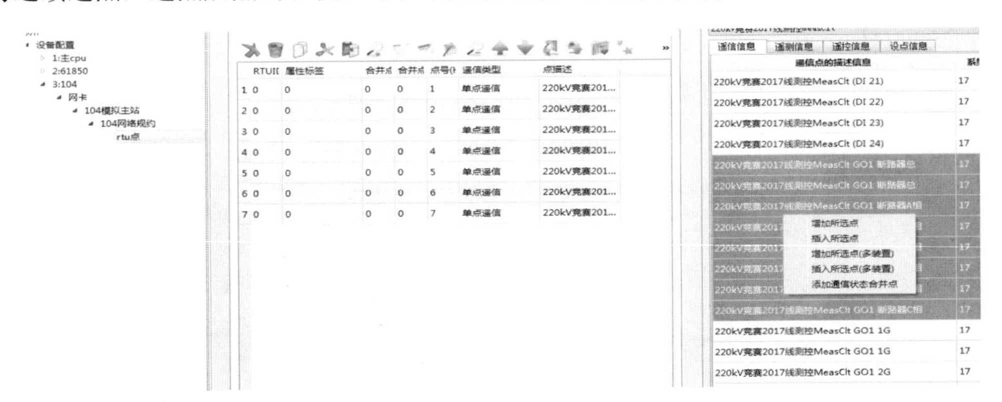

图 3-139　四遥点表的挑选

（1）遥信设置。如图 3-140 所示，遥信表里有三处配置需要注意。

	RTUI[	属性标签	合并点标记1	合并点标记2	点号(H)	遥信类型	点描述
1	0	0	0	0	1	单点遥信	220kV竞赛2017线测控Mea...
2	0	0	0	0	2	单点遥信	220kV竞赛2017线测控Mea...
3	0	0	0	0	3	单点遥信	220kV竞赛2017线测控Mea...
4	0	0	0	0	4	单点遥信	220kV竞赛2017线测控Mea...
5	0	0	0	0	5	单点遥信	220kV竞赛2017线测控Mea...
6	0	0	0	0	6	单点遥信	220kV竞赛2017线测控Mea...
7	0	0	0	0	7	单点遥信	220kV竞赛2017线测控Mea...

图 3-140 遥信点表设置

“遥信类型”：104 规约支持单点遥信、双点遥信两种类型，实现方式与主站要求有关。

“点号”：按照与调度约定的点表，对刚才导入的遥信点设置点号。注意为十六进制。

“属性标签”：左键双击所要设置表格，出现图 3-141 所示界面，共有 8 项设置。

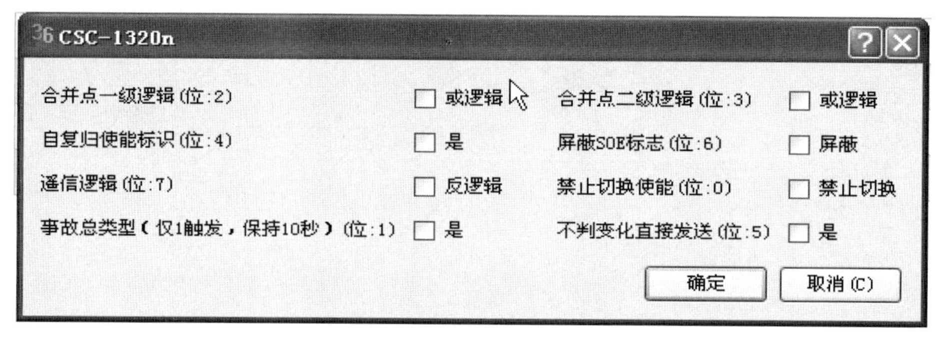

图 3-141 属性标签

合并点一、二级逻辑：用来设定该组合并点的各点使用的逻辑，勾选后边的“或逻辑”，则该组合并点采用或逻辑，不选则默认为与逻辑。

遥信逻辑：用来对接入遥信状态取反后上送调度。

事故总类型（仅 1s 触发，保持 10s）：该功能仅使用 255 255 255 x y 的虚点，一般在合并点里出现，当子点长期保持为 1 ，而由子点触发的母点需要定时复归的，需要勾选，仅保持 10s 后复归。

（2）遥测设置。如图 3-142 所示，共有四处需要配置。

	RTUI[	死区值(百	转换系数	偏移	总加遥	总加遥测系数	点号(H)	报文ASDU类型	点描述
1	0	0.1	1	0	0	0	4001	带品质描述的短浮点数	220kV竞赛201...
2	0	0.1	1	0	0	0	4002	带品质描述的短浮点数	220kV竞赛201...
3	0	0.1	1	0	0	0	4003	带品质描述的短浮点数	220kV竞赛201...
4	0	0.1	1	0	0	0	4004	带品质描述的短浮点数	220kV竞赛201...
5	0	0.1	1	0	0	0	4005	带品质描述的短浮点数	220kV竞赛201...
6	0	0.1	1	0	0	0	4006	带品质描述的短浮点数	220kV竞赛201...
7	0	0.1	1	0	0	0	4007	带品质描述的短浮点数	220kV竞赛201...
8	0	0.1	1	0	0	0	4008	带品质描述的短浮点数	220kV竞赛201...
9	0	0.1	1	0	0	0	4009	带品质描述的短浮点数	220kV竞赛201...

图 3-142 遥测点表设置

104 规约支持多种报文类型，如图 3-143 所示。点号的设置与遥信相同，起始点号为 4001H。

（3）遥控设置。若无特殊要求，只需按照上述方法设置点号，起始点号为 6001H。

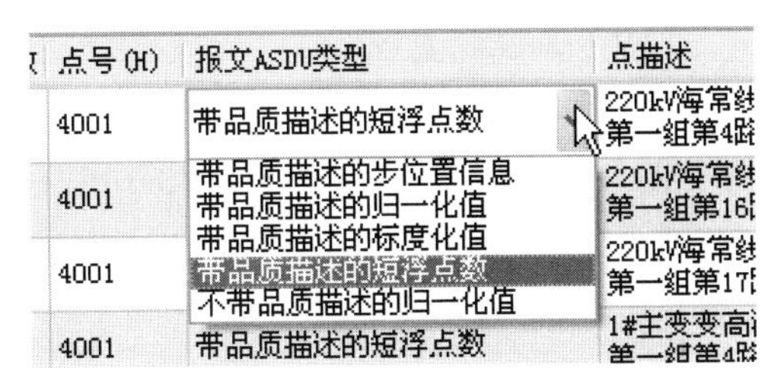

图 3-143　遥测数据类型

（三）61850 通信设置

61850 通信设置有以下两步：

首先是将和 61850 通信有关的文件夹 61850cfg 下装到对应的接入插件的 tffs0a/下，如图 3-144 所示。

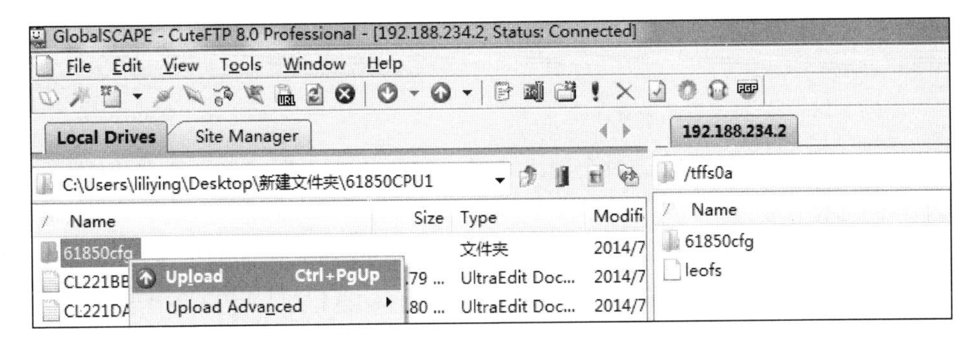

图 3-144　61850cfg 文件

再检查 61850cfg 内文件是否上传完整，然后生成通信子系统文件。需要 telnet 登录插件，使用 C　2，3 命令来生成通信子系统文件 csssys.ini，文件生成后可能存在/tffs0a 目录下，需要将其 FTP 至/tffs0a/61850cfg 下。该命令格式的说明如图 3-145 所示，需要注意实例号且全站实例号唯一，否则会引起站内通信异常。

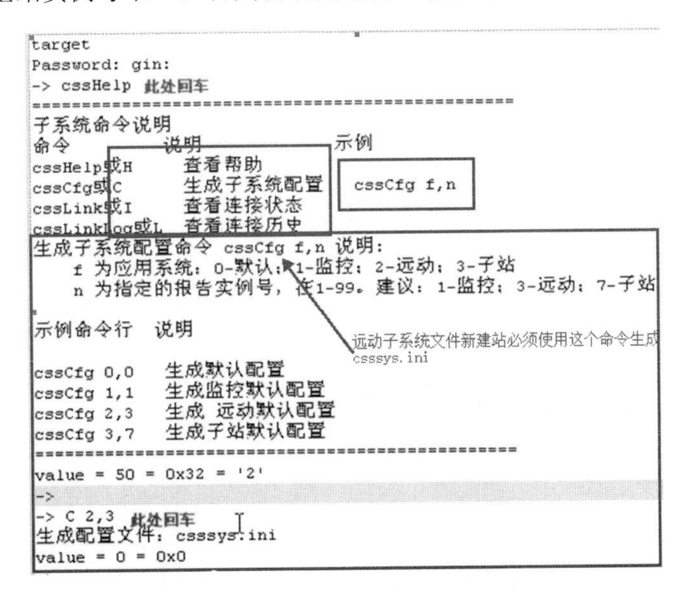

图 3-145　csssys 文件生成命令说明

(四)工程配置下装

将调试机的网线插到网关机前面的调试口，本机设为 192.188.234.xx 网段。把输出打包的数据下装到装置里，如图 3-146 所示。会出现如图 3-147 所示的提示框，选择“确定”则可继续下装。

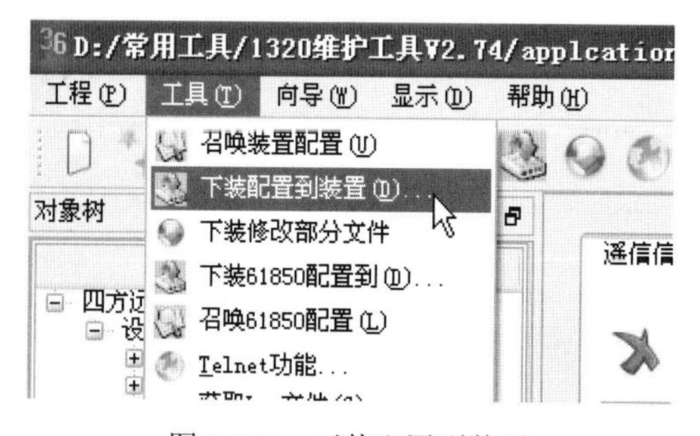

图 3-146　下装配置到装置

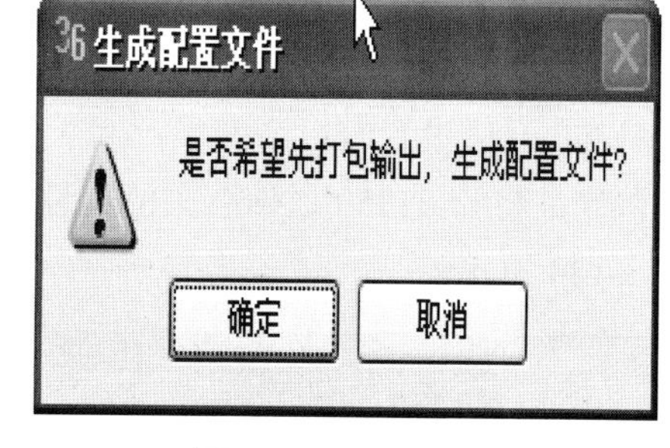

图 3-147　输出提示

维护工具有权限管理，下装时会要求登录，如图 3-148 所示，用户名“sifang”，密码“8888”，选择“超级用户”。

配置工具登录完成后会提示 FTP 登录，如图 3-149 所示，即通过 FTP 方式下装配置，远方主机地址即主 CPU 的调试地址“192.188.234.1”，用户名“target”，密码“12345678”，路径根据镜像类型不同自动生成，不需修改。

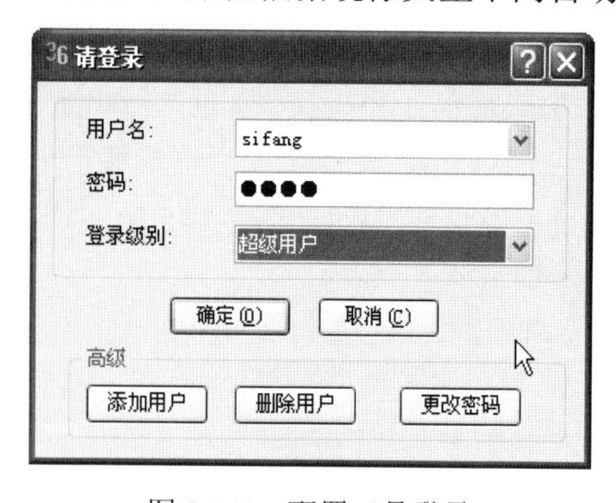

图 3-148　配置工具登录

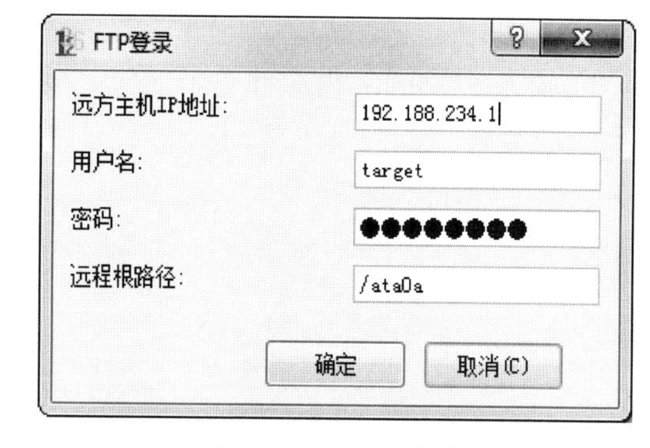

图 3-149　FTP 登录

下装过程中会出现信息提示，下装成功后会出现是否重启以及重启的方式，如图 3-150 所示。选自动重启，可以查看插件重启的过程，手工重启就是人为断开电源，两种方法均可。

图 3-150　下装信息提示

三、维护要点及注意事项

1. 上行数据异常检查

第一步：确认间隔层采集和站控层传输是否正常，可通过监控主站验证，如果监控主站接收上行数据正常，可排除此过程问题。

第二步：通过维护工具查看接入数据库，检查数据是否正常；常见的问题为网络接线错误、通信参数错误等造成的通信异常，或者导入监控数据格式错误、导入的不是最终数据等造成的数据库异常。

第三步：通过维护工具查看数据通信网关机数据库，常见问题为插件间通信异常、插件间程序版本不一致、远传点表关联错误等。

第四步：通过维护工具、调试命令等方式查看数据通信网关机报文，人工解析上送报文是否正确。如果前三步检查确认数据正常，而上送报文异常，则是规约的参数配置或者程序存在问题，需要联系技术支持处理。如果报文正常，说明系统的数据采集和远传数据的制作不存在问题，可能存在的问题有调度提供的远传点表与主站数据库不一致、数据通信网关机与调度约定的数据类型不一致、数据通信网关机与调度约定的遥测系数不一致、主站数据库制作错误等。

现场调试中，一般先按第四步进行检查，分清是站内问题还是和调度之间的问题，再按对应的方法排查。

2. 遥控问题的排查

第一步：通过监控系统对间隔层设备进行遥控，排除间隔层设备问题。

第二步：登录接入插件 ping 通需要遥控的间隔层设备。

第三步：登录数据通信网关机插件，通过调试命令查看调度主站遥控报文是否正确，遥控点号是否与远传点表配置一致。

第四步：登录接入插件，通过调试命令查看解析出来的遥控信息是否与需要进行的遥控操作一致，如不一致，检查数据通信网关机数据库与接入数据库控点的对应关系是否正确，检查接入数据库中遥控的控点是否和监控验证过的控点一致。

时刻保持数据通信网关机数据与监控数据的一致，可以避免绝大部分数据制作造成的问题。

3. 数据备份

配置工具“applcation data”文件夹下“temp files”文件夹包含了通过维护工具生成的 CSC1321 运行数据，即装置运行所需的实际配置。执行输出打包后，工具将把数据输出到“temp files”文件夹下以工程名命名的文件夹中。备份时必须备份该文件夹，如图 3-151 所示。

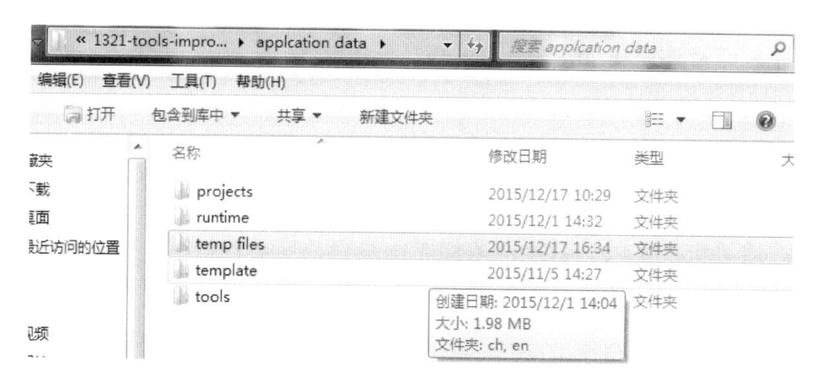

图 3-151 “applcation data”文件夹

第五节 智 能 终 端

一、装置功能介绍

CSD-601 系列智能终端应用于智能变电站的过程层，硬件采用模块化设计，可通过开入采集多种类型输入，如状态输入（重要信号可双位置输入）、告警输入、事件顺序记录（SOE）、主变分接头输入等；可接收保护装置下发的跳闸、重合闸命令，完成保护跳合闸；可接收测控装置转发的主站遥控命令，完成对断路器及相关隔离开关的控制；可采集多种直流量，如 DC0～5V、DC4～20mA，完成柜体温度、湿度、主变温度的采集上送。正面、背面图如图 3-152、图 3-153 所示。

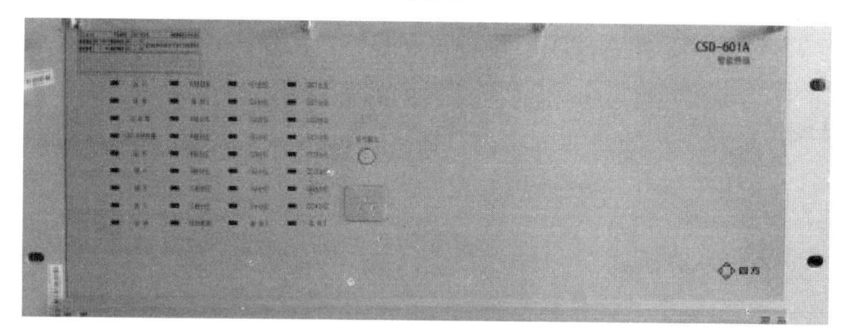

图 3-152 CSD-601A 正面图

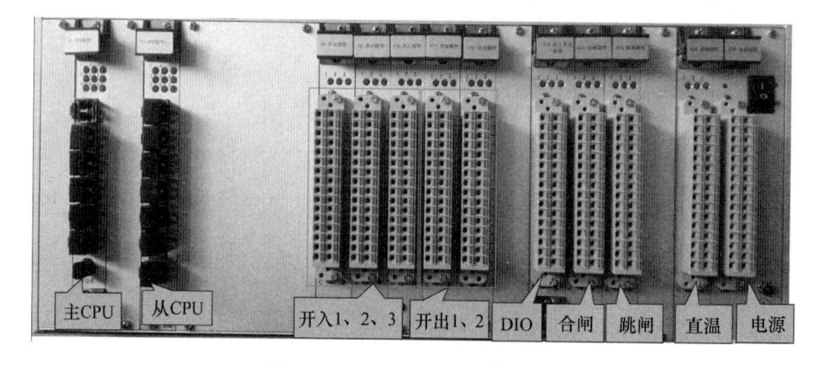

图 3-153 CSD-601A 背面图

CSD-601 的面板配有 1 个电以太网口，可作为调试口使用，其 IP 地址为 192.178.111.1。

装置面板共有 36 个 LED 灯，每个灯有红、绿两种颜色，每种颜色有灭、亮、闪三种状态，如表 3-8 所示。

表 3-8　　分相智能终端（CSD-601A）面板指示灯

运行	对时异常	G1 合位	GD1 合位
检修	备用 1	G1 分位	GD1 分位
总告警	A 相合位	G2 合位	GD2 合位
GO A/B 告警	A 相分位	G2 分位	GD2 分位
动作	B 相合位	G3 合位	GD3 合位
跳 A	B 相分位	G3 分位	GD3 分位
跳 B	C 相合位	G4 合位	GD4 合位
跳 C	C 相分位	G4 分位	GD4 分位
合闸	控回断线	备用 2	备用 3

- 运行：装置上电正常为绿灯常亮，装置死机或面板异常会出现红灯常亮。
- 检修：检修压板投入时，红灯常亮，否则熄灭。
- 总告警：装置正常时熄灭；装置异常或装置故障时，红灯常亮，点亮后如告警消失需手动复归。
- GO A/B 告警：GOOSE 订阅异常时，红灯常亮，GOOSE 订阅恢复正常，熄灭。
- 动作：外接三相不一致保护动作时点亮。
- 跳 A/B/C：接收到保护 GOOSE 跳令时点亮，为红灯常亮，跳令消失后需手动复归后熄灭。
- 合闸：接收到保护重合闸命令时点亮，为红灯常亮。
- 对时异常：对时信号异常时，为红灯常亮，否则熄灭。
- 控制回路断线：控制回路断线逻辑输出时，红灯常亮，否则熄灭。
- A/B/C 相分/合位：位置对应开入有强电输入时点亮，合位为红色，分位为绿色。
- G1/2/3/4 分/合位：位置对应开入有强电输入时点亮，合位为红色，分位为绿色。
- GD1/2/3/4 分/合位：位置对应开入有强电输入时点亮，合位为红色，分位为绿色。

二、装置操作界面介绍

（一）装置复归

点击“装置复归”菜单，点击“复归”，切换到“事件告警信息”，会在图 3-154 告警窗中显示出装置所有告警信息。

（二）开入状态

点击“开入状态”，通过插件选择下拉按钮选择需要查看插件的开入状态，点击“手动召唤”，如图 3-155 所示。

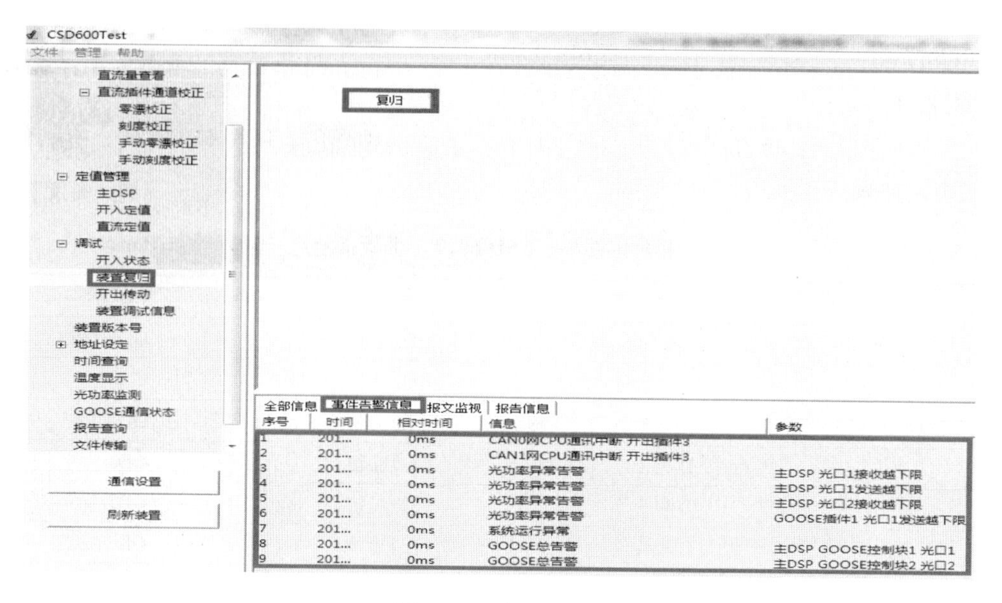

图 3-154　复归界面

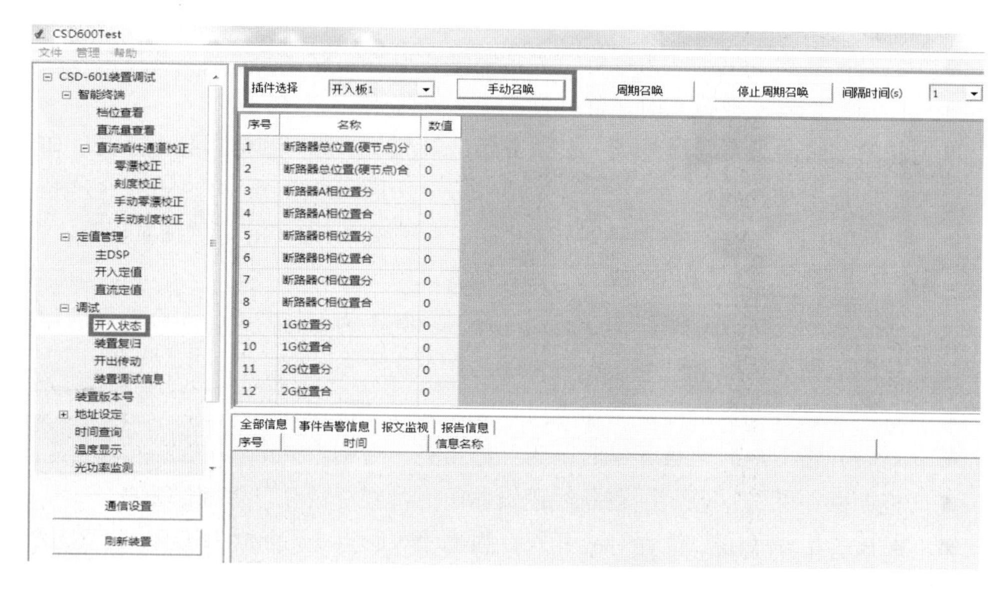

图 3-155　“开入状态”界面

（三）开出传动

点击“开出传动”，在插件选择下拉按钮选择待开出传动插件，在开出端子下拉按钮选择待开出传动节点端子，点击“开出传动”，验证后点击“开出收回”或“批量收回”，如图 3-156 所示。

（四）GOOSE 通信信息

点击“GOOSE 通信信息”菜单，点击插件选择下拉按钮选择待查看插件，点击“召唤 GOOSE 通信状态”，会在图 3-157 所示显示窗中显示出 GOOSE 订阅参数是否有不匹配信息。

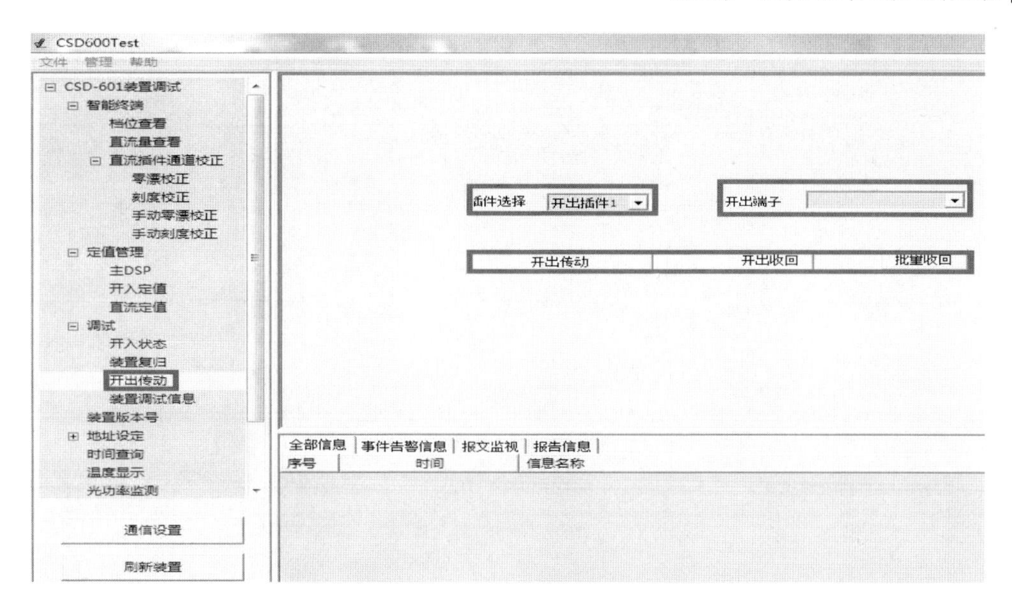

图 3-156　开出界面

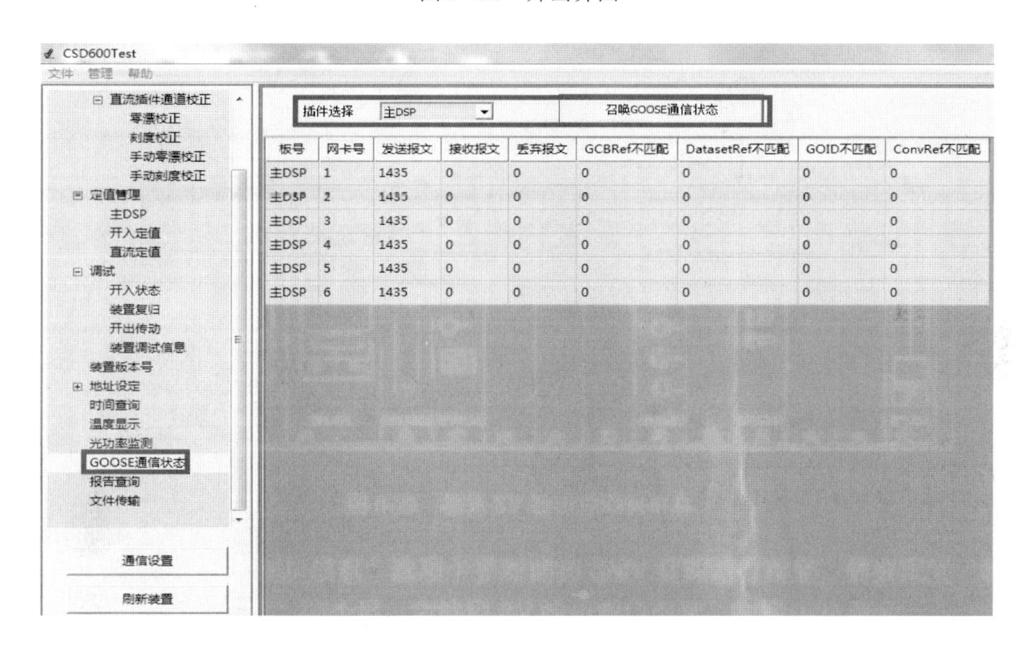

板号	网卡号	发送报文	接收报文	丢弃报文	GCBRef不匹配	DatasetRef不匹配	GOID不匹配	ConvRef不匹配
主DSP	1	1435	0	0	0	0	0	0
主DSP	2	1435	0	0	0	0	0	0
主DSP	3	1435	0	0	0	0	0	0
主DSP	4	1435	0	0	0	0	0	0
主DSP	5	1435	0	0	0	0	0	0
主DSP	6	1435	0	0	0	0	0	0

图 3-157　GOOSE 通信信息

（五）开入定值

点击“开入定值”菜单，点击插件选择下拉按钮选择插件，点击召唤定值，可在图 3-158 显示窗中查看相应开入通道对应数值，此值为防抖延时，默认为 5ms 设置。

（六）导出配置文件

选择配置工具“导出”→“导出虚端子配置”进行操作。

对于苏州电校变，智能终端导出配置，选择图 3-159 所示，点击“确认”。

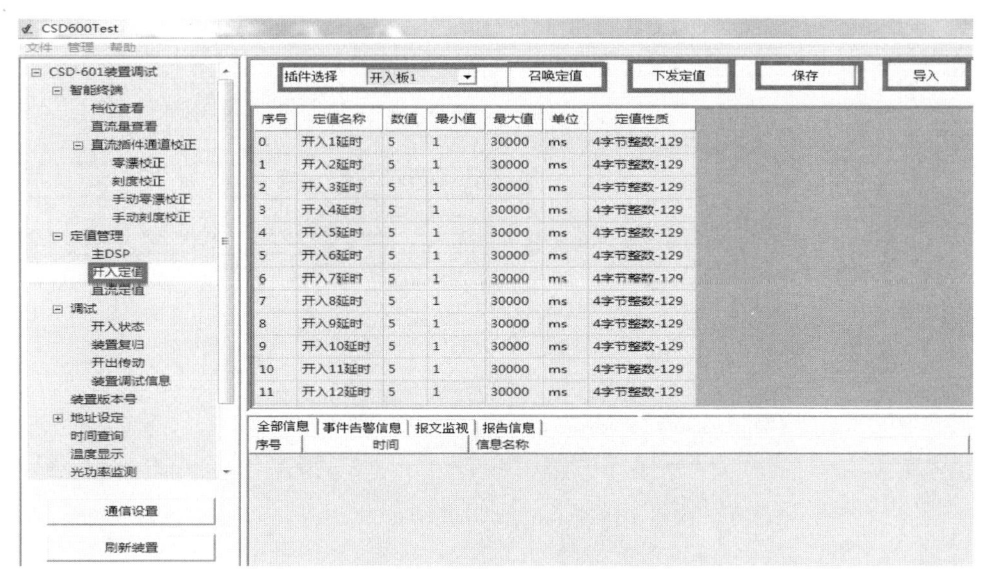

图 3-158 “开入定值”设定界面

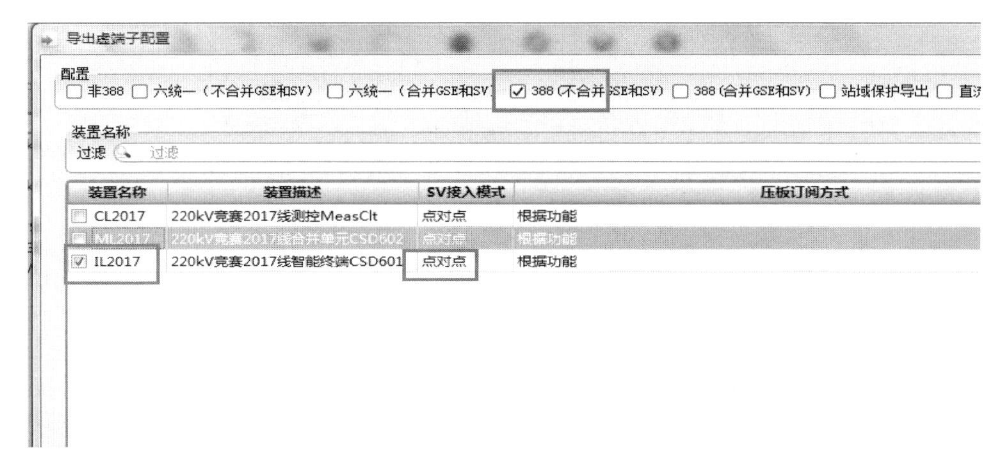

图 3-159 智能终端配置导出

名称
IL2017_G1
IL2017_G1.cid
IL2017_G1.ini
IL2017_M1.ini
IL2017_new.ini
readme.txt

图 3-160 导出文件列表

文件导出成功，导出文件应包含图 3-160 所示内容。

（七）装置配置文件下装

装置配置文件导出时选择 388（不合并 GSE 和 SV），可从 CPU 板任一口及面板电口下发。CSD-601 装置配置文件总共有两个：***_G1.cfg、***_G1.ini （***为文件名称可变部分）。

（1）***_G1.cfg 文件下装（该文件一般不需要下装）：连接装置前面板电口或主 CPU 板任一网口，打开 CSD600TEST，逐次点击图 3-161 中 1、2，点击 3 处“GO.cfg 下发”，选择要下发的***_G1.cfg 文件，界面会提示文件下装成功。

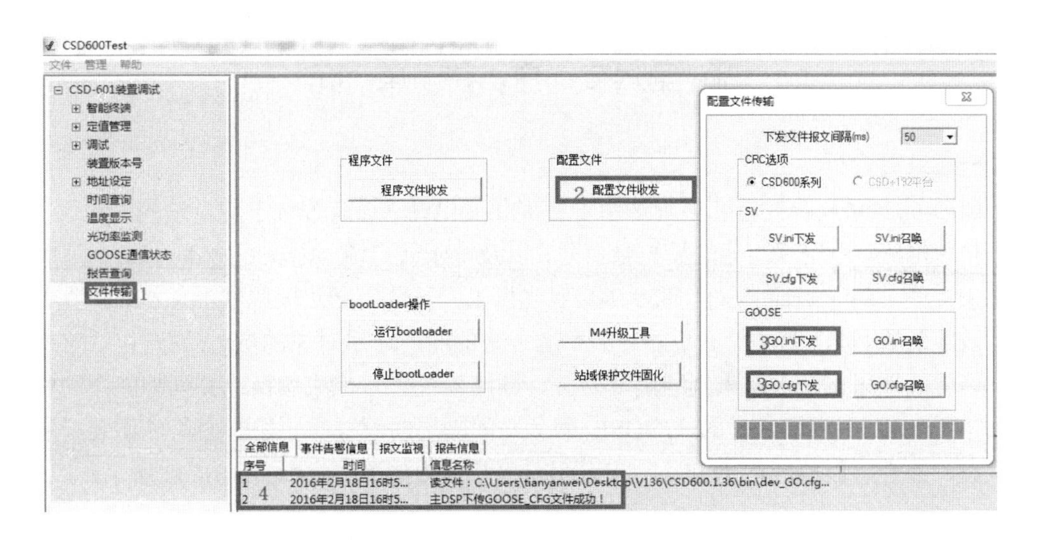

图 3-161 智能终端文件下装

（2）***_G1.ini 下装：***_G1.ini 由系统配置器导出，下装同***_G1.cfg 文件下装，逐次点击图 3-161 中 1、2，在 3 处选择“GO.ini 下发”，选择要下发的***_G1.ini，界面会提示文件下装成功。

三、维护要点及注意事项

1. 屏蔽控制回路断线灯

问题描述：TV 间隔智能终端无跳、合闸插件，故无跳、合闸监视回路，装置会报“控制回路断线”，点亮面板的控制回路断线灯。

处理办法：goose.cfg 配置中点灯配置[LEDCfg]部分的最后一行为控制回路断线灯：LED_48 = 47，控制回路断线，2，0，1，18，2，0；其中倒数第二列为点灯属性，1，2，3 为红灯的灭、亮、闪；4，5，6 为绿灯的灭、亮、闪，将倒数第二列 2 改为 1 即可将控制回路断线灯屏蔽；或是将控制回路断线点灯退出，方法为将第三列的 2 改为 14。

2. 合后状态逻辑输出异常

问题描述：装置经手合或遥合后，未输出“合后状态”逻辑。

可能原因：手合 CPU 采集回路（见合闸回路图）异常，常见为 CPU 采集回路负电端未接（X15-C32）或断路器合位未采集到。

3. GOOSE 通信异常

问题描述：智能终端与保护装置点对点通信，保护接收正常，智能终端报接收通信中断。

可能原因：①光纤、光口问题。②保护装置发送报文与智能终端订阅报文通信参数信息不匹配。③智能终端接收区分口，如订阅虚端子口使用为直跳网口 2，与保护装置通信光纤连接到网口 3，则装置报接收通信中断。因智能终端各光口发送 GOOSE 报文一致，故保护装置未报接收通信中断。

第六节 合 并 单 元

一、装置介绍

CSD-602 系列合并单元装置适用于智能化变电站。该装置位于变电站的过程层，可采集传统电流、电压互感器的模拟量信号，以及电子式电流、电压互感器的数字量信号，并将采样值（SV）按照 IEC 61850-9-2 以光以太网形式上送给间隔层的保护、测控、故障录波等装置。可根据过程层智能终端发送过来的面向通用对象的变电站事件（GOOSE）或本装置就地采集开入值来判断隔离开关、断路器位置，完成切换或并列功能；同时，可以按照 IEC 61850 定义的 GOOSE 服务与间隔层的测控装置进行通信，将装置的运行状态、告警、遥信等信息上送。其正面图、背板图如图 3-162、图 3-163 所示。

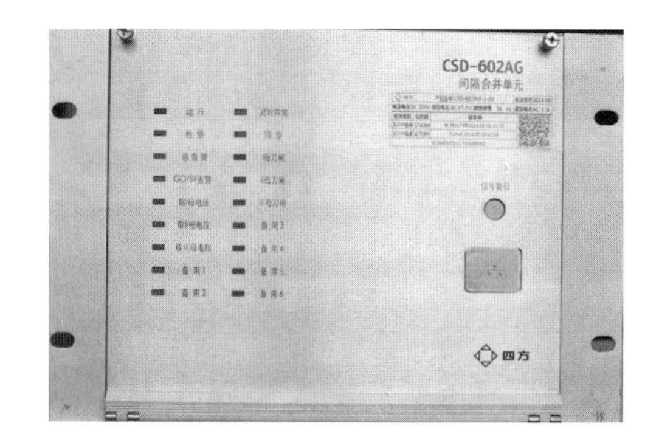

图 3-162 CSD-602 正面图

图 3-163 CSD-602 背板图

装置面板共有 18 个灯，如表 3-9 所示。

表 3-9 CSD-602 面板指示灯

运行	对时异常
检修	同步
总告警	Ⅰ母刀闸
GO/SV 告警	Ⅱ母刀闸
取Ⅰ母电压	Ⅲ母刀闸
取Ⅱ母电压	备用 3
取Ⅲ母电压	备用 4
备用 1	备用 5
备用 2	备用 6

- 运行：装置上电正常为绿灯常亮，装置死机或面板异常会出现红灯常亮。
- 检修：检修压板投入时，红灯常亮，否则熄灭。
- 总告警：装置有告警时，总告警指示灯常亮；告警消除时，指示灯灭。告警内容包括失步状态、采样异常、GOOSE/SV 接收异常、配置文件错、刀闸或断路器位置异常、与智能终端检修不一致。

- GO/SV 告警：GOOSE 订阅异常，SV 级联接收异常。
- 对时异常：对时信号异常时，为红灯常亮，否则熄灭。
- 同步：装置同步状态下，指示灯常亮；装置守时状态下，指示灯闪烁；装置失步状态下，指示灯熄灭。
- 取Ⅰ母电压、取Ⅱ母电压、取Ⅲ母电压：切换逻辑，切换取Ⅰ/Ⅱ/Ⅲ电压输出。
- Ⅰ母刀闸、Ⅱ母刀闸、Ⅲ母刀闸：刀闸位置灯，合位亮，分位灭，00 或 11 状态闪。

二、装置操作界面介绍

（一）MU 告警状态信息

调试工具连接装置，逐次点击图 3-164 中 1、2 处，在 2 处选择“主机”，点击 3 处，召唤主机告警信息；逐次点击 1、2 处，在 2 处选择“从机”，点击 3 处，召唤从机告警信息。

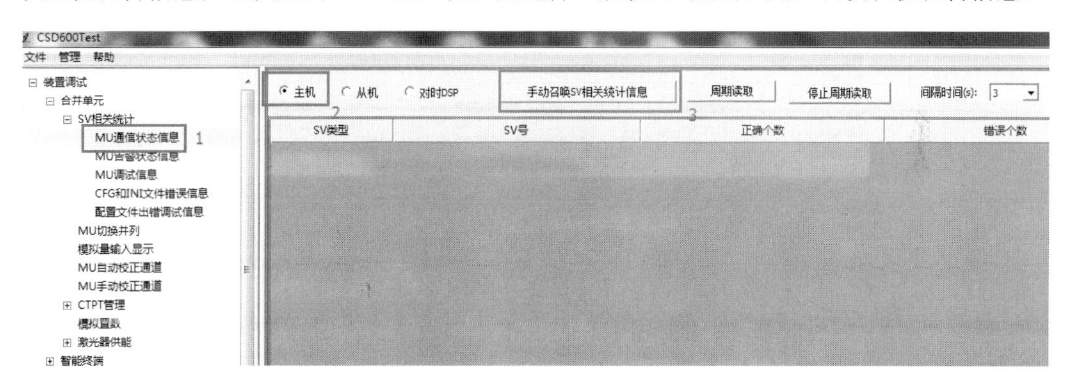

图 3-164　告警状态界面

（二）导出配置文件

选择配置工具“导出”→“导出虚端子配置”进行操作。对于苏州电校变，合并单元导出配置，选择如图 3-165 所示，点击“确认”。

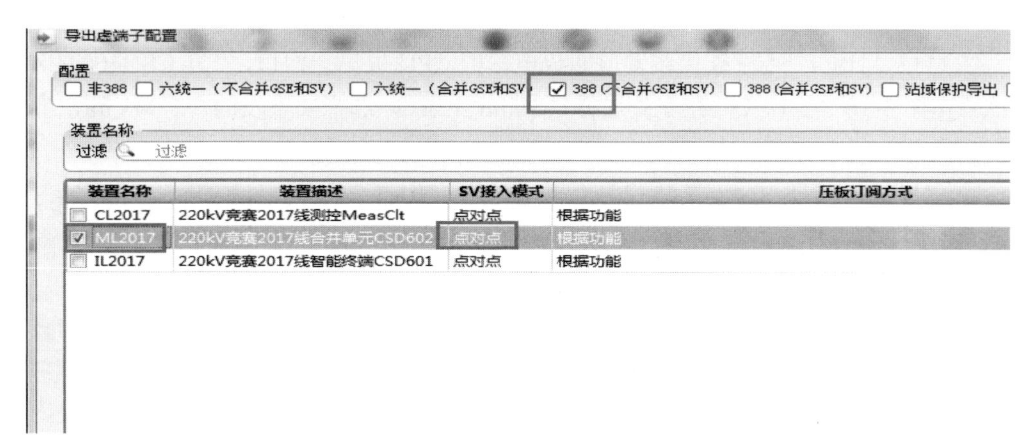

图 3-165　告警状态界面

文件导出成功，导出文件应包含如图 3-166 所示内容。

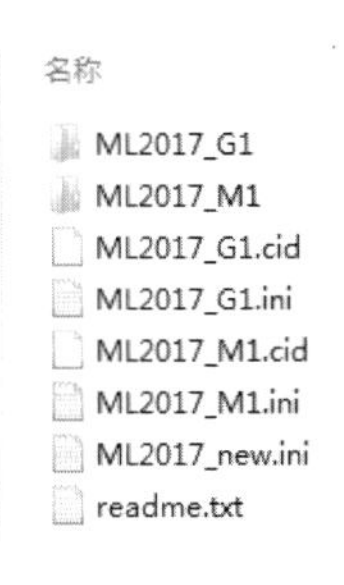

图 3-166　导出文件列表

（三）装置配置文件下载

CSD-602 装置配置文件总共有如下三个：***_M1.cfg：为按典型硬件配置归档，需按硬件选择后根据现场应用情况进行参数更改，目前标准化设置后，主要是修改一次参数值。

_G1.ini 、_M1.ini 由系统配置器导出。

（1）***_M1.cfg 下装：连接装置前面板电口或 CPU 板第一网口，打开 CSD600TEST，逐次点击图 3-167 中 1、2，点击 3 处“SV.cfg 下发”，选择要下发的***_M1.cfg 文件，界面会提示文件下装成功。

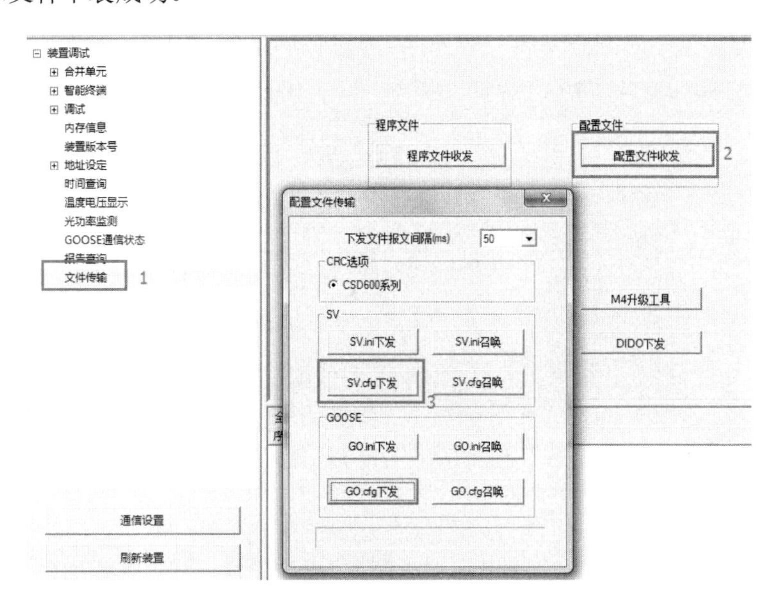

图 3-167　配置文件下装

（2）***_M1.ini 下装：连接装置前面板电口或 CPU 板第一网口，打开 CSD600TEST，逐次点击图 3-167 中 1、2，在 3 处选择“SV.ini 下发”，选择要下发的***_M1.ini，界面会提示文件下装成功。

（3）***_G1.ini 下装：连接装置前面板电口或 CPU 板第一网口，打开 CSD600TEST，逐次点击图 3-167 中 1、2，在 3 处选择“GO.ini 下发”，选择要下发的***_G1.ini，界面会提示文件下装成功。

（4）***_M1.cfg 中 CT、PT 变比修改说明：分别点击图 3-168 中 1、2、3 处，召唤装置***_M1.cfg 文件，可存储放置在调试机桌面上。

根据 TA/TV 一次值，使用记事本工具打开文件，修改图 3-169 框选部分。电流、电压均为一次值，单位为 mA 和 mV。

修改完毕后，通过前述介绍***_M1.cfg 配置文件下装方法，下装进装置，并重启装置。

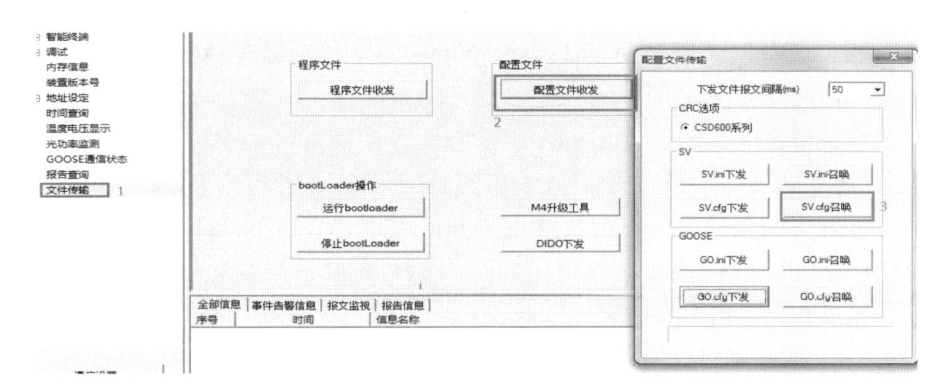

图 3-168　SV.cfg 文件召唤

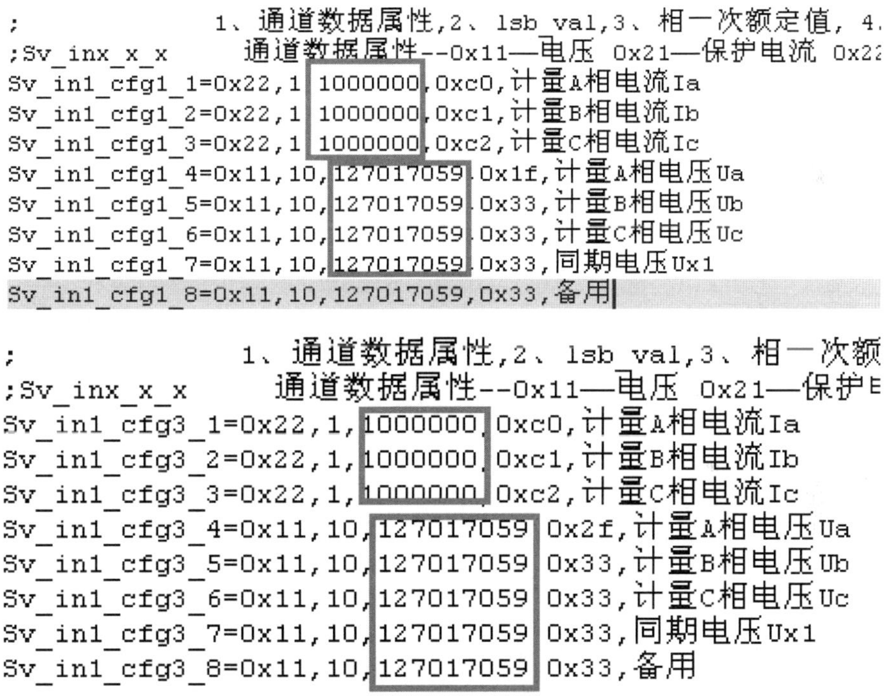

```
;                1、通道数据属性,2、lsb_val,3、相一次额定值, 4.
;Sv_inx_x_x       通道数据属性--0x11—电压 0x21—保护电流 0x22
Sv_in1_cfg1_1=0x22,1,1000000,0xc0,计量A相电流Ia
Sv_in1_cfg1_2=0x22,1,1000000,0xc1,计量B相电流Ib
Sv_in1_cfg1_3=0x22,1,1000000,0xc2,计量C相电流Ic
Sv_in1_cfg1_4=0x11,10,127017059,0x1f,计量A相电压Ua
Sv_in1_cfg1_5=0x11,10,127017059,0x33,计量B相电压Ub
Sv_in1_cfg1_6=0x11,10,127017059,0x33,计量C相电压Uc
Sv_in1_cfg1_7=0x11,10,127017059,0x33,同期电压Ux1
Sv_in1_cfg1_8=0x11,10,127017059,0x33,备用

;                1、通道数据属性,2、lsb_val,3、相一次额
;Sv_inx_x_x       通道数据属性--0x11—电压 0x21—保护E
Sv_in1_cfg3_1=0x22,1,1000000,0xc0,计量A相电流Ia
Sv_in1_cfg3_2=0x22,1,1000000,0xc1,计量B相电流Ib
Sv_in1_cfg3_3=0x22,1,1000000,0xc2,计量C相电流Ic
Sv_in1_cfg3_4=0x11,10,127017059,0x2f,计量A相电压Ua
Sv_in1_cfg3_5=0x11,10,127017059,0x33,计量B相电压Ub
Sv_in1_cfg3_6=0x11,10,127017059,0x33,计量C相电压Uc
Sv_in1_cfg3_7=0x11,10,127017059,0x33,同期电压Ux1
Sv_in1_cfg3_8=0x11,10,127017059,0x33,备用
```

图 3-169　SV.cfg 文件修改说明

三、维护要点及注意事项

1. 配置文件下发问题

问题描述：SV.cfg 配置文件下不进去。

解决办法：在下发 SV.cfg 文件时，文件名称若在归档配置的基础上做修改，名称最终需为 M1 结束。

2. SV 报文不输出

问题描述：召唤 MU 告警状态信息—从机，有“从 DSP 的 AD 数据接收出错 告警”，并且加量截取报文时，所有通道数值均为 0。

可能原因：SV.cfg 文件中 Sv_in1_Type_Num= （数值填错），AD 芯片的个数实际为 4 但填写了 6，此处应正确填写 AD 芯片的个数。

3. 采样值输出不准确

问题描述：SV 报文输出中保护 A 相电流 Ia1、保护 A 相电流 Ia2 输出偏差大。

可能原因：SV.cfg 文件中保护 A 相电流 Ia1、保护 A 相电流 Ia2 对应系数设置错误；保护 A 相电流 Ia1、保护 A 相电流 Ia2 对应 AD 通道刻度系数偏差大；AD 芯片有问题。

4. 测试仪加量装置无采样输出

问题描述：使用测试仪给装置保护电流 A 相加量，装置无采样输出。

可能原因：测试仪输出、接线、配置文件设置、交流插件、CPU 板中 AD 芯片等问题。

第七节 站内交换机

一、交换机配置界面介绍

（一）交换机登录

CSC-187ZA 交换机的默认参数如表 3-10 所示。

表 3-10　　登录参数表

参数	默认值
默认 IP 地址	192.168.0.1
默认用户名	admin（管理用户）/user（普通用户）
默认密码	12345678（管理用户）/12345678（普通用户）
默认语言	中文

CSC-187ZA 工业以太网交换机通过专用调试软件 java_switch 登录。打开 java_switch 软件后，在“编辑”→“参数”检查主机名、用户名和密码。设置正确后，显示如图 3-170 界面。

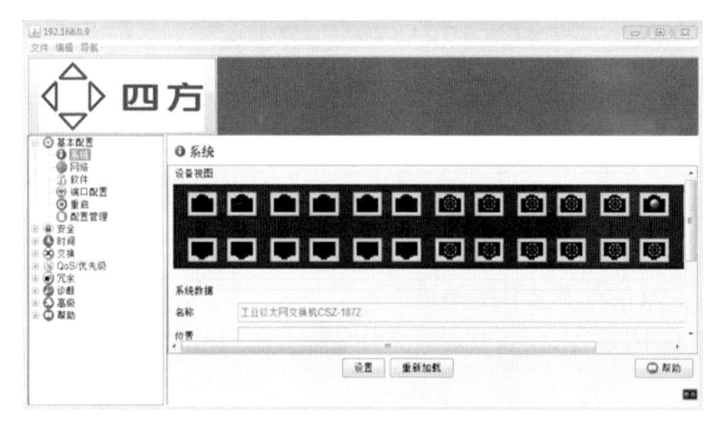

图 3-170　交换机登录界面

（二）端口配置

端口配置如图 3-171 所示。

图 3-171　端口配置

■　端口/端口描述：表示交换机端口的逻辑编号。

■　打开端口：用于设置某一端口打开与禁用。

■　自动协商：用于设置某一端口是否开启自动协商。

■　人工设置：用于设置和显示端口当前的速率/双工配置状态。

■　链接/当前设置：显示当前连接上的端口的状态。

（三）VLAN 配置

点击图 3-172 中的“静态菜单”菜单。

如图 3-173，VLAN 端口可以配置为 U/M/F/。

■　U：Untag，该 VLAN 成员，包不带标签发送。

■　M：Member，该 VLAN 成员，包带标签发送。

■　F：Forbiden，非该 VLAN 成员。

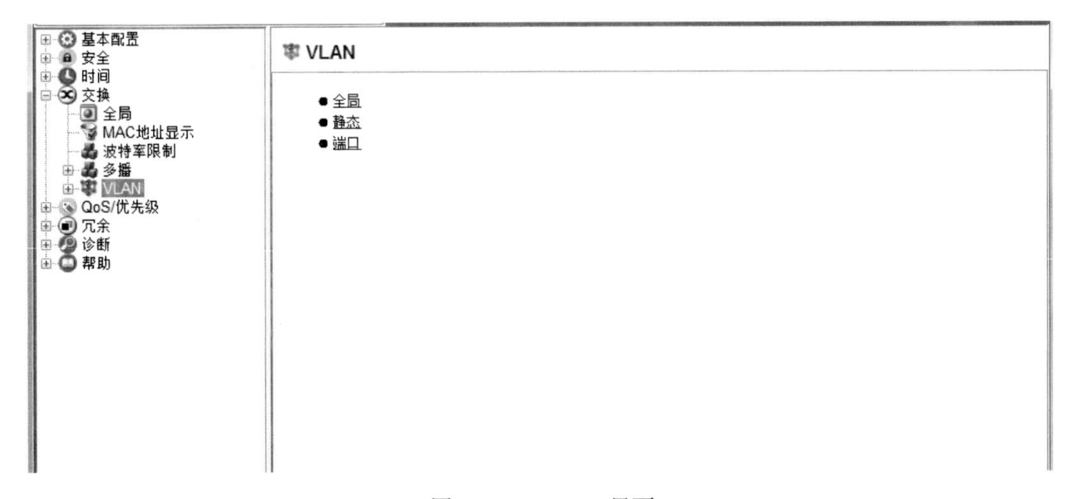

图 3-172　VLAN 界面

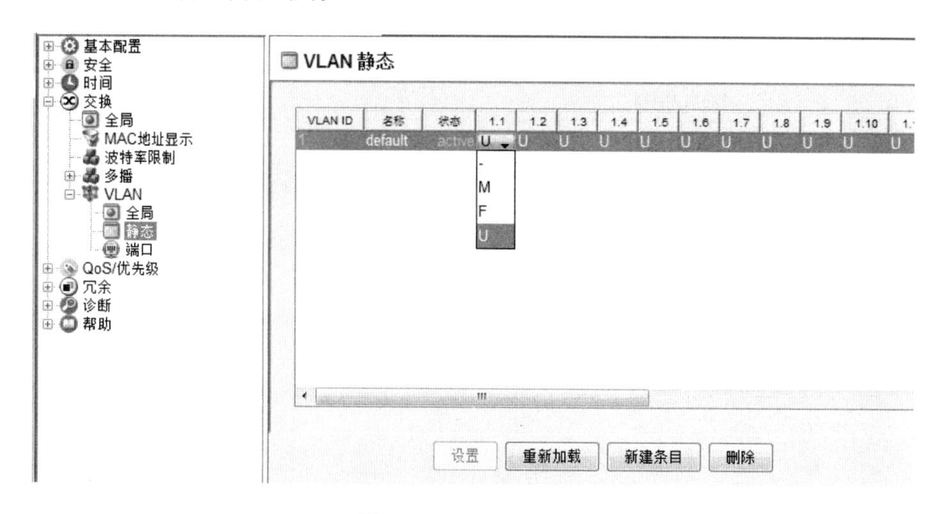

图 3-173　VLAN 配置

苏州电校变，VLAN 划分如图 3-174 所示。

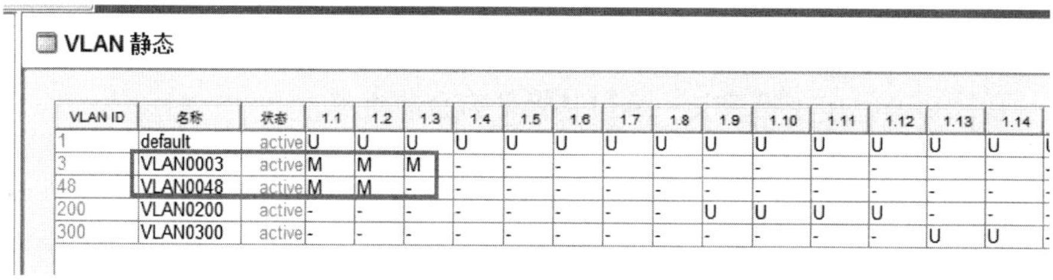

VLAN 静态

VLAN ID	名称	状态	1.1	1.2	1.3	1.4	1.5	1.6	1.7	1.8	1.9	1.10	1.11	1.12	1.13	1.14
1	default	active	U	U	U	U	U	U	U	U	U	U	U	U	U	U
3	VLAN0003	active	M	M	M	-	-	-	-	-	-	-	-	-	-	-
48	VLAN0048	active	M	M	-	-	-	-	-	-	-	-	-	-	-	-
200	VLAN0200	active	-	-	-	-	-	-	-	-	U	U	U	U	-	-
300	VLAN0300	active	-	-	-	-	-	-	-	-	-	-	-	-	U	U

图 3-174　苏州电校变交换机 VLAN 配置

(四)端口镜像设置

点击导航栏“诊断”→“端口镜像”即进入端口镜像设置界面，如图 3-175、图 3-176 所示。

图 3-175　“端口镜像”界面一

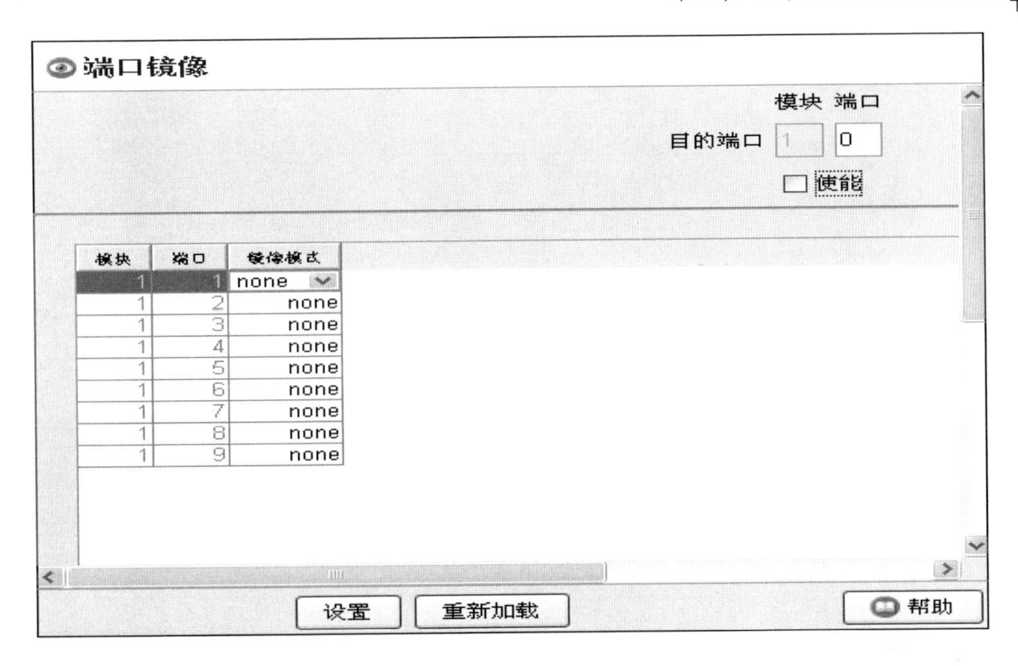

图 3-176　“端口镜像”界面二

端口：显示设备端口的逻辑编号，此部分信息为只读。

镜像模式：可设置 none、rx（收）、tx（发）、both 四种模式。

如端口 1、3、4 收发镜像到端口 2 为例，设置如图 3 177 所示，点击“设置”，再保存配置。

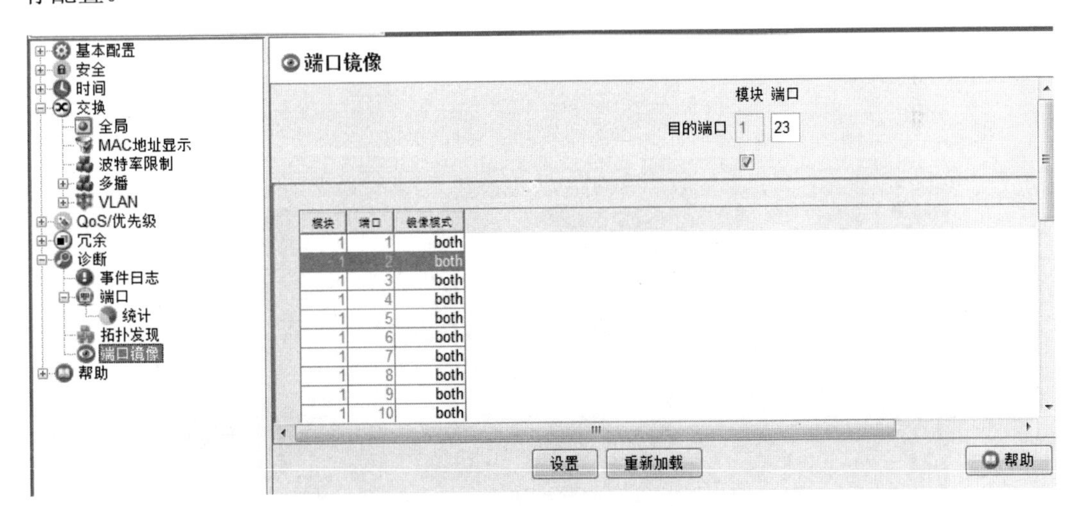

图 3-177　“多端口镜像”设置

（五）配置保存

在将交换机的所有设置完成后，如图 3-178 所示点击“配置”中的“保存配置”即可保存对交换机所做的设置。

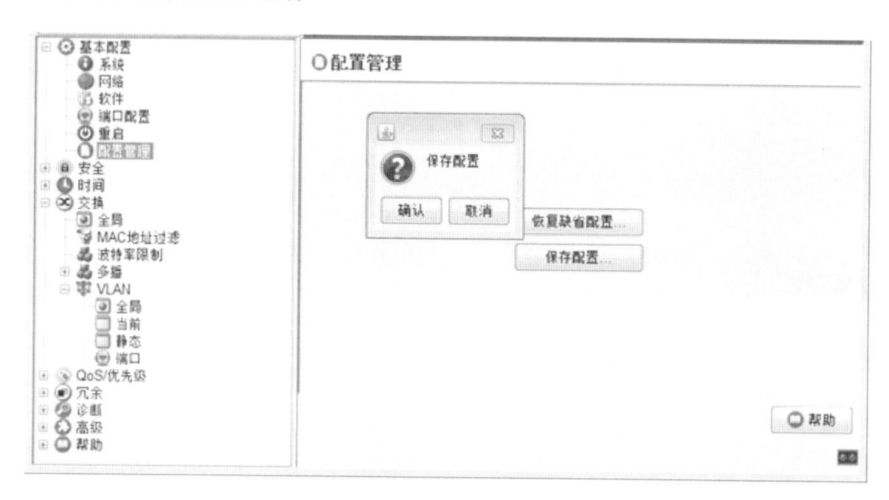

图 3-178　配置保存

二、维护要点及注意事项

1．配置备份

用网线连接调试机和交换机，在运行窗口中输入：ftp 192.168.0.1，用户名：admin，密码：password，即出现如图 3-179 所示界面。

```
管理员: C:\Windows\system32\cmd.exe - ftp  192.168.0.9
Microsoft Windows [版本 6.1.7601]
版权所有 (c) 2009 Microsoft Corporation。保留所有权利。

C:\Users\yuweihua>ftp 192.168.0.9
连接到 192.168.0.9。
220 VxWorks FTP server (VxWorks VxWorks 6.1) ready.
用户(192.168.0.9:(none)): zkty
331 Password required
密码:
230 User logged in
ftp>
```

图 3-179　配置备份登录

在 ftp>后面输入 ls 回车可得到文件列表，如图 3-180 所示。

```
管理员: C:\Windows\system32\cmd.exe - ftp  192.168.0.9

C:\Users\yuweihua>ftp 192.168.0.9
连接到 192.168.0.9。
220 VxWorks FTP server (VxWorks VxWorks 6.1) ready.
用户(192.168.0.9:(none)): zkty
331 Password required
密码:
230 User logged in
ftp> ls
200 Port set okay
150 Opening BINARY mode data connection
prog
set
ccu
mse.conf
vlantest.conf
web
config
bootconfig
sf-auto.log
sysconfig.cfg
sf-auto.log1
226 Transfer complete
ftp: 收到 97 字节，用时 0.00秒 97000.00千字节/秒。
ftp>
```

图 3-180　获取备份文件

mse.conf 即是交换机的配置文件，ftp>输入 get mse.conf 即将此文件默认保存到 C 盘用户下面，如 C：\Users****，如图 3-181 所示。

```
ftp> get mse.conf
200 Port set okay
150 Opening BINARY mode data connection
226 Transfer complete
ftp: 收到 4857 字节，用时 0.00秒 4857000.00千字节/秒。
ftp>
```

图 3-181　配置文件保存到 C 盘

2. 读取配置

在 ftp>后面输入 put 及 mse.conf 所在的路径即可，如 mse.conf 放置在 E 盘根目录下，如图 3-182 所示。

```
ftp> put E:\mse.conf
200 Port set okay
150 Opening BINARY mode data connection
226 Transfer complete
ftp: 发送 4857 字节，用时 0.02秒 303.56千字节/秒。
ftp>
```

图 3-182　读取配置文件方法一

也可以将 mse.conf 文件放在桌面上，输入 put 和空格后，将该文件拖至此命令行中，如图 3-183 所示。

```
ftp> put C:\Users\yuweihua\Desktop\mse.conf
200 Port set okay
150 Opening BINARY mode data connection
226 Transfer complete
ftp: 发送 4857 字节，用时 0.00秒 4857000.00千字节/秒。
ftp>
```

图 3-183　读取配置文件方法二

第八节　运　维　实　例

在苏州电校变基础上扩建 “220kV 虎丘 2018 线”，本节举例说明扩建间隔的制作步骤。

一、SCD 制作

（一）SCD 扩建

启动监控后台，不要打开实时库，通过配置工具打开“220kV 电校变.scd”，bay 节点下选中原间隔“220kV 竞赛 2017 线”，点击鼠标右键，点击“复制”选项，如图 3-184 所示。

图 3-184　扩建 SCD 复制间隔一

再次点击鼠标右键，选择“粘贴”，默认复制的间隔为“220kV 竞赛 2017 线_new1”，IEDName 在原来的基础上增加，如图 3-185 所示。

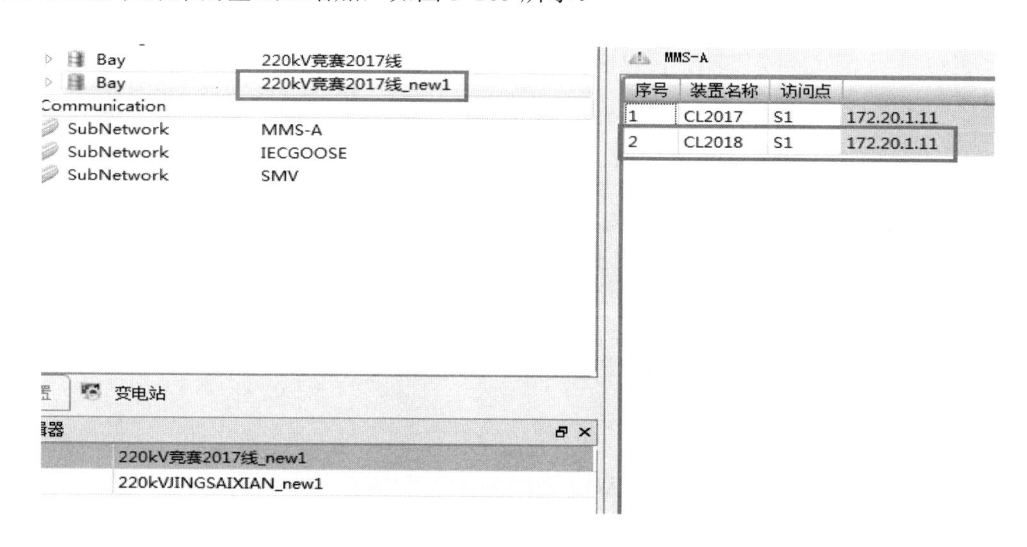

图 3-185　扩建 SCD 复制间隔二

默认复制的间隔为“220kV 竞赛 2017 线_new1”，点击图 3-186 中左下角的“属性编辑器”修改间隔 desc 描述。IP、GOOSE、SV 相应的参数点击自动分配，消除告警。

（二）输出 V2 配置

本部分可参照前述第二节第（四）部分的操作。

（三）导出数据通信网关机配置文件

本部分可参照前述第四节第（二）部分的操作，需要导出 CL2017、CL2018 两个装置。

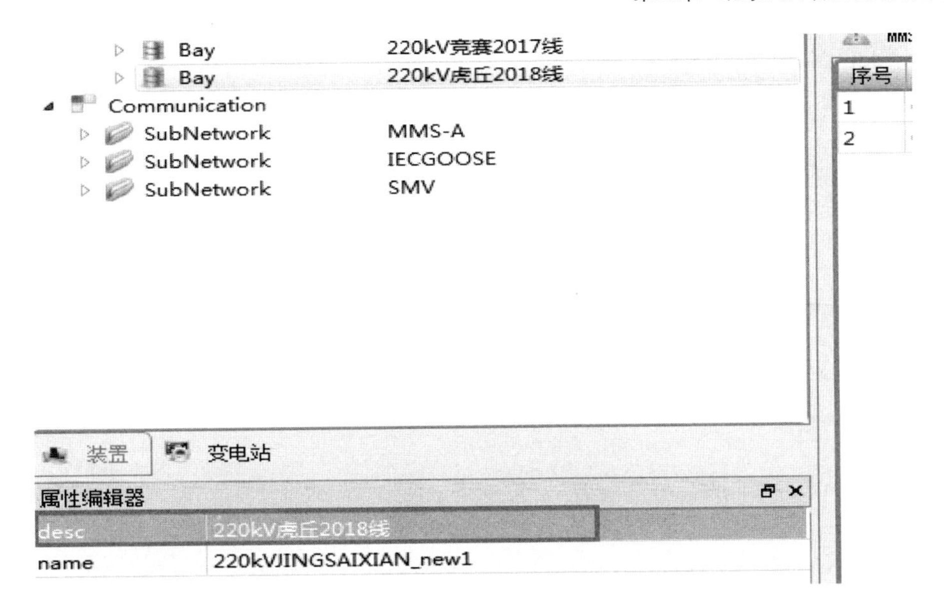

图 3-186　修改新间隔 desc

（四）导出装置配置文件

本部分可参照前述测控、智能终端、合并单元导出部分的操作，需要导出 CL2018、IL2018、ML2018 三个装置。

二、监控部分制作

（一）实时库遥信、遥控类型复制

在“220kV 竞赛 2017 线”原间隔遥信库内，点击“编辑”，选中类型列，点击鼠标右键，选择“复制”，如图 3-187 所示。

刷新　发布　☑编辑　☑翻译　☐扫描　总记录数:427

ID32	所属厂站ID	所属间隔	名称	工程值	类型	原始值	标志
31	220kV电校变	220kV竞赛2017线	220kV竞赛2017线测控MeasClt00comFlag	0	通讯状态	0	251658241
32	220kV电校变	220kV竞赛2017线	220kV竞赛2017线测控MeasClt00comFlagA	0	通讯状态	0	251658241
33	220kV电校变	220kV竞赛2017线	220kV竞赛2017线测控MeasClt00comFlagB	0	通讯状态	0	251658241
34	220kV电校变	220kV竞赛2017线	告警电笛位	0	保护遥信告警	0	21810380
35	220kV电校变	220kV竞赛2017线	告警电铃位	0	保护遥信告警	0	22229811
36	220kV电校变	220kV竞赛2017线	装置告警位	1	保护遥		11
37	220kV电校变	220kV竞赛2017线	压板请求位	0	保护遥		80
38	220kV电校变	220kV竞赛2017线	第一节点PI断线告警	0	保护遥		80
39	220kV电校变	220kV竞赛2017线	第二节点PI断线告警	0	保护遥		80
40	220kV电校变	220kV竞赛2017线	3U0节点1越限告警	0	保护遥		80
41	220kV电校变	220kV竞赛2017线	3U0节点2越限告警	0	保护遥		80
42	220kV电校变	220kV竞赛2017线	第三节点PI断线告警	0	保护遥		80
43	220kV电校变	220kV竞赛2017线	第四节点PI断线告警	0	保护		80
44	220kV电校变	220kV竞赛2017线	3U0节点3越限告警	0	保护遥		80
45	220kV电校变	220kV竞赛2017线	3U0节点4越限告警	0	保护遥		80
46	220kV电校变	220kV竞赛2017线	第五节点PI断线告警	0	保护遥		80
47	220kV电校变	220kV竞赛2017线	第六节点PI断线告警	0	保护遥信告警	0	21810380
48	220kV电校变	220kV竞赛2017线	3U0节点5越限告警	0	保护遥信告警	0	21810380
49	220kV电校变	220kV竞赛2017线	3U0节点6越限告警	0	保护遥信告警	0	21810380

添加　删除　添加到扩展报警表　添加到五防接口表　区域复制　序列填充　字符替换　复制　粘贴　全选　查找

图 3-187　扩建实时库修改一

在“220kV 虎丘 2018 线”新间隔内，遥信库同样类型列全部选中，点击鼠标右键选择“粘贴”，如图 3-188 所示。

刷新 发布 ☑编辑 ☑翻译 ☐扫描 总记录数:427

	ID32	所属厂站ID	所属间隔	名称	工程值	类型	原始值
1	458	220kV电校变	220kV虎丘2018线	220kV虎丘2018线测控MeasClt00comFlag	0	通讯状态	0
2	459	220kV电校变	220kV虎丘2018线	220kV虎丘2018线测控MeasClt00comFlagA	0	通讯状态	0
3	460	220kV电校变	220kV虎丘2018线	220kV虎丘2018线测控MeasClt00comFlagB	0	通讯状态	0
4	461	220kV电校变	220kV虎丘2018线	告警电笛位	0	保护遥信告警	0
5	462	220kV电校变	220kV虎丘2018线	告警电铃位	0	保护遥信告警	0
6	463	220kV电校变	220kV虎丘2018线	装置告警位	0	保护遥信告警	
7	464	220kV电校变	220kV虎丘2018线	压板请求位	0	保护遥	
8	465	220kV电校变	220kV虎丘2018线	第一节点PI断线告警	0	保护遥	
9	466	220kV电校变	220kV虎丘2018线	第二节点PI断线告警	0	保护遥	
10	467	220kV电校变	220kV虎丘2018线	3U0节点1越限告警	0	保护遥	
11	468	220kV电校变	220kV虎丘2018线	3U0节点2越限告警	0	保护遥	
12	469	220kV电校变	220kV虎丘2018线	第三节点PI断线告警	0	保护遥	
13	470	220kV电校变	220kV虎丘2018线	第四节点PI断线告警	0	保护遥	
14	471	220kV电校变	220kV虎丘2018线	3U0节点3越限告警	0	保护遥	
15	472	220kV电校变	220kV虎丘2018线	3U0节点4越限告警	0	保护遥	
16	473	220kV电校变	220kV虎丘2018线	第五节点PI断线告警	0	保护遥	
17	474	220kV电校变	220kV虎丘2018线	第六节点PI断线告警	0	保护遥	

添加 删除 添加到扩展报警 添加到五防接口 区域复制 序列填充 字符替换 复制 粘贴 全选 查找

图 3-188　扩建实时库修改二

“220kV 虎丘 2018 线”新间隔内，还需要在名称列对原间隔编号进行替换，如图 3-189、图 3-190 所示。

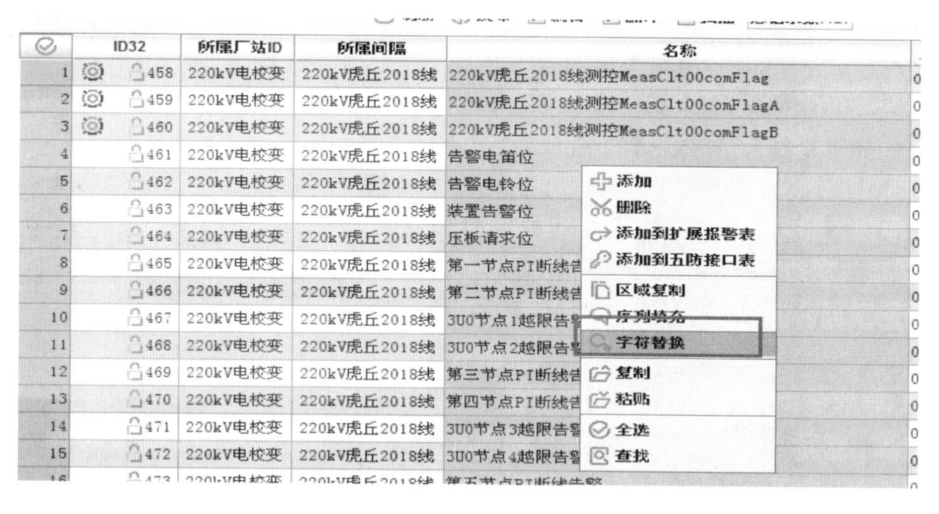

图 3-189　扩建实时库修改三

图 3-190　扩建实时库修改四

“220kV 虎丘 2018 线”新间隔内，遥控库类型需要参照遥信的方法，从原间隔遥控库复制；遥控库内名称及双编号栏也需参照上述方法，进行替换处理。

⚠注意：实时库修改完后，一般需要关闭画面编辑界面，再点击刷新，发布，保存。

（二）监控画面修改

1. 主画面增加

如图 3-191 主画面选中“220kV 竞赛 2017 线”原间隔画面，点击鼠标右键，点击“复制”，后再次点击鼠标右键，选择“间隔匹配”。

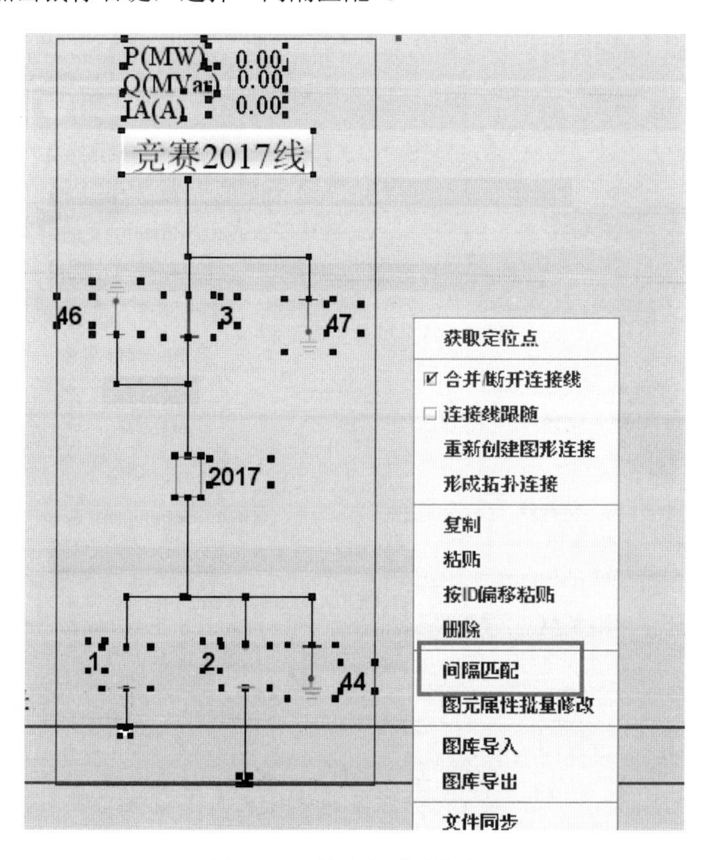

图 3-191　扩建主画面修改一

选择“220kV 虎丘 2018 线”，如图 3-192 所示。

图 3-192　扩建主画面修改二

参照图 3-193、图 3-194，继续点击鼠标右键，点击“图元属性批量修改”，输入增加的线路的编号。

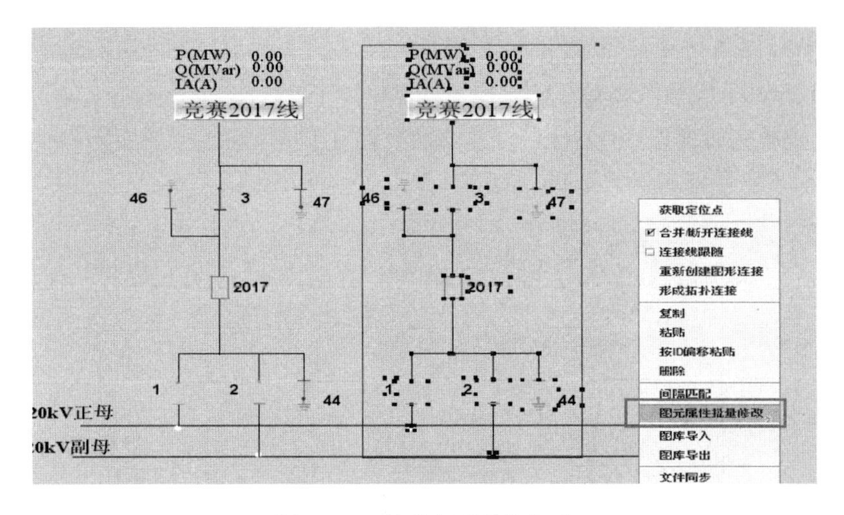

图 3-193　扩建主画面修改三

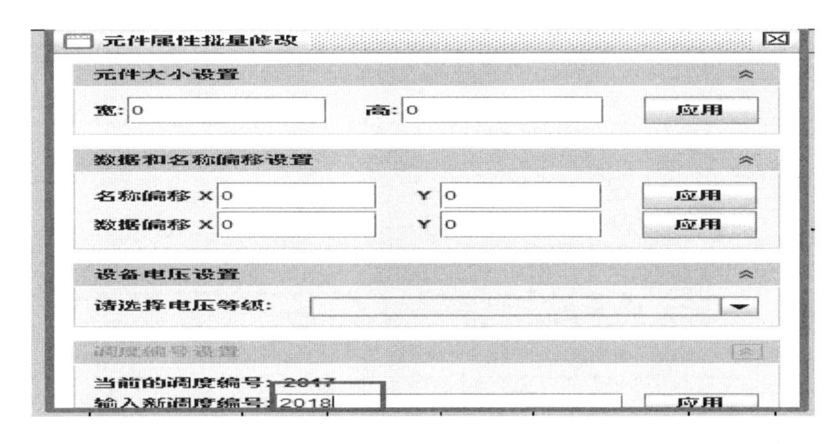

图 3-194　扩建主画面修改四

2. 分画面增加

参照图 3-195，打开“220kV 竞赛 2017 线”间隔分图，点击“另存为”按钮。

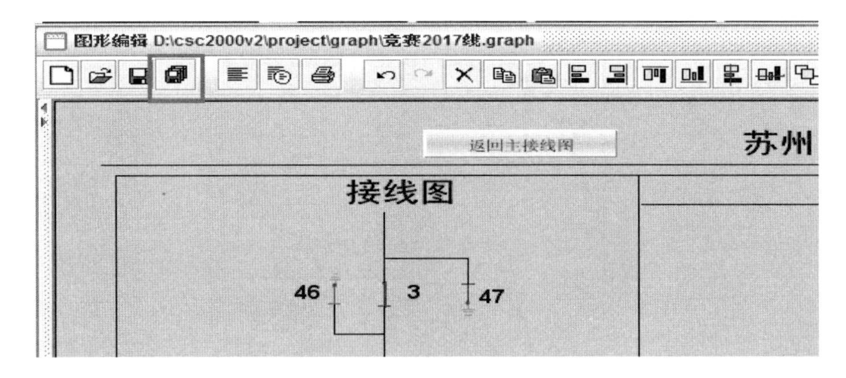

图 3-195　扩建分画面修改一

将“220kV 竞赛 2017 线”间隔分图另存为“虎丘 2018 线”，如图 3-196 所示。

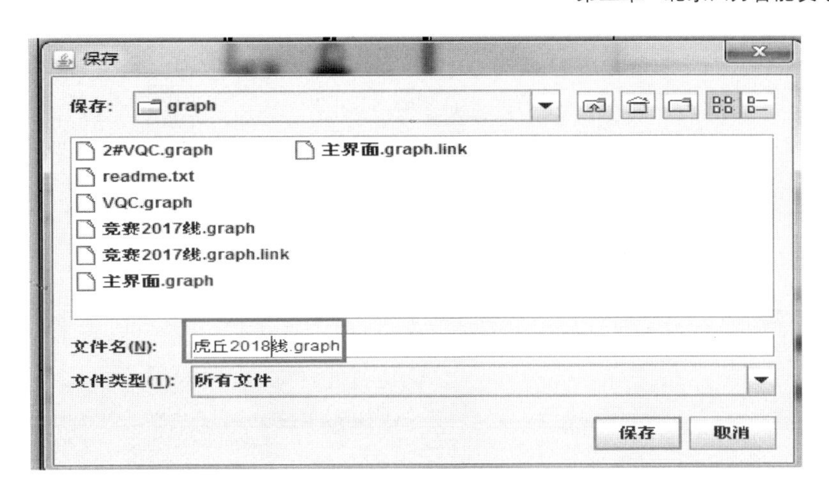

图 3-196　扩建分画面修改二

点击“Ctrl+A”键全部选中新画面的全部内容，后按下“Ctrl+C”键，会报找不到定位点，不影响操作，如图 3-197 所示。

点击“确认”后，按键盘“delete”键，删除旧画面内容。后点击鼠标，选择“间隔匹配”，与主画面制作方法类似，进行间隔新间隔分画面匹配。

图 3-197　扩建分画面修改三

3. 监控其他画面修改

分画面间隔标题名称修改、主画面按钮热键等，参照第二节“后台监控系统”部分有关内容修改。

4. 五防编辑内间隔复制

参照第二节“后台监控系统”部分有关五防制作部分，如图 3-198 所示，增加“220kV 虎丘线”间隔。

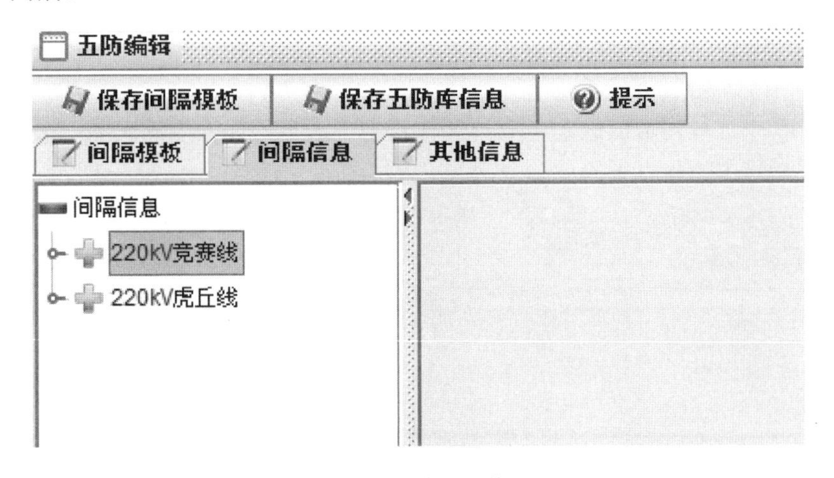

图 3-198　扩建五防修改一

参照图 3-199、图 3-200，用鼠标选中新间隔，后点击右键，点击“复制间隔”。

图 3-199　扩建五防修改二

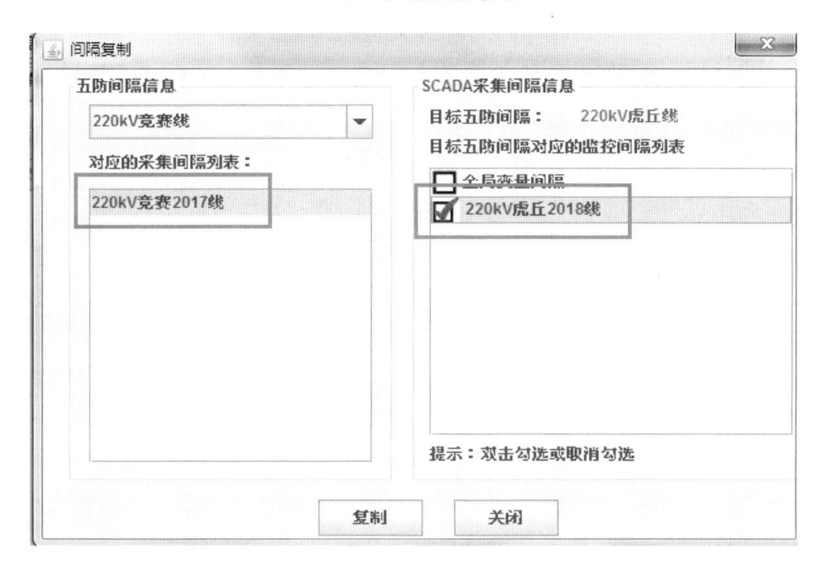

图 3-200　扩建五防修改三

图 3-200 中选择左边旧间隔，右边鼠标双击，选择需要匹配的间隔，图 3-201 为匹配成功。最后点击“保存五防库信息”。

图 3-201　扩建五防匹配成功

三、数据通信网关机制作

1．数据通信网关机导入及挑点

1321 配置工具 61850 插件规约中选择“从监控导入”，如图 3-202 所示。

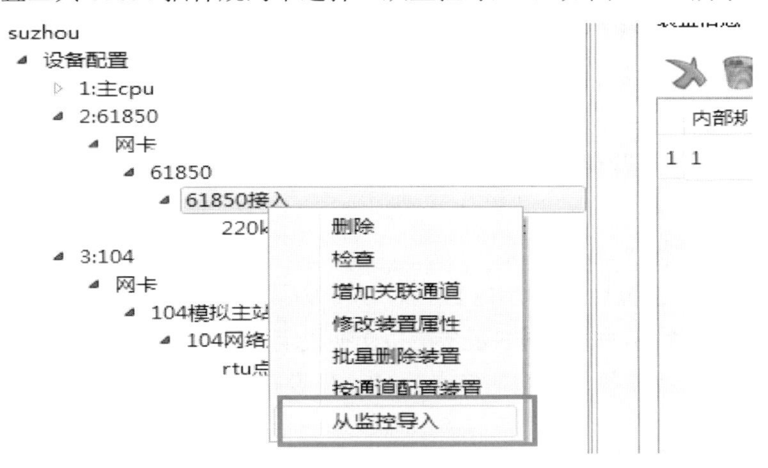

图 3-202　扩建数据通信网关机操作一

图 3-203 中出现旧间隔已入库模版，点击“取消”，后创建新的 CL2017 的模板间隔。图 3-204 为导入成功画面。

图 3-203　扩建数据通信网关机操作二

图 3-204　扩建数据通信网关机操作三

后续 104 规约远传点表制作，与上述第四节“数据通信网关机”部分一致，可参考操作。

2. 站内 61850 插件文件导入

使用 FTP 工具，将数据通信网关机输出文件 61850CPU1/61850cfg 下的文件替换装置 192.188.234.2 tffs0a/61850 下的文件。

四、装置配置文件下载

参照上述测控、智能终端、合并单元部分内容，对“220kV 虎丘 2018 线”间隔各设备配置文件进行下装，并重启装置。

五、装置交换机 VLAN 设置

SCD 内新增“220kV 虎丘 2018 线”各设备 VLAN，如图 3-205 所示，为 03H\30H。确认“220kV 虎丘 2018 线”间隔各设备所接交换机端口，参照上述第七节“交换机 VLAN 设置”部分，对交换机端口新增端口进行 VLAN 设置。

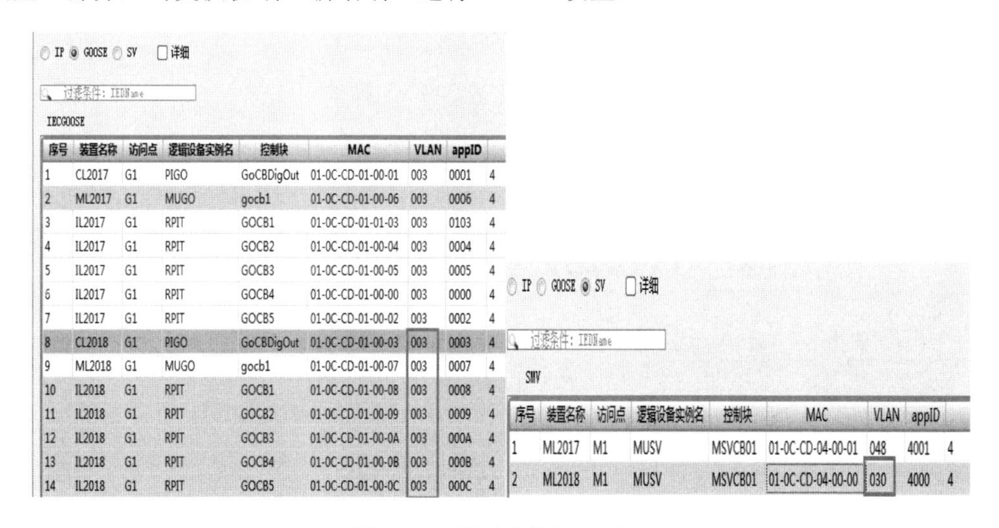

IP GOOSE SV 详细

过滤条件：IEDName

IECGOOSE

序号	装置名称	访问点	逻辑设备实例名	控制块	MAC	VLAN	appID	
1	CL2017	G1	PIGO	GoCBDigOut	01-0C-CD-01-00-01	003	0001	4
2	ML2017	G1	MUGO	gocb1	01-0C-CD-01-00-06	003	0006	4
3	IL2017	G1	RPIT	GOCB1	01-0C-CD-01-01-03	003	0103	4
4	IL2017	G1	RPIT	GOCB2	01-0C-CD-01-00-04	003	0004	4
5	IL2017	G1	RPIT	GOCB3	01-0C-CD-01-00-05	003	0005	4
6	IL2017	G1	RPIT	GOCB4	01-0C-CD-01-00-00	003	0000	4
7	IL2017	G1	RPIT	GOCB5	01-0C-CD-01-00-02	003	0002	4
8	CL2018	G1	PIGO	GoCBDigOut	01-0C-CD-01-00-03	003	0003	4
9	ML2018	G1	MUGO	gocb1	01-0C-CD-01-00-07	003	0007	4
10	IL2018	G1	RPIT	GOCB1	01-0C-CD-01-00-08	003	0008	4
11	IL2018	G1	RPIT	GOCB2	01-0C-CD-01-00-09	003	0009	4
12	IL2018	G1	RPIT	GOCB3	01-0C-CD-01-00-0A	003	000A	4
13	IL2018	G1	RPIT	GOCB4	01-0C-CD-01-00-0B	003	000B	4
14	IL2018	G1	RPIT	GOCB5	01-0C-CD-01-00-0C	003	000C	4

IP GOOSE SV 详细

过滤条件：IEDName

SMV

序号	装置名称	访问点	逻辑设备实例名	控制块	MAC	VLAN	appID	
1	ML2017	M1	MUSV	MSVCB01	01-0C-CD-04-00-01	048	4001	4
2	ML2018	M1	MUSV	MSVCB01	01-0C-CD-04-00-00	030	4000	4

图 3-205 扩建交换机配置一

交换机 VLAN 设置示意如图 3-206 所示。

VLAN ID	名称	状态	1.1	1.2	1.3	1.4	1.5	1.6	1
1	default	active	U	U	U	U	U	U	U
3	VLAN0003	active	M	M	M	M	M	M	-
48	VLAN0048	active	M	M	-	M	M	-	-
200	VLAN0200	active	-	-	-	-	-	-	-
300	VLAN0300	active	-	-	-	-	-	-	-

图 3-206 扩建交换机配置二

南瑞科技智能变电站系统

第一节 SCD 文件制作

一、软件简介

NariConfigTool 系统组态工具按照 IEC 61850 标准及面向对象思想进行设计开发，适用于智能变电站工程。

（一）主要功能

- SCL 文件的导入、编辑、导出处理。
- 简单数据检查。
- 短地址配置。
- GOOSE 配置。
- SMV 配置。
- 装置文件配置。
- 描述配置。
- 参数配置。
- 网络配置。

（二）软件结构

软件启动后，主界面如图 4-1 所示，包括以下八个部分。

（1）菜单栏：主要包括“文件”“视图”“工具”“帮助”，根据所加载的插件动态变化。

（2）工具栏：列出常见操作，根据所加载的插件动态变化。

（3）应用切换栏：切换应用，目前仅包括系统配置应用。

（4）工程视图：展示工程配置结构。

（5）树视图：展示工程视图中所选择节点的信息。

（6）属性视图：展示、修改树视图所选择的节点。

（7）监视窗视图：主要显示配置过程中的警告、错误、操作等信息。

（8）编辑区：主要配置的编辑操作，如短地址配置、GOOSE 配置、SMV 配置等。

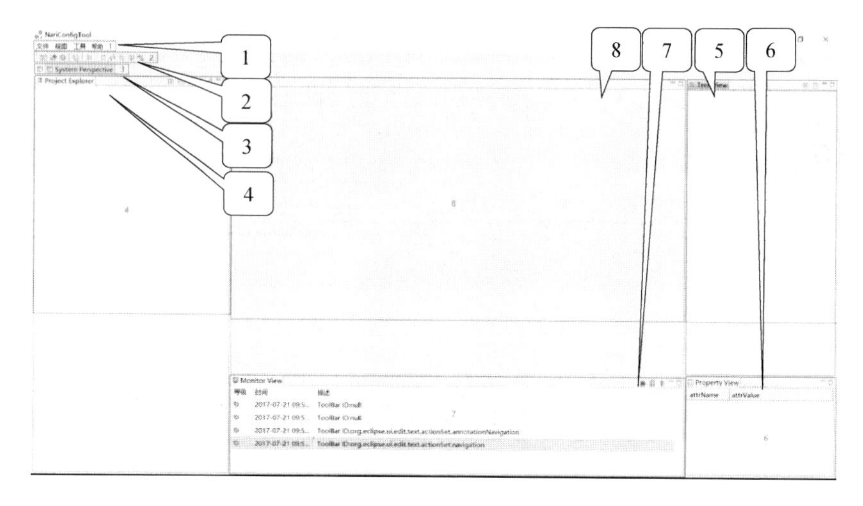

图 4-1　SCD 组态主界面

二、SCD 组态新建配置步骤

（一）收集 ICD 文件

根据二次设备在变电站的用途，找到正确的 ICD 文件，按电压等级、间隔顺序定义，排列全站所有设备并整理出变电站二次设备清单。注意：这张表应尽量准确定义全站所有二次设备，在配置工程时应与表中电压等级、间隔的划分，IED 设备的顺序保持一致，如图 4-2 所示。

电压等级	间隔	ICD名称	IED描述	装置在厂站中的用途	测控	装置工作对象	具体工作对象	A/B套
220kV	母线	NS3560_DD2A	CM2200A	NS3560_220kV母线测控	测控	母线	2200	A
220kV	母线	NSR371-母线保护	PM2200A	NSR371-母线保护	保护	母线	2200	A
220kV	母线	NSR385A	IM2200A	NSR385A_220kV母线终端	智能终端	母线	2200	A
220kV	母线	NSR386B母线	MM2200A	NSR386B-220kV母线合并单元	合并单元	母线	2200	A
220kV	线路一	NS3560_DD1A	CL2201A	NS3560_220kV线路一测控	测控	线路	2201	A
220kV	线路一	NSR-303G线路保护装置	PL2201A	NSR303G_220kV线路一保护	保护	线路	2201	A
220kV	线路一	NSR385A	IL2201A	NSR385A_220kV线路一智能终端	智能终端	线路	2201	A
220kV	线路一	NSR386A线路	ML2201A	NSR386A_220kV线路一合并单元	合并单元	线路	2201	A
220kV	#1主变	NS3560_DD1A	CT1220A	NS3560-#1主变变高测控	测控	变压器	1220	A
220kV	#1主变	NS3560_DD1A	CT1035A	NS3560-#1主变变低测控	测控	变压器	1035	A
220kV	#1主变	NSR378S	PT1000A	NSR378S-#1主变保护	保护	变压器	1000	A
220kV	#1主变	NSR387B合智(线路)	UT1220A	NSR387B-#1主变变高合智一体	合智一体	变压器	1220	A
220kV	#1主变	NSR387B合智(线路)	UT1035A	NSR387B-#1主变变低合智一体	合智一体	变压器	1035	A
35kV	#1电容器	NS3620ARP_sv-DA_201200611_	PC0351A	NSR3620-35kV #1电容器	保护	电容器	0351	A

图 4-2　IED 二次设备表

（二）SCD 配置步骤

1．完成新建工程和模型导入

点击“新建工程”按钮新建工程，如图 4-3 所示。输入工程名，如图 4-4 所示。

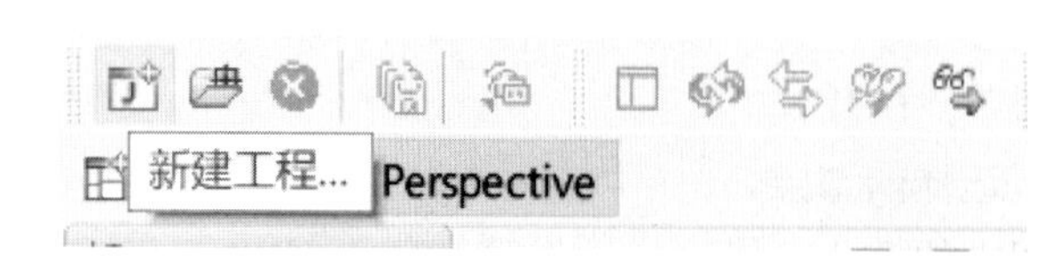

图 4-3　新建工程

一直点“Next”到最后“Finish”完成新工程创建。新建完成后在组态软件 workspace 文件夹下生成“DXB”命名的文件夹，在该工程文件夹中新建 ICD Management 文件夹，将收集的模型文件按“厂家”和“装置型号”建立相应文件夹，存放在创建的 ICD Management 文件夹下，如图 4-5 所示。

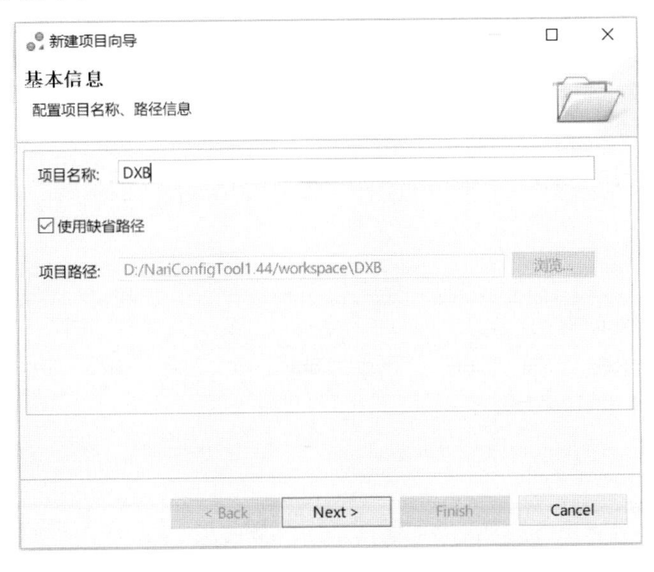

图 4-4　新建项目向导

图 4-5　ICD Management

在工程视图栏 DXB 下，右击“IEDS”选择添加电压等级，右击新添加的电压等级选择“添加间隔”，填写间隔名，选择“间隔属性”，“间隔编号”目前无需填写，如图 4-6 所示。

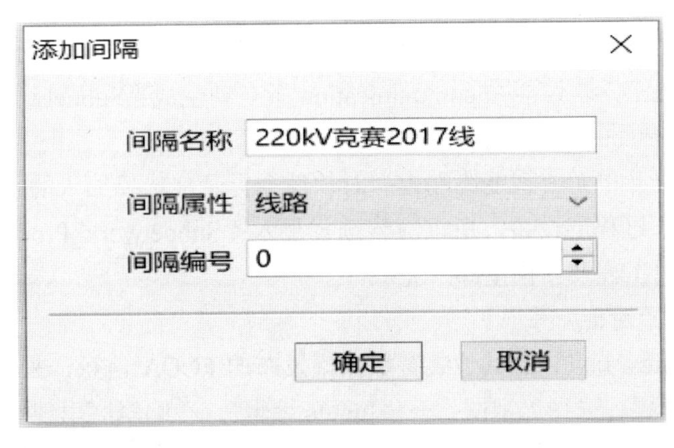

图 4-6　添加间隔

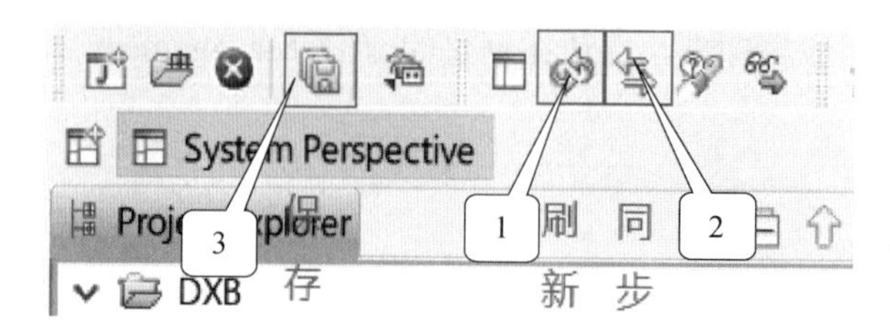

图 4-7　保存 SCD 工程

间隔建立完成后需要依次点击“刷新（见“1”）”“同步（见“2”）”“保存（见“3”）”三个按钮，完成新建间隔的保存工作，如图 4-7 所示。

右击新建间隔，选择“新建 IED”，在弹出的窗口中选择需要导入工程的模型文件，点击“Next”，如图 4-8 所示。

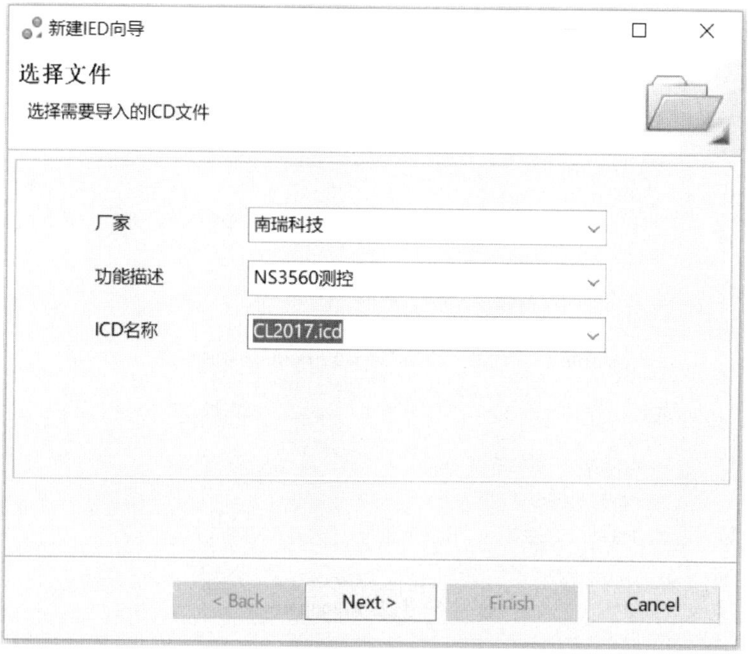

图 4-8　导入模型

对导入模型的“装置类型”、“A/B”、“IED 名称”和“IED 描述”进行配置，“IED 名称”和“IED 描述”按“二次设备定义表”内容命名，如图 4-9 所示。

测控模型导入后，软件会在 communication 下自动生成“Subnetwork_Stationbus”和“Subnetwork_Processbus”两个子网，如图 4-10 所示。

后续在导入合并单元或智能终端模型时软件会提示你选择加入的子网，由于合并单元和智能终端属于过程层设备，所以应该选择加入“Subnetwork_Processbus”子网，完成以上步骤后新建工程及其模型导入完成。

2. 配置虚端子连接关系

我们通过 Inputs 节点订阅其他装置数据集发布的 FCDA 信息，来实现装置 GOOSE 和 SV 虚端子的配置，选择“视图”→“Inputs 编辑”，在编辑区出现 Inputs 节点编辑界面，如图 4-11 所示。

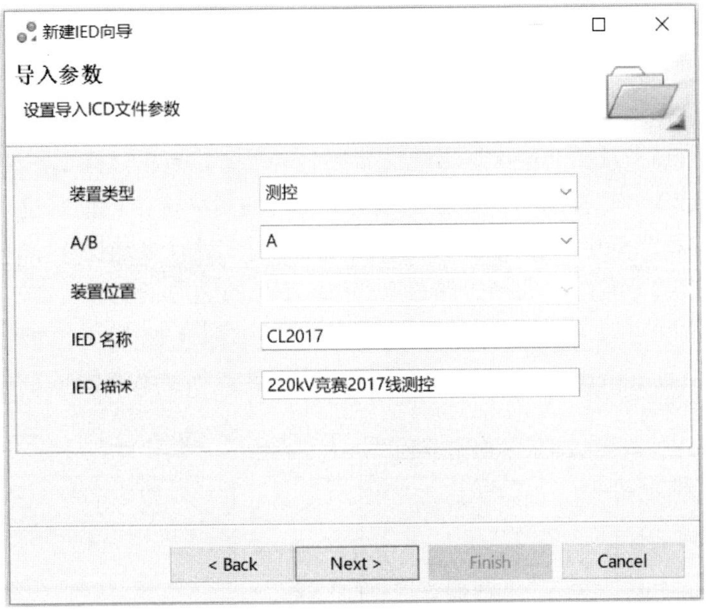

新建IED向导

导入参数

设置导入ICD文件参数

装置类型	测控
A/B	A
装置位置	
IED 名称	CL2017
IED 描述	220kV竞赛2017线测控

< Back　Next >　Finish　Cancel

图 4-9　新建 IED

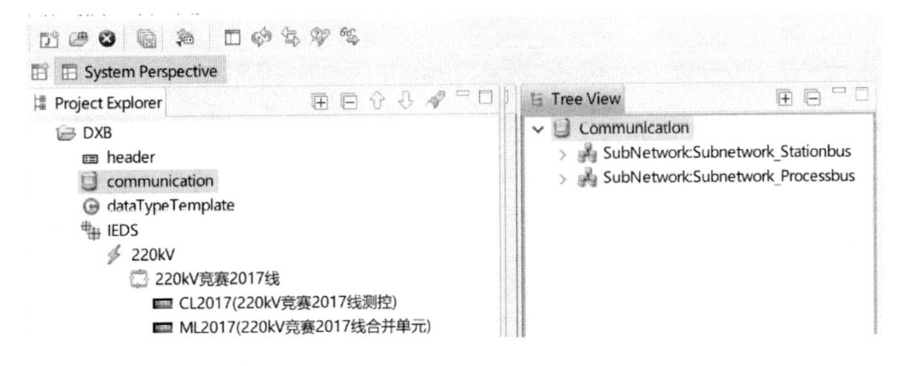

图 4-10　创建子网

DeviceEditor

电压等级：220kV　间隔：220kV竞赛2　IED：CL2017(220kV竞赛2017线　接收端：CL2017:M1:PISV:LLN0~　过滤：

No.	Out Reference	Out Description	In Reference	In Description	Data Type
0			PISV/SVINGGIO1.SvIn1	A套A相电压	
1			PISV/SVINGGIO1.SvIn2	A套B相电压	
2			PISV/SVINGGIO1.SvIn3	A套C相电压	
3			PISV/SVINGGIO1.SvIn5	A套同期电压	
4			PISV/SVINGGIO1.SvIn6	A套A相电流(边开关电流)	
5			PISV/SVINGGIO1.SvIn7	A套B相电流(边开关电流)	
6			PISV/SVINGGIO1.SvIn8	A套C相电流(边开关电流)	

1　2

发送端数据　内部数据

电压等级：220kV　间隔：220kV竞赛2　IED：ML2017(220kV竞赛2017线　类型：SV　发送端：ML2017:M1:MUSV01:LLN0~smvcb1　过滤：

No.	Reference	Description	Data Type
0	MUSV01/LLN0.DelayTRtg	额定延时	SAV
1	MUSV01/MUATVTR4.Vol1	A相测量电压AD1（采样值）	SAV
2	MUSV01/MUBTVTR4.Vol1	B相测量电压AD1（采样值）	SAV
3	MUSV01/MUCTVTR4.Vol1	C相测量电压AD1（采样值）	SAV
4	MUSV01/PUATVTR4.Vol1	A相保护电压AD1（采样值）	SAV
5	MUSV01/MIATCTR1.Amp1	A相测量电流AD1（采样值）	SAV
6	MUSV01/MIBTCTR1.Amp1	B相测量电流AD1（采样值）	SAV
7	MUSV01/MICTCTR1.Amp1	C相测量电流AD1（采样值）	SAV

Inputs

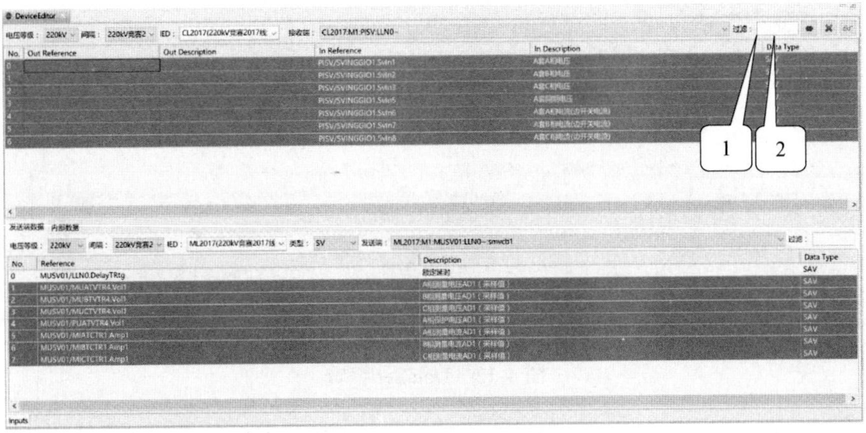

图 4-11　配置虚端子

窗口上半部分是装置 Inputs 节点的展示区，下半部分是发布数据集选择区和 Inputs 节点编辑区，发布方和订阅方根据电压等级，间隔，IED，Type，接收、发送端进行选择，发送数据选择区的表格中列出该控制块关联的数据集下的 FCDA。在发送端数据选择区选择发送端端子，在 Inputs 编辑区选择接收端端子，点击"框 1"按钮建立映射关系，点击"框 2"按钮可以删除选中的 Inputs 编辑区选中数据所建立的映射关系。通过"Ctrl"键和"Shift"键执行对需要链接的虚端子进行多选操作。虚端子映射完成后，在窗口上半部分右击，选择"保存"。完成 IED 的虚端子配置后右击该 IED 设备选择"可视化二次回路"，查看虚端子连接是否正确，如图 4-12 所示。如果发现收发关系块重复，可以通过右击左上角"DXB"选择"重新计算项目私有信息"解决。

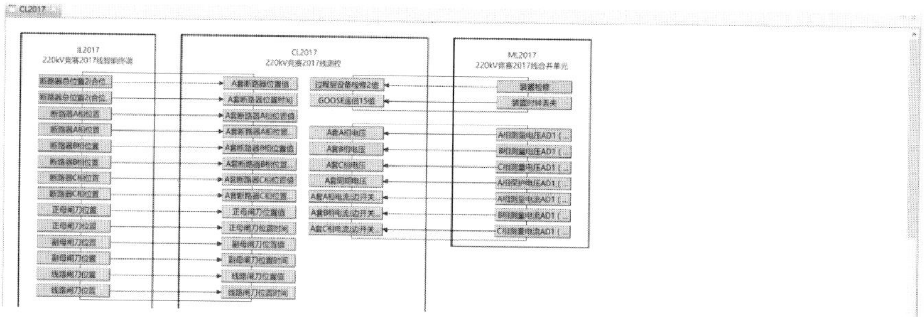

图 4-12　查阅虚端子

3. DataSet 数据集编辑功能

选择"视图"→"DataSet 编辑"，在编辑区出现数据集编辑界面，如图 4-13 所示。

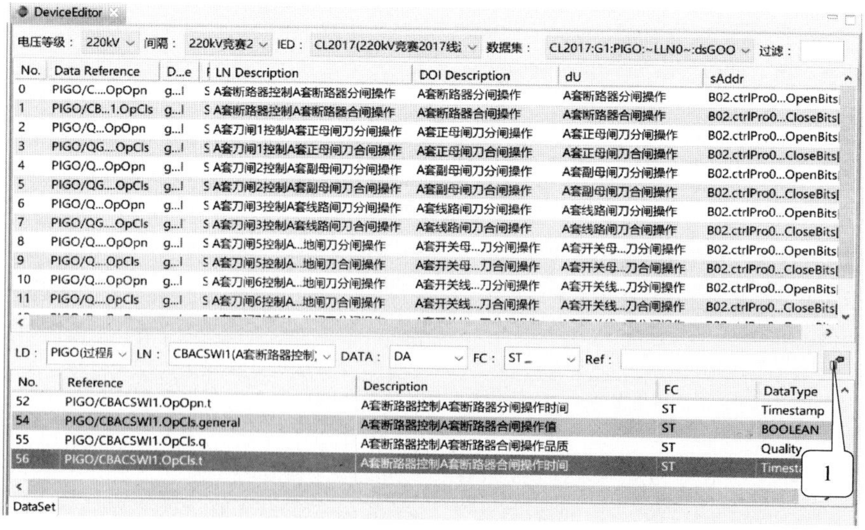

图 4-13　DataSet 编辑

窗口上半部分是数据集内容的展示，下半部分是源数据选择区根据 LD、LN、DATA、FC 过滤出需要添加到 DataSet 中的数据，Ref 过滤框的输入格式为"**;"，如输入 stval，可以过滤出信号量。选择源数据选择区中的数据，点击“框 1 ”按钮，向数据集中添加选中的数据。同一个数据集下不能有相同的 FCDA。数据集编辑区的“LN Description”表示 LN 的描述+FCDA 对应 DOI 实例的描述，“DOI Description”表示 FCDA 对应 DOI 实例的描述，“dU”表示 FCDA 对应 DOI 实例下 dU 的 value 值。“sAddr”表示 FCDA 对应实例的短地址。在数据集编辑区可以编辑“DOI Description”“dU”“sAddr”。

虚端子配置完成后我们要根据连接虚端子的实际命名对 DataSet 内数据进行实例化，由于监控后台在映射 SCD 时生成的遥信名称采用“DOI Description”域的名称，所以我们只需要修改“DOI Description”即可，如图 4-14 所示。

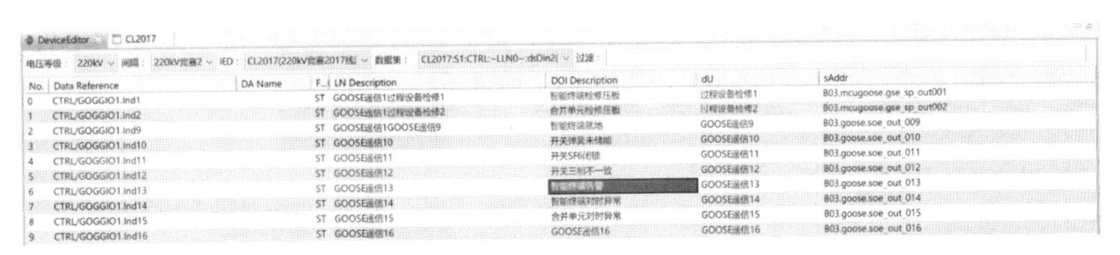

图 4-14 遥信实例化

4. MMS 通信参数配置

选择“视图”→“通信参数配置”，在通信参数配置界面，选择“IP Editor”选项卡编辑 IED 设备 IP 地址，子网下拉框选择“Subnetwork_Stationbus”节点。Voltage 表示电压等级，IEDName 表示装置的名称和描述，APName 表示访问点名称，IP 表示该装置在该子网下的 IP 地址，B-I-P 表示该装置在另外一个子网下的 IP 地址，IP-SUBNET 表示掩码。在 IP Editor 编辑区完成 IP、IP-SUBNET 编辑即可，如图 4-15 所示。

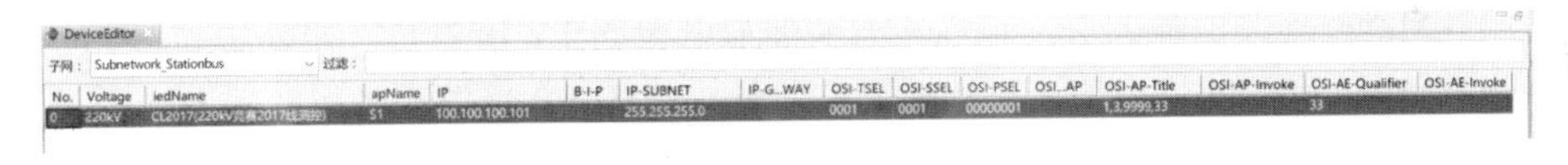

图 4-15 MMS 通信参数配置

5. GOOSE 通信参数配置

选择“视图”→“通信参数配置”，在通信参数配置界面，选择“Goose Editor”选项卡编辑 IED 设备 GOOSE 地址，子网下拉框选择“Subnetwork_Processbus”节点，如图 4-16 所示。

（1）MAC-Address：Goose 的 MAC 的地址字段要求为 01-0C-CD-01-XX-XX，如 01-0C-CD-01-00-04。

（2）APPID：根据 MAC-Address 来配置，如 1004。

（3）MinTime：Goose 报文变位后立即补发的时间间隔，一般定义为“2”。

（4）MaxTime：Goose 报文心跳间隔，一般定义为“5000”。

（5）VLAN-PRIORITY：一般定义为“4”。

（6）VLAN-ID：一般定义为“000”。

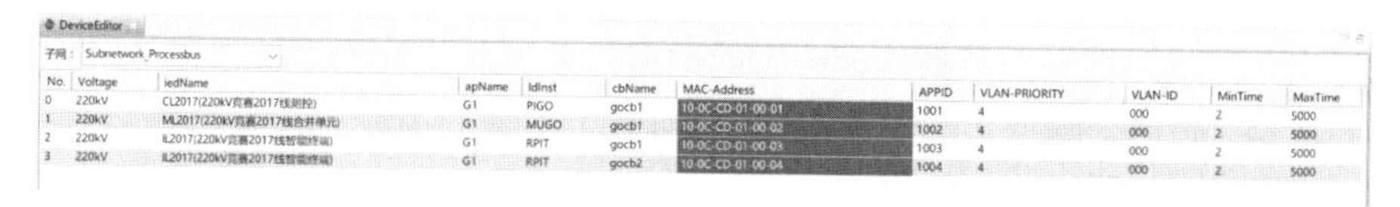

DeviceEditor

子网：Subnetwork_Processbus

No.	Voltage	iedName	apName	ldInst	cbName	MAC-Address	APPID	VLAN-PRIORITY	VLAN-ID	MinTime	MaxTime
0	220kV	CL2017(220kV竞赛2017线测控)	G1	PIGO	gocb1	10-0C-CD-01-00-01	1001	4	000	2	5000
1	220kV	ML2017(220kV竞赛2017线合并单元)	G1	MUGO	gocb1	10-0C-CD-01-00-02	1002	4	000	2	5000
2	220kV	IL2017(220kV竞赛2017线智能终端)	G1	RPIT	gocb1	10-0C-CD-01-00-03	1003	4	000	2	5000
3	220kV	IL2017(220kV竞赛2017线智能终端)	G1	RPIT	gocb2	10-0C-CD-01-00-04	1004	4	000	2	5000

图 4-16　Goose 通信参数配置

6. SMV 通信参数配置

选择“视图”→“通信参数配置”，在通信参数配置界面，选择“SMV Editor”选项卡编辑 IED 设备 SMV 地址，子网下拉框选择“Subnetwork_Processbus”节点，如图 4-17 所示。

（1）MAC/Address：SMV 的 MAC 的地址字段要求为 01-0C-CD-04-XX-XX，如 01-0C-CD-04-00-01。

（2）APPID：根据 MAC-Address 来配置，如 4001。

（3）VLAN-PRIORITY：一般定义为“4”。

（4）VLAN-ID：一般定义为“000”。

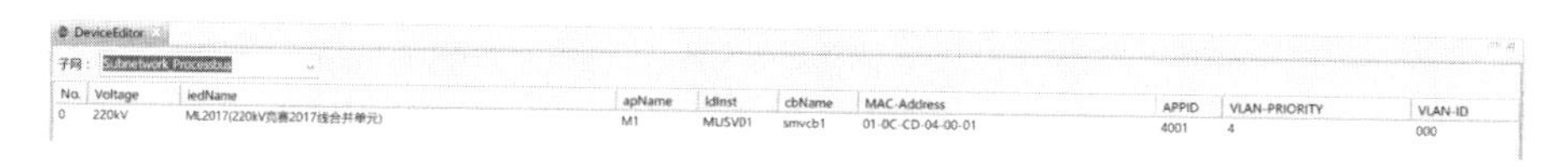

DeviceEditor

子网：Subnetwork_Processbus

No.	Voltage	iedName	apName	ldInst	cbName	MAC-Address	APPID	VLAN-PRIORITY	VLAN-ID
0	220kV	ML2017(220kV竞赛2017线合并单元)	M1	MUSV01	smvcb1	01-0C-CD-04-00-01	4001	4	000

图 4-17　SV 通信参数配置

7. 测控死区参数配置

组态工具左侧 IEDS 下选中测控装置，在右侧测控装置模型的树状图找到“MEAS”，右击选择“测量参数配置”，在编辑区打开测控装置死区设置界面，如图 4-18 所示。

（1）SIUnit：遥测值单位，模型文件中已配置过，无需更改。

（2）Multiplier：遥测单位的乘值，模型文件中已配置过，无需更改。

（3）Max：遥测的最大值，按该遥测实际最大值的 1.2 倍填写，如有功 max 为 550。

（4）Min：遥测的最小值，按该遥测实际最小值的 1.2 倍填写，如有功 min 为−550。

（5）db：遥测的变化量死区设置，满码值是 100000。如有功的 db 是 5，其变化量死区值等于（max/min）*db/100000=0.055MW。

（6）zerodb：遥测的零漂变化量死区设置，满码值是 100000。如有功的 zerodb 是 5，其零漂变化量死区值等于（max/min）*zerodb/100000=0.055MW。

在“测量参数配置”编辑区完成 max、min、db、zerodb 编辑即可。

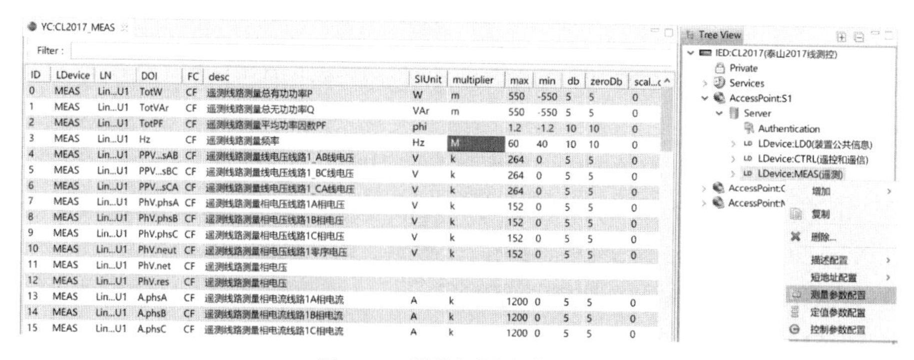

YC:CL2017_MEAS

Filter :

ID	LDevice	LN	DOI	FC	desc	SIUnit	multiplier	max	min	db	zeroDb	scal...c
0	MEAS	Lin...U1	TotW	CF	遥测线路测量总有功功率P	W	m	550	-550	5	5	0
1	MEAS	Lin...U1	TotVAr	CF	遥测线路测量总无功功率Q	VAr	m	550	-550	5	5	0
2	MEAS	Lin...U1	TotPF	CF	遥测线路测量平均功率因数PF	phi		1.2	-1.2	10	10	0
3	MEAS	Lin...U1	Hz	CF	遥测线路测量频率	Hz	M	60	40	10	10	0
4	MEAS	Lin...U1	PPV...sAB	CF	遥测线路测量线电压线路1_AB线电压	V	k	264	0	5	5	0
5	MEAS	Lin...U1	PPV...sBC	CF	遥测线路测量线电压线路1_BC线电压	V	k	264	0	5	5	0
6	MEAS	Lin...U1	PPV...sCA	CF	遥测线路测量线电压线路1_CA线电压	V	k	264	0	5	5	0
7	MEAS	Lin...U1	PhV.phsA	CF	遥测线路测量相电压线路1A相电压	V	k	152	0	5	5	0
8	MEAS	Lin...U1	PhV.phsB	CF	遥测线路测量相电压线路1B相电压	V	k	152	0	5	5	0
9	MEAS	Lin...U1	PhV.phsC	CF	遥测线路测量相电压线路1C相电压	V	k	152	0	5	5	0
10	MEAS	Lin...U1	PhV.neut	CF	遥测线路测量相电压线路1零序电压	V	k	152	0	5	5	0
11	MEAS	Lin...U1	PhV.net	CF	遥测线路测量相电压							
12	MEAS	Lin...U1	PhV.res	CF	遥测线路测量相电压							
13	MEAS	Lin...U1	A.phsA	CF	遥测线路测量相电流线路1A相电流	A	k	1200	0	5	5	0
14	MEAS	Lin...U1	A.phsB	CF	遥测线路测量相电流线路1B相电流	A	k	1200	0	5	5	0
15	MEAS	Lin...U1	A.phsC	CF	遥测线路测量相电流线路1C相电流	A	k	1200	0	5	5	0

图 4-18　测控测量参数配置

（三）ARP 装置私有信息配置

1. goose.txt 附属信息配置

选择“工具”→“编辑 goose.txt 附属信息”，弹出“编辑 goose.txt 附属信息”对话框。该窗口用来完成装置发送、接收 GOOSE 控制块端口配置等功能。在“编辑发送端口”选项卡下选中任意 IED，右侧会列出该 IED 发送控制块，双击“Value”弹出“端口配置”窗口。由于 IED 所有端口均要向外发送 GOOSE 数据，所以将 IED 所有板卡和端口全部添加进来，如图 4-19 所示。

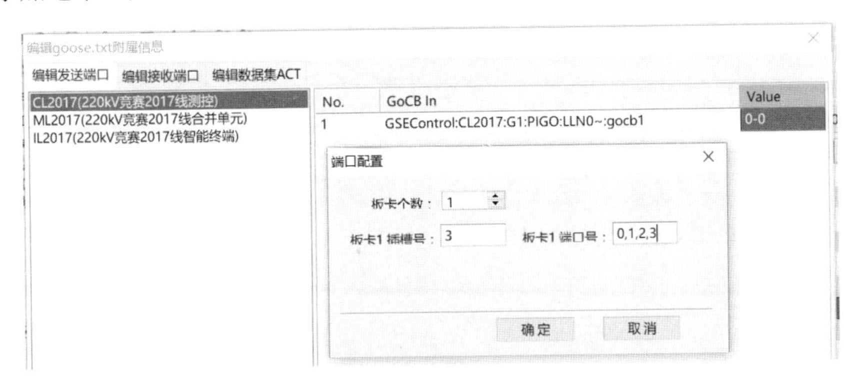

图 4-19　Goose 发送配置

在“编辑接收端口”选项卡下选中任意 IED，右侧会列出该 IED 接收控制块的信息，双击“Value”弹出“端口配置”窗口。根据设计配置由 IED 的哪个端口接收相应控制块数据，如图 4-20 所示。

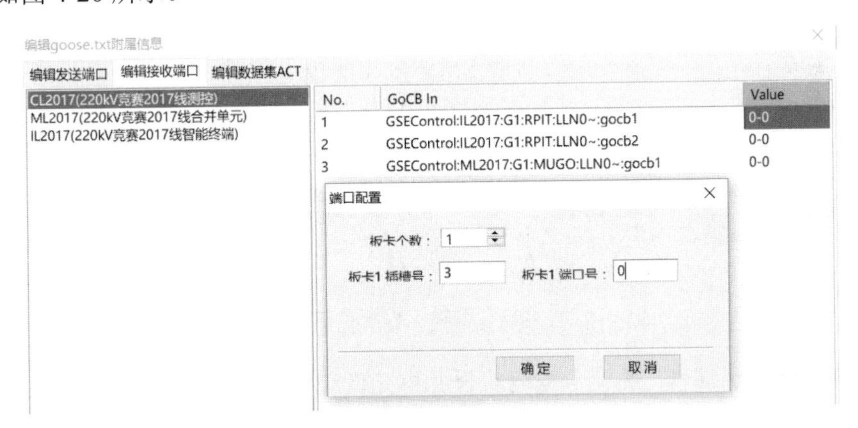

图 4-20　Goose 接收配置

其他装置以此类推，完成所有 IED 的配置后刷新同步保存。

2. sv.txt 附属信息配置

在 IEDS 下右击“合并单元”选择“导入 SV 配置文件”，弹出“选择 SV 配置文件”对话框，根据合并单元 DSP 板和交流采样板的型号确定需要导入的 SV 配置文件，如图 4-21 所示。

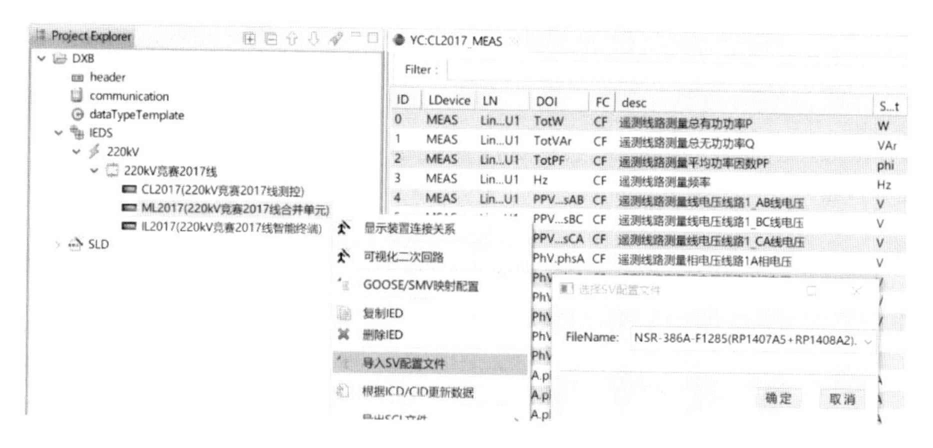

图 4-21 导入 SV 配置文件

选择“工具”→“编辑 sv.txt 附属信息”，弹出“编辑 sv.txt 附属信息”对话框。该窗口用来配置 ARP 系列装置 SV 功能，共七个选项卡，常用到 2、3、4、5、7 五个选项卡，如图 4-22 所示。

图 4-22 编辑 sv.txt 附属信息

“编辑工程配置信息”选项卡需要对测控和合并单元做配置，合并单元导入配置文件后自动完成配置。测控需要配置接收 SMV 报文的板卡型号、使用类型和延时中断数，如图 4-23 所示。

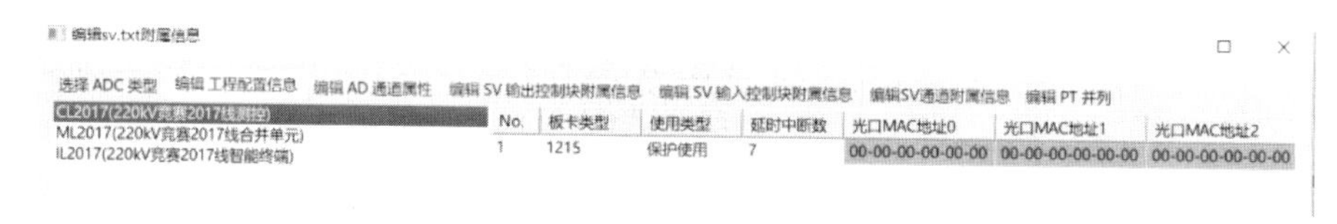

图 4-23 编辑工程配置信息

“编辑 AD 通道属性”选项卡需要对合并单元做配置，合并单元导入配置文件后自动完成配置，一般无需更改，如图 4-24 所示。

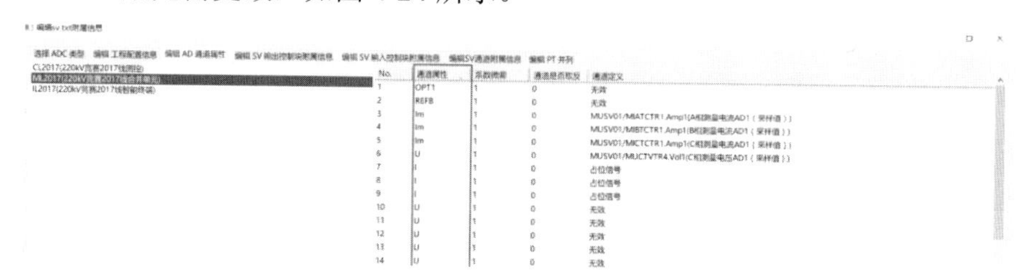

图 4-24 编辑 AD 通道属性

“编辑 SV 输出控制块信息”选项卡要对合并单元 SMV 发布进行配置，需要配置“物理端口号”和“组网方式”两个域。

“物理端口序号”配置发送 SMV 数据集的板卡号和端口号。双击可弹出“端口配置”对话框：“板件个数”默认为 1 个。“板卡 1 类型”可以指定“编辑工程配置信息”选项卡中任一条记录作为 SMV 发送板卡。“板卡 1 插槽号”指定本板卡所在槽号地址，对于整层机箱而言，CPU 板 PR1011A 为插槽 1，RP1705 电源板不占用槽号，两块交流采样板各占两个槽号，那么 RP1285 板槽号为 6。“板卡 1 端口号”指定发布本控制块对应数据集的端口，发送口隐藏在板卡内部，SMV9-2 类型数据集发送端口为 0，报文通过 RP1011 和 RP1218 板件转发出来，IEC 60044-8 类型数据集发送端口为 1，报文通过 RP1802 板件转发出来。“组网方式”默认全部选择“点对点”方式，如图 4-25 所示。

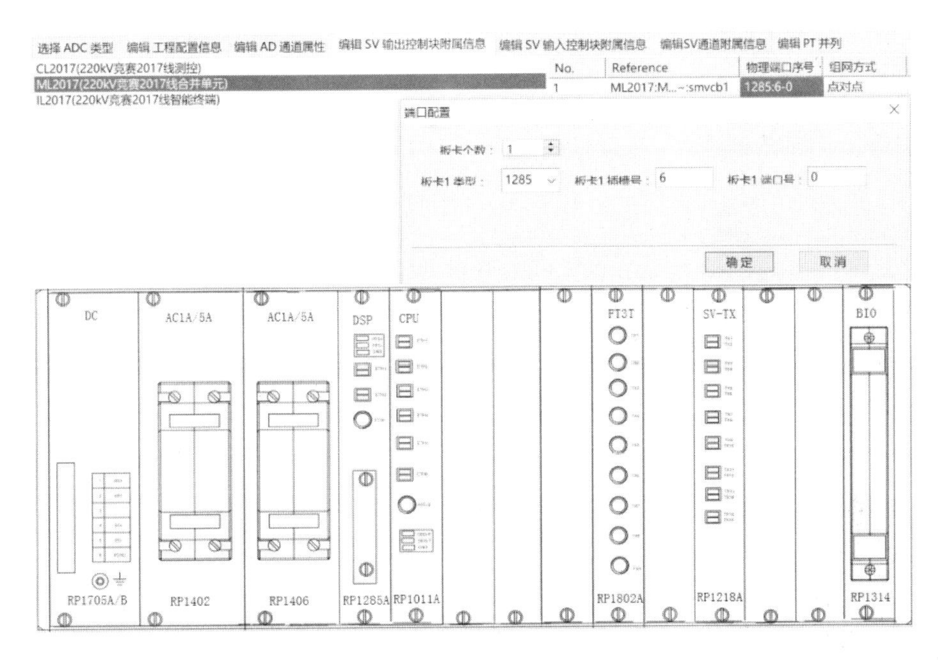

图 4-25　编辑 SV 输出控制块信息

“编辑 SV 输入控制块信息”选项卡要对测控 SMV 订阅进行配置，需要配置“物理端口号”和“组网方式”两个域。方法同 SV 输出端口配置，如图 4-26 所示。

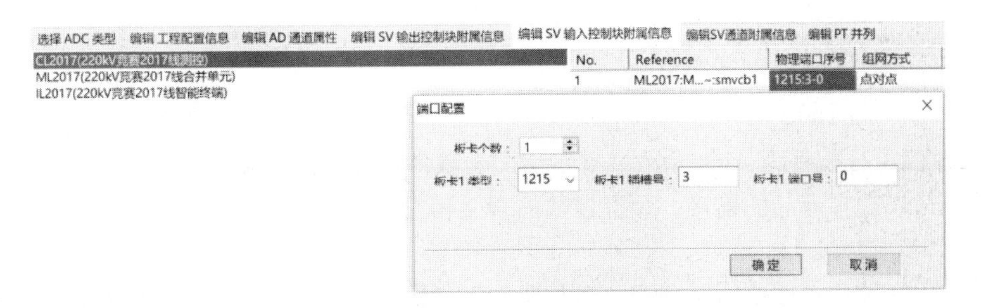

图 4-26　编辑 SV 输入控制块信息

“编辑 SV 通道附属信息”选项卡要对合并单元通道属性进行定义，目前只有“通道是否取反”生效，如图 4-27 所示。

选择 ADC 类型　编辑 工程配置信息　编辑 AD 通道属性　编辑 SV 输出控制块附属信息　编辑 SV 输入控制块附属信息　编辑SV通道附属信息　编辑 PT 并列

CL2017(220kV竞赛2017线测控)
ML2017(220kV竞赛2017线合并单元)
ML2017:dsSV1(SV9-2发送数据集)
IL2017(220kV竞赛2017线智能终端)

No.	Reference	Description	通道属性	系数微调	通道是否取反
1	MUSV01/LLN0.DelayTRtg[MX]	LLN0额定延时	la	1	0
2	MUSV01/MUAT...4.Vol1[MX]	A相测量电压AD1（采样值）	la	1	0
3	MUSV01/MUBT...4.Vol1[MX]	B相测量电压AD1（采样值）	la	1	0
4	MUSV01/MUCT...4.Vol1[MX]	C相测量电压AD1（采样值）	la	1	0
5	MUSV01/PUATVTR4.Vol1[MX]	A相保护电压AD1（采样值）	la	1	0
6	MUSV01/MIAT...1.Amp1[MX]	A相测量电流AD1（采样值）	la	1	0
7	MUSV01/MIBT...1.Amp1[MX]	B相测量电流AD1（采样值）	la	1	0
8	MUSV01/MICT...1.Amp1[MX]	C相测量电流AD1（采样值）	la	1	0

图 4-27　编辑 SV 通道附属信息

“编辑 PT 并列”选项卡要对合并单元“电压并列”和“电压切换”进行配置，如图 4-28 所示。

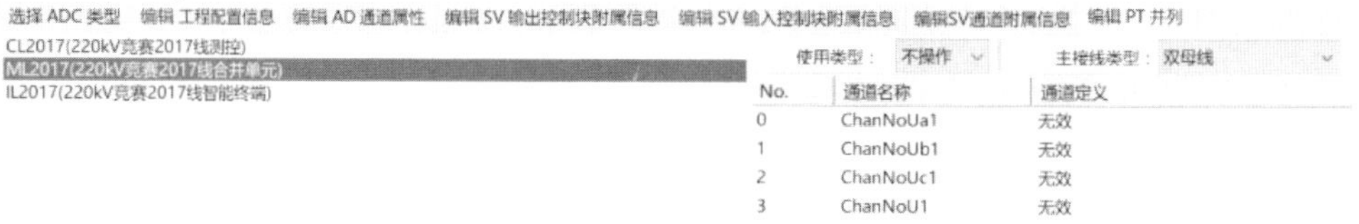

选择 ADC 类型　编辑 工程配置信息　编辑 AD 通道属性　编辑 SV 输出控制块附属信息　编辑 SV 输入控制块附属信息　编辑SV通道附属信息　编辑 PT 并列

CL2017(220kV竞赛2017线测控)
ML2017(220kV竞赛2017线合并单元)
IL2017(220kV竞赛2017线智能终端)

使用类型：不操作　主接线类型：双母线

No.	通道名称	通道定义
0	ChanNoUa1	无效
1	ChanNoUb1	无效
2	ChanNoUc1	无效
3	ChanNoU1	无效

图 4-28　编辑 TV 并列

以上步骤完成后 SCD 文件制作完成，可以通过右击左上角“DXB”选择“导出 SCL 文件”将工程的 SCD 文件导出，选择“导出 ARP 装置配置文件”将装置的配置文件导出。ARP 系列装置的配置文件如表 4-1 所示。

表 4-1　　ARP 系列装置的配置文件

文件描述	配置作用	下装板卡号
device.cid	ARP 装置 MMS 通信文件，测控需要下装	1 号板
goose.txt	ARP 装置 GOOSE 接收发送配置文件，测控、合并单元、智能终端均需下装	测控：3 号板 合并单元：1 号板 智能终端：3 号板
sv.txt	ARP 装置 SV 接收发送配置文件，测控、合并单元需下装	测控：3 号板 合并单元：6 号板
“interlock.idx”和“interlock.lck”	ARP 装置五防闭锁配置文件，测控需下装	1 号板

三、ARPTools 软件使用

（一）ARPTools 简介

ARPTools 软件为 ARP 系列装置专用配套软件，主要实现 ARP 装置的配置下装、配置的上载、虚拟液晶的连接、装置参数的查阅和内部变量的调试等功能。

（二）虚拟液晶的使用

使用网线连接调试机调试网口和装置前面板调试口，打开 ARPTools 软件点击框 1 所示“vpanle”后点击框 2 所示“连接装置”按钮，会出现待下装装置的虚拟液晶面板。

使用“backspace”实现面板的确认功能，“backspace”实现面板的取消功能，使用“+”和“–”实现面板的加减功能，使用方向键实现面板的上下左右功能，如图 4-29 所示。

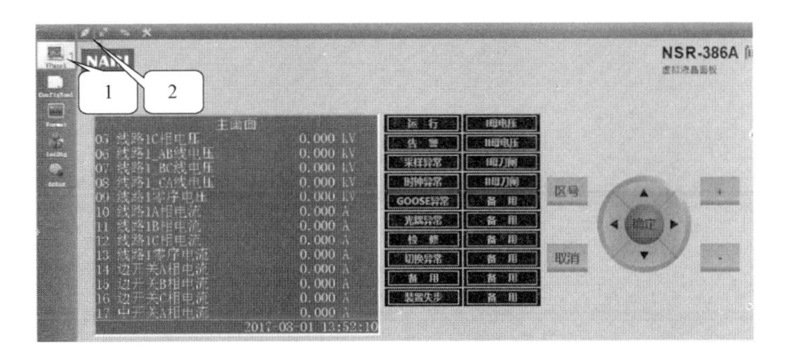

图 4-29　ARPTools

（三）装置文件下装

双击打开 ARPTools 软件，选择左侧选项卡“debug”菜单，点击框 1 所示“connect”按钮，在弹出的窗口中输入装置调试口 IP 地址，点击“OK”完成和装置调试口的连接，如图 4-30 所示。

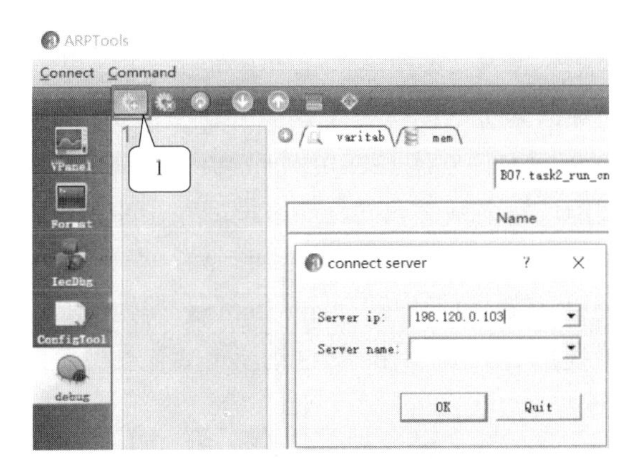

图 4-30　连接装置

连接成功会出现图 4-31 框 1 所示图标，点击框 2 所示“download”按钮弹出“ufiledown”窗口，在框 3 所示“BoardNo”输入下装文件的板卡地址，点击框 4 所示“brower”选择下装文件，如图 4-31 所示。

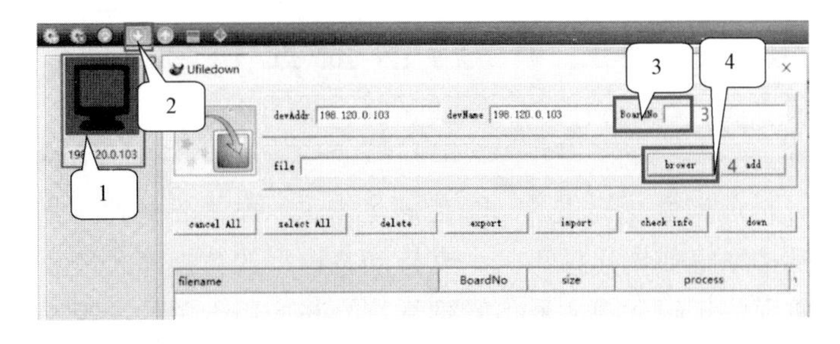

图 4-31　配置文件选择

因为ARP系列装置的device.cid都需下装在CPU板，所以CID文件的下装“BoardNo”填写“1”。goose.txt 和 sv.txt 需要下装进 1215 板，所以这两个配置文件的“BoardNo”填写“3”。将文件分别加入下装列表点击框 1 所示“down”开始下装，如图 4-32 所示。

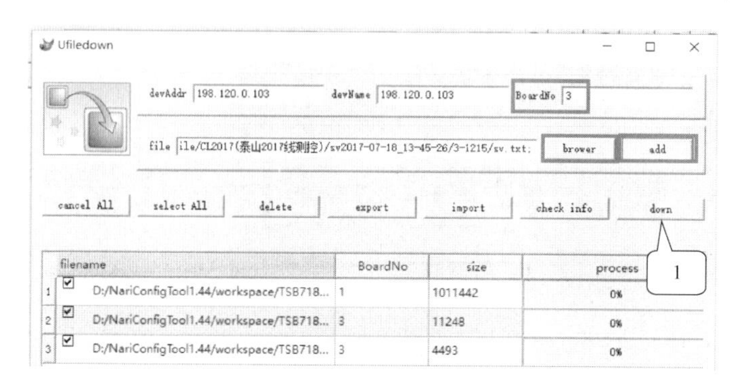

图 4-32　配置文件下装

在装置的虚拟液晶面板，点击“确定”按钮开始下装配置文件，下装完成后重启装置，完成配置下装工作。

四、常见问题及注意事项

（1）ICD/CID 模型文件导入系统组态创建 IED 实例之前，需要通过相关的检查工具检查其合法有效性，避免频繁更换模型文件。

（2）通过 ICD/CID 模型文件创建 IED 实例时，尽量避免加前缀的方式。万不得已，建议同一厂家采用相同的厂家前缀；如同一厂家模型存在冲突时，同一类型的装置加相同的前缀。

（3）对于 NARI 装置，IED 属性中的 manufacturer 属性务必填上 NARI 装置标识：NARITECH、国电南瑞或者 GDNR，type 属性请填上装置类型信息。通过这些信息与其他厂家的装置进行区分。

（4）在项目视图中，凡是 IED 装置前的图表带红色图案的代表 NARI 装置。

（5）编辑项目数据时，每个节点的名称（name 属性值）采用英文，不允许含有中文字符信息。

（6）通过修改 configuration/cn.naritech.config 目录下 toolConfig.xml 相关参数控制组态的一些行为，如导入/导出文件时是否进行数据检查、生成 sscfg.dat 方式等。

第二节　后台监控系统

一、系统简介

NS3000S 计算机监控系统提供了一个能满足未来厂站端各种监控需求的开发平台，主要平台模块包括了系统数据建模工具、支持动态模型的数据库系统、通用组态软件与数据模板管理、按通信规约建模的通信管理系统、与应用无关的图形基系统、综合量计算模块以及系统功能冗余等管理模块，为了提高开发质量，同时提供了仿真控制与调试模块。这些模块均为跨 UNIX/Windows/Linux 操作系统平台设计。

二、监控系统配置

（一）系统配置工具

桌面右击选择“konsole”弹出操作系统命令提示框（以下简称终端），输入“bin”进入监控系统可执行程序所在目录，再输入“sys_setting”打开监控系统配置界面，如图 4-33 所示。

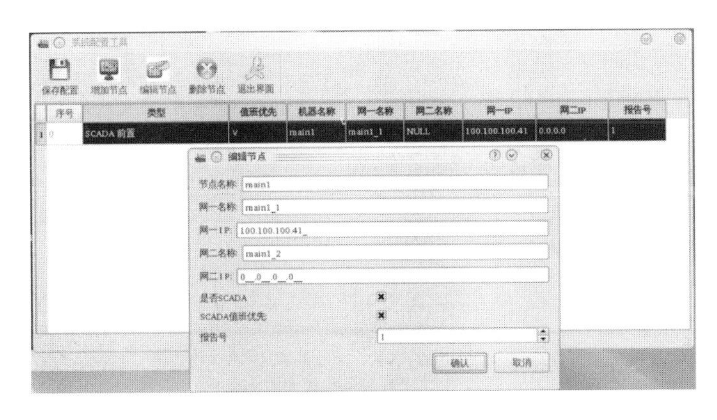

图 4-33　监控系统配置工具

一个主机节点需要完成以下配置：

节点名称：填写运行监控系统服务器的机器名。

“网一 IP”和“网二 IP”：填写运行监控系统服务器的 IP 地址。

是否 SCADA：监控主机需打勾，操作员站不需要打勾。

SCADA 值班优先：主备运行模式下，主机需打勾，备机不要打勾。

报告号：61850 通信的实例号，是一个小于 16 的数字。监控主机需要配置，不同监控主机报告号不得相同。

节点配置完成后点击“保存配置”输入密码：naritech。

（二）监控系统自启动配置

自启动是为了实现计算机登录操作系统后自动启动 NS3000S 监控系统的功能。配置方法为打开终端在“bin”目录下执行“select_aut”命令，在自启动配置窗口将系统自启动勾选，则配置自启动，取消勾选，则取消自启动配置，如图 4-34 所示。

图 4-34　自启动配置

完成以上配置后打开终端在“bin”目录下输入“./start”即可打开 NS3000S 监控系统。

三、数据库

（一）SCADA 数据库

1. 数据库组态界面

数据库组态界面提供用户建立数据库模型的图形化界面。本系统数据库模型的建立的一大特点是可通过在图形绘制的过程中，以图形制导的方式建立数据库，但也提供了常规通过数据库组态界面进行数据库定义的手段，目前一般以先做库后画图关联的方式完成图库的关联。

NS3000S 启动后会弹出如图 4-35 所示的控制台，点击按钮弹出“用户登录”界面，在弹出的“用户登录”界面选择超级用户“qq”输入有效时间和口令后确认，如图 4-35 所示。

图 4-35　控制台及用户登录

在“控制台”菜单下打开“系统组态”，或者打开终端在“bin”下运行 dbconf 进入数据库编辑工具，数据库组态工具可以启动多个，只有管理员权限打开的数据库组态才可以进行编辑，如图 4-36 所示。

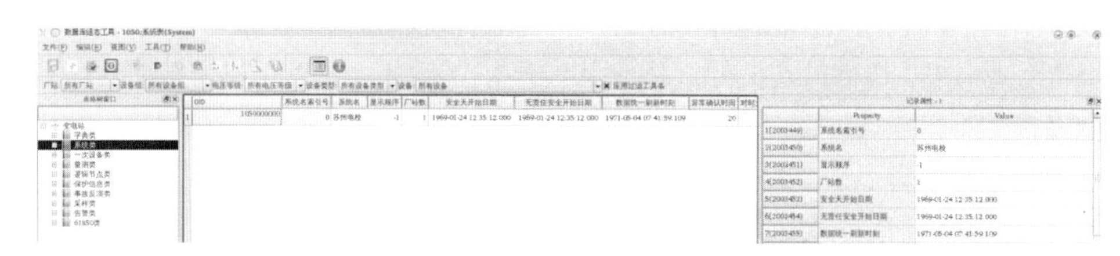

图 4-36　数据库组态

数据库界面输入的数据分为如下五类：

（1）控制类数据：该类主要包括一些常用的控制信息，这类信息一般不随系统的改变而改变，如域名表、表名表等。

（2）字典类和保护信息表：这些用户可以修改配置，输入方式和数据库表格内容一样。

（3）节点配置和功能配置信息：用来配置网络上运行的机器和每台机器上运行的功能。

（4）设备信息：定义设备的一些信息，定义方式和图形界面定义相似，采用由设备到设备属性的制导方式，在设置设备过程中不出现四遥表。

（5）逻辑节点配置信息：用来配置间隔层装置的信息及与数据库的连接关系。逻辑节点的配置面向每一个具体的装置，对某一个具体的保护或测控装置设定一个对象，对象中包含它所包含的各种信息。通信单元也为一个独立的逻辑节点，节点中包含它下面所连的各个逻辑节点的通信状态信息，每一个逻辑节点的状态信息要定义与之相关的逻辑节点的节点号（以实现该逻辑节点通信状态信息不通时，设置与该逻辑节点相关联的数据的异常状态）。在系统级设置一虚逻辑节点，它包含各通信装置的通信状态，同样要定义与之相关联的逻辑节点号。同时逻辑节点组态生成各数据与计算机监控系统数据库之间的对应关系，内容主要包括：单双网的设置、网络地址的设置和通信口号的设置；逻辑节点的节点号设置；从逻辑节点的遥信、遥测、遥脉、遥控（调）到数据库数据关联的设置。

整个数据库的索引方式采用厂站→设备组→设备名→测点名→属性名，OID 是每个对象在数据库中的唯一标识。数据库单独成一个进程，应用功能不能直接访问数据库的数据，而是通过 COM 接口来取得相关数据。对各种应用提供统一的接口，接口按照下面检索的层次进行提供。数据库检索界面按厂站→设备组→设备名→测点名→属性名来实现。

2. 数据库的建立原理

NS3000S 系统使用 61850 规范时可以通过解析 SCD 和 CID 文件来建立数据库，本文以导入 SCD 文件为例，在导库前需要了解数据集类型的概念。

对于 NS3000S 系统，数据集有不同的类型，不同类型将有不同的处理。普通类型导入 NS3000S 后将在四遥信息表中生成测点，保护相关的类型导入 NS3000S 后将在保护定值名表中生成测点。在“SYS”目录下打开文件 dstype.cfg 文件，文件中有常见的数据集类型的名称，其后是后台对它的类型定义。在导入数据库时可以通过该文件配置数据集类型，也可以手动配置。定义的是标准名称的数据集类型的配置，如装置使用了非标准的名称，也可以在文件中手动添加，如图 4-37 所示。

```
//数据集名称: 数据集类型
//数据集类型  -1: 未定义  0: 普通  1: 保护事件  2: 保护参数  3: 保护定值..
//4: 故障报告  5: 保护模拟量 6: 保护开关量  7: 保护压板
//数据集名字前若有"!", 则该数据集类型配置为普通, 并且导出到PPI保护事件表
!dsTripInfo:0
dsParameter:2
dsSetting:3
dsSettingB:3
dsRelayAin:5
!dsRelayDin:0
!dsRelayEna:0
!dsAlarm:0
!dsWarning:0
dsCommState:0
```

图 4-37　dstype.cfg

数据集如果配置成普通，则导库后在四遥表生成测点；如果配置为保护类型（保护事件、保护定值等），则导库时会生成到 PPI 文件中，并最终生成测点在“保护事件名”和“保护定值名”等保护相关类型表中。对于数据集类型该如何配置，遥信遥测配置成

“普通”是一定的，保护定值配置成“保护定值”，保护参数配置成“保护参数”也是一定的。对于某些既导入四遥信息表，也生成到保护 PPI 的数据集进行了特殊处理，具体可以查看 dstype.cfg 中“!”号的说明。

一般而言，按照 dstype.cfg 默认的配置就是可以的，标准的数据集类型及其配置如表 4-2 所示。

表 4-2　　标准的数据集类型及其配置

标准数据集名称	对应描述	可配置的类型一（如后台和远动）	可配置的类型二（如保信子站）
dsDin	遥信	普通	普通
dsAin	遥测	普通	普通
dsTripInfo	保护动作事件	普通	保护事件
dsSetting	保护定值	保护定值	保护定值
dsParameter	保护参数	保护参数	保护参数
dsRelayEna	保护压板	普通	保护事件
dsRelayDin	保护开关量	普通	保护事件
dsRelayAin	保护模拟量	保护模拟量（或普通）	保护模拟量
dsRelayRec	故障录波事件	保护事件	保护事件
dsWarning	装置告警	普通	保护事件
dsAlarm	告警信号	普通	保护事件
dsCommState	通信工况	普通	保护事件
dsGoose	GOOSE 控制	无定义	无定义

3. 生成数据库的步骤

将 SCD 文件拷贝到“ns4000/config”目录下，进入“系统组态”，点击菜单栏“工具”进行导库操作，分为 SCL 解析 scd→dat、61850 数据属性映射模板配置、LN 设备自动生成工具等四步操作。

（1）点击“SCL 解析 scd→dat”，弹出“SclParser”窗口，如图 4-38 所示。

图 4-38　SclParser

点击“打开 SCD 文件”，弹出“SCD 文件打开向导”界面，一般选择默认第一项“使用已有的数据集类型配置文件”，点击“Next”，选择要导入的SCD文件，点击“Finish”。对于稍后弹出的提示框，点击“OK”即可。

（2）在文件解析后出现如图4-39所示界面，随意点击左侧装置名，在右侧将列出解析的数据集名称和描述，及其按照默认文件配置的数据集类型。该类型是可以手动修改的，如果配置为“普通”，则将会把对应数据集配置的测点导入遥信、遥测表中；如果是“未定义”，后台将不会解析该数据集生成测点。可以在不同的标签页预览不同类型的测点。配置文件的内容是符合现场工程要求的，则不需要在这里修改。点击“文件”菜单下“导出数据文件”或者工具栏的第二个图标，完成SCL解析SCD→dat的工作。

图4-39　SCD→dat解析

（3）数据库组态“工具”→点击“61850数据属性映射模板”，弹出数据属性模板配置窗口，点击右下角的“save”按钮即可。

（4）数据库组态“工具”→点击“LN设备自动生成工具”，弹出“LN自动生成”窗口如图4-40所示，点击“自动生成测点记录”，再点击“close”即可。弹出“是否保存原有设备名”和其他，建议只选择第一项（保存原有设备名），其他都不选。如果还选择了其他项，可能会在生成四遥信息时超出后台库测点单条记录所能容纳的字节数，造成四遥名称显示不全。

图4-40　LN自动生成

4. 系统组态的基本配置

打开系统组态→系统类→厂站表，点击框1所示“记录属性窗口”按钮，会将选中记录在框2所示位置显示，方便录入变电站具体信息，如图4-41所示。

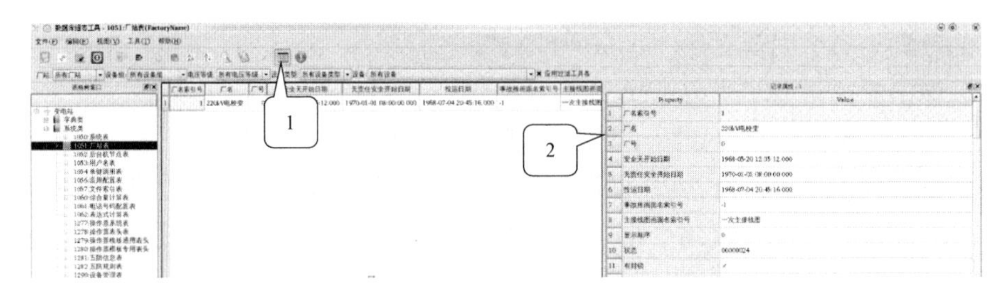

图 4-41　厂站表

打开系统组态→系统类→系统表，将系统改为“苏州电校”，再重启控制台程序，则控制显示自定义名称，如图 4-42 所示。

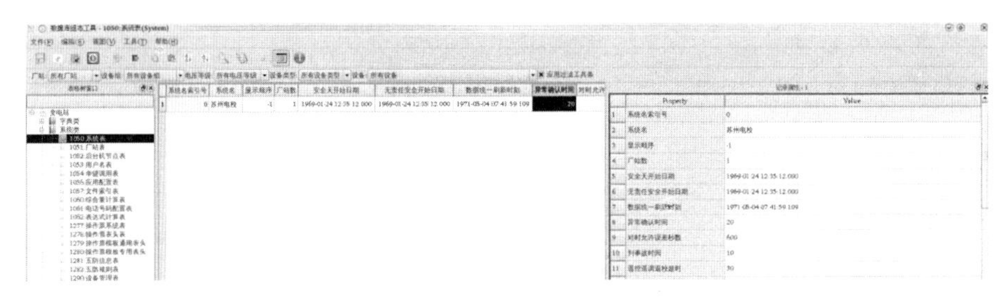

图 4-42　系统表

打开系统组态→系统类→后台机节点表，根据实际需求配置“启动画面名索引号（28）”、“有时间同步管理功能（35）”、“IEC 61850 报告号（106）”、“是否双网（126）”和“自动清事故态（128）”，如图 4-43 所示。

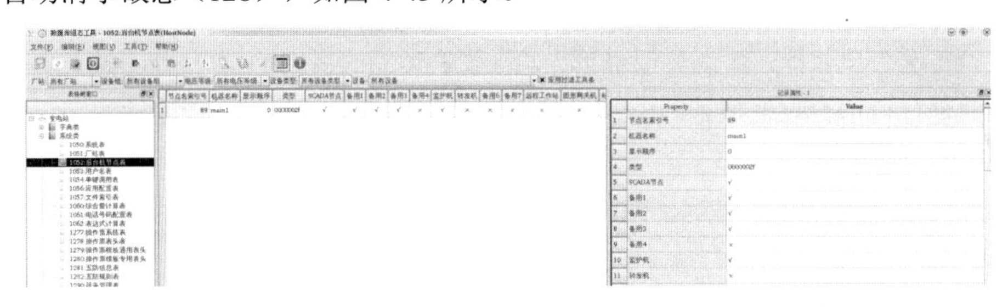

图 4-43　后台机节点表

打开终端在“bin”下执行“dbconf-d”指令进入超级权限的数据库编辑工具，打开系统组态→系统类→用户名表，可以添加新的用户，设定每个用户的权限和口令，如图 4-44 所示。

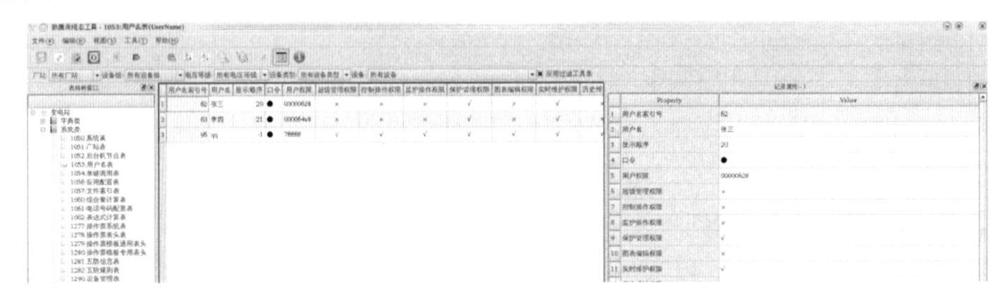

图 4-44　用户名表

打开系统组态→一次设备类→开关表、刀闸表、变压器表等表，配置其对应调度编号、电压等级和设备子类型。断路器可选进线断路器、馈线断路器、母联断路器、3/2断路器。刀闸有线路侧刀闸、母线侧刀闸、接地刀闸，如图 4-45 所示。

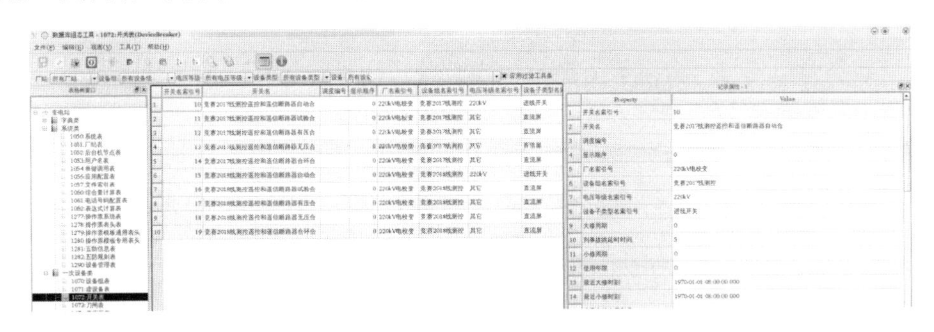

图 4-45 开关表

5. 系统组态遥信配置

打开系统组态→量测类→遥信表，如图 4-46 所示。

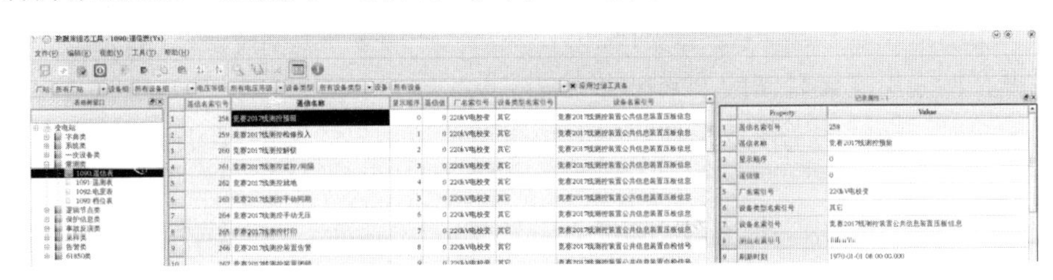

图 4-46 遥信表

遥信主要包括事故总信号、断路器位置、刀闸位置、预告信号、保护动作信号、各种设备的本体信息、工况等。状态量采用事件驱动方式，一有事件就进行处理。处理工作主要包括：

（1）根据事故总信号及断路器动作信息，区分断路器事故跳闸或人工拉闸。断路器变位后，系统立即更新数据库，推出报警信息。如断路器跳闸信息发生时，在一定的时间（断路器变位前或断路器变位后，该时间可人工设定）内有事故总信号，则进行事故报警，并进行相应的处理。

（2）断路器事故跳闸到指定次数或断路器拉闸到指定次数，推出报警信息，提示用户检修。

（3）当某一设备设置为挂牌操作时，与该设备相关联的状态量报警和操作将被闭锁。

（4）可对每一状态量单独设置闭锁标志或人工设值，实时状态量将被丢弃，不做处理。

（5）对某一厂站设置闭锁标志时，该厂站的所有数据均被丢弃，不进行处理。

（6）对双位置接点进行一致性检查，双位置不一致时，置位置状态无效，并进行报警。

（7）常开接点和常闭接点的状态可以转换。

（8）量的不同状态（无效、正常、变位、事故、人工置数、检修）在画面上用不同的颜色或符号表示。需要语音报警时，以不同的语音表示。开关量的报警方式可以自由设定。

（9）状态量可通过一公式设置其推出事故处理指导的条件，在条件满足时，将在界面上推出专家处理事故的指导。

（10）可通过公式设置每一遥信的操作闭锁条件。

（11）遥信报警存储时，要存储其动作时间、值、状态、恢复时间及人工确认的时间。

（12）状态量和模拟量均可设置报警等级，报警等级高的报警可以覆盖报警等级低的报警，同级的报警不互相覆盖，用户确认一个以后，再报下一个，用户也可以对所有报警信息同时确认。

（13）事故发生时，自动推出事故画面。断路器事故跳闸时，自动进行事故数据存储以供事后分析。追忆时间（事故前追忆时间和事故后追忆时间）可以人工设置，可设置事故发生时对全系统所有数据进行追忆还是对发生事故的厂站的所有数据进行追忆。追忆数据存储采用变化存储的方式，不变化的数据不进行存储，以节省存储空间。在事故数据反演时，在画面上像放录像一样，动态重新显示事故发生时的情况，放映的速度可以人工设置。

（14）有些状态量由当地系统自动产生（如工况），这些量由 SCADA 服务主机产生，并实现全网同步。

NS3000S 监控系统一般以先做库后画图关联的方式完成图库的关联，所以在完成组态的基本配置后我们首先对遥信表进行配置，常用配置域如表 4-3 所示。

表 4-3　常用配置域

记录序号	对应描述	功能说明
02	遥信名称	遥信名称
07	设备名索引	遥信记录和一次设备的关联，导库时自动生成，一般无需改动
08	测点名索引	定义一个遥信记录的属性，如：预告信号、事故信号等。参与数据库逻辑运算
09	刷新时间	IED 最后一次上送该遥信记录数据的时间，值变化、总召或品质变化均会引起刷新时间变化
10	逻辑节点索引	遥信记录和二次设备的关联，导库时自动生成，一般无需改动
15	报警名索引	定义一个遥信记录的告警类型属性，如：位置信号、预告信号或事故信号等。影响操作术语和告警窗显示等
28	接线端子信息	IED 设备该遥信记录的引用名
36	被封锁	遥信记录不再刷新
37	被抑制	遥信记录不会点亮光字牌
68	告警推画面索引	配置需要推导出的画面
71	置反	遥信记录取反

6. 系统组态遥测配置

打开系统组态→量测类→遥测表，如图 4-47 所示。

图 4-47　遥测表

遥测量主要包括主变及线路的有功、无功功率，功率因数，主变及线路的电流，母线电压，主变压器、电抗器油温，周波等。处理工作主要包括：

（1）将采集的原始数据根据工程系数转换为工程量。

（2）进行零漂处理，设定每个值的归零范围，将近似为零的值置为零。

（3）对数据合理性进行检查，设置最大有效值和最小有效值，如果测量值大于最大有效值或小于最小有效值，模拟量状态置为无效状态，一旦数据恢复正常，模拟量状态置为有效状态。

（4）每一个测量值可设为是否要判越限，设定上上限、上限、下限、下下限，对越限的测量点进行报警，报警的方式（如闪烁、推画面、自动清闪、音响报警、响铃、打印等）可人工设定。为避免遥测瞬态干扰冲击产生的误报警，遥测值的报警应在越限持续一段时间后才产生，用户可自定义此时间的长度。每一个模拟量设置一回差值，避免频繁越限报警。当某一设备设定为检修时，与该设备相关联的测量值不进行越限报警，同时不进行各项统计计算。可以人工设定测量值，人工设定后不接受实时数据的刷新，直到人工解除。

（5）每一个测量值可设为是否进行统计计算，每一测量值的统计包括最大值、最小值、平均值及相应的时间统计。测量值可设定一存历史的周期。

（6）为各测量值标出状态，一般包括无效、正常、越限、人工置数。模拟量的各种状态在画面上用不同的颜色表示。颜色可按缺省定义，也可由用户定义。通过公式可生成各种计算测量值。

7. 系统组态遥控配置

遥控可以由运行操作人员发出，也可以由电压无功调节功能自动发出，或由远方调度发出。可进行开关刀闸分合、开关检同期合、检无压合、变压器分接头升/降/停、电容器电抗器投/退操作。

进行控制操作时，必须输入有控制权限的口令，系统设置操作员和监护员两级口令。口令输入方式有两种，一种是每次操作均要输入口令，另一种是输入一次口令后能保持一定的时间（时间的长短可用户自己设定），用户可设置输入口令方式。操作人员和监护人员可在同一台机器上，也可以在不同的机器上。在发出控制命令时，可设置是否要求用户输入所要控制的开关号。

操作过程要经相关操作闭锁条件检测，确定是否可以进行操作。

控制操作执行后，系统将操作内容、操作时间、操作结果、操作人员、监护人员登录在操作记录中，并区分当地操作、远方操作和电压无功调节自动操作。一个系统同时只能有一个操作被执行。

有五防机节点时，所有的遥控命令可选择是否经五防机校验，如需要，根据五防机的返校结果，决定遥控是否能继续执行。

遥控命令可选择自动执行还是需要应用返校。

监控后台向使用 61850 规范的 IED 设备下发遥控命令时需要使用遥控 REFS。Engine.exe 程序下发的遥控指令必须包含遥控 REFS。因此我们需要对系统组态→一次设备类→开关表、刀闸表中遥控 REFS 进行配置，正常填法是将遥信表开关、刀闸位置遥信的“接线端子信息（28）”的 LN 字段（类似 CBAutoCSWI1 或 QG1CSWI1，CSWI 是专用的断路器控制功能逻辑节点）复制出来，如图 4-48 所示。

	接线端子信息	最近动作时刻	最近复归时刻			遥信状态	异常	
1	CL2017.CTRL/CBAutoCSWI1.Pos.stVal	2017-07-30 21:50:58.215	2017-07-30 21:51:00.518	0	0	20000000	×	×
2	CL2017.CTRL/CBAutoCSWI1.PosA.stVal	2017-07-30 22:08:03.885	2017-07-30 22:08:07.392	0	0	20000010	×	×
3	CL2017.CTRL/CBAutoCSWI1.PosB.stVal	2017-07-30 21:52:49.840	2017-07-30 21:52:53.144	0	0	20000010	×	×
4	CL2017.CTRL/CBAutoCSWI1.PosC.stVal	2017-07-30 21:50:58.215	2017-07-30 21:51:04.221	0	0	20000010	×	×
5	CL2017.CTRL/CBTestCSWI1.Pos.stVal	2017-07-30 21:50:58.215	2017-07-30 21:51:00.518	0	0	20000010	×	×
6	CL2017.CTRL/CBSynCSWI1.Pos.stVal	2017-07-30 21:50:58.215	2017-07-30 21:51:00.518	0	0	20000010	×	×
7	CL2017.CTRL/CBDeaCSWI1.Pos.stVal	2017-07-30 21:50:58.215	2017-07-30 21:51:00.518	0	0	20000010	×	×
8	CL2017.CTRL/CB[illegible]CSWI1.Pos.stVal	2017-07-30 21:50:58.215	2017-07-30 21:51:00.518	0	0	20000010	×	×

96	CL2017.CTRL/QG1CSWI1.Pos.stVal	2017-07-30 21:10:41.513	2017-07-30 15:50:11.653	0	0	2000
97	CL2017.CTRL/QG2CSWI1.Pos.stVal	2017-07-30 21:11:44.635	2017-07-30 21:10:33.198	0	0	2000
98	CL2017.CTRL/QG3CSWI1.Pos.stVal	2017-07-30 17:02:52.369	2017-07-30 15:58:14.791	0	0	2000
99	CL2017.CTRL/QG4CSWI1.Pos.stVal	1970-01-01 08:00:00.000	1970-01-01 08:00:00.000	0	0	2000
100	CL2017.CTRL/QGD1CSWI1.Pos.stVal	2017-07-30 15:57:58.249	2017-07-30 15:58:16.494	0	0	2000
101	CL2017.CTRL/QGD2CSWI1.Pos.stVal	2017-07-30 15:57:59.952	2017-07-30 15:58:18.798	0	0	2000
102	CL2017.CTRL/QGD3CSWI1.Pos.stVal	2017-07-30 15:58:01.255	2017-07-30 15:58:26.892	0	0	2000

图 4-48　遥信表 LN 名查找

通过遥信记录的“设备名索引号”找到对应一次开关设备索引号，然后在一次设备表→1072 开关表或者 1073 刀闸表→“控制 REF（104 或者 90）”处粘贴后保存，如图 4-49 所示。

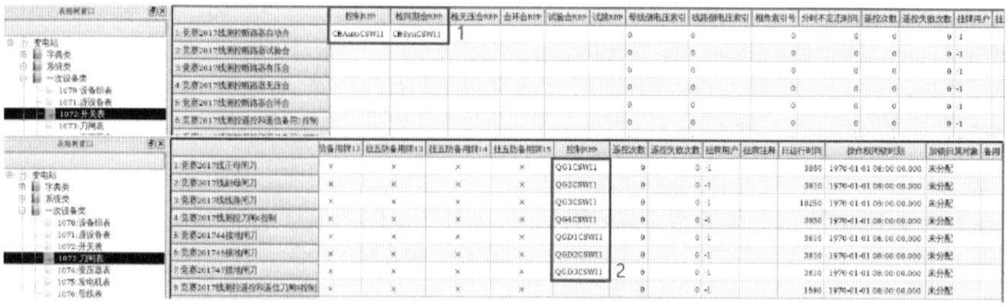

	控制REF	检同期合REF
1	CBAutoCSWI1	CBSynCSWI1
2		
3		
4		
5		
6		

	控制REF	遥控次数	遥控失败次数	挂牌用户	日运行时间	操作权限	分配
1	QG1CSWI1	0	0	-1	3800	1970-01-01 08:00:00.000	未分配
2	QG2CSWI1	0	0	-1	3810	1970-01-01 08:00:00.000	未分配
3	QG3CSWI1	0	0	-1	18250	1970-01-01 08:00:00.000	未分配
4	QG4CSWI1	0	0	-1	3830	1970-01-01 08:00:00.000	未分配
5	QGD1CSWI1	0	0	-1	3810	1970-01-01 08:00:00.000	未分配
6	QGD2CSWI1	0	0	-1	3810	1970-01-01 08:00:00.000	未分配
7	QGD3CSWI1	0	0	-1	3810	1970-01-01 08:00:00.000	未分配
8		0	0	-1	1590	1970-01-01 08:00:00.000	未分配

图 4-49　遥控 REF

（二）一体化五防配置

NS3000S 监控系统和 ARP 系列测控装置采用统一的五防闭锁逻辑，测控装置不需要单独配置闭锁逻辑，只需要在监控后台编辑完成所有的闭锁逻辑后，一键式导出所有间隔装置的闭锁逻辑。将导出的装置闭锁逻辑保存至装置后，装置的五防程序默认读取相应的闭锁逻辑，并进行间隔层的防误闭锁。

首先我们需要在 NS3000S 数据库组态工具下进行相关配置：

(1)“一次设备类”→“设备组表”的“存在刀闸（20）”域需勾选。

(2)“一次设备类”→“开关表”的“控制 REF（104）”域需填写，例如“CBAutoCSWI1”。

(3)“一次设备类”→“刀闸表”的“控制 REF（94）”域需填写，例如“QG1CSWI1”。

1. 五防逻辑配置

启动 NS3000S 系统后，在控制台上点击五防闭锁规则，或打开终端在“bin”目录下输入 wfManager 即可进入五防逻辑编辑界面，如图 4-50 所示。

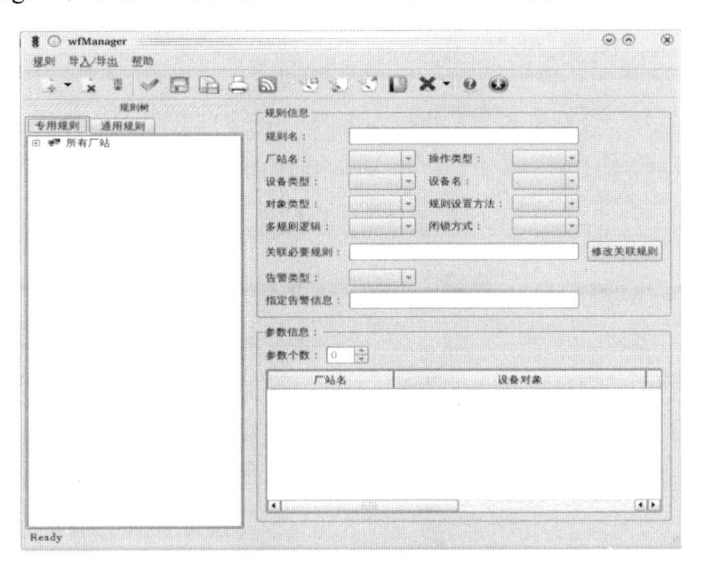

图 4-50　wfManager 界面

点开左边的树状图，选中一个设备，右键可增加合规则或分规则，一个设备可以添加多个不同分合规则，不同分合规则之间为“或”关系，分合规则内部为“与”关系，如图 4-51 所示。

定义规则参数可以采用从组态数据库中拖拽方式实现，打开 dbconf 数据库组态工具，点击框 1 所示“拖拽”按钮，选中需要参与运算遥信的“遥信值”域，用鼠标左键拖拽至 wfManager 界面框 2 所示空白处，如图 4-52 所示。释放鼠标后会弹出

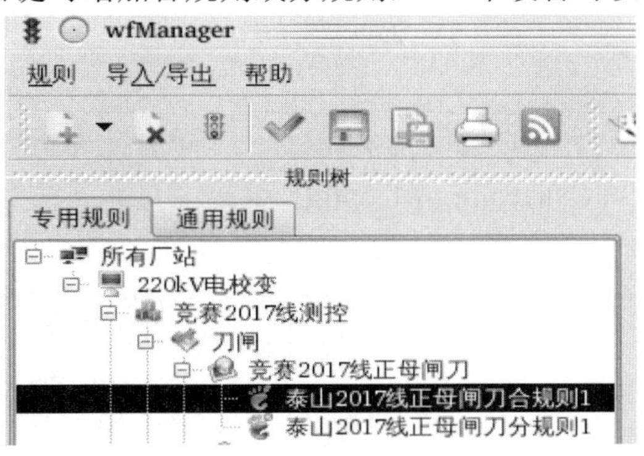

图 4-51　五防规则添加

“规则通用参数条件修改”窗口。

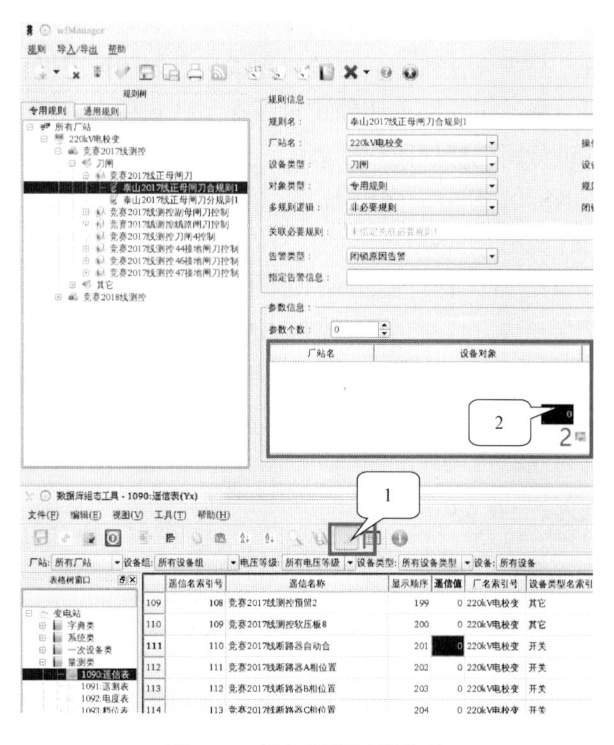

图 4-52　添加逻辑运算条件

规则通用参数条件
条件对象： 竞赛2017线断路器自动合
条件类型： 等于
条件值： 分
确定　放弃修改

图 4-53　选择逻辑运算方式

在“规则通用参数条件”中设置该信号参与运算的条件，如图 4-53 所示。

本间隔所有的闭锁逻辑编辑结束后，依次单击框 1 所示“编译”按钮和框 2 所示“网络保存”按钮完成闭锁逻辑的保存，如图 4-54 所示。保存完成后就可以对后台的闭锁逻辑进行验证。

所有间隔的闭锁逻辑编辑结束后，单击工具栏的“导出规则文件”按钮，将当前编辑的规则导出生成一个“wfRule.dat”（用于监控后台的五防规则备份），同时生成所有间隔的闭锁逻辑文本，按间隔存放在“ns4000/config/wfconfig”目录中。

图 4-54　保存五防逻辑

2. 测控装置闭锁逻辑配置

将闭锁文件从后台拷贝到调试机，用 SCD 组态软件“视图”→“五防联闭锁规则配置”工具打开闭锁文件，如图 4-55 所示。如果五防逻辑无误，点击“生成”按钮会在指定目录生成“interlock.idx”和“interLock.lck”两个文件。通过 ARPTools 软件将这两个文件下装到测控装置的 1 号板，重启测控装置后就可以对测控的间隔五防逻辑进行验证。

图 4-55　解析装置闭锁文件

（三）时间同步配置

智能变电站时间同步系统是变电站可靠运行的重要组成部分，能为变电站的智能电子设备提供可靠稳定的时间同步信息，时间同步的精度和可靠性决定着智能变电站的稳定运行。NS3000S 时间同步状态在线监测的数据来源分为两大类：对时状态测量数据和设备状态自检数据。

1. 数据库配置

后台机节点表配置：数据库组态里，系统类→后台机节点表，对应节点的 “有时间同步管理功能（35）”打勾，如图 4-56 示。

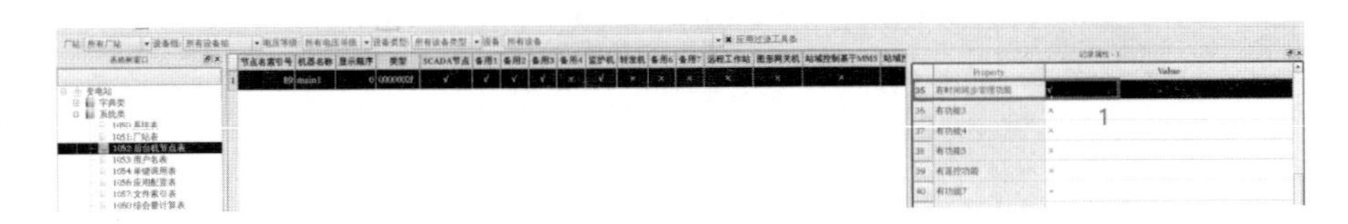

图 4-56　后台机节点表

NTP 对时节点配置：数据库组态里，逻辑节点类→逻辑节点定义表里增加一条记录，用于 NTP 对时。在“A 网 IP 地址（7）”域填写 NTP 服务器的 IP 地址并将域“是否 GPS（39）”打勾。当逻辑节点定义表中有多条记录“是否 GPS（39）”被打勾后，系统默认使用第一条（最靠前的）打勾的记录，如图 4-57 所示。

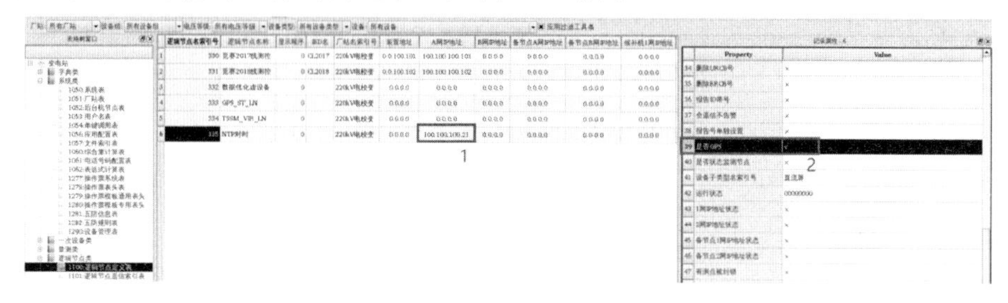

图 4-57　配置 NTP 对时

对时状态监测功能的配置：在“逻辑节点类”→“逻辑节点定义表”里配置需要被监测的装置。用到的域为“时间同步在线监测（79）”，该域为下拉式菜单，有三个可选值：“无”表示本节点不需要进行时间同步监测；“运行”表示本节点需要进行时间同步监测运行；“有”表示本节点需要进行时间同步监测，但不需要向装置发送监测报文。如图 4-58 所示。

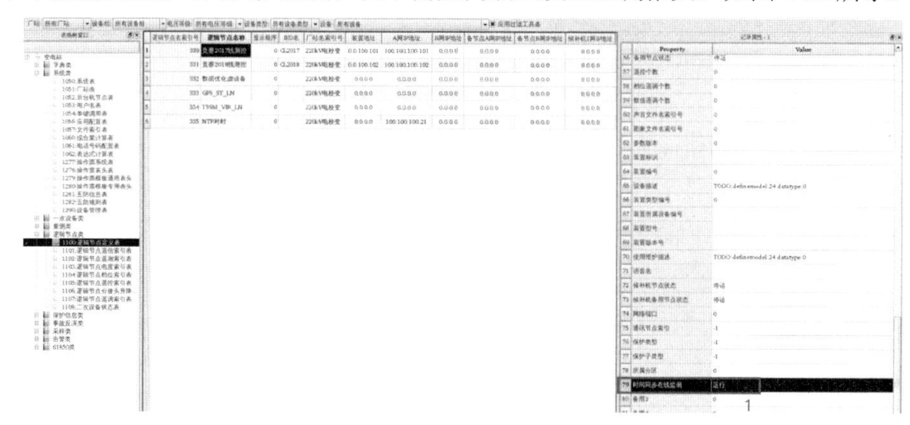

图 4-58　配置时间同步在线监测

2. 画面配置

新建“对时状态图”将配置时间同步所生成的遥信和遥测在画面上展示出来，如图 4-59 所示。

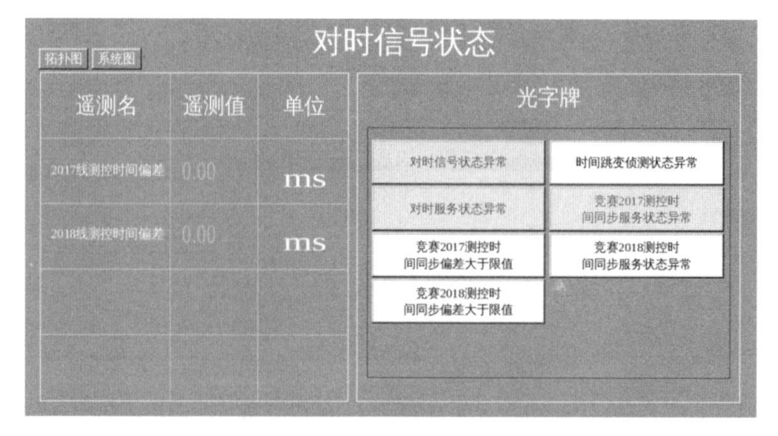

图 4-59　对时状态图

（四）限值设置

1. 数据库电压越限配置

以 U_{ab} 线电压越限为例。在“数据库组态”→“遥测表”界面中点击“记录属性”按钮，会弹出框 2 所示 U_{ab} 的遥测属性框，如图 4-60 所示。双击遥测属性框域“越限处理标志（23）”，选择“220kV 电压越限”，然后将域“判越限（39）”置为“√”。

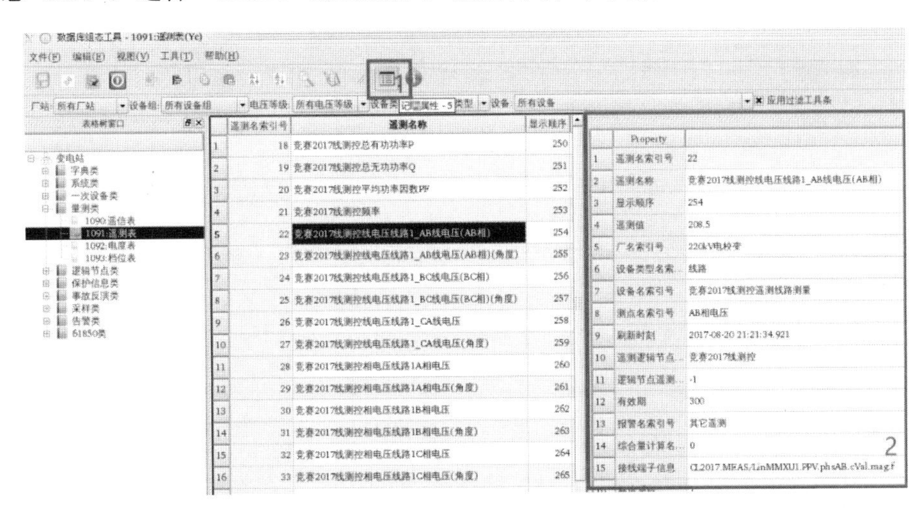

图 4-60　遥测表

打开“数据库组态”→“字典类”→“1030 越限判别类型表”找到“220kV 电压越限”，根据要求配置“回差和死区（7）”“尖峰上限值（9）”和“尖峰下限值（10）”三个域。这三个域分别表示越限电压的零漂死区值、电压上限值和电压下限值，如图 4-61 所示。

	越限判别类型名索引号	越限判别类型名	显示顺序	延迟时间	判越限方式	限值指定方式	回差或死区	尖峰上上限值	尖峰上限值	尖峰下限值
1	1	频率	0	5	所有越限都判	直接值	0.01	51	51	49
2	2	电压相对有效值	1	5	所有越限都判	直接值	2	92	-1.07374e+08	-1.07374e+08
3	3	电流	2	5	所有越限都判	直接值	2	83	-1.07374e+08	-1.07374e+08
4	4	功率	3	5	所有越限都判	直接值	2	83	-1.07374e+08	-1.07374e+08
5	10001	220kV电压越限	4	5	上下限都判	直接值	0.44	242	231	209
6	10002	110kV电压越限	5	5	上下限都判	直接值	0.22	128.7	122.85	111.15
7	10003	35kV电压越限	6	5	所有越限都判	直接值	0.07	40.79	38.85	35.15
8	10004	500kV线电压	0	0	上下限都判	直接值	0	0	518	496
9	10005	500kV相电压	0	0	上下限都判	直接值	0	0	298	285.8
10	10006	220kV线电压	0	0	上下限都判	直接值	0	0	235	220
11	10007	220kV相电压	0	0	上下限都判	直接值	0	0	135.7	128
12	10014	220kV4Q03线P	0	0	上下限都判	直接值	0	0	250	10
13	10015	220kV4Q04线P	0	0	上下限都判	直接值	0	0	[illegible]	[illegible]

图 4-61　越限判别类型表

打开“数据库组态”→“字典类”→“1015 颜色类型表”找到“遥测越上限颜色（12）”和“遥测越下限颜色（13）”两个域，根据要求设置它们的颜色，如图 4-62 所示。

2. 电压越限验证

以图 4-61 越限定值为例，将 U_{ab} 电压加至 231.5kV，延时 5s 后在报警窗出现 U_{ab} 电压越上限告警，同时画面上 U_{ab} 颜色变为越上限的蓝色，如图 4-63 所示。

图 4-62　颜色类型表

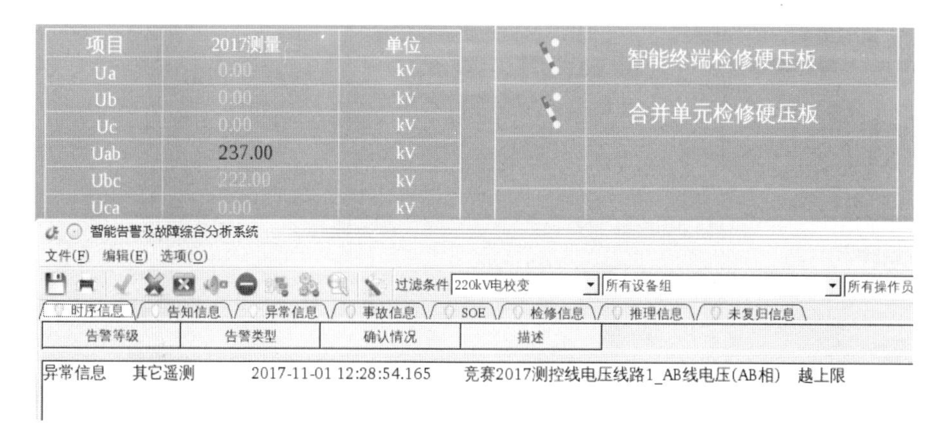

图 4-63　电压越上限动作

将 U_{ab} 电压降至 230.5kV，在报警窗出现 U_{ab} 电压越上限复归，同时画面上 U_{ab} 颜色恢复正常，如图 4-64 所示。

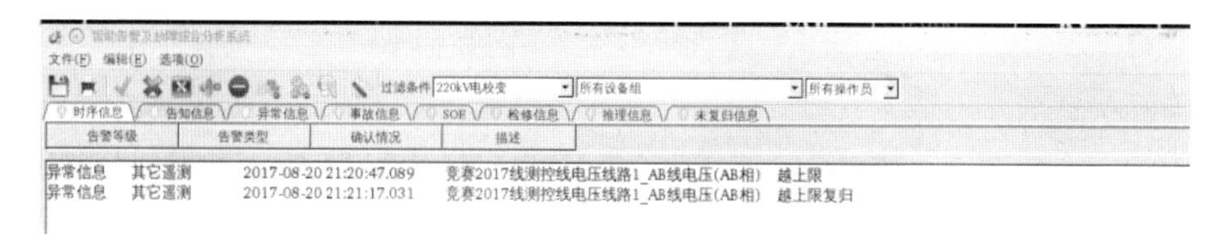

图 4-64　电压越上限复归

将 U_{ab} 电压降至 230.5kV，在报警窗出现 U_{ab} 电压越下限告警，同时画面上 U_{ab} 颜色变为越下限的红色，如图 4-65 所示。

（五）计算公式

1. 表达式计算配置简述

表达式计算表，可以实现遥信的信号合并，支持“与或非”等逻辑组合，并支持遥测计算，可以实现加减乘除的浮点运算功能。表达式计算可以实现“<、>”等不等式的逻辑运算。输入可以是浮点值或者布尔值。输出为浮点、整数值或者布尔值，取决于计算结果和输出对象域的数据属性。计算结果“真”用“1”表示，“假”用“0”表示。“!”

为非运算符，置于表达式之前；“&”为与运算符；“|”为或运算符；“+、−、*、/”为四则运算符；“()”用于确定优先级。表达式计算表可以实现多种复杂逻辑的组合，表达式计算支持相同装置类型的等间隔复制功能。

图 4-65　电压越下限动作

2. 数据库组态配置

建立虚遥信设备组：在系统组态“一次设备类”→“设备组表”中增加一个设备组，命名为“虚遥信设备”，并勾选“有封锁（8）”“需要确认（10）”“存在开关（19）”和“存在刀闸（20）”等域，如图 4-66 所示。

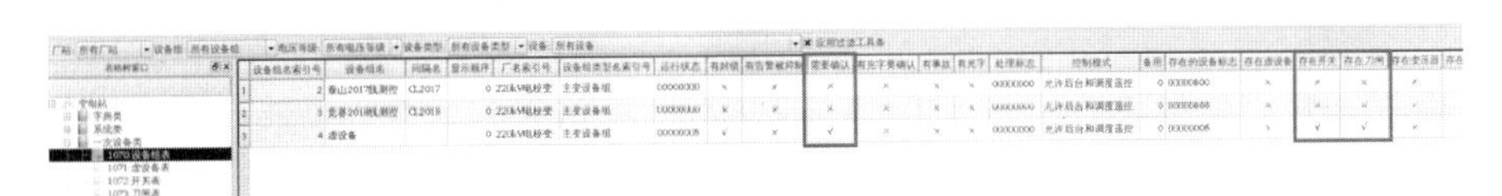

图 4-66　设备组表

在“一次设备类”→“虚设备表”中增加若干分类虚设备，如“一次设备故障总”“一次设备告警总”“二次设备故障总”“二次设备告警总”，之后添加“厂名索引号（4）”，并将“设备组名索引号（5）”对应为“虚遥信设备”，并勾选“需要确认（20）”域，如图 4-67 所示。

图 4-67　虚设备表

在“逻辑节点定义表”里新建逻辑设备，可自行命名，如“数据优化虚设备”，该逻辑设备用来关联在“遥信表”中增加的虚遥信信号。例如，在“遥信表”中增加记录为“竞赛 2017 线二次设备告警总”等，配置好“厂站索引号（5）”“设备类型名索引号（6）”，并将“设备名索引号（7）”对应配置成“二次设备告警总”等，最后将“遥信逻辑节点名索引号（10）”配置成“数据优化虚设备”，如图 4-68 所示。

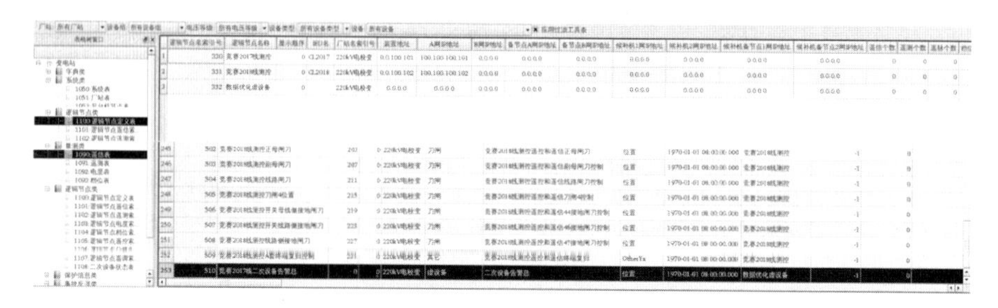

图 4-68　添加虚遥信

在“系统类”→“表达式计算表”新建“竞赛 2017 线二次设备告警”记录，双击框弹出表达式计算界面，配置输入和输出信号，如图 4-69 所示。

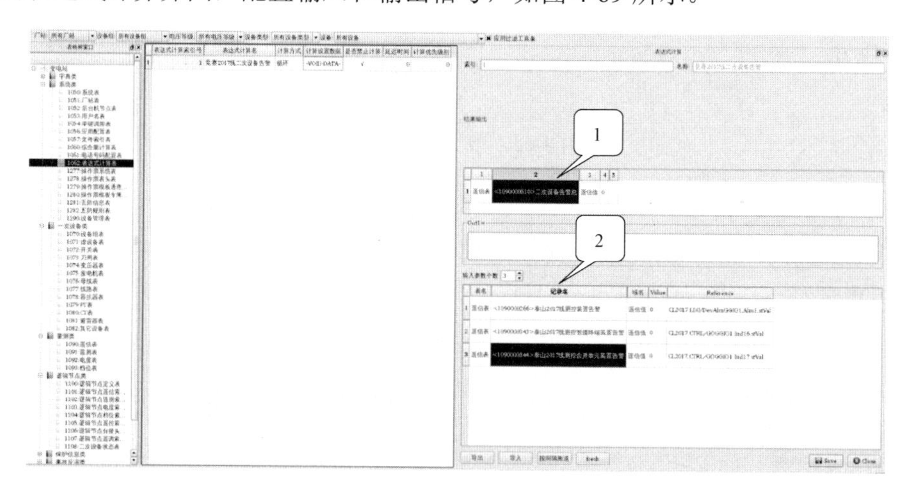

图 4-69　表达式计算表

使用拖拽方式将存放运算结果参数添加到框 1 所示位置，同理将需要被合并的参数添加到框 2 所示位置后编辑表达式，图例中三个输入参数用“逻辑或”运算出结果赋值给“二次设备告警总”，这样便完成了一个信号的合并，其他信号合并可以参考完成，如图 4-70 所示。

3. 同类型间隔复制配置方法

在同一个变电站里，同电压等级的某一类型的间隔（设备组）一般使用相同的设备。如图 4-70 所示，“按间隔推送”功能对于单一间隔设备可完成所有“输入参数”和计算表达式的配置，只需手工配置“结果参数”；但对于跨间隔的情况，比如一般线路会有两套测控，一套为间隔内测控，另一套为公用测控，间隔内测控的“输入参数”和计算表达式可通过推送完成配置，公用测控的“输入参数”部分则需在推送完成后手工添加。

例如，选择“220kV 竞赛 2017 线二次设备告警”的表达式，按照间隔推送至其他 220kV 线路，如“220kV 竞赛 2018 线二次设备告警”，即可得到相应的二次设备告警表达式，取消勾选“是否禁止计算”域，如图 4-71 所示。

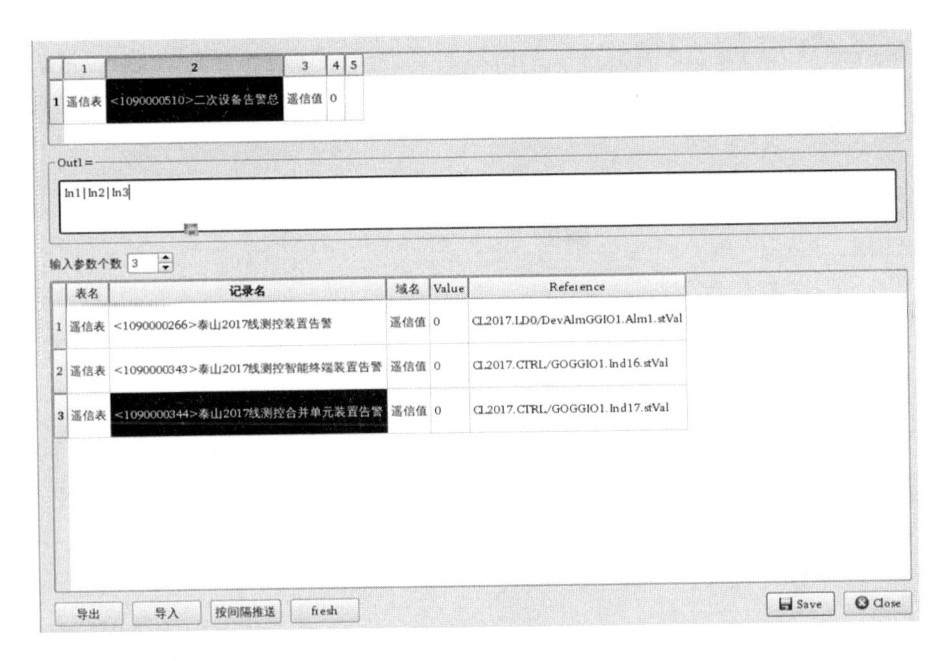

图 4-70 表达式计算

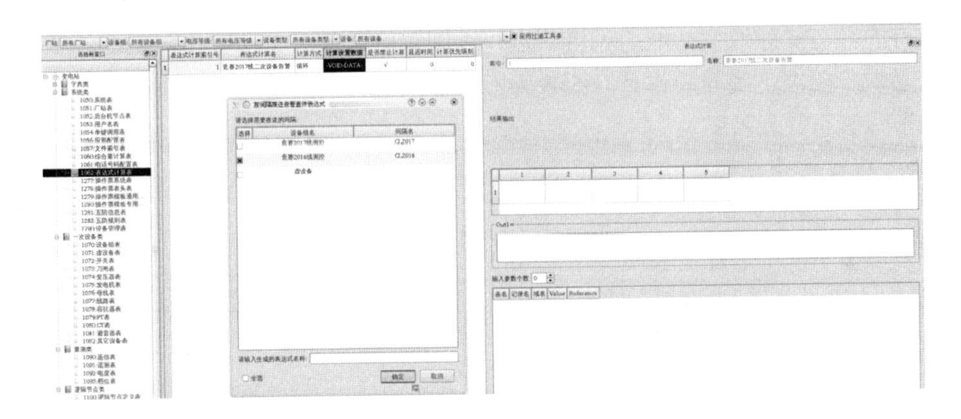

图 4-71 表达式计算表

在“遥信表”中，将表达式的结果参数与遥信表中相应遥信值关联即可得到完整的推送结果，如图 4-72 所示。

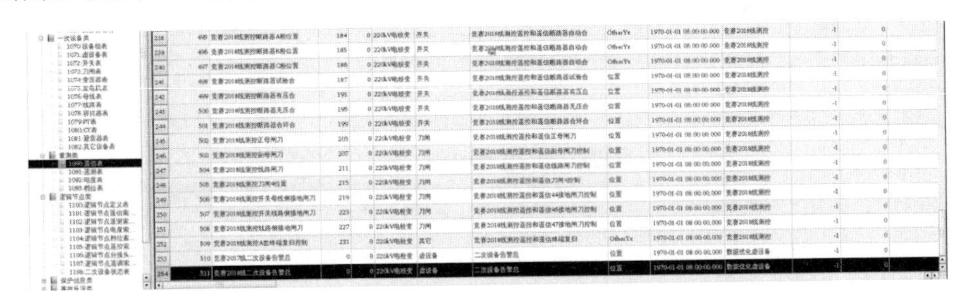

图 4-72 遥信表

表达式的导入与导出使用图 4-73 所示的“导出”功能可以将表达式导出后缀为“ini”配置文件，方便修改和检查；修改后可以使用“导入”更新表达式，如图 4-73 所示。

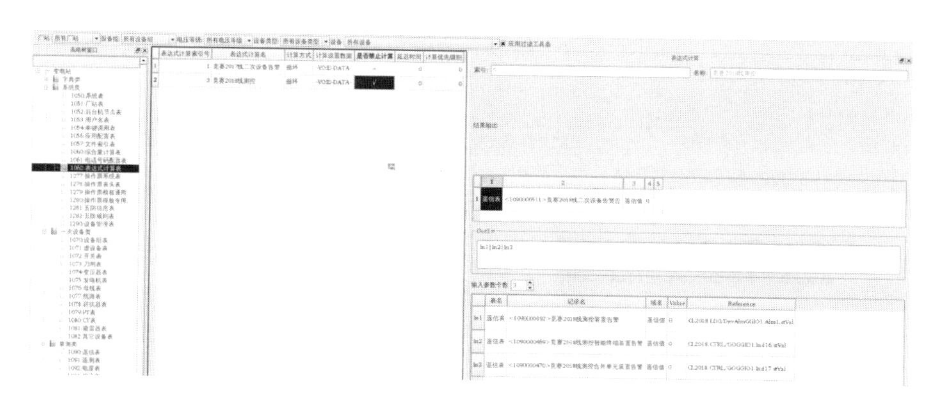

图 4-73　表达式的导入和导出

虚遥信的逻辑节点索引注意事项：某些时候创建的虚遥信，未为其创立独立的设备组合逻辑节点，而是直接挂在现有的设备组名下，这是可行的，但逻辑节点索引号不应选择现有的具有实际通信功能的逻辑节点，否则该虚遥信会影响到该逻辑节点下实遥信的通信品质。所以正确的操作是：或者为虚遥信创建独立的逻辑节点，或者虚遥信不填写逻辑节点索引，保持默认。

（六）事故信号配置

1. 事故推图的数据库配置

在“遥信表”中选择需要配置事故推图的记录“竞赛 2017 线开关三相不一致”，将“报警类型索引号（15）”设置为事故总信号；将“告警推画面索引号（68）”设置为需要推送的画面，保存后退出，如图 4-74 所示。

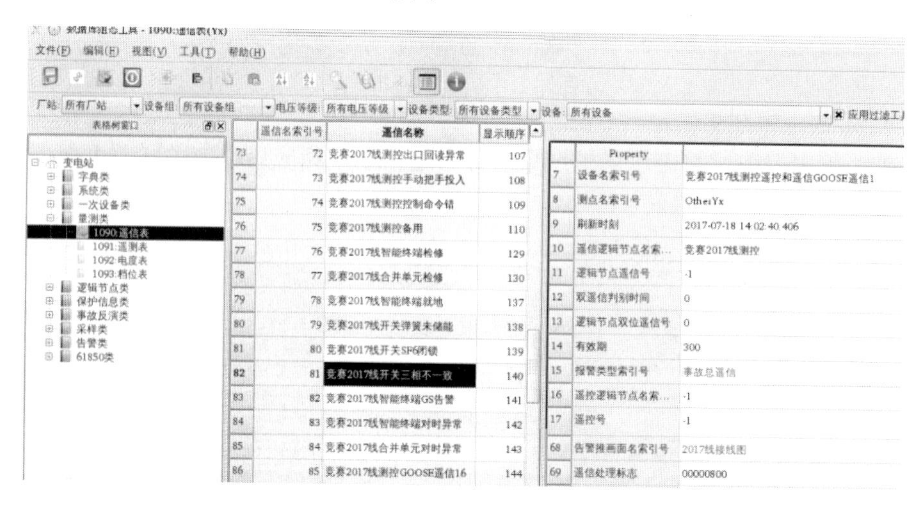

图 4-74　遥信表

2. 事故推图验证

通过“控制台”的“操作界面”打开一次接线图，使设置为需要推画面的“竞赛 2017 线开关三相不一致”信号动作，就可以推送出配置中的画面了，如图 4-75 所示。

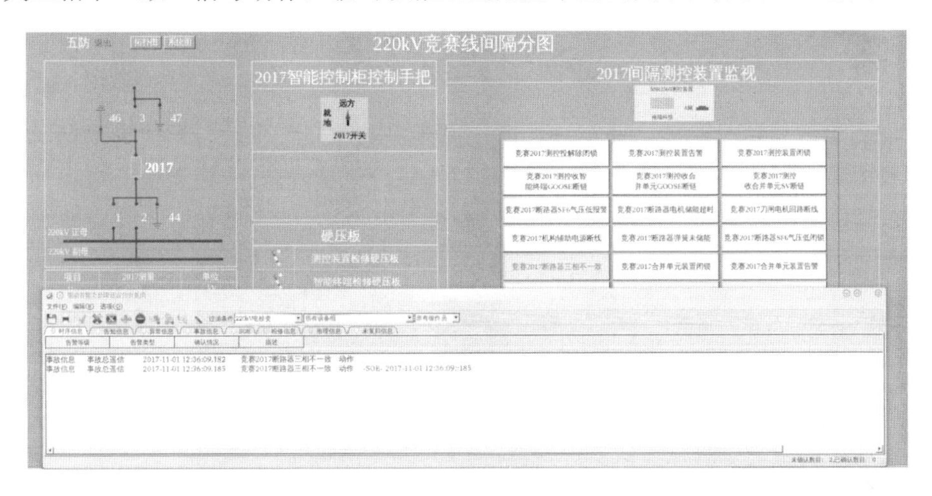

图 4-75　操作界面

3. 事故总自复归配置简述

厂站事故总自动复归，主要是调度主站的需求，目的是实现当某个保护动作后因故障未消除而一直保持的情况下，发生了其他的保护动作事件，也能再次触发厂站事故总。对于某个遥信，如果其测点名索引属于“事故总”的测点类型，则该遥信动作时，将使得厂站表的域“有事故（15）”变为 1。勾选“系统类”→“后台机节点表”中的“自动复归事故总（128）”域可使“厂站表”的“有事故”域在指定时间内自动复归。

4. 事故总自复归数据库组态配置

将字典类→测点名表中“事故总信号（206）”的测点类型名索引号选为“事故总”，将遥信表间隔事故总信号，如“竞赛 2017 线测控开关三相不一致”的“测点名索引号（8）”域选为“事故总信号”。按以上方法配置好后，如果任意一个事故总信号的遥信发生，会导致厂站表的域“有事故（15）”变为 1，如图 4-76 所示。

图 4-76　遥信表

系统表域“判事故时间（10）”填位于 4～10s 的数字，例如“10s”。后台机节点表中域“自动清事故态（125）”为“ √ ”。如此，当某信号触发事故总后，即使该信号未复归，10s 后厂站事故总会自动复归。这样当有新的其他的事故总信号动作时，厂站事故总能再次响应事故发生，如图 4-77 所示。

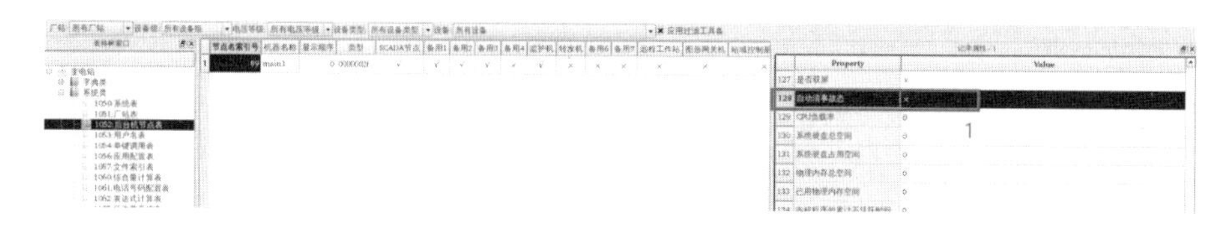

图 4-77　后台机节点表

考虑到事故总信号可能需要上送调度，可以将域“厂站事故总”转为遥信。在虚设备表中预先定义“全站事故总”的虚设备。在遥信表中添加一条虚遥信，名称如“全站事故总”，将域“设备类型名索引（6）”设置为“虚设备”，设备名索引号设置为“全站事故总”，如图 4-78 所示。

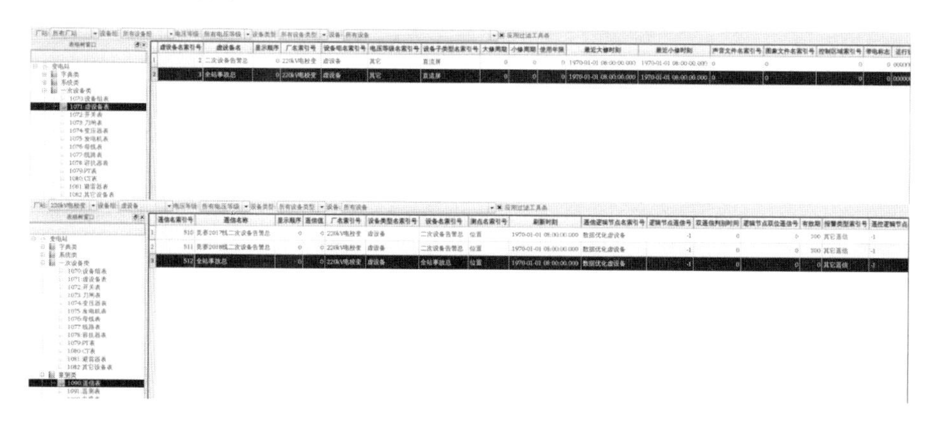

图 4-78　虚设备表和遥信表

在表达式计算表创建一条记录“全站事故总”表达式，输出关联遥信表中的事故总虚遥信，输入关联“厂站表”的“有事故”域，表达式为“Out1=In1”。需要事故总自动复归的机器均需重启 dbserver。因为事故总自动复归取的时刻以触发事故的 soe 变位时间为起始时刻，所以在进行测试时需要注意触发事故总的 soe 信号和事故总动作 soe 时刻相等，误差不应超过 1s，如图 4-79 所示。

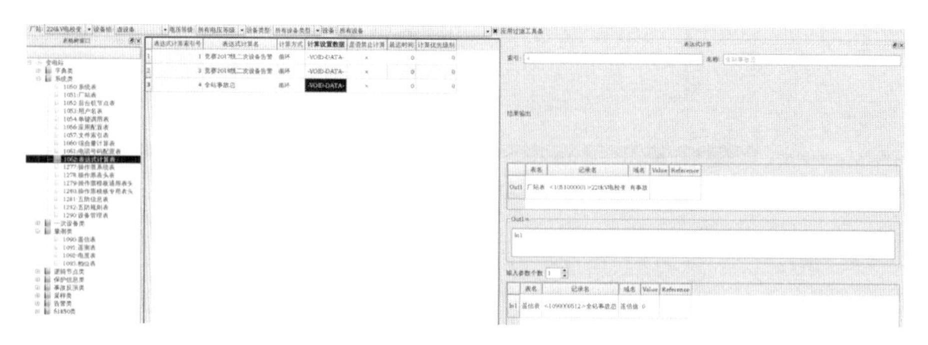

图 4-79　表达式计算表

四、画面图形

在“控制台”中选择 →菜单下的“图形编辑”，或者在“bin”下运行“graphide”

进入画图编辑工具。该工具可以启动多个，只有用管理员权限打开的画图编辑工具才可以进行保存，如图 4-80 所示。

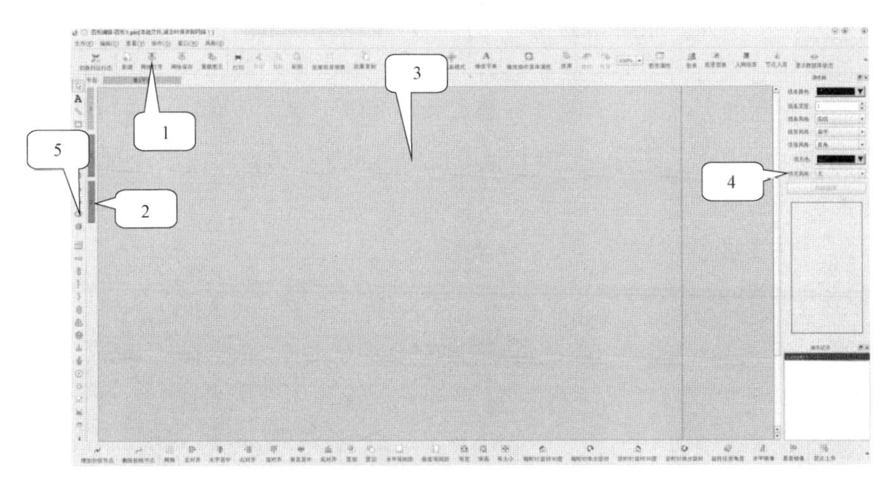

图 4-80　图形编辑

图形系统由以下部分组成：1 图形操作区、2 设备图元编辑、3 图形显示区、4 属性栏、5 控制台。它们分工明确，相辅相成，共同构成图形系统的体系结构。

设备图元编辑、画面编辑子系统主要工作包括图元的制作，图元属性的定义，图元连接点的维护，画面分类的管理，画面属性的定义，画面图元的增、删、属性定义，一次设备的维护，静态拓扑结构的生成与维护和数据完整性、一致性的检查。

画面编辑提供画面管理功能，对画面分厂站、画面类别进行管理。对每一画面可以分为多层、多面绘制、定义和显示。绘制接线图时，提供模糊连接功能，当一元件与另外一元件的距离在一定范围时，系统自动实现连接元件的大小、位置和名字由用户任意指定；元件的颜色由它的电压等级确定；元件名要进行合法性检查；元件间的连接端点有自动光滑功能；设备元件拷贝时，包括它的属性一起拷贝，只要修改少量内容就可生成新的设备；图形前景与数据库的链接自动进行合法性验证，出错时弹出错误信息；图形绘制的过程中自动生成一次设备的静态连接关系；图形还可放大后制作，加强细节的表现力；绘制图形的过程中由数据库自动实现全系统同步。

在线画面的修改和前景定义需要设置权限限制。在线修改时，要有较完备的一致性、完整性的检验机制、数据的实时同步机制，例如对图符的删除需要检验该图符是否被引用、修改了的图符应当及时反映到引用该图符的正在显示或编辑的画面中。

（一）主接线图绘制

以主接线图为例，说明绘图过程。首先点击“图形属性”，可设置画面的宽度和高度，背景色一般选为黑色，背景文件如无特殊需要，默认不选。

根据实际接线情况先绘制母线，母线采用母线图元绘制，不要采用直线图元。之后绘制变压器和各间隔，都分别有其对应的断路器、刀闸和变压器等图元。文本图元实现画面的文字显示。动态数据图元实现画面的动态数据显示。画面切换热敏点图元实现画面切换等功能。图元之间的连接采用拓扑连接线，连接过程中按住“shift”健，拓扑连接线将保持垂直或水平状态。当鼠标变为手型时，表示拓扑线捕获到了连接点，松开鼠标即可自动连接上图元。断路器、刀闸和连接线等图元在框 1 所示位置。

主画面图元前景数据需要关联断路器、隔离开关、变压器、潮流、容抗器等、动态数据、画面切换热敏点等图元的前景数据。各个间隔如果配置相同，可以将图元及其关联批量复制并批量修改。需要连接到其他分图时，添加热敏点（按钮），然后切换画面到相关分图上，如图 4-81 所示。

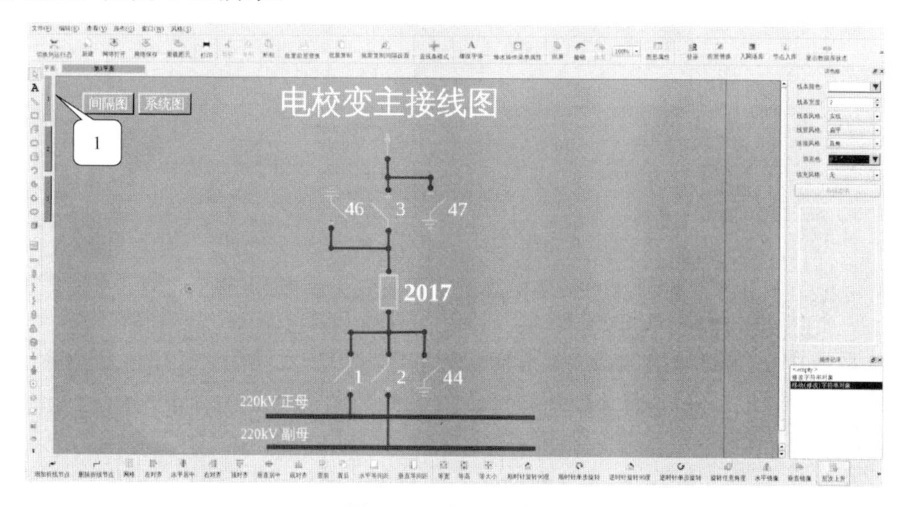

图 4-81　主画面编辑

监控后台默认主画面通过数据库组态→后台机节点表域“启动画面名索引号（28）”来设置。

（二）分图绘制

绘制一个间隔分图，需要展示该间隔接线图（包含了间隔拓扑和位置状态）、间隔遥测信息、光字牌告警和压板状态，如图 4-82 所示。

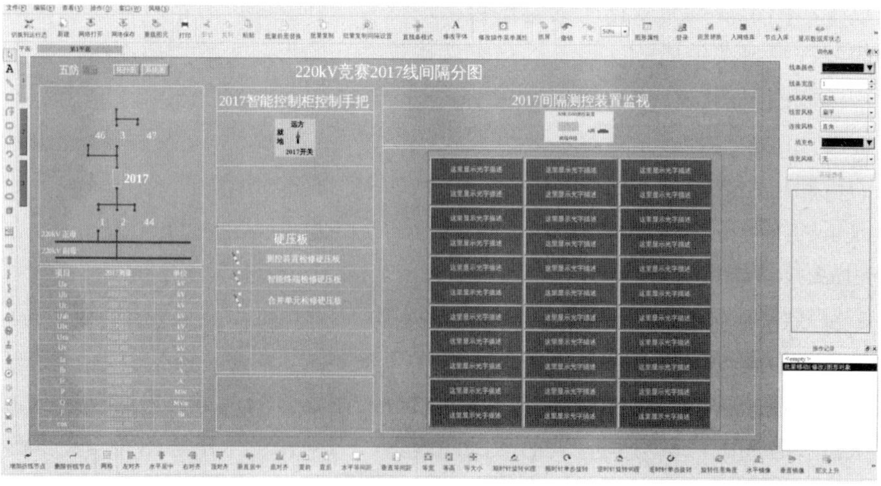

图 4-82　分画面编辑

1. 光字牌

选择光字牌图元至编辑画面内，双击光字牌图元弹出“光字牌参数设置”界面，点击“选择测点定义”，弹出光字牌数据连接界面，选择“选择测点”在打开点表配置窗选择需要在光字牌上显示的测点，如图 4-83 所示。“光字牌参数设置”界面中“过滤字符串”用于过滤测点相同部分的文本描述，可以使光字牌显示简洁。

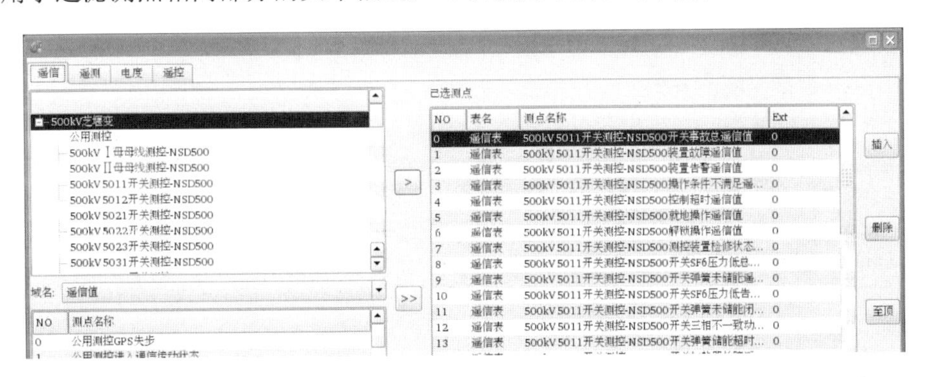

图 4-83　光字牌

2. 压板

点击“压板图元类”中压板图元，拖至图内，然后进行数据库连接。压板图元列表中是软压板图元，可以进行遥控；如果是硬压板，可以使用“其他图元类”中的检修压板图元，如图 4-84 所示。

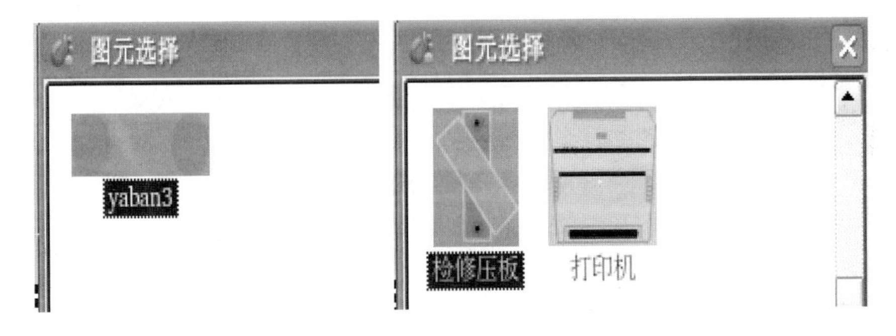

图 4-84　压板图元

3. 热敏点图元

热敏点图元本身有三种显示方式（方框、隐式按钮、按钮）。其也有很多功能，列举比较重要的功能如下：

（1）操作类型选择“切换画面”：热敏点可以用于打开一个画面。点击右下方按钮，选择需要切换的网络图形，如图 4-85 所示。

（2）操作类型选择“执行进程”：热敏点可以用于打开一个命令，相当于终端执行命令。可用于画面打开报表，在底下的输入框输入“report 0 xxxx 日报表.rpt”，则在画面点击即可打开该报表的显示画面，或者打开一个历史曲线工具，输入“dcurve”。

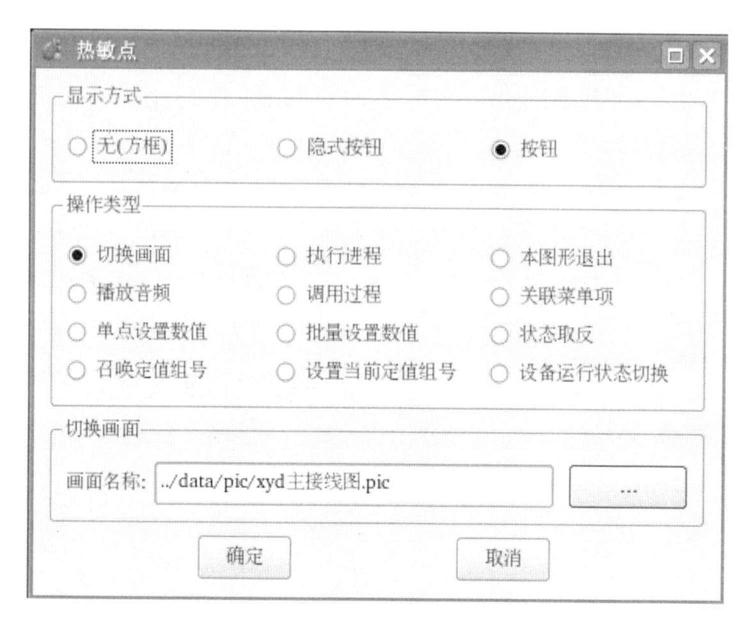

图 4-85　热敏点

（3）操作类型选择“调用过程”：热敏点可用于发送保护复归命令，点击右下角按钮，将保护复归遥控相关的遥信值关联即可。该按钮适合发送直控类型的遥控命令操作，且无返回结果显示。

（4）操作类型选择“状态取反”：可用于将系统组态中某一个设置参数取相反的状态，如五防投入退出。点击右下角按钮，将相关的参数值关联即可。该图元还可用于 vqc 的相关功能的画面投退、单个断路器的五防功能画面投退等。由于该图元只能下发参数置反令，不能实时反映参数实际值，所以一般需要与某个反映参数实际状态的“其他类”类图元结合使用。如图 4-86 所示，“五防”为文本，按钮为状态取反热敏点，“退出”为其他图元类的一个自定义的投入退出变位文本图元。

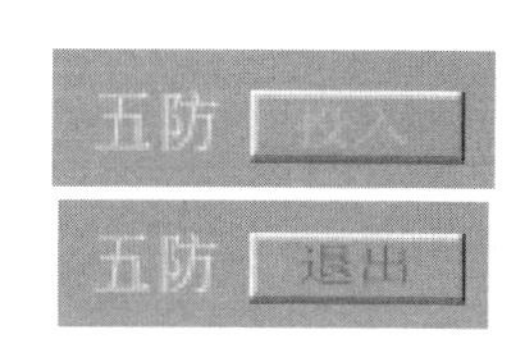

图 4-86　五防功能投退

（三）批量修改操作菜单和间隔复制

1. 批量修改功能操作菜单

在图形编辑时，使用工具栏中的批量修改功能按钮实现对选中的设备图元进行批量修改菜单选项操作。例如：主画面要求不能在图元上进行遥控操作，如此可以在绘制好画面后，按“ctrl”键+“A”键选中全部图元，点击批量修改按钮，一次性将选中图元的菜单选项修改成“禁止遥控操作”，即可闭锁正常遥控操作。也可以批量修改字体大小。

2. 批量复制功能

图形编辑时，可以使用工具栏中的批量复制功能按钮，实现类似间隔之间的直接复制。例如：复制竞赛 2017 间隔到竞赛 2018，先在图形编辑器中选中竞赛 2017 间隔，其中竞赛 2017 已关联好数据库中的数据。点击框 1 所示“批量复制”按钮，在弹出的对话框中选择“CL2018”，点击“确定”即可将 IED 名“CL2017”设备的数据库关联替换为

IED 名“CL2018”设备的数据库关联，如图 4-87 所示。

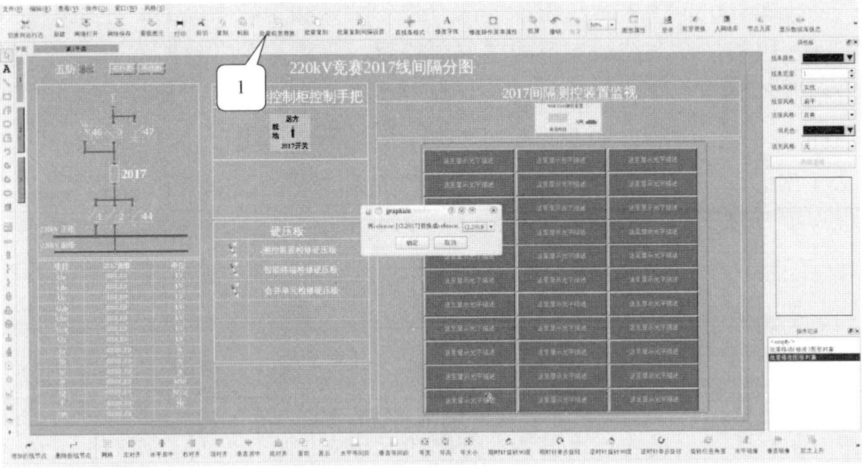

图 4-87　替换数据关联

（四）图形保存

画面编辑完成后点击“网络保存”按钮，监控系统会将该画面保存在网络数据库中，网络上其他主机可以通过“网络打开”按钮打开、使用和编辑这张画面。

需要注意的是在本地保存时，输入图形文件名时需要添加后缀名“.pic”。保存图形时应优先采用网络保存方式，之后再采用本地保存。如果网络图形文件的版本信息低于本地网络图形版本信息，则网络图形文件无法打开，需要打开本地同名图形文件再重新保存 遍。

网络图形文件一旦保存，不应该在系统组态的文件索引表中修改文件名称，否则会造成文件索引表中多个同名文件的冗余情况，这样每次打开图形文件时，图形程序会提示警告信息。如果在保存网络图形文件后，需要修改图形文件名称，应该采用本地文件另存为的方式，再将重命名的本地文件网络保存一遍即可。

（五）监控系统拓扑配置

拓扑对应着系统组态的一次设备表。每一个一次设备都有对应的“节点号”值，线路母线只有一个节点，断路器、刀闸有两个节点，三绕组变压器有三个节点。如果两个一次设备有同样的节点号，则认为其是拓扑相连的。拓扑的目的是为了反映一次主接线图的连接关系。主接线图的带电信息展示、智能告警的推理、CIM 文件的生成都需要使用设备间的拓扑关系。节点号的分配一般应使用程序处理的自动方式实现，在画面编辑之下有一个“节点入库”按钮。当画面实现了图元和一次设备的前景数据关联后，直接点击“节点入库”，则系统会自动分配节点号并将值写入到系统组态的各个一次设备记录中。在节点入库操作前请确保每个设备前景图元定义正确，预留设备图元清空数据连接，各个设备图元之间的连线确保用连接线绘图。用“graphide”编辑打开任一图形（推荐使用主接线图，能涵盖站内所有设备），点击“节点入库”按钮自动实现清理全站所有一次设备原有的节点号，并产生本次所打开图形中设备图元的新的设备节点号。

1. 拓扑节点入库

一次设备配置：系统组态在生成一次设备时会自动生成断路器、线路、变压器和母线，按实际使用类型在系统组态里配置好断路器、隔离开关、线路和母线等一次设备的电压等级和设备类型，例如：断路器、隔离开关设备的遥信点“测点名索引号”域值为“位置（数值 36）”；接地刀闸设备在刀闸表中将“设备子类型索引号”域值设为“接地刀闸（数值 29）”；刀闸表中，将刀闸表中对应刀闸“设备子类型索引号”选择为母线侧刀闸或线路侧刀闸（不可选择为接地刀闸）。将发电机、潮流线“遥测点设备类型对应是线路，对应线路表中该设备记录‘设备子类型’”域值设为“潮流线（数值 66）”，默认为电源处于带电状态。

一次设备在主接线图画面上的关联：线路关联对应间隔线路表，母线关联母线表，断路器关联断路器位置，变压器关联档位值，电容器关联本间隔无功功率。这个能保证系统组态中的有实际意义的一次设备和画面图元建立关联。另外，所有图元的连接必须采用连接线，然后点击框 1 所示“节点入库”按钮，入库成功后不应该报任何错误信息，如图 4-88 所示。

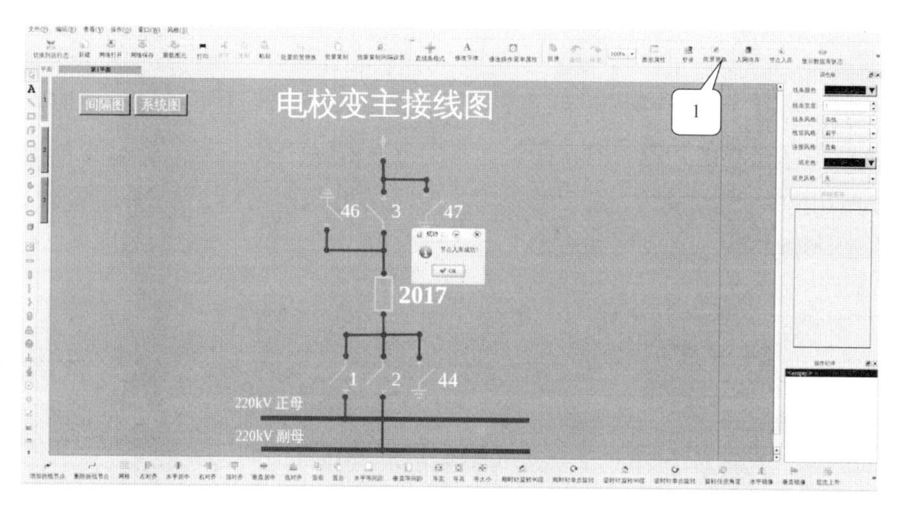

图 4-88　节点入库

2. 拓扑检测

拓扑入库结束后，打开终端在“bin”下执行“toptest”，选择对应的选项，如“3”：LD→DL 线路到断路器的拓扑模式。将线路到其相关断路器间的刀闸或手车合上，输入该线路的 oid（在“数据库组态→文件”下打开调试模式，线路表的第一列会显示该线路的 oid 号），回车后“toptest”返回，与它相连接的断路器的 oid 则拓扑成功（该 oid 在一次设备类中开关表的第一列），否则失败，需要重新检查入库。

3. 带电信息与拓扑着色

每次重新进行节点入库操作后，需要重新启动“topserver”进程，计算已生成有效节点号的设备带电状态。随设备状态（接地刀闸除外）改变，在线计算带电状态，所有图元带电状态值都存放在对应设备表中的“带电标志”域中（带电状态：0；停电状态：

1；接地状态：2；无效状态：255）。带电状态的图形颜色（带电状态：红色；停电状态：绿色；接地状态：褐黄色；无效状态：灰色）。

图形运行状态下点击框 1 所示“停电信息”按钮处于选中状态，画面进入拓扑着色显示状态。更改图形中设备（接地刀闸除外）的测点值可以实时显示图形拓扑颜色，如图 4-89 所示。

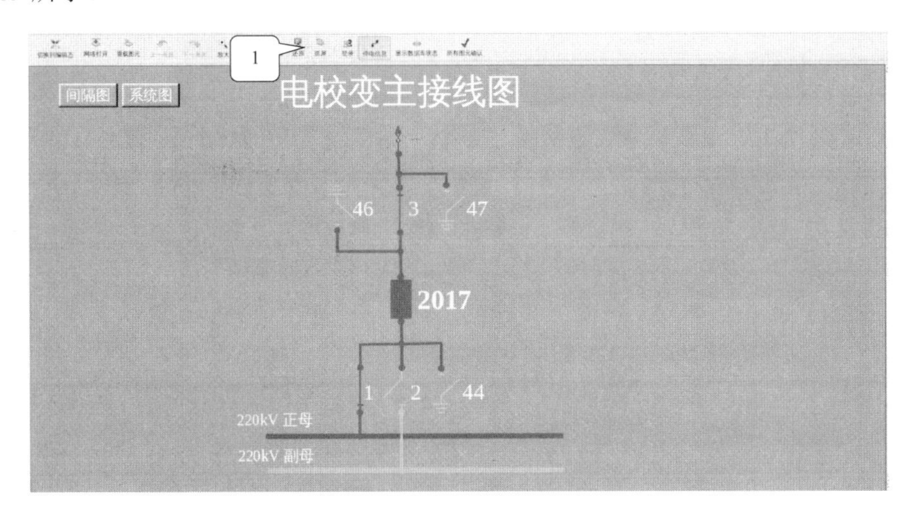

图 4-89　拓扑显示

五、日常运维

（一）监控后台的备份和恢复

在“控制台”中选择→菜单下的“系统备份”，或者打开终端在“bin”目录输入“nssbackup”，在弹出的提示框中输入密码“naritech”，进入监控系统备份工具。勾选“参数库数据”点击“备份”按钮，选择存放备份的目录后点击“choose”等待备份的完成，如图 4-90 所示。

图 4-90　系统备份

在监控系统退出的情况下可以对监控系统进行恢复备份的操作，打开终端在“bin”目录输入“nssrecover”，在弹出的提示框中输入密码“naritech”，进入监控系统恢复备份工具。选择存放备份的目录后点击“choose”，勾选“参数库数据”点击“导入”按钮开始备份的恢复，如图 4-91 所示。恢复过程中会出现图 4-92 所示的提示框，确认是否覆盖前置数据。

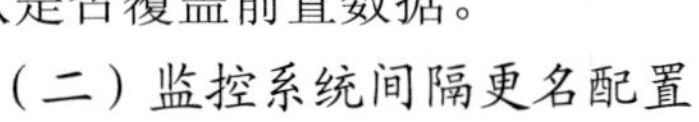

（二）监控系统间隔更名配置

1. SCD 文件间隔更名

打开 SCD 组态，右击需要更名的间隔选择框 1 所示“修改间隔名称”按钮，在弹出的框 2“修改间隔名称”窗口中完成 SCD 组态间隔名称的修改，如图 4-93 所示。

图 4-91　备份恢复

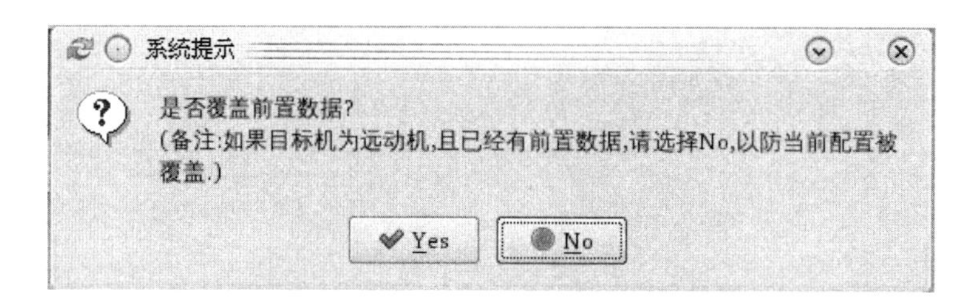

图 4-92　系统提示

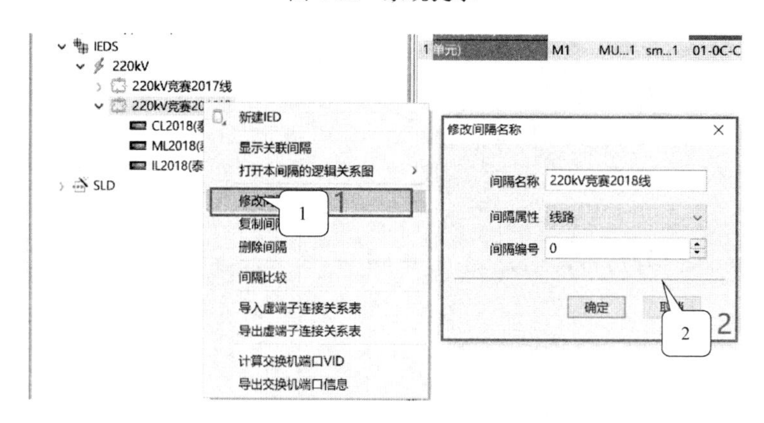

图 4-93　修改间隔名称

双击需要更名的 IED 设备，在框 1 所示 IED 属性栏下修改 IED 设备描述域“desc”，“name”域为装置 IEDName，不需要做修改，如图 4-94 所示。

2. 监控系统数据库更名

因为在监控系统中间隔更名只涉及数据库描述更改和画面描述更改，不涉及画面关联和数据库配置，所以我们只需要做以下工作即可：打开系统组态，使用“替换” 功能将设备组表、开关表、刀闸表、母线表、线路表、其他设备表、遥信表、遥测表、逻辑节点定义表”依次替换即完成数据库更名。

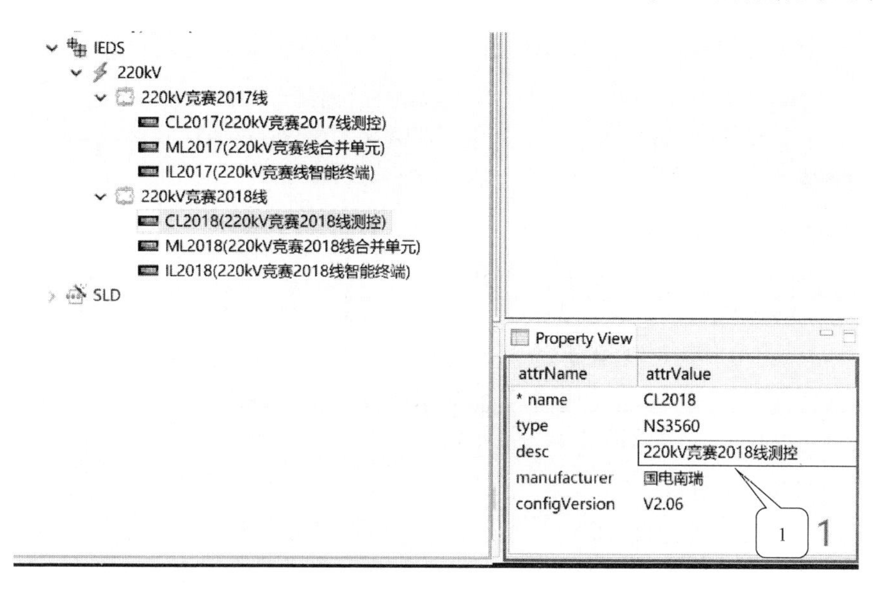

图 4-94　修改 IED 名称

3. 画面更名

在画面编辑中依次打开需要主画面和需要更名的主画面和分画面，双击需要更名的字符进行命名更改。

六、维护要点及注意事项

1. 配置操作系统（Redhat）

（1）配置主机名、IP 地址。

方法一：点击“开始”菜单中的“设置”→“网络”，可以在其中配置主机名和各个网卡的 IP 地址、子网掩码及网关的地址，点击上面的“激活”按钮，激活该设备，再双击该网口，把“当计算机启动时激活设备”勾选。这样，每当计算机开启时，该网口就会激活（务必使本机的所有网卡都处于开机激活的状态，因为机器注册的时候和网卡有关）。修改相关配置后应当重启机器。不关机重启网络服务，执行命令“service network restart”。

方法二：打开终端“root”用户下执行“kwrite/etc/sysconfig/network”，其中的“HOSTNAME”为本服务器的主机名，修改主机名，使各个机器的主机名不重合，保存后重启。打开终端“root”用户下执行“kwrite/etc/syscofnig/network-scritps/ifcfg-eth*”，修改对应网卡（eth0、eth1 等）地址和掩码，保存后重启。以上的操作都需要在 root 权限下执行。修改后应该重启机器。重启之后使用命令“sudo　ifconfig”查看当前系统的 IP 地址是否修改成功。

（2）配置时区和时间。常见问题：告警窗时间与实际动作时间差 8h，一般是因为机器的时区设置的问题，需要修改时区为中国上海。

使用命令“date-R”查看当前系统时间和时区。

[nari@main1～]#date-R

Mon，02 Feb 2015 15：00：00+0000

以上+0000 表明为零时区，需要将时区设置为当前的上海时区。

在桌面右下角点击修改时间，找到并配置时区为中国上海时间。

显示时区应选择“本地”。修改成功后，应为：

[nari@main1～]#date-R

Mon，02 Feb 2015 15：00：00+0800

（3）Qt 字体配置。

配置 qt 字体。打开终端输入“qtconfig”，选择“Fonts”标签页，选择字体为“BitStream”，如此可避免 qt 的图形界面显示的汉字为方块。也可以选择字体大小，将会修改告警窗等图形化程序内嵌字的大小。

（4）键盘黏滞问题。

当按动“shift”键次数太多时，系统可能会进入键盘黏滞模式，导致输入异常。解决方法是在“控制中心”→“区域与辅助功能”中，选择“辅助”，将各个标签页参数都修改为默认值。

（5）关闭防火墙。

防火墙会导致主备机实时数据同步失败。关闭防火墙的方法是 K 菜单→管理→安全与防火墙。

2. Linux 基本命令

需要掌握基本的Linux命令操作。在图形界面下，按住“ctrl”+“alt”+“F1”（或F2～F6），则可进入命令终端，按住“ctrl” + “alt” + “F7”则返回图形界面。

在图形界面下，也可以右键点击“Konsole”打开命令终端。Linux目录结构如下：最高一级目录为“/”，在此之下有“/home/”、“/etc/”、“/dev/”等。系统的工作目录是“/home/nari/ns4000/”。

（1）输入“cd”，可进入“/home/nari/”。

（2）输入“op”，可进入/home/nari/ns4000/。

（3）输入“bin”，可进入目录/home/nari/ns4000/bin/。

（4）输入“pwd”，可显示当前目录的路径。

（5）输入“ls”，可查看当前目录下的文件和子目录。

（6）输入“ls-ltr”（或直接输入1），可查看详细信息，并以修改时间排序。

（7）输入“cd your_subDir”，可进入你的下一级子目录。

（8）输入“cd..”，可返回上一级目录。

综上，结合“ls”和“cd”命令可以遍历机器所有的文件和目录。

3. 已投运站升级注意事项

如果升级完之后“Engine”出现每隔一段时间就被重启，查看“Engine”的启动报文中出现如图4-95所示的情况，并且用“ksysguard”查看“Engine”，虚存大小超过3GB，是因为原先的库比较大，这种情况需要联系研发中心处理。

```
Ena TRUE VG3513LD0/LLN0.brcbDevInfoB03[BR]
Ena TRUE CL3504MEAS/LLN0.urcbAin03[RP]
sysv mapfile link error, 12 Cannot allocate memory
 XdbError: mapfile open fail! name=DeviceOther
 XdbError: Table DeviceOther init error!
sysv mapfile link error, 12 Cannot allocate memory
 XdbError: mapfile open fail! name=RelaySoftSwitch
 XdbError: Table RelaySoftSwitch init error!
sysv mapfile link error, 12 Cannot allocate memory
 XdbError: mapfile open fail! name=RelayMeasure
 XdbError: Table RelayMeasure init error!
sysv mapfile link error, 12 Cannot allocate memory
 XdbError: mapfile open fail! name=RelayZoneNo
 XdbError: Table RelayZoneNo init error!
sysv mapfile link error, 12 Cannot allocate memory
 XdbError: mapfile open fail! name=RelaySwitchState
 XdbError: Table RelaySwitchState init error!
sysv mapfile link error, 12 Cannot allocate memory
 XdbError: mapfile open fail! name=dark_reason_scada
 XdbError: Table dark_reason_scada init error!
---------------------->SkipReport:CL3503.MEAS/LLN0.dsAin
```

图 4-95　Engine

第三节　测　控　装　置

一、装置简介

NS3560 综合测控装置是适用于 110～750kV 电压等级的变电站内线路、母线或主变压器为监控对象的智能测控装置。装置能够实现本间隔的测控功能，如交流采样、状态信号采集、同期操作、刀闸控制、全站防误闭锁等功能。装置既支持模拟量采样，又支持数字采样。数字量输入接口协议为 IEC 61850-9-2，接口数量满足与多个 MU 直接连接的需要。装置跳合闸命令和其他信号输出，既支持传统硬接点方式，也支持 GOOSE 输出方式。

（一）人机接口

人机接口由装置 logo、液晶、功能按键、指示灯和一个调试网口组成，如图 4-96 所示。

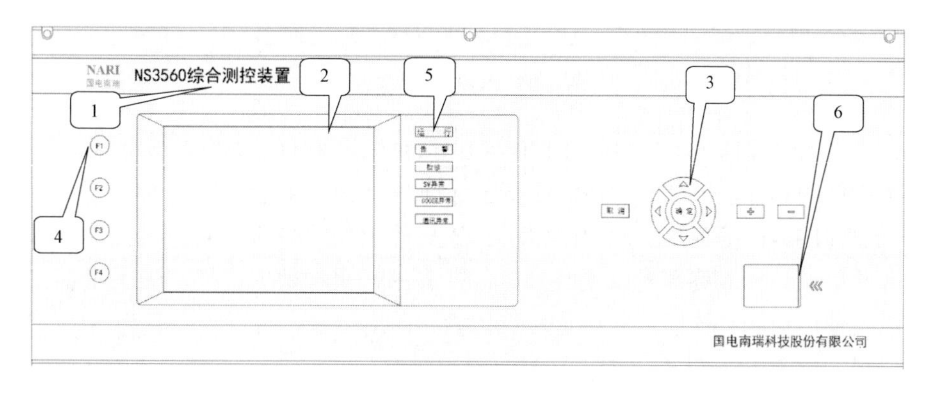

图 4-96　测控装置

（1）公司标识：国电南瑞；产品型号：NS560 综合测控装置。

（2）液晶面板可以实时查看当前的实时数值、各类参数、历史报告、接线图和程序版本等信息。

（3）操作键盘实现光标在液晶菜单中上、下、左、右移动，“+”“–”功能和“确认”“取消”的操作。

（4）功能快捷按键，方便各功能切换。

（5）指示灯，显示装置基本运行状态。

运行灯：装置运行时为常亮。

告警灯：灯亮表示装置内部故障。

检修灯：灯亮表示装置处于检修状态。

SV 故障灯：灯亮表示装置存在 SV 发送接收异常。

GOOSE 故障灯：灯亮表示装置存在 GOOSE 发送接收异常。

通讯异常灯：灯亮表示装置目前没有网络连接。

（6）调试网口：装置程序上传与下装、装置配置上传与下装、装置调试、程序版本查看等。

（二）背板接口

装置背板由插件组成，装置背面的插件由电源插件、SG 和 GOOSE 接口插件、CPU 插件、BI220V 开入插件、开入开出混合插件 BIO 组成，如图 4-97 所示。

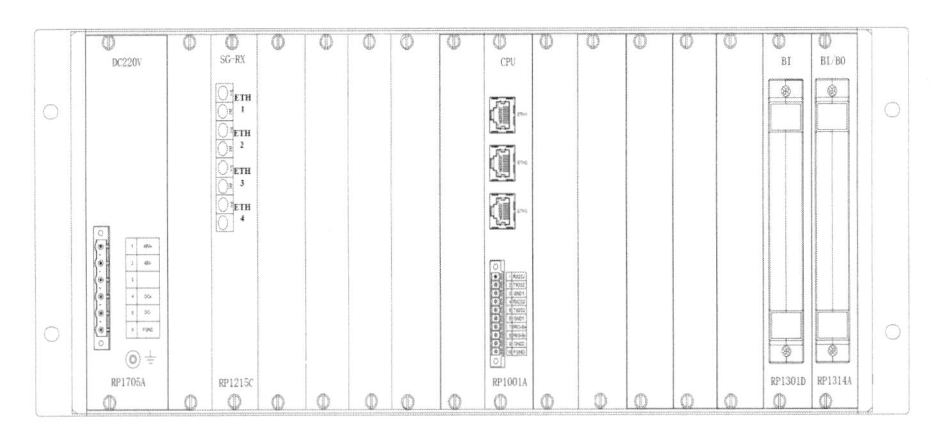

图 4-97　测控装置背板

（1）直流电源插件（DC220V RP1705A）：从直流屏来的直流电源应分别与测控装置直流电源插件的 04 端子（DC+）和 05 端子（DC－）相连接。

（2）过程层接口插件（SG RP1215C）：该插件由高性能的中央处理器（CPU）实现装置同合并单元、智能终端光以太网接口，完成 SV 采样数据接收，IED 设备 GOOSE 信号的输入输出功能。该插件支持点对点传输和网络传输，可灵活配置为 SV、GOOSE 共网或分网。

（3）中央处理单元（CPU RP1001A）：该插件是装置核心部分，由高性能的中央处理器（CPU）和数字信号处理器（DSP）组成，CPU 实现装置的通用元件和人机界面及后台通信功能，DSP 完成所有的测控算法和逻辑功能。装置采样率为每周波 64 点，在每个采样点对所有测控算法和逻辑进行并行实时计算，使得装置具有很高的精度和固有可靠性及安全性。

（4）开入插件（BI RP1301D）：该插件实现开入遥信采集。

（5）开入开出插件（BIO RP1314A）：该插件实现开入遥信采集和两个遥控节点的开出。

（三）装置定值及参数

见附录 2。

二、维护要点及注意事项

（1）装置启动停留在 NARI 画面，无进度条。一般为 vxworks 和 arpppc.out 不匹配导致，请核对版本，如有疑问请联系研发中心人员。

（2）装置启动过程中出现“please confirm board”。提示该型号装置存在可选板件，ADDR 为板卡地址，TYPE 为可选板件的型号，OPTION 表示可选，EXIST=0 表示当前该板件不存在（或未检测到-板卡损坏），可直接确定“yes，　all　board　in rack”。若现场确实存在该板件，请检查硬件配置。

（3）装置无法正常启动且液晶显示报错。

SendIOBoardConfig failed !

Dcvicc init failcd !

ERROR：Goose/SV program is incompatible

With ppc program

两种可能：①装置软件版本和硬件型号不匹配。②装置硬件可能有 IO 板件故障，检测板件可通过修改“config.txt”文件，如 RP1481A 板件，则将 ADDR=6 TYPE=RP1481A 修改为 ADDR=6 TYPE=@RP1481A，其他板件类型修改在等号后面加“@”即可，断电后重启装置，会自动检测各个板件是否存在。

（4）装置所有按键不起作用或反应很迟缓。

①进程异常，“telnet”连接装置使用“getpuusage”查看 CPU 使用情况超过 90%不正常，联系研发中心。

②是否发生网络风暴，可拔去装置网线，观察装置是否正常。

（5）装置液晶屏幕过亮或过暗。长按方向键的左键，并同时按上下键调整屏幕亮度。

（6）液晶遥测显示正常，后台远动变化不上送。死区值计算公式：（max-min）*db/100000。一般死区 max 值设置为一次额定值的 1.2 倍；min 值一般设置 0，如 db 设置为 100 时，即可得死区为：一次额定值 1.2 倍的千分之一。

死区 db 值可设置为 0，但不建议，因为现场装置较多时，网络上遥测报文过多容易导致通信中断问题。

ARP 系列 3560 系列测控：如测控作为 220kV 电压等级使用，CT 变比为 4000/1 时，装置输出模拟量一次值时，设置如表 4-4 所示。

表 4-4　　死　区　参　数

	Max	Min	db	zerodb	
电压	264	0	10	10	0.01%
电流	4800	0	10	10	0.01%
有功	2194	–2194	10	10	0.01%
无功	2194	–2194	10	10	0.01%

该系列测控已将变化死区和零死区设置开放至遥测参数，输出模拟量的死区为模型配置和遥测参数设置较大者有效。因此模型死区值可设置较小，用户可根据站内需求更改装置遥测参数中的死区值和零漂值。

（7）关于同期定值。软压板中的“同期退出”压板是用于控制断路器的检同期功能，若退出该压板，则断路器遥控中的检同期则被替换为强制合闸。手动同期没有压板，只要装置满足装置就地、满足同期（无压）条件、同期（无压）硬开入或 GOOSE 开入投入即可实现。

同期定值只有二次值没有一次值，不可以切换。

（8）装置液晶报 GOOSE 配置不一致。检查 Goose.txt 中配置与 GOOSE 报文以下几项是否一致：

Ref　　=IM3504RPIT/LLN0GOGoCB_OPST

AppID　　=IM3504RPIT/LLN0GOGoCB_OPST

DatSet　　=IM3504RPIT/LLN0$dsGoose1

confRev　　=1

AppID　　=126A

MACAddr　　=01-0C-CD-01-10-6B　　[MAC 地址必须是 01-0C—CD-]

FCDANum　　=48

注意检查实际发送的数据个数是否与配置相一致、发送的数据类型是否一致。

（9）时钟源设置。1 表示 PPM 对时；2 表示 PPS 对时；3 表示 IRIG-B 对时；4 表示 IEC 1588 对时；5 表示 SNTP 对时。

（10）装置对时异常告警信号复归，但是装置仍不能够正确对时。

装置升级到六统一平台后，需要使用最新版本的 vxworks 支持，至少是 2014 年 2 月 14 日以后的程序。

（11）遥控选择失败，错误码为 186（联锁条件不满足）。

①检查装置解锁开入、监控/间隔开入是否正常，通过 ARPTools 调试工具查看相关变量值是否和实际值一致。确定装置工作在相应五防模式。

②检查该对象配置防误规则是否无误，检查规则中每个条件的变量值和品质是否满足条件。

③联系研发中心检查 config.txt 中联锁功能是否启动、联锁应用表是否配置、相关防误参数是否设置正确。

（12）如何删除装置中的文件或下装错误的文件？telnet xxx.xxx.xxx.xxx 回车进入装置，用户名：rp1001，密码：rp1001_ppc。如删除 device.cid，则输入“ls”回车，输入 rm“device.cid”回车即可。

第四节　数据通信网关机

一、装置运维简介

NS3000S 是一体化设计思路，NSS201A 远动机运行的系统软件是 NS3000S 的一种运行方式之一。在文件“sys/nsstate.ini”文件中“RunState”确定了机器的运行方式，对应关系如下：1 监控后台、2 远动机、3 保信子站、4 规转机。由于 NS3000S 的远动机是信息一体化平台的一部分，本身就可以作为监控后台使用，所以，其数据库可以通过 SCD 文件解析生成。但为了调试的便利，使远动的数据库和监控后台的数据保持一致，是明智的做法。后台数据库做了相关修改时，也应同时手动将数据同步到远动机：

（1）参考监控后台，使用 sys_setting 完成远动机配置。

（2）在监控后台机的系统组态→后台机节点表中添加本站所有的机器和 IP 地址记录，包括监控机、操作员站、一体化五防机、远动机。需要填写的地方是机器名、IP 地址，监控机和远动机勾选 SCADA 节点，给每个机器填写 A 网 61850 报告号，注意不要重复。如果本站是双网架构，需要勾选所有机器的“是否双网”。在这个工作之前，所有机器的多机配置工作应已完成，即已经使用过 sys_setting 工具配置完成，因为 sys_setting 工具是会重写后台机节点表的，如图 4-98 所示。

	节点名索引号	机器名称	显示顺序	类型	SCADA节点	备用1	备用2	备用3	备用4	监护机	转发机
1	123	main1	0	0000002f	√	√	√	√	×	√	×
2	124	main2	0	0000002f	√	√	√	√	×	√	×
3	125	op1	0	0000002e	×	√	√	√	×	√	×
4	126	op2	0	0000002e	×	√	√	√	×	√	×
5	127	yd1	0	0000002f	√	√	√	√	×	√	×
6	128	yd2	0	0000002f	√	√	√	√	×	√	×

图 4-98　后台机节点表

使用系统备份恢复功能将监控后台的参数库导入到远动机中，“是否覆盖前置数据”中选择“否”。从后台拷贝过来的数据，在远动机上有些设置需要修改，一个是取消系统表的“五防投入（50）”，另一个是勾选“遥控不需要监护（47）”。否则调度遥控时，可能会失败。

二、前置组态配置

（一）节点设置

打开终端在“bin”目录下输入“frcfg”，系统弹出通道配置界面，用鼠标右键点击“前置系统”，根据 104 通道个数设置通信节点个数，如图 4-99 所示。需要注意的是，前置中每一个节点都必须有且只有一个通道，否则遥控时会出错。

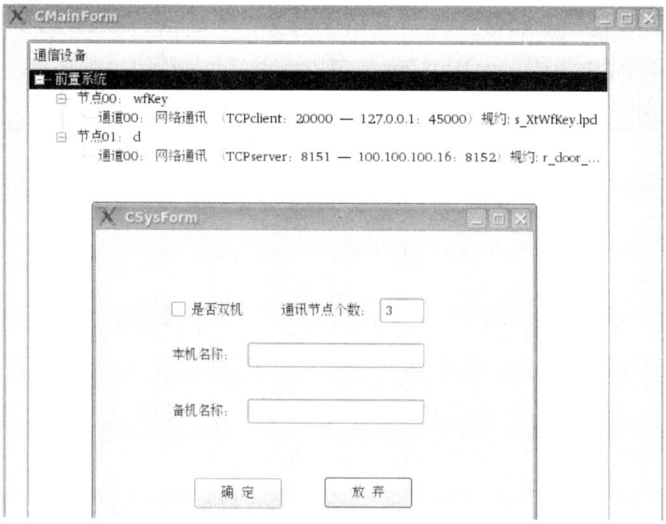

图 4-99　添加前置节点

在“通信节点个数”中增加一个节点 02，然后在节点 02 中添加节点名称和通道数，如图 4-100 所示。

图 4-100　添加通道

（二）通道设置

鼠标右键点击新建立的通道，进行通道配置，如图 4-101 所示。在框 1 所示通道设置界面，有串口通信和网络通信需要配置。首先介绍串口通信，点击设置，弹出框 2 所示“串口通信设置”界面。其中串口通信 COM1 为服务器的相应一个串口，其中 COM1 应该改为 ttyS1 或者 ttyM1 之类的格式，串口名称以目录/dev/下的设备文件名为准。通信速率和其他设置则根据现场提供的信息进行相应的设置，点击“OK”即可，如图 4-102 所示。

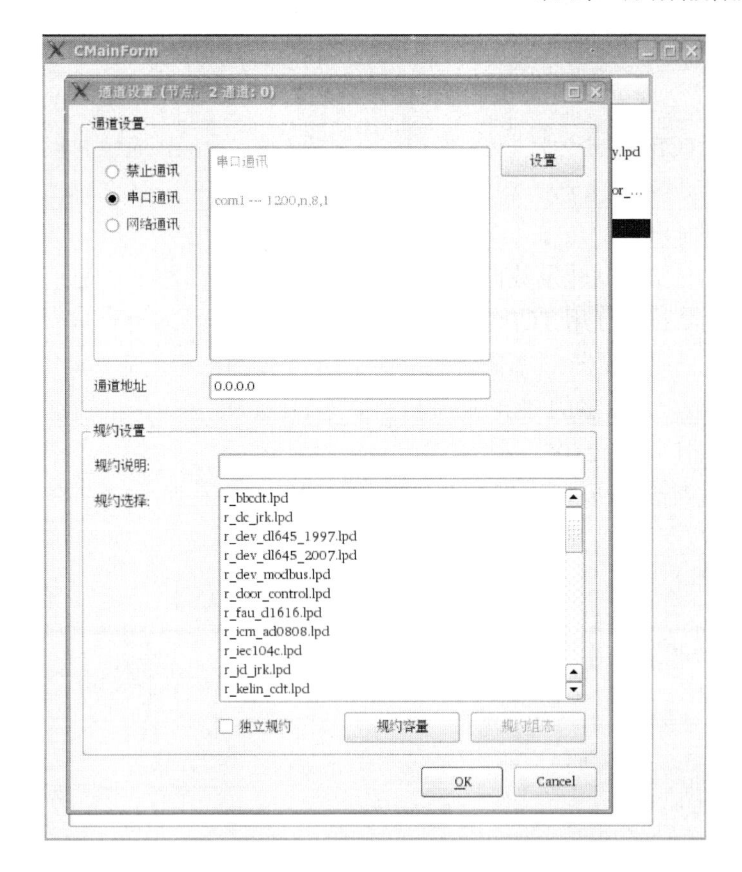

图 4-101　通道配置

图 4-102　串口通信配置

其次为网络通信，点击“设置”，其中“TCPServer”为发送装置（IP 设置为对侧节点 IP 地址）报文的模式，一般用来实现远动机向对侧发送数据，对应选择的 lpd 规约应该是 s 开头的。TCPClient 为接收装置（IP 设置为对侧节点 IP 地址）报文模式，对侧节点 IP 地址填写所连接服务器的装置 IP，对应 lpd 规约为 r 开头的名称。对侧和本侧节点端口号按说明进行填写，点击“OK”。

一般常用的是给主站转发数据，远动机使用 TCPServer 模式。而规转机要接受其他装置发送过来的数据，使用 TCPClient 模式。

对侧和本侧的端口号一般都需要双方约定，104 规约的约定为 2404。有的变电站 104 通道超过了 16 个，这么多的 TCP 连接将建立不起来，则多出来的通道需要本侧端口使用 2404 之外的端口，如 2405。

停止校验对侧节点端口号和停止校验对侧网络节点 IP 地址的两个选项，建议勾选“停止校验对侧节点端口”即可，对侧节点 IP 地址应该被校验，如图 4-103 所示。

图 4-103　网络通信配置

“通道地址”由主站分配，一般 104 规约即为 ASDU 地址，将分配的号填在通道地址的最后一位即可。该值不能大于 255，如果分配的地址大于 255，则按照 256 进位。如：300 地址应该填写成 0.0.1.44。

（三）规约设置

以五防转发规约举例，选择 s_XtWfKey.lpd，点击规约容量，弹出规约容量设置界面：添写实际遥信（小于最大遥信数）、实际遥测（小于最大遥测数）和实际遥控（小于最大遥控数），点击“OK”。点击规约组态，弹出规约转发内容设置界面：挑选需要转发的遥信、遥测等测点，方法和制作光字牌相同。需要注意的是，遥控转发表中，遥控点表是通过选择对应的遥信表记录来实现的，原则是画面遥控使用哪个遥信点，调度转发就使用哪个遥信点。另外，档位的遥调填的是画面变压器关联的档位值，需要双击空白记录处，打开前置数据框去选择。遥调的升降和急停是两个遥控点，选择同一个档位值，扩展的标记（Ext）的“升降”和“急停”用于区分变压器的两个的遥控命令。

三、报文浏览工具说明

NS3000S 信息一体化平台使用 qspych 工具实现通道报文浏览功能。打开终端在“bin”目录下输入“qspych”，启动图形化通道报文浏览工具，界面如图 4-104 所示。

“bin”目录下有一个配置文件为“spychannel.xml”，内容为空格分隔的四段 IP 地址，该地址为本机 FRONT 报文的可监视网段广播地址，默认是 100.100.100.255。如果是首次使用，可以将其修改为与站控层的广播地址一致。该广播地址是为了保证 qspych 程序在一台机器上就能监视站内所有机器的通道报文。

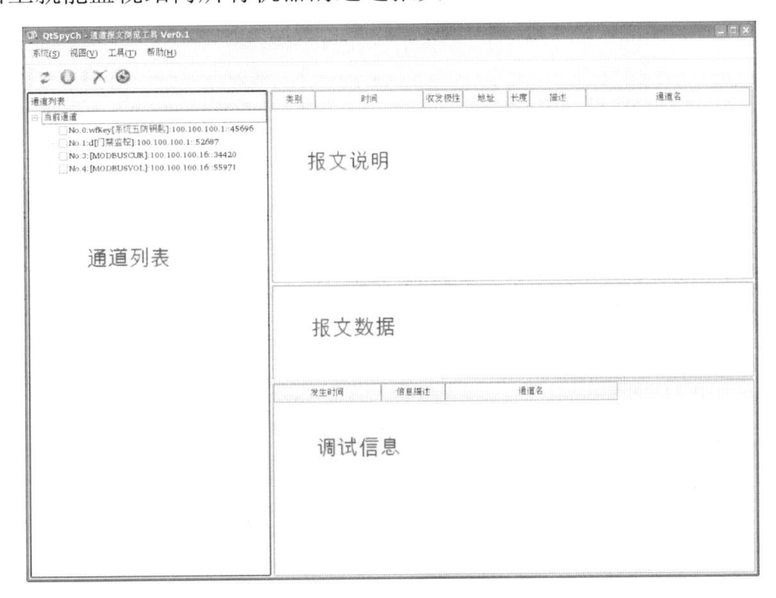

图 4-104　报文监视界面

运行状态如图 4-105 所示，双击通道列表中的通道可激活该通道的报文浏览，激活状态由该通道前的方框显示，空白表示该通道未激活，X 表示已激活。

实际使用时先点击停止，停止对所有通道的监视，再点击清除，清除右侧报文，再双击选中左侧列表中的某个通道，即可在右侧浏览其通道报文。

四、维护要点及注意事项

1. 运行的远动机消缺注意事项

使用的工具为 Windows 平台的 Xmanger（XShell、XBowser）、FrontView 等。不进行大量图形化操作时，尽量不使用 XBowser 登录，而使用 XShell。XShell 类似于 Slogin，可文本登录远动机。XShell 具备 Slogin 和 XBowser 各自的优势，一般情况下只运行文本界面，对远动机工作影响小。另外，必要的话，在其界面也可以启动一个图形化程序，如输入“dbconf&”即可启动组态，如图 4-106 所示。

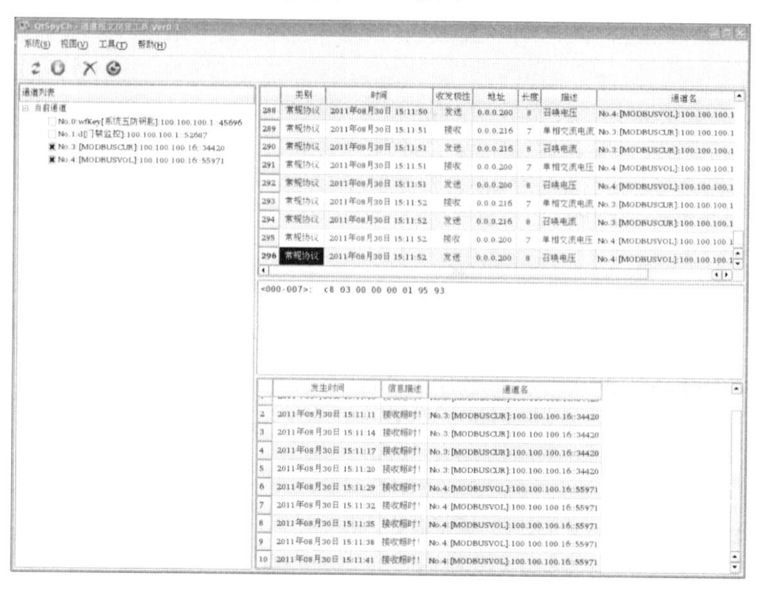

图 4-105　报文监视界面

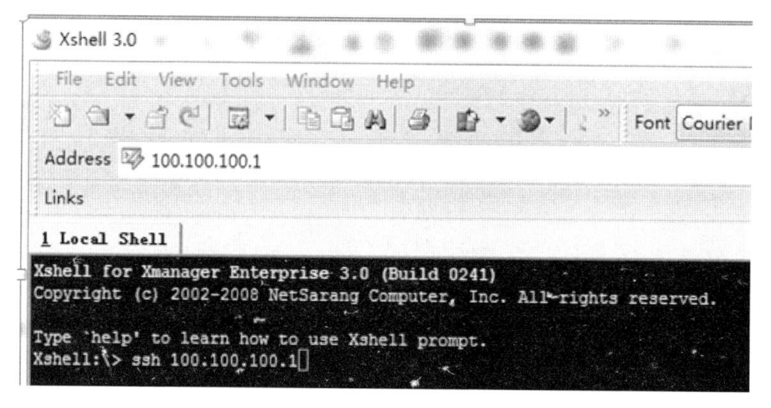

图 4-106　XShell

2. 检查远动机机器状态

“df”命令可以查看磁盘空间使用量。“/home”和“/ ”挂载点对应的磁盘使用量都不应该超过 70%，超过则需要警觉，要去搜索可能存在的无效大文件，如图 4-107 所示。

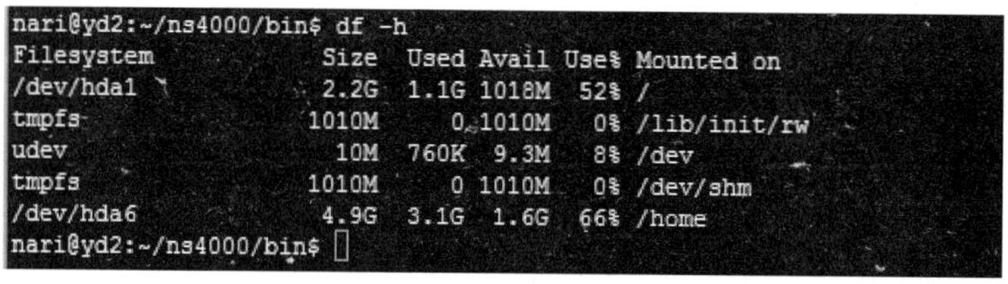

```
nari@yd2:~/ns4000/bin$ df -h
Filesystem            Size  Used Avail Use% Mounted on
/dev/hda1             2.2G  1.1G 1018M  52% /
tmpfs                1010M     0 1010M   0% /lib/init/rw
udev                   10M  760K  9.3M   8% /dev
tmpfs                1010M     0 1010M   0% /dev/shm
/dev/hda6             4.9G  3.1G  1.6G  66% /home
nari@yd2:~/ns4000/bin$ 
```

图 4-107　磁盘空间使用量

可以用命令“l-ah”查看包含隐藏文件在内的当前目录下的各文件大小。图 4-108 显示表明主目录“～”下存在一个 474M 的隐藏文件“.xsession-errors”，而且是最近的 4

月 19 日生成的。这种错误文件一般都会导致磁盘空间不足。

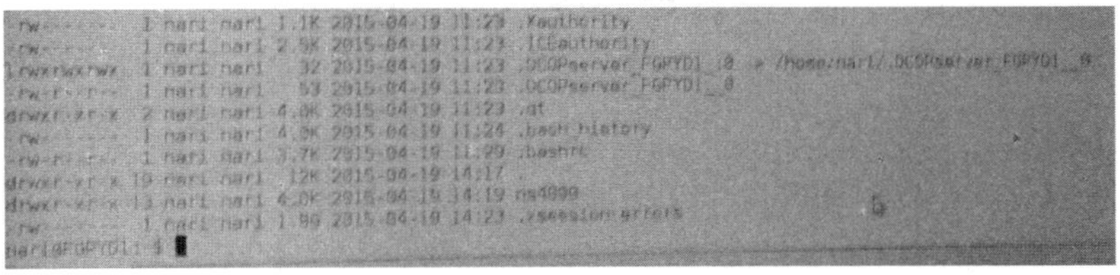

图 4-108　文件属性

可以用“du”命令统计查看当前目录下各子目录的占用空间大小。“du-h--max-depth=1”最后一个参数为“1”表示只统计当前第一级子目录。最终统计结果表示当前的“ns4000”目录为 1.7GB，其中“data”子目录为 686MB。该例中目录“tempfile”文件夹下的文件可以删除，如图 4-109 所示。

```
nari@yd1:~/ns4000$ du -h --max-depth=1
2.6M    ./sys
115M    ./tempfile
686M    ./data
193M    ./config
137M    ./lib
4.0K    ./temp
464M    ./bin
71M     ./his
8.0K    ./COMTRADE
1.7G    .
nari@yd1:~/ns4000$
```

图 4-109　文件夹属性

结合“ls”和“du”命令可以查看定位大文件所在，另外可以使用命令“find-size+100M”查找当前目录下大于 100MB 的文件，如图 4-110 所示。

```
[nari@HQ1 ~]$ find -size +100M
./V3.2SP10_update_linux/bin.zip
./ns4000/bin/LoadReportModelLog.txt
./ns4000/his/log/TBL_SOELog
./ns4000/his/log/TBL_COSLog
./V3.2SP13_update_linux/bin.zip
./V3.2SP13_update_nw_linux.zip
```

图 4-110　大文件定位

3. 检查远动机站内数据通信状态

这个需要检查逻辑节点定义表的 1、2 网地址工作状态。一般站内存在对应的工作状态一览画面。另外，还可以通过组态中遥信遥测表中最近的数据刷新时刻来观察间隔层设备是否正常上送数据，如图 4-111 所示。

图 4-111　遥测表

第五节　合　并　单　元

一、装置概述

NSR-386AG 为由微机实现的用于智能变电站的合并单元，其主要功能为采集电磁式互感器、电子式互感器、光电式互感器的模拟量，经过同步和重采样等处理后为保护、测控、录波器等提供同步的采样数据。NSR-386A（G）为用于线路或变压器的间隔合并单元，其可以发送一个间隔的电气量数据（典型值为 U_a、U_b、U_c、U_0、I_a、I_b、I_c、I_{ma}、I_{mb}、I_{mc}、I_0、I_j），并实现电压切换功能。NSR-386B（G）为母线电压合并单元，最大可以接入 3 段母线电压，每段母线电压可接入 3 组数据，并实现电压并列功能。

（一）人机接口

人机接口由装置 LOGO、指示灯和一个调试网口组成，如图 4-112 所示。

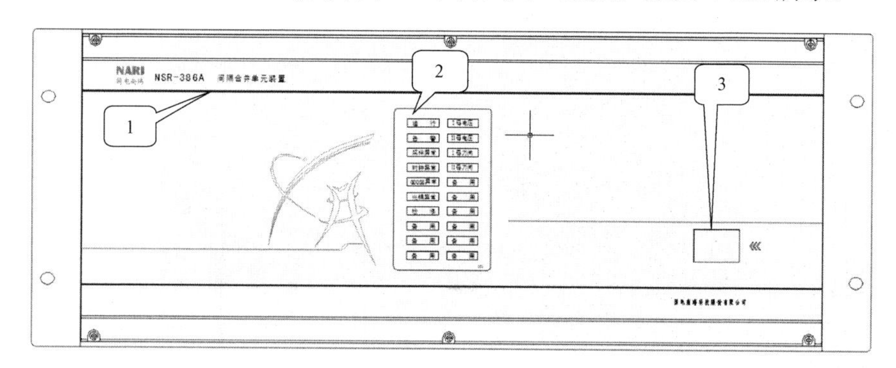

图 4-112　合并单元

（1）公司标识：国电南瑞；产品型号：NS-386AG 间隔合并单元装置。

（2）运行指示灯，显示装置基本运行状态。

运行灯：装置运行时为常亮。

告警灯：灯亮表示装置内部故障。

采样异常灯：灯亮表示装置模拟采样或数字采样异常。

时钟异常灯：灯亮表示装置对时信号接收异常。

GOOSE 故障灯：灯亮表示装置存在 GOOSE 发送接收异常。

光耦异常灯：灯亮表示装置开入正电源出现异常。

检修灯：灯亮表示装置处于检修状态。

Ⅰ母电压、Ⅱ母电压灯：灯亮表示装置电压采用哪一段母线电压。

Ⅰ母刀闸、Ⅱ母刀闸灯：灯亮表示本间隔对应母线刀闸处于合闸位置。

（3）调试网口：装置程序上传与下装、装置配置上传与下装、装置调试、程序版本查看等。

（二）背板接口

装置背板由插件组成，装置背面的插件由电源插件、SG 和 GOOSE 接口插件、CPU

插件、BI220V 开入插件、开入开出混合插件 BIO 组成，如图 4-113 所示。

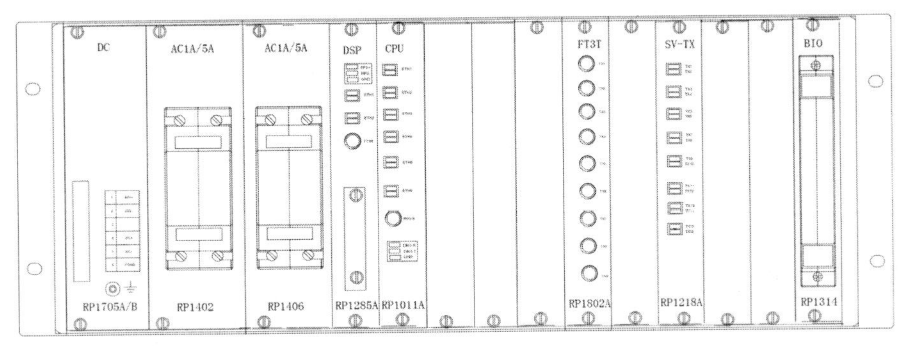

图 4-113　合并单元背板

（1）直流电源插件（DC 220V RP1705A）：从直流屏来的直流电源应分别与测控装置直流电源插件的 04 端子（DC+）和 05 端子（DC－）相连接。

（2）大信号交流插件（RP1407A5）：该插件实现模拟量采集。

（3）大信号交流插件（RP1408A2）：该插件实现模拟量采集。

（4）DSP 插件（DSP1285/RP1286）：该插件是装置主要组成部分之一，由高性能的 DSP 和 FPGA 组成，完成 AC 采样、FT3 收发和 SMV9-2 收发。

（5）中央处理单元（CPU RP1011A）：该插件是装置主要组成部分之一，由高性能的中央处理器（CPU）和 FPGA 组成，完成平台功能、转发 SMV9-2 报文、完成 GOOSE 收发。

（6）FT3 发送扩展插件（RP1802）：该插件是 FT3 报文的发送扩展板，不能单独使用，须和 DSP 板配合使用。

（7）过程层接口插件（SG RP1215C）：该插件由高性能的中央处理器（CPU）实现装置同合并单元、智能终端光以太网接口，完成 SV 采样数据接收，IED 设备 GOOSE 信号的输入输出功能。该插件支持点对点传输和网络传输，可灵活配置为 SV、GOOSE 共网或分网。

（8）开入开出插件（BIO RP1314A）：该插件实现开入遥信采集和两个遥控节点的开出。

（三）装置定值及参数

见附录 2。

二、维护要点及注意事项

检查 MSV9-2 报文时，首先将装置背部光口处相应光纤拔出，将光纤接入光电转换器，用抓包工具抓取光纤送过来的 SV 报文，再与本装置上的接收控制块配置文件进行比较，重点关注标注出来的各项配置是否与发送端一致，如图 4-114 所示。

检查 GOOSE 报文时，首先将装置背部光口处相应光纤拔出，将光纤接入光电转换器，用抓包工具抓取光纤送过来的 GOOSE 报文，再与本装置上的接收控制块配置文件进行比较，主要关注标注出来的各项配置是否与发送端一致，如图 4-115 所示。

```
22 [SV IN]
23 Proto              = 4
24 SVNum              = 2
25
26 [SVCB1]
27 wChipNo            = 0
28 wNetMod            = 0
29 SameRatioIn        = 4000
30 wAppID             = 16385
31 wLDName            = 1
32 byLNName           = 2
33 byDatasetName      = 254
34 bySVID             = MTZB1GMU/LLN0$SV$MSVCB01
35 byMac              = 01-0C-CD-04-00-01
36 dwAsduNum          = 1
37 dwSVConfVer        = 1
38 wTd                = 1500000
39 dwChanNum          = 25
40 wVlanTCI           = 0
41 wIn                = 10
42 wI0n               = 10
43 wUn                = 10
44
```

图 4-114　SV 配置文件

```
139
140 [GOOSE IN]
141 GoCBNum            = 1
142 InputsNum          = 1
143
144 [GoCB1]
145 ref                = PM1PI/LLN0$GO$gocb0
146 AppID              = gocb0
147 datSet             = PM1PI/LLN0$dsGOOSE0
148 confRev            = 1
149 MinTime            = 2
150 MaxTime            = 5000
151 AddressNum         = 1
152 FCDANum            = 21
153 InputsNum          = 1
154
155 [Address1]
156 MACAddr            = 01-0C-CD-01-00-07
157 VLANID             = 000
158 VLANPriority       = 4
159 APPID              = 1007
160 NetNo              = 0
161
162 [Input1]
163 FCDAIndex          = 16
164 ref                = PT1API/GGIO1$Ind1$stVal
165 bdaType            = BOOLEAN
166 sAddr              = B02.Bi.p_u_brk_failure_phy_channel[0]
```

图 4-115　GOOSE 配置文件

第六节　智　能　终　端

一、装置概述

NSR-385AG 断路器智能终端配置了 2 组跳闸出口、1 组合闸出口，以及 4 把隔离刀闸、3 把接地刀闸的遥控分合出口和一定数量的备用输出，可与分相或三相操作的断路器配合使用，保护装置或其他设备可通过智能终端对一次断路器设备进行分合操作。NSR-385AG 支持 DL/T860（IEC 61850）标准，装置跳合闸命令和开关量输入输出可提供光纤以太网接口，支持 GOOSE 通信。装置适合就地安装。

（一）人机接口

人机接口由装置 LOGO、液晶、功能按键、指示灯和一个调试网口组成，如图 4-116 所示。

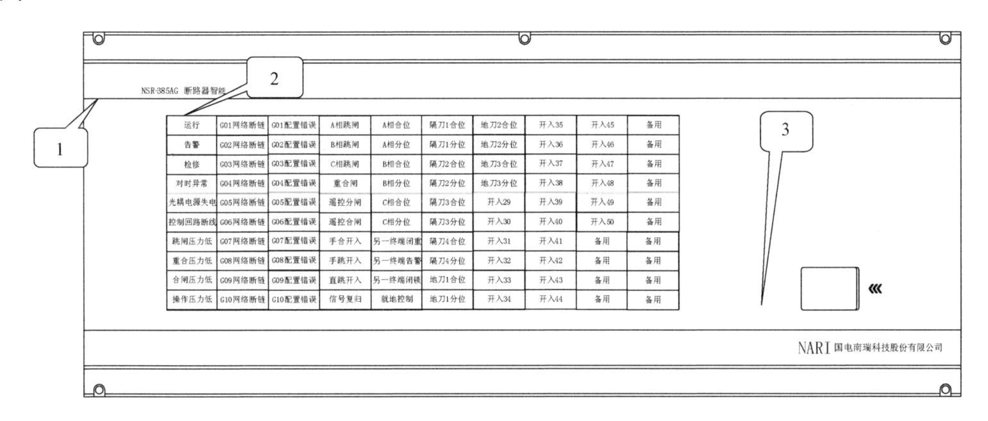

图 4-116 智能终端

（1）公司标识是国电南瑞，产品型号是 NS-385AG 断路器智能终端。

（2）运行指示灯，显示装置基本运行状态，如表 4-5 所示。

表 4-5 运行指示灯

指示灯	状态	说明
运行	绿色	装置正常运行时亮
报警	黄色	装置报警时亮
检修	黄色	装置检修投入时亮
对时异常	黄色	装置没有收到对时信号时亮
光耦电源失电	黄色	任一开入插件的光耦电源监视无效时亮
控制回路断线	黄色	任一相控制回路断线时亮
跳闸压力低	黄色	跳闸压力低时亮
重合压力低	黄色	重合闸压力低时亮
合闸压力低	黄色	合闸压力低时亮
操作压力低	黄色	操作压力低时亮
G01 网络断链	黄色	与 GOOSE 对象 1 的网络断链时亮
…	…	…

续表

指示灯	状态	说明
G10 网络断链	黄色	与 GOOSE 对象 10 的网络断链时亮
G01 配置错误	黄色	与 GOOSE 对象 1 的配置不一致时亮
…	…	…
G10 配置错误	黄色	与 GOOSE 对象 10 的配置不一致时亮
A 相跳闸	红色	断路器 A 相跳闸时亮，且保持至外部复归
B 相跳闸	红色	断路器 B 相跳闸时亮，且保持至外部复归
C 相跳闸	红色	断路器 C 相跳闸时亮，且保持至外部复归
重合闸	红色	断路器重合闸时亮，且保持至外部复归
遥控分闸	红色	任一对象遥控分闸动作时亮
遥控合闸	红色	任一对象遥控合闸动作时亮
其他指示灯	绿色	当对应的开入有效时亮

（3）调试网口：装置程序上传与下装、装置配置上传与下装、装置调试、程序版本查看等。

（二）背板接口

装置背板由插件组成，装置背面的插件如表 4-6 所示。

表 4-6　　装置背板插件

DC（RP1705A）	DC 220/110V 直流电源插件
CPU（RP1001A）	CPU 插件
GOOSE（RP1202A）	GOOSE 插件 1（3 路 ST 光口，1 路光纤 IRIG-B 码对时输入口）
GOOSE（RP1212A8）	GOOSE 插件 2（8 路 LC 光口，选配）
BI（RP1301D）	DC 220/110V 开入插件（22 路遥信）
BI（RP1314A5）	DC 220/110V 开入开出混合插件（6 路遥信，4 路开出）
AI（RP1481A）	直流小信号测量插件（6 路 4～20mA 或 0～5VDC 模拟量，选配）
BO（RP1319A）	继电器出口插件 1（18 路开出）
BO（RP1318A）	继电器出口插件 2（16 路开出，选配）
BO（RP1396A）	DC 220/110V 智能操作回路插件（9 路遥信，6 路开出）
BO（RP1367A）	DC 220/110V 电流保持回路插件

（三）装置定值及参数

见附录 2。

二、维护要点及注意事项

（1)装置启动过程中出现 please confirm board。提示该型号装置存在可选板件，ADDR 为板卡地址，TYPE 为可选板件的型号，OPTION 表示可选，EXIST=0 表示当前该板件不存在（或未检测到-板卡损坏），可直接确定“yes，all　board　in rack”。若现场确实存在该板件，请检查硬件配置。

（2）装置液晶报 GOOSE 配置不一致。检查 goose.txt 中配置与 GOOSE 报文以下几项是否一致：

Ref　　=IM3504RPIT/LLN0GOGoCB_OPST

AppID　　=IM3504RPIT/LLN0GOGoCB_OPST

DatSet　　=IM3504RPIT/LLN0$dsGoose1

confRev　　=1

AppID　　=126A

MACAddr　　=01-0C-CD-01-10-6B　　[MAC 地址必须是 01-0C—CD-]

FCDANum　　=48

注意检查实际发送的数据个数是否与配置相一致，发送的数据类型是否一致。

（3）时钟源设置。1 表示 PPM 对时；2 表示 PPS 对时；3 表示 IRIG-B 对时；4 表示 IEC 1588 对时；5 表示 SNTP 对时。

（4）删除装置中的文件或下装错误的文件。输入 telnet xxx.xxx.xxx.xxx，回车并进入装置，用户名为 rp1001，密码为 rp1001_ppc。如删除 device.cid 则

输入“ls”回车，输入 rm“device.cid”回车即可。

第七节　交　换　机

一、装置概述

本节简要介绍 EPS6028 交换机的配置过程。EPS6028 的配置有串口和 Web 管理两种途径。当不知道交换机的 IP 地址时，可以使用随机携带的串口电缆连接交换机的 CONSOLE 口与 PC 机的 COM 口，并且通过串口的方式对交换机进行配置管理。如果知道交换机的 IP 地址，则可以通过 Web 的方式对交换机进行管理。交换机的默认 IP 为 10.144.66.106，掩码为 255.255.255.0。

为了通过 Web 或者远程登录的方式对交换机进行管理，管理主机必须与被管理的交换机处于同一逻辑网段，同时要满足连接的交换机端口在 VLAN1 中。在完成 EPS6028E 与管理主机之间的物理连接后，打开浏览器如 IE，在地址栏里面输入交换机的 IP 地址，回车后会出现登录窗口，输入正确的用户名和密码：用户名为 admin，密码为 admin（另外一组用户名和密码为 user/user，user 用户只能查看不能更改配置），然后点击“确定”按钮，完成登录，如图 4-117 所示。

在 Web 管理页面的上半部分，提供了对交换机当前槽位信息和端口状态的实时显示，当交换机对应端口处于连接态时，端口为绿色，否则为黑色，如图 4-118 所示。

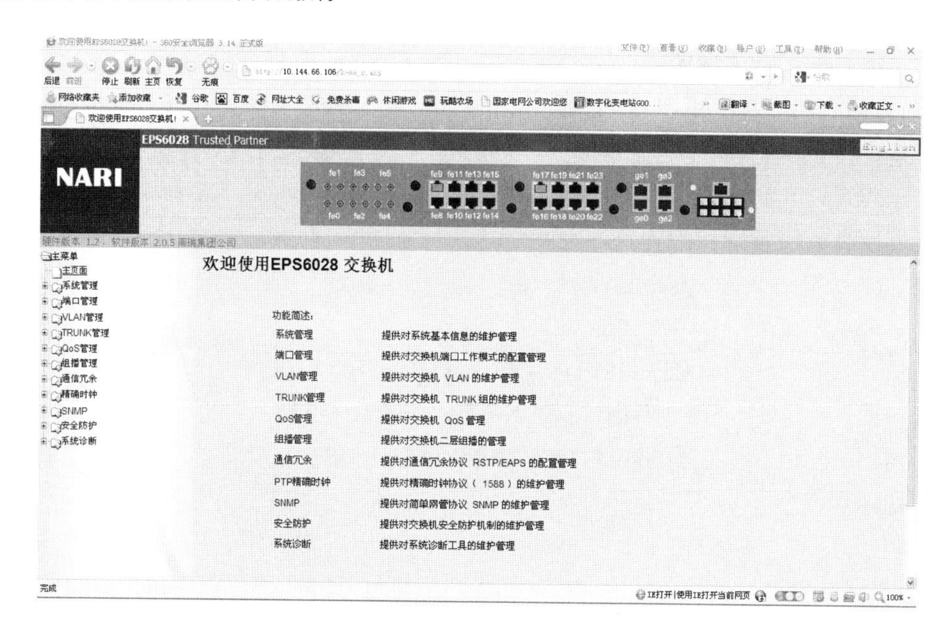

图 4-117　交换机主界面

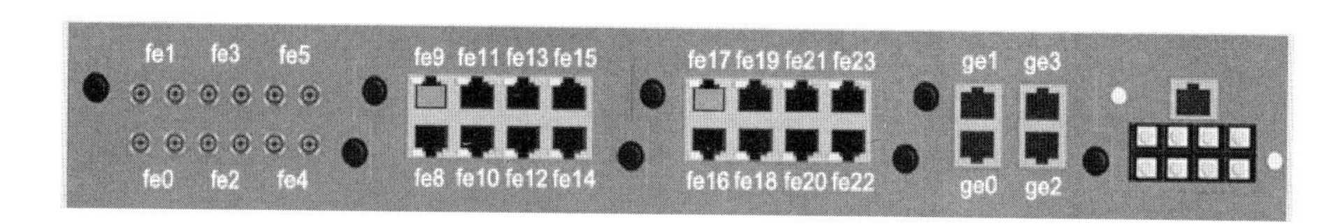

图 4-118　端口实时状态

Web 管理主页面下半部分左侧的导航栏提供了对 Web 管理功能进行浏览的便捷途径。点击左侧导航栏包含的条目，可以在不同的维护功能之间快速切换。同时，可以在页面右侧对应的配置选项页面中对交换机进行相应的维护操作。用页面左侧“导引面板（Navigation Panel）”中包含的配置选项文件夹在不同的配置选项之间进行切换，而用页面右侧出现的配置选项对话框对交换机进行配置。在导航栏包含的条目中，主页面提供了整个 Web 管理功能的概述。

二、操作说明

（一）系统管理

除了主页面以外，其他的条目都是可展开的，分别对交换机的某一类属性进行管理。下面章节以子树为单位对常用管理功能进行描述说明。

1. 系统标识

在“系统管理”下级子树中，点击“系统标识”，出现交换机“系统标识”页面，可以对交换机进行命名以方便管理。

2. 网络参数

在“系统管理”下级子树中，点击“网络参数”，出现交换机“系统网络参数设置”页面，如图 4-119 所示。“系统网络参数设置”参数如表 4-7 所示。

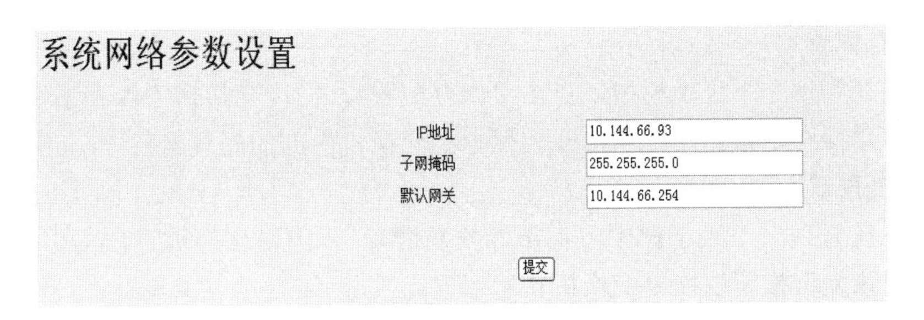

图 4-119　网络参数

表 4-7　　系统网络参数设置

描述	参数	默认参数
IP 地址	交换机用于远程管理的 IP 地址。地址的分配请咨询网络管理员	无
子网掩码	交换机 IP 地址对应的子网掩码。设置请咨询网络管理员	无
默认网关	交换机的默认网关。当与本交换机不在同一网段的主机需要对其进行管理时，必须设置本字段。设置请咨询网络管理员	无

3. 系统时间

在“系统管理”下级子树中，点击“系统时间”，出现交换机“系统时间设置”页面。点击“当前时间”右侧的输入框，设置内部时钟的时间信息。点击“当前日期”右侧的输入框，设置内部时钟的日期信息。点击“提交”按钮提交更改。

4. 系统备份

在“系统管理”下级子树中，点击“系统备份”，出现交换机“系统备份”页面，如图 4-120 所示。右击“config.txt”选择“另存为”，完成交换机配置文件的备份。点击“浏览”按钮将交换机配置文件上传到本交换机，重启交换机恢复交换机配置。

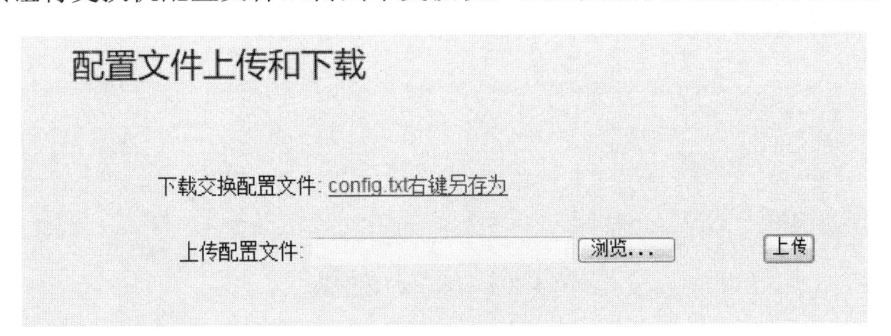

图 4-120　系统备份

5. 用户管理

在“系统管理”下级子树中，点击“用户管理”，出现交换机“系统用户管理”页面：

点击“用户类型”右侧的下拉框，选择欲设置的管理用户类型；点击“原始密码”右侧的输入框，输入该用户的旧密码；点击“新密码”右侧的输入框，输入该用户的新密码；点击“确认密码”右侧的输入框，重复输入该用户的新密码以确认；点击“提交”按钮提交更改。

6. 保存配置

在“系统管理”下级子树中，点击“保存配置”，出现交换机“保存系统当前配置”页面，点击“保存”按钮，把当前配置保存到交换机内部的配置文件“config.txt”中。

7. 恢复配置

在“系统管理”下级子树中，点击“恢复配置”，出现交换机“恢复出厂配置”页面，点击“恢复”按钮以恢复交换机初始配置。

8. 重启配置

在“系统管理”下级子树中，点击“重启配置”，出现交换机“重启配置”页面，点击“重启”按钮以重启交换机。

（二）端口管理

1. 概述

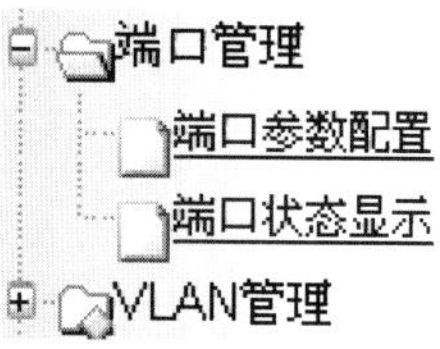

端口管理提供对交换机端口信息的维护管理。“端口管理”子树包含“端口参数配置”和“端口状态显示”两个界面，如图4-121所示。

图4-121　端口管理

2. 端口参数配置

在“端口管理”下级子树中，点击“端口参数配置”，该页面用于对端口的参数，包括端口使能/禁用状态、自协商状态、端口速率、双工状态及流量控制进行配置，如图4-122所示。“端口参数配置”参数如表4-8所示。

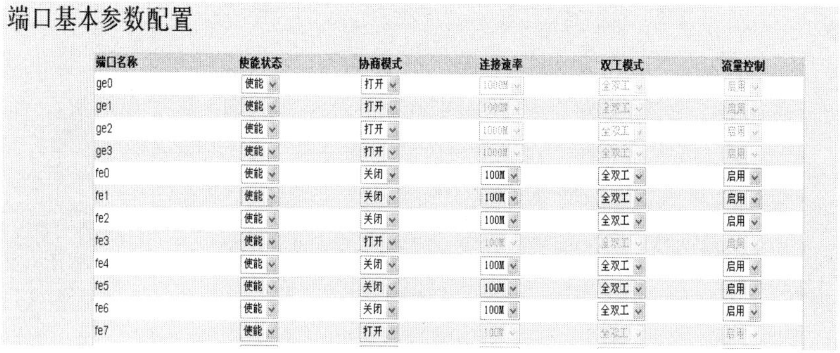

图4-122　端口参数配置

表4-8　　端口参数配置

描述	参数	默认参数
使能状态	使能/禁用此端口	使能
协商模式	设置是否打开此端口的自动协商功能	打开
连接速率	设置端口的工作速率，千兆口支持十兆、百兆、千兆、百兆口支持十兆、百兆	对于FE口，默认为100；对于GE口默认为1000
双工模式	端口通信模式。支持全双工、半双工	全双工
流量控制	端口是否支持流控PAUSE帧	关闭

3. 端口状态显示

在“端口管理”出现的下级子树中，点击“端口状态显示”，出现交换机“端口状态显示”页面，在该页面中对交换机所有端口的当前工作参数进行显示，如图 4-123 所示。“端口状态显示”参数如表 4-9 所示。

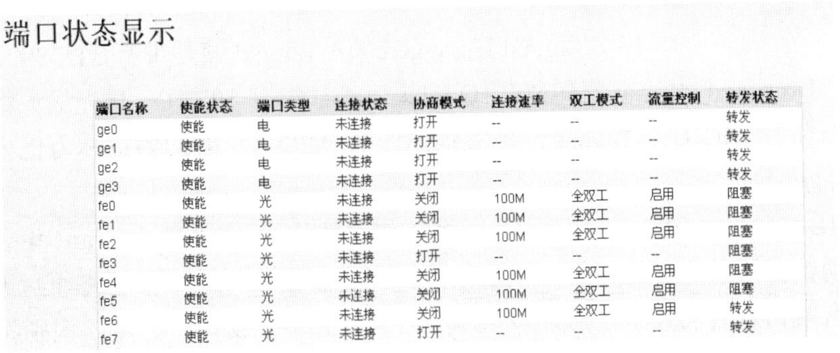

端口状态显示

端口名称	使能状态	端口类型	连接状态	协商模式	连接速率	双工模式	流量控制	转发状态
ge0	使能	电	未连接	打开	--	--	--	转发
ge1	使能	电	未连接	打开	--	--	--	转发
ge2	使能	电	未连接	打开	--	--	--	转发
ge3	使能	电	未连接	打开	--	--	--	转发
fe0	使能	光	未连接	关闭	100M	全双工	启用	阻塞
fe1	使能	光	未连接	关闭	100M	全双工	启用	阻塞
fe2	使能	光	未连接	关闭	100M	全双工	启用	阻塞
fe3	使能	光	未连接	打开	--	--	--	阻塞
fe4	使能	光	未连接	关闭	100M	全双工	启用	阻塞
fe5	使能	光	未连接	关闭	100M	全双工	启用	阻塞
fe6	使能	光	未连接	关闭	100M	全双工	启用	转发
fe7	使能	光	未连接	打开	--	--	--	转发

图 4-123　端口状态显示

表 4-9　　端口状态显示

描述	参数	默认参数
端口类型	显示所插子卡的媒体类型：光口/电口	无
连接状态	显示此端口的连接状态	无
转发状态	显示端口的转发状态。阻塞态表示协议强制阻止该接口收发数据，转发态则该端口可以正常收发数据	转发

（三）VLAN 划分

1. 概述

VLAN（Virtual Local Area Network）即虚拟局域网，是一种通过将局域网内的设备逻辑地址而不是物理地址划分为一个个网段从而实现虚拟工作组的技术。VLAN 技术允许网络管理者将一个物理的 LAN 逻辑地划分成不同的广播域（或称虚拟 LAN，即 VLAN），每一个 VLAN 都包含一组有着相同需求的计算机工作站，与物理上形成的 LAN 有着相同的属性。但由于它是逻辑地而不是物理地划分，所以同一个 VLAN 内的各个工作站无需被放置在同一个物理空间里，即这些工作站不一定属于同一个物理 LAN 网段。一个 VLAN 内部的广播和单播流量都不会转发到其他 VLAN 中，从而有助于控制流量、减少设备投资、简化网络管理、提高网络的安全性。

VLAN 是为解决以太网的广播问题和安全性而提出的，它在以太网帧的基础上增加了 VLAN 头，用 VLAN ID 把用户划分为更小的工作组，限制不同 VLAN 之间的用户二层互访。

“VLAN 管理”提供对交换机 VLAN 信息的维护管理。VLAN 子树包含“VLAN 配置”、“缺省 VLAN”和“VLAN 显示”三个界面。“VLAN 配置”子页面用于创建一个新的 VLAN、删除一个已有的 VLAN 及对已有 VLAN 中的成员端口进行更改。“VLAN

图 4-124　VLAN 管理

显示”页面则分别以基于端口及基于 VLAN 的方式对现有交换机中已有的 VLAN 信息进行显示。“缺省 VLAN” 页面对每个端口的本地 VLAN（Native VLAN）信息进行设置。

VLAN 管理子树，如图 4-124 所示。

2. 术语

（1）Tagged/Untagged 帧：Tagged 帧是带有合法 802.1Q 帧头的以太网帧。Untagged 帧是不带有 802.1Q 帧头或者只带有 802.1P（优先级）标签信息的帧。这种只带有 802.1P（优先级）标签信息，其 VID 为 0 的帧也称为优先级标记帧（Priority-Tagged）。

（2）VLAN-aware/VLAN-unaware 设备：集线器称为 VLAN-unaware 设备。这种设备不能识别数据帧中包含的 VLAN Tag 信息，当它收到该类帧时，它将原封不动地向本设备的所有端口进行转发。交换机则称为 VLAN-aware 设备，它可以识别帧中包含的 VLAN 信息，并且只向本交换机上所有属于该 VLAN 的成员端口转发。PC 机发出的数据帧也不包含 VLAN Tag 信息，因此 PC 机也被认为是 VLAN-unaware 设备。

（3）交换机端口默认 VLAN（Native VLAN）：交换机不仅可以连接其他交换机等 VLAN-aware 设备，还也可以连接诸如 PC 机、集线器等 VLAN-unaware 设备。由于这种类型的设备转发的数据帧不包含 VLAN 信息，因此在数据帧由交换机端口进入本交换机时，必须为它增加相应的 VLAN Tag 信息，以便于交换机内部的进一步处理。交换机端口默认 VLAN（Native VLAN），在本文中也称为 PVLAN（Port_based VLAN）定义了唯一一个 VLAN ID——PVID，当一个 Untagged 帧从该端口进入到交换机后，该帧被增加相应的 802.1Q 标签头，其 VLAN ID 值等于该端口的 PVID。

（4）VLAN 号：交换机中所有的 VLAN 都用一个本地唯一的数字来标识，称为该 VLAN 对应的 VLAN 号。在交换机没有做任何配置之前，只存在一个唯一的 VLAN，其 VLAN 号为 1，默认情况下，所有交换机端口都属于该 VLAN。我们一般用 VLAN XX 来指定一个 VLAN，其中 XX 就是该 VLAN 对应的 VLAN 号。EPS6028E 可以配置的合法 VLAN ID 范围为 1～4094。VLAN 1 由于其特殊性，所以不允许删除。VLAN 号在一个 802.1Q 以太网帧中对应于 VLAN Tag 域中的 VLAN ID 位。

（5）缺省 VID：在一个端口上定义的 PVLAN 对应的 VLAN ID 就称为缺省 VID，即表格中 PVID 号，缺省 VID 用于填充 Untagged 帧的标签字段。

（6）成员端口：交换机上属于某个特定 VLAN 的端口就称为该 VLAN 的成员端口。

（7）Untagged 端口/Tagged 端口/不属于：交换机的物理端口与 VLAN 的关系有两种，即属于该 VLAN 或者不属于该 VLAN。当一个端口不属于某个 VLAN 时，它不会接收到来自于该 VLAN 中的任何数据。在 VLAN 配置子页面中，当选定一个端口为“不属于”时，则该端口不属于指定 VLAN。而当把某个端口划入到指定 VLAN 时，根据该端口连接设备的不同，该端口的工作模式也不同，分别是：Untagged 型端口和 Tagged 型端口。Untagged 型端口用于直接连接计算机、集线器等 VLAN-unaware 设备。这些设备发出的数据分组不包含 VLAN Tag 信息，当它们发出的数据帧由 Untagged 端口进入交换机时，交换机将根据该端口的缺省 VID 信息为其增加相应的标签信息，以便于数据的正常转发；而在由 Untagged 端口离开交换机之前，交换机将剥去数据帧头的 VLAN Tag 信息，然后把帧转发给相应的设备。由此可见 Untagged 端口类似于在其他文献中所述的 ACCESS 端口。Tagged 型端口则用于连接其他交换机等 VLAN-aware 设备，由于该端口用于连接其他交换机，因此出入该端口的数据帧包含 VLAN Tag 信息，以便于其他交换机能够知道该分组属于哪个特定 VLAN，并向该 VLAN 中的所有其他端口转发。因此当一个端口用于和另外一台交换机互连，并且要在其上传递来自不同 VLAN 的数据帧时，则该端口必须被定义为对应 VLAN 的 Tagged 端口，以保证 VLAN Tag 信息的完整性。一个划分在多个 VLAN 中的 Tagged 端口类似于在其他文献中描述的 TRUNK 端口。

3. VLAN 配置

在“VLAN 管理”下级子树中，点击“VLAN 配置”，出现交换机“VLAN 配置”页面，初始页面显示的是 VLAN 1 中成员端口的情况。点击“VLAN 号”右侧的输入框，输入 1～4094 的整数，然后点击“查看”按钮，用于对指定的 VLAN 进行查看：当所有的端口皆为“不属于”类型，则该 VLAN 不存在；而当部分端口为 Untagged 或者 Tagged 类型，则表明指定的 VLAN 存在，如图 4-125 所示。

在完成对指定 VLAN 的查看以后，可以通过对页面下半部分端口的类型选择来创建 VLAN 或者对 VLAN 中的成员进行更改，例如对于一个原先不存在的 VLAN，想把端口 fe3 作为 Untagged 成员加入，则点击 fe3 右侧的下拉框，选择“Untagged 型端口”，然后点击“提交”按钮使配置生效。同理，对于一个已存在的 VLAN，想要对其成员关系进行修改，则点击需要修改的成员端口右侧的下拉框，选择合适的模式（Untagged 型端口/Tagged 型端口/不属于），然后点击“提交”更改。

点击“VLAN 号”右侧的输入框，输入 1～4094 的整数，然后点击“删除”按钮，可以对指定的 VLAN 删除。如果该 VLAN ID 为 1 或者不存在，则删除失败，如果该 VLAN 存在且不为 1，则可以成功删除。“VLAN 配置”参数如表 4-10 所示。

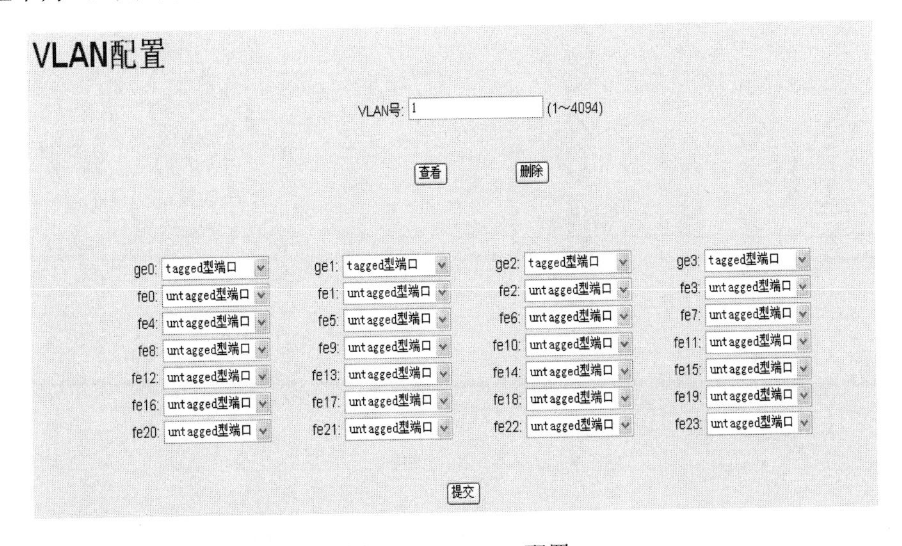

图 4-125 VLAN 配置

表 4-10　　　　VLAN　配　置

描述	参数	默认参数
VLAN 号	正整数，操作的目的 VLAN 号	1
ge0-ge3，fe0-fe3	记录该端口与指定 VLAN 的关系，不属于-表明该端口不在指定 VLAN 中；Untagged 型端口是指定 VLAN 的 Untagged 型成员端口；Tagged 型端口是指定 VLAN 的 Tagged 型成员端口	不属于

4. VLAN 显示

在“VLAN 管理”下级子树中，点击“VLAN 显示”，出现交换机“VLAN 显示”页面。VLAN 显示页面分上、下两部分显示 VLAN 相关的信息：上半部分是基于交换机端口的 VLAN 显示，下半部分是基于 VLAN 的显示。在基于端口的 VLAN 显示中，以每个端口为主体，显示了该端口目前所属的 VLAN 以及它在该 VLAN 中的类型（Untagged/Tagged）；而下半部分基于 VLAN 的显示，则是以当前交换机中已存在的每个 VLAN 为主体，显示其成员端口及其他信息。

5. 缺省 VLAN

在“VLAN 管理”出现的下级子树中，点击“缺省 VLAN”，出现交换机“缺省 VLAN 配置”页面；在进入“缺省 VLAN 配置”页面后，在每个交换机端口右侧的输入框显示的是该端口当前的缺省 VID；点击需要修改的端口右侧的输入框，输入相应的 VLAN ID，然后点击“提交”按钮，则可对该端口的缺省 VLAN 进行修改，如图 4-126 所示。

在“缺省 VLAN 配置”页面中，为端口指定的 PVID 必须是一个已存在的 VLAN，否则操作会不成功。“缺省 VLAN”参数如表 4-11 所示。

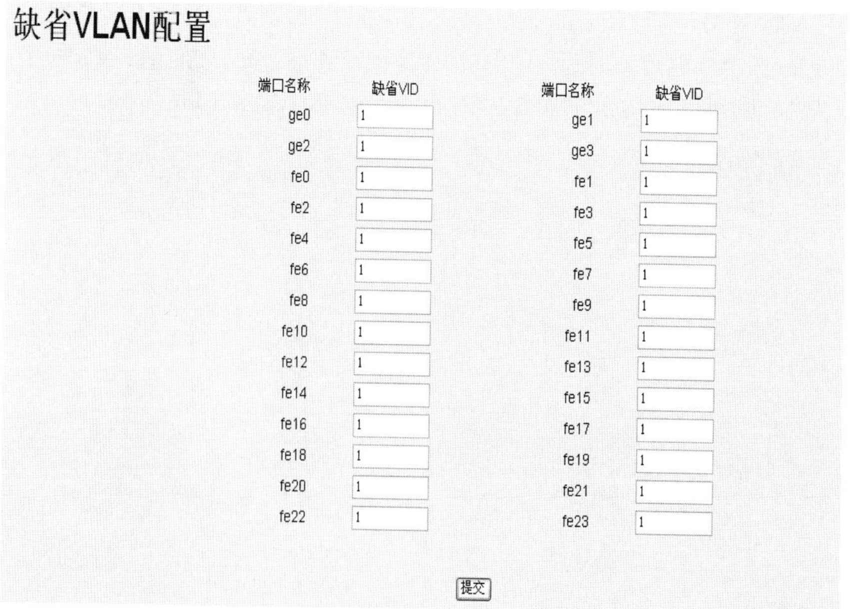

图 4-126　缺省 VLAN

表 4-11　　缺省 VLAN 参数

参数	描述	默认参数
正整数，1～4094	端口的 PVLAN ID 值，该 VLAN 必须是一个交换机中已存在的 VLAN	1

（四）端口镜像

1．端口镜像配置

在“系统诊断”下级子树中，点击“端口镜像”子树左侧的“+”展开该子树。点击“端口镜像配置”，出现交换机“端口镜像配置”页面，如图 4-127 所示。

点击“被镜像端口”文字栏右侧的下拉框，选择需要进行镜像的源端口。点击“监控端口”文字栏右侧的下拉框，选择进行镜像的目的端口。点击“镜像模式”文字栏右侧的下拉框，选择镜像的模式。点击“提交”按钮，提交更改。

在“被镜像端口”文字栏右侧的下拉框选中一个已被镜像的端口，然后在“镜像模式”中选择“禁用”再提交，可以取消对一个端口的镜像。“端口镜像配置”参数如表 4-12 所示。

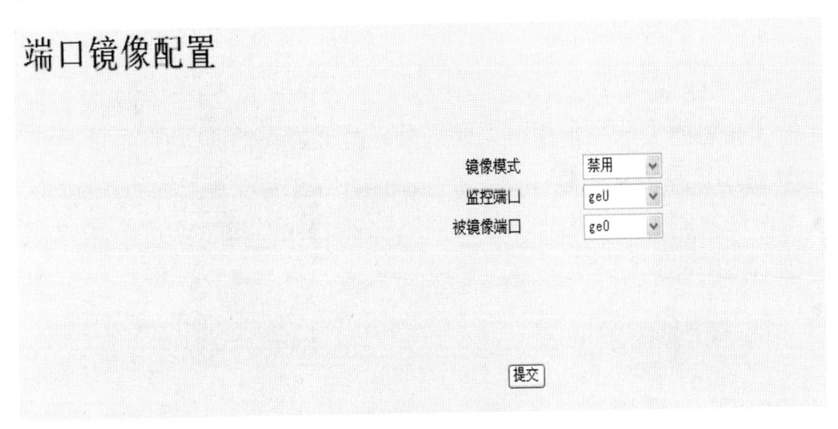

图 4-127　端口镜像配置

表 4-12　　端口镜像配置参数

描述	参数	默认参数
镜像模式	定义进行镜像的流量类型：禁用/入流量/出流量/双向	无
被镜像端口	定义进行镜像的源端口：ge0-ge3，fe0-fe23	无
监控端口	定义进行镜像的目的端口：ge0-ge3，fe0-fe23	无

2．镜像显示

在“系统诊断”出现的下级子树中，点击“端口镜像”子树左侧的“+”展开该子树。点击“镜像显示”，出现交换机“端口镜像显示”页面：该页面分行显示了当前所有已配置的镜像信息，镜像号栏显示了配置镜像的编号，镜像模式栏显示了镜像的模式，监控端口显示了镜像的目的端口，被镜像端口显示了镜像的源端口。

三、维护要点及注意事项

1. 组播地址异常

源地址为组播地址的设备通信异常：首字节为奇数的 MAC 地址为组播地址，组播地址为逻辑地址，网络上的任何设备的物理地址都不可以是组播地址，交换机在收到源地址为组播地址的数据包时做丢弃处理。

2. 交换机 ping 不通的排查方法

（1）物理层检查交换机电源、连接指示灯、网线连接，交换机是否存在环路。

（2）数据链路层检查交换机 MAC 地址表，是否存在相应 MAC 地址。如有些合并单元源地址为组播地址，地址表中不存在该合并单元的 MAC，无法进行通信，是否配置了 VLAN。

（3）网络层查看源 IP 和目的 IP 是否一个网段，IP 地址是否冲突，查看 ARP 表中目的 IP 的 MAC 是否存在，可以通过清除 ARP 表来重新学习。

（4）安全防护软件是否打开，如防火墙等。

第八节 运 维 实 例

以扩建竞赛 2018 间隔为运维实例，假设已存在的竞赛 2017 间隔设备和竞赛 2018 配置相同，扩建间隔的大部分工作可以通过复制的方式来实现。

一、SCD 组态扩建配置步骤

可以通过间隔复制功能快速完成扩建间隔配置，右击“220kV 竞赛 2017 线”选择“间隔复制”选项，如图 4-128 所示。

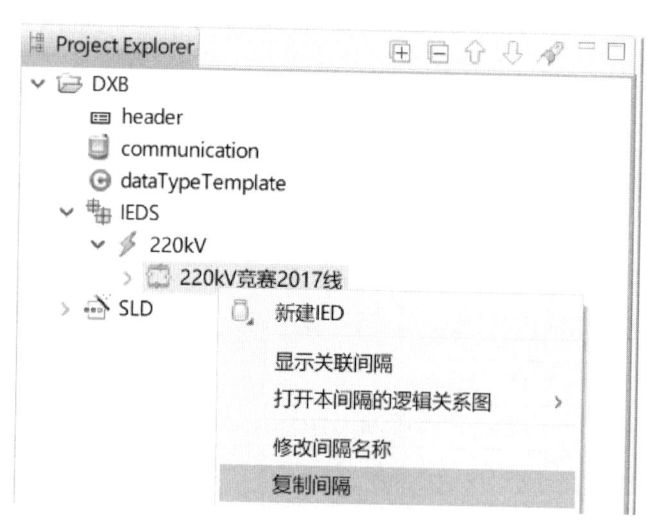

图 4-128 复制间隔

右击扩建间隔所在电压等级选择“粘贴间隔”，在弹出的窗口中完成“拷贝间隔个数”、“间隔名称”和“间隔编号”三个配置，如图 4-129 所示。

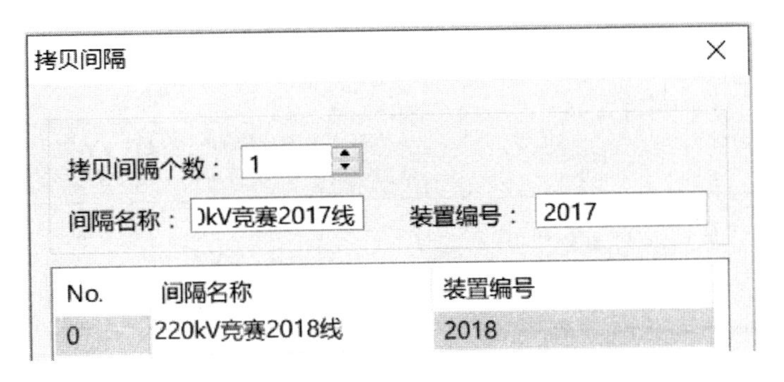

图 4-129　粘贴间隔

完成新间隔 IP 地址和 MAC 地址配置后，新老间隔除间隔名称、IED 名、IP 地址和 MAC 地址外配置完全一样，如图 4-130 所示。

DeviceEditor

子网：Subnetwork_Processbus

No.	V...e	iedName	a...e	Id...t	c...e	MAC-Address	A...D	VLAN...RITY	VL...ID	M...e	M...e
0	220kV	CL2017(220kV竞赛2017线测控)	G1	PIGO	g...1	10-0C-CD-01-00-01	1,1	4	000	2	5000
1	220kV	ML2017(220kV竞赛2017线合并单元)	G1	M...O	g...1	10-0C-CD-01-00-02	1,2	4	000	2	5000
2	220kV	IL2017(220kV竞赛2017线智能终端)	G1	RPIT	g...1	10-0C-CD-01-00-03	1,3	4	000	2	5000
3	220kV	IL2017(220kV竞赛2017线智能终端)	G1	RPIT	g...2	10-0C-CD-01-00-04	1,4	4	000	2	5000
4	220kV	CL2018(泰山2017线测控)	G1	PIGO	g...1	10-0C-CD-01-00-01	1,1	4	000	2	5000
5	220kV	ML2018(泰山2017线合并单元)	G1	M...O	g...1	10-0C-CD-01-00-02	1,2	4	000	2	5000
6	220kV	IL2018(泰山2017线智能终端)	G1	RPIT	g...1	10-0C-CD-01-00-03	1,3	4	000	2	5000
7	220kV	IL2018(泰山2017线智能终端)	G1	RPIT	g...2	10-0C-CD-01-00-04	1,4	4	000	2	5000

图 4-130　修改通信参数

以上步骤完成后扩建 SCD 文件制作完成，可以通过右击左上角“DXB”选择“导出 SCL 文件”将工程的 SCD 文件导出，选择“导出 ARP 装置配置文件”将装置的配置文件导出。

二、测控装置运维实例

（一）装置上电

一切检查正常后，打开装置电源，检查装置是否运行正常。装置正常运行时，电源指示灯长亮。LCD 液晶显示主菜单画面，主菜单画面上始终显示正确。

（二）装置调试

1. 配置生效

参照 SCD 配置，检查装置配置文件，如表 4-13 所示。将配置好的文件下装到测控装置中，断电重启即可。

表 4-13　　测控装置配置文件检查

序号	测试项目	要求及指标
1	SCD 文件配置检查	检查待调试装置和与待调试装置有虚回路连接的其他装置是否已根据 SCD 文件正确下装配置
2	虚端子连接检查	选择 SCD 查看工具检查本装置的虚端子连接与设计虚端子图是否一致，待调试装置相关的虚端子连接是否正确
3	GOOSE 配置检查	检查装置中下装的配置文件 GOOSE 接收发送配置与装置背板端口以及 SCD 文件中的虚端子对应关系是否一致

续表

序号	测试项目	要求及指标
4	SV 配置检查	检查装置中下装的配置文件 SV 接收发送配置与装置背板端口以及 SCD 文件中的虚端子对应关系是否一致

2. 遥信开入采集及 GOOSE 开入采集

检查现场开关量采集信号电源是 DC 110V 还是 DC 220V，GOOSE 插件硬件与软件程序是否匹配，测控装置所配板件是否齐全。如检查正常，打开装置电源和采集信号电源。

在计算机监控系统和测控装置上检查开关量信号状态是否正确、SOE 事件是否正确。测控装置菜单“信息查看”中的“遥信信息”可显示本装置所有开入状态（遥信开入及 GOOSE 开入）；测控装置菜单“包裹显示”中的“SOE 报告”每屏显示 6 个 SOE 记录，最新发送的在最前面，可按时间和发送顺序进行检索。

3. 直流模拟量信号采集

检查现场智能终端直流模拟量采集信号是直流 4～20mA 还是直流 0～5V。在计算机监控系统和测控装置上检查直流模拟量采集是否正确。测控装置菜单“信息查看”中的“直流信息”可显示本装置接收智能终端所有模拟量。

4. 交流模拟量信号采集

检查现场 TA 是 1A 还是 5A，测控装置 SV 插件硬件与软件配置是否一致。合并单元已调试完毕后，从 MU 上加上标准源进行精度调整。在测控装置“参数整定”中“遥测参数”中整定电压一次、二次 TV 变比，电流一次、二次 TA 变比。在计算机监控系统和测控装置上检查交流模拟量采集是否正确。测控装置菜单“信息查看”中的“遥测信息”可显示本装置所有模拟量。

5. 同期功能调试

装置能够对断路器进行同期合闸，并且在操作记录中能够记录遥控选择、控制执行命令。将装置同期定值按表 4-14 设定。

表 4-14　测控同期参数

序号	同期参数	初始值
0	U_{e1}（0.01V）	57.74
1	U_{e2}（0.01V）	57.74
2	U_{wy}（%）	17.32
3	U_{yy}（%）	34.64
4	D_f/D_t（0.01Hz/s）	50
5	D_f（0.01Hz）	0.3
6	D_U（0.01%×U_{e1}）	5.77
7	θ_s（0.01°）	30.00
8	导前时间 T_{dq}（1ms）	200

续表

序号	同期参数	初始值
9	相角补偿使能	0
10	相角补偿时钟数	0
11	自动合闸方式	同期
12	同期捕捉时间 T_{tq}（s）	3000

（1）电压幅值异常闭锁：

当装置输入 U_a 或 U_{sa} 相对于额定值的百分数小于 U_{yy} 或大于额定值的 120%时，装置应闭锁合闸，并发出电压太小或太大事件。测试方法如下：

1）将 U_a 输入 40V、50Hz，U_{sa} 输入 36V、50Hz，U_a 和 U_{sa} 相角差为 0°，进行同期合闸，装置应合闸成功。

2）将 U_a 输入 40V、50Hz，U_{sa} 输入 33V、50Hz，U_a 和 U_{sa} 相角差为 0°，进行同期合闸，装置应合闸失败。

3）将 U_{sa} 输入 65V、50Hz，U_a 输入 68V、50Hz，U_a 和 U_{sa} 相角差为 0°，进行同期合闸，装置应合闸成功。

4）将 U_{sa} 输入 65V、50Hz，U_a 输入 70V、50Hz，U_a 和 U_{sa} 相角差为 0°，进行同期合闸，装置应合闸失败。

（2）压差闭锁：

当装置输入 U_a 和 U_{sa} 的幅值差的百分数大于压差闭锁定值 ΔU 时，装置应闭锁合闸，并发出压差异常事件。测试方法如下：

1）将 U_a 输入 57.74V、50Hz，U_{sa} 输入 53V、50Hz，U_a 和 U_{sa} 相角差为 0°，进行同期合闸，装置应合闸成功。

2）将 U_a 输入 57.74V、50Hz，U_{sa} 输入 51V、50Hz，U_a 和 U_{sa} 相角差为 0°，进行同期合闸，装置应合闸失败。

（3）相角差闭锁：当装置输入 U_a 和 U_{sa} 的相角差大于相角差闭锁定值 θ_s 时，装置应闭锁合闸，并发出压差异常事件。测试方法如下：

1）将 U_a 输入 57.74V、50Hz，U_{sa} 输入 57.74V、50Hz，U_a 和 U_{sa} 相角差为 29°，进行同期合闸，装置应合闸成功。

2）将 U_a 输入 57.74V、50Hz，U_{sa} 输入 57.74V、50Hz，U_a 和 U_{sa} 相角差为 31°，进行同期合闸，装置应合闸失败。

（4）频差闭锁：当装置输入 U_a 和 U_{sa} 的频率差大于频差闭锁定值 Δf 时，装置应闭锁合闸，并发出频差异常事件。测试方法如下：

1）将 U_a 输入 57.74V、50Hz，U_{sa} 输入 57.74V、49.72Hz，进行同期合闸，装置应合闸成功。

2）将 U_a 输入 57.74V、50Hz，U_{sa} 输入 57.74V、49.69Hz，进行同期合闸，装置应合闸失败。

（5）相角补偿功能：装置具有相角补偿功能，当装置输入的电压 U_a 和 U_{sa} 不是同名电压，存在固有相角时，可以使用。当相角补偿允许定值 BCYX（补偿使能遥信）置为任意非零的值时，允许角度补偿，补偿的角度由相角补偿钟点数定值 Clock 设定。角度补偿钟点数 Clock 是这样确定的：当断路器合上后，此时断路器两侧输入电压向量角度即是需要补偿的角度。以 U_a 电压向量为时钟的长针，其指向十二点；以 U_{sa} 电压向量为时钟的短针，其指向时钟几点，则设置该定值为几。装置根据输入的钟点数，即能进行同期相角补偿。例如 U_a 输入为 A 相电压，U_{sa} 输入为 AB 线电压，则应设定 Clock 为 11，装置将自动将电压向量 U_{sa} 顺时针补偿 30°。测试方法：将定值 BCYX 设为 1，Clock 设为 11，U_{se} 设为 100V，其他定值同表 4-10。试验项目如下：

1）U_a 输入 57.74V、50Hz、0°，U_{sa} 输入 100V、50Hz、59°，进行同期合闸，装置应合闸成功。

2）U_a 输入 57.74V、50Hz、0°，U_{sa} 输入 100V、50Hz、61°，进行同期合闸，装置应合闸失败。

（6）遥控合闸方式判断：定值“遥控合闸方式”可根据现场运行需要整定为自动合闸方式、检无压方式、检同期方式及强合方式，分别进行各项设置，对遥控合闸进行测试。

6. 装置闭锁逻辑

解锁：该信号为“1”时装置出口不经过五防逻辑判断，为“0”时表示联锁状态。

监控/间隔五防：为“0”时表示间隔层五防，为“1”时表示监控五防。

当五防把手位置在间隔层五防时，装置自动判断所有五防规则，条件满足时下发联锁命令给智能终端或闭合防误接点，否则下发解锁命令打开防误接点。

当五防把手在位置在解锁位置时，所有防误联闭锁命令或解锁接点均处于解锁状态。

⚠**注意**：解锁、监控五防、间隔五防把手对应的钥匙只有在间隔五防状态下才能取出钥匙（运行规范要求）。

7. 对时功能调试

（1）对时误差测试。将标准时钟源给合并单元授时，待 30s 内合并单元对时稳定。用时间测试仪以每秒测量 1 次的频率测量合并单元和标准时钟源各自输出的 1PPS 信号有效沿之间的时间差的绝对值 Δf，连续测量 1min，这段时间内测得的 Δf 的最大值即为最终测试结果，要求误差不超过 1μs。

（2）守时误差测试。将标准时钟源给合并单元授时，待合并单元输出的 1PPS 信号与标准时钟源的 1PPS 的有效沿之间的时间差稳定在同步误差阀值之后，撤销标准时钟源。从撤销授时的时刻开始计时 10min 后，测量合并单元输出的 1PPS 信号与标准时钟源的 1PPS 的有效沿时间差，要求误差不超过 4μs。

（3）对时异常测试。使标准时钟源给合并单元先输出异常对时信号，检测合并单元是否发出报警信号。然后输出正常对时信号。检测是否发出恢复信号。要求合并单元能不受对时异常干扰并按正确的采样周期发送报文。

三、合并单元装置运维实例

（一）装置上电

一切检查正常后，打开装置电源，检查装置是否运行正常。装置正常运行时，电源指示灯长亮。LCD 液晶显示主菜单画面，主菜单画面上始终显示正确。

（二）装置调试

1. 配置生效

参照 SCD 配置，检查装置配置文件，如表 4-15 所示。将配置好的文件下装到测控装置中，断电重启即可。

表 4-15　　合并单元装置配置文件检查

序号	测试项目	要求及指标
1	SCD 文件配置检查	检查待调试装置和与待调试装置有虚回路连接的其他装置是否已根据 SCD 文件正确下装配置
2	虚端子连接检查	选择 SCD 查看工具检查本装置的虚端子连接与设计虚端子图是否一致，待调试装置相关的虚端子连接是否正确
3	GOOSE 配置检查	检查装置中下装的配置文件 GOOSE 接收发送配置与装置背板端口以及 SCD 文件中的虚端子对应关系是否一致
4	SV 配置检查	检查装置中下装的配置文件 SV 接收发送配置与装置背板端口以及 SCD 文件中的虚端子对应关系是否一致

2. 遥信开入采集及 GOOSE 开入采集调试

检查现场开关量采集信号电源是 DC 110V 还是 DC 220V，GOOSE 插件硬件与软件程序是否匹配，测控装置所配板件是否齐全。如检查正常，打开装置电源和采集信号电源。

在计算机监控系统和测控装置上检查开关量信号状态是否正确、SOE 事件是否正确。测控装置菜单“信息查看”中的“遥信信息”可显示本装置所有开入状态（遥信开入及 GOOSE 开入）；测控装置菜单“包裹显示”中的“SOE 报告”每屏显示 6 个 SOE 记录，最新发送的在最前面，可按时间和发送顺序进行检索。

3. 模拟量信号采集和调试

检查 TA 是 1A 还是 5A，装置 SV 插件硬件与软件配置是否一致。在合并单元“参数整定”中“遥测参数”中整定电压一次、二次 TV 变比，电流一次、二次 TA 变比，合并单元上加上标准源进行精度调整，核对本间隔电流电压值。完成过程层网络搭建后，在测控装置上检查交流模拟量采集是否正确。测控装置菜单“信息查看”中的“遥测信息”可显示本装置所有模拟量。

4. SV 报文调试

（1）报文抖动测试。用合并单元测试仪记录接收到的合并单元每包采样值报文的时刻，并计算出连续两包之间的间隔时间 T。T 与额定采样间隔之间的差值应小于 10μs。

（2）电压通道延时测试。用常规继电保护测试仪给待测合并单元加电压量，将合并单元输出与继电保护测试仪输出接至合并单元测试仪，计算合并单元电压通道的实际延时，要求不超过 2ms。当线路合并单元与母线电压合并单元级联时，应注意级联延时参数的设置。

（3）电流通道延时测试。用常规继电保护测试仪给待测合并单元加电流量，将合并单元输出与继电保护测试仪输出接至合并单元测试仪，计算合并单元电流通道的实际延时，要求不超过2ms。

5. 检修及装置告警机制调试

检修压板闭锁功能检查：将合并单元检修压板投入，检查合并单元输出的SV报文中的“TEST”值应为1，此时保护装置中与此采样值相关的保护功能应闭锁。再将合并单元检修压板退出，检查合并单元输出的SV报文中的“TEST”值应为0，此时保护应能正常动作。

6. 对时功能调试

（1）对时误差测试。将标准时钟源给合并单元授时，待30s内合并单元对时稳定。用时间测试仪以每秒测量1次的频率测量合并单元和标准时钟源各自输出的1PPS信号有效沿之间的时间差的绝对值Δf，连续测量1min，这段时间内测得的Δf的最大值即为最终测试结果，要求误差不超过1μs。

（2）守时误差测试。将标准时钟源给合并单元授时，待合并单元输出的1PPS信号与标准时钟源的1PPS的有效沿时间差稳定在同步误差阀值之后，撤销标准时钟源。从撤销授时的时刻开始计时10min后，测量合并单元输出的1PPS信号与标准时钟源的1PPS的有效沿时间差，要求误差不超过4μs。

（3）对时异常测试。使标准时钟源给合并单元先输出异常对时信号，检测合并单元是否发出报警信号。然后输出正常对时信号。检测是否发出恢复信号。要求合并单元能不受对时异常干扰并按正确的采样周期发送报文。

四、智能终端装置运维实例

（一）装置上电

一切检查正常后，打开装置电源，检查装置是否运行正常。装置正常运行时，电源指示灯长亮。LCD液晶显示主菜单画面，主菜单画面上始终显示正确。

（二）装置调试

1. 配置生效

参照SCD配置，检查装置配置文件，如表4-16所示。将配置好的文件下装到测控装置中，断电重启即可。

表4-16　智能终端装置配置文件检查

序号	测试项目	要求及指标
1	SCD文件配置检查	检查待调试装置和与待调试装置有虚回路连接的其他装置是否已根据SCD文件正确下装配置
2	虚端子连接检查	选择SCD查看工具检查本装置的虚端子连接与设计虚端子图是否一致，待调试装置相关的虚端子连接是否正确
3	GOOSE配置检查	检查装置中下装的配置文件GOOSE接收发送配置与装置背板端口以及SCD文件中的虚端子对应关系是否一致

2. 开入回路检查

根据《NSR-385BG 断路器智能终端技术使用说明书-V1.21》中实遥信对应端子，分别对各实遥信加遥信直流电压。

通过 ARPTools 软件的虚拟液晶，检查所有开入信号是否可以正常变位，正面面板相应的提示灯可以正常显示。

3. GOOSE 开入检查

（1）输出接点检查。根据智能终端的配置文件对数字化继电保护测试仪进行配置，将测试仪的输出连接到智能终端的直跳口或网口。启动测试仪，模拟某一 GOOSE 变量动作，检查该 GOOSE 变量所对应的输出接点是否闭合；模拟该 GOOSE 变量复归，检查该接点是否复归。用上述方法依次检查智能终端所有 GOOSE 输入与硬接点输出的对应关系。

（2）开入传动检查。用光数字测试仪从智能终端组网口分别模拟保护跳闸、测控分合断路器、测控分合隔离开关，检查相应设备动作是否正确、智能终端上的指令指示灯是否正确。

（3）动作时间测试。通过数字化继电保护测试仪对智能终端发跳合闸 GOOSE 报文，作为动作延时测试的起点；智能终端收到报文后发跳合闸命令送至测试仪，作为动作延时测试的终点。从测试仪发出跳合闸 GOOSE 报文，到测试仪接收到智能终端发出的跳合闸命令的时间差，即为智能终端的动作时间，要求动作时间不大于 7ms。

4. 直流模拟量信号采集

检查现场直流模拟量采集信号是直流 4～20mA 还是直流 0～5V。在智能终端上检查直流模拟量采集是否正确。智能终端菜单“信息查看”中的“直流信息”可显示本装置接收的所有直流量。

5. 检修机制调试

检修压板闭锁功能检查：将合并单元检修压板投入，检查智能终端输出的 GOOSE 报文中的“TEST”值应为 1，此时保护装置中与此采样值相关的保护功能应闭锁。再将智能终端检修压板退出，检查智能终端输出的 GOOSE 报文中的“TEST”值应为 0，此时保护应能正常动作。

6. 对时功能调试

（1）对时误差测试。将标准时钟源给合并单元授时，待 30s 内合并单元对时稳定。用时间测试仪以每秒测量 1 次的频率测量合并单元和标准时钟源各自输出的 1PPS 信号有效沿之间的时间差的绝对值 Δf，连续测量 1min，这段时间内测得的 Δf 的最大值即为最终测试结果，要求误差不超过 1μs。

（2）守时误差测试。将标准时钟源给合并单元授时，待合并单元输出的 1PPS 信号与标准时钟源的 1PPS 的有效沿时间差稳定在同步误差阈值之后，撤销标准时钟源。从撤销授时的时刻开始计时 10min 后，测量合并单元输出的 1PPS 信号与标准时钟源的 1PPS 的有效沿时间差，要求误差不超过 4μs。

（3）对时异常测试。使标准时钟源给合并单元先输出异常对时信号，检测合并单元是否发出报警信号。然后输出正常对时信号。检测是否发出恢复信号。要求合并单元能不受对时异常干扰并按正确的采样周期发送报文。

五、交换机运维实例

竞赛2018线VLAN划分：根据设计文件确定交换机0～7和13端口的VLAN ID设为1，8～12和15端口的VLAN ID设为9，16～21和14端口的VLAN ID设为3。0～7和13端口的PVID设为1，8～12和15端口的PVID设为9，16～21和14端口的PVID设为3，以此为例制作表格，如图4-131所示。按照制作好的表格，根据第五节的内容，在VLAN管理的子菜单下对“VLAN配置”和“缺省VLAN”两个选项卡进行配置，完成后保存即可。

220kV培训2017线交换机					
端口序号		接入对象设备	PVID	VID	线缆类型
0	FE0	插到装置前面板调试口（移动的网线，抓报文时需要更换口）	1	1	RJ45
1	FE1	远动LAN1--对下采集	1	1	RJ45
2	FE2		1	1	
3	FE3	测控ETH2	1	1	RJ45
4	FE4		1	1	
5	FE5	服务器集成网卡下网口	1	1	RJ45
6	FE6		1	1	
7	FE7	调试机器调试网卡--机器上网口	1	1	RJ45
8	FE8		9	9	
9	FE9	调试机器远动网卡--机器下网口	9	9	RJ45
10	FE10		9	9	
11	FE11	远动LAN3--对上104通信	9	9	RJ45
12	FE12		9	9	
13	FE13	镜像了交换机FE3	1	1	RJ45
14	FE14	镜像了交换机FE17	3	3	RJ45
15	FE15	镜像了交换机FE11	9	9	RJ45
16	FE16		3	3	
17	FE17	测控4号板FX1	3	3	LC
18	FE18		3	3	
19	FE19	合并单元8号板FX1	3	3	LC
20	FE20		3	3	
21	FE21	智能终端5号板FX1	3	3	LC
本机IP		10.144.66.106	设置端	fe21	

图4-131　VLAN划分表

六、监控系统扩建间隔配置

（一）SCD扩建配置

扩建间隔的SCD解析参考新建站。

（二）数据库组态扩建配置

（1）参照第一节的数据库配置过程完成扩建间隔的数据库配置。由于遥信名的实例化在做SCD时已完成，且遥测一次值由测控直接上送到后台，所以我们只需要完成扩建间隔的遥控配置。

（2）断路器刀闸的调度编号设置。在开关和刀闸表的“调度编号”域，输入该断路器刀闸的调度编号，如图 4-132 所示。在数据库组态→系统表中将“遥控使用设备编号”置为“√”。这样在实际遥控操作中要输入正确调度编号方可操作。

数据库组态工具 - 1072:开关表(DeviceBreaker)

文件(F)　编辑(E)　视图(V)　工具(T)　帮助(H)

厂站: 所有厂站　设备组: 所有设备组　电压等级: 所有电压等级　设备类型: 所有设备类型　设备: 所有设备

表格树窗口

变电站
- 字典类
- 系统类
- 一次设备类
  - 1070:设备组表
  - 1071:虚设备表
  - 1072:开关表

	开关名索引号	开关名	调度编号	显示顺序
1	0	竞赛2017线测控断路器自动合	2017	0
2	1	竞赛2017线测控断路器试验合		0
3	2	竞赛2017线测控断路器有压合		0
4	3	竞赛2017线测控断路器无压合		0
5	4	竞赛2017线测控断路器合环合		0

1

图 4-132　开关表

（三）监控画面扩建配置

打开 2017 线间隔的分画面。选择“文件”菜单下的“本地另存为”选项，将该分图另存为“2018 线接线图”。

在“2018 线接线图”中按“Ctrl+A”键将画面内容全部选中，点击框 1 所示“批量前景替换”按钮，在弹出的窗口下拉选择需要替换的间隔，替换完成后画面断路器、刀闸、遥测、压板和把手关联自动完成，再将间隔名称和断路器编号等描述手动进行修改，如图 4-133 所示。

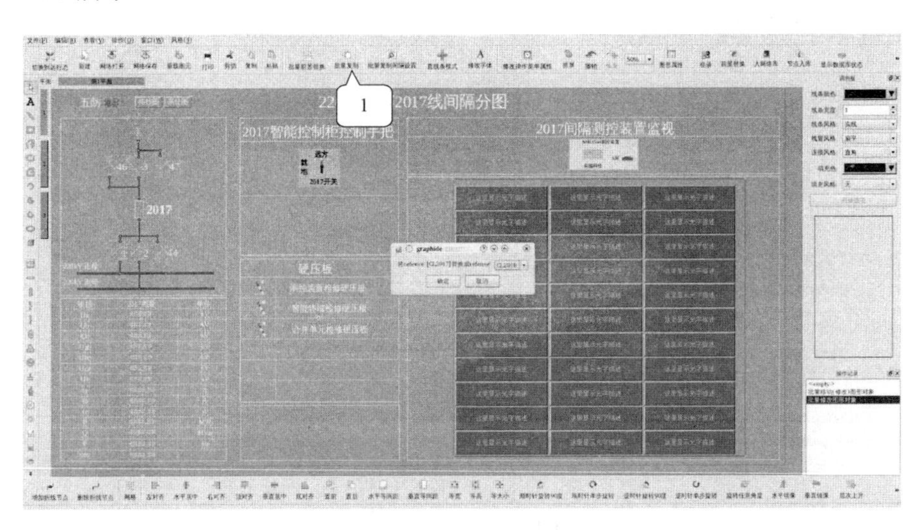

图 4-133　分画面编辑

双击框 1 所示“通信状态”图元。在弹出的窗口依次选择框 2、3 所示按钮，在框 4 所示“graphid”窗口中选择本间隔需要 MMS 通信的 IED 设备，完成 MMS 通信状态的关联，如图 4-134 所示。

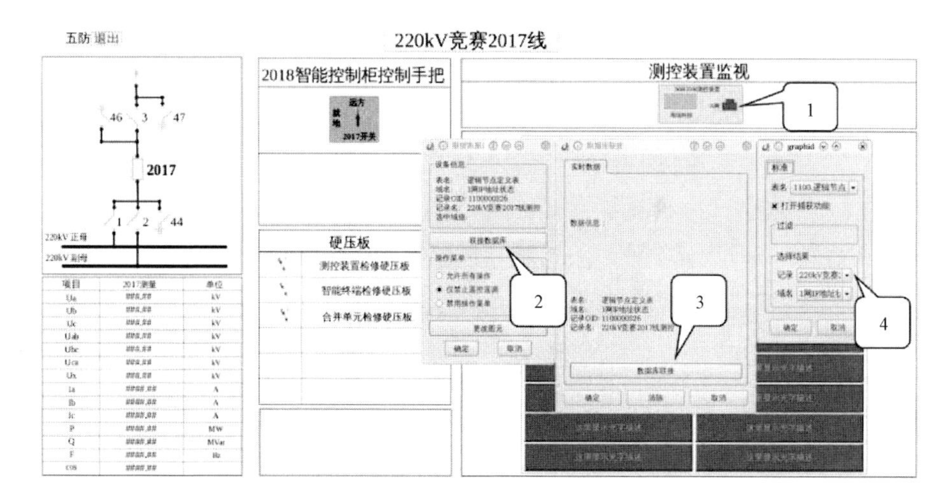

图 4-134 画面关联

双击分画面光字牌图元，在“过滤字符串”中填写扩建间隔光字牌信号的间隔前缀，点击“选择测点定义”按钮，会弹出光字牌编辑窗口“graphide”，窗口左侧为数据库遥信表中的信号，右侧“已选测点”为待光字牌显示的信号。在左侧遥信表中找到需要上光字牌的信号双击，该信号就会出现在右侧“已选测点”中，画面上就会出现此光字且内容就是该遥信的遥信名，通过框 1 中的工具可以删除和调整光字牌内容，如图 4-135 所示。

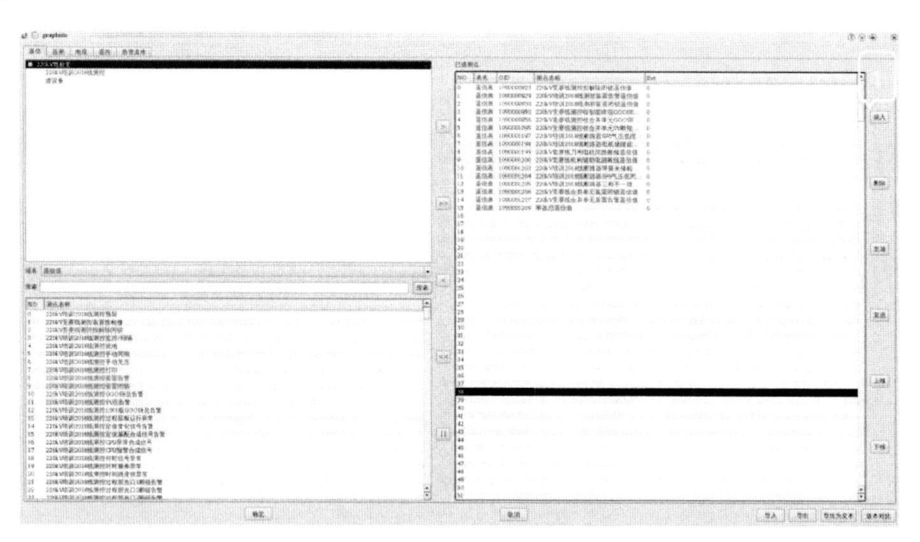

图 4-135 编辑光字牌

将已完成的分画面“网络保存”，填写文件名称和文件别名后选择“确认”，完成间隔分画面的制作。打开主画面进入编辑状态，选中 2017 线一次接线、遥测部分，点击框 1 所示“批量复制间隔设置”，在弹出的窗口将 Y 轴偏移设置为 0，根据实际将 X 轴偏移设置为 300 后复制，调整复制内容的位置。点击框 2 所示“批量复制”，在弹出的窗口下拉选择新间隔测控的IEDName，完成扩建间隔的断路器、刀闸和遥测关联，如图4-136所示。修改主画面上的间隔名称。网络保存主画面后完成扩建间隔的画面制作。

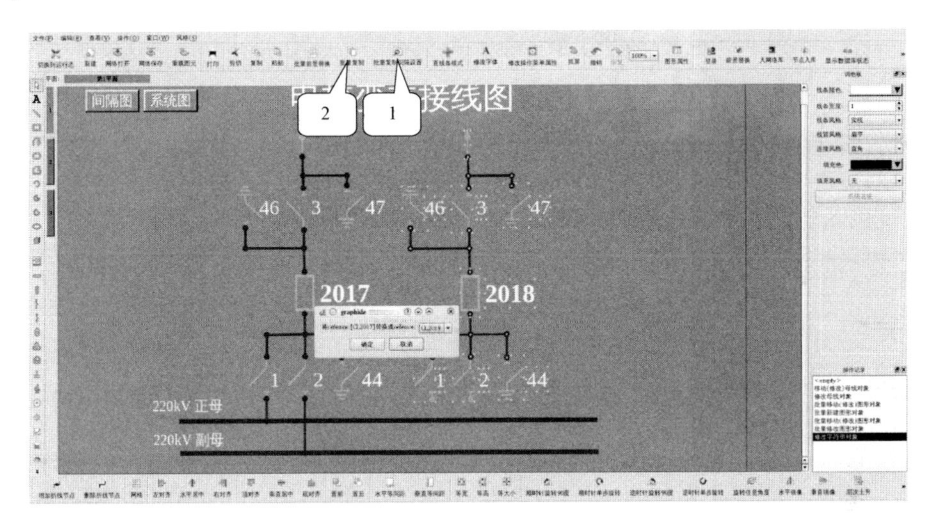

图4-136　主画面编辑

（四）扩建间隔五防逻辑配置

假设竞赛2017间隔的闭锁逻辑已编辑完成并通过校验，单击菜单栏的“导入/导出”→“导出”→“导出61850规则格式文本”，将已编辑的规则导出为“wfRule61850.txt”的文本，把它保存在“/home/nari/ns4000/config/”下，如图4-137所示。

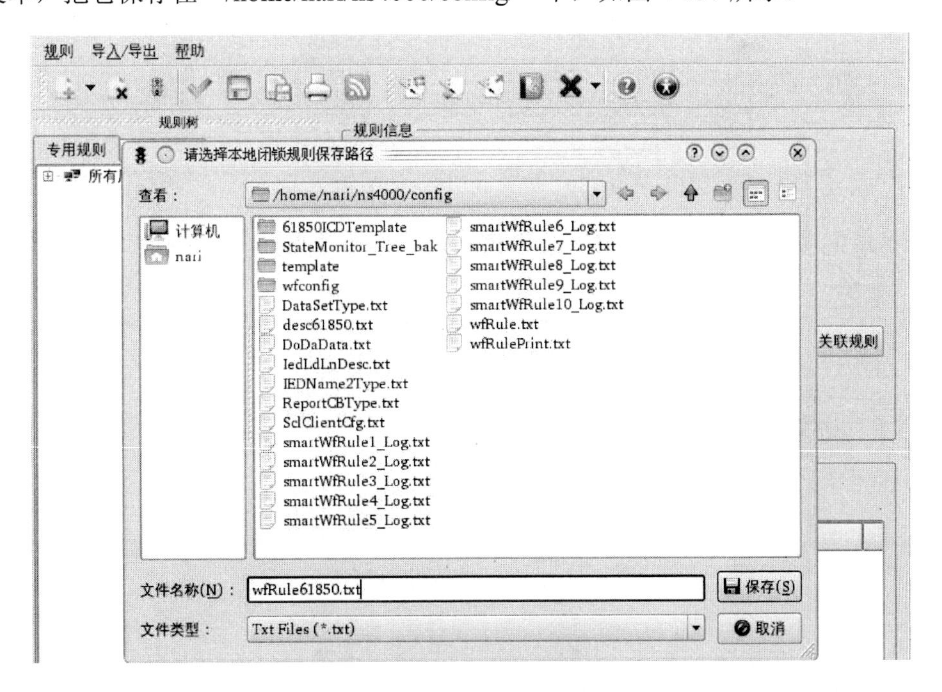

图4-137　导出61850规则格式文本

打开“wfRule61850.txt”文本，可以看到文本形式所有闭锁逻辑，将描述和 IEDName 替换为相同类型尚未编写闭锁逻辑间隔的描述和 IEDName 后保存，如图 4-138 所示。

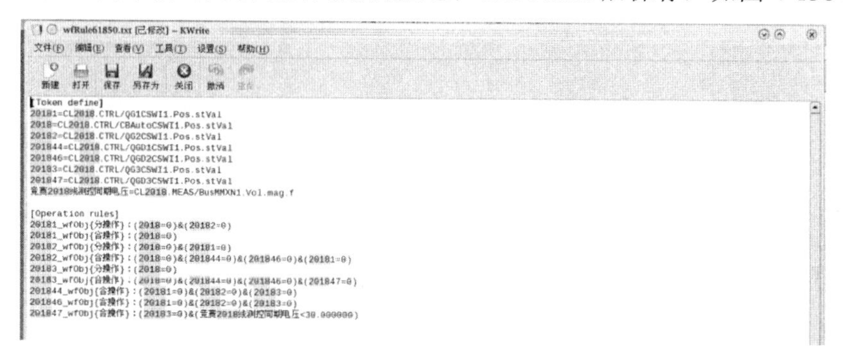

图 4-138　wfRule61850

点击框 1 所示“导入 IEC 61850 规则文本”按钮，选择之前编辑的“wfRule61850.txt”文本，如图 4-139 所示。

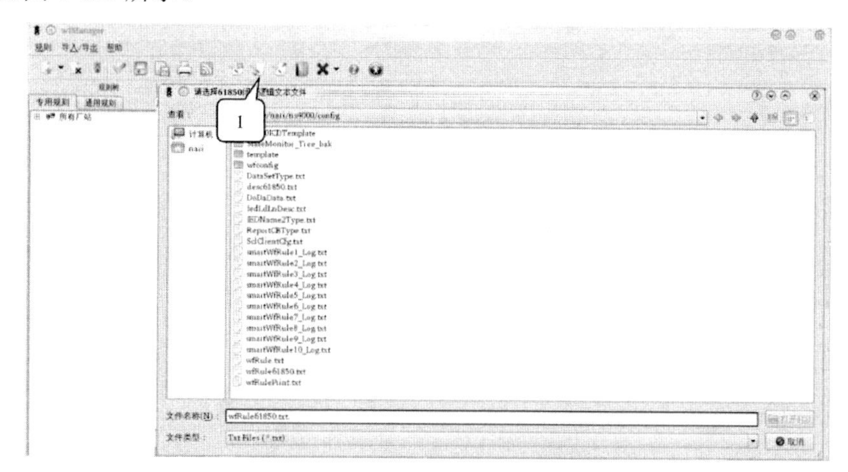

图 4-139　导入 IEC 61850 规则文本

提示是否保留原有规则时选择“是”，提示是否保留至数据库时选择“是”，如图 4-140 所示。

图 4-140　导入 IEC 61850 规则文本

完成闭锁逻辑间隔复制后保存，就可以导出相应的五防逻辑文件了，如图 4-141 所示。

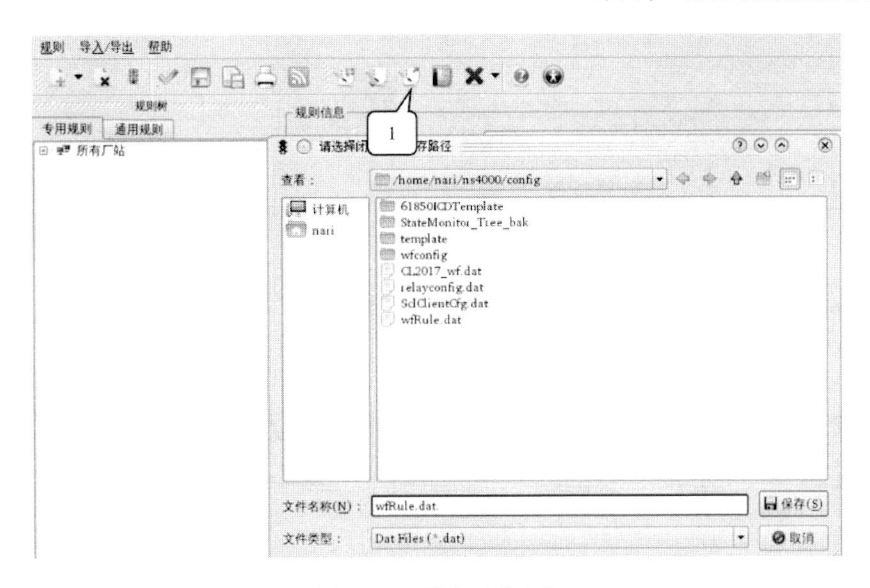

图 4-141　导出五防文件

七、网关机扩建间隔配置

转发表扩建配置：数据通信网关机桌面打开终端在“bin”目录下执行“frcfg”回车打开前置配置程序，参考新建站前置配置过程完成扩建间隔的三遥转发，如图 4-142 所示。

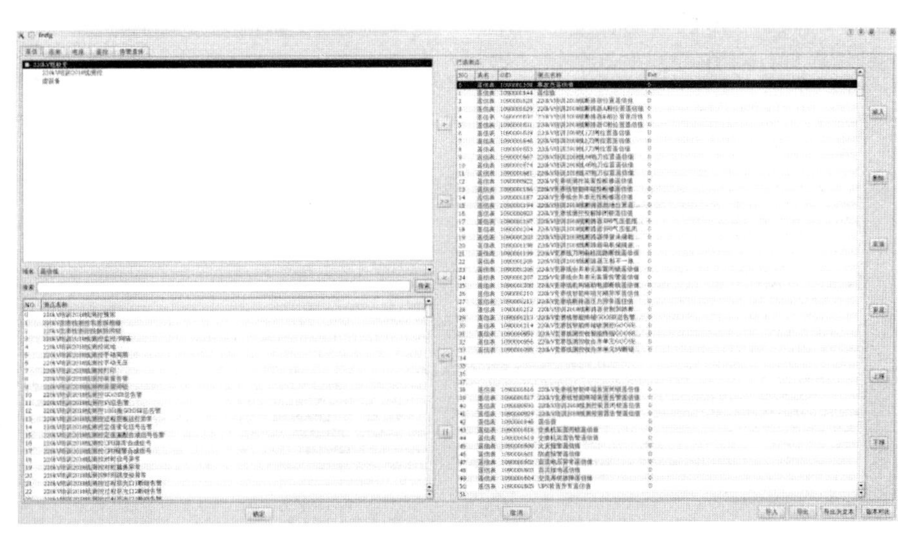

图 4-142　扩建间隔配置转发表

第五章

IEC 61850 规约报文解析

IEC 61850 是新一代的变电站自动化系统的国际标准，它规范了数据的命名、数据定义、设备行为、设备的自描述特征和通用配置语言。同传统的 IEC 60870-5-103 标准相比，它不仅仅是一个单纯的通信规约，而是数字化变电站自动化系统的标准，它指导了变电站自动化的设计、开发、工程、维护等各个领域。该标准通过对变电站自动化系统中的对象统一建模，采用面向对象技术和独立于网络结构的抽象通信服务接口，增强了设备之间的互操作性，可以在不同厂家的设备之间实现无缝连接。采用 IEC 61850 标准可以大大提高变电站自动化技术水平、提高变电站自动化安全稳定运行水平，节约开发验收维护的人力物力，实现完全的互操作。本章节结合实际工程案例介绍了 IED 信息模型及 IEC 61850 MMS、GOOSE 及 SV 报文。

第一节　IED 信息模型

一、IED 分层信息模型

IEC 61850 标准中 IED 的信息模型为分层结构化类模型。信息模型的每一层都定义为抽象的类，并封装了相应的属性和服务，属性描述了这个类的所有实例的外部可视特征，而服务提供了访问（操作）类属性的方法。

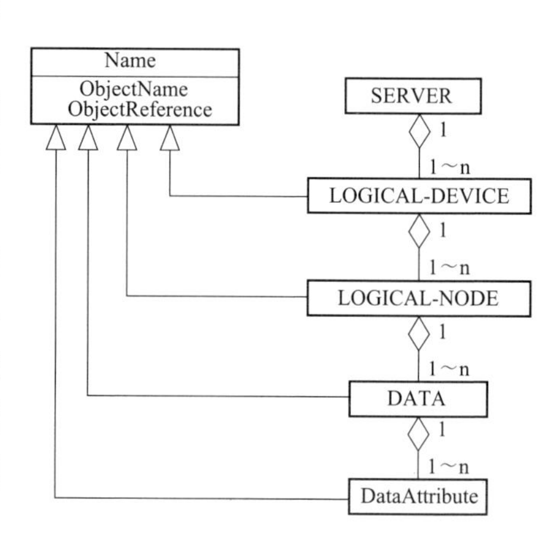

图 5-1　IED 的分层信息模型

IEC 61850 标准中 IED 的分层信息模型自上而下分为四个层级，如图 5-1 所示：SERVER（服务器）、Logical Device（逻辑设备）、Logical Node（逻辑节点）、DATA（数据）和 Data Attribute（数据属性），上一层级的类模型由若干个下一层级的类模型“聚合”而成，DO 类由若干 DA（数据属性）组成。IEC 61850-7.2 明确规定了这个四层级的类模型所封装的属性和服务。Logical Device、Logical Node、DATA 和 Data Attribute 均从 Name 类继承了 ObjectName（对象名）和 ObjectReference（对象引用）属性。在特定作用域内，对象名是唯一的；将分层信息模型中的对象名串接起来所构成的整个路径名即为对象引用。作用域内唯一的对象名和层次化的对象引用是 IEC 61850 标准实现设备自我描述的关键技术之一。

IEC 61850 标准对变电站自动化系统使用了统一的变电站配置语言 SCL（Substation Configuration Description Language），对其数据和结构进行了严格的标准化描述，SCL 文件层次结构如图 5-2 所示。

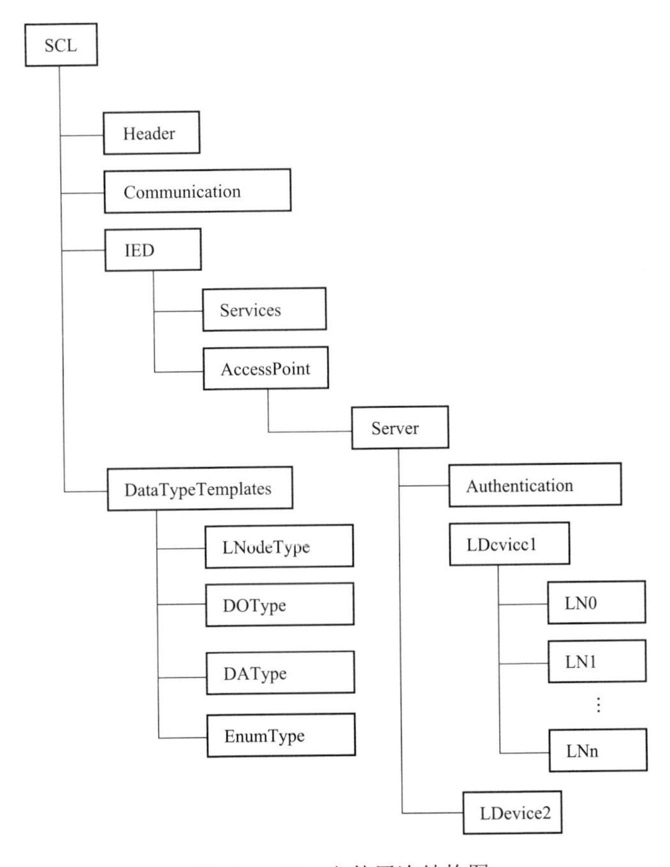

图 5-2　SCL 文件层次结构图

二、IED 信息模型实例

（一）遥测信号

IED 信息模型遥测信号示例如图 5-3 所示，A 相测量电压一次值，MMS 引用路径为 CL2017/MEAS/MMXU1$phsA$cValmagf。

CL2017：IEDName。

MEAS：LDName，MEAS 表示测量 LD。

MMXU1：逻辑节点类 LNClass+序号 Inst，MMXU 表示测量数据。

phsA：DOName，表示 A 相电压。

mag$f：DAName 表示 A 相电压幅值。

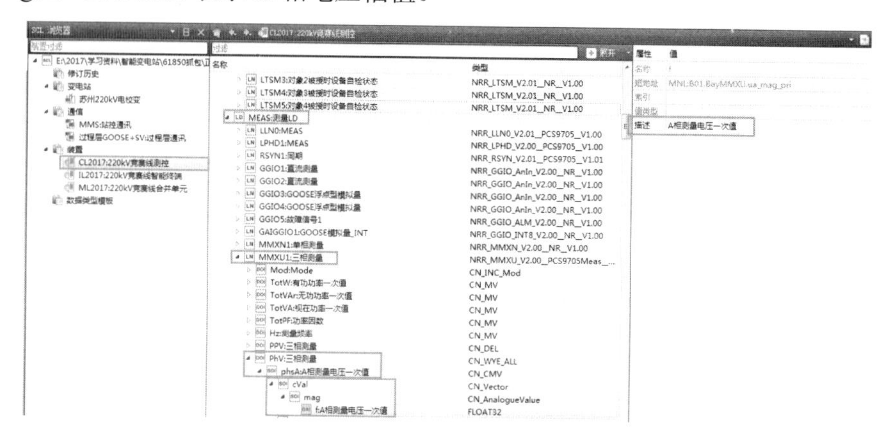

图 5-3　IED 信息模型遥测信号示例

数据集定义 DataSet 的内容如图 5-4 所示。

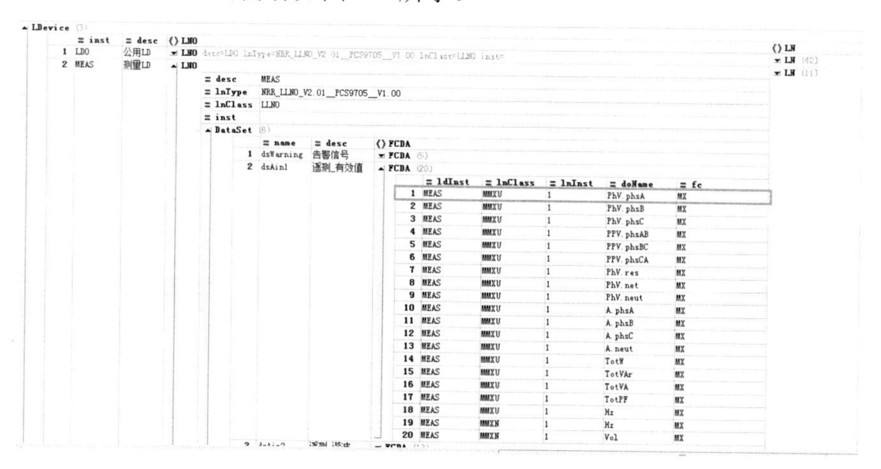

图 5-4　IED 信息模型 DataSet 遥测示例

IED 信息模型中 LN 下面实例化后的遥测数据内容如图 5-5 所示。

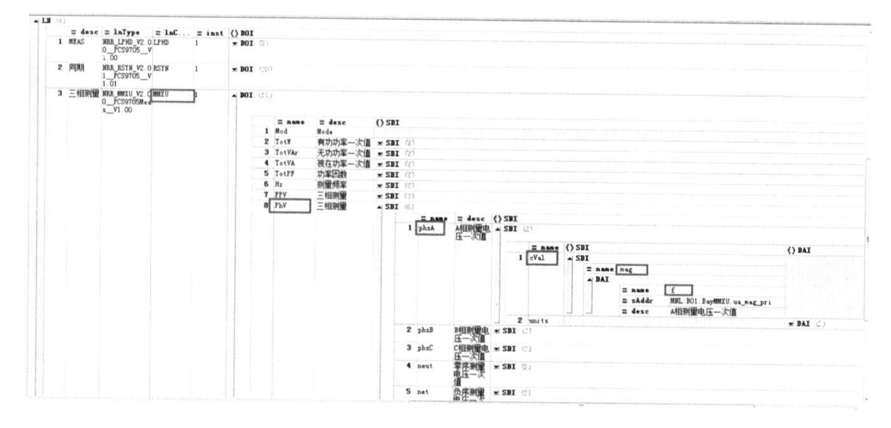

图 5-5　实例化后的遥测数据内容

（二）遥信信号

IED 信息模型遥信信号示例如图 5-6 所示，线路 2017 断路器位置，其 MMS 引用路径为 CL2017/CTRL/XCBR1PosstVal。

CL2017：IEDName。

CTRL：LDName，CTRL 表示控制及开入 LD。

XCBR1：LNClass+序号 Inst，即 XCBR+1。

Pos：DOName，表示 2017 断路器位置。

stVal：DAName，表示遥信值。

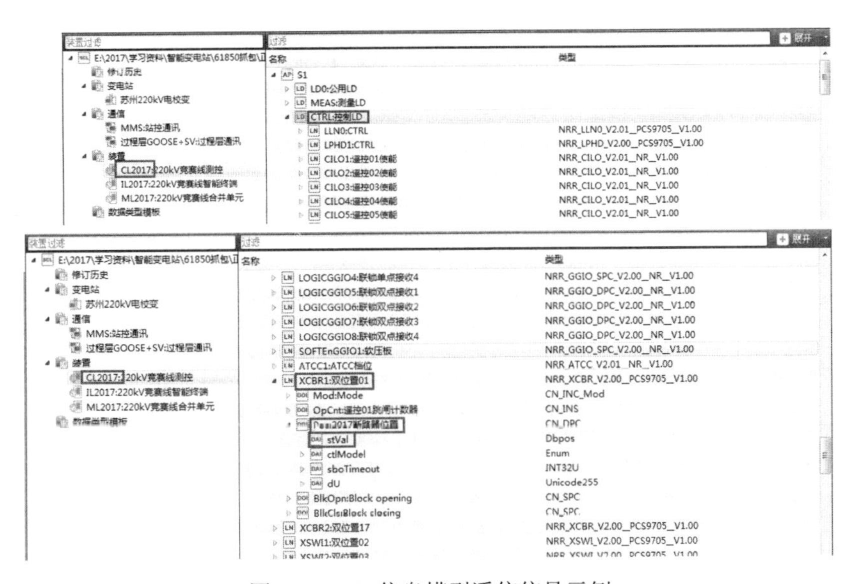

图 5-6 IED 信息模型遥信信号示例

ICD 中 LD 下面数据集定义 DataSet 的内容如图 5-7 所示。

LDevice (3)

inst	desc	LN0
LD0	公用LD	LN0 desc=LD0 lnType=NRR_LLN0_V2.01__PCS9705__V1.00 lnClass=LLN0 inst=
MEAS	测量LD	LN0 desc=MEAS lnType=NRR_LLN0_V2.01__PCS9705__V1.00 lnClass=LLN0 inst=
CTRL	控制LD	LN0

LN0:

desc	CTRL
ln...	NRR_LLN0_V2.01__PCS9705__V1.00
ln...	LLN0
inst	

DataSet (11)

	name	desc	FCDA
1	dsWarning	告警信号	FCDA (6)
2	dsRelayEna	软压板	FCDA (5)
3	dsAin	遥测	FCDA (3)
4	dsDin1	遥信_硬开入1	FCDA (60)
5	dsDin2	遥信_硬开入2	FCDA (60)
6	dsDin3	遥信_双位置	FCDA (98)

FCDA (98)

	ldInst	lnClass	ln...	doName	fc
1	CTRL	XCBR	1	Pos	ST
2	CTRL	XSWI	1	Pos	ST
3	CTRL	XSWI	2	Pos	ST
4	CTRL	XSWI	3	Pos	ST
5	CTRL	XSWI	4	Pos	ST
6	CTRL	XSWI	5	Pos	ST
7	CTRL	XSWI	6	Pos	ST
8	CTRL	XSWI	7	Pos	ST
9	CTRL	XSWI	8	Pos	ST
10	CTRL	XSWI	9	Pos	ST
11	CTRL	XSWI	10	Pos	ST
12	CTRL	XSWI	11	Pos	ST
13	CTRL	XSWI	12	Pos	ST

图 5-7 IED 信息模型 DataSet 遥信信号示例

ICD 中 LN 下面实例化后的遥信数据内容如图 5-8 所示。

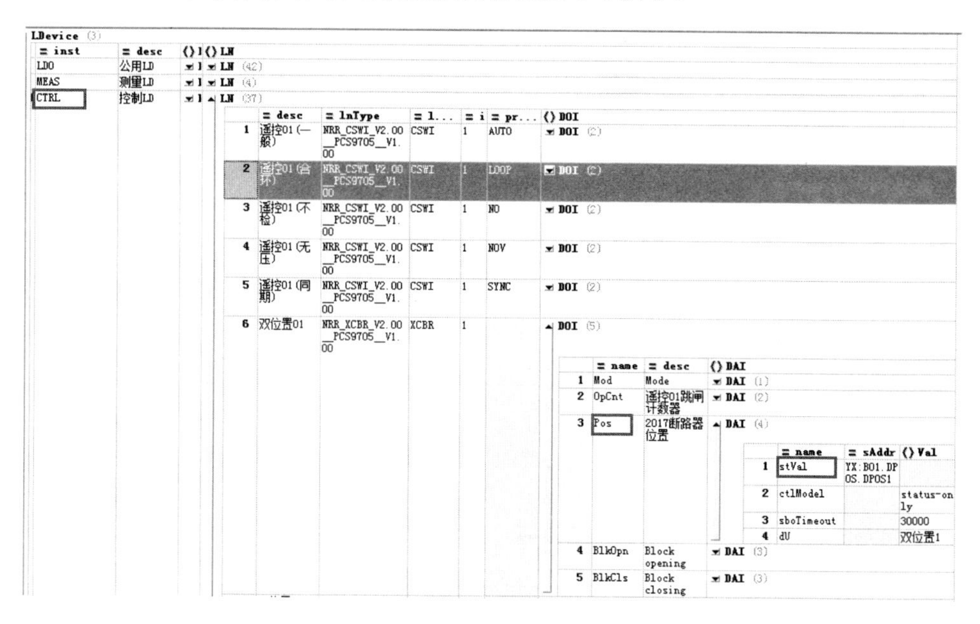

图 5-8　LN 下面实例化后的遥信数据内容

（三）遥控信号

IED 信息模型遥信信号示例如图 5-9 所示，断路器遥控对象的 MMS 引用路径为 CL2017/CTRL/CSWI2$SBOw$ctlVal。

CL2017：IEDName。

CTRL：LDName，CTRL 表示控制及开入 LD。

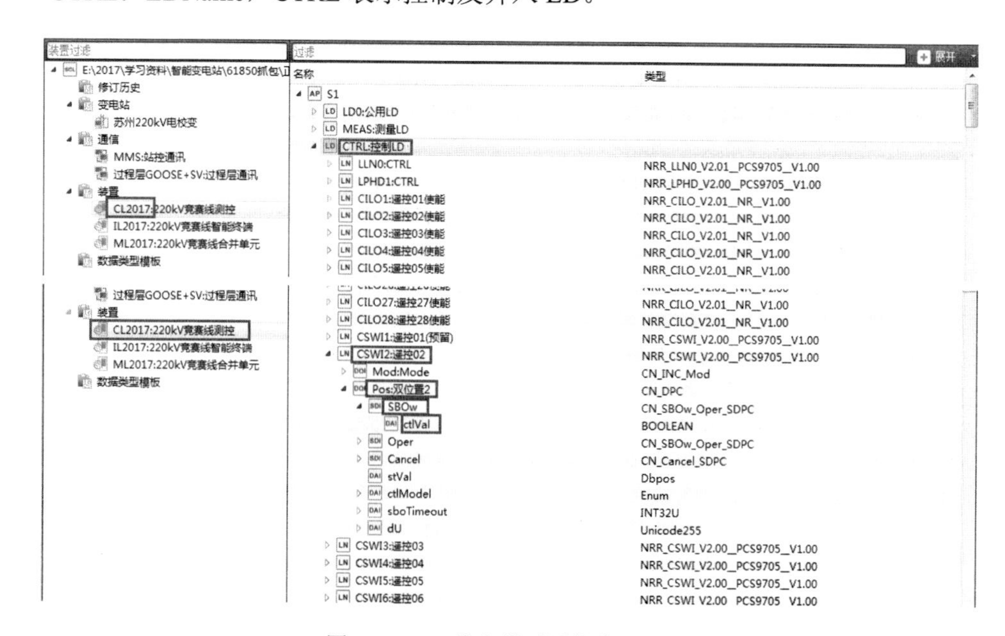

图 5-9　IED 信息模型遥控信号示例

CSWI1：　LNClass+序号 Inst，即 CSWI+1，CSWI 表示开关、刀闸、接地刀闸等一次设备位置和控制数据。

Pos：遥控对应的状态遥信的 DOName。

SBOw：遥控 DOName，增强安全机制的遥控，实际遥控时报文中表示遥控选择。

ctlVal：DAName，表示控制数据。

ICD 里面每个遥控都是跟随相应的遥信定义的，ICD 中 LN 实例化后的遥控数据内容如图 5-10 所示。

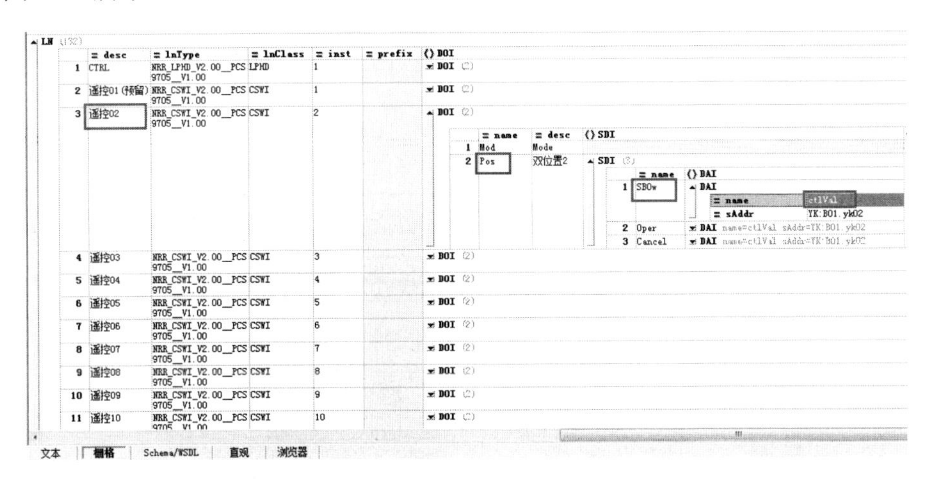

图 5-10　LN 实例化后的遥控数据内容

第二节　IEC 61850　服　务

IEC 61850 标准的服务实现主要分为三个部分：MMS 服务、GOOSE 服务、SV 服务。其中，MMS 服务用于间隔层设备和站控层设备之间的数据交互，GOOSE 服务用于保护跳闸、位置信号、联闭锁信息等实时性要求高的数据传输，SV 服务用于采样值传输，三个服务之间的关系如图 5-11 所示。在间隔层设备和站控层设备之间涉及双边应用关联，在 GOOSE 报文和传输采样值中涉及多路广播报文的服务。双边应用关联传送服务请求和响应（传输无确认和确认的一些服务）服务，多路广播应用关联（仅在一个方向）传送无确认服务。

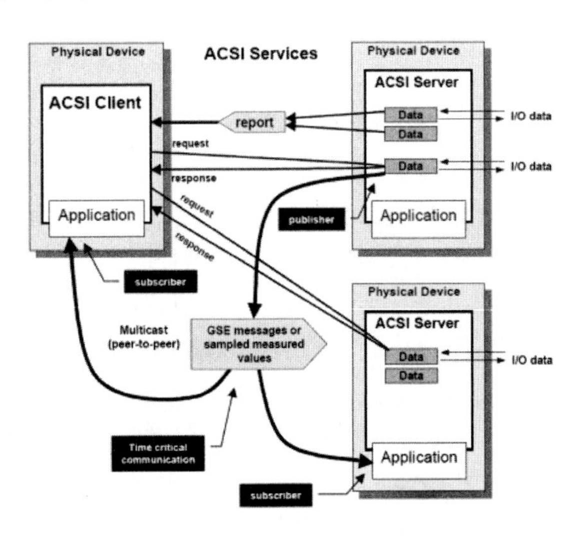

图 5-11　三个服务之间的关系

如果把IEC 61850 标准的服务细化

分，主要有：报告（事件状态上送）、日志历史记录上送、快速事件传送、采样值传送、遥控、遥调、定值读写服务、录波、保护故障报告、时间同步、文件传输、取代，以及模型的读取服务。细化服务和模型之间的关系如图 5-12 所示。

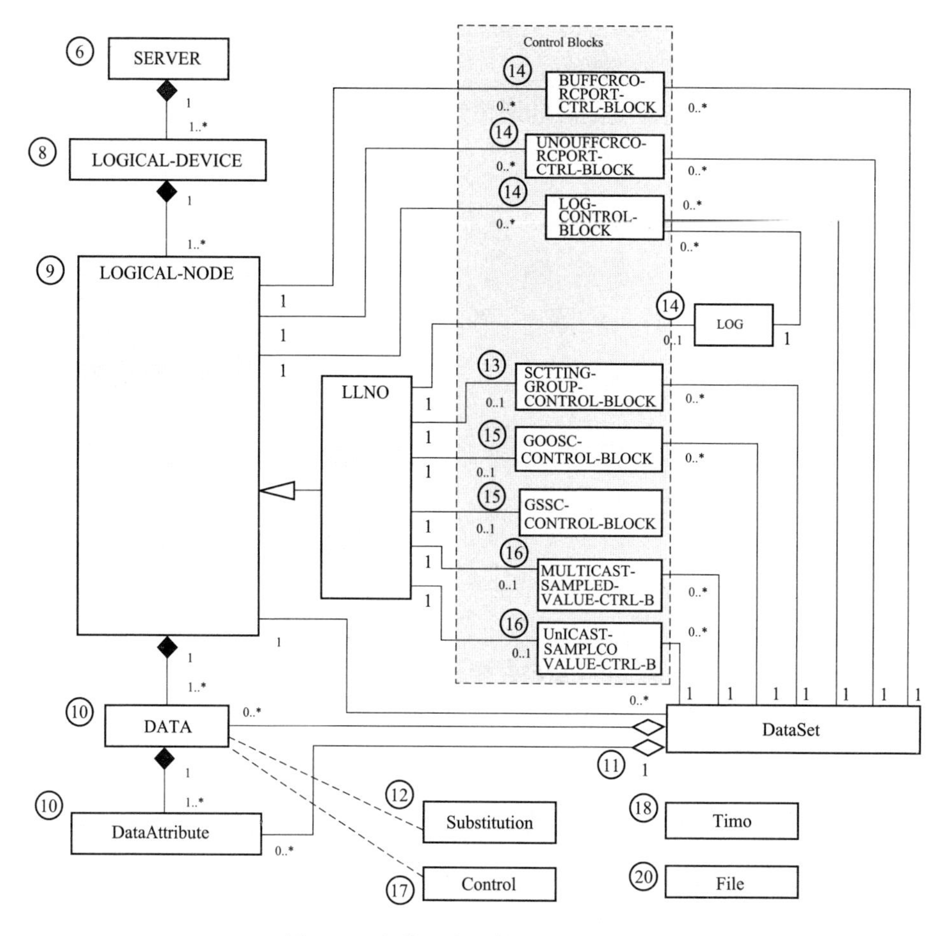

图 5-12　细化服务和模型之间的关系

一、MMS 服务

（一）MMS 简介

MMS 标准即 ISO/IEC 9506，是由 ISOTC184 提出的解决在异构网络环境下智能设备之间实现实时数据交换与信息监控的一套国际报文规范。MMS 所提供的服务有很强的通用性，已经广泛地运用于汽车制造、航空、化工、电力等工业自动化领域。IEC 61850 中采纳了 ISO/IEC 9506-1 和 ISO/IEC 9506-2 部分，制订了 ACSI 到 MMS 的映射。MMS 特点如下：

（1）定义了交换报文的格式，结构化层次化的数据表示方法，可以表示任意复杂的数据结构，ASN.1 编码可以适用于任意计算机环境。

（2）定义了针对数据对象的服务和行为。

（3）为用户提供了一个独立于所完成功能的通用通信环境。

MMS 位于（OSICOpen System Interconnection）参考模型的应用层，通过引入 VMD（Virtual Manufacturing Device）概念，隐藏了具体的设备内部特性，设定了一系列类型的数据代表实际设备的功能，同时定义了一系列 MMS 服务来操作这些数据，通过对 VMD 模型的访问达到操纵实际设备工作，MMS 的 VMD 概念首次把面向对象设计的思想引入了过程控制系统。MMS 对其规定的各类服务没有进行具体实现方法的规定，保证了实现的开放性。

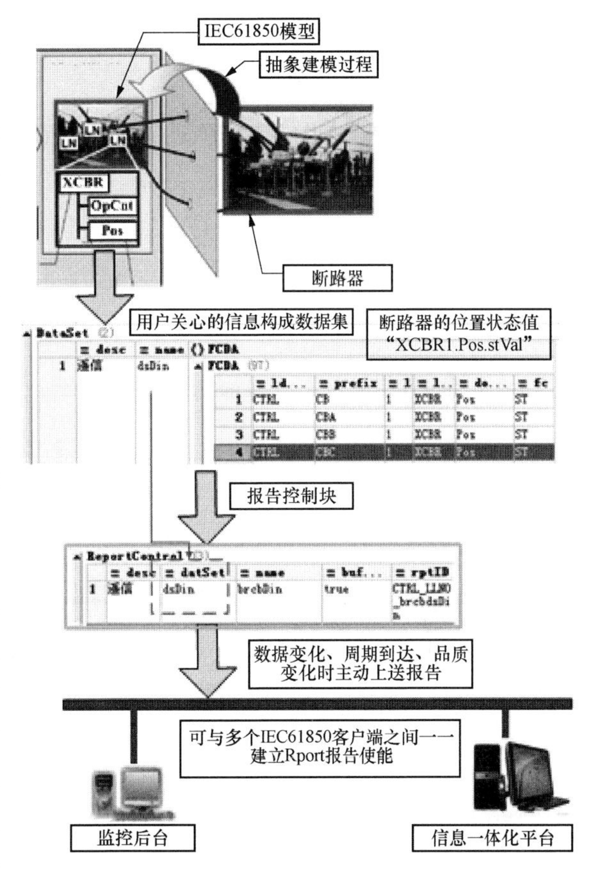

图 5-13　缓存报告实现遥信量的上送流程

在 IEC 61850 ACSI 映射到 MMS 服务上，报告服务是其中一项关键的通信服务，IEC 61850 报告分为非缓冲与缓冲两种报告类型，分别适用于遥测与遥信量的上送。图 5-13 中给出了缓存报告实现遥信量的上送流程。通过使能报告控制块，可以实现遥测的变化上送（死区和零漂）、遥信变位上送、周期上送、总召。其触发方式包括数据变化触发 DCHG（data-change）、数据更新触发 DUPD（data-update）、品质变化触发 QCHG（quality-change）等。

由于采用了多可视的实现方案，事件可以同时送到多个监控后台。遥测类报告控制块使用非缓存报告控制块类型，报告控制块名称以 URCB 开头；遥信、告警类报告控制块为缓存报告控制块类型，报告控制块名称以 BRCB 开头。

（二）MMS 报文解析

1．初始化

在 TCP 连接建立之后，客户端将向服务器端发起初始化请求，服务器端在收到请求后，将予以初始化响应，如图 5-14 所示。

165504	2017-08-08 09:22:37.645832	198.120.0.201	198.120.0.100	ACSI.As	关联请求
165576	2017-08-08 09:22:37.662602	198.120.0.100	198.120.0.201	ACSI.As	关联响应

图 5-14　初始化请求及响应

初始化请求主要用于通知服务器端，客户端所支持的服务类型，如图 5-15 所示。

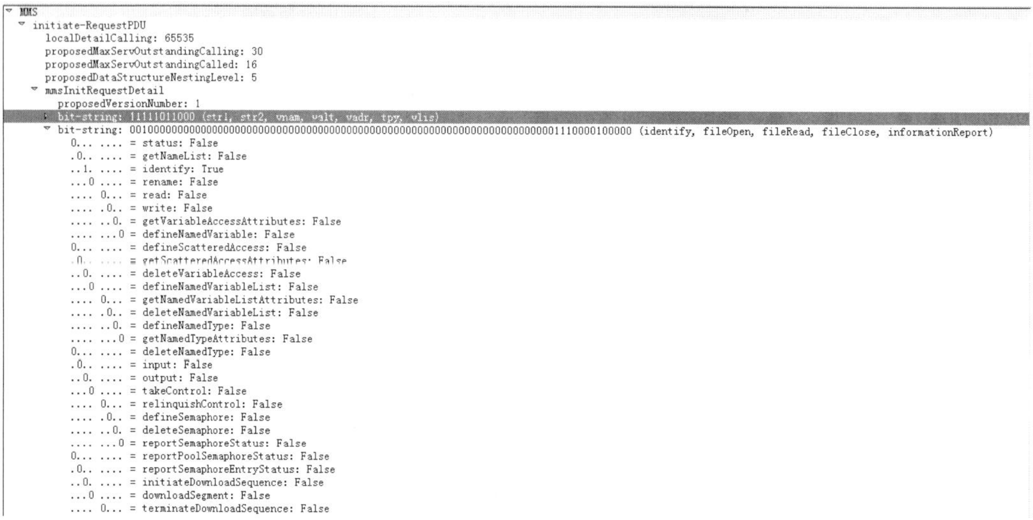

```
▽ MMS
  ▽ initiate-RequestPDU
      localDetailCalling: 65535
      proposedMaxServOutstandingCalling: 30
      proposedMaxServOutstandingCalled: 16
      proposedDataStructureNestingLevel: 5
    ▽ mmsInitRequestDetail
        proposedVersionNumber: 1
      ▸ bit-string: 11111011000 (str1, str2, vnam, valt, vadr, tpy, vlis)
      ▽ bit-string: 0010000000000000000000000000000000000000000000000000000000000000000000001110000100000 (identify, fileOpen, fileRead, fileClose, informationReport)
          0... .... = status: False
          .0.. .... = getNameList: False
          ..1. .... = identify: True
          ...0 .... = rename: False
          .... 0... = read: False
          .... .0.. = write: False
          .... ..0. = getVariableAccessAttributes: False
          .... ...0 = defineNamedVariable: False
          0... .... = defineScatteredAccess: False
          .0.. .... = getScatteredAccessAttributes: False
          ..0. .... = deleteVariableAccess: False
          ...0 .... = defineNamedVariableList: False
          .... 0... = getNamedVariableListAttributes: False
          .... .0.. = deleteNamedVariableList: False
          .... ..0. = defineNamedType: False
          .... ...0 = getNamedTypeAttributes: False
          0... .... = deleteNamedType: False
          .0.. .... = input: False
          ..0. .... = output: False
          ...0 .... = takeControl: False
          .... 0... = relinquishControl: False
          .... .0.. = defineSemaphore: False
          .... ..0. = deleteSemaphore: False
          .... ...0 = reportSemaphoreStatus: False
          0... .... = reportPoolSemaphoreStatus: False
          .0.. .... = reportSemaphoreEntryStatus: False
          ..0. .... = initiateDownloadSequence: False
          ...0 .... = downloadSegment: False
          .... 0... = terminateDownloadSequence: False
```

图 5-15　初始化请求的功能

初始化响应主要用于服务器端，为服务器端收到初始化请求后，通知客户端所支持的服务类型，如图 5-16 所示。

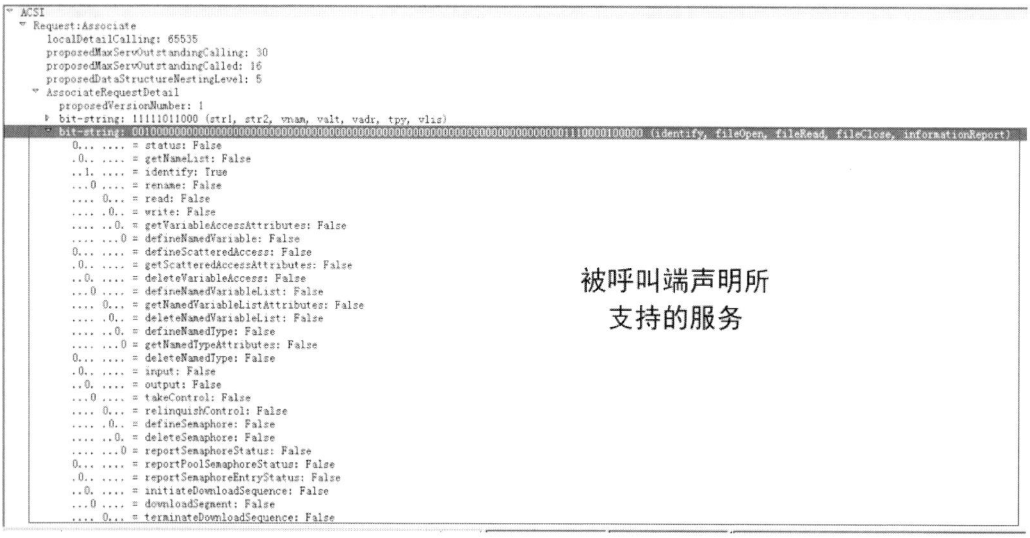

```
▽ ACSI
  ▽ Request:Associate
      localDetailCalling: 65535
      proposedMaxServOutstandingCalling: 30
      proposedMaxServOutstandingCalled: 16
      proposedDataStructureNestingLevel: 5
    ▽ AssociateRequestDetail
        proposedVersionNumber: 1
      ▸ bit-string: 11111011000 (str1, str2, vnam, valt, vadr, tpy, vlis)
      ▽ bit-string: 0010000000000000000000000000000000000000000000000000000000000000000000001110000100000 (identify, fileOpen, fileRead, fileClose, informationReport)
          0... .... = status: False
          .0.. .... = getNameList: False
          ..1. .... = identify: True
          ...0 .... = rename: False
          .... 0... = read: False
          .... .0.. = write: False
          .... ..0. = getVariableAccessAttributes: False
          .... ...0 = defineNamedVariable: False
          0... .... = defineScatteredAccess: False
          .0.. .... = getScatteredAccessAttributes: False
          ..0. .... = deleteVariableAccess: False
          ...0 .... = defineNamedVariableList: False
          .... 0... = getNamedVariableListAttributes: False
          .... .0.. = deleteNamedVariableList: False
          .... ..0. = defineNamedType: False
          .... ...0 = getNamedTypeAttributes: False
          0... .... = deleteNamedType: False
          .0.. .... = input: False
          ..0. .... = output: False
          ...0 .... = takeControl: False
          .... 0... = relinquishControl: False
          .... .0.. = defineSemaphore: False
          .... ..0. = deleteSemaphore: False
          .... ...0 = reportSemaphoreStatus: False
          0... .... = reportPoolSemaphoreStatus: False
          .0.. .... = reportSemaphoreEntryStatus: False
          ..0. .... = initiateDownloadSequence: False
          ...0 .... = downloadSegment: False
          .... 0... = terminateDownloadSequence: False
```

被呼叫端声明所
支持的服务

图 5-16　初始化响应的功能

2. 信号上送

开入、事件、报警等信号类数据的上送功能通过 BRCB（有缓冲报告控制块）来实现，映射到 MMS 的读写和报告服务。通过有缓冲报告控制块，可以实现遥信和开入的变化上送、周期上送、总召、事件缓存。由于采用了多可视的实现方案，事件可以同时送到多个后台。一般遥信类信号缓存，保护模拟量不缓存，报告控制块是对数据集而言，因此在图 5-17 上可以找到与数据集对应的报告控制块。

图 5-17　数据集对应的报告控制块

BRCB 缓存报告控制块定义如图 5-18 所示。这里以 BRCBDinc 为例来介绍一下，图 5-19 中 EPT61850 软件已经将报告控制块下面的数据属性友好化了，很直观地展现在我们面前。IEC 61850-7-2 报告格式参数名如表 5-1 所示。

BRCB类				
属性名	属性类型	FC	TrgOp	值/值域/解释
BRCBName	ObjectName	—	—	BRCB 实例的实例名
BRCBRef	ObjectReference	—	—	BRCB 实例的路径名
报告处理器特定				
RptrD	VISIBLE STRING65	BR	—	
RptEna	BOOLEAN	BR	dchg	
DatSet	ObjectRcfcrence	BR	dchg	
ConfRev	INT32U	BR	dchg	
OptFlds	PACKED LIST	BR	dchg	
sequence-number	BOOLEAN			
report-time-stamp	BOOLEAN			
reason-for-inclusion	BOOLEAN			
data-set-name	BOOLEAN			
data-seference	BOOLEAN			
buffer-overflow	BOOLEAN			
entryID	BOOLEAN			
Conf-revision	BOOLEAN			
BufTm	INT32U	BR	dchg	
SqNum	INT16U	BR	—	
TrgOp	TriggerConditions	BR	dchg	
IntgPd	INT32U	BR	dchg	0～MAX：0隐含无完整性报告
GI	BOOLEAN	BR	—	
PureBuf	BOOLEAN	BR	—	
EntryID	EnryID	BR		
TimeOfEntry	EnryTime	BR	—	
服务 Report GetBRCBValues SetBRCBValues				

图 5-18　BRCB 缓存报告控制块

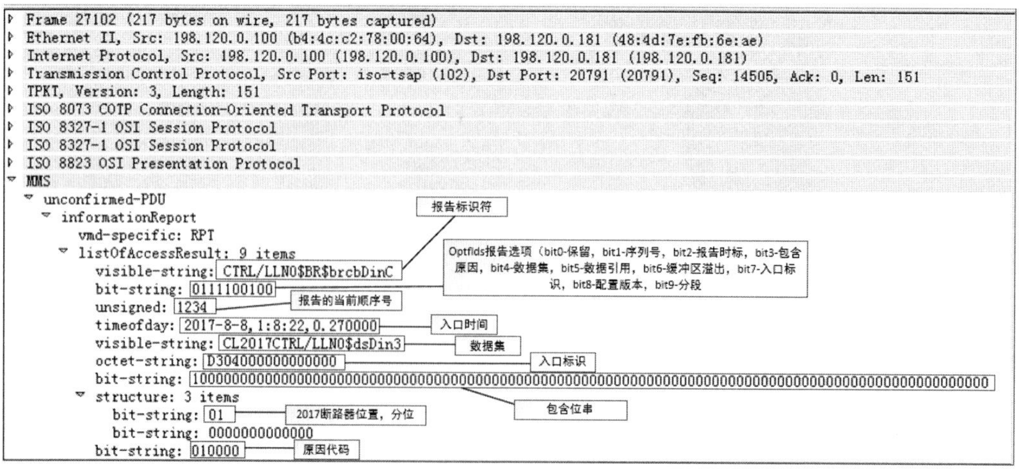

```
▷ Frame 27102 (217 bytes on wire, 217 bytes captured)
▷ Ethernet II, Src: 198.120.0.100 (b4:4c:c2:78:00:64), Dst: 198.120.0.181 (48:4d:7e:fb:6e:ae)
▷ Internet Protocol, Src: 198.120.0.100 (198.120.0.100), Dst: 198.120.0.181 (198.120.0.181)
▷ Transmission Control Protocol, Src Port: iso-tsap (102), Dst Port: 20791 (20791), Seq: 14505, Ack: 0, Len: 151
▷ TPKT, Version: 3, Length: 151
▷ ISO 8073 COTP Connection-Oriented Transport Protocol
▷ ISO 8327-1 OSI Session Protocol
▷ ISO 8327-1 OSI Session Protocol
▷ ISO 8823 OSI Presentation Protocol
▽ MMS
  ▽ unconfirmed-PDU
    ▽ informationReport
        vmd-specific: RPT
      ▽ listOfAccessResult: 9 items
          visible-string: CTRL/LLN0$BR$brcbDinC
          bit-string: 0111100100
          unsigned: 1234
          timeofday: 2017-8-8,1:8:22,0.270000
          visible-string: CL2017CTRL/LLN0$dsDin3
          octet-string: D304000000000000
          bit-string: 100000000000000000000000000000000000000000000000000000000000000000000000000000000000000000000000
        ▽ structure: 3 items
            bit-string: 01
            bit-string: 0000000000000
          bit-string: 010000
```

报告标识符
Optflds报告选项（bit0-保留，bit1-序列号，bit2-报告时标，bit3-包含原因，bit4-数据集，bit5-数据引用，bit6-缓冲区溢出，bit7-入口标识，bit8-配置版本，bit9-分段
报告的当前顺序号
入口时间
数据集
入口标识
包含位串
2017断路器位置，分位
原因代码

图 5-19　BRCB 缓存报告分析举例（一）

```
▷ ISO 8327-1 OSI Session Protocol
▷ ISO 8823 OSI Presentation Protocol
▷ MMS
▽ ACSI
  ▽ UnconfirmedPDU
    ▽ Report
        RPT
      ▽ DataAttributeValue: 9 items
        ▽ RptID
            visible-string: CTRL/LLN0.BR.brcbDinC
        ▽ OptFlds
          ▽ bit-string: 0111100100 (sequence-number, report-time-stamp, reason-for-inclusion, data-set-name, entryID)
              0... .... = reserved: False
              .1.. .... = sequence-number: True
              ..1. .... = report-time-stamp: True
              ...1 .... = reason-for-inclusion: True
              .... 1... = data-set-name: True
              .... .0.. = data-reference: False
              .... ..0. = buffer-overflow: False
              .... ...1 = entryID: True
              0... .... = conf-revision: False
              .0.. .... = segmentation: False
        ▽ SeqNum
            unsigned: 1234
        ▽ TimeOfEntry
            timeofday: 2017-8-8,1:8:22,0.270000
        ▽ DatSet
            visible-string: CL2017CTRL/LLN0.dsDin3
        ▽ EntryID
            octet-string: D304000000000000
        ▽ Inclusion
            bit-string: 1000000000000000000000000000000000000000000000000000000000000000000000000000000000000000000000000000
        ▽ DataValue
          ▽ structure: 3 items
              bit-string: 01
              bit-string: 0000000000000
              UTCtime: 2017-8-8,1:8:22,0.146000,q=0xa
        ▽ ReasonCode
            bit-string: 010000
```

图 5-19　缓存报告分析举例（二）

表 5-1　IEC 61850-7-2 报告格式参数名

IEC 61850-7-2 报告格式参数名	条件
报告 ID（RptID）	始终存在
报告中包括的选择区域（Reported OptFlds）	始终存在
顺序编号（SeqNum）	当 OptFlds.sequence-number 或 OptFlds.full-sequence-number 为 TRUE 时存在
入口时间（TimeOfEntry）	当 OptFlds.report-time-stamp 为 TRUE 时存在
数据集（DataSet）	当 OptFlds.data-set-name 为 TRUE 时存在
发生缓冲溢出（BufOvfl）	当 OptFlds. buffer-overflow 为 TRUE 时存在
入口标识（EntryID）	当 OptFlds. entry 为 TRUE 时存在
子序号（SubSeqNum）	当 OptFlds.segmentation 为 TRUE 时存在
有后续数据段（MoreSegmentFollow）	当 OptFlds.segmentation 为 TRUE 时存在
包含位串（Inclusion-Bitstring）	应存在
数据索引（Data-Reference（s））	当 OptFlds.data-reference 为 TRUE 时存在
值（value（s））	见值
原因代码（ReasonCode（s））	当 OptFlds.reason-for-inclusion I 为 TRUE 时存在

（1）RptID：报告控制块的 ID 号，这里报告标识是 brcbDinc。

（2）RptEna：报告控制块使能，当客户端访问服务器时，首先要将报告控制块使能置 1 才能将数据集内容上送。

（3）DataSet：报告控制块所对应的数据集，这里就是 dsDin3。

（4）CofRev：配置版本号，这里是 1。

BRC状态的ACSI值	MMS比特的位置
保留（Reserved）	0
序列号（sequence-number）	1
报告时间戳（report-time-stamp）	2
包含原因（reason-for-inclusion）	3
数据集名称（data-set-name）	4
数据索引（data-reference）	5
缓冲区溢出（buffer-overflow）	6
入口标识（entryID）	7
配置版本（conf-rev）	8
分段（Segmentation）	9

图 5-20　缓存报告选项域（OptFlds）

（5）OptFlds：包含在报告中的选项域，就是所发报告中包含的选项参数（如图 5-20 所示）。

（6）BufTm：缓存时间，这里设得缺省值 0。

（7）Sqnum：报告顺序号。

（8）TrgOpt：报告触发条件，有五个变化条件：值变化、质量更新、值更新上送、周期性上送、总召唤。

（9）IntgPd：周期上送时间，这里是 0ms。

（10）GI：表示总召唤，置 1，BRCB 启动总召唤过程。

（11）PurgeBuf：清除缓冲区，当为 1 时，舍弃缓存报告。

（12）EntryID：条目标识符。

（13）TimeofEntry：条目时间属性。

（14）品质 q，如表 5-2 所示。

表 5-2　　IEC 61850 数 据 品 质 q

位	IEC 61850-7-3		位串	
	属性名称	属性值	值	缺省
0～1	合法性（Validity）	好（Good）	0　0	
		非法（Invalid）	0　1	
		保留（Reserved）	1　0	
		可以（Questionale）	1　1	
2	溢出（OverFlow）	好（Good）	TRUE	FALSE
	超量程（OutofRange）	非法（Invalid）	TRUE	FALSE
	坏索引（BadReference）	保留（Reserved）	TRUE	FALSE
	振荡（Oscillatory）	可以（Questionale）	TRUE	FALSE
	故障（Failure）		TRUE	FALSE
	过时数据（OldData）		TRUE	FALSE
	不相容（Inconsistent）		TRUE	FALSE
	不准确（Inaccurate）		TRUE	FALSE
	源（Source）	过程（Process）	0	0
		取代（Substituted）	1	
	测试（Test）		TRUE	FALSE
	操作员闭锁（OperatorBlocked）		TRUE	FALSE

3. 测量上送

遥测、保护测量类数据的上送功能通过 URCB（无缓冲报告控制块）来实现，映射到 MMS 的读写和报告服务。通过无缓冲报告控制块，可以实现遥测的变化上送（比较死区和零漂）、周期上送、总召。由于采用了多可视的实现方案，事件可以同时送到多个后台，如图 5-21～图 5-23 所示。

图 5 21 URCB 报告控制块

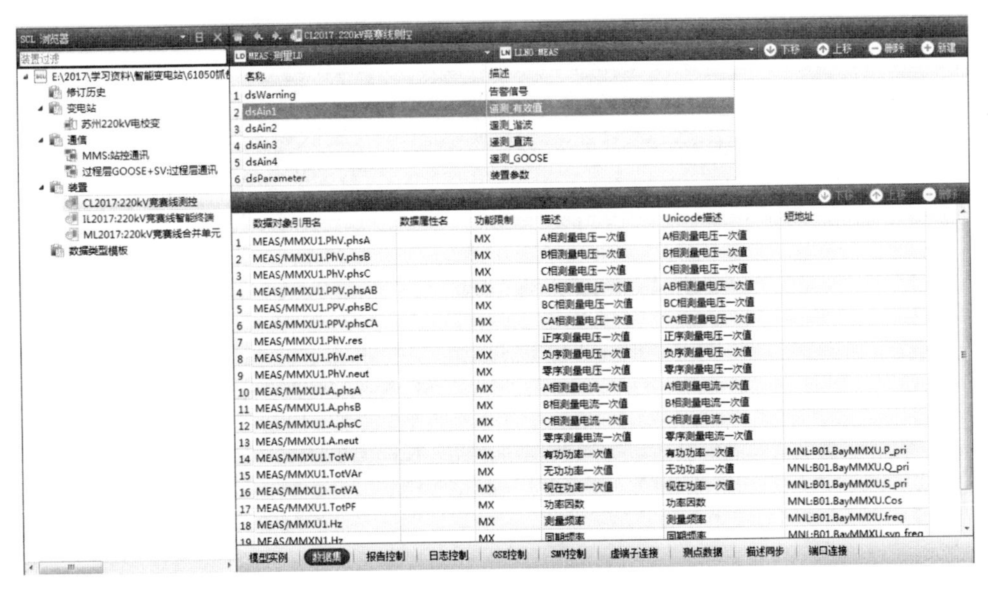

图 5-22 URCB 数据集

URCB 非缓存报告控制块定义如图 5-23 所示，除了 URCBName、URCBRef、RptEna 和 Resv 之外，所有其他属性和 BRCB 属性相同，URCB 非缓存报告分析举例如图 5-24 所示。

URCB类				
属性名	属性类型	FC	TrgOp	值/值域/解释
URCBName	ObjectName	—	—	URCB 实例的实例名
URCBRef	ObjectRcference	—	—	URCB 实例的路径名
报告处理器特定				
RptID	VISIBLE STRING65	RP	—	
RptEna	BOOLEAN	RP	dchg	
Resv	BOOLEAN	RP	—	
DatSet	ObjectReference	RP	dchg	
ConfRev	INT32U	RP	dchg	
OptFlds	PACKED LIST	RP	dchg	
reserved	BOOLEAN			
sequence-number	BOOLEAN			
report-time-stamp	BOOLEAN			
reason-for-inclusion	BOOLEAN			
data-set-name	BOOLEAN			
data-reference	BOOLEAN			
reserved	BOOLEAN			用于BRCB 的缓存溢出
reserved	BOOLEAN			用于BRCB entryID
Conf-revision	BOOLEAN			
BufTm	INT32U	RP	dchg	0～MAX
SqNum	INT8U	RP	—	
TrgOp	TriggerConditions	RP	dchg	
IntgPd	INT32U	RP	dchg	0～MAX
GI	BOOLEAN	BR	—	
服务 Report GetURCBValues SetURCBValues				

图 5-23　URCB 非缓存报告控制块

```
▸ Internet Protocol, Src: 198.120.0.100 (198.120.0.100), Dst: 198.120.0.181 (198.120.0.181)
▸ Transmission Control Protocol, Src Port: iso-tsap (102), Dst Port: 20791 (20791), Seq: 7286, Ack: 0, Len: 379
▸ TPKT, Version: 3, Length: 379
▸ ISO 8073 COTP Connection-Oriented Transport Protocol
▸ ISO 8327-1 OSI Session Protocol
▸ ISO 8327-1 OSI Session Protocol
▸ ISO 8823 OSI Presentation Protocol
▾ MMS
  ▾ unconfirmed-PDU
    ▾ informationReport
        vmd-specific: RPT
      ▾ listOfAccessResult: 20 items
          visible-string: MEAS/LLN0$RP$urcbAinA
          bit-string: 0111100000
          unsigned: 73
          timeofday: 2017-8-8,1:14:12,0.687000
          visible-string: CL2017MEAS/LLN0$dsAin1
          bit-string: 1111010000000000011
        ▾ structure: 3 items
          ▾ structure: 2 items
            ▾ structure: 1 item
                float: 1.000000
            ▾ structure: 1 item
                float: 1.000000
            bit-string: 0000000000000
        ▸ structure: 3 items
        ▸ structure: 3 items
        ▸ structure: 3 items
        ▸ structure: 3 items
        ▸ structure: 3 items
        ▸ structure: 3 items
          bit-string: 010000
          bit-string: 010000
          bit-string: 010000
          bit-string: 010000
          bit-string: 010000
          bit-string: 010000
          bit-string: 010000
```

图 5-24　URCB 非缓存报告分析举例（一）

```
▾ ACSI
  ▾ UnconfirmedPDU
    ▾ Report
        RPT
      ▾ DataAttributeValue: 20 items
        ▾ RptID
            visible-string: MEAS/LLN0.RP.urcbAinA
        ▾ OptFlds
          ▾ bit-string: 0111100000 (sequence-number, report-time-stamp, reason-for-inclusion, data-set-name)
              0... .... = reserved: False
              .1.. .... = sequence-number: True
              ..1. .... = report-time-stamp: True
              ...1 .... = reason-for-inclusion: True
              .... 1... = data-set-name: True
              .... .0.. = data-reference: False
              .... ..0. = buffer-overflow: False
              .... ...0 = entryID: False
              0... .... = conf-revision: False
              .0.. .... = segmentation: False
        ▾ SeqNum
            unsigned: 73
        ▾ TimeOfEntry
            timeofday: 2017-8-8,1:14:12,0.687000
        ▾ DatSet
            visible-string: CL2017MEAS/LLN0.dsAin1
        ▾ Inclusion
            bit-string: 11110100000000000011
        ▸ DataValue
        ▸ DataValue
        ▸ DataValue
        ▸ DataValue
        ▸ DataValue
        ▸ DataValue
        ▸ DataValue
        ▾ ReasonCode
            bit-string: 010000
        ▸ ReasonCode
        ▸ ReasonCode
```

图 5-24　URCB 非缓存报告分析举例（二）

4. 控制

遥控、遥调等控制功能通过 IEC 61850 的控制相关数据结构实现，如图 5-25 所示，映射到 MMS 的读写和报告服务。IEC 61850 提供多种控制类型，如增强型 SBOW 功能和直控功能，支持检同期、检无压、闭锁逻辑检查等功能。

在 ACSI 中，最常用的控制类型是增强型选择控制，由带值选择、取消、执行三种服务共同完成。如图 5-26～图 5-30 所示，带值选择服务报文，如果服务器端支持该选择，

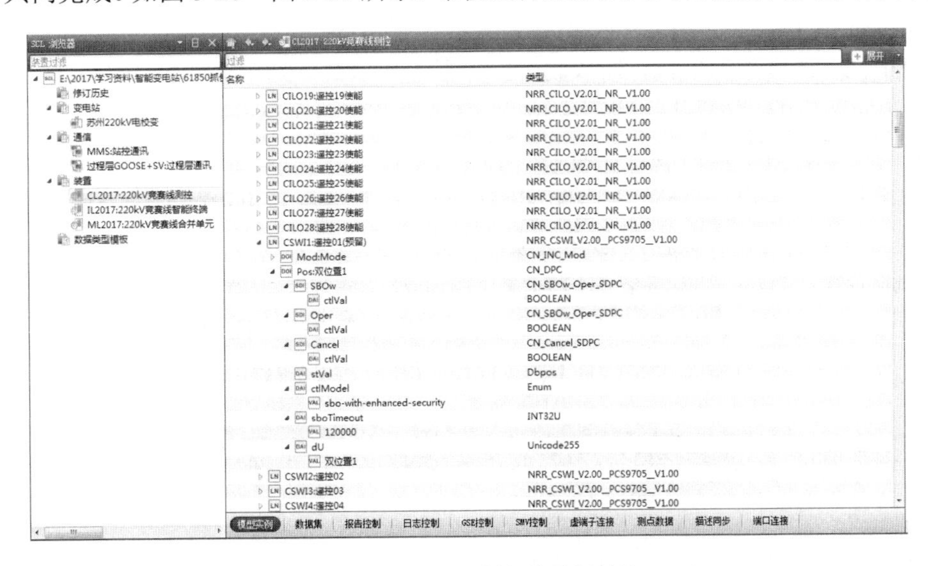

图 5-25　IEC 61850 中控制相关数据结构（一）

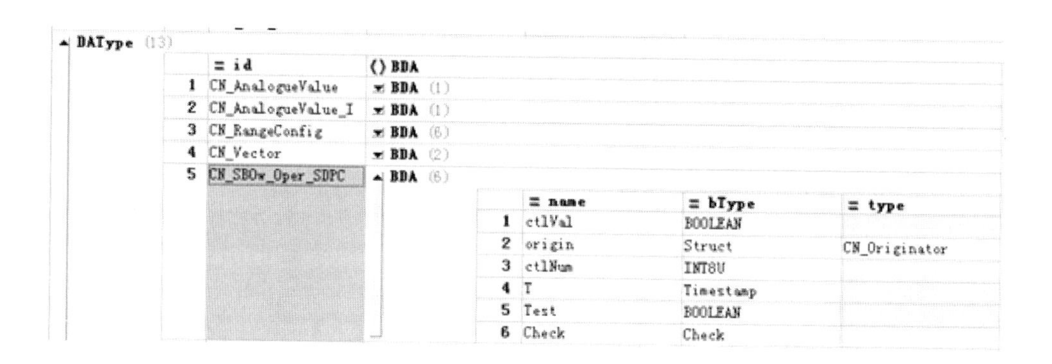

图 5-25　IEC 61850 中控制相关数据结构（二）

将以肯定确认响应，否则将以否定确认响应，并给出否定响应的原因，SBOW 模型的数据属性值为一个结构体，共包含 6 个变量：

（1）第一个变量值为控制值（False 为分，True 为合）。

（2）第二个变量为源发者，是个结构体，包含源发者类型及源发者标识。

（3）第三个变量时控制序号，标识该对象的控制次数，每发起一次成功的控制过程，该序号加 1。

（4）第四个变量为发起控制时的 UTC 时标。

（5）第五个变量为检修标识（False 为非检修，True 为置检修）.

（6）第六个变量为校验位 check，从左往右依次为检同期、检联锁、检无压、一般遥控、不检、其余位保留。

ACSI 中的控制服务也需要映射到 MMS 规范中，通过现有的 MMS 通信体系来实现抽象通信。对于带值选择服务，若选择写成功，则可以继续发执行写；若选择写不成功，服务器端将以 LastAppError 报告响应客户端，控制过程结束。

对于执行服务，如果执行写成功，服务器端将以命令结束服务报告（Oper 的镜像报文）响应客户端；如果执行写不成功，服务器端将以 LastAppError 报告响应客户端，控制过程结束；对于取消服务，如果取消写成功，则控制过程结束；如果取消写失败，服务器端将以 LastAppError 报告响应客户端，控制过程结束；带值选择服务，MMS 控制报文由变量列表和数据两部分组成；变量列表有域名和项目名两部分，组合起来确定控制对象；Data 则为对象的控制值，该值为一个复合结构体；该结构体中成员数据的类型见报文所示，控制值为布尔量，源发者为结构体，控制序号为无符号单字节整型数据，检修标识为布尔量，时标为 UTC 时间（包含时间品质），check 位为位串数据。

遥控带值选择、遥控带值选择成功、设置数据请求、设置数据请求成功、遥控执行报文结构及内容如图 5-26～图 5-30 所示。

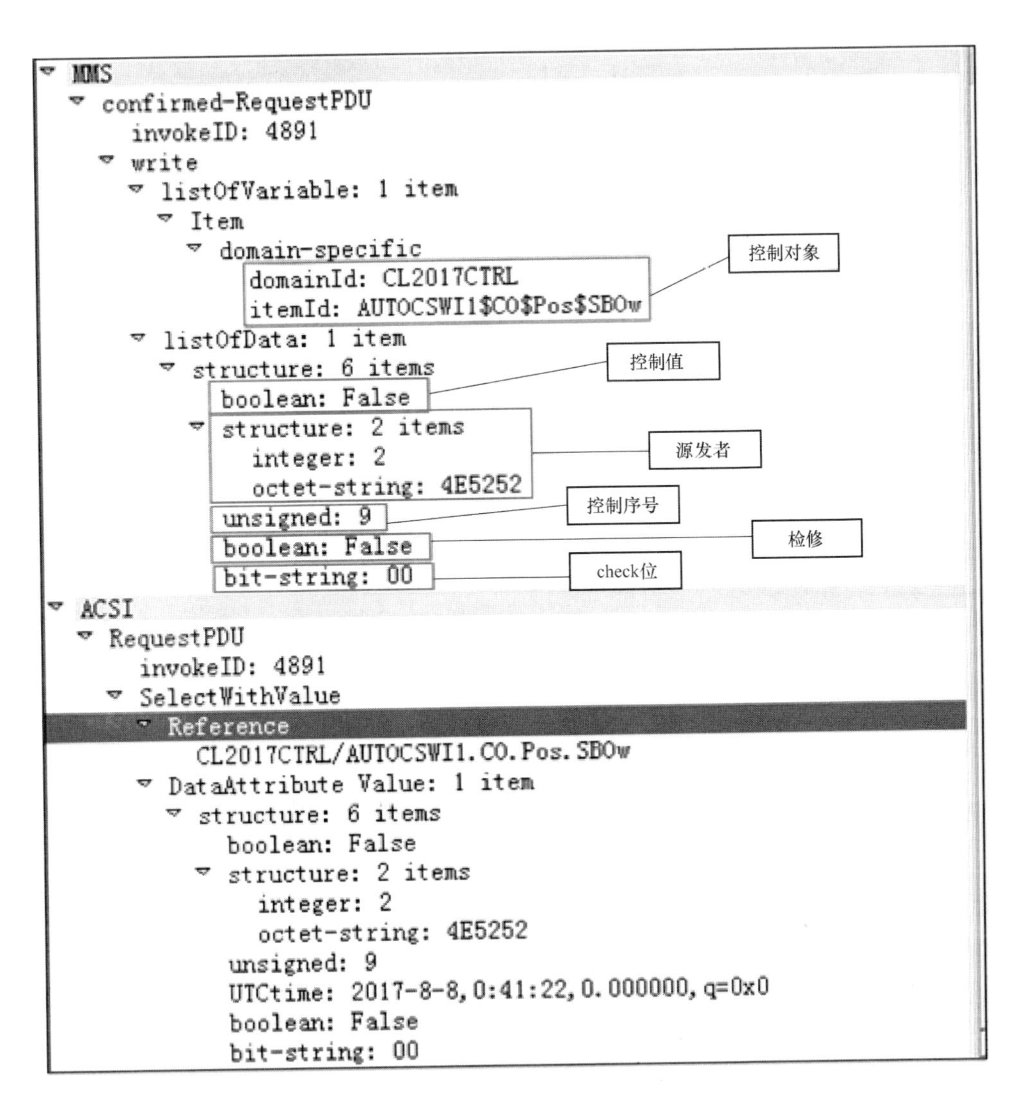

图 5-26　遥控带值选择

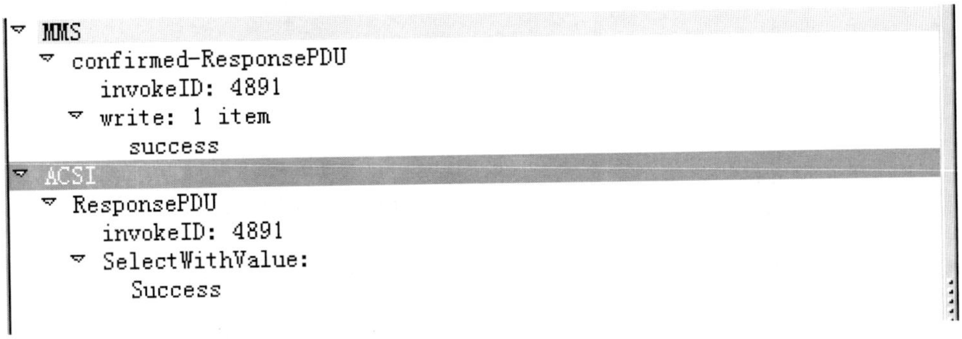

MMS
confirmed-ResponsePDU
invokeID: 4891
write: 1 item
success
ACSI
ResponsePDU
invokeID: 4891
SelectWithValue:
Success

图 5-27　遥控带值选择成功

```
▼ MMS
  ▽ confirmed-RequestPDU
      invokeID: 4892
    ▽ write
      ▽ listOfVariable: 1 item
        ▽ Item
          ▽ domain-specific
              domainId: CL2017CTRL
              itemId: AUTOCSWI1$CO$Pos$Oper
      ▽ listOfData: 1 item
        ▽ structure: 6 items
            boolean: False
          ▽ structure: 2 items
              integer: 2
              octet-string: 4E5252
            unsigned: 9
            boolean: False
            bit-string: 00
▽ ACSI
  ▽ RequestPDU
      invokeID: 4892
    ▽ SetDataValues
      ▷ Reference
      ▽ DataAttribute Value: 1 item
        ▽ structure: 6 items
            boolean: False
          ▽ structure: 2 items
              integer: 2
              octet-string: 4E5252
            unsigned: 9
            UTCtime: 2017-8-8,0:41:25,0.000000,q=0x0
            boolean: False
            bit-string: 00
```

图 5-28　设置数据请求

```
▽ MMS
  ▽ confirmed-ResponsePDU
      invokeID: 4892
    ▽ write: 1 item
        success
▽ ACSI
  ▽ ResponsePDU
      invokeID: 4892
    ▽ SetDataValues:
        Success
```

图 5-29　设置数据请求成功

```
▽ MMS
  ▽ unconfirmed-PDU
    ▽ informationReport
      ▽ listOfVariable: 1 item
        ▽ Item
          ▽ domain-specific
              domainId: CL2017CTRL
              itemId: AUTOCSWI1$CO$Pos$Oper
      ▽ listOfAccessResult: 1 item
        ▽ structure: 6 items
            boolean: False
          ▽ structure: 2 items
              integer: 2
              octet-string: 4E5252
            unsigned: 9
            boolean: False
            bit-string: 00
▽ ACSI
  ▽ UnconfirmedPDU
    ▽ Report
        CL2017CTRL/AUTOCSWI1.CO.Pos.Oper
      ▽ DataAttributeValue: 1 item
        ▽ structure: 6 items
            boolean: False
          ▽ structure: 2 items
              integer: 2
              octet-string: 4E5252
            unsigned: 9
            UTCtime: 2017-8-8,0:41:25,0.000000,q=0x0
            boolean: False
            bit-string: 00
```

图 5-30 遥控执行

二、GOOSE 服务

根据 IEC 61850 标准，GOOSE 报文在数据链路层上采用 ISO/IEC 8802-3 以太网协议，GOOSE 报文由报文头和协议数据单元 PDU 两部分组成，如图 5-31 所示。

```
⊞ Frame 26639: 425 bytes on wire (3400 bits), 425 bytes captured (3400 bits)
⊟ Ethernet II, Src: CableTel_00:10:03 (00:10:00:00:10:03), Dst: Iec-Tc57_01:00:03 (01:0c:cd:01:00:03)
  ⊞ Destination: Iec-Tc57_01:00:03 (01:0c:cd:01:00:03)
  ⊞ Source: CableTel_00:10:03 (00:10:00:00:10:03)
    Type: IEC 61850/GOOSE (0x88b8)
⊟ GOOSE
    APPID: 0x1003 (4099)
    Length: 411
    Reserved 1: 0x0000 (0)
    Reserved 2: 0x0000 (0)
  ⊞ goosePdu
```

图 5-31 GOOSE 报文（一）

```
⊟ goosePdu
    gocbRef: IL2017RPIT/LLN0$GO$gocb0
    timeAllowedtoLive: 10000
    datSet: IL2017RPIT/LLN0$dsGOOSE0
    goID: IL2017RPIT/LLN0.gocb0
    t: Aug  8, 2017 01:08:22.142998158 UTC
    stNum: 193
    sqNum: 4
    test: False
    confRev: 1
    ndsCom: False
    numDatSetEntries: 46
  ⊟ allData: 46 items
    ⊟ Data: bit-string (4)
        Padding: 6
        bit-string: 80
    ⊞ Data: bit-string (4)
    ⊞ Data: bit-string (4)
    ⊞ Data: bit-string (4)
    ⊞ Data: bit-string (4)
    ⊞ Data: bit-string (4)
    ⊞ Data: bit-string (4)
    ⊞ Data: bit-string (4)
    ⊞ Data: bit-string (4)
    ⊞ Data: bit-string (4)
    ⊞ Data: bit-string (4)
    ⊞ Data: bit-string (4)
    ⊞ Data: bit-string (4)
    ⊞ Data: bit-string (4)
```

图 5-31 GOOSE 报文（二）

GOOSE 报文头各参数含义如下：

（1）6 个字节的目的地址“01-0C-CD-01-00-03”和 6 个字节的源地址“00-10-00-00-10-03”。对于 GOOSE 报文的目的地址，前 4 个字节固定为“01-0C-CD-01”。IEC 61850 规定 GOOSE 报文目的地址取值范围为 01-0C-CD-01-00-00～01-0C-CD-01-01-FF。

（2）APPID“0x 1003”是应用标识，全站唯一。

（3）APPID 后面是长度字段 Length，标识数据帧从 APPID 开始到应用协议数据单元 APDU 结束的部分，共 411 个字节。

（4）保留位 1 和保留位 2 共占有 4 个字节，默认值为“0x 00 00 00 00”。

GOOSE 协议数据单元 PDU 各参数含义如下：

（1）GOCBRef：即 GOOSE 控制块引用，由分层模型中的逻辑设备名、逻辑节点名、功能约束和控制名级联而成。

（2）Time Allowed to Live：即报文允许生存时间，该参数值一般为心跳时间 T_0 值的 2 倍，如果接收端超过 $2T_0$ 时间内没有收到报文则判断报文丢失，在 $4T_0$ 时间内没有收到下一帧报文即判断为 GOOSE 通信中断，判出中断后装置会发出 GOOSE 断链报警。

（3）Data Set：即 GOOSE 控制块所对应的 GOOSE 数据集引用名，由逻辑设备名、逻辑节点名和数据集名级联而成。报文中 Data 部分传输的就是该数据集的成员值。

（4）GOID：该参数是每个 GOOSE 报文的唯一性标识，该参数的作用和目的地址、APPID 的作用类似。接收方通过目的地址、APPID 和 GOID 等参数进行检查，判断是否是其所订阅的报文。

（5）t：即 Event TimeStamp，事件时标，其值为 GOOSE 数据发生变位的时间，即状态号 STNum 加 1 的时间。

（6）StNum：即 StateNumber，状态序号，用于记录 GOOSE 数据发生变位的总次数。

（7）SqNum：即 SequenceNumber，顺序号 SqNum，用于记录稳态情况下报文发出的帧数，装置每发出一帧 GOOSE 报文，SqNum 应加 1；当有 GOOSE 数据变化时，该值归 0，从头开始重新计数。

（8）test：检修标识，用于表示发出 GOOSE 报文的装置是否处于检修状态。当检修压板投入时，test 应为 TRUE。

（9）ConfRev：配置版本号，Config Revision 是一个计数器，代表 GOOSE 数据集配置被改变的次数。当对 GOOSE 数据集成员进行重新排序、删除等操作时，GOOSE 数据集配置被改变。配置每改变一次，版本号应加 1。

（10）NdsCom：即 Needs Commissioning，该参数是一个布尔型变量，用于指示 GOOSE 是否需要进一步配置。

（11）NumDataSetEntries：即数据集条目数，图中值为“46”，代表 GOOSE 数据集中含有 46 个成员，相应的报文 Data 部分含有 46 个数据条目。

（12）Data：该部分是 GOOSE 报文所传输的数据当前值。Data 部分各个条目的含义、先后次序和所属的数据类型都是由配置文件中的 GOOSE 数据集定义的。

GOOSE 报告控制块及数据集在 SCD 文件中对应的信息如图 5-32～图 5-34 所示。

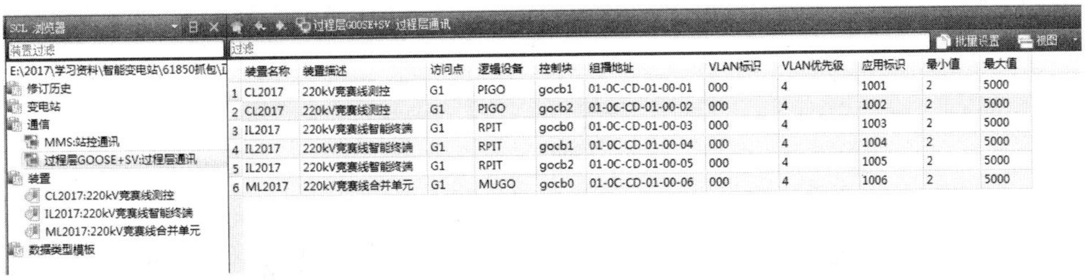
SCL 浏览器
装置过滤
E:\2017\学习资料\智能变电站\61850抓包\
修订历史
变电站
通信
MMS:站控通讯
过程层GOOSE+SV:过程层通讯
装置
CL2017:220kV竞赛线测控
IL2017:220kV竞赛线智能终端
ML2017:220kV竞赛线合并单元
数据类型模板
过程层GOOSE+SV 过程层通讯
过滤
批量设置
视图
装置名称 装置描述 访问点 逻辑设备 控制块 组播地址 VLAN标识 VLAN优先级 应用标识 最小值 最大值
1 CL2017 220kV竞赛线测控 G1 PIGO gocb1 01-0C-CD-01-00-01 000 4 1001 2 5000
2 CL2017 220kV竞赛线测控 G1 PIGO gocb2 01-0C-CD-01-00-02 000 4 1002 2 5000
3 IL2017 220kV竞赛线智能终端 G1 RPIT gocb0 01-0C-CD-01-00-03 000 4 1003 2 5000
4 IL2017 220kV竞赛线智能终端 G1 RPIT gocb1 01-0C-CD-01-00-04 000 4 1004 2 5000
5 IL2017 220kV竞赛线智能终端 G1 RPIT gocb2 01-0C-CD-01-00-05 000 4 1005 2 5000
6 ML2017 220kV竞赛线合并单元 G1 MUGO gocb0 01-0C-CD-01-00-06 000 4 1006 2 5000

图 5-32　逻辑设备下对应的参数信息

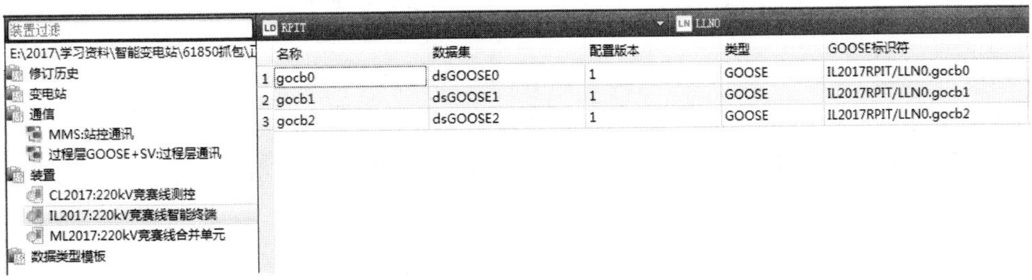
装置过滤
E:\2017\学习资料\智能变电站\61850抓包\
修订历史
变电站
通信
MMS:站控通讯
过程层GOOSE+SV:过程层通讯
装置
CL2017:220kV竞赛线测控
IL2017:220kV竞赛线智能终端
ML2017:220kV竞赛线合并单元
数据类型模板
LD RPIT
LN LLN0
名称 数据集 配置版本 类型 GOOSE标识符
1 gocb0 dsGOOSE0 1 GOOSE IL2017RPIT/LLN0.gocb0
2 gocb1 dsGOOSE1 1 GOOSE IL2017RPIT/LLN0.gocb1
3 gocb2 dsGOOSE2 1 GOOSE IL2017RPIT/LLN0.gocb2

图 5-33　SCD 中 GOOSE 控制块对应的数据集（一）

	名称	描述
1	dsGOOSE0	保护GOOSE发送数据集
2	dsGOOSE1	测控GOOSE发送数据集
3	dsGOOSE2	

	数据对象引用名	数据属性名	功能限制	描述	Unicode描述	短地址
1	RPIT/BinInGGIO1.Ind1	stVal	ST	智能终端检修压板	检修	YX:B07.NR1504_Din.Din7_X9...
2	RPIT/BinInGGIO1.Ind1	t	ST	智能终端检修压板	检修	
3	RPIT/BinInGGIO1.Ind2	stVal	ST	另一套智能终端告警	另一套智能终端告警	YX:B07.NR1504_Din.Din9_X1...
4	RPIT/BinInGGIO1.Ind2	t	ST	另一套智能终端告警	另一套智能终端告警	
5	RPIT/BinInGGIO1.Ind3	stVal	ST	另一套智能终端闭锁	另一套智能终端闭锁	YX:B07.NR1504_Din.Din10_X...
6	RPIT/BinInGGIO1.Ind3	t	ST	另一套智能终端闭锁	另一套智能终端闭锁	
7	RPIT/DevAlmGGIO1.Alm1	stVal	ST	2017断路器事故总	事故总	YX:B01.Czx.FaultSound_E
8	RPIT/DevAlmGGIO1.Alm1	t	ST	2017断路器事故总	事故总	
9	RPIT/DevAlmGGIO1.Alm2	stVal	ST	智能终端光耦异常	光耦电源异常	YX:B01.Czx.OPTPwrLoss_E
10	RPIT/DevAlmGGIO1.Alm2	t	ST	智能终端光耦异常	光耦电源异常	
11	RPIT/DevAlmGGIO1.Alm3	stVal	ST	断路器压力异常	断路器压力异常	YX:B01.Czx.LowPrs_E
12	RPIT/DevAlmGGIO1.Alm3	t	ST	断路器压力异常	断路器压力异常	
13	RPIT/DevAlmGGIO1.Alm4	stVal	ST	2017断路器控制回路断线	控制回路断线	YX:B01.Czx.CtrlBreak_E
14	RPIT/DevAlmGGIO1.Alm4	t	ST	2017断路器控制回路断线	控制回路断线	
15	RPIT/DevAlmGGIO1.Alm5	stVal	ST	总线启动信号异常	总线启动信号异常	YX:B01.Czx.QD_err_E
16	RPIT/DevAlmGGIO1.Alm5	t	ST	总线启动信号异常	总线启动信号异常	
17	RPIT/DevAlmGGIO1.Alm6	stVal	ST	GOOSE输入长期动作	GOOSE输入长期动作	YX:B01.Czx.GSE_longtime_E
18	RPIT/DevAlmGGIO1.Alm6	t	ST	GOOSE输入长期动作	GOOSE输入长期动作	
19	RPIT/DevAlmGGIO1.Alm7	stVal	ST	GPS异常	GPS异常	YX:B01.sync_err_E
20	RPIT/DevAlmGGIO1.Alm7	t	ST	GPS异常	GPS异常	
21	RPIT/DevAlmGGIO1.Alm8	stVal	ST	智能终端GOOSE总告警	GOOSE总告警	YX:B01.Czx.GOOSE_Err
22	RPIT/DevAlmGGIO1.Alm9	stVal	ST	操作电源掉电	操作电源掉电	YX:B01.Czx.SWIPwrLoss_E

图 5-33　SCD 中 GOOSE 控制块对应的数据集（二）

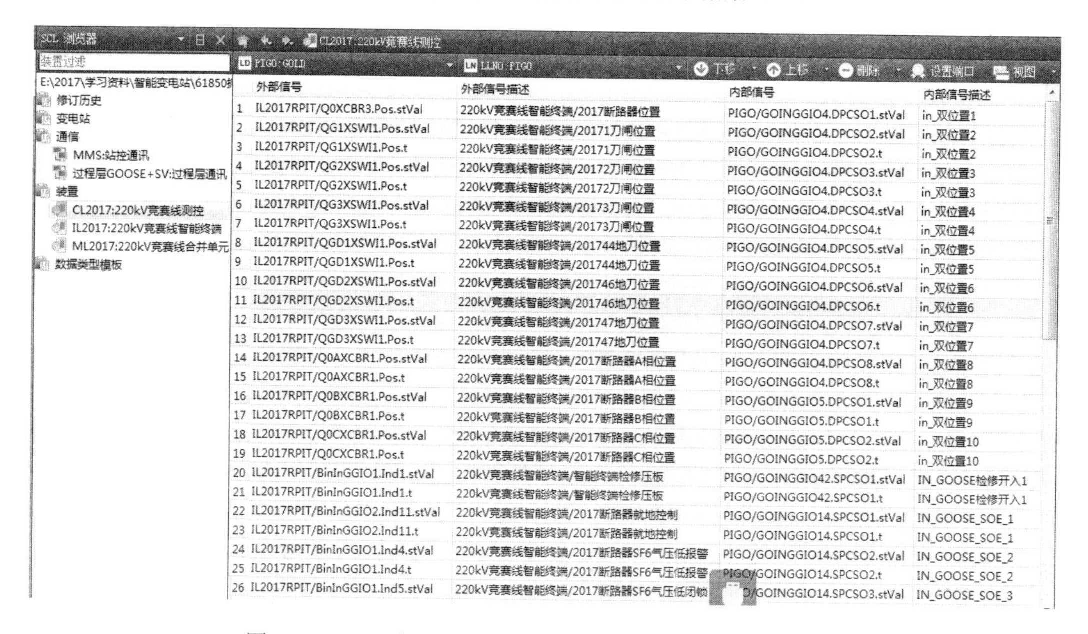

	外部信号	外部信号描述	内部信号	内部信号描述
1	IL2017RPIT/Q0XCBR3.Pos.stVal	220kV竞赛线智能终端/2017断路器位置	PIGO/GOINGGIO4.DPCSO1.stVal	in_双位置1
2	IL2017RPIT/QG1XSWI1.Pos.stVal	220kV竞赛线智能终端/20171刀闸位置	PIGO/GOINGGIO4.DPCSO2.stVal	in_双位置2
3	IL2017RPIT/QG1XSWI1.Pos.t	220kV竞赛线智能终端/20171刀闸位置	PIGO/GOINGGIO4.DPCSO2.t	in_双位置2
4	IL2017RPIT/QG2XSWI1.Pos.stVal	220kV竞赛线智能终端/20172刀闸位置	PIGO/GOINGGIO4.DPCSO3.stVal	in_双位置3
5	IL2017RPIT/QG2XSWI1.Pos.t	220kV竞赛线智能终端/20172刀闸位置	PIGO/GOINGGIO4.DPCSO3.t	in_双位置3
6	IL2017RPIT/QG3XSWI1.Pos.stVal	220kV竞赛线智能终端/20173刀闸位置	PIGO/GOINGGIO4.DPCSO4.stVal	in_双位置4
7	IL2017RPIT/QG3XSWI1.Pos.t	220kV竞赛线智能终端/20173刀闸位置	PIGO/GOINGGIO4.DPCSO4.t	in_双位置4
8	IL2017RPIT/QGD1XSWI1.Pos.stVal	220kV竞赛线智能终端/201744地刀位置	PIGO/GOINGGIO4.DPCSO5.stVal	in_双位置5
9	IL2017RPIT/QGD1XSWI1.Pos.t	220kV竞赛线智能终端/201744地刀位置	PIGO/GOINGGIO4.DPCSO5.t	in_双位置5
10	IL2017RPIT/QGD2XSWI1.Pos.stVal	220kV竞赛线智能终端/201746地刀位置	PIGO/GOINGGIO4.DPCSO6.stVal	in_双位置6
11	IL2017RPIT/QGD2XSWI1.Pos.t	220kV竞赛线智能终端/201746地刀位置	PIGO/GOINGGIO4.DPCSO6.t	in_双位置6
12	IL2017RPIT/QGD3XSWI1.Pos.stVal	220kV竞赛线智能终端/201747地刀位置	PIGO/GOINGGIO4.DPCSO7.stVal	in_双位置7
13	IL2017RPIT/QGD3XSWI1.Pos.t	220kV竞赛线智能终端/201747地刀位置	PIGO/GOINGGIO4.DPCSO7.t	in_双位置7
14	IL2017RPIT/Q0AXCBR1.Pos.stVal	220kV竞赛线智能终端/2017断路器A相位置	PIGO/GOINGGIO4.DPCSO8.stVal	in_双位置8
15	IL2017RPIT/Q0AXCBR1.Pos.t	220kV竞赛线智能终端/2017断路器A相位置	PIGO/GOINGGIO4.DPCSO8.t	in_双位置8
16	IL2017RPIT/Q0BXCBR1.Pos.stVal	220kV竞赛线智能终端/2017断路器B相位置	PIGO/GOINGGIO5.DPCSO1.stVal	in_双位置9
17	IL2017RPIT/Q0BXCBR1.Pos.t	220kV竞赛线智能终端/2017断路器B相位置	PIGO/GOINGGIO5.DPCSO1.t	in_双位置9
18	IL2017RPIT/Q0CXCBR1.Pos.stVal	220kV竞赛线智能终端/2017断路器C相位置	PIGO/GOINGGIO5.DPCSO2.stVal	in_双位置10
19	IL2017RPIT/Q0CXCBR1.Pos.t	220kV竞赛线智能终端/2017断路器C相位置	PIGO/GOINGGIO5.DPCSO2.t	in_双位置10
20	IL2017RPIT/BinInGGIO1.Ind1.stVal	220kV竞赛线智能终端/智能终端检修压板	PIGO/GOINGGIO42.SPCSO1.stVal	IN_GOOSE检修开入1
21	IL2017RPIT/BinInGGIO1.Ind1.t	220kV竞赛线智能终端/智能终端检修压板	PIGO/GOINGGIO42.SPCSO1.t	IN_GOOSE检修开入1
22	IL2017RPIT/BinInGGIO2.Ind11.stVal	220kV竞赛线智能终端/2017断路器就地控制	PIGO/GOINGGIO14.SPCSO1.stVal	IN_GOOSE_SOE_1
23	IL2017RPIT/BinInGGIO2.Ind11.t	220kV竞赛线智能终端/2017断路器就地控制	PIGO/GOINGGIO14.SPCSO1.t	IN_GOOSE_SOE_1
24	IL2017RPIT/BinInGGIO1.Ind4.stVal	220kV竞赛线智能终端/2017断路器SF6气压低报警	PIGO/GOINGGIO14.SPCSO2.stVal	IN_GOOSE_SOE_2
25	IL2017RPIT/BinInGGIO1.Ind4.t	220kV竞赛线智能终端/2017断路器SF6气压低报警	PIGO/GOINGGIO14.SPCSO2.t	IN_GOOSE_SOE_2
26	IL2017RPIT/BinInGGIO1.Ind5.stVal	220kV竞赛线智能终端/2017断路器SF6气压低闭锁	[illegible]/GOINGGIO14.SPCSO3.stVal	IN_GOOSE_SOE_3

图 5-34　SCD 中测控与智能终端及合并单元的虚端子连接

三、SV 服务

根据 IEC 61850-9-2，SV 报文在数据链路层上采用 ISO/IEC 8802-3 以太网协议，和 GOOSE 报文相同，SV 报文由报文头和协议数据单元 PDU 两部分组成，如图 5-35 所示。

SV 报文各参数含义如下：

（1）6 个字节的目的地址“01-0C-CD-04-00-01”和 6 个字节的源地址“00-C0-00-00-40-01”。9-2 SV 报文的目的地址，前三个字节固定为“01-0C-CD”，第四个字节为 04。

IEC 61850 规定 SV 报文目的地址取值范围为 01-0C-CD-04-00-00～01-0C- CD-04-01-FF。

```
⊞ Frame 46426: 430 bytes on wire (3440 bits), 430 bytes captured (3440 bits)
⊟ Ethernet II, Src: Lanoptic_00:40:01 (00:c0:00:00:40:01), Dst: Iec-Tc57_04:00:01 (01:0c:cd:04:00:01)
  ⊞ Destination: Iec-Tc57_04:00:01 (01:0c:cd:04:00:01)
  ⊞ Source: Lanoptic_00:40:01 (00:c0:00:00:40:01)
    Type: IEC 61850/SV (Sampled Value Transmission (0x88ba)
⊟ IEC61850 Sampled Values
    APPID: 0x4001
    Length: 416
    Reserved 1: 0x0000 (0)
    Reserved 2: 0x0000 (0)
  ⊞ savPdu
```

```
⊟ savPdu
    noASDU: 1
  ⊟ seqASDU: 1 item
    ⊟ ASDU
        svID: ML2017MUSV/LLN0.smvcb0
        smpCnt: 3679
        confRef: 1
        smpSynch: local (1)
      ⊟ PhsMeas1
          value: 1000
        ⊟ quality: 0x00000000, validity: good, source: process
            .... .... .... .... .... .... .... ..00 = validity: good (0x00000000)
            .... .... .... .... .... .... .... .0.. = overflow: False
            .... .... .... .... .... .... .... 0... = out of range: False
            .... .... .... .... .... .... ...0 .... = bad reference: False
            .... .... .... .... .... .... ..0. .... = oscillatory: False
            .... .... .... .... .... .... .0.. .... = failure: False
            .... .... .... .... .... .... 0... .... = old data: False
            .... .... .... .... .... ...0 .... .... = inconsistent: False
            .... .... .... .... .... ..0. .... .... = inaccurate: False
            .... .... .... .... .... .0.. .... .... = source: process (0x00000000)
            .... .... .... .... .... 0... .... .... = test: False
            .... .... .... .... ...0 .... .... .... = operator blocked: False
            .... .... .... .... ..0. .... .... .... = derived: False
          value: 2159
        ⊞ quality: 0x00000000, validity: good, source: process
          value: 2159
        ⊞ quality: 0x00000000, validity: good, source: process
          value: 0
        ⊞ quality: 0x00000000, validity: good, source: process
          value: 2159
        ⊞ quality: 0x00000000, validity: good, source: process
```

图 5-35　SV 报文

（2）APPID“4001”，该值全站唯一。

（3）APPID 后面是长度字段 Length：416，表示数据帧从 APPID 开始到 APDU 结束的部分共 416 字节。

（4）保留位 1 和保留位 2 共占有 4 个字节，默认值为“0x 00 00 00 00”。

SV 协议数据单元 PDU 各参数含义如下：

（1）SVID：即采样值控制块标识，由合并单元模型中的逻辑设备名、逻辑节点名和控制块名级联组成。

（2）SmpCnt：采样计数器用于检查数据内容是否被连续刷新，合并单元每发出一个新的数据，SMPCnt 应加 1。

（3）ConRef：配置版本号含义与 GOOSE 报文中的 Config Revision 类似。配置每改变一次，配置版本号应加 1。

（4）SmpSync：同步标识位用于反映合并单元的同步状态。当同步脉冲丢失后，合并单元先利用内部晶振进行守时。当守时精度能够满足同步要求时，应为 TRUE；当不能够满足同步要求时，应变为 FALSE。

（5）“PhsMeas1”下各个通道的含义、先后次序和所属的数据类型都是由配置文件中的采样数据集定义的。

数据品质值中的 3 个标志位的含义如下：

（1）状态有效标志 Validity。如果一个电子式互感器内部发生故障（例如传感元件损坏），那么相应通道的状态有效标志位应置为无效。此时测控需要有针对性地增加相应的处理内容。

（2）检修标志位 test。检修位用于表示发出该采样值报文的合并单元是否处于检修状态。当检修压板投入时，合并单元发出的采样值报文中的检修位应为 TRUE。接收端装置应将接收的采样值报文的 test 位与自身的检修压板状态进行比对，只有当两者一致时才将信号作为有效处理或动作。

（3）Derived 标志。Derived 标志用于反映该通道的电压电流是否为合成量。

SV 报告控制块及数据集在 SCD 文件中对应的信息如图 5-36、图 5-37 所示。

图 5-36 SCD 中 SV 控制块对应的数据集

图 5-37　SCD 中 SV 控制块对应的虚端子连接

第三节　IEC 61850 报文案例分析

1．变电站现场捕捉到一帧MMS报文（见图5-38），试分析该报文中的下列内容：

（1）该报告对应的控制块和数据集。

（2）该报告的数据集中的成员个数，发送的是数据集的第几个信息。

（3）该报告所带数据的品质类型。

（4）请写出该报告所带数据的产生时间和时间品质。

（5）上送此报告的触发条件。

```
VariableList
    RPT
AccessResults
    VSTRING:
    urcbAin
    BITSTRING:
        BITSTRING:
            BITS 0000 - 0015: 0 1 1 1 1 1 0 0 1 0
    UNSIGNED:  3
    BTIME
        BTIME  2013-11-17 11:39:23.108 (days=10913 msec= 41963108)
    VSTRING:
    E1Q1SB10MEAS/LLN0$dsAin
    UNSIGNED:  1
    BITSTRING:
        BITSTRING:
            BITS 0000 - 0015: 1 0 0 0 0 0 0 0 0 0
    VSTRING:
    E1Q1SB10MEAS/MMXU1$MX$U$phsA
    STRUCTURE
        STRUCTURE
            STRUCTURE
                FLOAT:  9.000000
            STRUCTURE
                FLOAT:  30.000000
        BITSTRING:
            BITSTRING:
                BITS 0000 - 0015: 0 0 0 0 0 0 0 0 0 0 0 0 1 0
        UTC
            UTC 2013-11-17 11:39.23.077148  Timequality: 0a
    BITSTRING:
        BITSTRING:
            BITS 0000 - 0015: 0 1 0 0 0 0
```

图 5-38　变电站现场捕捉到一帧 MMS 报文

答：

（1）该报告对应的控制块：URCBAin。数据集：E1Q1SB10MEAS/LLN0.dsAin。

（2）该报告的数据集中的成员个数有 9 个，发送的是数据集的第 1 个信息。

（3）该报告所带数据的品质类型为 test（或测试）。

（4）该报告所带数据的产生时间为 2013-11-17 11：39.23.077148；时间品质：时钟正常和 1ms 时钟精度。

（5）上送此报告的触发条件是数据变化（或 DCHG）。

2．变电站现场捕捉到一帧SV报文（见图5-39），结合该SV的配置信息，试求出该帧报文中“计量/测量A相电流IA”的瞬时值？

```
0000: 01 0C CD 04 01 01 00 E1 C2 C3
0010: C4 C5 81 00 80 00 88 BA 40 01
0020: 00 DF 00 00 00 00 60 81 D4 80
0030: 01 01 A2 81 CE 30 81 CB 80 11
0040: 4D 31 30 4D 55 2F 4C 4C 4E 30
0050: 2E 73 6D 76 63 62 30 82 02 09
0060: 1A 83 04 00 00 00 01 85 01 01
0070: 87 81 A8 00 00 00 04 00 00 00
0080: 00 00 00 00 00 00 00 00 00 00
0090: 00 00 00 00 00 00 00 00 00 00
0100: 00 00 00 00 00 00 00 00 00 00
0110: 00 00 00 00 00 00 00 00 00 00
0120: 00 00 00 00 00 00 00 00 00 00
0130: 0D C1 32 00 00 00 00 FF EA B8
0140: FC 00 00 00 00 00 07 86 27 00
0150: 00 00 00 00 00 00 00 00 00 00
0160: 00 00 00 00 00 00 00 00 00 00
0170: 00 00 00 00 00 00 00 00 00 00
0180: 00 00 00 00 00 00 00 00 00 00
0190: 00 00 00 00 00 00 00 00 00 00
0200: 00 00 57 5A CC 00 00 00 00 FF
0210: 78 DF 94 00 00 00 00 00 2F C8
0220: D4 00 00 00 00 FF 78 DF 94 00
0230: 00 00 00 00 00 00 00 00 00 00
0240: 00
```

通道	名称	类别
1	General采样额定延迟时间	延时
2	保护A相电流IA1	电流
3	保护A相电流IA2	电流
4	保护B相电流IB1	电流
5	保护B相电流IB2	电流
6	保护C相电流IC1	电流
7	保护C相电流IC2	电流
8	计量/测量A相电流IA	电流
9	计量/测量B相电流IB	电流
10	计量/测量C相电流IC	电流

图 5-39　通道配置信息

答：从通道配置信息图中可以看出“计量/测量 A 相电流 IA”为第 8 个通道，从 SV 报文中可以看出第 8 个通道的报文为：00 0D C1 32 00 00 00 00，前 4 个字节为数值，后 4 个字节为品质，SV 报文的电流值得 LSB 为 1mA，可计算得到“计量/测量 A 相电流 IA”值为：901.426A。

3．变电站现场捕捉到一帧 GOOSE 报文（见图 5-40），结合该 GOOSE 的配置（见图 5-41），试分析报文包含哪些主要信息并判定线路刀闸位置？

答：图 5-40 获取信息如下：

组播地址：01-0C-CD-01-01-07 与图 5-41 一致。

APPID：0107 与图 5-41 一致。

数据集应用：IL2201ARPIT/LLN0GOGocb_In 与图 5-41 一致。

数据集名称：IL2201ARPIT/LLN0$dsGOOSE2 与图 5-41 一致。

timeAllowedtoLive：10000，等于图 5-41 中 MaxTime 的 2 倍。

Test 位：FALSE。

数据集条目总数：162。

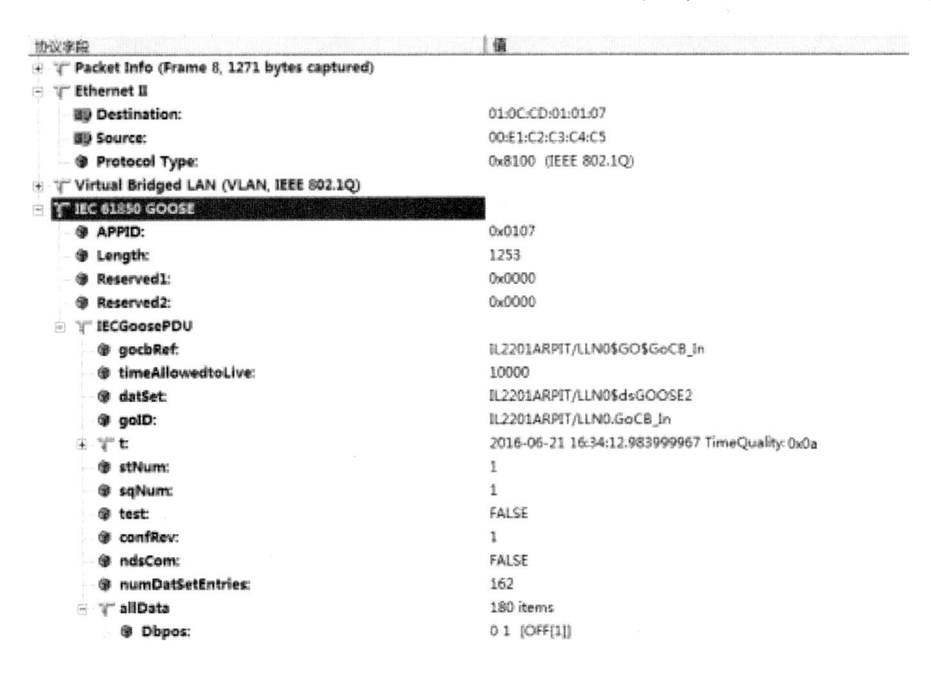

图 5-40　GOOSE 报文

apName: G1　　MAC: 01-0C-CD-01-01-07　　VLAN-ID: 000

appid: IL2201ARPIT/LLN0.GoCB_In　　APPID: 0107

datSet: dsGOOSE2　　confRev: 1

MinTime: 2　　MaxTime: 5000

gocbRef: IL2201ARPIT/LLN0GOGoCB_In

添加通道

通道	DA索引	类别	通道名称
1	1	Dbpos	线路闸刀
2	2	Dbpos	4G
3	3	Dbpos	开关母线侧接地闸刀
4	4	Dbpos	开关线路侧接地闸刀
5	5	Dbpos	线路接地闸刀
6	6	Dbpos	4GD
7	7	BOOLEAN	第二套智能终端闭锁重合闸
8	8	BOOLEAN	压力低闭锁重合闸（常闭）
9	9	BOOLEAN	断路器气压低报警
10	10	BOOLEAN	断路器三相不一致
11	11	BOOLEAN	第一套合并单元直流消失

图 5-41　GOOSE 配置

StNum=1，SqNum=1；表明该 GOOSE 控制块重启。

数据集条目 1 类型为 Dbpos（双点），值为 01，表明线路刀闸位置状态为分位。

4．在对某智能站的某间隔断路器进行遥控试验，遥控合闸操作，智能终端在T_0时刻采集到开关位置由分到合状态，1min后进行遥控分闸操作，列出开关动作后智能终端连发出五帧GOOSE报文的STNum和SQNum及对应的时间，说明该报文的内容，并列出开关变位的SOE时间。其中遥控前前一帧GOOSE报文StNum为1，SqNum为10，GOOSE变位机制如图5-42所示，其中T_0=5s，T_1=2ms，T_2=4ms，T_3=8ms。

答：

遥控合闸操作如下：

第一帧报文：T_0 时刻，StNum=2，SqNum=0，开关合位。

第二帧报文：T_0+2 ms 时刻，StNum=2，SqNum=1，开关合位。

第三帧报文：T_0+4 ms 时刻，StNum=2，SqNum=2，开关合位。

第四帧报文：T_0+8 ms 时刻，StNum=2，SqNum=3，开关合位。

第五帧报文：T_0+16 ms 时刻，StNum=2，SqNum=4，开关合位。

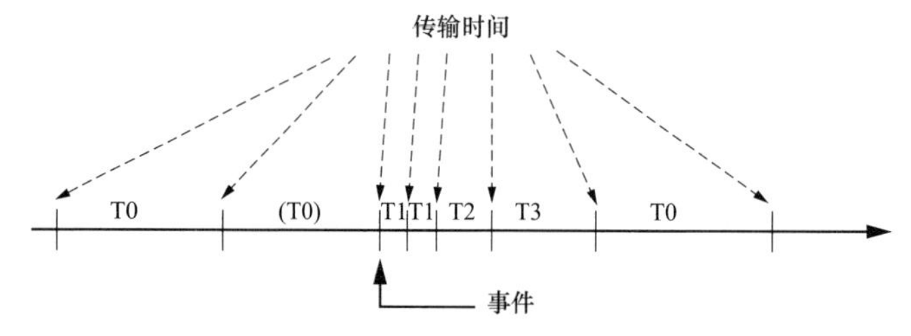

图 5-42 GOOSE 变位机制

遥控分闸操作如下：

第一帧报文：T_0+60s 时刻，StNum=3，SqNum=0，开关分位。

第二帧报文：T_0+60s +2 ms 时刻，StNum=3，SqNum=1，开关分位。

第三帧报文：T_0+60s +4 ms 时刻，StNum=3，SqNum=2，开关分位。

第四帧报文：T_0+60s +8 ms 时刻，StNum=3，SqNum=3，开关分位。

第五帧报文：T_0+60s +16 ms 时刻，StNum=3，SqNum=4，开关分位。

SOE 时间：开关合位 SOE 时间为 T_0，开关分位 SOE 时间为 T_0+60s。

第六章

故 障 分 析 集

第一节　南瑞继保故障集

一、通信故障

南瑞继保通信故障如表 6-1 所示。

表 6-1　　　　南瑞继保通信故障

序号	故障点	故障现象	故障处理
1	监控主机网线插错网卡	后台画面不刷新或者告警实时框内无任何装置的有效变位或告警信息	桌面右键 Konsole 内敲命令 ifconfig -a，查看后台各网口 IP 地址
2	监控主机网线虚接		监控主机侧网线虚接恢复
3	测控装置后网线虚接		ping 命令不通，检查交换机网口闪烁情况，测控装置网口闪烁情况
4	测控装置 IP 地址设置错误		修改测控装置 IP 地址
5	测控装置 IEDName 与客户端不符		液晶修改 IEDName 或者重新下载 CID 模型
6	测控装置 GOOSE 通信的 NR4138 插件未投入		板卡配置中投入 NR4138 插件
7	监控系统网卡 IP 地址与监控后台 etc/hosts 不同		右键→切换为 su 用户，密码 123456，输入 setup——网络配置——设备配置——选择具体的网卡修改静态 IP 地址并确定保存
8	测控装置子网掩码 255.255.ABC.XYZ		修改为 255.255.0.0
9	监控系统网卡 IP 地址与题目要求不符		ifconfig –a 查看计算机 IP 地址，修改 IP 方法：su 用户下（密码 123456），输入 setup—网络配置—设备配置—选择具体的网卡修改静态 IP 地址并确定保存
10	监控系统 61850 进程未配置值班节点或节点应用状态不对		sm_cfg（密码 Sophi1234）中，节点应用定义—应用 fe，节点 SCADA1 未添加或者节点应用类型为普通节点，修改时需增加 SCADA1 并将其改为备选值班节点

续表

序号	故障点	故障现象	故障处理
11	监控系统 61850 进程未启用	后台画面不刷新或者告警实时框内无任何装置的有效变位或告警信息	sm_console 中，选中 fe 进程，选择值班机 SCADA1，将 fe_server61850 由人工禁止改为启用
12	数据库 PCSDEBDEF 菜单操作—报告控制块设置 BRCB/URCB 中报告触发条件设置不正确		按需设置，通常为周期/总招/变化上送
13	pcs9700/deployment/etc/fe/inst.ini 文件内报告实例号与远动设置相同		后台 inst 下默认 SCADA1 实例号为 1；修改后台实例或远动实例保证不冲突
14	数据库采集点设置装置所属前置应用标识为 1		修改前置应用标识为 0；前置应用标识 1 为Ⅱ区数据通信 fe1 进程
15	pcs9700/deployment/etc/fe/inst.ini 报告实例大于测控允许最大实例		超过最大实例后，后台以设置实例号对下通信，但使能失败，通信无法建立，通过 gedit inst.ini 修改实例号
16	SCD 站控层子网无测控 S1 访问点		SCD 站控层子网中添加 S1 访问点
17	交换机内站控层设置了端口 PVID+VLAN 分组，后台、测控不在同一个 VLAN 内，后台与测控 ping 失败		明确交换机的 VLAN 划分依据，根据交换机网口所接装置，配置正确的站控层 VLAN+端口 VLANID 号，使之存在于同一组
18	交换机侧测控以太网线虚接		使用 ping 命令发现不通，交换机灯不闪烁，恢复网线连接
19	交换机 RJ45 网口属性设置为光口		ping 异常，检查交换机设置
20	交换机端口设置了镜像		ping 不通，关闭相应口的镜像功能
21	远动装置对下网线插错网卡或者虚接	远动装置内通信中断显示对测控装置通信中断	后台 ping 不通远动对下 IP 地址，恢复网线虚接
22	远动装置对下不通，交换机侧虚接		后台 ping 不通远动对下 IP 地址，恢复网线虚接
23	测控装置未添加到 61850 客户端规约下		将测控装置添加到 61850 客户端下的装置配置信息中
24	61850 规约未选择所属网卡		远动装置报警，分进程出错，选择连接表下的 A 网实际网卡
25	远动组态中测控装置 IP 地址错		数据库配置中修改 IP 地址，保存下装，重启生效
26	远动组态中测控装置 IED 名称错		数据库配置中修改 IEDName，保存下装，重启生效
27	61850 规约可变选项中 BRCB/URCB 实例号与后台冲突或 61850 规约中不冲突但装置配置信息下的 BRCB/URCB 实例号与后台冲突		修改 BRCB/URCB 实例号，若为无效值，远动在使能时，读取报告控制块时，装置不响应，使能等无法成功
28	61850 客户端规约中 TrgOps 触发条件设置错误		BRCB 一般为 44；URCB 一般为 4c
29	SCD 站控层子网内无测控 S1 访问点，测控装置无法导入远动		SCD 添加 S1 访问点，并配置 IP 地址，重新导入到远动装置

续表

序号	故障点	故障现象	故障处理
30	交换机内站控层设置了端口PVID+VLAN分组，远动、测控不在同一个VLAN内，远动与测控ping失败	远动装置内通信中断显示对测控装置通信中断	明确交换机的VLAN划分依据，根据交换机网口所接装置，配置正确的站控层VLAN+端口 VlanID 号，使之存在于同一组
31	光口收发反接（装置侧或交换机侧），交换机相应的灯不亮	测控装置显示GO/SV断链告警、合并单元GO/SV断链灯亮、智能终端GO断链灯亮	光纤收发正确（在装置侧或者交换机侧反都可以）
32	交换机侧，每个装置收发光纤不成对，有错接，交换机灯亮，但是GO/SV断链		理清光纤，收发成对
33	相应装置下载goose.txt文件与SCD配置不符合		重新导出装置配置，下载，重启装置
34	测控装置NR4138A插件退出		测控—装置信息—板卡信息—配置中，将—修改为√，输入密码+左上-
35	过程层VLAN划分不正确		正确设置交换机VLAN
36	合并单元插件插错插槽	合并单元运行灯灭，告警灯亮	核对图纸，更换插件位置

二、装置故障

南瑞继保装置故障如表6-2所示。

表6-2　　南瑞继保装置故障

序号	故障点	故障现象	故障处理
1	非ems用户登录	桌面无监控启动菜单，监控软件无法启动	注销root用户，选用cms用户，密码123456同时选择KDE（GNOME模式下字体有时为乱码，操作不便）方式登录
2	计算机名与/etc/hosts文件中不对应	监控软件无法启动	修改计算机名，一般为SCADA1，su下123456，setup—网络配置—DNS设置—计算机名，修改为SCADA1并保存确定后，输入命令hostname scada1
3	系统管理配置窗口sm_cfg（Sophi1234）无此节点	与测控装置无法通信	su下123456，gedit /etc/hosts 修改为SCADA1
4	网卡没有激活		ifconfig　命令看状态，非激活状态看不到网卡。su，密码123456，cd /etc/init.d/，进入/etc/init.d/目录，键入./network start或者键入 ./network reload
5	主机IP地址不对		su，密码123456，setup—网络配置—设备设置—选择对应网卡，修改IP地址和子网掩码并保存退出
6	装置工作电源正、负电源内、外侧线包绝缘、虚接、移位	装置运行异常	用万用表测量端子上的正负电源是否有电压，并确认内侧线接线正确、接触良好
7	装置电源空气开关有线虚接、被包绝缘或者空气开关被拉开		检查空气开关是否已给上，接线是否虚接，将回路恢复

续表

序号	故障点	故障现象	故障处理
8	人员权限维护中，用户对应角色不对或者域应用相关权限未开放，主要包括数据库维护、间隔更名、遥控、报表编辑、告警确认等功能	数据库编辑、报表编辑、遥控操作时提示密码正确但无权限	监控系统—开始—维护程序—用户管理或者 priv_manager 编辑用户权限，正确修改角色与域中各功能
9	画面编辑中部分遥测、遥信被组合，导致发现错误关联后，不能修改遥测、遥信	遥测、遥信关联错误，但是点击不了定义项	点击画面编辑左上角的取消组合图标
10	alarm 等关键进程关闭	后台告警窗无信号	sm_console 中，选中 alarm 进程，选择值班机 SCADA1，将 alarm 相关进程由人工禁止改为启用
11	alarm 节点应用定义中 ALARM 未指定节点		键入 sm_cfg 命令，alarm 节点应用定义中 alarm 指定 SCADA1 节点
12	GOOSE 控制块删除	（1）SCD 配置工具中，通信子网内控制块与订阅侧 GOOSE 连线均倾斜； （2）GOOSE 订阅方报相应的块 GOOSE 链路断	通信子网 GSE 标签中增加相应报告控制块，下装装置，重启
13	删除 GOOSE 数据发布方虚端子	订阅方找不到外部虚端子	数据集中增加对应信号，下装装置，重启
14	删除 SV 数据发布方虚端子		数据集中增加对应信号，下装装置，重启
15	修改 GOOSE 发送方数据集中的 desc 描述	发布方虚端子定义和 refence 对不上	修改数据集中通道描述
16	修改 SV 发送方数据集中的 desc 描述		修改数据集中通道描述
17	SCD 内测控装置报告控制控制块被删除	装置与客户端通信正常，删除报告控制块下的信号不能上送，其他控制块信息正常上送	SCD 测控装置—报告控制—右键新建—选择正确的数据集，设置报告标识符/触发选项、选项字段，其中报告标识符/数据集与后台数据库—XX 测控装置—IEC 61850 模型—对应 LD—LLNO—报告控制块—中的标识/数据集一致
18	测控装置 DataSet 数据集内部分内容被删除	装置与客户端通信正常，其他数据集信号正常上送，被修改数据集信号不能上送；后台前置 fe_monitor 中显示丢弃报告，数据集条目数不一致	参照后台数据库—测控装置—IEC 61850 模型—对应 LD—LLNO—数据集下的对应数据集增加 SCD 中缺损内容
19	插件配置中，光口配置错误	如果有插件配置，优先采用其中的通信端口设置，直接导致 GOOSE 通信中断、SV 通信中断	查看插件配置，修改正确，与虚端子光口配置一致；或者直接删除整个插件配置
20	GOOSE 控制块通信参数错误，APPID、组播地址等	GOOSE 通信中断/完全重新下载无现象	根据文档修改正确

续表

序号	故障点	故障现象	故障处理
21	SV 控制块通信参数错误，APPID、组播地址等	SV 通信中断/完全重新下载无现象	根据文档修改正确
22	BRCB 或者 URCB 报告控制块最大允许实例号设置偏小，比如设置为 1	设置为 1 时，远动、后台仅一个客户端通信正常	推荐设置不小于 12
23	MMS 协议未选择 8-MMS 类型	测控装置无法导入后台，提示解析 XML 文件失败；远动可正常导入装置	类型选择 8-MMS
24	SCD 中未添加 S1 访问点	后台正常导入，但数据库中无装置；远动只有状态量中有通信状态等信息	添加 S1 访问点
25	SCD 虚端子配置接收光口与实际光口接线不相符	GOOSE 或者 SV 通信中断	修改 SCD 内的光口配置或者更改过程层光口接线
26	SCD 内 VLAN 设置与交换机划分不符		恢复 SCD 内的默认 VLANID 为 0
27	间隔联闭锁逻辑配置错误（大类）	断路器、隔离开关控制失败	按照配置文件要求，修改相关联闭锁逻辑

三、遥测类故障

南瑞继保遥测类故障如表 6-3 所示。

表 6-3　　南瑞继保遥测类故障

序号	故障点	故障现象	故障处理
1	厂站属性处理允许被取消	遥测无显示	正确设置厂站处理标记中的选项
2	遥测允许标记“处理允许”被取消		数据库遥测下的允许标记正确设置，保存，发布
3	数据库遥测残差过大		恢复数据库遥测残差为 0
4	数据库遥测变化死区设置过大		恢复数据库遥测死区为 0
5	设置了人工置数		取消人工置数
6	数据库遥测系数非 1	遥测数值与测控不符	恢复数据库遥测系数为 1
7	数据库遥测校正值非 0		恢复数据库遥测系数为 0
8	画面遥测定义错误		画面与数据库重新关联，保存发布画面
9	画面遥测小数点无显示		画面双击遥测，修改数值类前景设备设置中的格式，一般为 f5.2
10	主分画面遥测关联一致性	主分画面不符	修改主接线或者分画面，保证数据一致性
11	合并单元电压级联规约		修改级联规约为 0，代表交流头常规采样
12	SCD 虚端子连接错位/错误		修改 SCD 连线，导出下装
13	合并单元 CT 变比设置不正确	测控装置遥测不对或者数据异常	模拟液晶修改合并单元变比
14	测控装置零漂抑制门槛过高		降低测控零漂抑制门槛

续表

序号	故障点	故障现象	故障处理
15	测控装置极性设为反	控制装置遥测不对或者数据异常	修改测控极性为正
16	测控装置测量 CT 接线方式选为 1		测量 CT 接线方式选为 0
17	104 转发点表设置错误	104 模拟主站遥测不对	修改转发表，保存下载，重启远动装置
18	104 转发点表遥测点设置了系数、偏移量		修改转发表后的遥测具体属性，重启远动装置
19	104 转发点表遥测点设置的零漂死区值或者变化死区值偏大		修改转发表后的遥测具体属性，重启远动装置
20	104 转发点表遥测点转发类型错（非浮点数）		修改 104 规约可变信息中涉及的遥测上送类型，ASDU13 短浮点
21	104 规约可变信息短浮点遥测上送字节顺序		修改遥测上送字节顺序为从低到高
22	电压回路的开路，电压回路内、外侧线接线错位、交叉或被包绝缘(相别交叉或者与另一组电压交叉)	电压加量后有数据但数据不对	查看合并单元上的电压数据，检查虚端子连接也正常，用万用表测量实际数据，确定电压输入部分正常，但合并单元数据与输入不符，定位故障是在电压接线，核对端子上的内外侧接线，将仪器输出关掉后，将错接的线恢复
23	电压 Un 接线虚接或线被包绝缘		确认电压数据接收无误，但各项数据均不准，确认 Un 的接线是否错位，是否有线被包绝缘
24	电压回路中空开接线虚接或者接线被包绝缘		查看合并单元上无电压数据，并用万用表测量发现无电压，但仪器输入有电压，将仪器输出关掉后，检查空开是否有接线虚接或被包绝缘，并进行恢复
25	电流回路单相、相间被短接	电流加量后有单项电流数据不对	查看合并单元上的电流数据，确认虚端子连接也正常，将仪器输出关掉后，确认端子、背板上是否存在短接，发现后进行恢复
26	电流回路接线有交叉或两组电流之间交叉		查看合并单元上的电流数据，确认虚端子连接也正常，将仪器输出关掉后，确认端子、背板上是否存在交叉接线情况，发现后进行恢复

四、遥信类故障

南瑞继保遥信类故障如表 6-4 所示。

表 6-4　南瑞继保遥信类故障

序号	故障点	故障现象	故障处理
1	数据库遥信设置封锁	遥信无显示或不变位	数据库遥信下的允许标记正确设置，保存，发布
2	数据库遥信设置取反		数据库遥信下的允许标记正确设置，保存，发布
3	画面关联定义错误		关联正确，保存，发布
4	人工置数		实时画面取消人工置数

续表

序号	故障点	故障现象	故障处理
5	跳闸判别点未设置	遥信无显示或不变位	数据库一次设备配置下的跳闸判别点关联
6	主分画面遥信关联一致性		检查，保存，发布
7	厂站处理允许被取消		正确设置厂站处理标记中的选项
8	光字牌定义1，0定义颜色一致		ICON修改光字牌图元属性
9	告警窗口中按厂站或间隔屏蔽设置	告警窗口无显示	取消屏蔽
10	智能终端投检修	断路器位置不对应/光子牌异常或无显示	检修压板退出
11	测控装置GOOSE接收软压板退出		软压板投入；未投入时，后台无测控收过程层装置断链告警信号
12	SCD遥信虚端子错误		设置正确
13	104转发点表错误	104模拟主站遥信不对或无显示	修改转发表
14	104转发点表遥信点设置了却反		修改遥信点的属性
15	104转发点表遥信点COS及SOE设置为无效		修改遥信点的属性
16	智能终端遥信正、负电源内、外侧线包绝缘、虚接、移位	智能终端所有开入没有位置或部分开入没有位置	用万用表测量端子上的正负电源是否有电压，并确认内侧线接线正确、接触良好
17	智能终端插件未插紧		确认正负电源接线正确、接触良好，背板线接触良好并插紧
18	智能终端的开入短接至正电源	信号变位无变化	用万用表测量端子上的电位是否在开入变位时无变化，核对端子上有无多余接线，有则拆除
19	智能终端压板背部被短接	智能终端压板投退无效	压板退出后，用万用表测量压板两端压降是否还是为0，然后将遥信电源拉开后，确认是否有短接线，拆除后再上电
20	测控压板背部被短接	测控压板投退无效	压板退出后，用万用表测量压板两端压降是否还是为0，然后将遥信电源拉开后，确认是否有短接线，拆除后再上电
21	合并单元压板背部被短接	合并单元压板投退无效	压板退出后，用万用表测量压板两端压降是否还是为0，然后将遥信电源拉开后，确认是否有短接线，拆除后再上电
22	测控装置GOOSE接收软压板未投入	后台无测控收过程层装置断链告警信号	投入对应GOOSE软压板
23	测控装置开入电压不为220V	测控装置面板显示开入电压异常，硬接点开入不成功	设置开入电压为220V
24	104转发点表错误	104模拟主站遥信不对或无显示	根据资料要求修改转发表。注意连续寻址和独立寻址的设置
25	104转发点表遥信点设置了取反		修改遥信点的属性
26	智能终端投检修	智能终端信号进入检修告警窗口	检修压板退出

五、遥控类故障

南瑞继保遥控类故障如表 6-5 所示。

表 6-5　　南瑞继保遥控类故障

序号	故障点	故障现象	故障处理
1	厂站属性遥控允许取消	点击画面遥控提示闭锁或者无法遥控或遥控选择失败	正确设置厂站处理标记中的选项
2	厂站属性增加控制闭锁点		取消厂站遥控闭锁点
3	后台设置间隔挂牌		取消间隔挂牌
4	分画面禁止遥控		取消分画面遥控禁止功能
5	数据库遥信属性遥控允许被取消		正确设置遥信处理允许
6	数据库遥控关联错误或未关联		正确关联遥信与遥控
7	后台操作员用户无遥控权限		用户管理中，修改角色权限或域角色
8	画面断路器或刀闸存在人工置数		取消人工置数
9	后台五防逻辑闭锁		根据不合格内容，数据库编辑遥控分合五防规则
10	后台测控装置断路器遥控的同期/无压/不检设置错误		正确设置断路器遥控类型
11	遥控调度编号不匹配		正确设置遥控调度编号
12	开关、隔离开关控制模式 CTLMode 不为选择增强型	报“控制对象未选择”，控制失败	正确设置 CTLMode 为选择增强型
13	测控装置检修压板投入	遥控选择失败	检修压板退出
14	测控装置处于就地状态		远控压板投入
15	智能终端远控切换把手位置节点不通		检查切换把手或端子排 4Q2D32
16	测控装置 SV 接收软压板退出	同期失败	SV 接收软压板投入，不投入时，Ux 不参与同期判断
17	测控装置出口使能软压板未投	选择成功，执行不成功，面板可以看到遥控选择信息	正确设置软压板状态
18	测控装置遥控脉宽时间整定时间过短		整定遥控脉宽时间，不宜过短
19	智能终端 KK 把手非远方状态		切换到远方状态
20	智能终端检修压板投入		智能终端检修压板退出
21	智能终端遥控出口压板未投入		遥控出口压板投入
22	智能终端断路器遥控回路独立使能为 1		正确设置智能终端定值
23	104 转发点表设置错误	104 模拟主站遥控不成功	修改转发表，重启远动装置
24	104 转发表遥控单双点遥控与主站不匹配		修改转发表，与主站遥控类型匹配
25	104 RTU 链路地址		设置正确、保存下载，重启远动装置
26	远动装置面板设置开入电压不为 24V	远动装置允许远方操作把手信号不能正常开入，远方遥控失败	远动装置面板设置开入电压为 24V

续表

序号	故障点	故障现象	故障处理
27	测控装置内，同期定值设置不合理（相别选择、Ux 相线选择、压差、角度设置等）	断路器同期合闸不成功，测控面板显示检同期不合格条件	设置正确、保存定值
28	合并单元二次额定保护相电压整定错误		正确修改合并单元定值
29	合并单元检修压板投入		检修压板退出
30	合并单元对时异常		消除对时异常
31	TV 断线闭锁同期操作		电压正常
32	后台数据库中，断路器遥控配置中，关联错误，比如检同期和检无压互换	检同期合闸不成功	清除断路器遥控原有配置，重新配置
33	断路器控制回路正、负电源内、外侧线包绝缘、虚接、移位	断路器无法控制，智能终端控制回路断线	用万用表测量端子上的正负电源是否有电压，并确认内侧线接线正确、接触良好
34	断路器控制回路遥分、遥合回路线错接、交叉或被包绝缘	断路器无法控制	用万用表测量端子上的正负电源是否有电压，并确认内侧线接线正确、接触良好
35	隔离开关控制回路遥分、遥合回路线错接、交叉或被包绝缘	隔离开关无法控制	用万用表测量端子上的正负电源是否有电压，并确认内侧线接线正确、接触良好
36	智能终端开出板件未插好或松动	所有遥控无法出口，但 KK 把手可以操作	确认正负电源接线正确、接触良好，将板件接触良好并插紧

六、远动故障

南瑞继保远动故障如表 6-6 所示。

表 6-6　　南瑞继保远动故障

序号	故障点	故障现象	故障处理
1	远动装置对上 104 网线插错网卡或者虚接	远动显示 104 通信中断或 104 模拟工具通信不上	网线恢复至相应网口
2	远动装置 104 插件网线，交换机侧虚接		排除虚接
3	远动装置液晶上厂站 IP 地址设置错误		设置正确，保存，下装重启
4	远动组态内主站前置 IP 地址设置错误		设置正确，保存，下装重启
5	远动组态内 104 规约模块未启用		设置正确，保存，下装重启
6	104 厂站服务器端口号 2404 设置错误		设置正确，保存，下装重启
7	104 规约超时时间 T_1 值小于超时时间 T_2		修改 104 可变信息下的 T_1 时间，一般大于 T_2 即可，默认 60s
8	交换机内站控层设置了 VLAN+端口 VLANID，导致远动对上、仿真机不在同一个组		明确交换机的 VLAN 划分依据，根据交换机网口所接装置，配置正确的站控层 VLAN+端口 VLANID 号，使之存在于同一组
9	104 规约 K、W 值均设为 0	104 模拟工具通信可以连接，但无法完成总召，可以遥控	更该 104 规约 K、W 值，推荐设置 K=12，W=8

第二节 北京四方故障集

一、通信故障

北京四方通信故障如表 6-7 所示。

表 6-7 北京四方通信故障

序号	故障点	故障现象	故障处理
1	监控主机网线插错网卡	后台画面不刷新或者告警实时框内无任何装置的有效变位或告警信息	在桌面 V2 console 内敲命令 ifconfig，看 running 的状态，判断哪个网卡连接的网线
2	交换机侧测控以太网线虚接		使用 ping 命令发现不通，或者检查交换机上的灯，交换机侧接好网线
3	测控装置后网线虚接		使用 ping 命令发现不通，或者检查交换机上的灯，测控装置后网线接好
4	测控 IP 地址设置错误		设置正确，不需要重启装置
5	测控 61850 规约未投入		出厂设置内，投入 61850，不需要重启装置
6	61850 进程没有启动		节点管理内，勾选 IEC 61850ed2，并重启
7	通信文件 project/61850cfg/csssys.ini 文件内 61850 报告触发条件设置不正确		设置正确为 64（数据变化、品质变化、总召唤）（系统默认为轮询方式，最小数据集上送）
8	通信文件 project/61850cfg/csssys.ini 文件内报告实例号与远动设置相同		远动先连接上，则后台报告初始化的时候出错，导致后台 MMS 通信不成功，修改 csssys.cfg 报告实例号，一般为 1
9	手动修改 project/61850cfg/csssys.ini（fstinst）报告大于 11～16 或者为 0		测控装置最大支持报告数 10，通信子系统有限制判读，若大于 16（maxRcbinst），按 1 处理
10	主机名、主服务器名、本机名不一致		重新 install
11	IP1、主服务器 IP 不一致		重新 install
12	后台实时库组态—保护—保护类型码改成非 61850 规约（重启生效）		更改后重启
13	project/61850cfg/csscfg.cfg 文件内的相应的参数（IEDNo、IEDName 及 IP 地址）错误		手动修改或 SCD 内重新导出 V2 配置文件
14	交换机内站控层设置了 VLAN+端口 VLANID，导致后台、测控不在同一个组，后台 ping 测控不通		搞清楚，监控的交换机网口、测控交换机网口，配置正确的站控层 VLAN+端口 VLANID 号，使之存在于同一组
15	交换机端口关闭		打开交换机端口
16	交换机端口设置了镜像		ping 不通，关闭相应口的镜像功能

续表

序号	故障点	故障现象	故障处理
17	远动装置对下 61850 网线插错网卡或者虚接，后台 ping 不通 61850 对下 IP 地址	远动装置内通信中断显示对测控装置通信中断，或者调试机 104 调试工具显示遥信为 128（无效值解析）	网线插正确
18	远动装置 61850 插件网线，交换机侧虚接		虚接排除
19	对下 61850 插件配置的网络地址与装置非同一网段，或 IP 地址掩码错误，或冲突		设置正确，并重新下载，重启装置
20	61850cfg/csscfg.cfg 文件内的相应的参数（iedNo、iedName 及 IP 地址）错误		手动修改或 SCD 重新生成后导入
21	通信文件 61850cfg/csssys.ini 文件内报告实例号与监控设置相同		监控先连接上，则远动报告初始化的时候出错，导致远动对装置通信不上，修改 csssys.cfg 报告实例号，一般为 3
22	手动修改 61850cfg/csssys.ini（fstinst）报告大于 11～16 或者为 0		最大支持报告数 10，通信子系统有限制判读，若大于 16（maxRcbinst），按 1 处理
23	通信文件 61850cfg/csssys.ini 文件内 61850 报告触发条件设置不正确		设置正确为 64 或 44 （数据变化、品质变化、总召唤）（系统默认为轮询方式，最小数据集上送）
24	交换机内站控层设置了 VLAN+端口 VLANID，导致远动、测控不在同一个组		搞清楚远动对下的交换机网口、测控交换机网口，配置正确的站控层 VLAN+端口 VLANID 号，使之存在于同一组
25	交换机端口关闭		打开交换机端口
26	交换机相应端口设置了镜像		关闭相应口的镜像功能
27	网口收发反接（装置侧或交换机侧），交换机相应的灯不亮	测控装置显示 GO/SV 断链告警、合并单元 GO/SV 断链灯亮、智能终端 GO 断链灯亮	收发正确（在装置侧或者交换机侧反都可以）
28	交换机侧，每个装置收发光纤不成对，有错接，交换机灯亮，但是 GO/SV 断链		理清光纤，收发成对
29	删除相应的控制块，导致相应的装置不发布该数据集，显示 GO/SV 断链		SCD 添加 G1/M1 下的控制块，并配置 MAC 地址等参数，重新导出装置配置，加载
30	Vport 端口设置错误，导致测控收不到 GOOSE 报文		默认所有控制块全部从测控 1 口进装置
31	过程层 VLAN 划分不正确、端口 VLAN ID 不正确		划分正确
32	交换机端口关闭		打开交换机端口
33	波特率限制改 0（只对光口有用）		交换机软件交换—波特率限制全改 100
34	交换机相应端口设置了镜像		交换机相应端口设置了镜像

二、装置故障

北京四方装置故障如表 6-8 所示。

表 6-8　　北京四方装置故障

序号	故障点	故障现象	故障处理
1	网卡掩码设为 255.255.000.000	监控软件起不来	ifconfig 命令看状态，会显示“？？？？”
2	网卡点击了“取消激活”		ifconfig 命令看状态，非激活状态看不到网卡，未激活会显示“？？？？”；激活状态显示“？？”
3	监控后台网卡 IP 地址设置错误		APP 用户内，使用 sf1111 密码，登录修改 IP 地址，点击“取消激活”“激活”两项即可生效
4	主机 IP 地址不对		install 设置正确
5	主机名不是 SCADA1		用 hostname 查看，并用 install 设置使主机名一致
6	用户组设置内，实时库组态工具中表格编辑权限未开放	实时库无编辑权限	设置正确，保存设置
7	用户组设置内，五防编辑权限未开放	无法修改五防相应条件	设置正确，保存设置
8	用户组设置内，监控运行窗口，遥控操作未开放	无法遥控	设置正确，保存设置
9	用户设置内，把 sifang 用户切至运行人员	实时库及画面无法编辑	设置正确，保存设置
10	GOOSE 控制块删除	GOOSE 订阅方报相应的块 GOOSE 链路断	按照文档增加相应块，下装装置，重启
11	删除 GOOSE 数据发布方虚端子	GOOSE 发布找不到对应虚端子	按照文档增加相应虚端子，下装装置，重启
12	删除 SV 数据发布方虚端子	SV 发布找不到对应虚端子	按照文档增加相应虚端子，下装装置，重启
13	修改 GOOSE 虚端子发布方的 desc 描述	发布方虚端子定义和 refence 对不上	按照文档，修改端子描述，或者按照 refence 对应关系勾选连接虚端子
14	修改 GOOSE 虚端子订阅方的 desc 描述	订阅方虚端子定义和 refence 对不上	按照文档，修改端子描述，或者按照 refence 对应关系勾选连接虚端子
15	修改 SV 发送虚端子 desc 描述	发布方虚端子定义和 refence 对不上	按照文档，修改端子描述，或者按照 refence 对应关系勾选连接虚端子
16	修改 SV 订阅虚端子的 desc 描述	订阅方虚端子定义和 refence 对不上	按照文档，修改端子描述，或者按照 refence 对应关系勾选连接虚端子
17	修改测控装置 GOOSE 报文订阅光口	测控装置报 GOOSE 断链	按照文档和实际测控光口接线，设置正确 Vport
18	SCD 内测控装置站控层 S1 下 report 报告删除及恢复	删除部分信息无法上送至后台	按照文档正确增加

三、遥测类故障

北京四方遥测类故障如表 6-9 所示。

表 6-9　　北京四方遥测类故障

<table>
<tr><th>序号</th><th>故障点</th><th>故障现象</th><th>故障处理</th></tr>
<tr><td>1</td><td>实时库遥测设置了封锁</td><td rowspan="6">实时库原始值不刷新</td><td>设置正确，刷新、发布</td></tr>
<tr><td>2</td><td>实时库遥测死区值设置过大</td><td>设置正确，刷新、发布</td></tr>
<tr><td>3</td><td>实时库遥测合法上限值设置过小</td><td>设置正确，刷新、发布</td></tr>
<tr><td>4</td><td>实时库遥测变化死区设置过大</td><td>设置正确，刷新、发布</td></tr>
<tr><td>5</td><td>实时库遥测未扫描使能</td><td>设置正确，刷新、发布</td></tr>
<tr><td>6</td><td>设置了人工置数</td><td>取消人工置数</td></tr>
<tr><td>7</td><td>实时库遥测设置了系数非 1</td><td rowspan="2">实时库原始值工程值不对应</td><td>设置正确，刷新、发布</td></tr>
<tr><td>8</td><td>实时库遥偏移量非 0</td><td>设置正确，刷新、发布</td></tr>
<tr><td>9</td><td>画面遥测定义错误</td><td>实时库正确、画面不正确</td><td>设置正确，保存画面</td></tr>
<tr><td>10</td><td>合并单元 TA 变比设置不正确</td><td rowspan="5">测控装置遥测不对或者无有效值显示</td><td>cfg 文件导出，修改 TA 一次值，下装重启</td></tr>
<tr><td>11</td><td>合并单元 cfg 文件内，TA 极性反</td><td>cfg 文件导出，极性位设为 0，下装重启</td></tr>
<tr><td>12</td><td>合并单元 cfg 文件中 Sv_out1 的顺序</td><td>cfg 文件导出，Sv_out1 的顺序从 1-22 排列，下装重启</td></tr>
<tr><td>13</td><td>SCD 虚端子连接错误</td><td>SCD 修改正确，下装正确，重启装置</td></tr>
<tr><td>14</td><td>测控装置交流 CPU 没有投入（需重启装置）</td><td>装置设置内投入，不需要重启装置</td></tr>
<tr><td>15</td><td>测控置检修</td><td rowspan="2">遥测画面显示数值正常，但品质异常，颜色变异</td><td rowspan="2">解除检修</td></tr>
<tr><td>16</td><td>合并单元置检修</td></tr>
<tr><td>17</td><td>104 转发点表设置错误</td><td rowspan="6">104 模拟主站遥测不对</td><td>设置正确、下载，重启远动装置</td></tr>
<tr><td>18</td><td>104 转发点表遥测点设置了系数、偏移量</td><td>设置正确、下载，重启远动装置</td></tr>
<tr><td>19</td><td>104 转发点表遥测点设置了死区值（动态死区）</td><td>设置正确、下载，重启远动装置</td></tr>
<tr><td>20</td><td>104 转发点表遥测点转发类型错（非浮点数）</td><td>设置正确、下载，重启远动装置</td></tr>
<tr><td>21</td><td>104 转发点表设置了总加遥测及总加遥测系数</td><td>设置正确、下载，重启远动装置</td></tr>
<tr><td>22</td><td>61850 接入遥测死区值错误（模板库）</td><td>设置正确、下载，重启远动装置</td></tr>
<tr><td>23</td><td>母线电压外部端子包绝缘，导致母线电压相电压偏移</td><td rowspan="4">合并单元调试工具，召唤遥测值无值或者值不对</td><td rowspan="4">用万用表测量端子上的正负电源是否有电压，并确认内侧线接线正确、接触良好；确认线是否接对，并将接错的线恢复</td></tr>
<tr><td>24</td><td>母线电压 U_A、U_B、U_C 任一相端子包绝缘，导致电压无值</td></tr>
<tr><td>25</td><td>同期电压 Ux、Uxn 反接，导致同期相差 180°</td></tr>
<tr><td>26</td><td>电流两相短接，导致分流</td></tr>
</table>

四、遥信类故障

北京四方遥信类故障如表 6-10 所示。

表 6-10　　北京四方遥信类故障

<table>
<tr><th>序号</th><th>故障点</th><th>故障现象</th><th>故障处理</th></tr>
<tr><td>1</td><td>监控实时库断路器、隔离开关类型设置不正确</td><td rowspan="6">断路器位置不对应</td><td>设置正确，刷新，发布</td></tr>
<tr><td>2</td><td>监控实时库遥信设置封锁</td><td>设置正确，刷新，发布</td></tr>
<tr><td>3</td><td>监控实时库遥信设置取反</td><td>设置正确，刷新，发布</td></tr>
<tr><td>4</td><td>设置了人工置数</td><td>取消人工置数</td></tr>
<tr><td>5</td><td>画面点定义错误</td><td>定义正确，保存</td></tr>
<tr><td>6</td><td>实时库信号未扫描使能</td><td>设置正确，刷新，发布</td></tr>
<tr><td>7</td><td>光字牌定义错误</td><td rowspan="2">光字牌异常</td><td>定义正确，保存</td></tr>
<tr><td>8</td><td>光字牌定义 1、0 定义颜色一致</td><td>定义正确，保存</td></tr>
<tr><td>9</td><td>智能终端置检修</td><td rowspan="2">遥信画面有变位，但告警窗无显示</td><td rowspan="2">脱开检修压板</td></tr>
<tr><td>10</td><td>测控装置检修</td></tr>
<tr><td>11</td><td>SCD 遥信虚端子错误</td><td rowspan="2">断路器位置不对应/光字牌异常</td><td>设置正确</td></tr>
<tr><td>12</td><td>智能终端设置了长时间定值</td><td>智能终端配置工具，连接后，设置正确开入时间</td></tr>
<tr><td>13</td><td>104 转发点表设置错误</td><td rowspan="5">104 模拟主站遥信不对</td><td>设置正确、下载，重启远动装置</td></tr>
<tr><td>14</td><td>104 转发点表遥信点设置了取反</td><td>设置正确、下载，重启远动装置</td></tr>
<tr><td>15</td><td>104 转发点表遥信点设置了 10s 自复归</td><td>设置正确、下载，重启远动装置</td></tr>
<tr><td>16</td><td>104 转发点表设置了合并序号</td><td>取消合并信号，下载，重启远动装置</td></tr>
<tr><td>17</td><td>104 转发表遥信类型错</td><td>设置正确、下载，重启远动装置</td></tr>
<tr><td>18</td><td>遥信闭锁装置配置 1、2 中设置某遥信闭锁某装置</td><td>遥信全为无效</td><td>删除，下载，重启远动装置</td></tr>
<tr><td>19</td><td>遥信电源正，无正电，导致所有位置灯不亮</td><td rowspan="7">智能终端相应的位置灯不亮或者使用智能终端调试软件看相应的开入无合位显示</td><td rowspan="7">用万用表测量端子上的正负电源是否有电压，并确认内侧线接线正确、接触良好；确认线是否接对，并将接错的线恢复</td></tr>
<tr><td>20</td><td>开入板 X8 COM1 或者 COM2 负电源包绝缘，导致部分位置灯不亮</td></tr>
<tr><td>21</td><td>开入板 X9 COM3 负端包绝缘，导致一些硬节点信号无开入</td></tr>
<tr><td>22</td><td>开入板 X14 a32 端子包绝缘，导致 a 系列端子无开入</td></tr>
<tr><td>23</td><td>开入板 X14 c32 端子包绝缘，导致 c 系列端子无开入，其中 c30 端子无开入，还会影响到断路器和隔离开关遥控</td></tr>
<tr><td>24</td><td>51YD：1，51YD：2，51YD：3，无遥信正电源，导致断路器位置上不来</td></tr>
<tr><td>25</td><td>51YD：5～13 包绝缘，导致相应的断路器位置及遥信信号无法上传</td></tr>
</table>

续表

序号	故障点	故障现象	故障处理
26	52D：26 隔离开关遥信正电源绝缘，导致所有隔离开关位置信号无法上传	智能终端相应的位置灯不亮或者使用智能终端调试软件看相应的开入无合位显示	用万用表测量端子上的正负电源是否有电压，并确认内侧线接线正确、接触良好；确认线是否接对，并将接错的线恢复
27	52D：29～40 隔离开关遥信包绝缘，导致隔离开关位置信号无法上传		
28	4C2D：18～19（或 52D：7～8）4C2D：24～25（或 52D：10～11）等等，隔离开关的合/分出口短接，导致模拟隔离开关不能分合		
29	测控硬开入无正电源	测控无检修压板位置或者	
30	开入板 COM1～COM4 无负电源	无硬节点开入	
31	遥信开入无正电源	合并单元无检修压板	
32	遥信公用负端无电源		

五、遥控类故障

北京四方遥控类故障如表 6-11 所示。

表 6-11　　北京四方遥控类故障

序号	故障点	故障现象	故障处理
1	后台设置了非操作员站	点击画面遥控提示出错或者无效	设置正确
2	后台设置了挂牌		取消挂牌
3	画面遥控关联错误或未关联		画面关联正确，保存
4	后台设置了用户无遥控权限		设置用户具有操作权限
5	画面断路器或隔离开关存在人工置数		取消人工置数
6	后台实时库，遥控点类型设为无效		遥控点设为正确的类型
7	后台实时库，遥控点类设置了硬返回 ID，导致遥控返校不成功		一般无硬节点 ID，为 0
8	后台实时库设置了某个遥信类型为“开关远方/就地”或者“隔离开关远方/就地”导致断路器、隔离开关闭锁		修改遥信类型，刷新，发布
9	系统设置遥控属性闭锁投入，遥信中有名称为全站总闭锁的信号	遥控被闭锁，遥控时有“全站总闭锁”提示	设置正确
10	系统设置—遥控属性：主界面禁止遥控选中	主接线图禁止遥控	设置正确
11	断路器、隔离开关不投五防、导致五防不合格条件发现不了	遥控五防验证逻辑通不过	设置五防投入，发现五防逻辑错误
12	提示显示相应的逻辑不合格		根据不合格内容，进入五防编辑，做修改

续表

序号	故障点	故障现象	故障处理
13	测控装置投入检修压板	遥控选择失败	退出检修压板
14	测控装置面板就地状态		切回远方状态
15	测控装置控制逻辑软压板未投		投入该压板
16	智能终端 KK 把手非远方状态	选择成功，执行不成功，面板可以看到遥控选择信息	切换到远方状态
17	智能终端检修压板投入		退出检修压板
18	智能终端出口压板未投入		投入压板
19	SCD 内遥控开出虚端子勾选错误		勾选正确，下载智能终端，重启装置
20	104 转发点表设置错误	104 模拟主站遥控不成功	设置正确、下载，重启远动装置
21	104 规约里设置“闭锁主站遥控遥信点 ID”非 0H，导致遥控闭锁		设置 0H，无闭锁
22	104 规约里设置“闭锁主站遥控遥信把手点 ID”非 0H，导致遥控闭锁		设置 0H，无闭锁
23	104RTU 链路地址		设置正确、下载，重启远动装置
24	104 转发表遥控类型错误		改为普通遥控，下载，重启远动装置
25	转发表遥信闭锁遥控配置 1、2 设置了闭锁某个遥控的遥信		删除，下载，重启远动装置
26	测控装置内，同期定值设置不合理（相别选择、U4 电压选择、压差、角度设置等）	断路器同期合闸不成功，测控面板显示检同期不合格条件	设置正确、保存定值
27	测控装置内，软压板设置不合理（同期功能压板、检同期、控制逻辑、压板固定方式等）		设置正确、保存定值
28	加量错误		模拟量-相位查看母线电压、U4、幅值和角度
29	出厂设置内同期参数“同期固定角差”设置错误，导致同期合闸角差不合格		一般情况下，角差为 0
30	出厂设置内同期参数“对侧额定电压”设置错误，导致同期合闸压差不合格		一般情况下，对侧电压参数为 0
31	出厂设置—参数设置—同期参数：无压定值过大，且检同期允许检无压		一般填 30
32	出厂设置—参数设置—同期参数：有压定值 1 过高，小于压差范围		检同期一般填 90
33	合并单元检修压板投入，导致同期闭锁		退出检修压板

六、远动故障

北京四方远动故障如表 6-12 所示。

表 6-12　　北京四方远动故障

序号	故障点	故障现象	故障处理
1	远动装置对上 104 网线插错网卡或者虚接	远动显示104通信中断或104模拟工具通信中断	网线插正确
2	远动装置 104 插件网线，交换机侧虚接		虚接排除
3	装置内厂站 IP 地址设置错误		设置正确，下载重启
4	装置内主站前置 IP 地址设置错误		设置正确，下载重启
5	装置内服务器端、客户端设置错误		设置正确，下载重启
6	104 端口 2404 设置错误		设置正确，下载重启
7	104 起始地址设置错误，点表内地址比启始地址小，导致装置 104 启动不了		设置正确，下载重启
8	交换机内站控层设置了 VLAN+端口 VLANID，导致远动、测控不在同一个组		搞清楚远动对下的交换机网口、测控交换机网口，配置正确的站控层 VLAN+端口 VLANID 号，使之存在于同一组
9	交换机端口关闭		打开交换机端口
10	交换机相应端口设置了镜像		关闭相应口的镜像功能
11	104 规约数据准备时间过长	不响应总召，只有 07/0B 链路初始化报文，总召不相应	正常时间为 60s
12	104 规约 *K*、*W* 值设置为 0	不响应总召，只有 07/0B 链路初始化报文，总召不相应	正常 *K* 值为 12，*W* 值为 8
13	规约—RTU 字段—RTU 链路地址错误	链路正常，响应报文无法解析	按要求填写

第三节　南瑞科技故障集

一、通信故障

南瑞科技通信故障如表 6-13 所示。

表 6-13　　南瑞科技通信故障

序号	故障点	故障现象	故障处理
1	网线接错网口或者使用错误的网线	后台、远动和测控无法 ping 通，调试机的 xmanager 无法登录到远动或后台：用远动、后台分别 ping 测控，通过排除法可以确定有问题的设备。	将网线接入到指定位置
2	后台、远动 IP 地址设置错误或掩码错误（例如掩码改为 255.255.255.000）		根据给定的地址修改 IP 地址
3	测控 IP 地址错或掩码设为 255.255.255.255		根据给定的地址修改 IP 地址或掩码地址，掩码默认应为 255.255.255.0

续表

序号	故障点	故障现象	故障处理
4	交换机连接测控的网口被禁用或VLAN错	其中一台设备可以ping通测控，说明测控IP地址正确、连接交换机正确	使用调试机登录到交换机，修改配置交换机端口配置
5	交换机端口被加锁，该端口的发送的报文会被交换机过滤，SCD配置和VLAN检查无误后可以尝试使用备用跳线跳过交换机，或更换交换机端口		加锁端口进行解锁操作
6	网络上可能存在重复IP		在bin下执行IpCheck检查是否存在重复IP
7	远动或后台网卡被禁用（sudo ifconfig eth0 down），ping测控，报网络不可达		输入指令：sudo ifconfig eth0 up，启用eth0网卡，不用重启操作系统和后台
8	调试机IP地址或者掩码设置错误		根据给定的地址修改调试机IP地址
9	交换机后台网口镜像到测控网口，后台通信中断，远动通信正常没有屏蔽报文		取消镜像
10	交换机端口速率限制，过程层断链		取消速率限制
11	装置光纤连接错误(装置端口接错，光纤收发接反，光纤交叉接错，交换机端口接错)，例如将接交换机发送口的光纤断开，灯亮但会报断链	装置正常运行情况下过程层断链	检查过程层的4个灯是否正常点亮，将未点灯的端口光纤正确接入。光纤交叉接错时，四个灯依然正常，需要仔细检查接线
12	SCD组态中VLAN设置错误（默认均为000）		修改SCD组态—视图—通信参数配置，重新下装
13	装置接收发送端口配置错误或配置未下装		按给定的端口配置装置收发端口
14	交换机连接装置的网口被禁用或VLAN错		使用调试机登录到远动，修改配置交换机端口配置
15	测控下装正确的配置，智能终端修改MAC后再下装配置，造成收发装置MAC地址配置不一致		将MAC修改正确后，重新下装，或者直接重新下装测控和智能终端配置
16	GS和SMV的组播MAC地址第一个字节最低位未设置为1会导致报文使用单波模式发送，进交换机时单波报文会被过滤掉		按给定的MAC组播地址进行分配，如将MAC地址第一位从10改为01
17	SCD组态中IED错误或者测控CID下装错误	网络正常的情况下测控与后台或远动通信中断	修改参数重新下装
18	后台逻辑节点表IED名		修改逻辑节点类—逻辑节点表中装置IED名重启engine进程或后台
19	后台逻辑节点表IP地址错误		修改逻辑节点类—逻辑节点表中IP地址重启engine进程或后台
20	后台报告号不在1～16范围		修改系统类—后台机节点表中61850实例号重启engine进程或后台
21	后台和远动报告号冲突		修改系统类—后台机节点表中61850实例号重启engine进程或后台

续表

序号	故障点	故障现象	故障处理
22	后台 NT_ENGINE 设置单连	网络正常的情况下测控与后台或远动通信中断	修改设置，重启 engine 进程或后台。Ns4000/config/NT_Engine.ini 文件，bConnectOnly＝0
23	NT_enging.ini 中 maxRPnum 设置过小（小于 3）		修改设置，重启 engine 进程或后台
24	NT_enging.ini 中 maxLDnum 设置过小（小于 3）		修改设置，重启 engine 进程或后台
25	交换机测控网口镜像到后台网口，会屏蔽报文，后台报通信中断		取消镜像

二、装置故障

南瑞科技装置故障如表 6-14 所示。

表 6-14　　南瑞科技装置故障

序号	故障点	故障现象	故障处理
1	sys_settings 中是否 SCADA 未选择	后台或者远动无法正常启动	重新配置 sys_settings
2	sys_settings 中机器名设置错误		重新配置 sys_settings
3	没有使用 nari 用户启动桌面		注销后使用 nari 用户登录（先退出监控系统，再注销，root 用户可以启动监控后台）
4	ns4000 文件夹被改名字或 ns4000 下文件夹被改名		修改 ns4000 文件夹名
5	注册后更改网卡激活状态，会导致后台注册不成功		修改网卡激活状态
6	测控 goose.txt 和 sv.txt 文件错误，装置无法进入主界面	测控无法正常启动	重新下装
7	测控下装错误的闭锁文件，装置无法进入主界面		重新下装
8	测控下装错误的 CID 文件（如智能终端的 CID），装置无法进入主界面		重新下装
9	测控 goose.txt 和 sv.txt 文件厂站名为空，装置运行等不亮		修改完重新下装
10	测控装置/参数整定/装置参数/采样模式错误（卡在进度 88）		下装测控装置 config.txt 文件自动将测控装置参数恢复默认，下装完成后重新配置测控装置参数
11	SV 私有信息中选择 ADC 类型错误（装置运行灯不亮，通信自检参数为 00001000、8、00000001、80000000）	合并单元无法正常启动	修改为 1102 后下装
12	SV 私有信息中编辑工程配置信息错误使用类型错误和延时中断错误（装置运行灯不亮，通信自检参数为 08000000、6、00000001、80000000）		修改为 MU 使用后下装

续表

序号	故障点	故障现象	故障处理
13	SV私有信息中编辑PT并列配置错误（装置运行灯不亮，通信自检参数为02000000、13、00000001、80000000）	合并单元无法正常启动	修改为不操作后下装
14	SampledValueControl中采样率设置错误（装置运行灯不亮，通信自检参数为00041000、8、00000001、80000000）		正确参数为80后下装
15	合并单元配置文件下装错误，装置无法进入主界面(例如智能终端、合并单元的IED名和描述互换)		重新下装
16	合并单元系统频率设置错误，运行灯不亮		重新下装
17	智能终端goose.txt文件下装错误，装置无法进入主界面(例如智能终端、合并单元的IED名和描述互换)	智能终端无法正常启动	重新下装
18	MAC 地址没有配置（无法导出配置文件）	装置配置文件无法导出或导出错误	重新生成，下装
19	GS 接收发送端口配置为 0 号板（会生成一个 0 号板的 goose.txt 文件）		重新生成，下装
20	SV 接收发送端口配置未配置（无法导出配置文件）		重新生成，下装
21	SV 接收端口出现异常控制块（右击工程，选择重新计算端口信息）		重新生成，下装

三、遥测类故障

南瑞科技遥测类故障如表6-15所示。

表6-15　　南瑞科技遥测类故障

序号	故障点	故障现象	故障处理
1	遥测表没有数据，遥测数据集在导库时未选择为普通(遥测表中没有相应的信号)	通信正常，而后台遥测无显示	重新倒库
2	后台画面遥测关联错，数据库有数据，而画面没有数据		检查是否把数据库/遥测表/遥测名称改掉，重新关联
3	后台遥测表残差设置错误		合并单元和测控面板显示正确，修改设置重新加量
4	后台遥测表遥测被封锁		合并单元和测控面板显示正确，修改设置重新加量
5	测控设置二次值上送		合并单元显示正确，测控显示二次值，修改设置重新加量
6	SCD中测控死区设置错误		合并单元和测控面板显示正确，修改设置重新加量

续表

序号	故障点	故障现象	故障处理
7	后台初始化报告控制块时写装置参数失败，如报告控制块关联的数据集错误	通信正常，而后台遥测无显示	SCD 组态工具中盲排
8	虚端子连接错误，例如虚端子描述被修改，造成虚端子连接错突		智能终端面板显示正确，测控没有显示。需要检查 reference，根据 reference 修改错误的描述，正确连接虚端子修改设置重做下装，重做信号
9	测控 sv.txt 中 sv.in 下面的 svnum 被修改为 0		合并单元显示正确，测控无显示，修改设置重新加量
10	NT_enging.ini 中 trgops 设置错误（一般设置为 108 对应二进制 0110 1100 前六位有效）		合并单元和测控面板显示正确，修改设置重启 engine 进程或后台
11	测控虚端子连接错误	测控和后台通信正常，而后台遥测显示错误	合并单元显示正确，测控显示错误，修改设置重新加量
12	合并单元 AD 通道属性配置错误（通道属性和通道映射）		合并单元显示正确，测控显示错误，修改设置重新加量。 通道定义：即将所加量映射成合并单元所对应的电流、电压通过合并单元，右击导入 SV 配置文件，可将错误配置修改正确（选择：NSR-386A-F1285（RP1407A5+RP1408A2）.txt）
13	合并单元变比配置错误		合并单元一次显示错误，测控显示错误，修改设置重新加量
14	后台遥测表标度系数为 0.001（设 0 无效）		合并单元和测控面板显示正确，修改设置重新加量
15	后台遥测表参比因子为 0.001（设 0 无效）		合并单元和测控面板显示正确，修改设置重新加量
16	后台遥测表设置有基值		合并单元和测控面板显示正确，修改设置重新加量
17	后台画面关联错		更改画面关联，重新加量
18	测控设置二次值上送		合并单元显示正确，测控显示二次值，修改设置重新加量
19	遥测分流		合并单元和测控电流电压显示错误，检查接线重新加量
20	遥测虚接或包绝缘		合并单元和测控电流电压显示错误，检查接线重新加量
21	遥测 N 端虚接或包绝缘		合并单元电流电压角度显示错误，测控功率显示错误，检查接线重新加量
22	合并单元“sv.txt 附属信息”“编辑 sv 通道附属信息”，通道是否取反设置为 1，会导致遥测取反上送测控		测控显示错误，修改设置重新加量
23	合并单元/装置参数/AD 幅值调整系数方式置 0，合并单元测量幅值数据未经校正，合并单元、测控、后台、远动数据均不准确		AD 幅值调整系数方式置。注意该定值后面的 TV、TA 幅值系数基值，应该都在 1 附近，如果偏离较多，且该通道数据偏差较大，有可能是系数基值错，但缺乏统一标准，考的可能性小
24	合并单元/调试菜单/幅值调整参数设置		合并单元、测控、后台、远动数据均不准确，修改设置重新加量

四、遥信类故障

南瑞科技遥信类故障如表 6-16 所示。

表 6-16　　南瑞科技遥信类故障

序号	故障原因	故障现象	故障处理
1	遥信表没有该信号，遥信数据集在导库时未选择为普通（遥信表中没有相应的信号）	测控和后台通信正常，而信号无法上送或上送错误	重新导库
2	后台画面关联错误，例如：误关联为遥信名称		智能终端和测控面板显示正确，修改设置重做信号
3	后台初始化报告控制块时写装置参数失败，如报告控制块关联的数据集错误		SCD 组态工具中盲排
4	后台遥信表遥信被封锁		智能终端和测控面板显示正确，修改设置重做信号
5	后台遥信表遥信报警被抑制		智能终端和测控面板显示正确，修改设置重做信号
6	后台遥信表遥信被置反		智能终端和测控面板显示正确，修改设置重做信号
7	虚端子连接错误，例如虚端子描述被修改，造成虚端子连接错突		智能终端面板显示正确，测控没有显示。需要检查 reference，根据 reference 修改错误的描述，正确连接虚端子修改设置重做下装，重做信号
8	智能终端遥信负电源故障		智能终端面板所有信号均无显示，检查智能终端遥信电源负接线重做信号
9	模拟隔离开关遥信正电源故障		智能终端面板隔离开关信号均无显示，检查模拟隔离开关遥信正电源接线重做信号
10	智能终端硬遥信无法显示		智能终端面板无显示，检查模断遥信正电源接线重做信号
11	智能终端遥信信号线虚接或包绝缘		智能终端面板没有显示信号，检查接线重做信号
12	测控 goose.txt 中 goose in 下面的 GOCBNum 被修改为 0		智能终端显示正确，测控无显示，修改设置重新加量
13	智能终端遥信防抖时间设置错误		智能终端面板没有显示信号，修改设置重做信号
14	NT_enging.ini 中 trgops 设置错误（一般设置为 108 对应二进制 0110 1100 前六位有效）		智能终端和测控面板显示正确，修改设置重启 engine 进程或后台
15	测控装置自身硬遥信不变位或变位慢		硬遥信去抖时间过长，改为默认的 60ms
16	GS 控制块被删除或设置错误		使用“可视化二次回路”功能检查虚端子链接，可以发现此类问题，同时还需掌握如何添加和修改 GS 控制块

五、遥控类故障

南瑞科技遥控类故障如表6-17所示。

表6-17　南瑞科技遥控类故障

序号	故障点	故障现象	故障处理
1	测控和智能终端检修压板均投入	后台或远动遥控错误，测控面板上可以操作	投入压板
2	测控远方压板未投入		投入压板
3	开关刀闸表中REF未填或配置错（返回码10042）		修改控制REF域（开关表，d）
4	开关刀闸表中是否完整REF被置上（返回值10042）		修改参数重新控制（开关表36，刀闸表29）
5	开关刀闸表中是否直控被置上（没有选择直接执行，返回值18）		修改参数重新控制（开关表37，刀闸表30）
6	开关刀闸表中一致控分或一致控合被置上（后台执行成功，智能终端继电器动作，但是测控操作记录菜单中记录的遥控命令错误）		修改参数重新控制
7	画面禁止遥控（提示画面禁止遥控）		在画面编辑状态下按“ctrl”键+“A”键全选，修改操作菜单属性改为允许所有操作
8	画面图元关联错误		在画面编辑状态下修改关联重新控制
9	设备组表和系统表中系统控制模式设置错误（返回值10011）		修改参数重新控制
10	开关刀闸遥控逻辑错误（画面提示某某条件不满足）		修改五防逻辑
11	遥信表中开关刀闸位置信号关联的设备错误（会导致遥控错误出口）		修改遥信表中该遥信的“设备名索引号”域，重新控制
12	用户名表中操作员的操作权限被修改（画面提示没有权限）		修改参数重新控制
13	系统表中“遥控遥调返校\结果超时时间”改为1s，遥控预置超时		修改参数重新控制。遥控界面，遥控保温返回等待剩余时间非常短
14	测控软硬压板设置为1使用软压板，在测控软压板中将装置就地投入（返回值2）		修改测控参数，重新控制
15	NT_enging.ini中disableykexe=1设置错误（遥控执行会报返回值10002，软件闭锁）		修改参数重启engine进程重新控制
16	bin/frcfg下存在空节点（无法执行成功，没有返回值）		修改frcfg重启FRONT进程配置重新控制
17	智能终端处于就地状态	测控面板无法遥控	修改虚端子配置重新控制
18	测控和智能终端检修不一致		改一致
19	出口压板未投入		投入压板
20	遥控虚端子连接错误（链路无异常，智能终端遥控合闸或遥控分闸灯不亮）		修改虚端子配置重新控制

续表

序号	故障点	故障现象	故障处理
21	测控自动合闸方式设置错误（默认应该是自动合或强制合）	测控面板无法遥控	修改参数重新控制
22	断路器遥控手合灯没有点亮		查操作回路
23	断路器遥控手合灯点亮无法出口		查控制回路
24	智能终端/装置参数/手动合闸使能置0，遥合、手合均失败，智能终端面板遥控合闸、手合开入灯均亮，但不出口		手动合闸使能置1
25	智能终端/装置参数/手合开入防抖时限过长，与测控装置断路器出口脉宽配合不当，造成遥控失败（手合防抖时间 3000ms，断路器出口脉宽2000ms，遥控合闸失败）		智能终端手合开入防抖时限改为默认30ms
26	同期定值设置错误（同期遥控无法出口）	同期遥控失败	修改参数重新控制
27	测控遥测参数，TV一次额定值设置错误（同期电压使用二次值，合并单元送过来的一次值需要经TV变比变换为二次值）		修改参数重新控制
28	开关刀闸表中REF未填或配置错（返回码10042）		修改参数重新控制
29	测控装置同期退出软压板置1，造成同期退出		同期退出软压板置0

六、远动故障

南瑞科技远动故障如表6-18所示。

表6-18　南瑞科技远动故障

序号	故障点	故障现象	故障处理
1	后台104通道端口号设置错误	远动通信失败	修改参数重启front进程
2	后台104通道通信模式设置错误		修改参数重启front进程
3	后台104通道厂站地址错误		修改参数重启front进程
4	后台104通道主站IP地址设置错误		修改参数重启front进程
5	104规约中遥测起始地址设置错误		修改参数重启front进程
6	104规约中遥测转发点号错误		修改参数重启front进程
7	104转发表中EXT设置错误		修改参数重启front进程

第四节 监控系统三遥分段验证及观察点

一、南瑞继保监控系统

1. 后台与测控间遥测与遥信

南瑞继保监控系统后台与测控间遥测和遥信分段验证逻辑如图 6-1 所示。

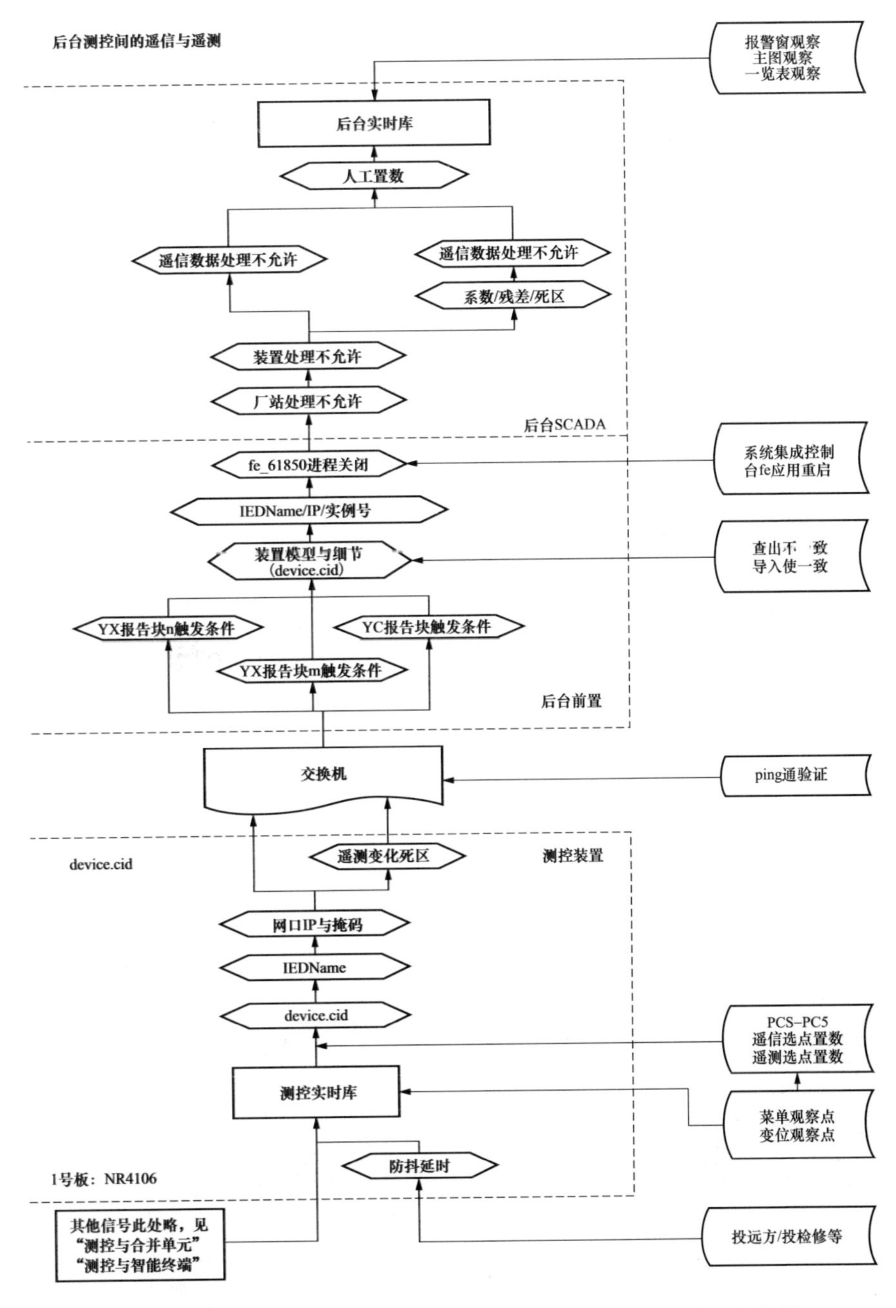

图 6-1 南瑞继保监控系统后台与测控间遥测、遥信分段验证逻辑图

2. 测控装置与合并单元：GOOSE 及 SV 接收

南瑞继保监控系统测控装置与合并单元 GOOSE 及 SV 接收分段验证逻辑如图 6-2 所示。

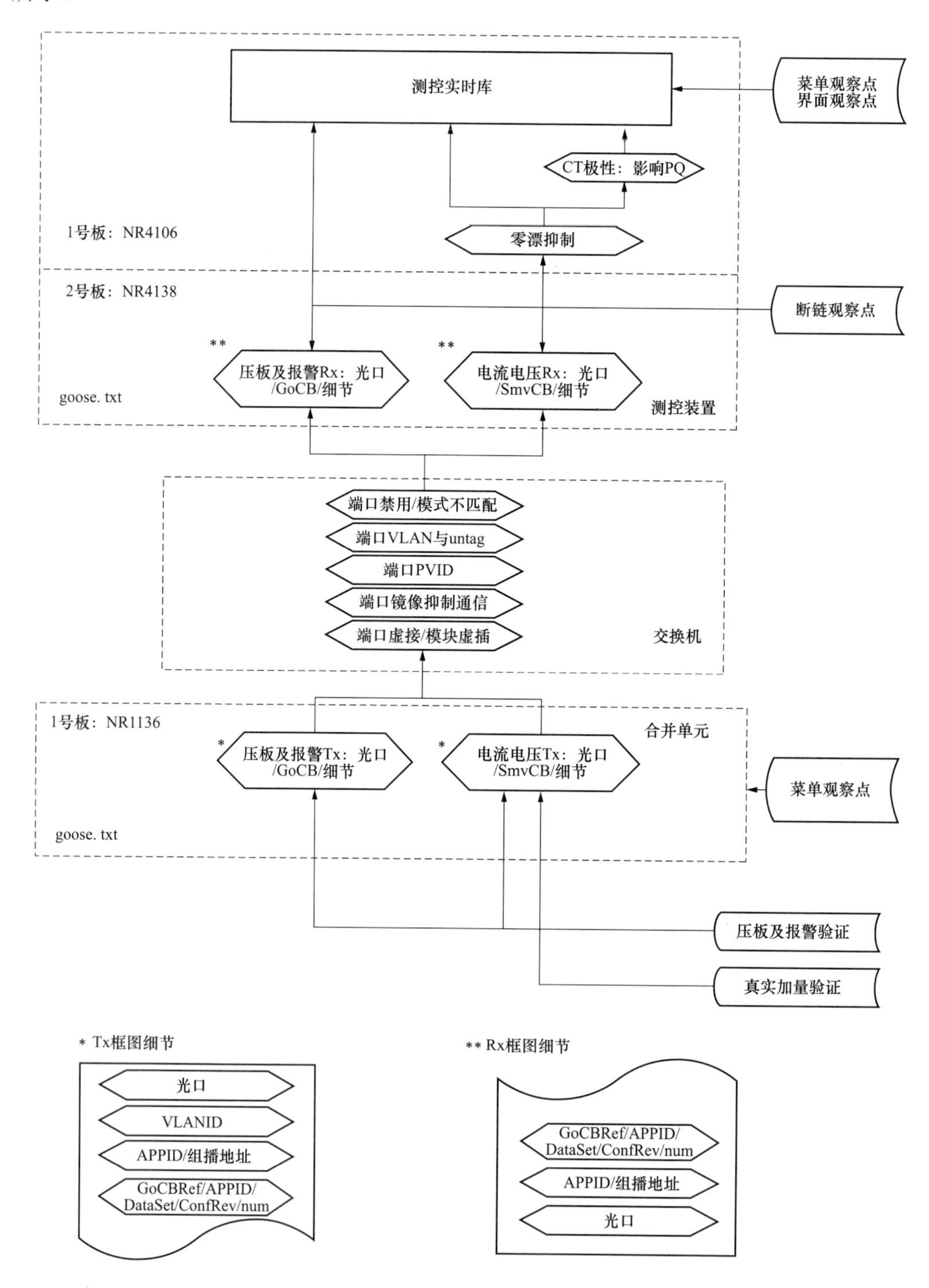

图 6-2　南瑞继保监控系统测控装置与合并单元 GOOSE 及 SV 接收分段验证逻辑图

3. 测控装置与智能终端：GOOSE 断路器、压板及备用开入接收

南瑞继保监控系统测控装置与智能终端 GOOSE 断路器、压板及备用开入接收分段验证逻辑如图 6-3 所示。

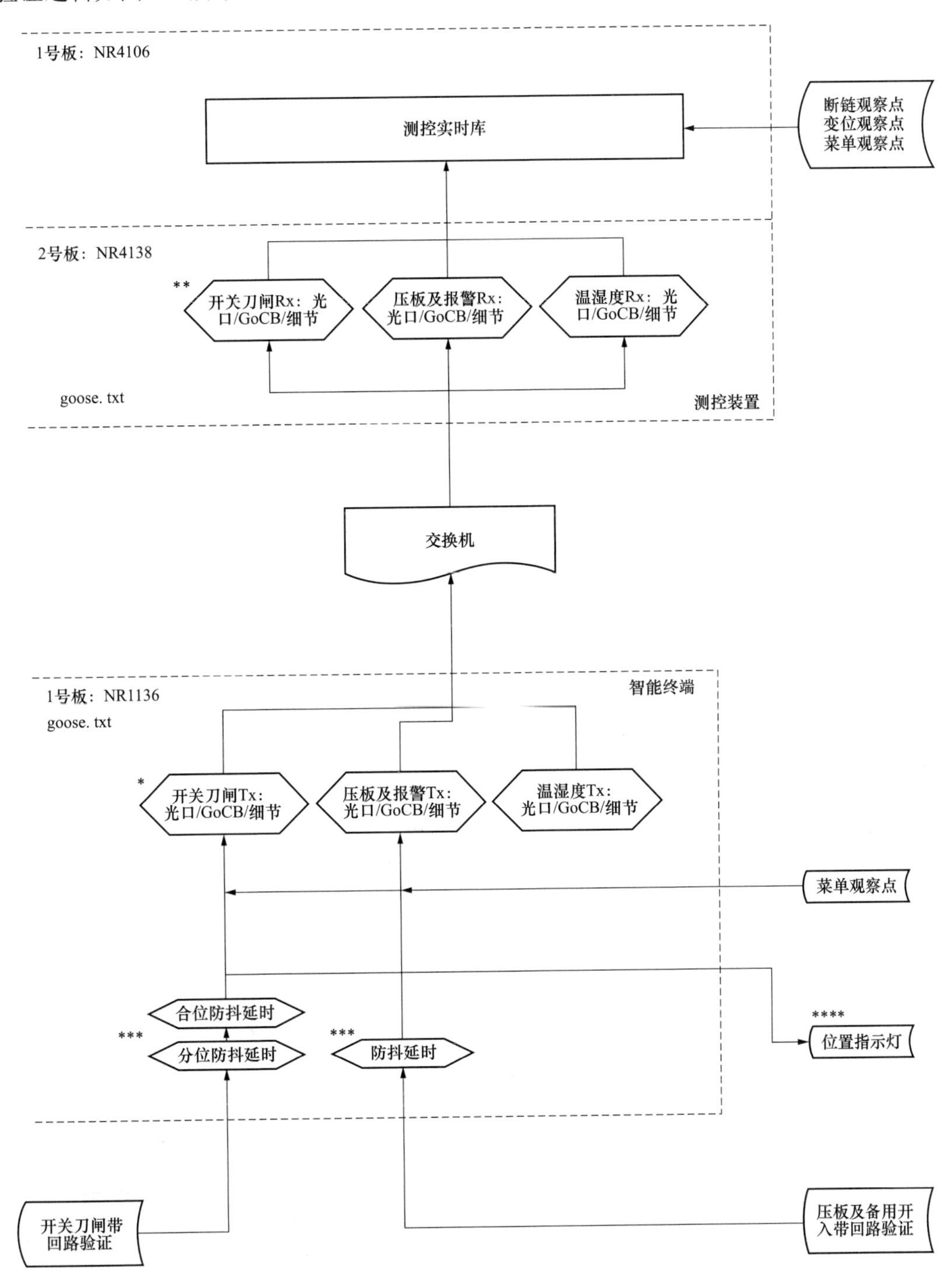

图 6-3　南瑞继保监控系统测控装置与智能终端 GOOSE 断路器、压板及备用开入接收分段验证逻辑图

4. 智能终端与测控装置：GOOSE 遥控接收

南瑞继保监控系统智能终端与测控装置 GOOSE 遥控接收分段验证逻辑如图 6-4 所示。

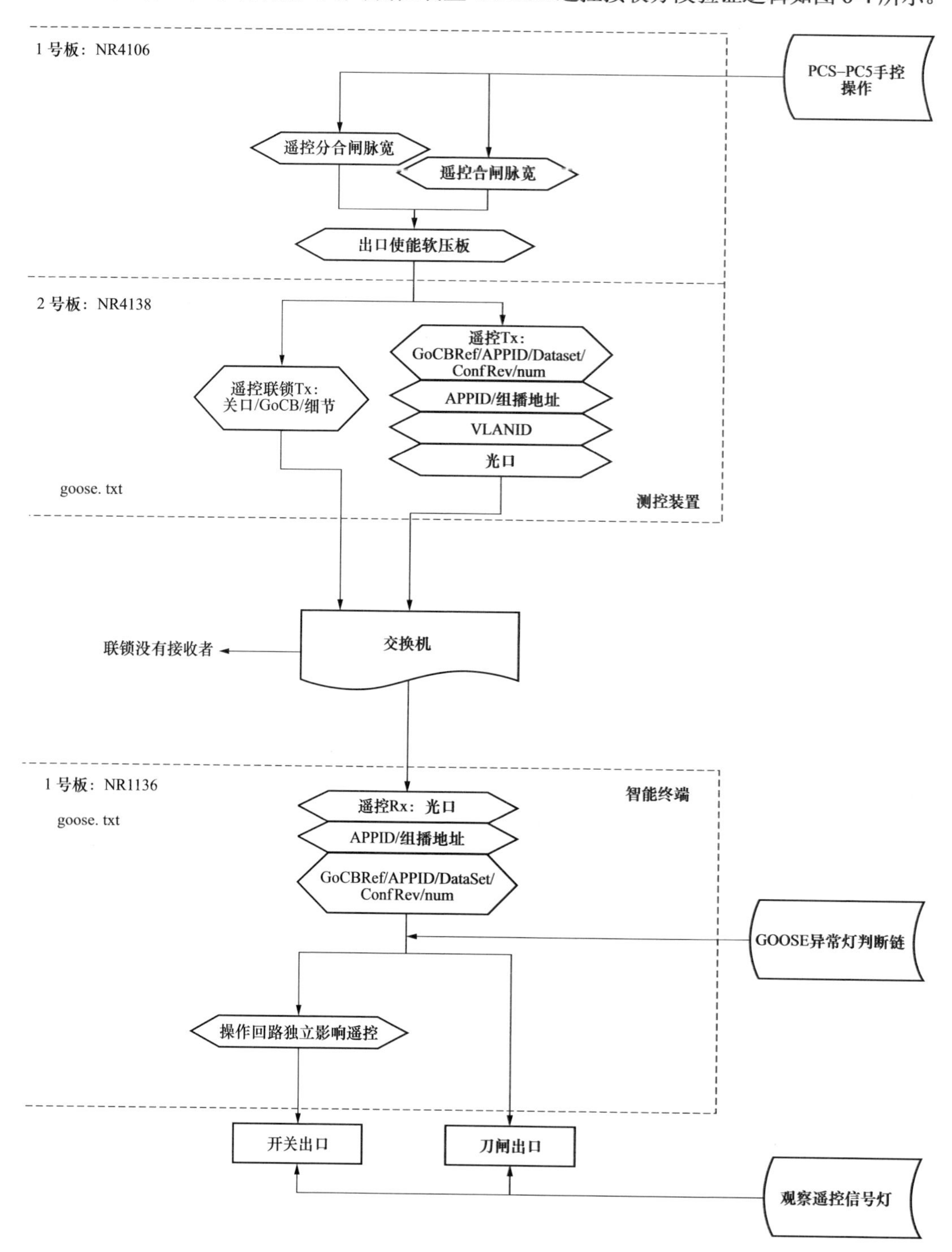

图 6-4 南瑞继保监控系统智能终端与测控装置 GOOSE 遥控接收分段验证逻辑图

二、北京四方监控系统

1. 后台与测控间通信

北京四方监控系统后台与测控间通信分段验证逻辑如图 6-5 所示。

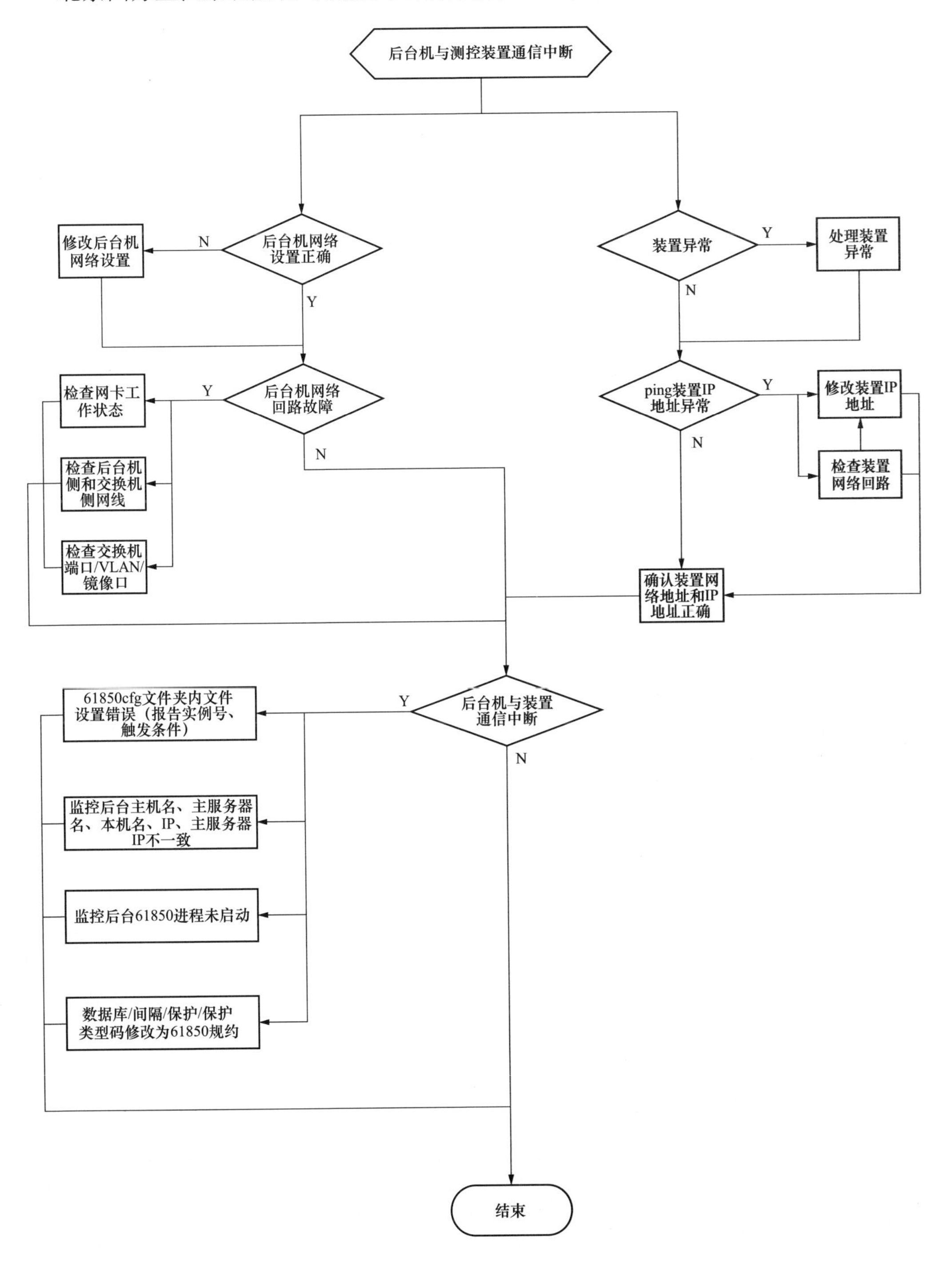

图 6-5 北京四方监控系统后台与测控间通信分段验证逻辑图

2. 后台遥测

北京四方监控系统后台遥测分段验证逻辑如图 6-6 所示。

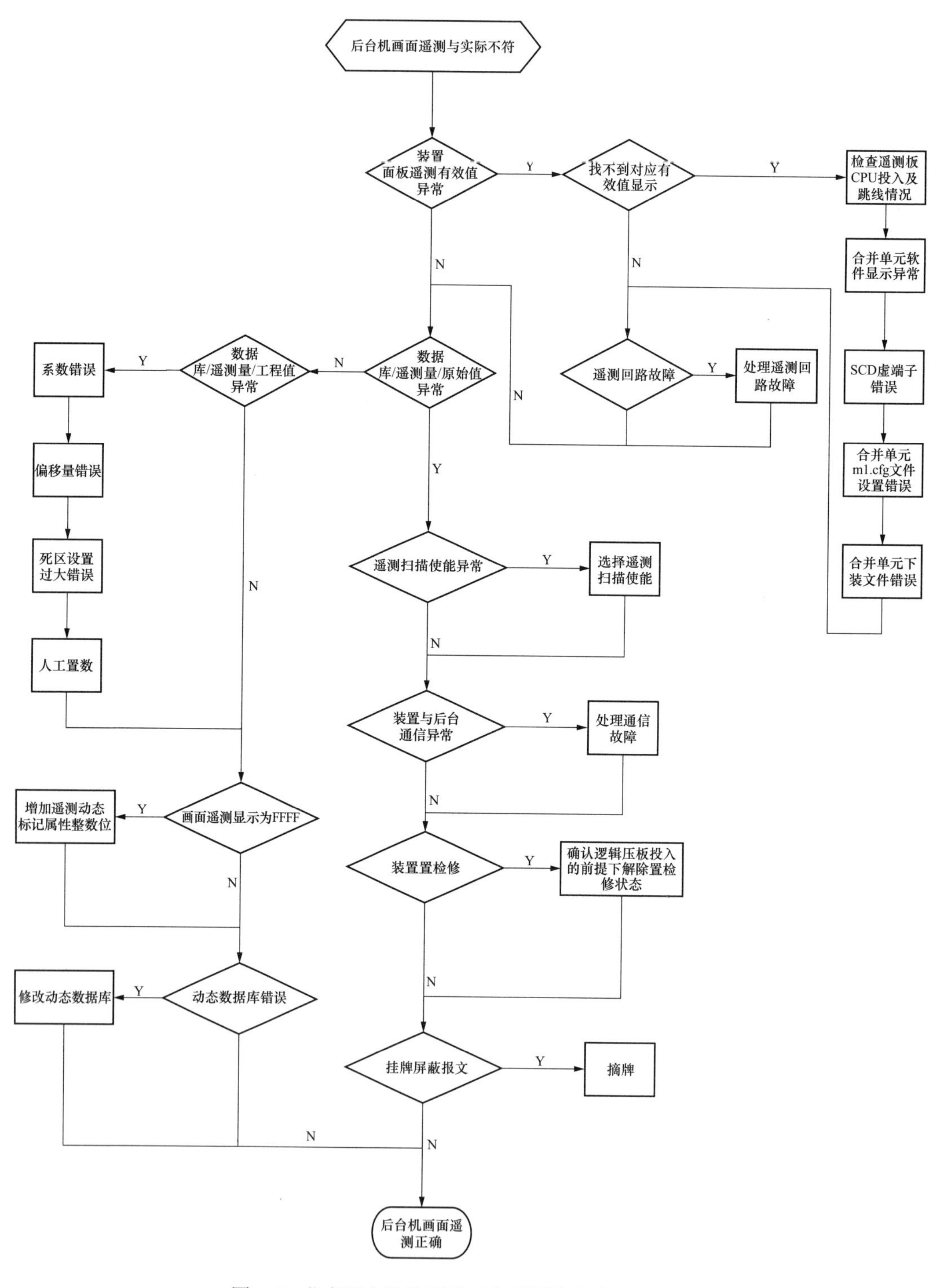

图 6-6　北京四方监控系统后台遥测分段验证逻辑图

3. 后台遥信

北京四方监控系统后台遥信分段验证逻辑如图 6-7 所示。

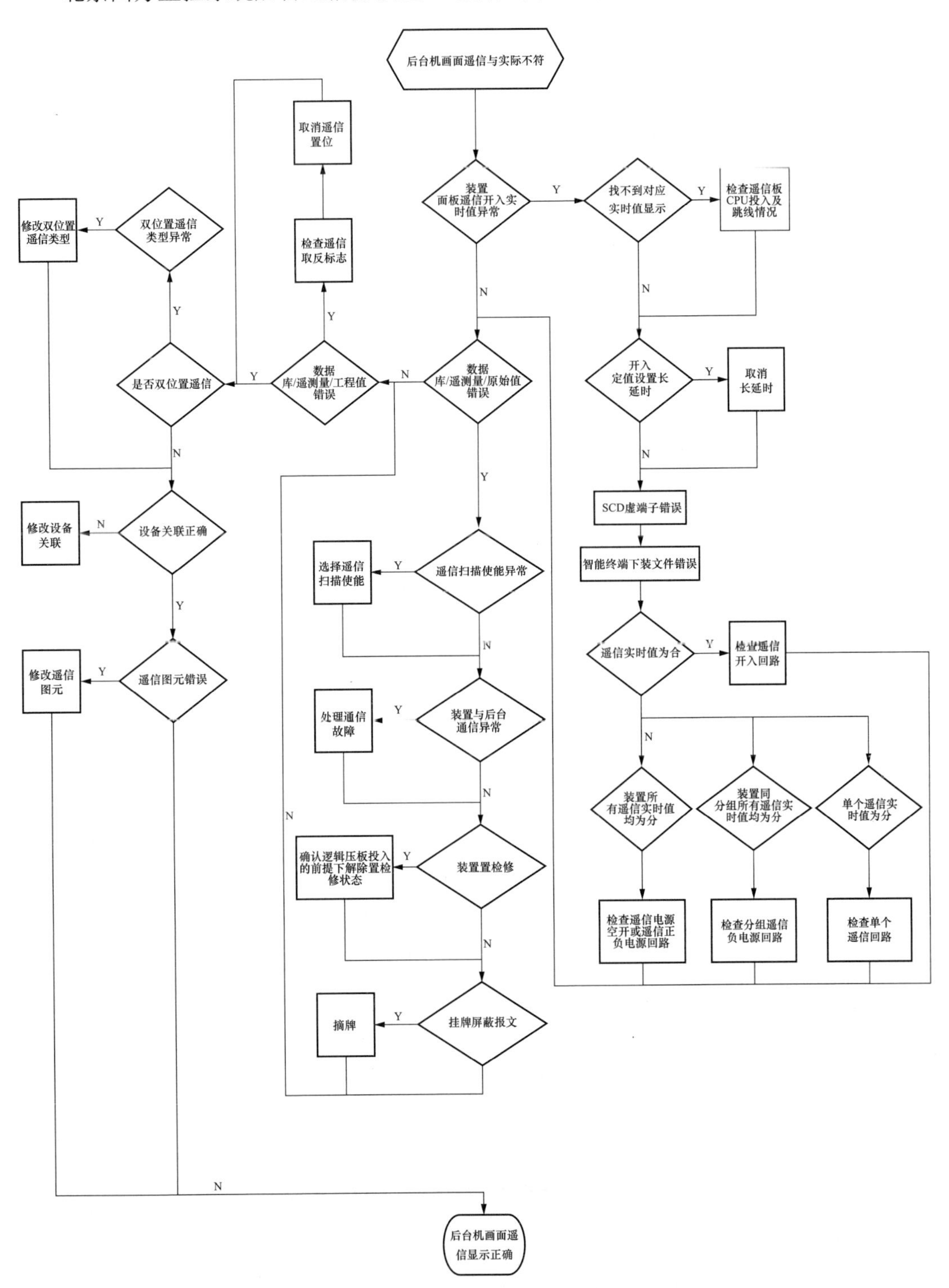

图 6-7　北京四方监控系统后台遥信分段验证逻辑图

4. 后台遥控

北京四方监控系统后台遥控分段验证逻辑如图 6-8 所示。

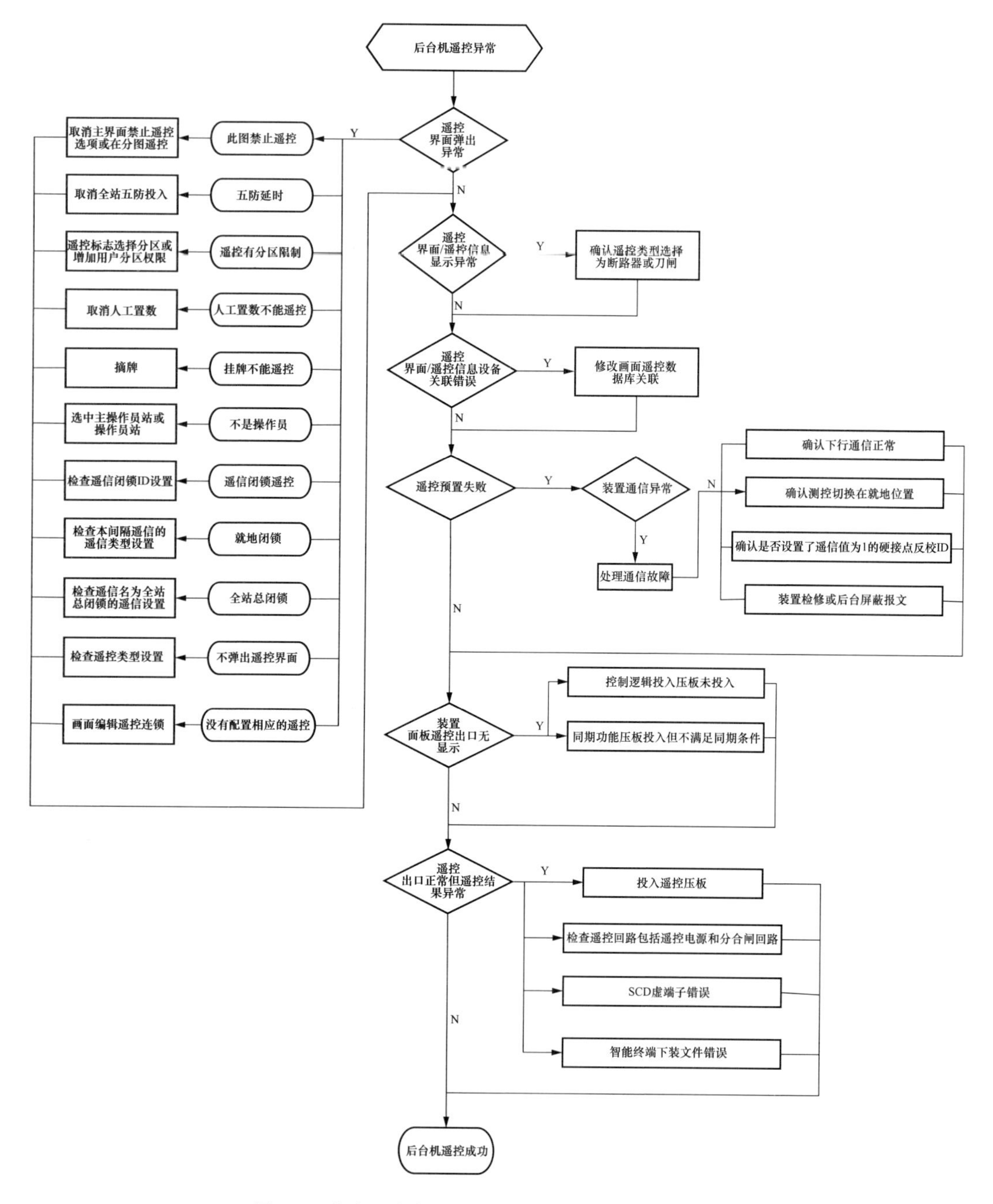

图 6-8 北京四方监控系统后台遥控分段验证逻辑图

三、南瑞科技监控系统

1. 后台与测控间遥测与遥信

南瑞科技监控系统后台与测控间遥测、遥信分段验证逻辑如图 6-9 所示。

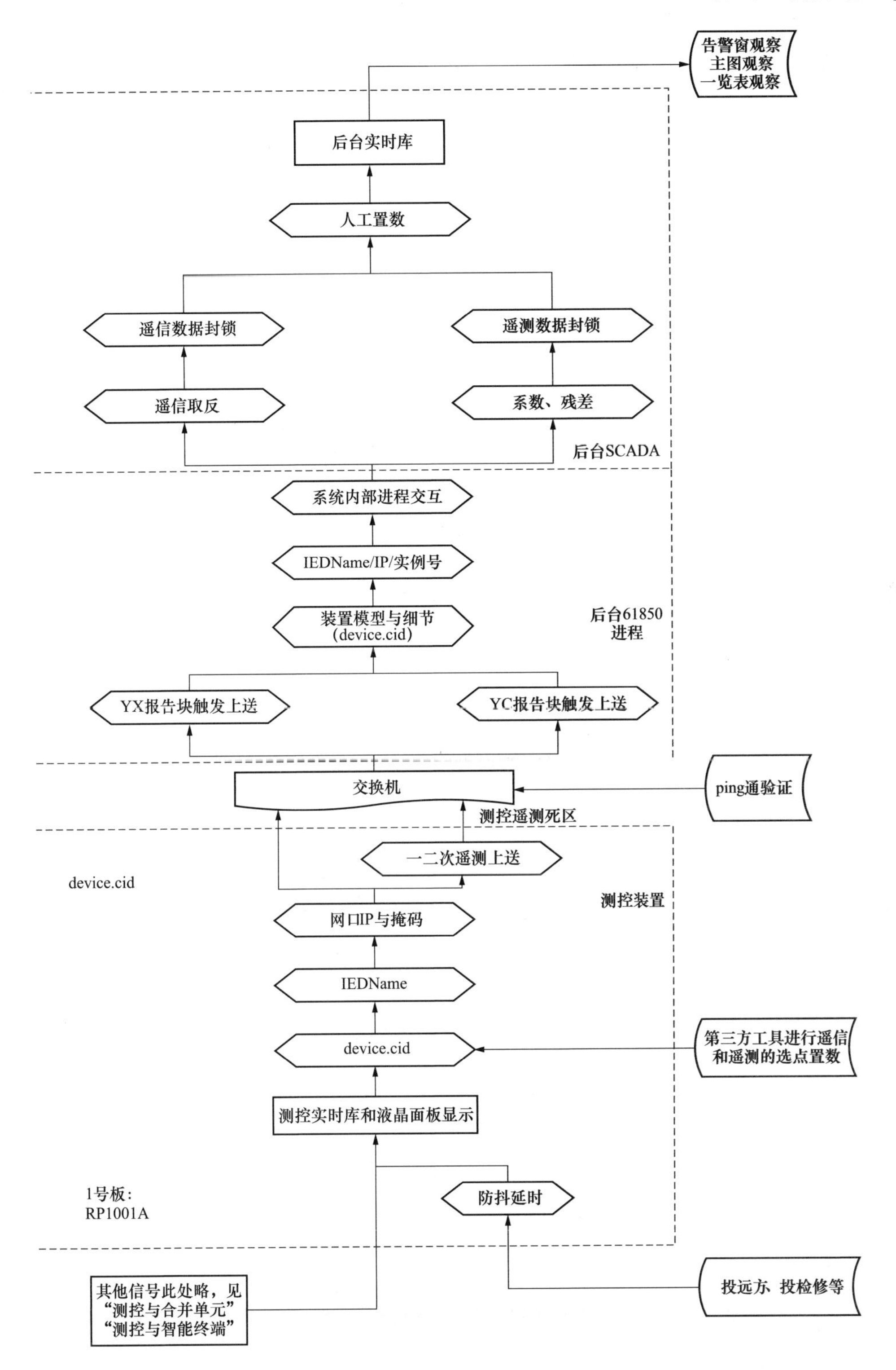

图 6-9 南瑞科技监控系统后台
与测控间遥测、遥信分段验证逻辑图

2. 测控装置与合并单元：GOOSE 及 SV 接收

南瑞科技监控系统测控装置与合并单元 GOOSE 及 SV 接收分段验证逻辑如图 6-10 所示。

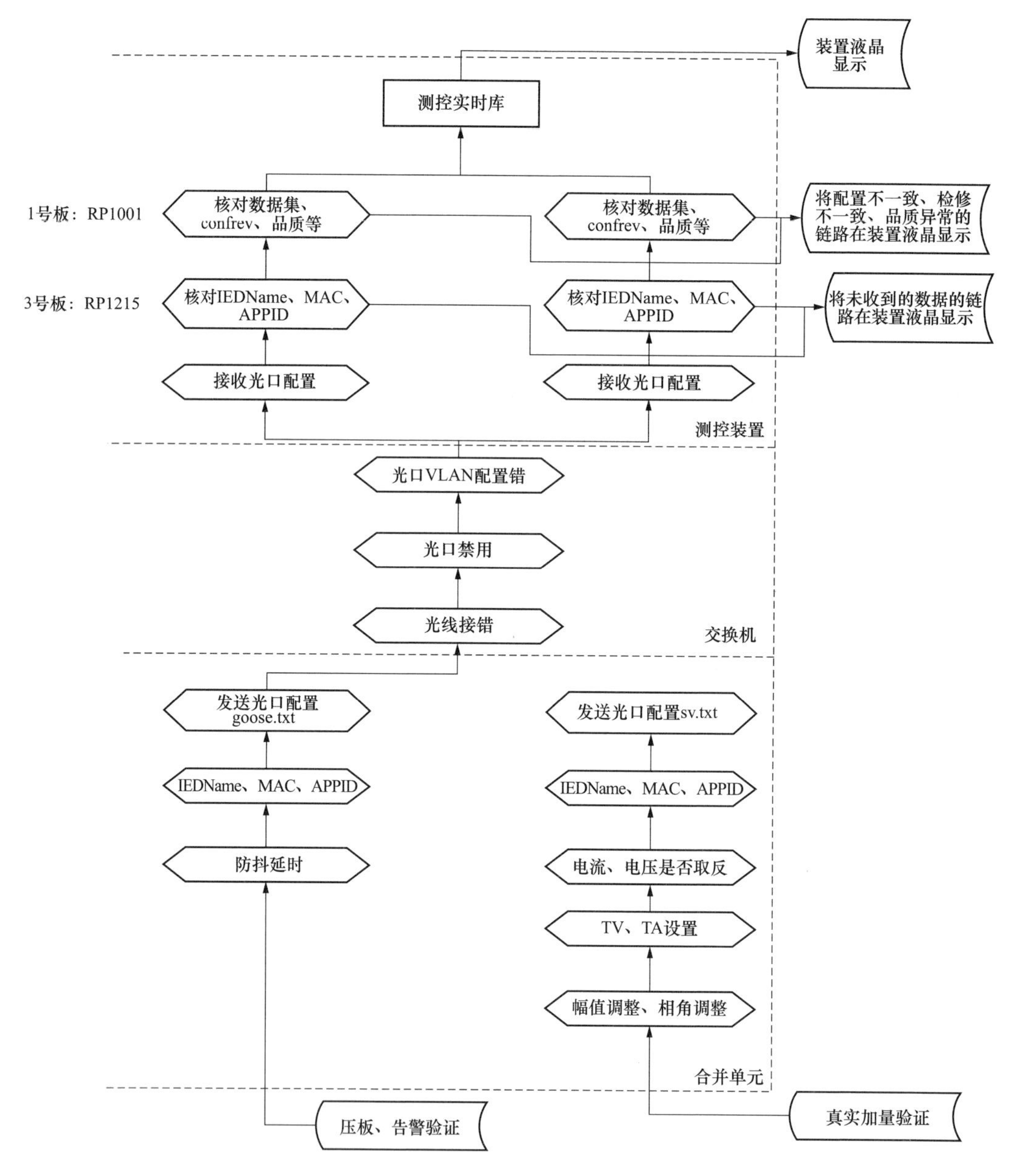

图 6-10 南瑞科技监控系统测控装置与合并单元 GOOSE 及 SV 接收分段验证逻辑图

3. 测控装置与智能终端：GOOSE 断路器、压板及备用开入接收

南瑞科技监控系统测控装置与智能终端 GOOSE 断路器、压板及备用开入接收分段验证逻辑如图 6-11 所示。

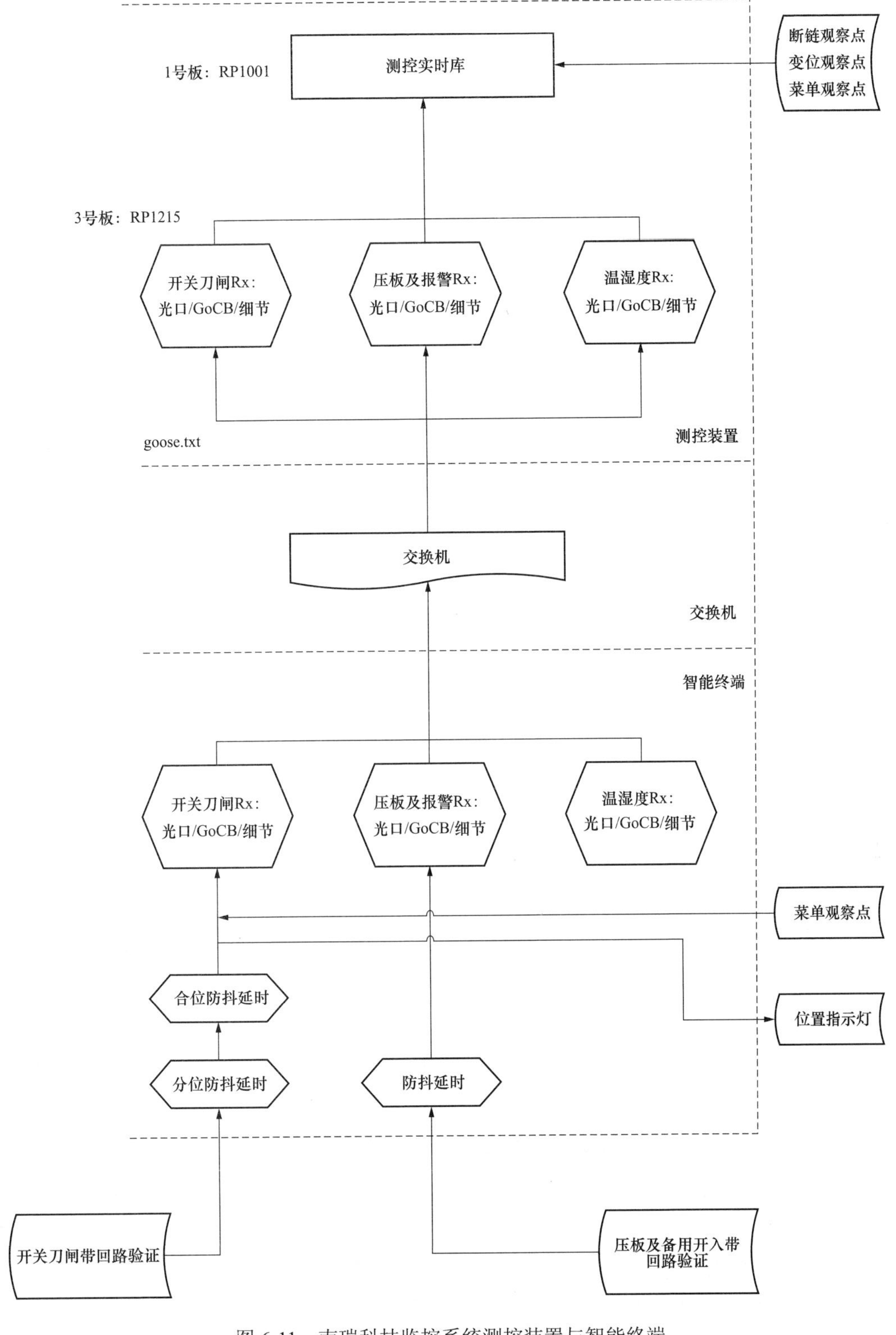

图 6-11　南瑞科技监控系统测控装置与智能终端
GOOSE 断路器、压板及备用开入接收分段验证逻辑图

4. 智能终端与测控装置：GOOSE 遥控接收

南瑞科技监控系统智能终端与测控装置 GOOSE 遥控接收分段验证逻辑如图 6-12 所示。

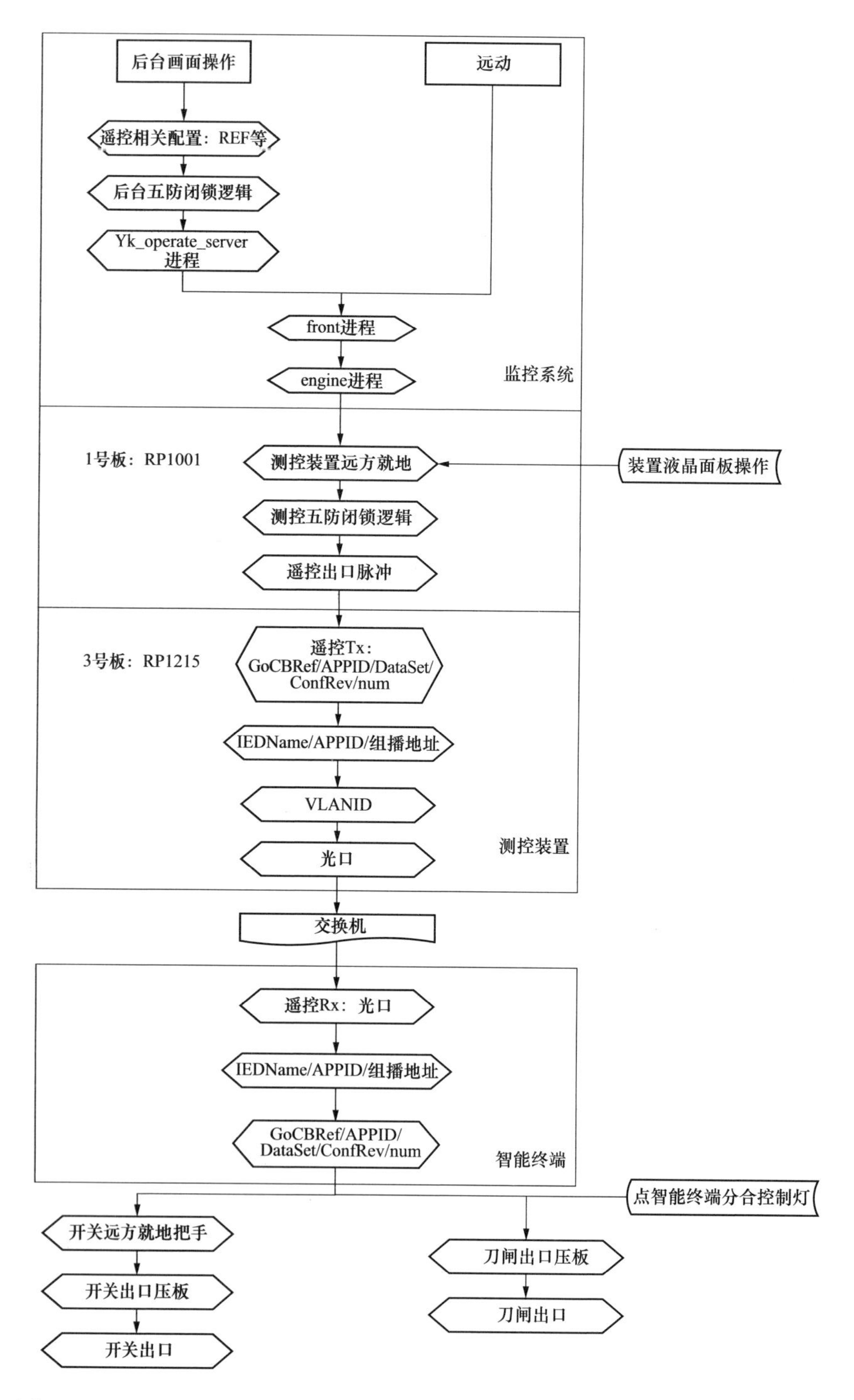

图 6-12　南瑞科技监控系统智能终端与测控装置 GOOSE 遥控接收分段验证逻辑图

模 拟 试 卷

第一节 南瑞继保模拟试卷

一、第一套模拟试卷

（一）考生卷

南瑞继保操作试卷 1

工种：电网调度自动化厂站端调试检修员　等级：　　　　　题类：A　　（选手用）

工作范围	后台工作站、南瑞继保 220kV 线路实操系统柜	考试时长	60 分钟	本卷满分	100 分	考试日期	
试题正文	工作范围及设备状态： 本次工作为 220kV 电校变竞赛 2017 线间隔检修，除检修间隔外，其余设备均为运行设备。目前已完成竞赛 2017 线间隔部分参数配置、后台数据库、画面制作及远动装置参数配置。图纸已放在考试台上，请根据项目任务完成相应操作及故障的排除。 工作任务说明： 1. 编写安全措施票； 2. 设备状态检查和 SCD 文件检查： 检查各装置运行情况，检查 SCD 配置文件； 消除测控装置与智能终端、合并单元的通信中断告警信号。 3. TA 变比更改、遥测试验及报表制作： 泰山 2017 线间隔 TA 变比变更为 2000/5； 完成泰山 2017 线间隔遥测核对工作并完成相应记录； 为泰山 2017 线遥测量 I_a、I_b、I_c、P、Q 制作典型日报表及历史曲线； 完成泰山 2017 线间隔分画面拓扑着色。 4. 遥信核对、事故总信号制作及事故推画面功能： 完成泰山 2017 线间隔断路器、隔离开关的遥信核对工作； 在泰山 2017 线间隔画面，增加智能终端“事故总”光字牌，以此信号作为间隔事故推主画面的触发信号。使用数字式测试仪模拟该点动作，验证光字牌，同时验证监控后台事故推主画面功能。 远动 104 通道已存在遥信点号 1“全站事故总”，将泰山 2017 线智能终端“事故总”信号归类到“全站事故总”，设置“全站事故总”10s 后自动复归，使用数字式测试仪模拟该点动作，通过 104 调试工具验证“全站事故总”信号正常动作和延时自动复归功能。 5. 同期及遥控试验： 进行测控同期定值整定：线路侧电压取相电压，抽取 U_b 相，同期压差取 15%，角差 15°，其他同期定值自行整定。 在监控后台增加运行人员桃子，密码 123。使用桃子运行人员权限，对 3 个接地闸刀五防条件进行							

续表

工作范围	后台工作站、南瑞继保 220kV 线路实操系统柜	考试时长	60 分钟	本卷满分	100 分	考试日期	
试题正文	验证，验证结束后，由检修状态操作至副母热备用状态。 6．远动试验： 完成泰山 2017 线间隔遥测（P、Q、I_a、U_{ab}）、遥信（断路器、刀闸、接地刀闸位置）核对。 采用远动检同期控制方式，完成泰山 2017 线由副母热备用改至运行状态，并通过制作交换机端口镜像，使用报文抓取工具，获得断路器由分到合的 MMS 报文和 GOOSE 报文。 7．备份、整理和试验报告： 完成后台数据库、远动、SCD 文件工作前、后的备份工作。 完成试验后拆除实验仪器线缆、清理现场。 根据实际试验情况，完成试验报告编写工作						
需要说明的问题和要求	1．考前请仔细阅读“已知条件”，填写安全措施及需要计算的定值及数据。 2．检修工作中，严防电气事故。 3．完成工作任务后，将相关数据备份至指定文件夹（文件夹路径见“附录 1”），并请恢复工作现场。						
工具、材料、设备、场地	万用表 1 台、标准校验仪 1 台、工具 1 套、图纸 1 套、材料。 场地：技能培训中心实训楼三楼						
附录	监控后台数据、SCD 备份路径、测控、合并单元、智能终端备份路径：调试机桌面/考试备份						

考评组长：________________ 考评员：________________ 日期________________

（二）裁判卷

南瑞继保厂站实操考试 1——裁判卷

考生序号：________________ 考生工位：________________ 分数________________

项目	操作项目	要求	考评标准	得分	备注
项目一 通信恢复（17 分）					
1	故障设置	测控装置子网掩码错误 255.255.255.255，通信中断。正确为 2 个 255	3 分		
2	故障设置	后台子网掩码错误 255.255.255.240，通信中断。正确为 2 个 255	3 分		
3	故障设置	后台 SNTP 服务器 IP 地址错	3 分		
4	故障设置	SCD 配置：智能终端、插件配置接收光口设置为 2	2 分		
5	故障设置	SCD 配置：合并单元插件配置发送光口 1 配置为不发送	2 分		
6	故障设置	SCD 配置：断路器 A、B 相描述互换，虚端子关联互换	2 分		
7	任务完成	测控装置、合并单元、智能终端重新下载并重启成功	2 分		
项目二 遥测（18 分）					
1	任务完成	合并单元 TA 系数修改正确	1 分		
2	任务完成	主接线图和分画面遥测数值核对	3 分		
3	任务完成	日报表制作正确	2 分		
4	任务完成	曲线制作正确	2 分		

续表

项目	操作项目	要　　求	考评标准	得分	备注
5	任务完成	画面拓扑着色	2分		
6	故障设置	合并单元对时方式不为IRIG-B	2分		
7	故障设置	合并单元同步使能告警设为0，合并单元不告警，测控报“SV接收异常”	2分		
8	故障设置	分画面电流B、C相 均关联到B相	2分		
9	故障设置	后台同期电压U_x人工置数为0	2分		
项目三　遥信（20分）					
1	任务完成	遥信核对，包括位置、光字牌、切换断路器等	3分		
2	任务完成	增加“间隔事故总”光字牌并核对	2分		
3	任务完成	使用数字式测试仪模拟“间隔事故总”，验证监控后台事故推画面功能	2分		
4	任务完成	远动“全站事故总”设置及试验	2分		
5	任务完成	完善后台事故总信号	1分		
6	故障设置	后台SCADA1 ALARM进程 人工禁止	3分		
7	故障设置	光字牌动作信号颜色改为绿色，信号动作底色没变化	3分		
8	故障设置	“智能终端对时信号异常”数据库信号置反	2分		
9	故障设置	测控装置开入电压门槛设为48V，就地远方类信号不会上送	2分		
项目四　遥控（20分）					
1	任务完成	测控同期定值整定正确，包括相别、压差、U_b基准等	2分		
2	任务完成	测控同期定值试验项目	3分		
3	任务完成	后台增加运行人员桃子	2分		
4	任务完成	三个接地刀闸闭锁逻辑验证	3分		
5	任务完成	由检修状态操作至副母热备用状态	2分		
6	故障设置	线路接地刀闸电压判断值改为50%U_n	2分		
7	故障设置	断路器母线侧地刀“合”逻辑错误，增加断路器分位与逻辑分支	2分		
8	故障设置	断路器线路侧地刀“分”逻辑错误，判断线路闸刀合位	2分		
9	故障设置	后台遥控点表设置：断路器检同期合闸与检无压命令关联互换	2分		
项目五　远动（20分）					
1	任务完成	远动装置配置并重启成功	2分		
2	任务完成	远动三遥信息核对	3分		
3	任务完成	检同期操作	2分		

续表

项目	操作项目	要　　求	考评标准	得分	备注
4	任务完成	交换机镜像端口设置	2分		
5	任务完成	断路器变位 MMS 报文抓取成功	2分		
6	任务完成	断路器变位 GOOSE 报文抓取成功	2分		
7	故障设置	远动配置 K/W 值均为 0	3分		
8	故障设置	测控 IED 名称设置错误	2分		
9	故障设置	全局实例设置为 3，单装置实例号设为 1，与后台冲突	2分		
项目六　数据备份及其他（5分）					
1	任务完成	监控考前/考后备份（要求备份到指定目录）	2分		
2	任务完成	远动考前/考后备份（要求备份到指定目录）	2分		
3	任务完成	测试仪正确接线、接地	1分		

二、第二套模拟试卷

（一）考生卷

南瑞继保操作试卷 2

工种：电网调度自动化厂站端调试检修员　等级：　　　　　题类：B　　（选手用）

工作范围	后台工作站、南瑞继保 220kV 线路实操系统柜	考试时长	60分钟	本卷满分	100分	考试日期	
试题正文	工作范围及设备状态： 本次工作为 220kV 电校变竞赛 2017 线间隔检修，除检修间隔外，其余设备均为运行设备。目前已完成竞赛 2017 线间隔部分参数配置、后台数据库、画面制作及远动装置参数配置。请根据下述相关工作任务，检查并验证 SCD 文件、测控参数、后台数据库及画面、远动装置参数的正确性。 工作任务说明： 1．检查监控系统、装置等所有异常情况，并予以排除。 2．在后台监控系统正确显示采样量：有功 286.58MW，无功-163.35Mvar。 3．完成后台监控系统对竞赛 2017 线断路器、隔离开关、接地刀闸信号核对，完成信号核对后需手动恢复至冷备用状态；验证“智能终端接收测控装置 GOOSE 断链信号”，并在监控画面光字牌核对。 4．由后台监控系统遥控完成竞赛 2017 线间隔，从冷备用状态操作至正母运行状态(2017 断路器采用检同期方式合闸)。 同期参数：线路电压抽取 AC 相，压差 10V，角差 20°。 5．由模拟主站遥控完成竞赛 2017 线间隔由正母运行状态到正母热备状态						
需要说明的问题和要求	1．考前请仔细阅读已知条件，填写安全措施及需要计算的定值及数据。 2．检修工作中，严防电气事故。 3．完成工作任务后，将相关数据备份至指定文件夹（文件夹路径见附录 1）；并请恢复工作现场						
工具、材料、设备、场地	万用表 1 台、标准校验仪 1 台、工具 1 套、图纸 1 套、材料。 场地：技能培训中心实训楼三楼						
附录	监控后台数据、SCD 备份路径、测控、合并单元、智能终端备份路径：调试机桌面/考试备份						

考评组长：____________　考评员：____________　日期：____________

（二）裁判卷

南瑞继保厂站实操考试2——裁判卷

考生序号：________________　考生工位：________________　分数________________

项目	操作项目	要　　求	考评标准	得分	备注
一、交换机通信故障（10分）					
1	故障设置	合并单元的SV.GOOSE光纤在交换机2、3端口互换	2分		
2	故障设置	交换机端口8、9类型设置由RJ45改成FIBER	3分		
3	故障设置	远动机网口1和网口4互换	2分		
4	故障设置	测控网口水晶头虚接	3分		
二、SCD故障排查（15分）					
1	故障设置	SCD内合并单元SMV控制块被删除，需要手动添加	3分		SCD内不排除，直接导出SCD正确备份，下配置给5分
2	故障设置	SCD内智能终端VLAN号错误	3分		
3	故障设置	电流虚端子Ia与Ib互换，接收口设置错误	3分		
4	故障设置	同期电压虚端子勾选为保护Ub	3分		
5	故障设置	智能终端接收虚端子由“备用1控分合”改成“闸刀4控分控合”，同时描述也同样修改	3分		
三、后台（25分）					
1	遥测计算及加量	计算正确	2分		
		正确接线	2分		
		仪表正确加量（试验仪不接地，此项分不给）	3分		
2	故障设置	分画面禁止遥控	3分		
3	故障设置	后台三相电流校正值为1，系数为0	3分		
4	故障设置	后台数据库报告控制块统一设置，变位不上送	3分		
5	故障设置	主画面和分画面P、Q链接，一个正确，一个错误	3分		
6	故障设置	3G五防规则错。断路器条件取消	3分		
7	故障设置	后台数据库厂站地址不为0	3分		
四、GOOSE断链调试（10分）					
1	故障设置	智能终端接收测控GOOSE断链遥信封锁	3分		
2	故障设置	光字牌（智能终端接收测控GOOSE断链遥信封锁）链接错误	3分		
3	任务完成	后台光字牌正确动作	4分		
五、远动（12分）					
1	故障设置	远动IEC 61850规约里可变BRCB trgops由44改为04	3分		
2	故障设置	104规约应用层地址长度由2改成1	3分		
3	故障设置	104规约遥控信息体地址由24577改成25577	3分		
4	任务完成	正确完成断路器遥控	3分		
六、测控（10分）					
1	故障设置	测控遥控脉宽时间设置过短，设置为0	3分		

续表

项目	操作项目	要　　求	考评标准	得分	备注
2	故障设置	遥测死区定值设置为 100	3 分		
3	故障设置	通信板 4108 液晶设置退出	4 分		
七、对时（4 分）					
1	故障设置	测控对时方式设置为软对时	4 分		
八、备份、清理现场及报告（14 分）					
1	考后备份	后台考后备份（要求备份到指定目录）	2 分		
		组态考后备份（要求备份到指定目录）	2 分		
		远动考后备份（要求备份到指定目录）	2 分		
2	现场恢复	现场恢复、清理	4 分		
3	安措报告	提交正确安措报告	4 分		

三、第三套模拟试卷

（一）考生卷

南瑞继保操作试卷 3

工种：电网调度自动化厂站端调试检修员　等级：　　　　题类：A　　（选手用）

工作范围	后台工作站、南瑞继保 220kV 线路实操系统柜	考试时长	60 分钟	本卷满分	100 分	考试日期	
试题正文	工作范围及设备状态： 本次工作为 220kV 电校变竞赛 2017 线间隔检修，除检修间隔外，其余设备均为运行设备。目前已完成竞赛 2017 线间隔部分参数配置、后台数据库、画面制作及远动装置参数配置。请根据下述相关工作任务，检查并验证 SCD 文件、测控参数、后台数据库及画面、远动装置参数的正确性。 工作任务说明： 1．检查监控系统、装置等所有异常情况，并予以排除。 2．在后台监控系统正确显示采样量：有功–269.25MW，无功 247.46Mvar，电压电流显示正确（TA 变比 1500:1）。 3．完成后台监控系统、远动系统对竞赛 2017 线断路器、隔离开关、接地刀闸信号以及遥测遥控核对。 4．由后台监控系统遥控完成竞赛 2017 线间隔，从冷备用状态操作至正母运行状态（2017 断路器采用检同期方式合闸）。 同期参数：线路电压抽取 AC 相，压差 5V，角差 10°。 5．在监控后台设置越限定值，AB 线电压达到 225kV 以上时报警。 6．完成 SCD 增加断路器弹簧未储能信号，添加到后台以及远动上并核对。已知弹簧未储能信号接到智能终端开入 6 上。 7．通过远动给后台设置对时							
需要说明的问题和要求	1.考前请仔细阅读已知条件，填写安全措施及需要计算的定值及数据。 2．检修工作中，严防电气事故。 3．完成工作任务后，将相关数据备份至指定文件夹（文件夹路径见附录 1），并请恢复工作现场。						
工具、材料、设备、场地	万用表 1 台、标准校验仪 1 台、工具 1 套、图纸 1 套、材料。 场地：技能培训中心实训楼三楼						
附录	监控后台数据、SCD 备份路径、测控、合并单元、智能终端备份路径：调试机桌面/考试备份						

考评组长：＿＿＿＿＿＿　考评员：＿＿＿＿＿＿　日期：＿＿＿＿＿＿

（二）裁判卷

南瑞继保厂站实操考试3——裁判卷

考生序号：________________　考生工位：________________　分数________________

项目	操作项目	要　求	考评标准	得分	备注
一、交换机排查（6分）					
1	故障设置	智能终端PVID设置错误	2分		
2	故障设置	交换机VLAN配置错误	2分		
3	故障设置	交换机过程层设备端口由FIBER改成RJ45	2分		
二、通信故障排查（2分）					
1	故障设置	测控网口连接错误	1分		
2	故障设置	智能终端接线错误	1分		
三、SCD（18分）					
1	故障设置	智能终端应用标识重复	2分		
2	故障设置	SCD中测控装置虚端子接收合并单元电流为保护电流	2分		
3	故障设置	智能终端虚端子表里接收口设置错	2分		
4	故障设置	智能终端控制块被删除1个，需要手动添加	2分		
5	故障设置	通信里MMS里类型设置不是8-MMS	2分		
6	故障设置	测控装置IEDName设置错误	2分		
7	基本操作	合并单元配置文件下装	2分		
8	基本操作	智能终端配置文件下装	2分		
9	基本操作	测控装置配置文件下装	2分		
四、测控装置、合并单元（13分）					
1	故障设置	测控装置GOOSE、SV接收压板未投入	2分		
2	故障设置	测控装置出口使能软压板未投入	2分		
3	故障设置	测控装置角差补偿值为20	1分		
4	故障设置	测控装置同期定值中断路器合闸时间偏大	2分		
5	故障设置	测控装置定值掩码设置错误	2分		
6	故障设置	合并单元级联规约整定为61850-9-2接收	2分		
7	故障设置	合并单元二次额定保护相电压整定错误	2分		
五、远动调试（11分）					
1	故障设置	104规约模块未启用：标准104调度规约—规约可变选项—基本参数—规约模块，改为0	2分		
2	故障设置	IEC 61850或104调度规约软件对应网口未选择或与实际不符	2分		
3	故障设置	遥信引用表中的信号属性COS/SOE设置为无效	2分		
4	故障设置	9799远动装置远方/就地把手，置位“就地”	1分		
5	故障设置	变化遥测IEC 61850客户端规约下的BRCB trgops设置错误，例如BRCB为04不响应变化上送	2分		

续表

项目	操作项目	要　　求	考评标准	得分	备注
6	故障设置	遥测引用表中的参数修改测量门槛或系数/偏移量	2分		
六、后台（16分）					
1	故障设置	后台全站处理标记取消，同时隐藏处理标记	2分		
2	故障设置	分画面功率显示无小数部分	2分		
3	故障设置	正副隔离开关画反或者关联互换	2分		
4	故障设置	遥控无监护权限	2分		
5	故障设置	数据库断路器五防规则编辑错误	2分		
6	故障设置	数据库闸刀位置属性取消“遥控允许”	2分		
7	故障设置	告警窗屏蔽信号	2分		
8	故障设置	后台报告控制块统一设置，变位不上送	2分		
七、加量同期验证，后台信号，远动信号验证（34分）					
1	遥测计算及加量	正确计算电流、角度	4分		
2		正确接线	3分		
3		仪表正确加量（试验仪不接地，此项分不给）	3分		
4	基本操作	增加的“弹簧未储能”信号，后台验证正确	10分		
5	基本操作	远动信号验证正确	3分		
6	基本操作	遥测越限设置正确	5分		
7	基本操作	后台对时正常	6分		

第二节　北京四方模拟试卷

一、第一套模拟试卷

（一）考生卷

北京四方操作试卷1

工种：电网调度自动化厂站端调试检修员　等级：　　　　　　　题类：A　（选手用）

<table>
<tr><td>工作范围</td><td>后台工作站、北京四方
220kV线路实操系统柜</td><td>考试时长</td><td>60分钟</td><td>本卷满分</td><td>100分</td><td>考试日期</td><td></td></tr>
<tr><td>试题正文</td><td colspan="7">工作范围及设备状态：
本次工作为220kV电校变竞赛2017线间隔检修，除检修间隔外，其余设备均为运行设备。目前已完成竞赛2017线间隔部分参数配置、后台数据库、画面制作及远动装置参数配置。请根据下述相关工作任务，检查并验证SCD文件、测控参数、后台数据库及画面、远动装置参数的正确性。
工作任务说明：
1．检查监控系统、装置等所有异常情况，并予以排除。
2．在后台监控系统正确显示采样量：有功59.25MW，无功–37.46Mvar，电压电流显示正确。
3．完成后台监控系统对竞赛2017线断路器、隔离开关、接地刀闸信号核对。
4．由后台监控系统遥控完成竞赛2017线间隔，从冷备用状态操作至正母运行状态(2017断路器采用检同期方式合闸)。
同期参数：线路电压抽取BC相，压差10kV，角差25°；并验证边界。
5．由模拟主站遥控完成竞赛2017线间隔由正母运行状态到正母热备状态</td></tr>
</table>

续表

工作范围	后台工作站、北京四方 220kV 线路实操系统柜	考试时长	60 分钟	本卷满分	100 分	考试日期	
需要说明的问题和要求	1．考前请仔细阅读已知条件，填写安全措施及需要计算的定值及数据。 2．检修工作中，严防电气事故。 3．完成工作任务后，将相关数据备份至指定文件夹（文件夹路径见附录 1），并请恢复工作现场。						
工具、材料、设备、场地	万用表 1 台、标准校验仪 1 台、工具 1 套、图纸 1 套、材料。 场地：技能培训中心实训楼三楼						
附录	220kV 电校变、SCD 现存监控机路径：/csc2100_home/project/61850cfg 监控后台数据、SCD 备份路径：监控机 APP 主文件目录/考试备份 远动、测控、合并单元、智能终端备份路径：调试机桌面/考试备份						

考评组长：________________　考评员：________________　日期：________________

（二）裁判卷

北京四方厂站实操考试 1——裁判卷

考生序号：________________　考生工位：________________　分数________________

项目	操作项目	要　　求	考评标准	得分	备注
一、链路故障排查（10 分）					
1	故障设置	交换机配置中将前 8 个光口的端口关闭	10 分		
二、通信故障排查（20 分）					
1	故障设置	测控装置出厂设置/参数设置/规约设置 将 61850 选项打叉	5 分		
2	故障设置	后台报告实例号为“11”，超限后无法正常通信	10 分		
3	故障设置	监控后台节点管理选成 61850 而非 IEC 61850Ed2	5 分		
三、遥测计算、加量、站端遥测排故（20 分）					
1	故障设置	后台三相电压变化死区设置较大，导致遥测无法正常显示	10 分		
2	故障设置	实时库中将 P 值人工置数成 60，监控画面无法正常显示有功大小	5 分		
3	故障设置	间隔分图里 I_A、I_B 电流整数位设置成 1 位，导致遥测量无法正常显示	5 分		
四、遥信、遥控（25 分）					
1	故障设置	监控后台实时库断路器总位置“合位扫描使能”不勾选，导致后台无法正常变位	5 分		
2	故障设置	断路器遥控关联成 4G 的遥控点	5 分		
3	故障设置	测控装置里将控制逻辑压板、同期功能压板退出，仅保留检同期及同期节点固定方式，监控后台无法完成断路器同期遥控合闸	5 分		
4	故障设置	SCD 虚端子智能终端远方/就地把手拉错，测控 PLC 无法正常执行，导致遥控失败	10 分		
五、五防逻辑及遥控操作（10 分）					
1	故障设置	在用户管理里未开通五防编辑权限，导致无法对五防逻辑进行更改	5 分		

续表

项目	操作项目	要　　求	考评标准	得分	备注
2	故障设置	20171 五防配置错误（判Ⅱ母刀闸合位）	5 分		
六、远动调试（15 分）					
1	故障设置	远动 IP 地址配置错，192.178.1.6	5 分		
2	故障设置	将 104 设置为客服端“cclient”而非服务端“cserver”	10 分		

二、第二套模拟试卷

（一）考生卷

北京四方操作试卷 2

工种：电网调度自动化厂站端调试检修员　等级：　　　　　题类：B　（选手用）

工作范围	后台工作站、北京四方 220kV 线路实操系统柜	考试时长	60 分钟	本卷满分	100 分	考试日期	
试题正文	工作范围及设备状态： 本次工作为 220kV 电校变竞赛 2017 线间隔检修，除检修间隔外，其余设备均为运行设备。目前已完成竞赛 2017 线间隔部分参数配置、后台数据库、画面制作及远动装置参数配置。请根据下述相关工作任务，检查并验证 SCD 文件、测控参数、后台数据库及画面、远动装置参数的正确性。 工作任务说明： 1．检查装置等所有异常情况，并予以排除。 2．在后台监控系统正确显示采样量：有功−200MW，无功 300Mvar。 3．模拟“测控装置对时异常”信号，并在监控画面光字牌显示。 4．由后台监控系统遥控完成竞赛 2017 线间隔，从冷备用状态操作至正母运行状态（2017 断路器采用检同期方式合闸）。 同期参数：线路电压抽取 BC 相，压差 10kV，角差 25°。 5．由模拟主站遥控完成竞赛 2017 线间隔由正母运行状态到正母热备状态						
需要说明的问题和要求	1．考前请仔细阅读已知条件，填写安全措施及需要计算的定值及数据。 2．检修工作中，严防电气事故。 3．完成工作任务后，将相关数据备份至指定文件夹（文件夹路径见附录 1），并请恢复工作现场						
工具、材料、设备、场地	万用表 1 台、标准校验仪 1 台、工具 1 套、图纸 1 套、材料。 场地：技能培训中心实训楼三楼						
附录	220kV 电校变、SCD 现存监控机路径：/csc2100_home/project/61850cfg 监控后台数据、SCD 备份路径：监控机 APP 主文件目录/考试备份 远动、测控、合并单元、智能终端备份路径：调试机桌面/考试备份						

考评组长：__________　考评员：__________　日期：__________

（二）裁判卷

北京四方厂站实操考试 2——裁判卷

考生序号：__________　考生工位：__________　分数__________

项目	操作项目	要　　求	考评标准	得分	备注
一、链路故障排查（15 分）					
1	故障设置	交换机光口 1、3 接反	5 分		

续表

项目	操作项目	要　　求	考评标准	得分	备注
2	故障设置	SCD 内智能终端删除 GOOSE1 控制块	5 分		
3	故障设置	交换机配置中智能终端连接光口 VLAN 配置错误	5 分		
二、通信故障排查（20 分）					
1	故障设置	后台数据通信配置 IEDName “CL2017” 改为 “CL2O17”	5 分		
2	故障设置	后台远动实例号都填“1”	5 分		
3	故障设置	测控装置网线虚插	5 分		
4	故障设置	远动机两根网线互换	5 分		
三、遥测计算、加量、站端遥测排故（25 分）					
1	故障设置	电流虚端子 Ia 与 Ib 互换	5 分		
2	故障设置	测控同期定值出厂设置，偏移角度设为 180°	5 分		
3	故障设置	同期电压虚端子勾选为保护 Uc	5 分		
4	故障设置	主画面 P、Q 链接互换	5 分		
5	故障设置	P、Q 实时库遥测合法上下限改为 5.0	5 分		
四、遥信（10 分）					
1	故障设置	测控装置对时异常遥信封锁	5 分		
2	故障设置	光字牌（测控装置对时异常）链接错误	5 分		
五、五防逻辑及遥控操作（20 分）					
1	故障设置	SCD 内虚端子断路器“遥控合”勾选为“遥控分”	5 分		
2	故障设置	后台数据库遥信与遥控关联错误（或遥控未关联）	5 分		
3	故障设置	20173（3G）线路隔离开关五防配置错误（判断路器合位）	5 分		
4	故障设置	五防配置内，按票操作打勾	5 分		
六、远动调试（10 分）					
1	故障设置	ASDU 地址配置错误（RTU 链路地址错）	5 分		
2	故障设置	远动数据准备时间改为 60000	5 分		

三、第三套模拟试卷

（一）考生卷

北京四方操作试卷 3

工种：电网调度自动化厂站端调试检修员　等级：　　　　　　题类：C　（选手用）

工作范围	后台工作站、北京四方 220kV 线路实操系统柜	考试时长	60 分钟	本卷满分	100 分	考试日期	
试题正文	工作范围及设备状态： 本次工作为 220kV 电校变竞赛 2017 线间隔检修，除检修间隔外，其余设备均为运行设备。目前已完成竞赛 2017 线间隔部分参数配置、后台数据库、画面制作及远动装置参数配置。请根据下述相关工作任务，检查并验证 SCD 文件、测控参数、后台数据库及画面、远动装置参数的正确性。 工作任务说明：						

续表

工作范围	后台工作站、北京四方 220kV 线路实操系统柜	考试时长	60 分钟	本卷满分	100 分	考试日期	
试题正文	1．检查监控系统、装置等所有异常情况，并予以排除。 2．在竞赛 2017 线间隔分图增加光字牌“断路器 SF_6 告警”，接入位置为智能终端开入 30，并发信实验，后台画面光字牌正确动作。 3．在后台监控及模拟主站正确显示采样量：有功 336.58MW，无功-363.35Mvar。 4．由后台监控系统遥控完成竞赛 2017 线间隔，从冷备用状态操作至副母运行状态（2017 断路器采用检同期方式合闸）。 同期参数：线路电压抽取 AC 相，压差 10V，角差 20°。 5．远动增加“断路器 SF_6 告警”信号，点号为遥信最后一个点号加 1。 6．由模拟主站遥控完成竞赛 2017 线间隔由副母运行状态到副母热备状态						
需要说明的问题和要求	1．考前请仔细阅读已知条件，填写安全措施及需要计算的定值及数据。 2．检修工作中，严防电气事故。 3．完成工作任务后，将相关数据备份至指定文件夹（文件夹路径见附录 1），并请恢复工作现场						
工具、材料、设备、场地	万用表 1 台、标准校验仪 1 台、工具 1 套、图纸 1 套、材料。 场地：技能培训中心实训楼三楼						
附录	220kV 电校变、SCD 现存监控机路径：/csc2100_home/project/61850cfg 监控后台数据、SCD 备份路径：监控机 APP 主文件目录/考试备份 远动、测控、合并单元、智能终端备份路径：调试机桌面/考试备份						

考评组长：＿＿＿＿＿＿ 考评员：＿＿＿＿＿＿ 日期：＿＿＿＿＿＿

（二）裁判卷

北京四方厂站实操考试 3——裁判卷

考生序号：＿＿＿＿＿＿ 考生工位：＿＿＿＿＿＿ 分数＿＿＿＿＿＿

项目	操作项目	要　　求	考评标准	得分	备注
一、链路故障排查（11 分）					
1	故障设置	SCD 内智能终端控制块 2，VPORT 口改为 2	4 分		
2	故障设置	交换机光配置中关闭端口 3	4 分		
3	任务完成	恢复链路层通信	3 分		
二、通信故障排查（12 分）					
1	故障设置	后台报告实列号改为 3	4 分		
2	故障设置	后台网线插错网口	4 分		
3	故障设置	远动接入插件 IP 地址错误	4 分		
三、遥测计算、加量、站端遥测排故（26 分）					
1	故障设置	遥测虚端子为保护电流、保护电压	4 分		
2	故障设置	实时库所有遥测系数改为 0.5，P/Q 偏移量改为计算值	4 分		
3	故障设置	合并单元变比由 1000000 改为 I000000	4 分		
4	故障设置	画面 P/Q 做人工置数	4 分		
5	故障设置	远动遥测死区值改为 100	4 分		

续表

项目	操作项目	要　求	考评标准	得分	备注
6	任务完成	正确接线	2分		
		仪表正确加量（试验仪不接地，此项分不给）	1分		
7	任务完成	后台、远动上，220kV竞赛2017线有功、无功、电流显示正确	3分		
四、遥信（17分）					
1	故障设置	智能终端开入30延时改为30s	4分		
2	故障设置	实时库2G、3G名称互换	4分		
3	故障设置	画面2G、3G定义互换	4分		
4	任务完成	正确勾选虚端子，修改实时库定义，定义光字牌，实验正确	5分		
五、遥控操作（29分）					
1	故障设置	实时库遥控2G设为无效	4分		
2	故障设置	五防遥控不投入	4分		
3	故障设置	20173（3G）线路隔离开关五防配置错误（判断路器合位）	4分		
4	故障设置	远动遥控起始地址设置错误	4分		
5	故障设置	数据库中，断路器关联相关遥信ID号，修改错误	4分		
6	断路器同期	同期定值整定正确（压差正确、偏移角度设置正确）	4分		
		完成断路器同期操作	2分		
7	任务完成	正确完成2G、3G隔离开关及断路器遥控	3分		
六、远动（5分）					
1	任务完成	完成遥测核对3分，完成遥控操作2分	5分		

第三节　南瑞科技系统模拟试卷

一、第一套模拟试卷

（一）考生卷

南瑞科技操作试卷1

工种：电网调度自动化厂站端调试检修员　等级：　　　　　　　　　　题类：B　（选手用）

工作范围	后台工作站、南瑞科技220kV线路实操系统柜	考试时长	60分钟	本卷满分	100分	考试日期	
试题正文	工作范围及设备状态： 本次工作为220kV电校变竞赛2017线间隔检修，除检修间隔外，其余设备均为运行设备。目前已完成竞赛2017线间隔部分参数配置、后台数据库、画面制作及远动装置参数配置。请根据下述相关工作任务，检查并验证SCD文件、测控参数、后台数据库及画面、远动装置参数的正确性，并根据工作任务完成相应工作内容。						

续表

工作范围	后台工作站、南瑞科技220kV线路实操系统柜	考试时长	60分钟	本卷满分	100分	考试日期	
试题正文	工作任务说明： 1. 将竞赛2017线更名为泰山2K85线（后台，远动、SCD）。 2. 检查全站设备通信状态，并恢复正常。 3. 遥测数据核对： 在后台监控验证所有遥测正确性。 并在后台实时告警做出“泰山2K85线 U_{ab} 越上限”信号，越限值为110% U_n，当电压低于105% U_n 时，越限告警复归。 4 遥信核对： 核对断路器、隔离开关、接地刀闸、把手、压板位置。 完成主画面拓扑功能，并验证。 5. 遥控核对： 在监控后台核对泰山2K85线间隔全部设备五防规则，并实际验证1G分、合闸条件。 完成后台断路器、隔离开关遥控试验，断路器实现同期合闸。 同期参数：线路电压抽取C相，压差10%，角差20°。 6. 远动通信功能试验： 完成模拟主站遥测功能核对。 完成断路器、隔离开关、接地刀闸位置信号模拟核对。 完成模拟主站断路器遥控功能核对。 使用“断路器三相不一致”信号触发全站事故总信号，并在远动信号点表中增加全站事故总信号（点号：0050H），实现10s自动复归。 7. 任务结束后，对SCD、监控系统、远动、交换机进行必要的数据备份							
需要说明的问题和要求	1. 考前请仔细阅读已知条件，填写安全措施及需要计算的定值及数据。 2. 检修工作中，严防电气事故。 3. 完成工作任务后，将相关数据备份至指定文件夹（文件夹路径见附录1），并请恢复工作现场						
工具、材料、设备、场地	万用表1台、标准校验仪1台、工具1套、图纸1套、材料。 场地：技能培训中心实训楼三楼						
附录	监控后台数据、SCD备份路径、测控、合并单元、智能终端备份路径：调试机桌面/考试备份						

考评组长：________ 考评员：________ 日期：________

（二）裁判卷

南瑞科技厂站实操考试1——裁判卷

考生序号：________ 考生工位：________ 分数________

项目	操作项目	要求	考评标准	得分	备注
一、项目一（间隔更名，6分）					
1	任务完成	完成SCD更名	2分		
2	任务完成	完成后台更名	2分		
3	任务完成	完成远动更名	2分		
二、项目二（通信功能试验，12分）					
1	故障设置	交换机侧测控光纤与智能终端光纤发端互换	2分		
2	故障设置	SCD中智能终端光口配置无3-1，并将光纤插在1口	2分		
3	故障设置	后台实时库中测控IP地址设置错误192.16.22.41	2分		
4	故障设置	后台主机名设置错误mianl	2分		

续表

项目	操作项目	要　　求	考评标准	得分	备注
5	任务完成	装置下装正确，装置启动正常	2分		
6	任务完成	通信恢复正常	2分		
三、项目三（后台遥测功能试验，18分）					
1	故障设置	SCD电压、电流虚端子关联互换	2分		
2	故障设置	合并单元电流变比设置错误（2000/5）	2分		
3	故障设置	合并单元AD幅值调整系数设为0	2分		
4	故障设置	后台数据库中所有遥测系数设置过小（0.001）	2分		
5	故障设置	后台有功、无功关联反	2分		
6	故障设置	画面中所有遥测封锁	2分		
7	二次回路	13UD6、13UD8内侧互换	2分		
8	任务完成	完成测控、后台遥测核对	2分		
9	任务完成	完成U_{ab}遥测越限	2分		
四、项目四（后台遥信功能试验，18分）					
1	故障设置	SCD虚端子中1GD与2GD互换，描述互换	3分		
2	故障设置	主画面1GD与2GD关联反	2分		
3	故障设置	智能终端手合开入防抖延时设为16s	2分		
4	故障设置	智能终端就地/远方把手“取反”	2分		
5	二次回路	4QD26、4QD27内侧互换（2G分与3G合互换）	2分		
6	二次回路	4QD54外侧虚接（信号负电），隔离开关无位置	2分		
7	任务完成	完成后台断路器、隔离开关、压板、把手信息核对实验	2分		
8	任务完成	完成主画面拓扑功能，并验证	3分		
五、项目五（后台遥控功能试验，26分）					
1	故障设置	SCD中断路器控分、控合互换	2分		
2	故障设置	SCD中删除2G测控装置侧DataSet内分闸虚端子	2分		
3	故障设置	后台实时库中断路器选择“一直控分”	2分		
4	故障设置	1G分闸闭锁条件设置错误	2分		
5	故障设置	后台遥控返校时间设置为1s	2分		
6	故障设置	分画面禁止遥控	2分		
7	故障设置	后台/断路器控制REF错误	2分		
8	二次回路	4n1708与4n1624接反(断路器分闸不成功，直跳绿灯亮）	2分		
9	二次回路	4CD7、4CD14短接（2G一直合）	2分		

续表

项目	操作项目	要　　求	考评标准	得分	备注
10	任务完成	完成后台断路器、隔离开关遥控试验	2 分		
11	任务完成	完成断路器同期合闸	2 分		
12	任务完成	完成 GOOSE 报文分析	2 分		
13	任务完成	验证 1G 五防逻辑	2 分		
六、项目六（远动通信功能试验，16 分）					
1	故障设置	远动机网卡停用（硬重启远动恢复）	2 分		
2	故障设置	远动 IP 地址与测控 IP 地址冲突 172.16.22.17	2 分		
3	故障设置	远动 104 转发表中 B 相电压和 B 电流顺序互换	1 分		
4	故障设置	NT_Engine.ini 文件中 MaxLdNum 由 8 改为 1	2 分		
5	故障设置	远动实时库中 IEDName 错误（CL2018）	2 分		
6	任务完成	完成模拟主站遥测功能核对	1 分		
7	任务完成	完成断路器、隔离开关、接地刀闸位置及合并信号模拟核对	2 分		
8	任务完成	完成模拟主站断路器遥控功能核对	2 分		
9	任务完成	完成事故总自动复归功能，并验证	2 分		
七、项目七（备份、整理和试验报告，4 分）					
1	任务完成	后台数据库、远动、SCD 文件考后备份	2 分		
2	任务完成	拆除试验线	1 分		
3	任务完成	编写报告	1 分		

二、第二套模拟试卷

（一）考生卷

南瑞科技操作试卷 2

工种：电网调度自动化厂站端调试检修员　等级：　　　　　　题类：B　（选手用）

工作范围	后台工作站、南瑞科技 220kV 线路实操系统柜	考试时长	60 分钟	本卷满分	100 分	考试日期	
试题正文	工作范围及设备状态： 本次工作为 220kV 电校变竞赛 2017 线间隔检修，除检修间隔外，其余设备均为运行设备。目前已完成竞赛 2017 线间隔部分参数配置、后台数据库、画面制作及远动装置参数配置。请根据下述相关工作任务，检查并验证 SCD 文件、测控参数、后台数据库及画面、远动装置参数的正确性。 工作任务说明： 1．检查监控系统、装置等所有异常情况，并予以排除。 2．在后台监控系统正确显示采样量：有功 −136.58MW，无功 163.35Mvar。 3．完成后台监控系统对竞赛2017线断路器、隔离开关、接地刀闸信号核对，完成信号核对后需手动恢复至冷备用状态。 4．验证“智能终端接收测控装置 GOOSE 断链信号”，并在监控画面光字牌核对。 5．由后台监控系统遥控完成竞赛 2017 线间隔，从冷备用状态操作至正母运行状态(2017 断路器采							

续表

工作范围	后台工作站、南瑞科技 220kV 线路实操系统柜	考试时长	60 分钟	本卷满分	100 分	考试日期	
试题正文	用检同期方式合闸）。 同期参数：线路电压抽取 CA 相，压差 10V，角差 30°；其中压差需扫边界，进行定值验证。 6．由模拟主站遥控完成竞赛 2017 线间隔由正母运行状态到正母热备状态						
其他需要说明的问题和要求	1．考前请仔细阅读已知条件，填写安全措施及需要计算的定值及数据。 2．检修工作中，严防电气事故。 3．完成工作任务后，将相关数据备份至指定文件夹（文件夹路径见附录 1），并请恢复工作现场						
工具、材料、设备、场地	万用表 1 台、标准校验仪 1 台、工具 1 套、图纸 1 套、材料。 场地：技能培训中心实训楼三楼						
附录	220kV 电校变、SCD 现存调试机桌面/DXB 监控后台数据、SCD 备份路径、测控、合并单元、智能终端备份路径：调试机桌面/考试备份						

考评组长：________________　考评员：________________　日期：________________

（二）裁判卷

南瑞科技厂站实操考试 2——裁判卷

考生序号：________________　考生工位：________________　分数________________

项目	操作项目	要　　求	考评标准	得分	备注
一、链路故障排查（10 分）					
1	故障设置	SCD 内合并单元 VLAN 号错误	5 分		
2	故障设置	交换机内智能终端连接光口 VLAN 配置错误	5 分		
二、通信故障排查（10 分）					
1	故障设置	后台远动实例号都填 1	5 分		
2	故障设置	网关机的站控层网口从 VLAN 1 去掉	5 分		
三、遥测计算、加量、站端遥测排故（25 分）					
1	遥测计算及加量	计算正确（电流 2.79A，角度 129.9°）	5 分		
2	故障设置	电流虚端子 Ia 与 Ib 互换	5 分		
3	故障设置	后台三相电流系数改 0	5 分		
4	故障设置	同期电压虚端子勾选为保护 Uc	5 分		
5	故障设置	主画面 P、Q 链接互反	5 分		
四、遥信（15 分）					
1	故障设置	智能终端“接收测控 GOOSE 断链”遥信封锁	5 分		
2	故障设置	光字牌（智能终端接收测控 GOOSE 断链遥信封锁）链接错误	5 分		
3	任务完成	后台光字牌正确动作	5 分		
五、五防逻辑及遥控操作（25 分）					
1	故障设置	SCD 内虚端子断路器“遥控合”勾选为“遥控分”	5 分		

续表

项目	操作项目	要　　求	考评标准	得分	备注
2	故障设置	后台数据库遥信与遥控关联错误（或遥控未关联）	5分		
3	故障设置	20173（3G）线路隔离开关五防配置错误（判断路器合位）	5分		
4	断路器同期	同期定值整定正确	5分		
		完成断路器同期操作，扫边界值	5分		1
5	任务完成	正确完成 1G、3G 隔离开关遥控（非检修态操作不给分）	5分		
六、远动调试（15分）					
1	故障设置	ASDU 地址配置错误（RTU 链路地址错）	5分		
2	故障设置	遥控转发表错位（或加空点）	5分		
3	故障设置	通道为空，遥控失败	5分		

三、第三套模拟试卷

（一）考生卷

南瑞科技操作试卷 3

工种：电网调度自动化厂站端调试检修员　等级：　　　　题类：B　（选手用）

工作范围	后台工作站、南瑞科技 220kV 线路实操系统柜	考试时长	60分钟	本卷满分	100分	考试日期	
试题正文	工作范围及设备状态： 本次工作为 220kV 电校变竞赛 2017 线间隔检修，除检修间隔外，其余设备均为运行设备。目前已完成竞赛 2017 线间隔部分参数配置、后台数据库、画面制作及远动装置参数配置。请根据下述相关工作任务，检查并验证 SCD 文件、测控参数、后台数据库及画面、远动装置参数的正确性。 工作任务说明： 1．检查监控系统、装置等所有异常情况，并予以排除。 2．在后台监控系统正确显示采样量：有功 −200MW，无功 100Mvar。 3．完成后台监控系统对竞赛 2017 线断路器、隔离开关、接地刀闸信号核对，完成信号核对后恢复至检修状态，其中三把地刀采用遥控合闸。 4．验证“智能终端对时异常”“弹簧未储能”“合并单元检修压板”等信号，并在监控画面光字牌核对。 5．新建用户，以自己名字首字母为用户名，具备遥控监控权限，如李三，用户名为 LS。 6．在后台监控以监护模式完成竞赛 2017 断路器同期合闸操作，其中以新建用户为监护人。 同期参数：线路电压抽取 AB 相，压差 10V，角差 30°；其中压差需扫边界，进行定值验证。 7．在模拟主站完成遥测、遥信、遥控核对。						
其他需要说明的问题和要求	1．考前请仔细阅读已知条件，填写安全措施及需要计算的定值及数据。 2．检修工作中，严防电气事故。 3．完成工作任务后，将相关数据备份至指定文件夹（文件夹路径见附录 1），并请恢复工作现场						
工具、材料、设备、场地	万用表 1 台、标准校验仪 1 台、工具 1 套、图纸 1 套、材料。 场地：技能培训中心实训楼三楼						
附录	220kV 电校变、SCD 现存调试机桌面/DXB 监控后台数据、SCD 备份路径、测控、合并单元、智能终端备份路径：调试机桌面/考试备份						

考评组长：＿＿＿＿＿＿　考评员：＿＿＿＿＿＿　日期：＿＿＿＿＿＿

（二）裁判卷

南瑞科技厂站实操考试3——裁判卷

考生序号：________________　　考生工位：________________　　分数________________

项目	操作项目	要　　求	考评标准	得分	备注
一、SCD故障设置（15分）					
1	故障设置	虚端了删除测控接收同期电压	5分		
2	故障设置	虚端子1G与2G位置关联错误	5分		
3	故障设置	编辑sv.txt附属信息将合并单元使用类型，从“MU使用”改为“保护使用”	5分		
二、交换机故障设置（5分）					
1	故障设置	交换机16口及0口禁用	5分		
三、测控故障设置（10分）					
1	故障设置	同期参数设为默认值及测控PT变比为2.2	5分		
2	故障设置	装置参数/24：软硬压板切换为1，软压板/同期退出（注：修改后需要重启）	5分		
四、合并单元故障设置（5分）					
1	故障设置	合并单元（保护电压TV变比（22）从220改为5，TA变比（17）从5A改为1A）	5分		
五、智能终端故障设置（10分）					
1	故障设置	智能终端对时异常（设备参数—对时板卡从2改为1） （注：修改后要重启）	5分		
2	故障设置	智能终端投入检修压板	5分		
六、监控后台故障设置（40分）					
1	故障设置	断路器表：是否完整遥控REF	5分		
2	故障设置	合并单元检修压板关联合并单元检修压板遥信名称	5分		
3	故障设置	弹簧未储能被抑制（遥信表弹簧未储能信号“告警被抑制域”从0改为1）	5分		
4	故障设置	201747地刀五防逻辑错误，删除同期电压<30	5分		
5	故障设置	后台操作员人员权限（修改组态—用户名表—操作员控制权限修改）	5分		
6	故障设置	修改NT_enging.ini文件下参数	5分		
7	故障设置	3G关联设备错误（遥信表3G位置信号关联的“设备名索引号”从3G改为2G）	5分		
8	任务完成	新建监护权限的用户名	5分		
七、远动故障设置（遥控，15分）					
1	故障设置	远动对下IP不在100.100.100网段（setup命令下修改，需重启远动）	5分		
2	故障设置	双点遥信EXT由1改变0	5分		
3	故障设置	三遥起始点参数配置错误，各加10	5分		

第四节　安全措施卡及试验报告模板

安 全 措 施 卡

<table>
<tr><td>工程名称</td><td></td><td>试验时间</td><td></td></tr>
<tr><td>试验项目</td><td colspan="3"></td></tr>
<tr><td colspan="4">危险点分析</td></tr>
<tr><td>序号</td><td colspan="3">内　容</td></tr>
<tr><td>1</td><td colspan="3"></td></tr>
<tr><td>2</td><td colspan="3"></td></tr>
<tr><td>3</td><td colspan="3"></td></tr>
<tr><td>4</td><td colspan="3"></td></tr>
<tr><td colspan="4">防范措施</td></tr>
<tr><td>序号</td><td colspan="3">内　容</td></tr>
<tr><td>1</td><td colspan="3"></td></tr>
<tr><td>2</td><td colspan="3"></td></tr>
<tr><td>3</td><td colspan="3"></td></tr>
<tr><td>4</td><td colspan="3"></td></tr>
<tr><td>5</td><td colspan="3"></td></tr>
<tr><td>6</td><td colspan="3"></td></tr>
<tr><td>7</td><td colspan="3"></td></tr>
<tr><td colspan="4">状态检查结果</td></tr>
<tr><td>试验开始前</td><td></td><td>工作负责人</td><td></td></tr>
<tr><td>试验结束后</td><td></td><td>工作负责人</td><td></td></tr>
</table>

试　验　报　告

1．项目完成情况及数据记录

项目一　遥测试验报告

遥测名	测控装置	后台监控系统	主站端显示	遥测名	测控装置	后台监控系统	主站端显示
A 相电流				C 相电压			—
B 相电流			—	线电压 U_{ab}			
C 相电流			—	同期电压 U_{x}			—
A 相电压			—	有功功率			
B 相电压			—	无功功率			

项目二　遥信状态调试项目及记录表

调试项目	模拟断路器屏	后台监控系统	主站端
断路器	合位		
	分位		
正母隔离开关	合位		
	分位		
副母隔离开关	合位		
	分位		
线路隔离开关	合位		
	分位		
断路器母线侧接地刀闸	合位		
	分位		
断路器线路侧接地刀闸	合位		
	分位		
线路接地刀闸	合位		
	分位		
信号名称		监控画面	监控简报窗

项目三　遥控调试项目及记录表

调试项目		后台监控系统	主站端
断路器	分闸		
	普通合闸		
	同期合闸		
正母隔离开关	分闸		
	合闸		
副母隔离开关	分闸		
	合闸		

续表

调试项目		后台监控系统	主站端
线路隔离开关	分闸		
	合闸		
断路器母线侧接地刀闸	分闸		
	合闸		
断路器线路侧接地刀闸	分闸		
	合闸		
线路接地刀闸	分闸		
	合闸		

项目四　接地刀闸联、闭锁验证

220kV 线路闭锁逻辑 （0 表示分闸状态，1 表示合闸状态，单线路间隔，无 1 条件）								
操作设备	正母隔离开关	副母隔离开关	断路器母线侧接地刀闸	断路器	断路器线路侧接地刀闸	线路隔离开关	线路接地刀闸	其他
断路器母线侧接地刀闸（合）								
断路器母线侧接地刀闸（分）								
断路器线路侧接地刀闸（合）								
断路器线路侧接地刀闸（分）								
线路接地刀闸（合）								
线路接地刀闸（分）								
注：线路无压判断依据为小于 30%U_x。								

2．故障点记录

序号	故障现象	故障点描述	序号	故障现象	故障点描述
1			12		
2			13		
3			14		
4			15		
5			16		
6			17		
7			18		
8			19		
9			20		
10			21		
11			22		

附录 1

二　次　回　路

一、南瑞继保二次回路

南瑞继保测控装置断路器合闸回路如图 1 所示。

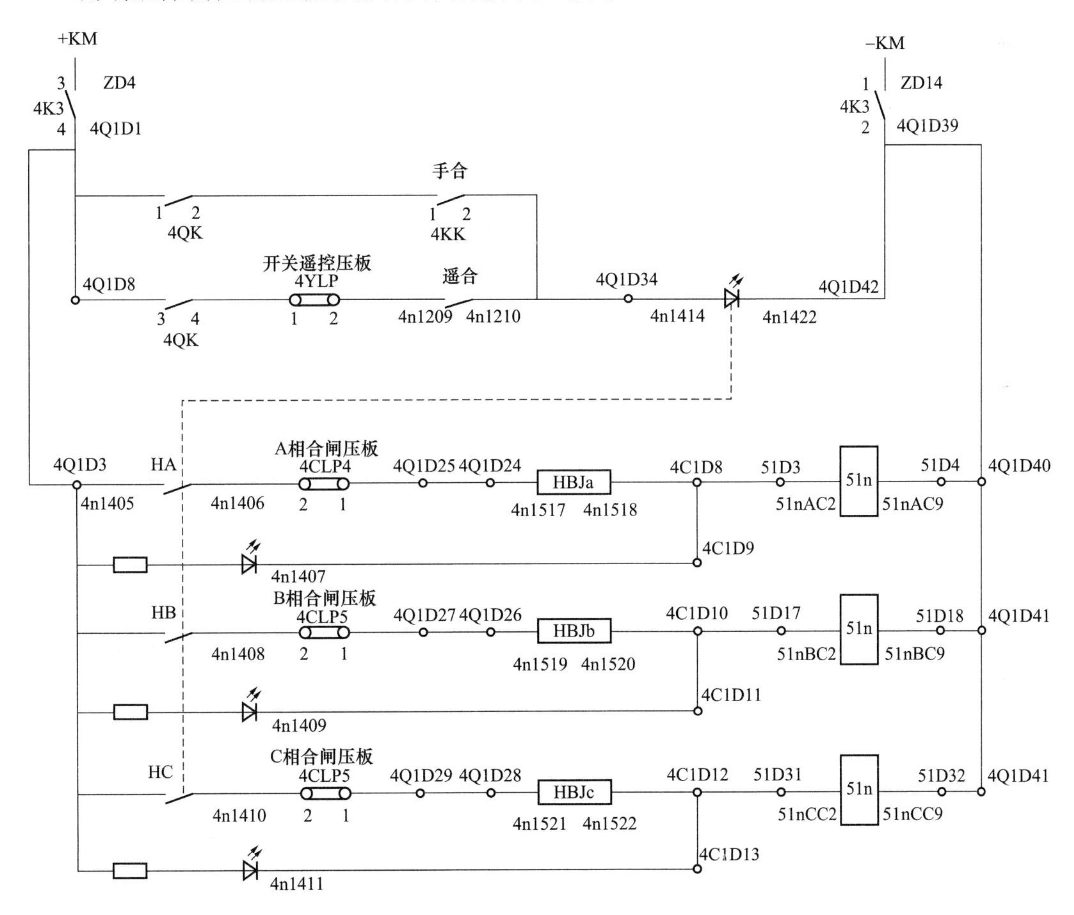

图 1　南瑞继保测控装置断路器合闸回路图

南瑞继保测控装置断路器分闸回路如图 2 所示。

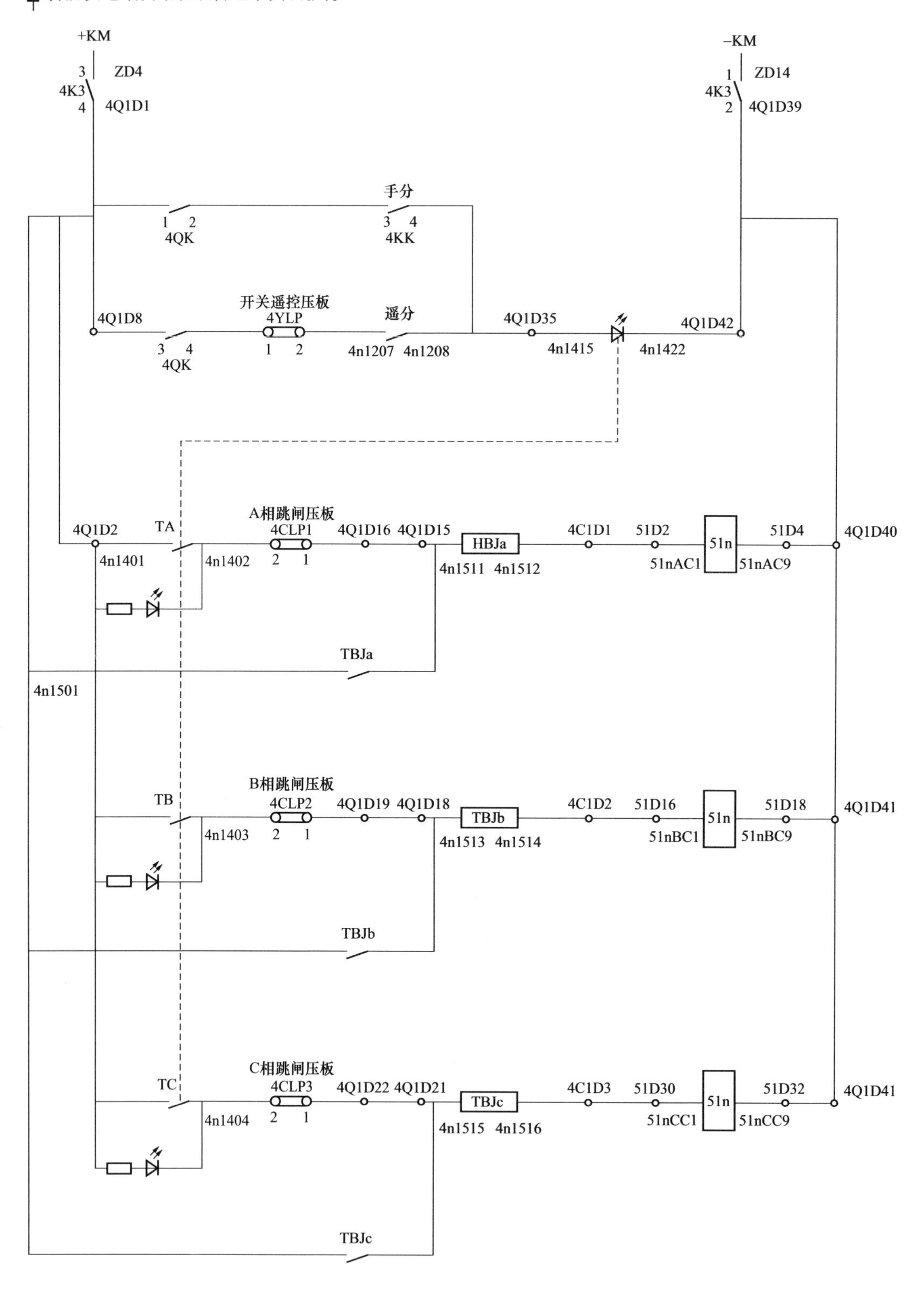

图 2 南瑞继保测控装置断路器分闸回路图

南瑞继保测控装置隔离开关分、合闸回路如图 3 所示。

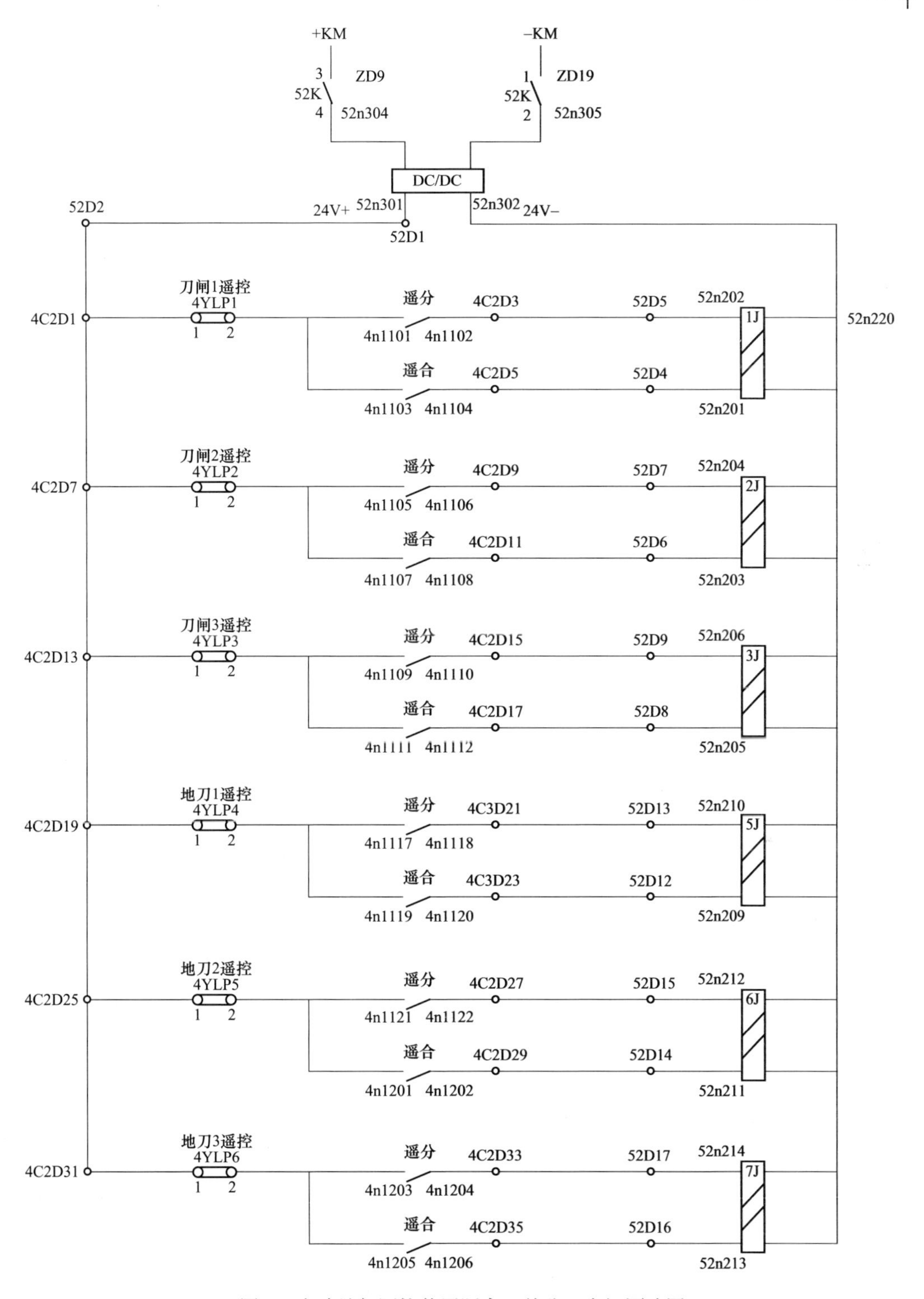

图 3　南瑞继保测控装置隔离开关分、合闸回路图

二、北京四方二次回路

北京四方测控装置断路器合闸回路如图 4 所示。

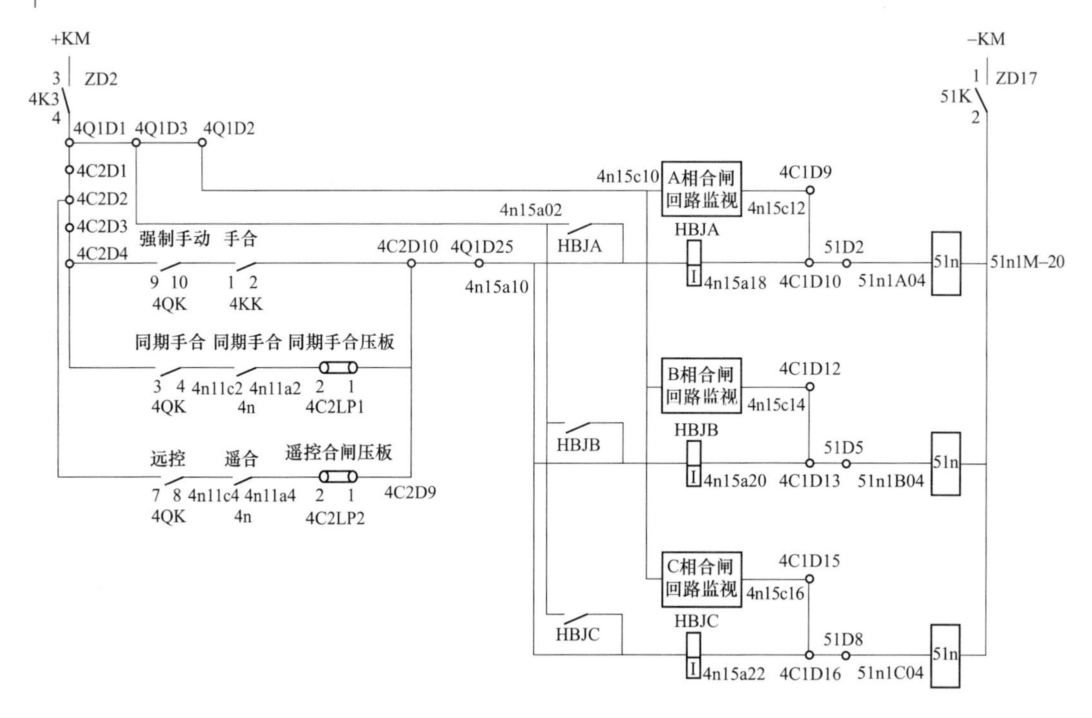

图 4 北京四方测控装置断路器合闸回路图

北京四方测控装置断路器分闸回路如图 5 所示。

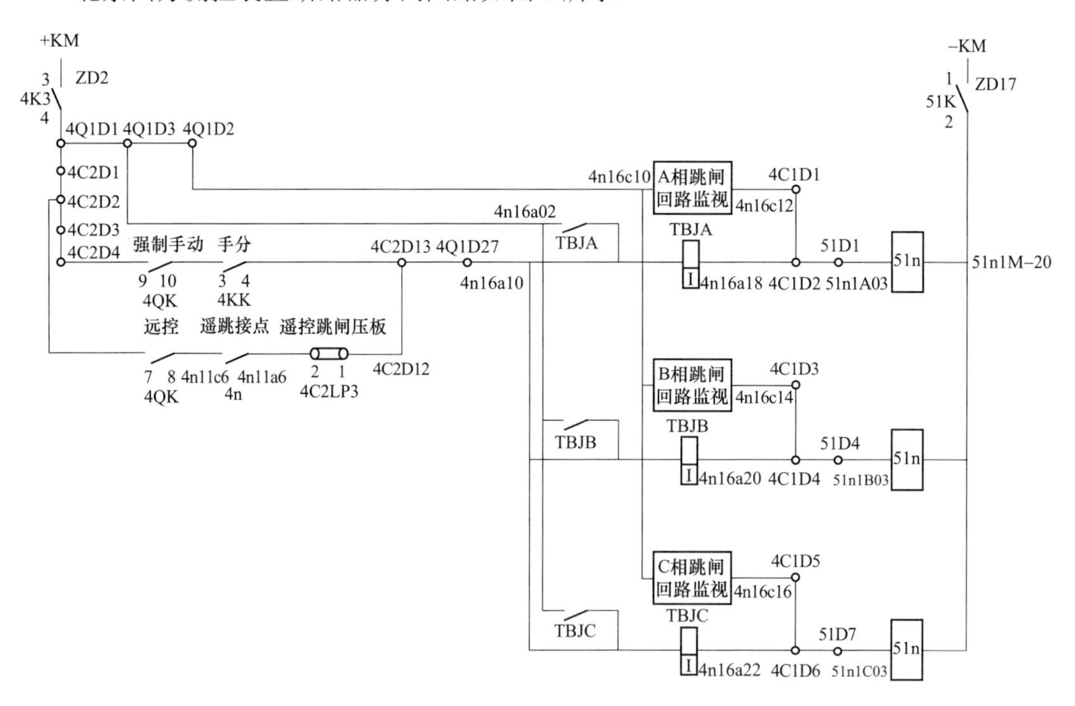

图 5 北京四方测控装置断路器分闸回路图

北京四方测控装置隔离开关分、合闸回路如图 6 所示。

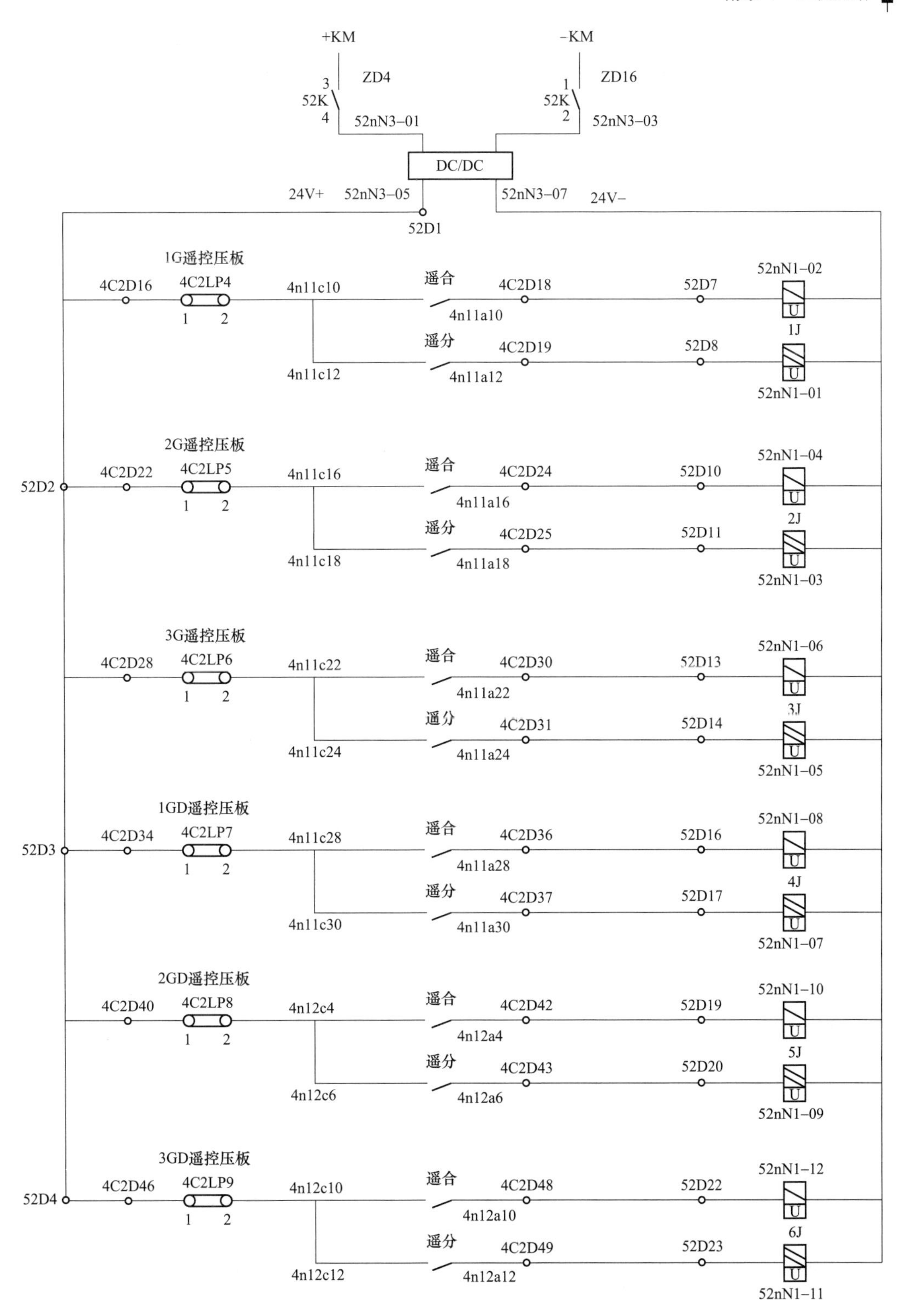

图 6　北京四方测控装置隔离开关分、合闸回路图

三、南瑞科技二次回路

南瑞科技测控装置断路器合闸回路如图 7 所示。

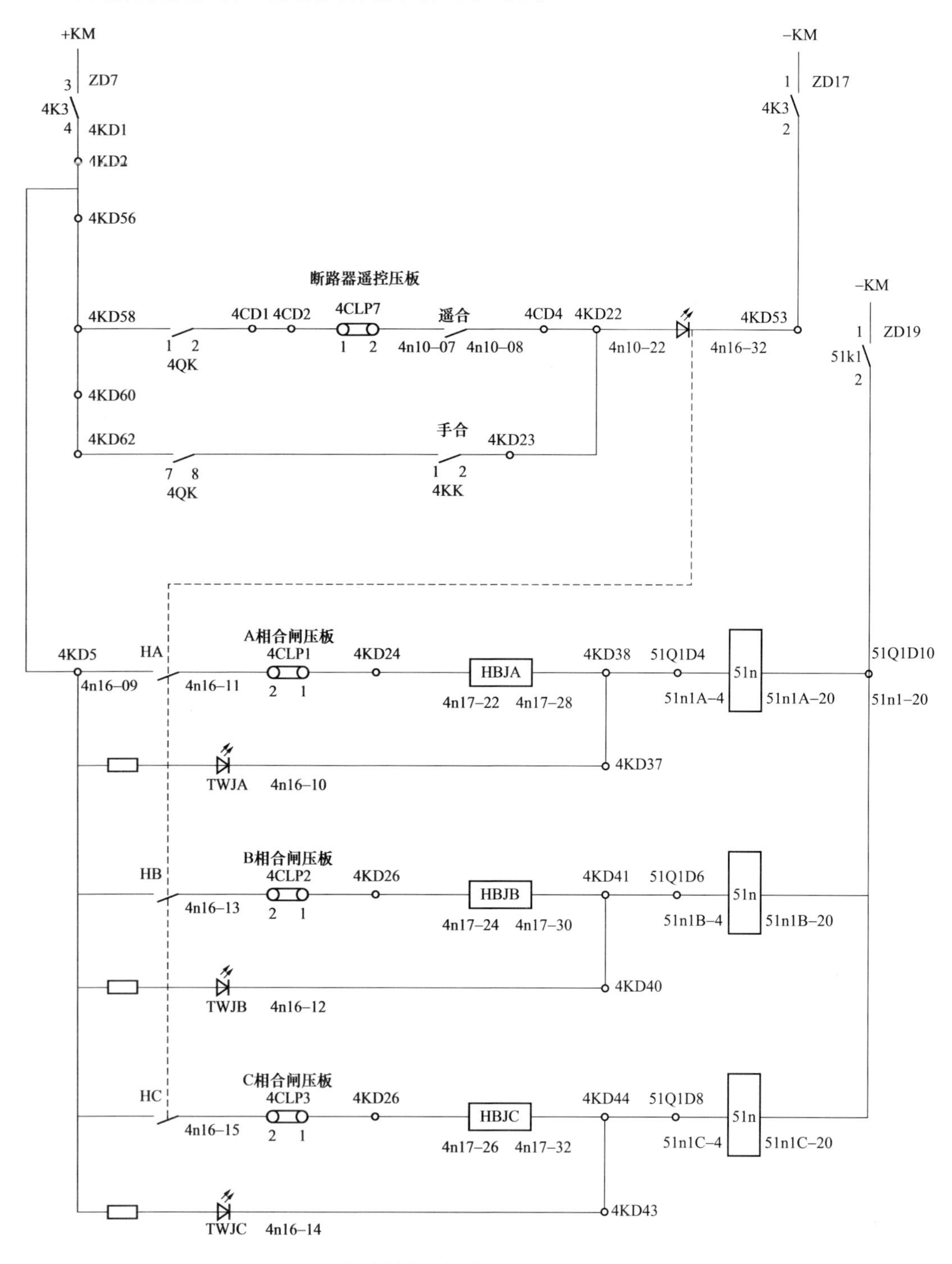

图 7　南瑞科技测控装置断路器合闸回路图

控制回路：手合、手分时无压板；遥合、遥分时，控制回路存在遥控压板。

出口回路：合闸经过分相合闸出口压板，分闸不经过分相分闸出口压板（分闸出口压板用于保护跳闸回路）。

断路器控制回路分两部分：第一部分为远方就地、操作把手回路，该部分有故障时，手动操作时智能终端手跳开入、手合开入灯不亮；第二部分为出口压板、模拟断路器回路，该部分有故障时，手动操作时智能终端手跳开入、手合开入灯可以亮，但模拟断路器不动作。

单相不能合闸时，例如 A 相：检查合闸压板、4KD38、51Q1D4。

南瑞科技测控装置断路器分闸回路如图 8 所示。

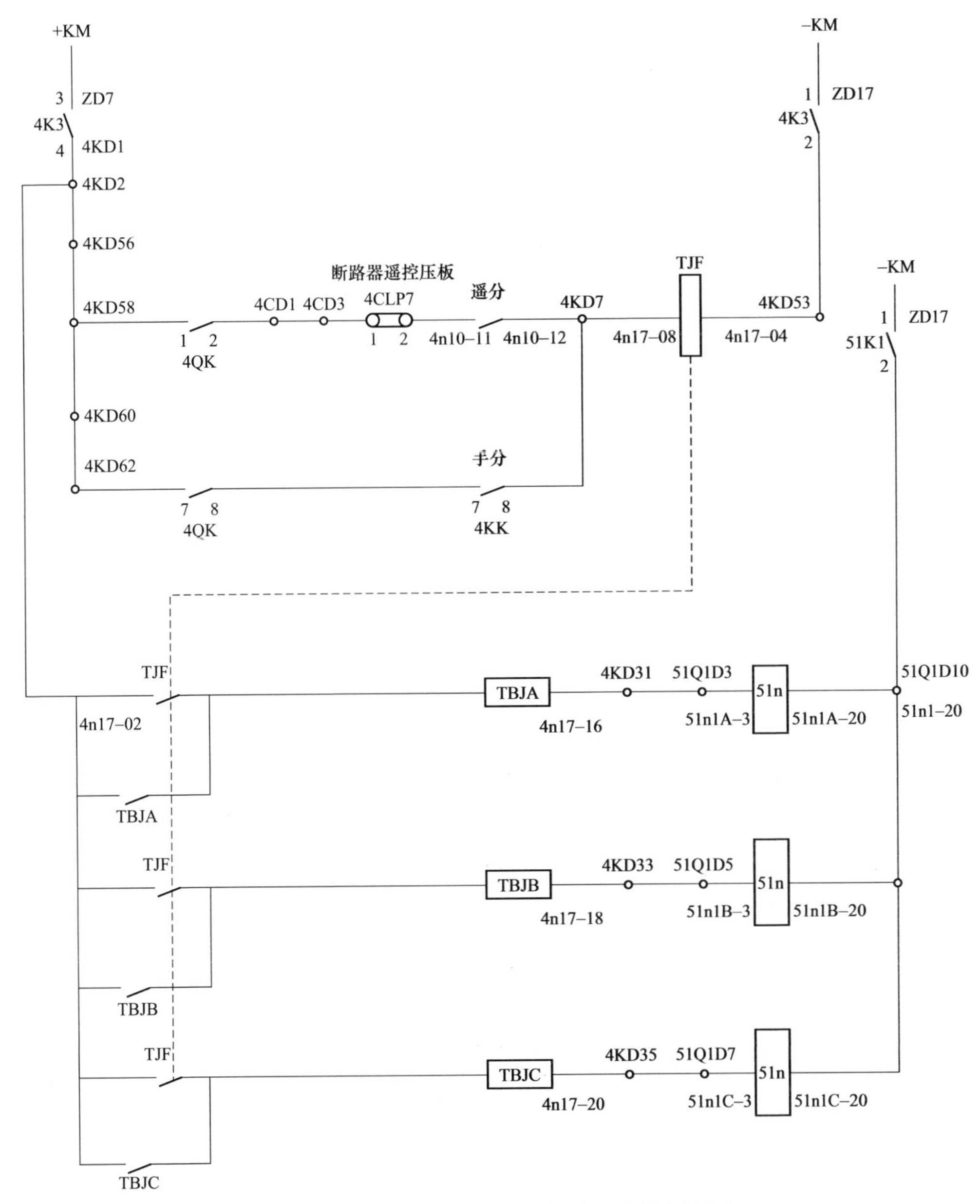

图 8　南瑞科技测控装置断路器分闸回路图

单相不能分闸时，例如 A 相：检查合闸压板、4KD31、51Q1D3。

南瑞科技测控装置隔离开关分、合闸回路如图 9 所示。

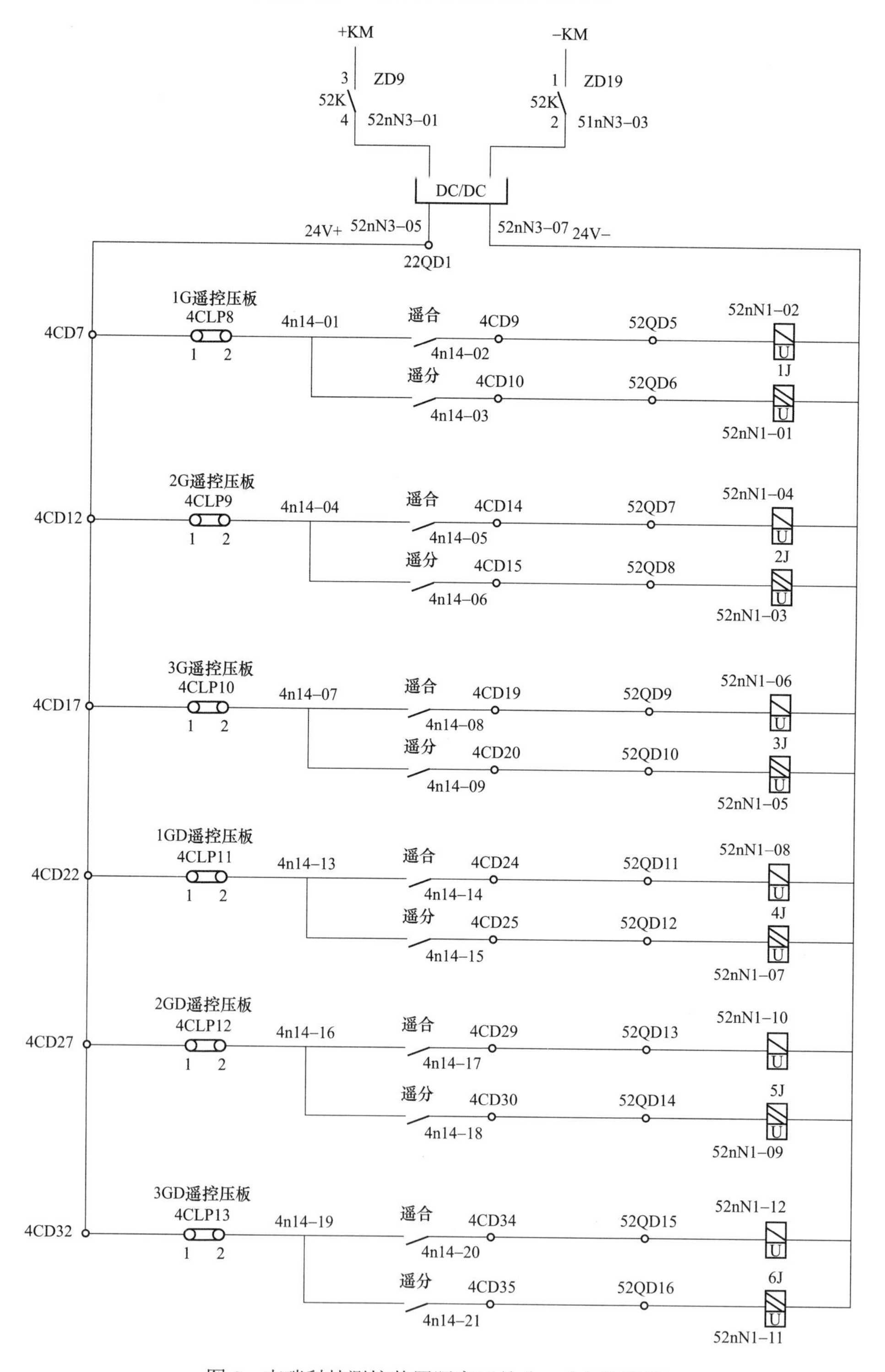

图 9　南瑞科技测控装置隔离开关分、合闸回路图

隔离开关遥控经过隔离开关遥控硬压板。

遥控回路是 24V 直流电源，测电位时需要以 52Nn3-07 为零电位，对地测量无电压。

全部隔离开关无法操作时，电源问题（220V 或 24V 电源，正、负电源）。

单个隔离开关无法操作时，例如 1G 分、合同时无法操作，遥控压板出故障；仅不能遥合，4CD9、52QD5 存在故障；仅不能遥分，4CD10、52QD6 存在故障。

定 值 及 参 数

一、南瑞继保定值及参数

（一）南瑞继保测控装置 PCS-9705

1. 设备参数定值

南瑞继保测控装置 PCS-9705 设备参数定值如表 1 所示。

表 1　　南瑞继保测控装置 PCS-9705 设备参数定值

序号	定值名称	定值	说　明
1	测量侧 TA 额定一次值	1000A	按实际值整定
2	测量侧 TA 额定二次值	5A	按实际值整定
3	测量侧 TV 额定一次值	1000A	按实际值整定
4	测量侧 TV 额定二次值	5A	按实际值整定
5	同期侧 TV 额定一次值	220kV	按实际值整定
6	同期侧 TV 额定二次值	100V	按实际值整定

2. 功能定值

南瑞继保测控装置 PCS-9705 功能定值如表 2 所示。

表 2　　南瑞继保测控装置 PCS-9705 功能定值

序号	定值名称	定值	说　明
1	零漂抑制门槛	0.20%	默认 0.2%，为测量额定值的百分比；过大会造成较小数据显示为 0
2	投入零序 过压报警	1	零序电压超过门槛值，装置异常报警，报警灯亮（面板第二个等）目前装置无法外接，自产零序电压需要将功能定值的第 8 个

续表

序号	定值名称	定值	说　　明
3	零序过压 报警门槛	10	定值"零序电压自产"置 1，零序电压值为 3U0，例如加一相电压 57.7V，则零序电压为 57.7V
4	低电压报警	1	任意一相电压低于门槛值，装置异常报警，报警灯亮（面板第二个等）
5	低电压 报警门槛	10	
6	TA 极性	+	正常为+。若改为–，电流大小正常，相位相差 180°，有功/无功大小相反
7	测量 TA 接线方式	0	默认为 0，定值范围 0 和 1，不影响测量值的电流和功率该定值为 0 时，三相 TA 均为外接方式；该定值为 1 时，B 相电流为自产
8	零序电压自产	1	置 1 时，零序电压由装置自产，置 0 时零序电压需外接
9	零序电流自产	1	置 1 时，零序电流由装置自产，置 1 时零序电流需外接
10	投 TV 断线报警	1	置 1 时，任意一相电压为零，报 TV 断线报警
11	投 TA 异常报警	1	置 1 时，电流三相不平衡，报 TA 异常报警
12	A 套位置 接点矩阵	0	默认 0000，十六进制该定值矩阵共 16bit，每一 bit（位）代表对应的双位置 1～16 这 16 个双位置异常告警控制字，当对应 bit 为 1 时，代表对应的位置异常告警功能投入
13	B 套位置 接点矩阵	0	默认 0000，十六进制
14	位置异常 延迟时间	500ms	默认 500ms
15	A 套断路器 分相合成	0	默认 0。该定值为 1 时，双位置 1 的位置状态由双位置 14、15、16 进行合成，双位置 1 的 TWJ 由双位置 14、15、16 的跳位并接，双位置 1 的 HWJ 由双位置 14、15、16 的合位串接。 现象：若断路器采用双位置 1，置 1，后台分相断路器位置正确，断路器总位置不正确，无法显示位置。若断路器不采用双位置 1，无影响
16	B 套断路器 分相合成	0	默认 0。该定值为 1 时，双位置 17 的位置状态由双位置 30、31、32 进行合成，双位置 17 的 TWJ 由双位置 30、31、32 的跳位并接，双位置 1 的 HWJ 由双位置 30、31、32 的合位串接。该定值及相应功能仅在数字化装置中存在

续表

序号	定值名称	定值	说　　明
17	同期出口使能	0	置0置1均不影响同期合闸，置1时同期合闸驱动板卡内一组接点，不影响后台同期遥合 该定值为 1 时，在对应的同期状态满足且装置为就地时，在电源板对应的同期信号状态接点闭合。PCS-9705A 同期状态输出接点为 NR4304 的端子 8 和9

3. 同期定值

南瑞继保测控装置 PCS-9705 同期定值如表 3 所示。

表 3　　南瑞继保测控装置 PCS-9705 同期定值

序号	定值名称	定值	说　　明
1	准同期模式	0	置 1，角差定值默认为 1°，实际超过 3°无法同期合闸； 置0，角差定值按角差闭锁定值执行方便电厂使用，电厂必须置 1，同期要求高
2	低压闭锁定值	70	当电压低于 8V 时，测控装置不在判电压角度，因此，该定值应比 8V 大，否则会因角差大而闭锁同期合闸，非低压闭锁
3	高压闭锁定值	130	母线电压和线路电压超过定值时，同期合闸失败（后台：未知；测控：测量侧电压高）
4	压差闭锁定值	10	母线电压和线路电压压差超过定值时，同期合闸失败（后台：检同期闭锁；测控：同期电压压差大）
5	频差闭锁定值	0.5	母线电压和线路电压频率差超过定值时，同期合闸失败（后台：检同期闭锁；测控：同期电压频差大）
6	滑差闭锁定值	2	频率变化率之差超过定值时，闭锁同期，不好做试验
7	角差闭锁定值	30	母线电压和线路电压角度超过定值时，同期合闸失败（后台：检同期闭锁；测控：同期电压角差大）
8	无压模式	7	默认为 7，范围 1～7，用于检无压。 1：同期侧无压，测量侧无压 2：同期侧有压，测量侧无压 3：同期侧无压，测量侧有压 4：测量侧无压 5：同期侧无压 6：一侧有压，另一侧无压 7：任何一侧无压
9	TV 断线 闭锁检无压	1	当装置发“TV 断线”报警时，闭锁检无压合闸
10	TV 断线 闭锁检同期	1	当装置发“TV 断线”报警时，闭锁检同期合闸

续表

序号	定值名称	定值	说　　明
11	同期复归时间	5	范围 5～300s，在这个时间范围内找打同期点并合闸，超过这个时间未找到同期点就会同期合闸失败，最小值是 5s，范围内均可实现同期合闸（一般）
12	无压百分比	30	检无压合闸时，电压小于本定值视为无压
13	有压百分比	80	检无压合闸时，电压大于本定值视为有压
14	同期电压类型	0	0～5 分别代表同期电压为 A、B、C、AB、BC、CA
15	角差补偿值	0	相角差为（母线电压–同期电压）+角差补偿值
16	断路器 合闸时间	80	范围 20～1000ms，默认 800ms，到达同期点前提前发合闸命令的时间，范围内均不影响同期合闸。断路器接收到合闸脉冲到合上断路器的时间

4. 遥信定值

南瑞继保测控装置 PCS-9705 遥信定值如表 4 所示。

表 4　　南瑞继保测控装置 PCS-9705 遥信定值

序号	定值名称	定值	说　　明
1	防抖时间	20	500ms 或 20ms，不能太大，否则遥信位置变位慢，硬压板和硬遥信

5. 遥控定值

南瑞继保测控装置 PCS-9705 遥控定值如表 5 所示。

表 5　　南瑞继保测控装置 PCS-9705 遥控定值

序号	定值名称	定值	说　　明
1	遥控分/合闸脉宽	500	默认 500ms。时间太短，合闸不成功，报“执行超时”。时间太长，智能终端遥控分闸或遥控合闸灯长时间亮（最长 60s）

6. SV 采样定值

南瑞继保测控装置 PCS-9705SV 采样定值如表 6 所示。

表 6　　南瑞继保测控装置 PCS-9705SV 采样定值

序号	定值名称	定值	说　　明
1	扩展版 同步方式	3	默认 3，范围 0～3。 0：同步方式为背板 PPS； 2：同步方式为外接 PPS； 3：同步方式为 IRIG-B 对时

续表

序号	定值名称	定值	说　　明
2	GPS 采样 同步使能	0	默认 0，范围 0～1。 0：扩展板采样不判断 GPS 同步； 1：扩展板采样根据 GPS 同步脉冲调整。非扩展板对时条件下，该定值不可以投入
3	9-2 接收模式	0	默认 0，范围 0～2。 0：接收模式为组网； 1：接收模式为点对点； 2：接收模式为组网+点对点
4	最大通道限制	36	默认 56，范围 0～255。设置成 1 也不影响遥测量，但装置会报 SV_文本配置错，44 及以上不会报 SV_文本配置错。 决定 SV 接收的每个块最多可以配置的通道数。该定值要大于等于 GOOSE 文本中 SV 采样接收的 NumofSmpdata

7．功能软压板

南瑞继保测控装置 PCS-9705 功能软压板如表 7 所示。

表 7　　南瑞继保测控装置 PCS-9705 功能软压板

序号	定值名称	定值	说　　明
1	外间隔 退出软压板	0	0 或 1
2	出口使能 软压板	1	0 或 1，置零时，遥控选择通过，遥控执行时报“执行超时”
3	检无压软压板	0	0 或 1
4	检同期软压板	0	0 或 1
5	检合环软压板	0	0 或 1

8．装置参数

南瑞继保测控装置 PCS-9705 装置参数如表 8 所示。

表 8　　南瑞继保测控装置 PCS-9705 装置参数

序号	定值名称	定值	说　　明	注意事项
1	开入电源电压	3	默认 220V，若改成其他，如 110V、48V，装置报 B05 开入电源异常	
2	电子盘使能	1		默认投入，本次竞赛不影响

9．公用通信参数

南瑞继保测控装置 PCS-9705 公用通信参数如表 9 所示。

表 9　　南瑞继保测控装置 PCS-9705 公用通信参数

序号	定值名称	定值	说　明	注意事项
1	A 网 IP 地址	198.120.22.17	装置通信地址，对应装置后面第一个网口	
2	A 网子网掩码	255.255.0.0	B 类地址的子网掩码	
3	网关	000.000.000.000		默认，本次竞赛不影响
4	外部时钟源模式	0	选择硬对时，选择其他对时方式，5min 左右报对时异常	
5	时钟同步阈值	0	默认 0。当定值设置为 0 时，时钟恢复后不判钟差。时钟同步阈值只对硬对时起作用。 对时信号恢复时，当本地时间与对时信号差超过该定值，不改变当前时间，小于该定值时跟随外部时间	
6	SNTP 服务器地址	0	对应软对时，目前方式不用	
7	遥测死区定值	0.1	默认很小 0.01%～0.1%，变化量死区	

10. 61850 通信参数

南瑞继保测控装置 PCS-9705 61850 通信参数如表 10 所示。

表 10　　南瑞继保测控装置 PCS-9705 61850 通信参数

序号	定值名称	定值	说　明
1	IED 名称	CL201	通过 SCD 下装修改，也可以直接修改，直接修改后，装置等待几秒钟后会自动重启。不影响与合并单元和智能终端的通信，影响与后台通信（对上通信）。遥测中断（粉色）、遥信和断路器隔离开关位置不显示中断、通信状态不显示中断，遥控选择断路器时遥控失败（遥控选择写失败）
2	IEC 61850 双网模式	2	修改会重启，范围 0～2。 0：单网 KEMA_Mode； 1：NR 双网热备用； 2：国网 396 双网冷备用。 本次为单网，修改为任意值均不影响通信。除非现场需要双网热备用，一般情况下设为国网 396 模式
3	测试模式使能	0	置 1 投入后，装置在检修状态下，后台检修挂牌下，可以后台遥控（目前后台不支持，不能实现）
4	遥控关联遥信	0	置 1 后，测控遥控判断路器位置。如果 SCD 中断路器位置与遥控不匹配（例如：断路器位置为 in_双位置 1，断路器遥控为备用 1 控分，则匹配），后台遥控报不正确位置，无法遥控

续表

序号	定值名称	定值	说明
5	缓存报告使能	0	0 对应 61850 第一版，1 对应第二版，报文存在区别，结果没有区别，建议为 0
6	品质变化上送使能	0	默认 0
7	站控层 GOOSE 双网使能	0	单网时，不影响，检查 GOOSE 接收端口判断单双网
8	站控层 GOOSE 管理报文使能	0	当装置需进行跨间隔联锁时，该定值需要投入
9	过程层 GOOSE 双网使能	0	默认 0
10	过程层 GOOSE 混网使能	0	默认 0，GOOSE 接收中部分控制块双网接收数据，部分控制块单网接收数据的情况下使用
11	SV_B 网使能	0	默认 0
12	GMRP 使能	0	默认 0，不影响
13	端口 1～6GMRP 使能	0	默认 0

（二）南瑞继保合并单元 PCS-221

南瑞继保合并单元 PCS-221 装置参数如表 11 所示。

表 11　　南瑞继保合并单元 PCS-221 装置参数

序号	定值名称	定值	说明
1	GOOSE 双网	0	默认 0，本次为单网，置 1 也不影响 goose 信号传输
2	GOOSE 单双网混用	0	默认 0，不影响
3	外部时钟源模式	IRIGB	应投 IRIGB，选择其他会发“B01 同步异常报警”，1min 左右就发，测控装置会发“SV 接收告警”，数据前带“M”标志
4	时区	8	默认 8，北京时间时东八区，与 B 码对时配合，B 码传输北京时间。修改不影响（国内程序固定为东八区）
5	光口 1 的 GMRP 使能	0	默认 0
6	光口 2 的 GMRP 使能	0	默认 0
7	同步告警使能	1	默认 YES，改为 NO，当合并单元对时不成功时，合并单元不告警，但测控会发“SV 接收告警”

续表

序号	定值名称	定值	说　明
8	母联间隔	0	默认为 NO，若改为 YES，母联间隔投入，母线电压取Ⅰ母，同期电压均取Ⅱ母，均来自级联电压
9	母线刀闸开入类型	0	默认为NO，若改为GOOSE或Cable，报"刀闸位置异常/Ⅰ母线刀闸位置异常/Ⅱ母线刀闸位置异常"，即使母联间隔为NO，也发位置异常告警
10	母线 MU 通道数	22	默认 22，可选 33，本次不影响
11	母线 MU 接收波特率	10	默认 10.0，可选 2.5、5.0，本次不影响
12	级联规约	0	默认 NO，改为 60044-8，会报"级联异常，板 3RX1 光纤光强异常"；改为 61850-9-2，不发告警，但"压切取Ⅰ母"面板灯亮
13	开入电压等级	220	默认 220V，改为其他，报 B11 板卡异常
14	同时动作告警使能	1	默认 YES，电压切换用
15	同时返回告警使能	1	默认 YES，电压切换用
16	接收一次额定电压	220	默认 220kV
17	一次额定测量 1 电流	1000	与实际变比一次额定测量电流一致
18	一次额定测量 2 电流	1000	不影响本次竞赛电流变比
19	一次额定保护 1 线电压	220	不影响
20	二次额定保护 1 相电压	57.7	不影响
21	一次额定保护 2 线电压 A 相	127	默认 220kV，改为 110kV，一次同期电压缩小为 0.5 倍
22	二次额定保护 2 相电压 A 相	57.7	默认 57.7，改为 100，一次同期电压缩小为 0.577 倍
23	一次额定保护 2 线电压 B 相和 C 相	127	不影响（要看 SCD 同期电压选的哪一相和实际接线）
24	二次额定保护 2 相电压 B 相和 C 相	57.7	不影响（要看 SCD 同期电压选的哪一相和实际接线）
25	一次额定测量线电压	220	默认 220kV，改为 110，缩小为 0.5
26	二次额定测量相电压	57.7	默认 57.7V，改为 100，缩小为 0.577

(三)南瑞继保智能终端 PCS-222

南瑞继保智能终端 PCS-222 装置参数如表 12 所示。

表 12　南瑞继保智能终端 PCS-222 装置参数

序号	定值名称	定值	说　明
1	外部时钟源模式	IRIGB	应为 IRIGB，可选 PPS、1588PPS、SLAVEPPS 选择其他的，智能终端虚拟液晶报“GPS 时钟源异常”，但装置面板告警灯不亮
2	GOOSE 单双网混用	0	默认 0，对于单网无影响
3	GOOSE 双网	0	默认 0
4	时区	8	应为 8，同合并单元，修改无影响
5	开入电压等级	220	应为 220V，改为 110V 及以上不影响，改为 48V 及以下，装置运行灯不亮，报警灯亮，装置闭锁，遥信不刷新
6	断路器遥控回路独立使能	0	默认 0，若设置为 1，断路器无法遥控，报“执行超时”，智能终端无法就地操作
7	B06 模拟量 1～6 采集类型	4～20mA	范围：0～5V、4～20mA、PT100
8	GMRP 使能	0	默认 disable，无影响
9	光口 1～2 的 GMRP 使能	0	默认 0，无影响

二、北京四方定值及参数

(一)北京四方测控装置 CSI-200E

1. 常规定值

北京四方测控装置 CSI-200E 常规定值如表 13 所示。

表 13　北京四方测控装置 CSI-200E 常规定值

序号	定值名称	定值	说　明	注 意 事 项
1	长延时	2.000s	开入的防抖动确认延时，常规定值只针对实开入板开入	取值范围为 0.1～25s，默认值：1s
2	短延时	20.00ms		取值范围为 1～250ms，默认值：40ms
3	双位置时差	5.000s	用于判别双位置遥信位置不一致的时间	取值范围为 0.1～25s，默认值：100ms

2. 同期定值

北京四方测控装置 CSI-200E 同期定值如表 14 所示。

表 14　　北京四方测控装置 **CSI-200E** 同期定值

序号	定值名称	定值	说　明	注 意 事 项
1	控制字 1	D_{15}=1	同期电压选 A 相	
2		D_{14}=1	同期电压选 B 相	
3		D_{13}=1	同期电压选 C 相	
4		D_{12}=1	同期电压选 AB 相	
5		D_{11}=1	同期电压选 BC 相	
6		D_{10}=1	同期电压选 CA 相	
7		D_8=1/0	对侧相电压额定值，1:57.7V 0:100V	在装置显示一次值时，为备用
8		D_5=1/0	自动同期方式投切控制字，置“1”表示自动同期方式投入，置“0”表示退出	
9		D_4=1	捕捉同期合闸捕捉时间范围 4U（4U 为四个时间单位，每个时间单位为 20s）	
10		D_3=1	捕捉同期合闸捕捉时间范围 2U（2U 为两个时间单位，每个时间单位为 20s）	
11		D_2=1	捕捉同期合闸捕捉时间范围 1U（1U 为一个时间单位，每个时间单位为 20s）	
12		D_1=1/0	检同期时是否允许检无压，1：检同期时无压禁止合闸；0：检同期时无压允许合闸	
13		D_0=1/0	选择捕捉同期时的最小允许合闸角，1：捕捉同期时合闸角为整定角度；0：捕捉同期时合闸角趋近 0 度	
14	同期压差		同期合闸时两侧电压差，单位为 V，范围 0.03～0.1U_n，误差≤0.1V，U_n为额定电压	数字化测控的压差定值为一次值，单位为 kV
15	同期频差		同期合闸时两侧频率差，单位：Hz，范围：0.1～0.5Hz，误差≤0.01Hz	
16	同期相差		同期合闸时两侧相角差，单位：度，范围：1～25°，误差≤1°	
17	提前时间		捕捉同期的导前时间，一般指断路器接收到合闸脉冲到断路器合上的时间，单位为 ms，范围：0.05～0.8s	
18	同期滑差		两侧电压频差变化率 d*f*/d*t*，单位为 Hz/s，范围 0.05～1Hz/s，误差≤0.1Hz/s	

3. 开入定值

北京四方测控装置 CSI-200E 开入定值如表 15 所示。

表 15　　北京四方测控装置 CSI-200E 开入定值

序号	定值名称	定值	说　明	注 意 事 项
1	SOE	√/×	√表示本通道具有此属性，×表示本通道不具有此属性	
2	长延时	√/×	√表示本通道具有此属性，×表示本通道不具有此属性	与常规定值配合使用，对一般遥信节点，按短延时整定，对一些变化缓慢的信息，需做长延时整定
3	电铃	√/×	√表示本通道具有此属性，×表示本通道不具有此属性	
4	电笛	√/×	√表示本通道具有此属性，×表示本通道不具有此属性	

4. 3U0 越限

北京四方测控装置 CSI-200E 3U0 越限如表 16 所示。

表 16　　北京四方测控装置 CSI-200E 3U0 越限

序号	定值名称	定值	说　明	注 意 事 项
1	控制字 1	D_1=1	节点 2、4、6 投入	节点 3、4 在配置了第 2 块交流板时有效，节点 5、6 在配置了第 3 块交流板时有效。节点 1、3、5 分别对应 3 块 8U4I 交流插件的 U3，节点 2、4、6 分别对应 3 块 8U4I 交流插件的 U4。另外节点 2、4、6 在设置了节点 1、3、5 后才有效
2		D_0=1	节点 1、3、5 投入	
3	节点 1 越限电压			如果 3U0 是通过 SV 采集，其定值单位为 kV。以 10kV 的 3U0 为例，当二次值整定为 15V 时，对应的一次值应整定为 1.5kV
4	节点 2 越限电压			

5. 调压定值

北京四方测控装置 CSI-200E 调压定值如表 17 所示。

表 17　　北京四方测控装置 CSI-200E 调压定值

序号	定值名称	定值	说　明	注 意 事 项
1	控制字 1	D_{15}=1/0	“1”表示调压允许，“0”表示调压不允许	
2		D_{14}=1/0	“1”表示调压位置采用十六进制，“0”表示调压位置采用十进制	
3		D_{13}=1	“1”调压分相，“0”调压不分相	
4		D_{12}=1	“1”中心档位使用 Xa、Xb、Xc	不用在中心档位 1，中心档位 2，控制字中做设置

续表

序号	定值名称	定值	说明	注意事项
5	控制字 1	D_{11}=1	“1”档位使用来自 GOOSE 开入	
6	中心档位 1		低二位有效，输入十进制数，最大到 99 档	
7	中心档位 2		低二位有效，输入十进制数，最大到 99 档	
8	滑档时间		判别滑档所需的时间，与调压机构有关，一般设置为调节一档所需时间的两倍，整定范围：0～12.5s	

6. 扩展参数

北京四方测控装置 CSI-200E 扩展参数如表 18 所示。

表 18　　北京四方测控装置 CSI-200E 扩展参数

序号	定值名称	定值	说明	注意事项
1	网络地址		设置装置在变电站网络中的地址。根据变电站网络地址分配设定，地址为两位十六进制数	智能站中不需设置
2	IP 地址 1	172.20.1.11	设置装置在以太网中的地址	一般 IP1 地址为 192.168.001.*，IP2 为 192.168.002.*，其中*取本装置的网络地址，需要注意的是必须是十进制数
3	IP 地址 2	172.20.2.11	设置装置在以太网中的地址	
4	设置 CPU		装置硬件配置为：无开出板，1 块开入板，无直流板，1 块管理板，1 块虚拟 EAI，1 块 GOOSE 板，1 块 SV 板	其中交流插件投退对遥测有影响
5	整定比例系数	1∶1	CSI200EA/E 数字化装置有效值显示为一次值，此处比例系数直接填写 1∶1 即可	
6	规约设置	IEC 61850	数字化站均采用 IEC 61850 通信规约	
7	越限定值	U_1=0.2	调整模拟量越限上送的阈值，当模拟量的变化量超过该阈值时更新模拟量数值	越限定值显示为额定值的百分数，小数点后两位有效。U 的额定值 U_n 为额定一次线电压，I 的额定值 I_n 为额定一次电流，P、Q 的额定值为 $1.73U_nI_n$
8		I_1=0.2		
9		P_1=0.5		
10		Q_1=0.5		

7. 同期参数

北京四方测控装置 CSI-200E 同期参数如表 19 所示。

表 19　　北京四方测控装置 CSI-200E 同期参数

序号	定值名称	定值	说明	注意事项
1	频差定值	0.02	自动同期方式切换门槛定值（最小 0.02Hz、最大 1.0Hz），单位 Hz，默认值 0.02Hz	

续表

序号	定值名称	定值	说　明	注 意 事 项
2	无压定值	30	检无压合闸时电压无压定值，单位%U_n，默认值30%U_n	
3	有压定值1	90	检同期合闸或自动同期方式的电压有压定值，单位%U_n，默认值90%U_n	
4	有压定值2	70	捕捉同期合闸的电压有压定值，单位%U_n，默认值70%U_n	
5	电压上限	120	同期电压上限，单位%U_n，默认值120%U_n	
6	对侧额定电压	0	两侧为同一电压等级，本参数不使用，建议0	
7	同期固定角差	0	同期两侧计算角差时修正固定角度差，默认0°	

8. 系统参数

北京四方测控装置CSI-200E系统参数如表20所示。

表20　北京四方测控装置CSI-200E系统参数

序号	定值名称	定值	说　明	注 意 事 项
1	控制字1	D_{14}=1/0	“0”通道配置时清定值，“1”通道配置时不清定值	
2		D_{13}=1/0	“0”GOOSE APPID 十六进制，“1”GOOSE APPID 十进制	
3		D_{12}=1/0	“0”系统参数不下发交流插件，“1”系统参数下发交流插件	这项最好置“0”，会影响同期
4		D_{11}=1/0	“0”配置“幅值差”有效，“1”配置“视在功率”有效	
5		D_{10}=1/0	“0”浮点数定值格式，“1”BCD定值格式	
6		D_9=1/0	“0”AI 不使用基波刻度，“1”AI 使用基波刻度	
7		D_8=1/0	“0”关闭PRP，“1”使能PRP	
8		D_6=1/0	“0”模拟量周期主动上送61850，“1”模拟量仅越限才上送61850	与越限定值配合使用
9		D_5=1/0	“0”P、Q 单位为 kW 和 kvar，“1”P、Q 单位为 MW 和 Mvar	
10		D_4=1/0	“0”遥测送二次值，“1”遥测送一次值	
11		D_3=1/0	“0”SOE 存储超容量限制告警退出，“1”SOE 存储超容量限制告警投入	

续表

序号	定值名称	定值	说　　明	注 意 事 项
12	控制字 1	D_2=1/0	“0” TV 断线面板无专用告警灯，“1” TV 断线面板有专用告警灯	
13		D_0=1/0	“0” 50Hz，“1” 60Hz	

9. 软压板

北京四方测控装置 CSI-200E 软压板如表 21 所示。

表 21　　北京四方测控装置 CSI-200E 软压板

序号	定值名称	定值	说　　明	注 意 事 项
1	分接头调节压板	投入/退出	此压板投入，装置具有分接头调节功能，退出，装置没有分接头调节功能	
2	同期功能压板	投入/退出	此压板投入，装置具有同期功能，退出，装置没有同期功能	
3	备自投压板	投入/退出	此压板投入，装置具有备自投功能，退出，装置没有备自投功能	
4	控制逻辑投入压板	投入/退出	此压板投入，装置具有 PLC 逻辑功能，退出，装置没有 PLC 逻辑功能	此压板必须投入
5	检同期压板	投入/退出	此压板投入，装置具有检同期功能，退出，装置没有检同期功能	3 个压板只能投其一，任何一个压板投入，其余两个压板自动退出
6	检无压压板	投入/退出	此压板投入，装置具有检无压功能，退出，装置没有检无压功能	
7	准同期压板	投入/退出	此压板投入，装置具有准同期功能，退出，装置没有准同期功能	
8	同期节点固定方式	投入/退出	U_1 和 U_4 为同期电压	固定电压方式压板在断路器经同期合闸后，压板状态不退出。在 220kV 及以下线路同期时，都要投固定电压方式压板。因 220kV 及以下，抽取电压就一个，固定接在 U4 上。每次合闸时，都和同一个电压进行比较，所以要投入固定电压方式压板
9	同期节点 12 方式	投入/退出	采用近区优先原则。U_1 和 U_2 为同期电压	按近区优先原则选择的压板在断路器合闸后，自动退出。在 500kV 的 3/2 接线方式时，要投 6 个近区优先原则压板中的一个。在 3/2 接线方式下，断路器合闸时比较的同期电压是不固定的，有可能是 U_1 和 U_2、U_1 和 U_3、U_1 和 U_4、U_2 和 U_3、U_2 和 U_4、U_3 和 U_4。需要根据实际的断路器和隔离开关状态，来决定用哪种同期电压方式压板。所以电压压板不能固定投入，在断路器合闸后，会自动退出，因为下次比较的可能不再是这两组电压
10	同期节点 13 方式	投入/退出	采用近区优先原则。U_1 和 U_3 为同期电压	
11	同期节点 14 方式	投入/退出	采用近区优先原则。U_1 和 U_4 为同期电压	
12	同期节点 23 方式	投入/退出	采用近区优先原则。U_2 和 U_3 为同期电压	
13	同期节点 24 方式	投入/退出	采用近区优先原则。U_2 和 U_4 为同期电压	
14	同期节点 34 方式	投入/退出	采用近区优先原则。U_3 和 U_4 为同期电压	

（二）北京四方合并单元 CSD-602AG

***_M1.cfg 为按典型硬件配置归档，装置使用需按硬件选择后根据现场应用情况进行参数更改。以下内容为对配置文件进行具体解析，并对使用工具修改配置文件进行讲解。

M1.cfg 配置文件关键参数

	对齐延时 Send_Uniform_Delay	点对点发送延时 Sv_Out*_SendDelay	组网发送延时 Sv_Out*_SendDelay_Master
无级联	500	625	750
一级级联	1500	1625	1750

级联固有延时配置原则：母线合并单元的发送延时。

1. 系统配置

[SystemCfg]

Time_Mode=0x11

Operate_Mode=Ox02

sWITCH_SOURCE=Ox11

Send_Uniform_Delay=250

GOOSE_15B_MODE

15B 兼容模式

=0 不兼容　　=1 兼容

CSN-15B 整改为 CSD-602，且不更换模型文件，此项设为 1 兼容 15B 模式

Double_Lay

CPU 占据槽位个数

=1　1 个　　=2　2 个

代码为 C153 及 C15 占据两个槽位，代码为 C703 及 C7 占据一个槽位，不是 FT3 级联可不修改

GmrpCycle

GMRP 发送周期

=1　1s　　=2　2s　　=5　5s

GmrpEnable

GMRP 功能

=0　取消 GMRP 功能　　=1 具有 GMRP 功能，国网明确不使用 GMRP 功能，建议设为“取消 GMRP 功能”

Judge_GD

=0 并列取消判母联刀闸　　=1 并列具有判母联刀闸

当具有判母联刀闸时，母联及母联刀闸为与的关系；当来源于硬开入时，默认是外部将母联和母联刀闸串到一起后给合并单元开入点；当来源于 GOOSE 时，为软件进行

母联及母联刀闸与逻辑。

Send_Uniform_Delay

对齐延时

= 500　一级 MU（不带级联）　　　　　　=1500　二级 MU（带级联）

Time_Mode

对时方式

=0x10 无校验　　　　　　　　　　=0x11　B 码对时（奇校验）

=0x12　B 码对时（偶校验）　　　　　　=0x22　秒脉冲对时

=0x33　1588 对时(取默认参数)　=0x44　1588 对时的试验模式，如没有 Time_Mode 默认为 B 码

Light_Overripe_Alarm_Enable

光功率告警功能

=0　取消光衰告警功能　　　　　　=1　具有光衰告警功能　“具有光衰告警功能”：投入 SFP 光模块的光功率告警功能，与 GOOSE 信号“光功率告警”相对应，判别标准：光接口发送功率：合格范围：–20～–14dBm；光接口接收灵敏度：合格范围：–31～–14 dBm，建议设置为取消

Force_Link

强制收发

=0 取消收发独立　　　　　　=1 具有收发独立，控制 CPU 板的 1、2、3 口，国网范围内不使用

Operate_Mode

电压切换和并列，操作箱种类

=0x00　无切换并列模式　　　　　=0x 01　线路切换单位置

=0x 02　线路切换双位置　　　　　=0x03　切换模式 2 单位置

=0x04　切换模式 2 双位置　　　=0x11　并列三相操作箱单位置

=0x12　并列三相操作箱双位置　=0x31　并列分相操作箱单位置

=0x32　并列分相操作箱双位置　=0x41　旁兼母切换单位置

=0x42　旁兼母切换双位置　　　=0x51　内桥切换逻辑单位置

=0x52　内桥切换逻辑双位置　　=0x61　三段母线并列三相操作箱单位置（Ⅱ母无 TV）

=0x62　三段母线并列三相操作箱双位置（Ⅱ母无 TV）

=0x63　三段母线并列分相操作箱单位置（Ⅱ母无 TV）

=0x64　三段母线并列分相操作箱双位置（Ⅱ母无 TV）

=0x65　三段母线并列三相操作箱单位置（Ⅱ母有 TV）

=0x66　三段母线并列三相操作箱双位置（Ⅱ母有 TV）

=0x67　三段母线并列分相操作箱单位置（Ⅱ母有 TV）

=0x68　三段母线并列分相操作箱双位置（Ⅱ母有 TV）

注：逻辑模式根据实际一次接线型式来选取。

BayType

属间隔类型

=0 3 母并列 MU 2 母无 PT E3E4

=1 双母并列 E3E4

=2　3 母并列 MU 2 母有 PT E3E7

=3 线路 H2D1 H6D5

=4 主变【两组保护电流】H2D2 H6D6

=5 内桥 B1D1 B5D5

=6 一个半接线出线 E3E4

=7 断路器 D3D2 D7D6

=8 主变 H2D2 H6D6

=9 高抗 D3D2 D7D6

=10 主变中性点 H2D2 H6D6

=11 低压电容器 H2D1 H6D5

=12 内桥 H2D2 H6D6 两组保护

=13 断路器 D3D2 D7D6 带反向计量电流

=14 内桥 H2D1 H6D5 反极性

=15 500kV 主变本体 D3D2 D7D6_G_M1

=16 VV 接线 H2D1

=17 母联 H2D1 H6D5

=18 低压电容器 H2D2 H6D6　可不修改

SWITCH_SOURCE=0x22

切换开关量来源

=0x11　刀闸位置从开入取

=0x22　刀闸位置从单网 GOOSE 取

=0x44　刀闸位置从双网 GOOSE 取

注：切换信号来源根据实际设计来选取，0x44 来自双网 GOOSE，CPU 板 1、2 口为 A、B 网，A/B 网接收信息一致。

2. 接收配置

Sv_in_Modsum

表示输入有几种类型，其中，0x11 为级联，0x22 为常规模拟量输入，0x33 为 CTPT 采集，根据实际应用配置数目。

（1）AD 采集。

常规模拟量采集

Sv_in1_Type

=0x22　常规模拟量输入

Sv_in1_Type_Num

=4 4 片 AD（CPU 代码 C15、C7）

=6　6 片 AD（CPU 代码 C153、C703）

AD 的数目，数目选择 4 或 6（选 6 时，CPU 上 AD 芯片数目必须为 6 片）。CPU 板上最多有 6 片 AD 芯片，每片 AD 采集 8 路值。编号为 0～2AD 采集芯片与编号为 3～

5AD 采集芯片是冗余关系，如 0AD 芯片的 0 通道与 3AD 芯片的 0 通道采集的是同一路模拟量。

AD 采集说明：

AD0 采集第一块交流插件的第 1 路至第 8 路；

AD1 采集第一块交流插件的第 9 路至第 12 路，和第二块交流插件的第 1 路至第 4 路；

AD2 采集第二块交流插件的第 5 路至第 12 路；

AD3 冗余采集第一块交流插件的第 1 路至第 8 路；

AD4 冗余采集第一块交流插件的第 9 路至第 12 路，和第二块交流插件的第 1 路至第 4 路；

AD5 冗余采集第二块交流插件的第 5 路至第 12 路。

注："4AD CPU" 无 AD2 和 AD5。

Sv_in1_cfg1

=来源序号、采样率、固有延时位置，通道固有延时（us），ASDU 个数，原数据 ASDU 包含数据通道总数。

来源序号：来源于第几片 AD，AD 序号从 0 开始；采样率、固有延时位置、通道固有延时（us）、ASDU 个数，原数据 ASDU 包含数据通道总数不需要修改。

Sv_inx1_cfgx_x

=道数据属性，lsb_val，相一次额定值，描述代码，通道描述

通道数据属性：0x11　电压 0x22　电流

lsb_val：电流属性为 1，此处填写 1；电压属性为 10，此处填写 10

相一次额定值为 mA 或 mV

如 "0x22，1，3000000" 的含义是电流通道 3000000mA，"0x11，10，127017059" 对应的含义是电压通道 127017059mV；不同交流插件可通过修改此项目来进行通道属性和变比的修改

描述代码、通道描述可不修改

（2）级联。

Sv_in2_Type

=0x11　级联

Sv_in2_Type_Num

=1，级联一个母线合并单元

Sv_in2_cfg1

=来源序号、采样率、固有延时位置、通道固有延时、ASDU 个数、原数据 ASDU 包含数据通道总数

通道固有延时按照母线合并单元实际发送延时设置；来源序号、原数据 ASDU 包含数据通道总数按照母线合并单元发送通道数目设置；采样率、固有延时位置、ASDU 个数、不需要修改

Sv_in2_cfgx_x

=通道数据属性，lsb_val，相一次额定值，描述代码，通道描述

通道数据属性：0x11　电压 0x22　电流

lsb_val：电流属性为 1，电压属性为 10

相一次额定值为 mA 或 mV

如“0x22，1，3000000”的含义是电流通道 3000000mA，“0x11，10，127017059”对应的含义是电压通道 127017059mV；不同交流插件可通过修改此项目来进行通道属性和变比的修改；描述代码及通道描述不需要修改。

3. 发送配置

Sv_Out_Modsum

=1 表示有一种报文输出

Sv_Out1_Net_Num

=输出报文的以太网口数目，与 Sv_Out1_Net_ID 所配个数对应

Sv_Out1_Net_ID

=0x11，0x21，0x22

0x1 为控制 CPU 板 3、4、6 口及以太网单发插件发送 SV 报文；0x2x 为主 DSP 输出口，第二个 x 从 1 开始配置，如 0x21 控制 CPU 板的第一个网口发送 SV 报文，0x22 控制 CPU 板的第二个网口发送 SV 报文

Sv_Out1_SendDelay

=发送延时，无 SV 级联为 625，有 SV 级联为 1625

Sv_Out1_SendDelay_Master

=主网口的发送延时，Sv_Out1_SendDelay+125

Sv_Out1_Road_Num

=road number，此通道数为使用模型通道数目减 1（减 1 为减去延时通道）

Sv_Out1_x

= 输出极性，TV 切换标记，Mod1 来源类型，Mod1 来源序号，Mod1 来源通道号，Mod2 来源类型，Mod2 来源序号，Mod2 来源通道号，Mod3 来源类型，Mod3 来源序号，Mod3 来源通道号，描述代码，通道描述

输出极性：输出极性，0 为正极性，1 为反极性。

TV 切换标记：切换状态双位置，0 为不切换，1 为切换；“并列三相操作箱双位置”，置 0；“三母并列Ⅱ母有 TV“、“三母并列Ⅱ母无 TV“，Ⅰ母输出通道置 1，Ⅱ母输出通道置 2，Ⅲ母输出通道置 3。

Mod1 来源类型：0x11 为 9-2 级联，0x22 为 AD 采样，0x33=UART 输入（电子式互感器）。

Mod1 来源序号：如为 AD 采集，则配置 AD 芯片编号；如为级联，则配置 0。

Mod1 来源通道号：对应物理来源下的子通道号。例如来自第一块交流插件（交流插件排序为装置后背板左起为第一块）第一通道，则配置 0（每个 AD 采集 8 个通道，通道从 0

开始)；例如来自级联，则查看母线模型中来自于哪个通道，用母线模型中该通道减1。

Mod2来源类型：0x11为9-2级联，0x22为AD采样，0x33=UART输入（电子式互感器）。

Mod2来源序号：如为AD采集，则配置AD芯片编号；如为级联，则配置0。

Mod2来源通道号：对应物理来源下的子通道号。例如来自第一块交流插件（交流插件排序为装置后背板左起为第一块）第一通道，则配置0（每个AD采集8个通道，通道从0开始)；例如来自级联，则查看母线模型中来自于哪个通道，用母线模型中该通道减1。

Mod3来源类型：0x11为9-2级联，0x22为AD采样，0x33=UART输入（电子式互感器）。

Mod3来源序号：如为AD采集，则配置AD芯片编号；如为级联，则配置0。

Mod3来源通道号：如为AD采集，则配置AD芯片编号；如为级联，则配置0。

Mod2来源通道号：对应物理来源下的子通道号，例如来自第一块交流插件（交流插件排序为装置后背板左起为第一块）第一通道，则配置0（每个AD采集8个通道，通道从0开始)；例如来自级联，则查看母线模型中来自于哪个通道，用母线模型中该通道减1。

描述代码：对应通道描述的代码。

通道描述：如#1母线保护Ua1。

装置所处逻辑为“无切换无并列”，则按Mod1输出；装置所处逻辑为“切换状态双位置”，则Mod1为切换取Ⅰ母输出，Mod2为切换取Ⅱ母输出；装置所处逻辑为“并列三相操作箱双位置”，则Mod1为并列取Ⅰ母输出，Mod2为并列取Ⅱ母输出，Mod3为分列运行方式输出；装置所处逻辑为“三母并列Ⅱ母有TV”、“三母并列Ⅱ母无TV”时，则Mod1为输出Ⅰ母，Mod2为输出Ⅱ母，Mod3为输出Ⅲ母。

（三）北京四方智能终端CSD-601A

1. 主DSP

北京四方智能终端CSD-601A主DSP如表22所示。

表22　　北京四方智能终端CSD-601A主DSP

序号	定值名称	定　值	说　　明	注 意 事 项
1	GMRP发送周期	1000ms	最小值0，最大值300 000	
2	三相不一致1时限投入（备用）	0		
3	三相不一致1时限投入（备用）	0		
4	GMRP功能投入	0		

续表

序号	定值名称	定　值	说　　明	注 意 事 项
5	使用操作插件断路器开入	0		
6	位置不对应硬接点投入	0		
7	退出光功率告警功能	1		

2. 开入定值

北京四方智能终端 CSD-601A 开入定值如表 23 所示。

表 23　　　　北京四方智能终端 CSD-601A 开入定值

序号	定值名称	定　值	说　　明	注 意 事 项
1	开入 1 延时	5ms	最小值 1，最大值 30 000	共 4 块板，开入 1、2、3 板和开入 DIO 板；开入板每块板 24 路信号，开入 DIO 板 48 路信号；开入 DIO 板第 1 路（检修状态投入）延时为 500ms，第 2 路（就地复归）延时为 100ms
2	开入 2 延时	5ms		
3	开入 3 延时	5ms		
4	开入 4 延时	5ms		
5	开入 5 延时	5ms		
6	开入 6 延时	5ms		
7	开入 7 延时	5ms		
8	开入 8 延时	5ms		
9	开入 9 延时	5ms		
10	开入 10 延时	5ms		
11	开入 11 延时	5ms		
12	开入 12 延时	5ms		
13	开入 13 延时	5ms		
14	开入 14 延时	5ms		
15	开入 15 延时	5ms		
16	开入 16 延时	5ms		
17	开入 17 延时	5ms		
18	开入 18 延时	5ms		
19	开入 19 延时	5ms		
20	开入 20 延时	5ms		

续表

序号	定值名称	定　值	说　　明	注 意 事 项
21	开入 21 延时	5ms		
22	开入 22 延时	5ms		
23	开入 23 延时	5ms		
24	开入 24 延时	5ms		

3. 直流定值

北京四方智能终端 CSD-601A 直流定值如表 24 所示。

表 24　　北京四方智能终端 CSD-601A 直流定值

序号	定值名称	定　值	说　　明	注 意 事 项
1	直流 1 最小值	4		
2	直流 1 最大值	20		
3	直流 1 步长	0.1		
4	直流 2 最小值	4		
5	直流 2 最大值	20		
6	直流 2 步长	0.1		
7	直流 3 最小值	4		
8	直流 3 最大值	20		
9	直流 3 步长	0.1		
10	直流 4 最小值	4		
11	直流 4 最大值	20		
12	直流 4 步长	0.1		
13	直流 5 最小值	4		
14	直流 5 最大值	20		
15	直流 5 步长	0.1		
16	直流 6 最小值	4		
17	直流 6 最大值	20		
18	直流 6 步长	0.1		
19	直流 7 最小值	4		
20	直流 7 最大值	20		
21	直流 7 步长	0.1		
22	直流 8 最小值	4		
23	直流 8 最大值	20		
24	直流 8 步长	0.1		

三、南瑞科技定值及参数

（一）南瑞科技测控装置 NS3560

1. 装置参数

南瑞科技测控装置 NS3560 装置参数定值如表 25 所示。

表 25　　南瑞科技测控装置 NS3560 装置参数定值

序号	定值名称	定　值	说　　明	注 意 事 项
1	A 网 IP 地址	198.120.000.103		
2	A 网子网掩码	255.255.255.000	与前面板调试口相通	设置为 255.255.255.255 会导致测控装置无法 ping 通，虚拟液晶可以链接但 ARPTool 无法下装
3	A 网使用	1		未使用
4	B 网 IP 地址	100.100.100.101		根据给定 IP 进行修改
5	B 网子网掩码	255.255.255.000	一般做 MMS_A 网使用	设置为 255.255.255.255 会导致测控装置无法 ping 通
6	B 网使用	1		未使用
7	C 网 IP 地址	100.100.102.089		
8	C 网子网掩码	255.255.255.000	一般做 MMS_B 网使用	设置为 255.255.255.255 会导致测控装置无法 ping 通
9	C 网使用	1		未使用
10	装置地址	103	装置地址即通信地址（103 规约使用）	61850 通信不使用
11	厂站地址	0	同一个变电站内，所有装置的厂站地址相同	修改后无影响，后台厂站地址修改后也无影响
12	103 协议时标格式	1	103 规约使用	61850 通信不使用
13	装置型号	1	当前装置子型号，1 对应 SV 采样和 GOOSE 开入开出，2 为常规采样和 GOOSE 开入开出，0 为常规采样和常规开入开出	建议默认即可，否则出现测控无采样，GOOSE 开入开出不正常 重启生效
14	采样模式	3	当前所测交流量的模式，3 为 SV 采样	改为其他会导致装置无法启动，用 ARPTools 软件将装置 1 号板内 config.txt 文件上召后重新下装该文件，测控会将所有定值恢复默认。 不可更改
15	厂站名	STATION	不影响功能，可不设置	
16	采样值一、二次切换	1	1 代表输出模拟量采用一次值显示；2 代表输出模拟量采用二次值显示	默认为 1 不要修改
17	时区	8	8 代表北京时间	
18	时钟源	3	3 代表 IRIG-B 对时	1：PPM；2:PPS；3：IRIG-B；4：1588

续表

序号	定值名称	定　值	说　　明	注 意 事 项
19	对时源地址	1	对时源板卡地址，1 代表CPU板	修改重启后，装置告警灯亮，运行灯不亮。修改为 1 后运行灯点亮，告警灯不复归，装置MMS通信不正常需要重启才可以复归
20	SNTP 服务器地址 1		SNTP 对时使用，设置为GPS装置IP地址	
21	SNTP 服务器地址 2		SNTP 对时使用，设置为GPS装置IP地址	
22	SNTP 服务器地址 3		SNTP 对时使用，设置为GPS装置IP地址	
23	SNTP 服务器地址 4		SNTP 对时使用，设置为GPS装置IP地址	
24	软硬压板切换	0	1 代表软压板，0 代表硬压板	整定为 1 时，装置重启后，软压板菜单增加就地、解锁等软压板
25	时间管理使能	0	1 代表启用时间监测管理功能，0 代表不启用	

2. 同期参数

南瑞科技测控装置NS3560同期参数定值如表26所示。

表 26　　南瑞科技测控装置 NS3560 同期参数定值

序号	定值名称	定　值	说　　明	注 意 事 项
1	线路侧额定电压	57.74	二次值，推荐使用 57.74	实测为母线侧额定电压 指 ABC 三相电压，必须为 57.74V
2	母线侧额定电压	57.74	二次值，推荐使用 57.74	实测为线路侧额定电压指同期电压 U_x，同期电压为相电压时，为 57.74V；同期电压为线电压时，为 100V
3	同期有压定值	34.64	二次额定值的 60%	相电压定值，当同期电压为线电压时，应乘以 1.732，同期合闸时，电压高于定值时才判同期，否则报“Ua 电压低206”
4	同期无压定值	17.32	二次额定值的 30%	相电压定值，当同期电压为线电压时，应乘以 1.732，检无压合闸时，任意一侧电压低于该定值时才能合闸，否则报“系统有压 203”
5	滑差定值	0.5Hz/s	默认值，可改	频率变化率之差超过定值时，闭锁同期，不好做试验
6	频差定值	0.5Hz	默认值，可改	频率之差超过定值时，闭锁同期合闸
7	压差定值	5.77V	默认值，可改	相电压定值，电压幅值之差超过定值时，闭锁同期合闸，当同期电压为线电压时，压差定值应乘以 1.732
8	角差定值	30	默认值，可改	相角之差超过定值时，闭锁同期合闸
9	导前时间	200ms	推荐值为 80	断路器合闸时间，应根据实际情况设置，范围 0～200ms，当前情况不影响同期合闸

续表

序号	定值名称	定　值	说　　明	注 意 事 项
10	相角补偿使能	0	1代表使用相角补偿功能	装置具有相角补偿功能，当装置输入的电压 U_a 和 U_{sa} 不是同名电压，存在固有相角时，可以进行相角补偿。同期定值参数中具有定值“相角补偿使能”和“相角补偿时钟数”。当“相角补偿使能”定值置为“1”时，允许角度补偿，补偿的角度由“相角补偿钟点数”定值设定。“角度补偿钟点数”是这样确定的：当断路器合上后，此时断路器两侧输入电压向量角度即是需要补偿的角度。以 U_a 电压向量为时钟的长针，其指向12点；以 U_{sa} 电压向量为时钟的短针，其指向时钟几点，则设置该定值为几。装置根据输入的钟点数，即能进行同期相角补偿。例如 U_a 输入为R相电压，U_{sa} 输入为AB线电压，则应设定Clock为11，装置将自动将电压向量 U_{sa} 顺时针补偿30°
11	相角补偿时钟数	0	U_{sa} 为B相电压时应设定Clock为4； U_{sa} 为C相电压时应设定Clock为8； U_{sa} 为AB线电压时应设定Clock为11； U_{sa} 为BC线电压时应设定Clock为3； U_{sa} 为CA相电压时应设定Clock为7	
12	自动合闸方式	自动合	强制合：无条件合闸 自动合：两侧有压判检同期；两侧无压或单侧无压判检无压 无压合：一侧满足无压条件即可无压合 有压合：两侧电压满足同期条件即可合闸	推荐使用自动合
13	同期捕抓时间	30		默认30s，范围0～120s，时间过小有可能造成同期合闸失败
14	TV断线闭锁使能	0	1代表无压合闸时，TV单相或两项电压为0时，无压合闸操作闭锁	检同期也闭锁

3. 遥信参数

南瑞科技测控装置NS3560遥信参数定值如表27所示。

表27　　南瑞科技测控装置NS3560遥信参数定值

序号	定值名称	定　值	说　　明	注 意 事 项
1	硬遥信1去抖时间	60	ms	遥信去抖时间，可整定默认60ms，不宜太长
2	硬遥信2去抖时间	60	ms	
3	硬遥信3去抖时间	60	ms	
4	硬遥信4去抖时间	60	ms	
5	硬遥信5去抖时间	60	ms	

续表

序号	定值名称	定 值	说 明	注 意 事 项
6	硬遥信 6 去抖时间	60	ms	遥信去抖时间，可整定默认 60ms，不宜太长
7	硬遥信 7 去抖时间	60	ms	
8	硬遥信 8 去抖时间	60	ms	
9	硬遥信 9 去抖时间	60	ms	
10	硬遥信 10 去抖时间	60	ms	
11	硬遥信 11 去抖时间	60	ms	
12	硬遥信 12 去抖时间	60	ms	
13	硬遥信 13 去抖时间	60	ms	
14	硬遥信 14 去抖时间	60	ms	
15	硬遥信 15 去抖时间	60	ms	
16	硬遥信 16 去抖时间	60	ms	
17	硬遥信 17 去抖时间	60	ms	
18	硬遥信 18 去抖时间	60	ms	
19	硬遥信 19 去抖时间	60	ms	
20	硬遥信 20 去抖时间	60	ms	

4. 遥测参数

南瑞科技测控装置 NS3560 遥测参数定值如表 28 所示。

表 28　　南瑞科技测控装置 NS3560 遥测参数定值

序号	定值名称	定 值	说 明	注 意 事 项
1	Ⅰ段 TV 额定一次值	220kV		一、二次值变比整定，根据实际值填写
2	Ⅰ段 TA 额定一次值	1000A		

续表

序号	定值名称	定　值	说　　明	注 意 事 项
3	Ⅰ段 TV 额定二次值	100V	默认 100V，不可更改	一、二次值变比整定，根据实际值填写
4	Ⅰ段 TA 额定二次值	5A	默认 5A，不可更改	
5	Ⅱ段 TV 额定一次值	220kV		
6	Ⅱ段 TA 额定一次值	1000A		
7	Ⅱ段 TV 额定二次值	100V		
8	Ⅱ段 TA 额定二次值	5A		
9	Ⅲ段 TV 额定一次值	220kV		
10	Ⅲ段 TA 额定一次值	1000A		
11	Ⅲ段 TV 额定二次值	100V		
12	Ⅲ段 TA 额定二次值	5A		
13	合电流模式	0	2/3 接线方式下使用	
14	频率归零死区	0.001Hz	默认 0.001Hz，范围 0～1	变化死区和归零死区，可整定
15	电流电压 归零死区（%）	0.05	默认 0.05，范围 0～1，最大 1%，归零死区不会太大	
16	功率归零 死区（%）	0.05	默认 0.05，范围 0～1	
17	功率因数 归零死区	0.001	默认 0.001，范围 0～1，设置成 1，功率因数小于 1 时也不会置零	
18	频率变化死区	0.001Hz	默认 0.001Hz，范围 0～1	
19	电流电压 变化死区（%）	0.05	默认 0.05，范围 0～1	
20	功率变化 死区（%）	0.05	默认 0.05，范围 0～1	
21	功率因数 变化死区	0.001	默认 0.001，范围 0～1	
22	两表法	0	0 代表不合成，I_a/I_c 不合成 I_b；1 代表合成	置 1 在三相电流不一致的情况下会影响功率正确性

5. 遥控参数

南瑞科技测控装置 NS3560 遥控参数定值如表 29 所示。

表 29　　南瑞科技测控装置 NS3560 遥控参数定值

序号	定值名称	定　值	说　　明	注 意 事 项
1	断路器 出口脉宽	50～2000	ms	无影响
2	隔离开关 1 出口脉宽	50～2000	ms	无影响
3	隔离开关 2 出口脉宽	50～2000	ms	无影响
4	隔离开关 3 出口脉宽	50～2000	ms	无影响
5	隔离开关 4 出口脉宽	50～2000	ms	无影响
6	隔离开关 5 出口脉宽	50～2000	ms	无影响
7	隔离开关 6 出口脉宽	50～2000	ms	无影响
8	隔离开关 7 出口脉宽	50～2000	ms	无影响
9	隔离开关 8 出口脉宽	50～2000	ms	无影响
10	备用 1 出口脉宽	50～2000	ms	无影响
11	备用 2 出口脉宽	50～2000	ms	无影响
12	备用 3 出口脉宽	50～2000	ms	无影响
13	备用 4 出口脉宽	50～2000	ms	无影响
14	备用 5 出口脉宽	50～2000	ms	无影响
15	备用 6 出口脉宽	50～2000	ms	无影响
16	备用 7 出口脉宽	50～2000	ms	无影响
17	备用 8 出口脉宽	50～2000	ms	无影响
18	备用 9 出口脉宽	50～2000	ms	无影响
19	备用 10 出口脉宽	50～2000	ms	无影响
20	备用 11 出口脉宽	50～2000	ms	无影响
21	A 套终端复归 出口脉宽	2000	ms	无影响

续表

序号	定值名称	定　值	说　　明	注 意 事 项
22	B 套终端复归出口脉宽	2000	ms	无影响
23	直控 1 出口脉宽	2000	ms	无影响
24	五防开放时间	900	s	无影响
25	五防复归延时	5000	ms	无影响

6. 软压板

南瑞科技测控装置 NS3560 软压板如表 30 所示。

表 30　　南瑞科技测控装置 NS3560 软压板

序号	定值名称	定　值	说　　明	注 意 事 项
1	本间隔/全站五防	0	1 代表本间隔五防，只判本间隔位置信号，0 代表全站五防，判其他间隔位置信号	
2	同期退出	0	1 代表同期退出，0 代表同期投入	
3	装置就地	0	装置参数中软、硬压板切换置 1 且装置重启后生效；1 代表启用装置就地，0 代表装置远方	
4	装置解锁	0	装置参数中软、硬压板切换置 1 且装置重启后生效；1 代表装置解锁，0 代表装置联锁	
5	监控/间隔	0	装置参数中软、硬压板切换置 1 且装置重启后生效；1 代表装置处于监控模式，0 代表装置处于间隔五防状态	
6	预留	0		
7	预留	0		

7. 系统设定

南瑞科技测控装置 NS3560 系统设定如表 31 所示。

表 31　　南瑞科技测控装置 NS3560 系统设定

序号	定值名称	定　值	说　　明	注 意 事 项
1	遥测精度校正		包括电压、电流，默认手动校正值为 1，当改成其他值时，该遥测量按比例变化，测控和后台同时变化，重启装置依然有效	
2	功率精度校正		有功 P 的校正，默认为 0.0005，修改后，有功、无功在测控和后台同时变化，重启装置依然有效	

（二）南瑞科技合并单元 NS386AG

1. 系统设定

南瑞科技合并单元 NS386AG 系统设定如表 32 所示。

表 32　　南瑞科技合并单元 NS386AG 系统设定

序号	定值名称	定　值	说　　明	注 意 事 项
1	守时时长	600	sec	默认 600s，当对时信号消失后约 30s，装置发“对时异常告警”，达到守时时长时发“装置失步”告警，若装置很快发“装置失步”，说明守时时长不是 600s
2	系统频率	50	Hz	默认 50Hz
3	代码校验纠正功能使能	1	×××	默认 1，范围 0～2
4	参数常量校验纠正功能使能	1	×××	默认 1，范围 0～2
5	代码校验出错闭锁使能	0	×××	默认 0，范围 0～1
6	参数常量校验出错闭锁使能	0	×××	默认 0，范围 0～1
7	代码校验出错报警使能	0	×××	默认 0，范围 0～1
8	参数常量校验出错报警使能	0	×××	默认 0，范围 0～1
9	保持代码校验出错标志	0	×××	默认 0，范围 0～1
10	保持参数常量校验出错标志	0	×××	默认 0，范围 0～1
11	光耦告警闭锁使能	0x00	×××	默认 00，不投闭锁使能
12	二次额定保护电压	57.74	V	定值根据实际修改，此处修改不生效
13	二次额定测量电压	57.74	V	
14	二次额定零序保护电压	57.74	V	
15	二次额定零序测量电压	100	V	
16	二次额定保护电流	5	A	
17	二次额定测量电流	5	A	
18	二次额定零序保护电流	5	A	

续表

序号	定值名称	定　值	说　　明	注 意 事 项
19	二次额定零序测量电流	5	A	定值根据实际修改，此处修改不生效
20	二次额定间隙保护电流	5	A	
21	二次额定间隙测量电流	5	A	
22	一次额定保护电压	220	kV	修改一次额定保护电压变比生效，测量不生效
23	一次额定测量电压	220	kV	
24	一次额定零序保护电压	220	kV	使用保护变比还是测量变比，通过SCD组态sv.txt配置中AD通道属性来确定
25	一次额定零序测量电压	220	kV	
26	一次额定保护电流	1	kA	
27	一次额定测量电流	1	kA	
28	一次额定零序保护电流	1	kA	
29	一次额定零序测量电流	1	kA	
30	一次额定间隙保护电流	1	kA	
31	一次额定间隙测量电流	1	kA	
32	二次额定保护电流2	5	A	
33	二次额定测量电流2	5	A	
34	二次额定零序保护电流2	5	A	
35	二次额定零序测量电流2	5	A	
36	二次额定间隙保护电流2	5	A	
37	二次额定间隙测量电流2	5	A	
38	一次额定保护电流2	1	kA	
39	一次额定测量电流2	1	kA	

续表

序号	定值名称	定　值	说　　明	注 意 事 项
40	一次额定零序保护电流2	1	kA	使用保护变比还是测量变比，通过SCD组态sv.txt配置中AD通道属性来确定
41	一次额定零序测量电流2	1	kA	
42	一次额定间隙保护电流2	1	kA	
43	一次额定间隙测量电流2	1	kA	
44	允许接收IEC的LDName相同	0	×××	默认即可
45	允许接收SMV的SVID相同	0	×××	
46	输入IEC检修不影响输出IEC	0	×××	
47	输入SMV检修不影响输出IEC	0	×××	
48	接收IEC的零序电压按相标幺	0	×××	
49	发送IEC的零序电压按相标幺	0	×××	
50	发送IEC的保护电流标幺方式	0	×××	
51	接收IEC的SYNMode变化无效处理	0	×××	
52	接收IEC的WAKEN无效处理	0	×××	
53	接收SMV的细化品质有效处理	0	×××	
54	发送SMV采样率	0	×××	

2. 遥信去抖时间

南瑞科技合并单元NS386AG遥信去抖时间如表33所示。

表 33　　南瑞科技合并单元 **NS386AG** 遥信去抖时间

序号	定值名称	定　值	说　　明	注 意 事 项
1	装置检修防抖	200	ms	默认 200ms，最大 16s，若设置较大，检修压板投入后，最大 16s 后，装置才发检修装状态
2	装置远方防抖	30	ms	
3	Ⅰ母隔离开关合位防抖	30	ms	
4	Ⅰ母隔离开关分位防抖	30	ms	
5	Ⅱ母隔离开关合位防抖	30	ms	
6	Ⅱ母隔离开关分位防抖	30	ms	
7	光耦开入 1 防抖	30	ms	

（三）南瑞科技智能终端 NS3865AG

1. 装置参数

南瑞科技智能终端 NS3865AG 装置参数如表 34 所示。

表 34　　南瑞科技智能终端 **NS3865AG** 装置参数

序号	定值名称	定　值	说　　明	注 意 事 项
1	A 网 IP 地址	198.120.000.085		设置为 255.255.255.255 会导致测控装置无法 ping 通，虚拟液晶可以链接但 ARPTool 无法下装
2	A 网子网掩码	255.255.255.000		
3	B 网 IP 地址	198.121.000.030		过程层基本不用，默认即可
4	B 网子网掩码	255.255.255.000		
5	C 网 IP 地址	198.122.000.030		
6	C 网子网掩码	255.255.255.000		
7	装置地址	85		是用 NSRToos 工具的 IECDbg 功能联接装置时的通信地址
8	厂站地址	0		装置所在厂站的地址，同一个变电站内，所有装置的厂站地址相同
9	GOOSE 配置版本非零判断使能	0		未使用，默认为 0
10	GOOSE 接收非零跳闸使能	0		
11	软件防跳使能	1		装置具有软件防跳功能，由于该功能完全是由软件实现的，因此对断路器二次回路没有影响；通过将此参数置 0，可以取消装置的软件防跳

续表

序号	定值名称	定　值	说　　明	注 意 事 项
12	开入电源四监视使能	1		若存在开入电源监视四，置 1 则有效，电源监视无正电则报光耦电源异常
13	开入电源五监视使能	1		若存在开入电源监视五，置 1 则有效，电源监视无正电则报光耦电源异常
14	手跳闭重带保持	1		置 1 则手跳闭重带保持
15	备用 1 遥控与闭重开出接点互换	0		置 1 则备用 1 遥控与闭重节点互换
16	忽略合闸回路监视	0		置 1 则忽略合闸监视
17	控制回路断线延时确认时间	500		控制回路断线延时确认时间，默认即可
18	遥控命令直接产生合后位置	0		置 1 则遥控命令直接产生合后位置
19	手动合闸使能	1		必须置 1，否则无法合闸
20	手动跳闸使能	0		默认置 0，遥分和保护跳分开
21	备用开出手合使能	0		置 1 则备用开出手合起作用，默认即可
22	直流测量电压满码值	2135		直流测量电压满码值，默认即可
23	直流测量电流满码值	2040		直流测量电流满码值，默认即可
24	直流量归一化使能	1		若置 0：直流量按实际采集到的 4～20mA 电流或0～5V 电压值上送，信号类型由设备参数中的“AI 插件输入信号类型”设定 若置 1：直流量按最大值为“直流量归一化满码值”的整定值上送，整定值默认为 4095，对于电流信号将 0～20mA 折算到 0～4095，对于电压信号将 0～5V 折算到 0～4095
25	直流量归一化满码值	4095		对应于最大量程 20mA 电流或 5V 电压的码值
26	直流量 1～6 折算系数	1		直流量 n 偏移常数（n=1～6）：当直流量归一化使能置 0 时，GOOSE 上送的直流量 n=直流量 n 折算系数×直流量 n 输入值+直流量 n 偏移常数，通过设置合适的参数值，可以得出采集到的实际温湿度
27	直流量 1～6 偏移常数	0		偏移量（基值）
28	复归开入防抖时限	30		默认 30ms

续表

序号	定值名称	定　值	说　　明	注 意 事 项
29	检修开入防抖时限	30		默认 30ms，最大 16s，设置过大，投入检修压板要等较长时间，检修灯才亮，检修开入复归信号瞬时
30	A 相合位开入防抖时限	35		三相时限应一致，且不能太长，默认 5ms；时限不一致，后台断路器总位置不正确；时限太长，后台断路器变位慢
31	A 相分位开入防抖时限	35		
32	B 相合位开入防抖时限	35		
33	B 相分位开入防抖时限	35		三相时限应一致，且不能太长，默认 5ms；时限不一致，智能终端面板中三相断路器分位灯不同时亮；时限太长，后台断路器变位慢
34	C 相合位开入防抖时限	35		
35	C 相分位开入防抖时限	35		
36	重合压力低开入防抖时限	5		防抖时间设置，设置过长则遥信变位延时上送
37	另一终端闭重开入防抖时限	5		
38	另一终端报警开入防抖时限	5		
39	另一终端闭锁开入防抖时限	5		
40	就地/远方开入防抖时限	5		
41	隔离开关 1 合位开入防抖时限	5		
42	隔离开关 1 分位开入防抖时限	5		
43	隔离开关 2 合位开入防抖时限	5		
44	隔离开关 2 分位开入防抖时限	5		
45	隔离开关 3 合位开入防抖时限	5		
46	隔离开关 3 分位开入防抖时限	5		
47	隔离开关 4 合位开入防抖时限	5		

续表

序号	定值名称	定　值	说　　明	注 意 事 项
48	隔离开关 4 分位开入防抖时限	5		
49	接地刀闸 1 合位开入防抖时限	5		
50	接地刀闸 1 分位开入防抖时限	5		
51	接地刀闸 2 合位开入防抖时限	5		
52	接地刀闸 2 分位开入防抖时限	5		
53	接地刀闸 3 合位开入防抖时限	5		
54	接地刀闸 3 分位开入防抖时限	5		
55	开入 29-94 防抖时限	5		
56	手合开入防抖时限	30		智能终端手合遥控出口的防抖时间，设置过长会影响遥控合闸和手动合闸出口。默认 30ms，不宜太长，否则需要长时间将 KK 把手打在合闸位置才能手合成功，与测控装置断路器出口脉宽配合不当，造成遥控失败（手合防抖时间 3000ms，断路器出口脉宽 2000ms，遥控合闸失败）
57	手跳开入防抖时限	21		不影响功能，影响分闸出口的时间。默认 30ms，时限不宜过长，时限过长不影响正常遥跳和手跳，但智能终端面板的手跳开入灯亮得慢，复归得也慢

2. 设备参数

南瑞科技智能终端 NS3865AG 设备参数如表 35 所示。

表 35　　南瑞科技智能终端 NS3865AG 设备参数

序号	定值名称	定　值	说　　明	注 意 事 项
1	定值名称	默认值		定值说明
2	时区	8		北京时间
3	时钟源模式	3		0～2 对本装置无效；3：IRIG-B；4：IEC 61588

续表

序号	定值名称	定 值	说 明	注意事项
4	时钟源板卡	2		亮对时异常和告警等，不影响功能
5	AI 插件输入信号类型	0×003F		用于设定 AI 插件各通道的输入信号类型，为 8bit 整数，每一 bit 对应一个输入通道，bit0 对应输入通道 1，bit1 对应输入通道 2，以此类推。 若某通道输入为 4～20mA 信号，其对应的 bit 置“1”；若输入为 0～5V 信号，则置“0”。该参数要与 AI 插件上的跳线设置一致，板内跳线设置为 4～20mA 或 0～5VDC 输入，跳线 JUMP2～7 对应输入 1～6，当输入为 4～20mA 时插上跳线（默认），当输入为 0～5V 不插跳线；003f 即 111111，默认为 4～20mA